STEEL STRUCTURE DESIGN

강구조설계

박정현 저

도서출판
구미서관

머리말 Preface

우리가 도시를 다니다 보면 철근콘크리트를 주재료로 한 건축물을 쉽게 접할 수 있는 반면 강재를 이용한 건축물은 상대적으로 찾아보기가 어렵다. 하지만 강재는 건축물에 부분적 또는 전체적으로 광범위하게 사용되고 있으며 마감 등으로 가려져 있어 보이지 않는 것이다.

강재를 이용한 건축물은 철근콘크리트 구조물에 비하여 가볍기 때문에 지진에는 상대적으로 유리하나 바람에는 취약하다. 이러한 장점과 단점이 공존하므로 일반적으로 30층 이하 규모의 건축물에서는 유리하나 30층을 초과하는 건축물에서는 횡변위가 커져 불리할 수 있다. 이런 점을 극복하기 위해 고층구조물에서는 코어 부분은 철근콘크리트, 나머지 부분은 강구조로 하여 지진 및 바람에 대한 저항 성능을 극대화시키는 것이 일반적인 구조시스템이다.

본서에서는 새롭게 개정된 강구조 기준에 맞추어 강구조의 기본(강재의 특징 및 접합)과 부재설계(인장재, 압축재 및 휨재)에 대한 내용을 수록하였다. 새롭게 개정된 강재의 접합 기준에서는 건축과 토목 부분을 구분하여 적용하도록 규정하였고, 본서는 건축을 중심으로 기술하였다.

대부분 5년제 건축학과에서는 강구조에 대한 수업이 이루어 지지 않아 졸업 후에도 강구조 건축물에 대한 설계를 접근하기가 어려워 이 점을 극복하는데 조금이나마 도움이 되고자 설계적인 측면을 최대한 반영하였다.

끝으로 어려운 환경에서 또 한 권의 책이 세상에서 빛을 볼 수 있도록 많은 도움을 주신 구미서관 사장님과 표지 디자인부터 편집에 힘써 주신 분들께 진심으로 감사드립니다.

2025년 2월

저자 박정현

목 차 Contents

제1장 강구조 개요

제2장 강재

제3장 설계하중

제4장 강재의 접합

제5장 인장재 설계

제6장 압축재 설계

제7장 휨재 설계

제8장 기타 부재설계

부록 부재 일람표 및 각종 제원

제1장

강구조 개요

1.1 강구조 개요 Introduction of Steel Structure

1.1.1 강구조의 개요

강재는 철광석을 채굴·제련하여 만들며 철기시대 이후로 인간은 철을 사용하여 왔으며, 산업혁명 이후에는 철의 수요가 빠르게 증가하여 현대 사회에서는 철과 관련되지 않은 분야가 없을 정도로 광범위하게 철이 사용되고 있다. 강재는 재료적 특징인 내구성(durability)과 전성(malleability)이 크고 경제적이며, 재료의 성질 면에서는 강도가 높고 불연성이며, 용접성(weldability)과 인성(toughness)이 뛰어난 재료의 특성을 가지고 있어 건축구조에서는 건축물의 고층화(taller), 대형화(larger), 장스팬화(longer span) 등에 따라 강재 사용이 증가하고 있다.

강재는 철근콘크리트에 비하여 많은 장점을 가지고 있으나 건물의 용도, 규모, 형태 등에 따라 달라질 수 있으므로 장점을 극대화하고 단점을 최소화할 수 있도록 재료 선택에 유의하여야 하며, 공장에서 제작된 부재를 고장력볼트 및 용접 등에 의해 조립해야 하므로 다양한 접합과 관련된 이해와 지식이 필요하다.

1.1.2 강구조의 장점

(1) 단위면적당 강도가 크고 고강도이므로 구조체의 경량화에 의한 고층구조물 및 장스팬 구조에 유리하다.

(2) 인성이 커서 변형에 유리하고 소성변형 능력이 우수하다. 에너지를 받고 있지만 한번에 붕괴되지 않고 서서히 버티면서 변형된다.

(3) 공장에서 생산되므로 재료의 균질성이 매우 우수하며, 설계의 신뢰성이 높으며, 공사시 품질이 양호하다.

(4) 인장응력과 압축응력이 동일하므로 세장한 부재가 가능하다.

(5) 공장제작, 현장조립의 공정이므로 상대적으로 날씨 등의 영향을 받지 않으므로 공사기간 단축이 가능하다.

(6) 기존건축물의 증축 및 보수가 용이하다.

(7) 재사용 및 재활용이 가능한 환경 친화적인 재료이다.

(8) 철근콘크리트 구조물에 비해 경량으로 내진성능이 우수하다.

(9) 경량이므로 지반침하의 영향을 덜 받는다.

1.1.3 강구조의 단점

(1) 고온에 취약하며 내화성이 낮어 피복이 필요하다.
(2) 세장한 부재를 주로 사용하므로 좌굴의 영향이 크다.
(3) 접합부의 신중한 설계와 용접부의 검사가 필요하다.
(4) 상대적으로 강성이 부족하여 처짐 및 진동을 고려하여야 한다.
(5) 유지관리가 필요하다.
(6) 반복응력에 따른 피로에 의해 강도저하가 우려된다.
(7) 철근콘크리트 구조에 비해 상대적으로 공사비가 비싸다.

1.2 강구조 역사 History of Steel Structure

1.2.1 세계 강구조 역사

강구조의 역사를 보면 1779년 영국의 존 윌킨슨(John Wilkinson, 1728~1808), 에이브러햄 다비 3세(Abraham Darby Ⅲ, 1750~1791)에 의해 세번강(River Severn)에 주철의 아치형 다리가 놓여 진 것이 강구조로서는 처음이다. 이후 강재를 주 구조재료로 사용하여 건축구조물에 적용하는 과정은 더디게 진행되었으며, 1801년 제임스 와트(James Watt, 1736~1819) 등에 의해 솔퍼드(Salford)에 있는 목면공장에 주철의 보와 기둥을 효과적으로 연결하는 설계를 했다. 그 후 토머스 하우(Thomas T. Howe, 1801~1883), 로버트 스티븐슨(Robert Stephenson, 1803~1859)에 의해 강재트러스를 설계하고, 조셉 팩스턴(Joseph Paxton, 1803-1865)이 설계한 수정궁(Crystal Place)이 1851년 런던의 만국박람회에 주철 · 연철 및 유리를 사용하여 세워졌다. 1855년 베서머법(Bessemer process)이 개발되기 전까지 건축에 사용될 만큼 효율적인 강철의 생산은 충분하지 않았으며, 인장강도와 압축강도가 높고 연성이 좋은 값싼 강재는 1870년 무렵부터 구할 수 있었지만 여전히 연철과 주철이 보다 일반적인 건축 자재로 사용되었는데 철광석이 주로 알칼리성 함유물을 포함하고 있었기 때문에 원하는 특성을 만족시키려면 과다한 비용이 문제가 되었고, 이를 1879년 영국의 시드니 길크리스트 토머스(Sidney Gilchrist Thomas, 1850-1885)에 의해 해결하였다. 이후 1880년대에 들어 강철의 품질이 안정화 되자, 신뢰할 수 있는 연강을 기반으로 한 건축이 시작되었다.

세계 최초로 주철 프레임을 사용한 사무실 건물인 영국 리버풀의 오리엘 챔버스(Oriel Chambers)는 피터 엘리스(Peter Ellis, 1805~1884)가 설계하여 1864년에 완성되었으며, 1885년에 완공된 초고층의 아버지라 불린 윌리엄 르바론 제니(William Le Baron Jenney, 1832-1907)가 설계한 홈 인슈어런스 빌딩(Home Insurance Building)은 석조 외장재가 하중 부담을 하지 않고 오로지 강재 구조에 하중이 실린 최초의 건물이다. 그러나 이 건물의 강재 기둥은 단지 벽에 박혀 있을 뿐이며, 특히 바람에 의한 횡하중은 여전히 석재가 부담하는 구조였다. 미국 최초의 순수 강재 건축물은 다니얼 번햄과 존 웰본 루트(Daniel Burnham, 1849-1912 & John Wellborn Root, 1850-1891)가 설계하여 1889년에 세워진 시카고의 랜드 맥널리 빌딩(Rand McNally Building)이며, 이어 1891년에 세인트루이스에 단크머 애들러와 루이스 설리번(Dankmar Adler, 1844-1921 & Louis Sullivan, 1856-1924)이 설계한 웨인라이트 빌딩(Wainwright Building)이 건설되었고, 1889년 연철 7,300톤을 사용하여 파리에 알렉상드르 귀스타브 에펠(Alexandre Gustave Eiffel, 1832~1923)에 의해 에펠탑(Eiffel Tower)을 건립하였다. 영국에서 온전한 강재 구조물은 1895년 제임스 프란시스 도일(James Francis Doyle, 1840-1913)이 설계하여 1903년 완공한 로열 인슈어런스 빌딩(Royal Insurance Building)이다.

1900년대~1930년대에는 도시의 인구팽창과 일정지역 개발이라는 사회적 조건하에서 뉴욕을 중심으로 전개되었으며, 시각적이나 환경적인 고려없이 경제성과 양적인 팽창에만 관심을 기울이는 건축에 치중하며 구조체와 외장재를 분리시켰다. 이 시대의 건축적 사조는 1900년대~1925년의 절충주의(Classic or Gothic Model), 1925년~1930년대는 아르데코(Art Deco Model)가 지배하였다. 엘리베이터와 강구조의 비약적인 발전과 제1차 세계대전 후 급속한 산업발전, 인구집중으로 초고층 건물에 대한 요구가 증대되었으며, 이 시기인 1921년에 미국강구조학회(AISC, American Institute of Steel Construction)가 설립되었다. 대표적인 건물로는 다니엘 번햄(Daniel Burnham, 1846~1912) 등에 의한 플랫아이언 빌딩(Flatiron Building), 1903년 제임스 프랜시스 도일(James Francis Doyle, 1840~1913)의 로얄 인슈어런스 빌딩(Royal Insurance Building), 1909년 나폴레옹 르브룬부자(Napoleon LeBrun & Sons)의 메트로폴리탄 생명보험 타워(Metropolitan Life Insurance Tower), 1913년 캐스 길버트(Cass Gilbert, 1859~1934)의 울워스 빌딩(Woolworth Building), 1931년 슈리브, 램, 하몬(Shreve, Lamb & Harmon)의 엠파이어 스테이트 빌딩(Empire State Building) 등이 있다.

1950년대~1970년대의 지배적인 건축사조가 모더니즘(Modernism)이던 이 시기에는 1930년대 Empire State Building 이후 주춤하였던 초고층 건물의 출현을 알리는 시기였다. 철저하게 장식을 배제하고 구조미를 최대한 살리는 구조시스템이 건축의 외관을 지배하던 시대로 이것을 가능하게 하였던 위대한 구조엔지니어 파즐루르 라흐만 칸(Fazlur Rahman Kahn, 1929~1982)이 있었기에 가능했다. 대표적인 건물로는 고든 번샤프트(Gordon Bunshaft, 1909-1990)와 나탈리 드블로이(Natalie G. de Blois, 1921~2013)의 레버 하우스(Lever House), 미스 판 데어 로에(L. Mies van der Rohe, 1886~1969)와 필립 존슨(Philip C. Johnson, 1906~2005) 등에 의한 시그램 빌딩(Seagram Building), 1969년 SOM의 존 핸콕 센터(John Hancock Center), 1973년 미노루 야마사키(Minoru Yamasaki, 1912~1986)의 세계무역센터(World Trade Center), 1973년 SOM의 시어스 타워(Sears Tower) 등이 있다.

1980년대~1990년대는 건축마감재로 석재를 많이 사용하였으며, 이러한 재료의 건축적인 효과를 극대화하기 위하여 고전적인 모티브를 활용한 포스트모더니즘(Postmodernism)이 주요한 사조였다. 대표적인 건물로 1982년 마이클 그레이브스(Michael Graves, 1934~2015), 에머리 로스와 아들들(Emery Roth & Sons)에 의한 포틀랜드 빌딩(Portland Building), 1984년 필립 존슨(Philip C. Johnson)과 존 버지(John Burgee, 1933~)의 550 메디슨 에비뉴(550 Madison Avenue, Sony Tower), 1987년 헬무트 얀(Helmut Jahn, 1940~2021)의 리버트 플레이스(Liberty Places), 1990년 KPF의 멜론 뱅크 센터(Mellon Bank Center) 등이 있다.

1990년 대 말부터 2000년대 이후의 건축은 구조적인 특징을 표현하는 다이아그리드(diagrid) 시스템과 하이브리드(hybrid) 시스템에 의한 초고층 건축물들이 많이 지어졌으며, 대표적인 강재 건축물로 1998년 세자르 펠리(César Pelli, 1926~2019)의 페트로나스 타워(Petronas Tower), 2004년 리추위안(Chu-yuan Lee, 李祖原, 1938~)과 왕충핑(Wang Chung-ping, 王正平, 1947~)의 타이베이 101(Taipei Financial Centre), 2006년 노먼 포스터(Norman Foster, 1935~)의 허스트 타워(Hearst Tower), 2008년 렘 콜하스(Rem Koolhaas, 1944~)와 올레 스히렌 (Ole Scheeren, 1971~)의 중국중앙텔레비전 타워(CCTV Tower), 2010년 윌킨슨 에어 아키텍츠(Wilkinson Ayer Architects)의 광저우 국제금융센터(Guangzhou International Finance Center), 2011년 RMJM(Robert Matthew Johnson Marshall)의 케피탈 게이트 타워(Capital Gate Tower), 2015년 KPF(Kohn Pedersen Fox)의 롯데월드타워(Lotte World Tower), 2020년 RSHP(Rogers Stirk Harbour + Partners)의 파크 원(Parc 1, Tower A) 등이 있다.

표 1-1 강구조의 역사-1

건물명	준공시기	건물개요 및 특징	비고
Iron Bridge	1781년	- 다리길이 : 50m, 6개의 아치로 구성 - 제안 : T. F. Pritchard, John Wilkinson - 설계 및 건설 : Abraham Darby III - 영국 슈롭셔주에 있는 세번 강에 위치 - 세계 최초의 주철 아치 다리 - 유네스코 세계 문화 유산, 산업혁명의 상징	
Crystal Place	1851년	- 규모 : 길이 564m, 내부 높이 39m - 설계 : Joseph Paxton - 공기 9개월, 대규모 유리 마감 - 1851년 런던 하이드파크 만국산업박람회 - 강구조와 유리 사용의 대중화에 기여 - 1936년 화재로 소실	
Oriel Chambers	1864년	- 지상5층(건평, 4,000m^2) - 설계 : Peter Ellis(시카고학파의 모태) - 모더니즘 건축의 선구자 - 르네상스 양식과 빅토리아 시대 건축 양식 - 유리와 주철 프레임 사용한 최초 건축물 - 1등급 등록문화재	
Home Insurance Building	1885년	- 지상10층(42m), 증축 후 지상12층(55m) - 설계 : William Le Baron Jenney - 1871년 시카고 대화재 후 단순 강구조 - 강재 골조 구조를 사용한 최초의 건물 - 높이, 강구조, E/V 요소의 기능주의 건축 - 세계 최초의 고층 빌딩, 1931년 철거	
Rand McNally Building	1889년	- 지상10층(45m) - 설계 : Daniel Burnham, & John Wellborn Root - 세계 최초의 강재 프레임 고층 빌딩 - 신고전주의 건축 - 1911년 철거(교통량 증가 → 강 확장)	
Effel Tower	1889년	- 3층 규모의 높이 324m, 7,300톤 강재 - 건축설계 : Gustave Eiffel - 구조설계 : Maurice Koechlin - 공기 2년 2개월, 250만개 리벳 사용 - 1889년 프랑스 혁명 100주년, 만국박람회 - 1991년 세계문화유산 등재	

표 1-1 강구조의 역사-2

건물명	준공시기	건물개요 및 특징	비고
Wainwright Building	1891년	- 지상10층(41m) - 설계 : Dankmar Adler & Louis Sullivan - 건축기술, 외관, 상징성 부여 - 아르누보양식의 기능주의 건축 - 강재 프레임에 테라코타 패널 마감 - 1976년 미국 국가 역사 유적지로 지정	
Flatiron Building (Fuller Building)	1902년	- 지상22층(86.9m) - 설계 : Daniel Burnham, Frederick P. Dinkelberg - 강재 골조 구조(steel frame structure) - 프랑스와 이탈리아 르네상스 건축양식 - 다리미(flatiron)모양의 건물 - 역사유적지 등록(1979년) 및 지정(1989년)	
Royal Insurance Building	1903년	- 지상4층 - 설계 : James Francis Doyle - 시계탑, 웅장한 입구 홀, 화려한 장식 - 빅토리안 고딕 재현(Victorian Gothic Revival) - 영국 국가유산목록 지정(Grade Ⅱ) - 2014년 Aloft Liverpool Hotel로 리모델링	
Metropolitan Life Insurance Tower	1909년	- 지상50층(213m), 평면 : 23m×26m - 건축설계 : Napoleon LeBrun and Sons - 구조설계 : Henry G. Thompson - 횡력저항 : 강재 골조(steel frame) - 설계기본풍속 : 44.4m/s - 세장비 : 약 9.26	
Woolworth Building	1913년	- 지상58층(241.4m), 평면 : 28m×34m - 건축설계 : Cass Gilbert - 구조설계 : Gunvald Aus & Kort Berle - 횡력저항 : 가새 골조(brace frame) - 설계기본풍속 : 49.2m/s - 세장비 : 약 8.61	
AISC (American Institute of Steel Construction)	1921년	- 미국 강구조학회, 미국 철강 건설협회 - 비영리 기술 및 무역협회 - 스마트(smart), 강한(strong), 강철(steel) - 구조용 강재 사용을 촉진하고 규제 - 표준 및 지침 개발(강재 구조 매뉴얼) - 교육 및 자격 증명 프로그램 제공	AMERICAN INSTITUTE OF STEEL CONSTRUCTION AISC FOUNDED 1921

표 1-1 강구조의 역사-3

건물명	준공시기	건물개요 및 특징	비고
Empire State Building	1931년	- 지상102층(381m) - 건축설계 : Shreve, Lamb & Harmon - 구조설계 : Homer G. Balcom - 횡력저항 : 가새골조 - 설계기본풍속 : 32m/s - 세장비 : 약 6.68	
Lever House	1952년	- 지상21층(94m), 평면 : 30m×60m - 건축설계 : Gordon Bunshaft, Natalie G. de Blois - 구조설계 : Emery Roth - 횡력저항 : 강재 골조 - 설계기본풍속 : 약 30m/s - 세장비 : 약 3.13	
Seagram Building	1958년	- 지상38층(157m), 평면 : 26m×43m - 건축설계 : Mies van der Rohe, Philip Johnson - 구조설계 : Severud Associates - 횡력저항 : 골조튜브 - 풍동시험(wind tunnel test) 실시 - 세장비 : 약 6.04	
John Hancock Building (Big John)	1969년	- 지상100층(344m) - 건축설계 : Skidmore, Owings & Merrill LLP - 구조설계 : SOM(Fazlur Khan) - 횡력저항 : 가새튜브 - 설계기본풍속 : 34m/s(H/500) - 세장비 : 약 6.37	
World Trade Center	1973년 (2001년 붕괴)	- 지상110층(417m) - 건축설계 : Minoru Yamasaki - 구조설계 : Leslie Earl Robertson - 횡력저항 : 골조튜브 - 설계기본풍속 : 42.7m/s - 세장비 : 약 6.95	
Sears Tower (Willis Tower)	1973년	- 지상108층(442m) - 건축설계 : Skidmore, Owings & Merrill LLP - 구조설계 : SOM(Fazlur Khan) - 횡력저항 : 묶음튜브 - 설계기본풍속 : 48.8m/s(H/550) - 세장비 : 약 5.58	

표 1-1 강구조의 역사-4

건물명	준공시기	건물개요 및 특징	비고
Portland Building	1982년	- 지상15층(70m) - 건축설계 : Michael Graves, Emery Roth & Sons - 구조설계 : Desimone Consulting Engineers - 횡력저항 : 강재골조 - 설계기본풍속 : 33m/s - 세장비 : 약 2 내외	
550 Madison Avenue (Sony Tower)	1984년	- 지상37층(197m), 평면 : 27m×61m - 건축설계 : Philip Johnson and John Burgee - 구조설계 : Leslie E. Robertson - 횡력저항 : 전단벽+골조튜브 - 설계기본풍속 : 최대 42.7m/s - 세장비 : 약 7.30	
One Liberty Place	1987년	- 지상61층(288m) - 건축설계 : Helmut Jahn - 구조설계 : Thornton Tomasetti - 횡력저항 : 철골가새코어+아웃리거시스템 - 설계기본풍속 : 31m/s(H/450) - 세장비 : 약 6.1	
Mellon Bank Center (BNY Mellon Center)	1990년	- 지상54층(241m) - 건축설계 : Kohn Pedersen Fox Associates - 구조설계 : WSP Cantor Seinuk - 횡력저항 : 골조튜브 - 설계기본풍속 : 36m/s(H/500) - 세장비 : 약 5 내외	
Petronas Tower	1998년	- 지상88층(452m) - 건축설계 : Ciser Pelli Associate - 구조설계 : Thornton Tomasetti - 횡력저항 : 전단벽+아웃리거+메가컬럼 - 설계기본풍속 : 53.3m/s - 세장비 : 약 6.67	
Taipei Financial Centre	2004년	- 지상101층(509m) - 건축설계 : C. Y. Lee & Partners - 구조설계 : Thornton Tomasetti - 횡력저항 : 전단벽+아웃리거+벨트트러스 - 설계기본풍속 : 50m/s - 세장비 : 약 6.69	

표 1-1 강구조의 역사-5

건물명	준공시기	건물개요 및 특징	비고
Hearst Tower	2006년	– 지상46층(182m) – 건축설계 : Norman Foster – 구조설계 : WSP Cantor Seinuk – 횡력저항 : 다이아그리드 – 설계기본풍속 : 33m/s – 세장비 : 약 4.35	
CCTV Tower	2008년	– 지상44층(234m) – 건축설계 : Rem Koolhaas, Ole Scheeren – 구조설계 : Ove Arup & Partners – 횡력저항 : 다이아그리드+이중튜브 – 설계기본풍속 : 30m/s 이상(베이징) – 세장비 : None	
Guangzhou International Finance Center	2010년	– 지상103층(438.6m) – 건축설계 : Wikinson Eyre – 구조설계 : Ove Arup – 횡력저항 : 다이아그리드 – 설계기본풍속 : 35m/s 이상(광저우) – 세장비 : 약 6.3	
Capital Gate Tower	2011년	– 지상35층(160m) – 건축설계 : RMJM – 구조설계 : TJEG – 횡력저항 : 다이아그리드 – 설계기본풍속 : 41m/s – 세장비 : 약 4 내외	
Lotte World Tower	2015년	– 지상123층(555m) – 건축설계 : Kohn Pedersen Fox – 구조설계 : Leslie E. Robertson Associates – 횡력저항 : 전단벽+아웃리거+메가컬럼 – 설계기본풍속 : 최대 83m/s – 세장비 : 약 5.7	
Parc 1, Tower A	2020년	– 지상69층(333m) – 건축설계 : RSHP – 구조설계 : Ove Arup – 횡력저항 : 메가프레임+외부가새 – 설계기본풍속 : 43m/s – 세장비 : 약 9.5	

1.2.2 우리나라 강구조 역사

우리나라에 강구조가 도입된 것은 19세기 말로 거슬러 올라가며, 초기에는 철도, 교량, 건축물 등에 주로 사용되었으며, 당시 사용된 강구조는 주로 외국에서 수입된 것이었지만, 20세기 초에는 국내 강재 생산 기술 발달과 함께 국산 강구조의 사용도 증가하기 시작하였다. 우리나라에서 강재를 이용하여 건축물에 처음 사용된 것이 언제인지는 분명하지는 않지만, 1988년 12월에 덕수궁의 석조전에 대한 보수공사 과정에서 석조전의 바닥 구조가 강구조로 되어 있는 것이 발견되었다. 이 석조전은 대략 1898-1899년경에 설계된 것으로 추정되며, 1900년에 착공되어 1902년에 공사가 일시 중단되었다가 1903년에 재개되어 1905년 봄에는 2층 부분까지 골조공사가 완성되었으나, 준공은 1910년 6월에 이루어졌다.

일제 강점기에는 강재 건축물이 매우 희소하였으나 철도, 도로, 항만을 비롯하여 발전소, 제철소, 비료공장, 시멘트공장 등의 각종 기간 산업시설 건설에 강구조가 대대적으로 사용되었으며, 이를 통해 한국의 강구조 기술은 크게 발전하였다. 특히, 당시 건설된 경춘선 철교(중랑천)는 한국 근대 강구조 기술의 상징적인 건축물로 평가받고 있다.

해방 후 약 10년 동안은 정치적, 사회적 혼란과 전쟁으로 인하여 건축은 거의 공백기였다. 1955년경을 전후하여 UNKRA(United Nations Korean Reconstruction Agency)의 전후 복구재건사업이 개시되면서 미·일의 원조로 문경 시멘트 공장, 한국유리 인천공장, 호남비료, 충주비료 등 각종 공장시설이 건설되었는데, 이들 시설물들의 상당한 부분이 강재 구조물이었다. 당시 우리 구조기술 능력으로 이러한 프로젝트를 감당할 수 없는 수준이었기 때문에 플랜트 수출국의 관련 설계용역회사의 설계와 기술지도로 건설되었으며 각종 강재 역시 원조물자로 수입, 제공된 것이었다.

1970년대 이후에는 고층 건축물의 증가와 더불어 강구조의 중요성이 더욱 커졌으며, 이에 따라 한국의 강구조 기술 또한 빠르게 발전하였다. 이를 계기로 우리의 강구조 기술이 세계 수준으로 인정받게 되었으며, 해외 건설 프로젝트에도 적극적으로 참여하기 시작하였으며, 현재 한국은 세계적인 강구조 강국으로 자리매김하고 있으며, 첨단 기술과 고품질의 제품으로 해외 시장에서도 경쟁력을 갖추고 있으며, 강구조 역사의 주요 이정표는 다음과 같다.

1900년 : 한강철교 A선 준공
1912년 : 한강철교 B선 준공
1930년대 : 국내 강철 생산 기술 발달 및 국산 강구조 사용 증가
1939년 : 경춘선 철교 준공

1944년 : 한강철교 C선 준공

1945년 : 한국광학공업사 설립(현재 포스코)

1960년대 : 고층 건축물 증가와 더불어 강구조 사용 증가

1963년 : 장충체육관 건설

1970년대 : 한국 강구조 기술 세계 수준으로 인정

1978년 : 서울-부산 고속도로 완공

1985년 : 대한생명 63빌딩(한화63시티) 준공

1987년 : 인천대교 완공

1989년 : (사)한국강구조학회 설립

1994년 : 한강철교 D선 준공

2002년 : 부산-김해 고속도로 완공

2009년 : 송도 인천대교 완공

2017년 : 인천국제공항 제2터미널 완공

2017년 : 롯데월드타워 준공

표 1-2 우리나라의 주요 강구조 건물-1

건물명	준공시기	건물개요 및 특징	비고
문경시멘트공장 (쌍용양회 시멘트공장)	1957년	- 위치 : 경북 문경시 신기동 - 국제연합한국재건단(UNKRA) 경제원조 - 2018년 생산 중단 - 도시재생사업(수소연료전지발전소 등)	
인천판유리공장	1957년	- 위치 : 인천 동구 만석동 - 국제연합한국재건단(UNKRA) 경제원조 - 1997년 폐쇄 - LX글라스의 원조	
충주비료공장	1961년	- 위치 : 충북 충주시 목행동 - 국제연합한국재건단(UNKRA) 경제원조 - 국내 최초의 비료공장 : 농업생산성 향상 - 1983년 생산 중단, 1998년 폐쇄	
호남비료공장	1962년	- 위치 : 전남 나주시 송월동 1번지 - 1980년 비료생산 중단 - 현 LG화학 나주공장 - 나주시 향토문화재 지정, 보존	

표 1-2 우리나라의 주요 강구조 건물-2

건물명	준공시기	건물개요 및 특징	비고
장충체육관 (김정수+최종완)	1963년	- 위치 : 서울 중구 동호로 241 - 지하2층, 지상3층, 연면적 11,399m^2 - 구조설계 : 최종완 - 직경 80m, 최초 돔 경기장(국내 기술진)	
영월 제2화력발전소	1965년	- 위치 : 강원 영월군 영월읍 중앙로 411 - 2001년 가동 중지 후, 2006년 철거 - 영월빛드림본부(한국남부발전) - LNG복합화력발전소	
KAL빌딩 (한진빌딩)	1969년	- 위치 : 서울 중구 남대문로 63 - 지하2층, 지상23층, 높이 82.88m - 구조설계 : 마춘경 - 구조시스템 : 강접골조+코어가새(SS400)	
삼일로빌딩 (김중업)	1970년	- 위치 : 서울 종로구 청계천로 85 - 지하2층, 지상31층, 높이 114m - 구조설계 : 정경, 정재철 - 구조시스템 : 강접골조	
구덕체육관	1971년	- 위치 : 부산 서구 망양로 57 - 강재 하이퍼쉘 - 관람석 3,589석, 연면적 5,132.37m^2 - 2018년 철거	
대우센터빌딩 (서울스퀘어)	1977년	- 위치 : 서울 중구 한강대로 416 - 지하3층, 지상23층, 연면적 132,806m^2 - 구조설계 : 마춘경 - 이중골조(강접골조+전단벽)-SM490	
한일은행 본점 (윤승중+변용)	1982년	- 위치 : 서울 중구 남대문로2가 130 - 지하3층, 지상21층, 연면적 43,183m^2 - 구조설계 : 이창남 - 철골철근콘크리트	
서울 힐튼호텔 (김종성)	1983년	- 위치 : 서울 중구 소월로 50 - 지하2층, 지상23층, 철거 예정 - 구조설계 : 이학수, 김원기 - 강접골조+가새골조, 메가스페이스트러스	

표 1-2 우리나라의 주요 강구조 건물-3

건물명	준공시기	건물개요 및 특징	비고
대한생명 63빌딩 (박춘명+SOM)	1985년	- 위치 : 서울 영등포구 63로 50 - 지하3층, 지상60, 연면적 166,097m^2 - 구조설계 : SOM+이리형 - 강접골조+코어가새(박스형기둥)	
현암빌딩(한화빌딩) (김우성+구윤회)	1987년	- 위치 : 서울 중구 청계천로 86 - 지하5층, 지상29층, 연면적 153,124m^2 - 구조설계 : 마춘경 - 강접골조+가새골조, 국산강재	
럭키금성 쌍둥이빌딩 (창조건축+SOM)	1987년	- 위치 : 서울 영등포구 여의대로 128 - 지하3층, 지상37층, 연면적 157,835m^2 - 구조설계 : SOM+전봉수 - 복합 튜블러시스템	
서울투자금융사옥 (선진엔지니어링)	1986년	- 위치 : 서울 중구 을지로2가 198 - 지하4층, 지상20층, 연면적 17,062m^2 - 구조설계 : 박영호 - 허니컴보	
한국종합무역센터 (닛켄셋케)	1988년	- 위치 : 서울 강남구 영동대로 511 - 지하2층, 지상55층, 연면적 107,933m^2 - 구조설계 : 이창남 - 기둥 축소현상(50mm 국산강판)	
전쟁기념관 (곽홍길+이성관+ 양재현)	1993년	- 위치 : 서울 용산구 이태원로 29 - 지하2층, 지상4층, 연면적 184,131m^2 - 구조설계 : 마춘경+전봉수 - 구조시스템 : 철골철근콘크리트구조	
부산시청사 (일신종합건축)	1993년	- 위치 : 부산 연제구 중앙대로 1001 - 지하3층, 지상28층, 연면적 171,935m^2 - 구조설계 : 김종수 - 구조시스템 : 골조튜브시스템	
포스코센터 (간삼건축+포스코 AC)	1995년	- 위치 : 서울 강남구 테헤란로 440 - 지하6층, 지상31층, 연면적 181,012m^2 - 구조설계 : 이창남 - 구조시스템 : 복합구조시스템(TMC강)	

1.2.3 세계 철강 산업을 움직인 철인

1. **에이브러햄 다비 I** (Abraham Darby Ⅰ, 1678~1717, 영국) : 1708년에 콜브룩데일(Coalbrookdale)에 브리스톨 제철회사를 차리면서 제철과정에 석탄을 활용하는 방법을 강구하기 시작하였고, 1709년에 코크스 제조법을 개발하는 데 성공하여 석탄을 코크스로 만들고 그것을 연료로 하여 철을 대량으로 생산하는 방법을 개발하였다. 다비의 발명은 이후에 아들과 손자에 의해 더욱 개선되어 다비 2세(1711~1763)는 물레방아로 가동되는 송풍기의 성능을 강화하고 석회석을 첨가하여 철의 품질을 더욱 좋게 하였고, 다비 3세(1750~1791)는 제임스 와트의 증기기관을 채용하여 콜브룩데일 공장을 영국에서 가장 큰 제철소로 만들었다. 다비 2세와 3세는 코크스 제조법(coke production process)을 널리 알리고 확산하는 데에도 크게 기여하였다.

2. **알프레드 크루프**(Alfred Krupp, 1812~1887, 독일) : 베세머의 전로법(converter process)과 지멘스와 마르탱(Pierre-mile Martin, 1824~1915)의 평로법(open-hearth process)을 처음으로 도입한 사람이 크루프였다. 크루프사는 알프레드의 아들인 프리드리히 알프레드가 경영을 맡으면서 사업이 더욱 확장되었으며, 20세기에 접어들어 크루프사는 티센사와 함께 독일을 대표하는 철강업체로 성장했으며, 1999년에 티센-크루프(Thyssen Krupp)로 합병되어 오늘에 이르고 있다.

3. **헨리 베세머**(Henry Bessemer, 1813~1898, 영국) : 선철의 시대에서 강철의 시대로 바꾼 "위대한 강철왕"으로 불렸다. 회전이 가능한 항아리 모양의 전로(Converter)를 이용하여 강철을 제조하는 방법이 개발되었으며, 전로법의 등장으로 선철 속에 포함된 탄소 성분은 자동적으로 조절될 수 있었으며, 3~5톤의 선철을 가공할 때 걸리는 시간이 1일에서 10분으로 단축되었다.

4. **윌리엄 지멘스**(William Siemens, 1823~1883, 독일·영국) : 에펠탑에 사용된 철은 평로(Open Hearth Furnace)에 의해 제작된 우수한 품질의 강철로 평로는 1856년에 독일 출신의 영국 기술자인 지멘스가 발명한 후 1863년 프랑스의 기술자인 마르탱에 의해 상업화되었다.

5. **카네기**(Andrew Carnegie, 1835~1919, 스코틀랜드·미국) : 19세기 미국 산업계를 대표했던 기업가이자, 기차역에서 심부름하던 이민자 소년이 근성으로 초대형 철강회사의 CEO까지 올라간 인물로 시카고의 홈 인슈어런스사 빌딩, 해군의 장갑차, 뉴욕의

고가철도, 워싱턴기념관, 브루클린대교 등이 카네기가 공급한 강철로 만들어졌다. 1900년에 카네기스틸이 생산한 강철은 미국 전체의 25%를 차지했으며, 카네기의 노력을 배경으로 미국의 철강산업은 본격적으로 발전했다.

6. **시드니 토머스**(Sidney G. Thomas, 1850~1885, 영국) : 토머스의 발명 덕분에 베세머 공법에서의 단점이었던 인을 많이 포함한 철광석으로도 강철을 제조할 수 있게 되었으며, 염기성 전로법은 스웨덴, 프랑스, 독일, 벨기에, 룩셈부르크 등에서 널리 활용되었다. 독일의 경우에는 1800년 염기성 전로법에 의해 생산된 강철이 전체의 2.5%에 불과했지만 1895년에는 62.6%로 증가하였다. 19세기 말부터는 염기성 내화물로 인을 제거하는 방법이 평로법에도 적용되었으며, 염기성 제강법의 부산물로 생성된 인산염이 비료로 사용되어 농업의 발전에도 기여하였다.

7. **찰스 마이클 슈왑**(Charles Michael Schwab, 1862~1939, 미국) : 미국의 철강왕으로 카네기스틸(Carnegie Steel)에 이어 미국에서 두 번째로 큰 철강 제조업체이자 세계에서 가장 중요한 중장비 제조업체 중 하나인 베들레헴강철(Bethlehem Steel)을 만들었다.

8. **니시야마 야타로**(西山彌太郎, 1893~1967, 일본) : 일본의 기업인이자 엔지니어로, 일본 현대 철강 산업의 발전에 크게 기여한 인물이며, 가와사키 제강(현 JFE 스틸)의 발전에 중요한 역할을 했다. 마르탱 평로법을 도입하고 개선하여 일본 철강 산업의 발전에 크게 기여하였으며, 1937년 일본 최초의 전기로를 설치하여 고품질의 강철을 생산하였으며 1951년 일본 최초의 연속 주조 설비를 도입하여 생산성 향상에도 크게 기여하였다.

9. **케네스 아이버슨**(F. Kenneth Iverson, 1925~2002, 미국) : 전기로에서도 고품질의 판재류를 생산하는 기술(박슬래브 주조법, Thin Slab Casting)을 도입하여 대기오염을 줄이고 고품질 철 생산이 가능하도록 하였다.

10. **라크시미 미탈**(Lakshmi N. Mittal, 1950~, 인도) : 21세기 철강왕으로 불리며, 세계 최대 철강 생산 회사인 아르셀로미탈(ArcelorMittal)의 회장 겸 최고 경영자이며, 스테인리스 스틸 제조업체 아페람(Aperam)의 회장이기도 하나, 노동 조건 및 정치, 사회적 구설수에 오른 인물이다.

1.2.4 세계 주요 철강회사

1. **바오우스틸**(宝武鋼鐵, China Baowu Steel, 중국) : 중국 상하이에 본사를 둔 국영 철강 기업으로 연간 1억 3천만 톤 이상의 조강 생산량을 기록하는 세계 최대의 철강 생산 기업이며, 1998년에 바오산철강(寶山鋼鐵)과 무한철강(武漢鋼鐵)가 합병하여 설립되었다.

2. **아르셀로미탈**(ArcelorMittal, 룩셈부르크) : 룩셈부르크 시에 본사를 둔 룩셈부르크 기반 다국적 철강 제조 기업으로, 2006년 인도 소유의 미탈스틸이 아르셀로를 인수하고 합병하면서 설립되었다. 아르셀로미탈은 2022년 기준 연간 조강 생산량이 6,889만 톤인 세계에서 두 번째로 큰 철강 생산업체이다. 아르셀로미탈은 한국에도 자회사를 운영하고 있으며, 포항, 광양, 부산에 공장을 보유하고 자동차, 조선, 건설 등 한국 주요 산업 분야에 양질의 철강 제품을 공급하고 있다.

3. **안스틸그룹**(鞍山鐵鋼, Ansteel, 중국) : 랴오닝성 안산시에 본사를 둔 국영 철강 기업으로 1916년에 설립된 안스틸그룹은 중국 최대 규모의 철강 기업으로 연간 2022년 기준 5,565만 톤의 조강을 생산하는 중국 최대의 철도 및 해운용 금속 공급업체이다.

4. **일본제철주식회사**(日本製鉄株式会社, NIPPON STEEL) : 일본 최대의 철강 생산 기업으로, 규모로는 세계에서 5위 정도로 1970년 야와타제철과 후지제철이 합병하여 설립되었으며, 본사는 도쿄도 지요다구에 있다. 철강 제품의 꽃이라 할 수 있는 자동차용 강판 제조기술은 단연 독보적으로 이러한 기술력은 세계 최고수준의 자동차 회사인 도요타 및 혼다와 장기거래관계를 구축해 오는 토대가 되고 있다.

5. **사강그룹**(沙鋼集團, Shagang Group, 중국) : 사강그룹은 2022년에 4,145만 톤의 조강을 생산하는 중국 최대의 민간철강회사로 넓고 두꺼운 판, 열간 압연 코일, 고속 선재, 대형 코일 선재, 늑골이 있는 강봉 등을 생산한다.

6. **하북강철그룹**(河北鋼鐵集團, Hebei Iron and Steel Group, 중국) : 국영 HBIS 그룹은 2022년에 4,100만 톤의 조강을 생산했으며, 중국 최대의 가전제품 제조업체이자 두 번째로 큰 자동차 철강제품 생산업체로 철강 제조뿐만 아니라, 철광석 채굴, 석탄 채굴, 전력 생산, 물류, 금융 등 다양한 사업을 운영하고 있다.

7. **포스코홀딩스**(POSCO Holdings, 한국) : 2022년에 3,864만 톤의 조강을 생산하였으며, 포스코홀딩스는 포스코, 포스코인터내셔널, 포스코와이드 등 포스코그룹의 주요

자회사를 지배하고 관리하며, 수소·전기차 배터리 등 신사업 투자와 발굴에도 참여하고 있다.

8. **건룡그룹**(建龙集团, Jianlong Group, 중국) : 중국하북 탕산시에 본사를 둔 민간소유의 건룡그룹은 2022년에 3,656만 톤의 조강을 생산하였으며, 철강 생산에 필요한 원자재를 안정적으로 확보하기 위해 철광석 광산 등 자원을 소유하고 운영하고 있다.

9. **샤오강그룹**(首鋼集团, Shougang Group, 중국) : 국영 샤오강 그룹은 2022년에 3,382만 톤의 조강을 생산하였고, 이 회사는 BMW, 벤츠 등 주요 자동차 제조업체에 자동차용 강판을 공급하고 있다.

10. **타타스틸**(Tata Steel, 인도) : 타타스틸은 인도 자르칸드주 잠셰드푸르에 본사를 둔 다국적 철강 제조 기업으로 2022년에 3,018만 톤의 조강을 생산했으며, 영국과 네덜란드에 시설을 갖춘 유럽 최대의 철강 제조업체 중 하나이다.

1.3 강구조 설계기준 Design Criterion of Steel Structure

1.3.1 설계기준의 변천

1. **19세기 후반까지**(경험과 직관에 의존한 설계) : 구체적인 설계 기준은 없었으며, 경험과 축적된 데이터를 바탕으로 안전율을 크게 적용하여 설계하였고, 수학적 해석 방법은 거의 사용되지 않았고, 설계 절차는 복잡하고 비효율적이었다.

2. **20세기 초**(1923 AISC WSD, 1931 AASHTO WSD : 허용응력설계법) : 재료의 인장강도와 같은 기계적 성질을 고려한 허용응력설계법이 도입되었으며, 구조물의 각 부재에 허용되는 최대 응력값을 설정하여 설계를 수행하는 것으로 초기의 경험적 설계 방법에 비해 더 과학적이고 합리적인 설계를 가능하게 하였다.

3. **20세기 중반**(다양한 설계 기준 등장) : 각국마다 다양한 설계 기준이 등장하고 발전하기 시작하였으며, 미국에서는 AISC(American Institute of Steel Construction)의 강철 건축 매뉴얼이 발간되어 널리 사용되었고, 유럽에서는 EN(European Norm) 기준이 제정되어 유럽 각국의 설계 기준에 영향을 미쳤다.

4. **20세기 후반**(1993 AISC LRFD, 1994 AASHTO LRFD : 하중저항계수설계법) : 확률론과 통계학을 기반으로 하는 하중저항계수설계법이 도입되었으며, 하중의 변동성과 재료의 강도 변화를 고려하여 설계를 수행하므로 허용응력설계법에 비해 더 효율적이고 경제적인 설계를 가능하게 하였다.

5. **21세기**(성능기반 설계(Performance-Based Design)) : 지진, 화재 등 다양한 재해 상황에서 구조물이 요구되는 성능을 달성하도록 설계하는 성능기반 설계가 주목받고 있으며, 기존의 설계 기준을 벗어나 구조물의 전체적인 성능을 평가하여 설계를 수행한다.

1.3.2 우리나라 설계기준의 역사

1955년 : 강구조계산기준 사용(일본건축학회)
1973년 : 강구조설계기준 및 해설(대한건축학회, 제정) – 허용응력도설계법
1983년 : 강구조설계기준 및 해설(대한건축학회, 개정) – 합성구조 추가
1997년 : 강구조한계상태 설계기준(안) 및 해설(제정)
2000년 : 강구조한계상태 설계기준(안) 및 해설(개정)
2004년 : 강구조한계상태 설계기준(안) 및 해설(개정)
2000년 : 허용응력도설계법에 의한 강구조설계기준(제정)
2003년 : 허용응력도설계법에 의한 강구조설계기준(개정)
2009년 : 하중저항계수설계법에 의한 강구조설계기준(제정)
2014년 : 하중저항계수설계법에 의한 강구조설계기준(개정)
2016년 : KDS 14 30 00 : 허용응력도설계법에 의한 강구조설계기준(제정)
2019년 : KDS 14 30 00 : 허용응력도설계법에 의한 강구조설계기준(개정)
2024년 : KDS 14 30 00 : 허용응력도설계법에 의한 강구조설계기준(개정)
2016년 : KDS 14 31 00 : 하중저항계수설계법에 의한 강구조설계기준(제정)
2017년 : KDS 14 31 00 : 하중저항계수설계법에 의한 강구조설계기준(개정)
2024년 : KDS 14 31 00 : 하중저항계수설계법에 의한 강구조설계기준(개정)

1.3.3 주요 강구조 설계기준

– **AISC Specifications for Structural Steel Buildings**(American Institute of Steel Construction) : 미국에서 가장 많이 사용되는 기준으로 허용응력설계법(Allowable

Stress Design, ASD), 하중저항계수설계법(Load and Resistance Factor Design, LRFD), 성능기반설계법 (Performance Based Design, PBD) 등 다양한 설계방법 제공

- **AASHTO Specifications for Highway Bridges** (American Association of State Highway and Transportation Officials) : 미국 전역의 고속도로 설계 및 건설에 사용되는 기준으로 허용응력설계법(Allowable Stress Design, ASD), 하중저항계수설계법(Load and Resistance Factor Design, LRFD) 등의 설계방법 제공
- **Eurocode 3**(Design of steel structures, EN 1993) : 유럽연합(EU) 국가에서 사용되는 기준으로 한계상태설계법 기반
- **BS 5950-90**(A Standard for Structural Steel Design) : 용접 가능한 구조용 강재로 제작된 구조물의 설계를 위한 영국 강구조 한계상태 설계기준
- **DIN 18809**(Design of Steel Structures) : 독일에서 가장 많이 사용되는 강구조 설계 기준이며, 허용응력설계법 기반
- **SP 16.13330.2012**(Russian Standard for Steel Structures) : 러시아에서 가장 많이 사용되는 강구조 설계 기준으로 허용응력설계법 기반
- **JIS G 3101**(鋼構造設計規準, Design Standard for Steel Structures) : 일본에서 사용되는 기준으로 허용응력설계법 기반
- **GB 50017**(鋼結構設計規範, Standard for Design of Steel Structures) : 중국에서 사용되는 기준으로 허용응력설계법과 한계상태설계법 모두 허용
- **IS 800**(Indian Standards) : 인도의 강구조 설계 기준으로 강구조물의 설계, 제작, 시공에 관한 일반적인 사항을 규정하고 하중 조합, 재료 강도, 단면 설계, 연결 설계 등 강구조 설계에 필요한 모든 요소를 포함
- **KDS 14 30 00, KDS 14 31 00**(강구조설계기준) : 우리나라에서 사용되는 기준이며, 허용응력설계법과 하중저항계수설계법 모두 허용

1.4 강구조 구성부재 Component Members of Steel Structure

1. **인장재**(tension members) : 인장재는 축방향으로 인장력을 받는 구조용 부재로 트러스의 하현재, 현수교의 케이블, 브레이스 등에 사용되며, 인장재는 높은 인장강도와 비교적 가벼운 무게라는 장점을 가지고 있어 다양한 건축구조물에 사용된다. 인장재의 종류는 단면 형태에 따라 강봉(round & rectangular bars), 강관(tubes), 케이블(cables), 형강(shaped steel)등 다양한 형태를 가지고 있으며, 인장재에 대한 설계법은 "제5장 인장재 설계"에서 다룬다.

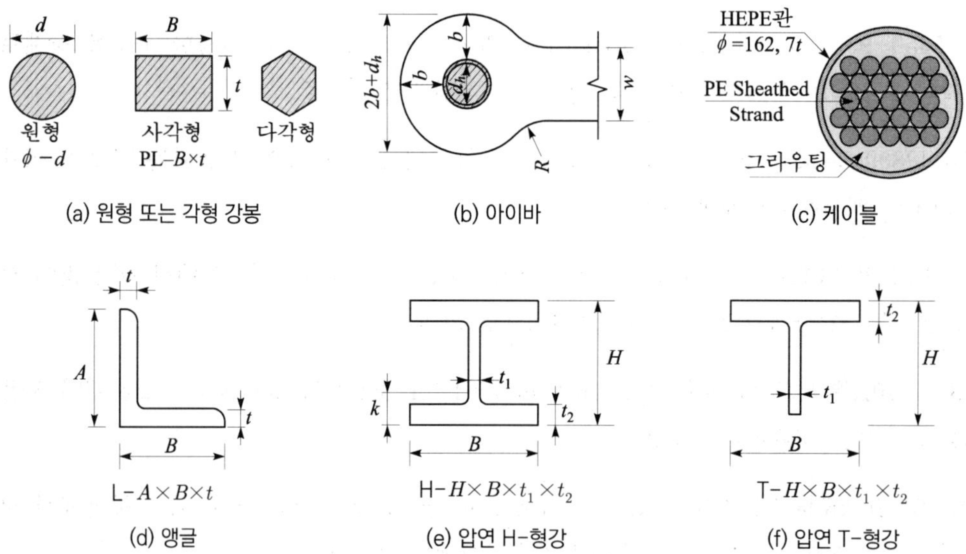

그림 1-1 인장재의 형태

2. **압축재**(compression members) : 축방향으로 압축력을 받는 구조용 부재로 기둥, 벽체, 트러스의 상현재 등에 사용되며, 대표적인 강재 기둥(steel column)은 건축물의 하중을 지지하고 전달하는 수직적인 구조부재로 건축물의 고정하중 및 활하중과 같은 연직하중을 지지하여 기초에 전달하며, 지진이나 바람과 같은 횡하중에 저항하여 건축구조물의 형태와 구조를 유지시켜 주며 사용되는 강재 기둥은 H−형강(H−shaped steel), 각형강관(rectangular tube) 및 원형강관(circular tube), 조립기둥(lattice column) 등이 있으며, 강재 기둥(steel column)은 SC1, SC2 등으로 표기하며, 압축재에 대한 설계방법은 "제6장 압축재 설계"에서 다룬다.

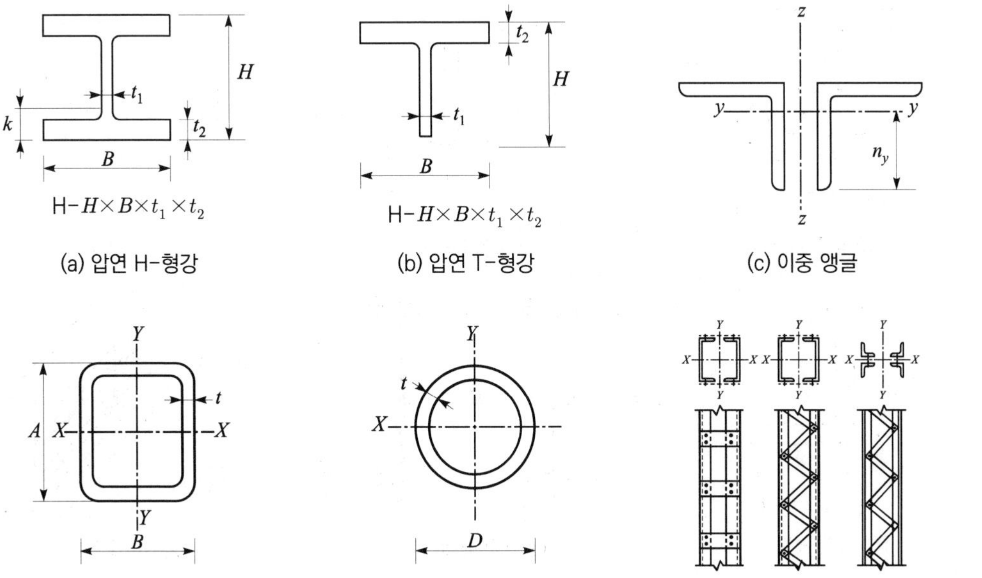

(a) 압연 H-형강 (b) 압연 T-형강 (c) 이중 앵글

(d) 각형강관 (e) 원형강관 (f) 조립압축재

그림 1-2 압축재의 형태

3. **휨재**(flexural members) : 휨재의 대표적인 것이 강재 보(steel beam & girder)로 기둥 사이에 걸쳐 놓여 바닥하중을 지지하고 이를 전달하는 수평적인 구조 부재로 기둥 및 벽체와 같은 수직 부재에 하중을 전달한다. 보에 사용되는 강재는 주로 H-형강(H-shaped steel) 및 I-형강(I-shaped steel), 강관(tubes), ㄷ-형강(channel) 등을 사용하며, 구조 도서상의 표기는 다음과 같으며, 휨재에 대한 설계는 "제7장 휨재설계" 부분에서 상세히 언급한다.

   (1) 기둥에 연결되어 않고 큰 보에 긴결되는 강재 작은 보(steel beam)의 표기 : SB1, SB2, SB3 등
   (2) 작은 보에 연결된 캔틸레버 강재 작은 보(steel cantilever beam)의 표기 : SCB1, SCB2, SCB3 등
   (3) 기둥에 연결되어 있는 강재 보(steel girder)의 표기 : SG1, SG2, SG3 등
   (4) 기둥에 연결된 캔틸레버 강재 보(steel cantilever girder)의 표기 : SCG1, SCG2, SCG3 등

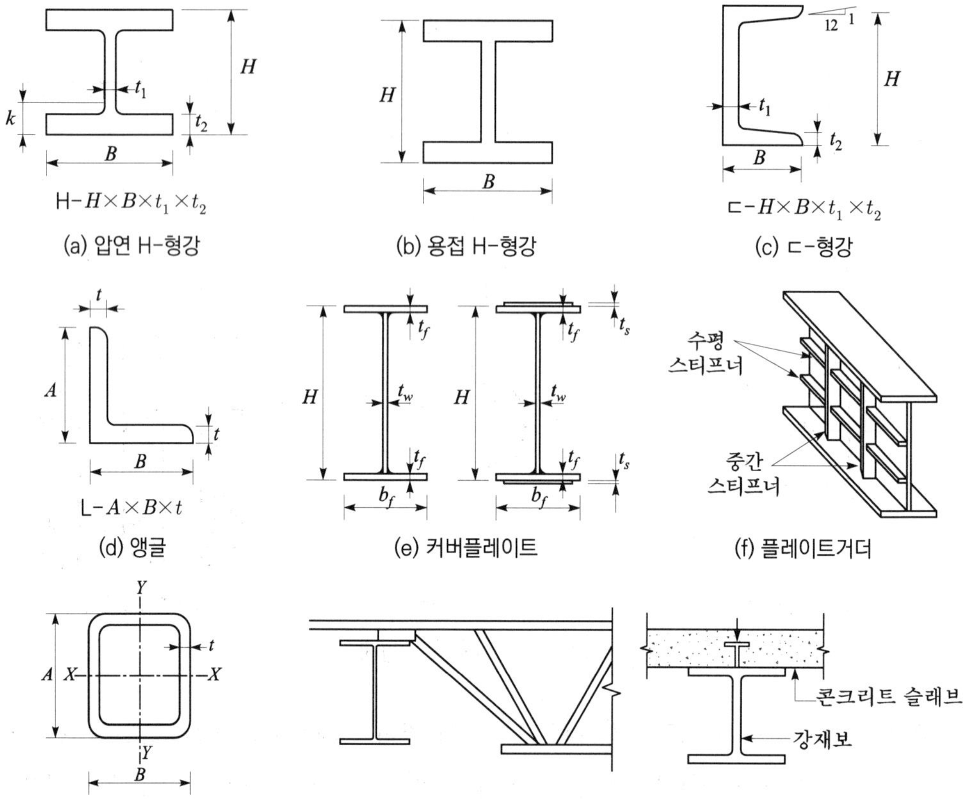

(a) 압연 H-형강 (b) 용접 H-형강 (c) ㄷ-형강

(d) 앵글 (e) 커버플레이트 (f) 플레이트거더

(g) 각형강관 (h) 조이스트보 (i) 합성보

그림 1-3 휨재의 형태

4. **강재 트러스**(steel truss) **및 주각부**(column base) : 트러스는 막대와 연결재로 구성된 구조물로 기둥과 보를 대신하여 사용할 수 있으며, 경량이고 경제적인 장점을 지니고 있어 넓은 공간을 지지해야 하는 경우에 적합하다. 주각부는 기둥의 하중을 기초에 전달하는 역할을 하는 중요한 부분으로 일반적으로 철근콘크리트 또는 강재로 만들어지며, 기둥의 하단부에 위치한다.

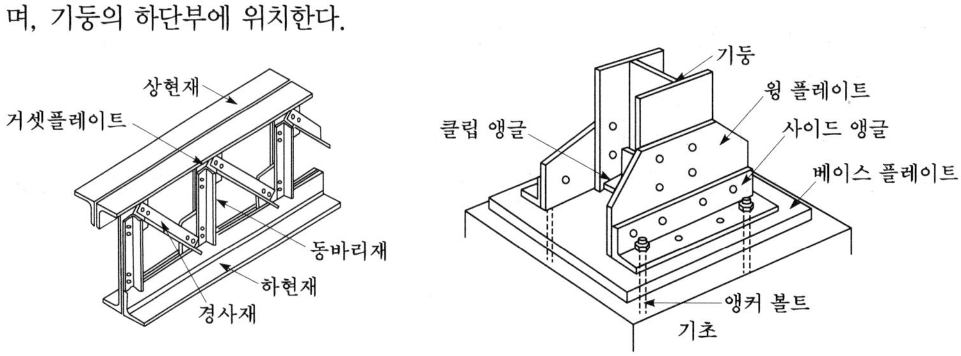

(a) 강재 트러스 (b) 주각부

그림 1-4 강재트러스와 주각부 형태

1.4.1 강구조 부재의 접합

강구조 부재 접합은 구조물의 안전성과 성능에 매우 중요한 역할하며, 적절한 접합 방법을 선택하고 설계하는 것은 구조물의 하중 저항 능력과 내구성을 확보하는 데 필수적이며, 그림 1-5는 강구조 골조에서 접합이 이루어지는 부분에 대한 (고장력)볼트 접합을 도식화한 것으로 기본적으로 보와 기둥의 접합은 플랜지와 웨브가 모두 접합되는 강접합(moment connection), 작은보와 큰보의 접합은 웨브만 접합이 되는 전단접합(단순접합, shear connection)으로 이루어졌다.

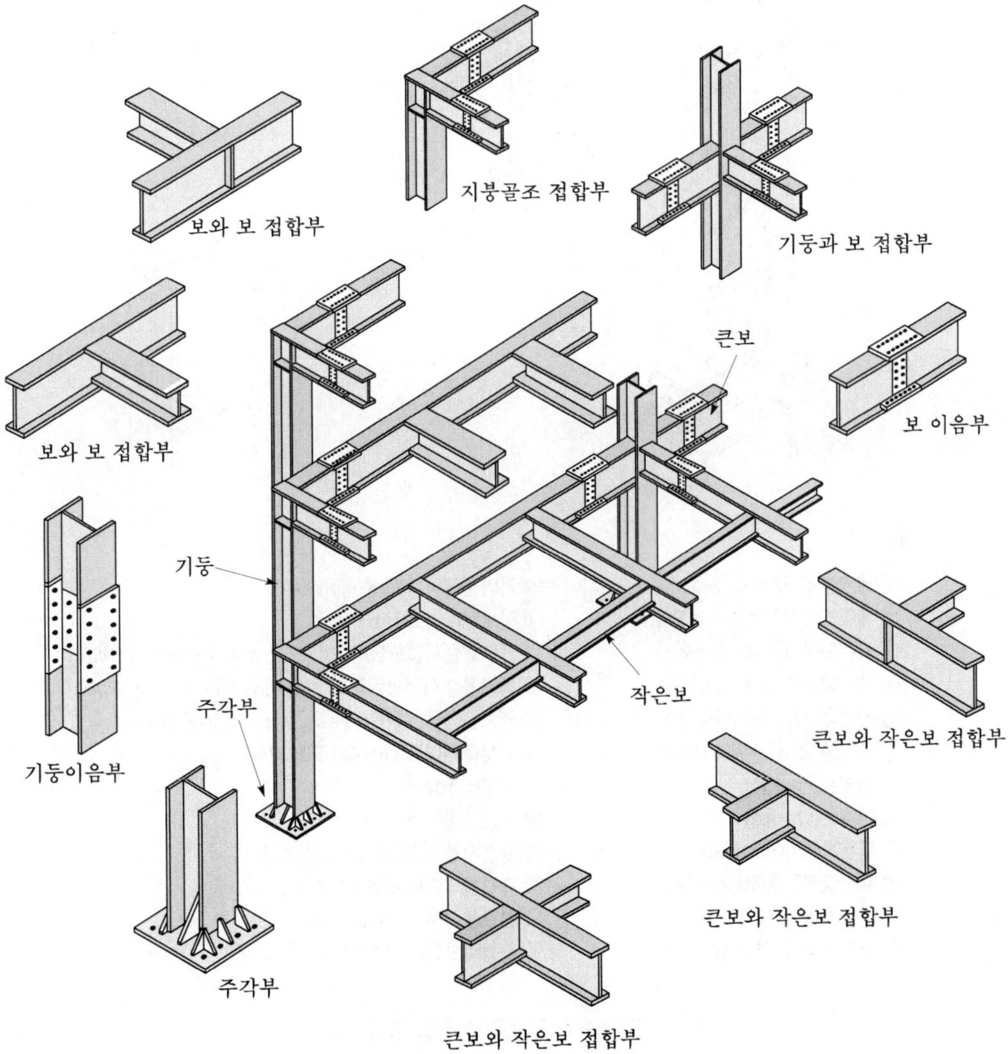

그림 1-5 강구조 골조의 접합

1.4.2 강구조 구성부재

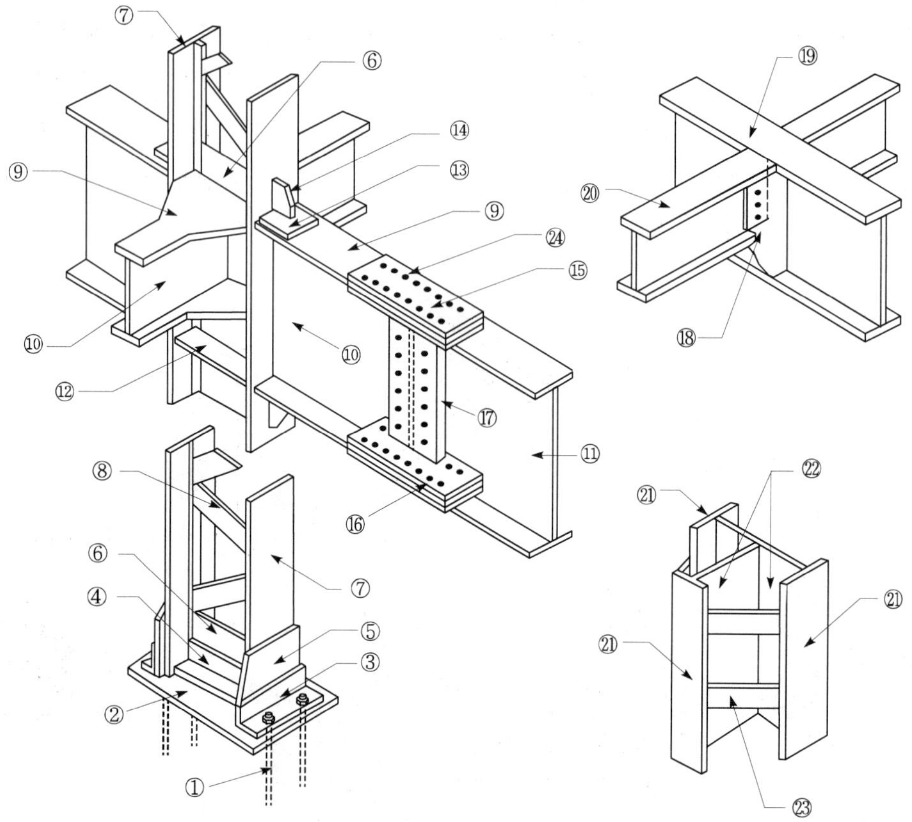

① 앵커볼트(Anchor Bolt)
② 베이스플레이트(Base Plate)
③ 사이드앵글(Side Angle)
④ 클립앵글(Clip Angle)
⑤ 윙플레이트(Wing Plate)
⑥ 웨브플레이트(Web Plate)
⑦ 플랜지(Flange)
⑧ 래티스(Lattice)
⑨ 플랜지플레이트(Flange Plate)
⑩ 웨브플레이트(Web Plate)
⑪ 큰보(Girder)
⑫ 스티프너(Stiffener)
⑬ 커버플레이트(Cover Plate)
⑭ 리브플레이트(Rib Plate)
⑮ 상부플랜지접합플레이트(Flange Connection Plate)
⑯ 하부플랜지접합플레이트(Flange Connection Plate)
⑰ 웨브접합플레이트(Web Connection Plate)
⑱ 거셋플레이트(Gusset Plate)
⑲ 큰보(Girder)
⑳ 작은보(Beam)
㉑ 플랜지플레이트(Flange Plate)
㉒ 웨브플레이트(Web Plate)
㉓ 밴드플레이트(Band Plate)
㉔ 고장력볼트(High Tension Bolt)

그림 1-6 강구조 부위별 명칭

1.5 강구조 개요 용어정리 Glossary of Terms

용어	용어 설명	비고
전성 (malleability)	쉽게 펴지거나 늘어나는 성질을 의미하는 것으로 외부에 힘이 가해졌을 때 쉽게 변형될 수 있지만, 쉽게 파괴되지 않는 특성	
코크스 제조법 (cokes production process)	코크스는 고온에서 석탄의 휘발성분을 제거하여 얻은 고체 탄소 연료로 제철소의 고로에서 철광석을 녹이는 열원으로서 역할과 산화철인 철광석에서 산소와 쇳물을 분리시키는 역할	
전로법 (convertor process)	고온의 공기를 용융된 선철에 불어넣어 탄소를 연소시켜 제강하는 방법	
평로법 (open-hearth process)	용융된 선철을 넓고 얕은 용기에 넣고, 고온의 불꽃을 쬐어 탄소를 연소시키는 방법	
강접합 (moment connection)	접합되는 부재 사이에 무시할 정도의 상태 회전 변형이 발생하면서 모멘트를 전달할 수 있는 접합으로 완전강접합(fully restrained(FR) moment connection)과 불완전강접합(partialy restrained(PR) moment connection)	
전단접합 (shear connection)	접합되는 부재 사이에 무시해도 좋을 정도로 약한 휨모멘트만을 전달할 수 있는 접합	

1.6 강구조 개요 요약 Summary of Steel Structure Overview

1. 강구조의 장점

(1) 단위면적당 강도가 크고 고강도이므로 구조체의 경량화에 의한 고층구조물 및 장스팬 구조에 유리

(2) 인성이 커서 변형에 유리하고 소성변형 능력이 우수

(3) 공장에서 생산되므로 재료의 균질성이 매우 우수하며, 설계의 신뢰성이 높으며, 공사 시 품질이 양호

(4) 인장응력과 압축응력이 동일하므로 세장한 부재가 가능

(5) 공장제작, 현장조립의 공정이므로 상대적으로 날씨 등의 영향을 받지 않으므로 공사기간 단축이 가능

(6) 기존건축물의 증축 및 보수가 용이

(7) 재사용 및 재활용이 가능한 환경 친화적인 재료

(8) 철근콘크리트 구조물에 비해 경량으로 내진성능이 우수

(9) 경량이므로 지반침하의 영향이 작음

2. 강구조의 단점

(1) 고온에 취약하며 내화성이 낮어 피복이 필요

(2) 세장한 부재를 주로 사용하므로 좌굴의 영향이 큼

(3) 접합부의 신중한 설계와 용접부의 검사가 필요

(4) 상대적으로 강성이 부족하여 처짐 및 진동을 고려

(5) 유지관리가 필요

(6) 반복응력에 따른 피로에 의해 강도저하가 우려

(7) 철근콘크리트 구조에 비해 상대적으로 공사비가 비쌈

01. 강구조의 특징에 대한 설명으로 틀린 것은?

① 소성변형능력이 우수하다.
② 재료가 균질하여 좌굴의 영향이 낮다.
③ 인성이 커서 연성파괴를 유도할 수 있다.
④ 단위면적당 강도가 커서 자중을 줄일 수 있다.

▶ 좌굴영향 심각 ②

02. 강구조에 관한 설명으로 옳지 않은 것은?

① 장스팬의 구조물이나 고층 구조물에 적합하다.
② 재료가 불에 타지 않기 때문에 내화성이 크다.
③ 강재는 다른 구조재료에 비하여 균질도가 높다.
④ 단면에 비하여 부재길이가 비교적 길고 두께가 얇아 좌굴하기 쉽다.

▶ 내화성 불리 ②

03. 강구조의 일반적인 장점에 대한 설명 중 가장 부적합한 것은?

① 공사기간이 비교적 빠르다.
② 연성이 커서 변형에 유리하고 소성변형 능력이 우수하다.
③ 처짐 및 진동에 비교적 유리하다
④ 기존 건축물의 증축이 비교적 용이하다.

▶ 철근콘크리트 구조에 비해 상대적으로 가벼우므로 처짐 및 진동에 불리 ③

04. 강구조의 일반적인 단점에 대한 설명 중 가장 부적합한 것은?

① 응력반복에 따른 피로에 의해 강도저하가 우려된다.
② 세장한 부재를 주로 사용하므로 좌굴의 영향이 크다.
③ 철근콘크리트 구조물에 비해 경량이므로 내진에 불리하다.
④ 접합부의 신중한 설계와 용접부의 검사가 필요하다.

▶ 경량이므로 내진에 유리 ③

05. 강재의 성질 중 쉽게 펴지거나 늘어나는 성질을 의미하는 것으로 외부에 힘이 가해졌을 때 쉽게 변형될 수 있지만, 쉽게 파괴되지 않는 특성을 무엇이라 하는가?

① 연성(ductility) ② 전성(malleability)
③ 강성(stiffness) ④ 인성(toughness)

▶ - 연성(ductility) : 하중을 받아 항복 후 파괴에 이르기까지 소성변형을 할 수 있는 능력
- 강성(stiffness) : 물체가 힘을 받았을 때 변형에 저항하는 정도를 나타내는 기계적 성질
- 인성(toughness) : 재료의 변형에너지를 흡수할 수 있는 능력 ②

06. 강구조에 관한 설명으로 옳지 않은 것은?

① 고열에 강하며, 내화성이 높다.
② 철근콘크리트 구조에 비해 경량이다.
③ 수평력에 대해 강하다.
④ 대규모 건축물이 가능하다.

▶ 열에 약하며, 내화성 낮음 ①

제2장

강재

2.1 강재의 제조방법 Manufacturing Method of Steel

2.1.1 강재의 생산과정

1. **제선**(iron making, 쇳물을 생산하는 기초공정) : 철광석을 코크스, 석회석 등과 함께 용광로 위에서 투입하고 용광로 하부에는 약 1000도의 가열된 공기를 주입한다. 코크스가 연소되며 철광석의 산소를 뺏는 환원작용을 통해 선철이 생산되며, 선철은 약 90% 철과 4% 탄소를 함유하며 인성과 전성이 매우 작아 구조용강재로 사용 불가하다(고로 방식, 전기로 방식, 파이넥스 방식).

2. **제강**(steel making, 쇳물에서 불순물을 제거해 강철로 만드는 공정) : 강도와 인성이 높은 강을 제조하기 위해 선철의 탄소함유량을 1.7% 이하로 줄이고 인, 황, 규소, 망간 등의 불순물을 제거하기 위해 산화제와 용제를 제강로 속에 넣고 산화 탈산하여 구조용강재로 생산한다(산소 전로법, 전기로 용해법, VD 공정).

3. **연주**(continuous casting, 액체상태의 철이 고체가 되는 공정) : 제강이 끝나면 용융된 강을 꺼내어 주형에 주입하여 강괴(steel ingot)를 만드는 과정으로 탈산도가 높은 순으로 킬드강(killed ingot), 세미킬드강(semi-killed ingot), 림드강(rimmed ingot)으로 분류한다.

4. **압연**(rolling, 철을 강판이나 선재로 만드는 공정) : 조괴과정을 통해 얻은 강괴를 압연하여 일정한 형태를 가진 부재를 생산. 가열 여부에 따라 열간 압연(hot rolling, 강판, 봉강, 형간)과 냉간 압연(cold rolling, 경량형강)으로 구분한다(열간 압연, 냉간 압연).

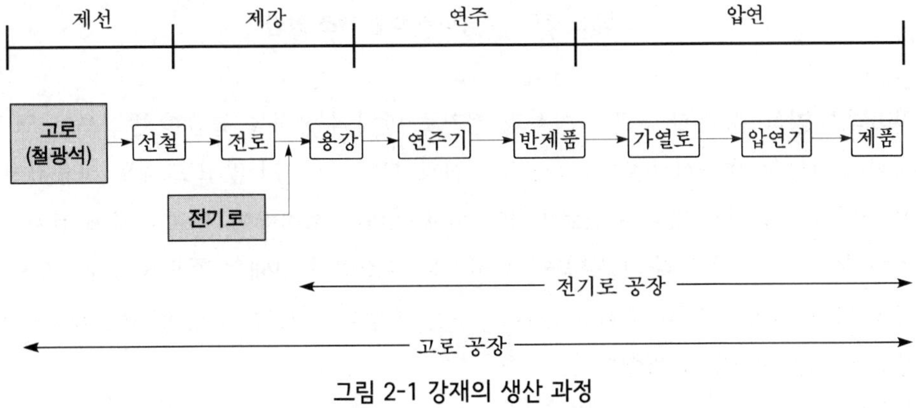

그림 2-1 강재의 생산 과정

2.1.2 철강의 제조방법

1. **고로(용광로) 방식**(blasting furnace) : 고로는 흔히 용광로라고 부르는 것으로 철광석, 코크스, 석회석을 고로에 넣고 1,200℃의 고온에서 녹여 철강을 만드는 방법으로 고대부터 사용되고 있는 전통적인 방식이며, 현대에도 여전히 가장 많이 사용되는 방식이다.

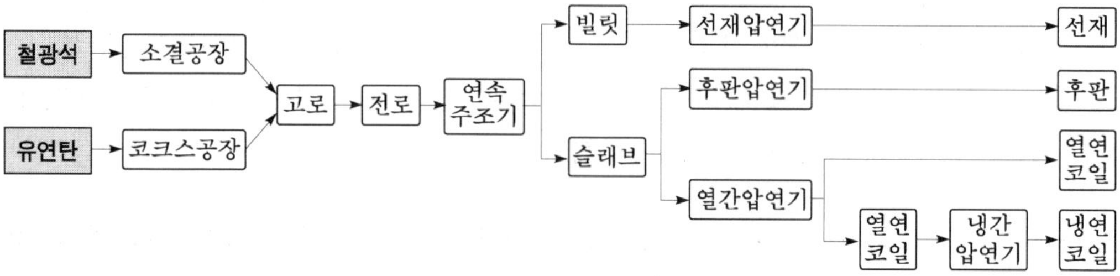

그림 2-2 고로방식에 의한 제조 방법

2. **전기로 방식**(electric arc furnace) : 전기를 이용하여 철강을 만드는 방식으로 원재료는 재활용된 철스크랩을 녹여서 쇳물을 만드는 방식이다. 소량이면서 양질의 강철을 생산하는데 주로 사용되는 방법으로 전기를 이용하여 철스크랩을 녹이므로 전력이 많이 소모되지만 용광로방식에 비해 에너지 효율이 높고 대기 오염이 적다.

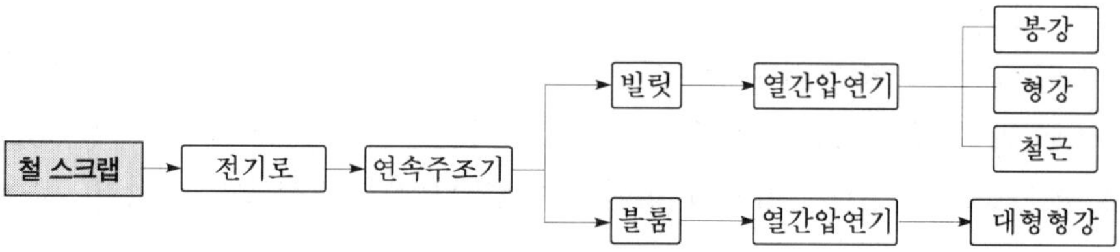

그림 2-3 전기로방식에 의한 제조 방법

3. **파이넥스 방식**(FINEX) : 고로 방식과 전기로 방식의 장점을 결합한 방법으로 코크스공정이 필요없는 새롭게 개발된 방식으로 철광석을 가공하지 않고 그대로 사용하기 때문에 소결과정이 필요 없고 용광로방식에 비해 에너지 소비량이 적고 대기 오염이 적지만 기술적인 어려움이 있다. 일반적인 제철소는 부스러기 형태의 철광석과 유연탄을 용광로에 넣기 전에 덩어리 형태로 만들어 주는 과정을 거쳐야 하지만 파이넥스는 이러한 중간 과정을 생략한 신기술이다.

표 2-1 제조 방법별 특징

구분	고로(용광로)	전기로	파이넥스
주원료	철광석, 코크스, 석회석	고철(철스크랩)	저품위 분철광석과 일반분전
용량	대용량	중, 소용량	중, 소용량
조업방법	철광석을 이용	철스크랩을 이용	철광석을 이용
장점	다양하고 고품질 철강 생산 대량 생산 가능 비용이 비교적 저렴	건설비 적음 경제적 생산 가능 전기이용한 친환경성	원가 절감 코크스와 소결과정 생략 오염물질 배출 최소
단점	초기 건설비 많음 생산공정이 복잡 환경오염 심각	전기료 많음 고로 대비 품질 저하	포스코만의 독자기술 기술제휴 등이 필요
제품	판재(후판, 열연, 냉연강판)	봉형강류, 철근	판재류, 봉형강류
마진율	품질우수 → 마진율 높음	품질저하 → 마진율 낮음	고로대비 85% 수준
제조	POSCO, 현대제철	현대제철, 동국제강 등	POSCO

2.1.3 철강의 제강방법

1. **산소 전로법**(oxygen converter process) : 쇳물에 산소를 불어넣어 불순물을 제거하고 원하는 성분을 조절하여 강을 만드는 방법이다.

2. **평로법**(open hearth furnace process) : 평면 형태의 용기를 사용하여 선철을 녹이고, 공기 또는 산소를 불어넣어 불순물을 산화시키는 방법이다.

3. **전기로 용해법**(electric furnace process) : 전기로에 철스크랩과 석회석을 넣고 전기를 이용하여 용융시켜 강을 만드는 방법이다.

4. **VD 공정**(vacuum degassing process) : 용해된 강에 진공처리를 실시하여 불순물과 기포를 제거하는 방법이다.

2.1.4 철강의 압연방법

1. **열간 압연**(hot rolling) : 강괴를 1,200℃ 이상의 고온에서 가열하여 롤러 사이로 압착하여 강판, 봉강, 형강 등을 만드는 방법이다.

2. **냉간 압연**(cold rolling) : 열간 압연된 강판을 다시 가열하지 않고 롤러 사이로 압착하여 더 얇고 정밀한 강판을 만드는 방법이다.

2.2 강재의 화학적 성질 Chemical Properties of Steel

2.2.1 철강의 5대 성분

표 2-2 철강의 5대 성분

화학 성분	특성
탄소(C)	- 탄소량이 증가하면 인장 및 항복강도, 경도는 증가, 신율, 수축율, 연성은 감소 - 일반적으로 탄소함량은 0.05~1.5%
규소(Si)	- 규소량이 증가하면 인장 및 항복강도가 상승하고, 0.2~0.4% 정도에서 신율 및 수축율 상승 - 일반적으로 규소함량은 0.1~0.6%
망간(Mn)	- 강도를 개선하고 충격특성에 영향을 미치며, 압연성을 향상시키고, 취성을 감소시킴 - 일반적으로 망간함량은 0.3~1.3%
인(P)	- 내후성을 향상시키고, 용접성, 냉간가공성, 충격특성을 저하시킴 - 일반적으로 인함량은 0.04% 이하 유지
황(S)	- 1300도 이상 고온에서 융해되고 온도취성, 연신율, 강도, 충격치저하 등에 영향, 0.05% 이하로 규제 - 일반적으로 황함량은 0.05% 이하 유지

2.2.2 첨가 화학 성분

표 2-3 첨가 화학 성분

화학 성분	특성
바나듐(V) 나이오븀(Nb)	- 열처리시 강도 증가, V의 경우 고온에서 조직 성장 방해 : 공구강에서 중요 - Nb은 스테인레스강에서 부식을 촉진하지 못하도록 방해함
니켈(Ni)	- 강도, 경도 향상, 다른 원소들에 의한 취성을 감소
크롬(Cr) 몰리브데넘(Mo)	- 강도, 경도 향상, 열처리 효과 증대 - Cr이 12% 이상이면 스테인레스강 특성, Mo은 공구강으로 사용
텅스텐(W) 코발트(Co)	- 고온에서 안정하고 경도가 높아 고합금 공구강으로 사용

2.2.3 구조용 강재의 분류

강재는 강구조에서 사용되는 철로 이루어진 균질한 재료를 말한다. 강재의 종류는 여러 가지가 있는데, 탄소 함유량이 많아질수록 강도는 증가하지만 취성 또한 증가한다. 탄소 이외에도 다른 원소들이 들어가지만, 98% 이상의 성분은 철로 되어 있으며, 구성 성분의 비율에 따라 강재의 종류와 사용되는 분야가 달라지며, 탄소강, 합금강, 열처리강 및 TMC 강으로 구분한다. 표 2-4에서는 성분별, 용도별, 제조법별, 형상별 강재를 분류하고 있다.

표 2-4 강재의 분류

구분	종류	내용
성분	순철	탄소함유량 0.02% 이하, 불순물이 적은 철
	강철	탄소함유량 0.02~2.0%, 선철을 제련한 강(0.25~0.29% 구조용)
	선철	탄소함유량 2.5~4.5%, 철강석을 제련하여 맨 처음에 얻어지는 것
용도별	일반강	일반 구조용강으로 탄소(0.1~0.9%) 이외에 규소, 망간, 인, 황 등을 함유한 강
	특수강(합금강)	공구강, 기계 구조용강, 특수용도강으로 함유 원소(크롬, 니켈, 몰리브데넘, 바나듐) 등을 첨가시킨 강
제조 방법별	열간압연 제품	재결정 온도 이상(800~1200℃)에서 제강한 반제품을 압연, 인발 등에 의해 제품화한 것
	냉간압연 제품	열간 압연 제품을 더 가공해서 제품화하기 위해 재결정 온도 이하(800℃이하)에서 냉간 압연한 것
	주강품	소정의 형성틀에 주물을 부어 일정 형상으로 가공한 제품
	단강품	소정의 재료를 단조를 통하여 제품화한 것
형상별	조강류	형강(H-shape, tee, angle, channel, I-shape, 레일, 구평 형강, sheet pile 등), 봉강(원형강, 각강, 육각강, 팔각강, 이형 봉강 등), 선재(원형, 이형)
	강판류	후판, 중판, 열연, 냉연 박판, 표면 처리 강판 등
	강관류	무계목강관(seamless steel), 용접강관(welded steel)

1. **탄소강**(Carbon steel) : 탄소량에 따라 강도와 인성이 결정되며, 탄소량이 증가하면 강도는 증가하나, 연성이나 용접성이 저하되며, 우리가 사용하는 구조용 강재의 탄소량은 0.25% ~ 0.29% 정도인 연탄소강이다.
   (1) 저탄소강(Low carbon) ≤ 0.15% : 연성(ductility)
   (2) 연탄소강(Mild carbon) : 0.15% ~ 0.29%
   (3) 중탄소강(Medium carbon) : 0.3% ~ 0.59%
   (4) 고탄소강(High carbon) : 0.6% ~ 1.7% : 취성(brittle), 인성(toughness)

2. **합금강**(High-strength low alloy steels) : 탄소강의 단점을 보완하기 위하여 합금원소를 첨가시킨 강재이다.

3. **열처리강**(High-strength quenched and tempered alloy steels) : 담금질(quenching)과 뜨임(tempering)의 열처리를 통해 생산된 고강도 강재이다.

4. **TMC강**(Thermo mechanical control process steels) : 용접성과 내진성이 뛰어난 극후판의 고강도 강재이다.
   (1) **TMC 강재의 출현 배경** : 그림 2-4
   (2) **TMC 강재의 정의** : Thermo Mechanical Control Process의 이니셜(Initial)로 열가공 제어법이라고 하며, 열간 압연시에 압연 온도를 제어하여 최적의 재질로 압연하는 과정을 거쳐 제조된 강재를 TMC강재라 한다.
   (3) **TMC 강재의 특징** : 40mm초과의 후강판에 대해 일반강재는 약10%의 강도 저감이 있으나 TMC강재는 40mm초과의 극후강판에 대해서도 강도가 유지되며, 강재의 소성역이 상대적으로 커 연성적인 거동으로 지진에 유리하다.

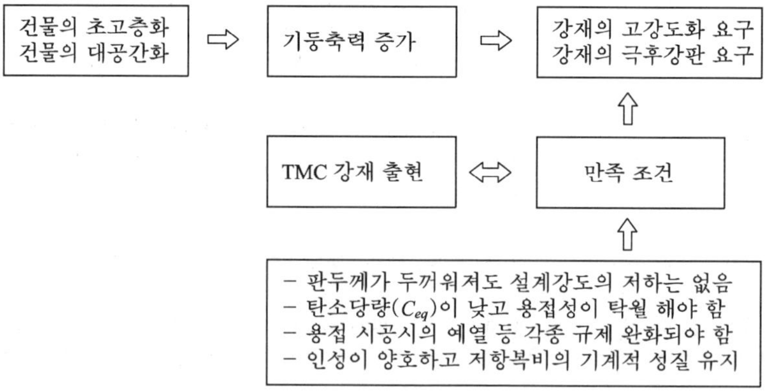

그림 2-4 TMC 강재의 출현 배경

2.2.4 강재의 용접성

강재의 용접성은 탄소와 다른 원소와의 비율인 탄소당량(C_{eq}, Carbon Equivalent)으로 평가하며, 탄소당량이 낮을수록 용접성이 좋고, 높을수록 용접 후 균열 발생 가능성이 높아진다. 보통은 탄소당량이 0.44% 이하이면 용접에 적합하다. 용접성에 가장 크게 영향을 미치는 것이 탄소 함유량이며, 동일 두께의 강재에서는 강도가 높을수록 용접성이 저하되며 예열을 하면 용접성이 양호해 진다.

2.3 강재의 기계적 성질 Mechanical Properties of Steel

2.3.1 강재의 응력-변형도 관계

1. **탄성영역**(elastic range)
   (1) **비례한도**(proportional limit) : 응력과 변형이 비례하여 선형관계가 유지되는 최대 응력한도 구간이다.
   (2) **탄성한도**(elastic limit) : 힘을 제거하면 시험편은 원래의 위치로 돌아가는 한계점이다.

2. **소성영역**(plastic range)
   (1) **항복점**(yield point) : 응력의 증가 없이도 변형이 크게 증가하기 시작하는 점의 응력을 말하며 상항복점(upper yield point), 하항복점(low yield point)이라고 하며 일반적인 항복점은 하항복점을 말한다.
   (2) **루더선**(Lüders line) : 인장 응력을 받는 강재의 표면에 나타나는 국부적인 소성변형의 선을 말하며, 응력의 증가없이 변형만 증가한다.

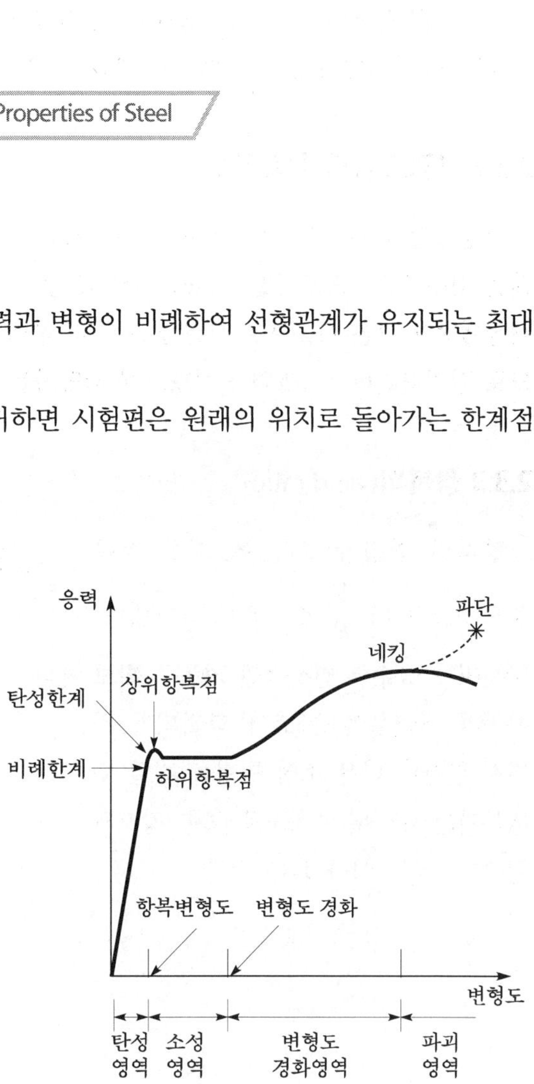

그림 2-5 강재의 응력-변형도 관계

3. **변형도경화영역**(strain hardening range) : 재료가 소성 변형된 후에도 추가적인 힘을 가하면 더 큰 변형이 발생하며, 이때 재료의 강도가 증가하는 현상을 나타내는 영역으로 재료가 변형될수록 더 강해지는 현상을 나타낸다.

4. **파괴영역**(plastic range)
   (1) **네킹**(necking) : 인장 응력을 받는 강재의 단면적이 국부적으로 감소하는 현상으로 단면의 일부가 약화되어 주변 영역보다 더 많이 변형되기 시작하면서 발생된다.
   (2) **인장강도**(tensile strength) : 강재가 지탱할 수 있는 최대 응력으로 재료를 양쪽에서 잡아당겨 끊어질 때까지 버틸 수 있는 힘의 세기를 나타내는 값이다.

2.3.2 고강도강의 항복강도

고강도강에서는 항복마루(yield plateau) 영역의 길이가 짧기 때문에 항복점이 분명하지 않을 경우 0.2% 오프셋법(offset method)를 적용하도록 하였다. 변형률 0.002에서 강재의 탄성계수와 같은 기울기로 직선을 그은 후 응력-변형률 곡선과 만나는 점의 응력을 항복강도로 결정하거나, 0.5%의 총변형도에 해당하는 응력을 항복강도로 사용한다(그림 2-6).

2.3.3 항복비(yield ratio)

강재의 인장장도(F_u)에 대한 항복강도(F_y)의 비 $\frac{F_y}{F_u} \leq 1.0$로 나타내며, 항복비가 클수록 연성적인 거동을 확보하기가 어려우며, 재료가 파괴되기 전까지 얼마나 많은 소성 변형을 견딜 수 있는지를 나타내는 척도로 보통 강재의 항복비는 0.7 이하이다.

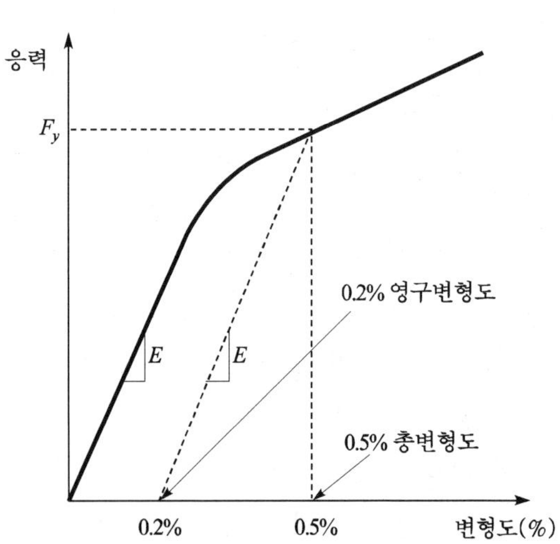

그림 2-6 고강도 강재의 항복강도 산정

2.4 온도에 따른 강재의 성질 Properties of Steel according to Temperature

강재는 온도 변화에 따라 화학적 성질, 기계적 성질 및 물리적 성질 등이 변화하며, 이러한 변화는 강재 사용에 큰 영향을 미칠 수 있기 때문에 설계 및 제작 과정에서 반드시 고려해야 한다. 특히, 화재가 발생했을 때 강재의 온도가 올라가지 않도록 내화피복 등을 해야 하며, 내화피복은 정해진 시간 동안 한계온도인 538℃를 초과하지 않도록 제어하여야만 한다.

2.4.1 화학적 성질

온도가 상승하면 부식 속도가 증가하며, 고온에서는 산화 속도가 빨라져 강재의 손상을 가속화할 수 있다.

2.4.2 기계적 성질

(1) **강도** : 온도가 상승하면 강도는 감소하며, 일반적으로 200~250℃에서 강재의 거동이 비선형적으로 되어 연신율이 최소가 되고 강도는 250~300℃에서 인장강도가 최대, 500~600℃에서 상온 인장강도 및 항복강도가 절반 이하로 떨어질 수 있으며, 800℃ 이상에서는 인장강도가 0에 가까워진다.

(2) **인성** : 온도가 상승하면 인성은 증가하여 충격이나 변형에 대한 저항력이 높아지지만 너무 높은 온도에서는 오히려 인성이 감소할 수 있다.

(3) **연성** : 온도가 상승하면 연성은 증가하여 변형되기 쉬워진다.

(4) **탄성계수** : 온도가 상승하면 탄성계수는 감소하게 되어 동일한 하중에 대해 더 많이 변형된다.

2.4.3 물리적 성질

(1) **열팽창** : 온도가 상승하면 강재는 팽창하며, 이는 열 응력을 발생시킬 수 있어 구조물의 안정성에 영향을 미칠 수 있다.

(2) **열전도도** : 온도가 상승하면 열전도도는 증가한다.

(3) **비열** : 온도가 상승하면 비열은 증가하여 더 많은 열을 흡수할 수 있다.

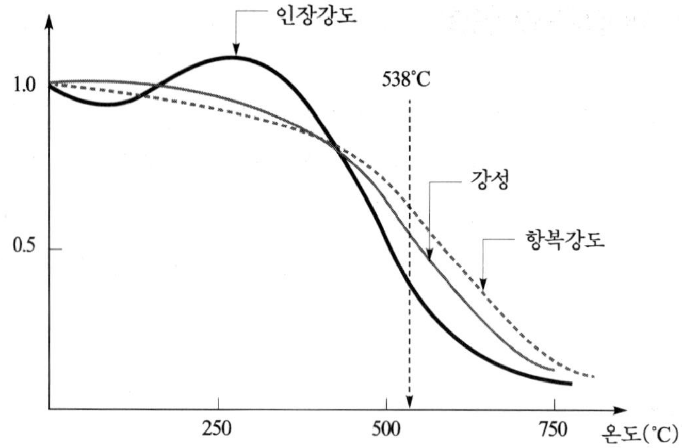

그림 2-7 강재의 열적 특성

2.5 구조용 강재 Structural Steel

2.5.1 구조용 강재의 KS규격과 성질

(1) **일반구조용 압연강재**(SS, Steel Structural) : 가장 일반적으로 많이 사용하는 강재이나 용접 시 판두께가 두꺼워지면 강철의 조직이 거칠어져 취성이 증가하며, 수축응력에 따라 다축 응력 상태가 발생할 우려가 있어 용접 시 신중을 기하여야 하기에 용접구조용 압연강재(SM)를 사용하는 것이 바람직하다.

(2) **용접구조용 압연강재**(SM, Steel for Marine) : 항복강도는 일반구조용 강재와 동일하며 용접이 가능하도록 개선된 강재로 특히, B종 및 C종은 충격시험에 의한 저온인성을 보증하고 있어서 취성파괴를 일으킬 염려가 없다.

(3) **용접구조용 내후성 열간 압연강재**(SMA, Steel for Marine Atmospheric) : 일반강재에 내식성이 우수한 원소를 소량 첨가한 합금강으로서 스테인레스 등의 고합금강에 비해서는 뒤지지만 일반강재에 비해서는 4~8배의 내식성을 갖는 강재이다. 내후성강재는 도장용강재(Painting)와 무도장강재(Weathering)로 구분되며, 적용여건에 따라 선별적인 사용이 가능하다.

(4) **건축구조용 압연강재**(SN, Steel New) : 일반구조용 강재에 내진성능을 개선한 강재로 기존 SS나 SM강재가 보급된 이후에 생산되었기 때문에 New를 사용한다.

(5) **건축구조용 열간 압연형강**(SHN, Steel H-beam New) : 내진성능이 뛰어난 건축구조용 H-형강으로 용접 성능도 우수하다.
(6) **건축구조용 고성능 압연강재**(HSA, High-performance rolled steel for building structures) : 항복강도 $F_y = 650\,MPa$, 인장강도 $F_u = 800\,MPa$ 이상 되는 초고도강재로 초고층 구조물에 사용된다.
(7) **TMC 강재**(Thermo-Mechanical Control Process) : 압연가공 과정에서 열처리 공정을 동시에 실행하여 제조된 강재로 낮은 탄소 함량으로 용접성을 개선하여 용접성이 매우 우수하며, 강재의 두께가 증가하더라도 항복강도의 저하가 없도록 특성을 향상시킨 강재이다.

2.5.2 강재 기호의 의미

(1) **S** : 강재(Steel)를 의미한다.
(2) **M** : 제품의 형상이나 용도 및 강재의 종류를 의미하며, S(일반구조용), M(용접구조용), MA(용접구조용 내후성 열간), N(건축구조용), HN(건축구조용 열간)을 나타낸다.
(3) **355** : 강재의 종류에 대한 최저 항복강도를 표기한다.
(4) **B** : 재료의 연성(ductility) 또는 인성(toughness)의 판정을 위한 샤르피(Charpy) 충격흡수에너지에 대한 강재의 품질을 표기한다, A→B→C로 갈수록 P(인)와, S(황)의 함량이 낮아져 연성, 충격 특성, 용접성이 우수하며. 특히 B와 C는 저온인성도 우수하다.
(5) **W** : W(Weathering steel)는 일반적으로 녹슬지 않는 강재, P(Painting steel)는 도장처리가 필요한 강재로 구분한다.
(6) **N** : N(Normalizing)은 강재를 적절한 온도까지 가열한 후 공기 중에서 천천히 식히는 열처리 공정으로 결정 구조를 균일화하고 내부 응력을 제거하는 데 사용된다. T(Tempering)는 담금질된 강재를 가열하여 결정 구조를 안정시키고 취성을 줄이는 열처리 공정으로 온도가 높을수록 강도는 감소하고 연성은 증가한다. Q(Quenching)는 강재를 적절한 온도까지 가열한 후 물, 기름 또는 다른 냉각 매질에 빠르게 담가 급격히 식히는 열처리 공정으로 강재의 결정 구조를 변화시켜 경도와 강도를 증가시킨다.
(7) **ZC** : ZA(가장 취성이 높은 등급이며 러멜라 테어링에 가장 취약), ZB(중간 등급이며 러멜라 테어링에 대한 저항성이 다소 높음), ZC(가장 내구성이 높은 등급이며 러멜라 테어링에 가장 강함)로 구분된다.

표 2-5 주요구조용 강재의 표준 및 기호

구분	표준		강재기호
주요 구조용 강재	KS D 3503[1]	일반 구조용 압연 강재	SS235, SS275, SS315 SS410, SS450, SS550
	KS D 3515	용접 구조용 압연 강재	SM275A, B, C, D, – TMC SM355A, B, C, D, – TMC SM420A, B, C, D, – TMC SM460B, C, – TMC
	KS D 3529	용접 구조용 내후성 열간 압연 강재	SMA275AW, AP, BW, BP, CW, CP SMA355AW, AP, BW, BP, CW, CP SMA460W, P
	KS D 3861	건축구조용 압연 강재	SN275A, B, C SN355B, C SN460B, C
	KS D 3866	건축구조용 열간 압연 형강	SHN275, SHN355 SHN420, SHN460
	KS D 5994	건축구조용 고성능 압연강재	HSA650
	KS D 3003	항만 및 해양 구조용 내식성 강재	HSM380
	KS D 3868	교량구조용 압연 강재	HSB380, L, W HSB460, L, W HSB690, L, W
강관	KS D 3566	일반구조용 탄소 강관	SGT275, SGT355, SGT410 SGT450, SGT550
	KS D 3568	일반구조용 각형 강관	SRT275, SRT355, SRT410 SRT450, SRT550
	KS D 3632	일반구조용 탄소 강관	SNT275A, SNT275E SNT355A, SNT355E SNT460A, SNT460E
	KS D 3864	일반구조용 각형 탄소 강관	SNRT295E, SNRT360E SNRT275A, SNRT355A

주1) KS D 3503 강재 적용은 비용접부재로 한정한다. 다만, 판 두께 22mm 이하의 가설자재로 사용하는 경우나, 2차부재로서 용접구조용 강재(예 : SM재)의 입수가 곤란한 경우에는 용접 시공시험을 통해 용접성에 문제가 없음을 확인한 후 SS275 강종에 한하여 사용 가능하다.

2.5.3 구조용 강재의 명칭

구조용 강재는 강종(steel grade), 형상(steel shape), 용도(steel application)에 따라 다양한 명칭으로 표시되며, 그림 2-8은 강종 및 용도에 따른 명칭을 예시한 것이다.

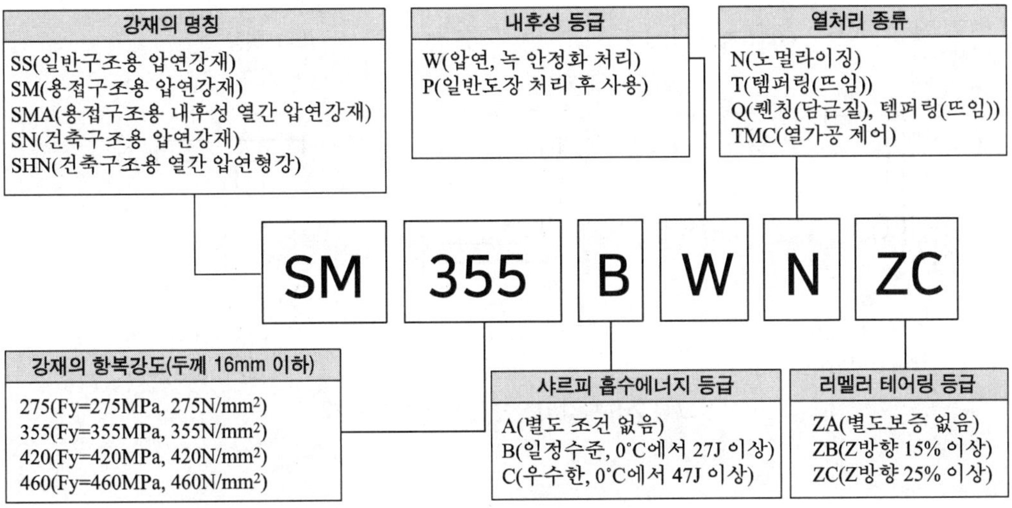

그림 2-8 강재의 규격 체계

2.5.4 강재의 단면형상 및 규격

1. **H-형강 및 I-형강** : 형강의 종류에는 H-형강, I-형강, ㄷ-형강, ㄱ-형강, T-형강, Z-형강 등이 있으며, 이 중에서 H-형강은 구조재로 가장 널리 사용되며, H-형강을 제외한 나머지 형강은 주로 2차 구조 부재로서 적절한 용도에 맞추어 사용된다(그림 2-9).

2. **경량 형강** : 형강의 단면크기에 비하여 판의 두께를 얇게(보통 3 ㎜ 이하) 만들고 단면 성능을 좋게 한 강재로 보통 마감재를 지지하기 위한 구조재로 사용된다(그림 2-10).

3. **강관** : 원형 강관 및 각형 강관이 있으며, 원형 강관은 지붕트러스, 입체트러스 등 넓은 공간구성에 많이 쓰이며, 각형 강관은 건물의 외부 커튼월을 지지하기 위한 구조체로 많이 사용된다(그림 2-11).

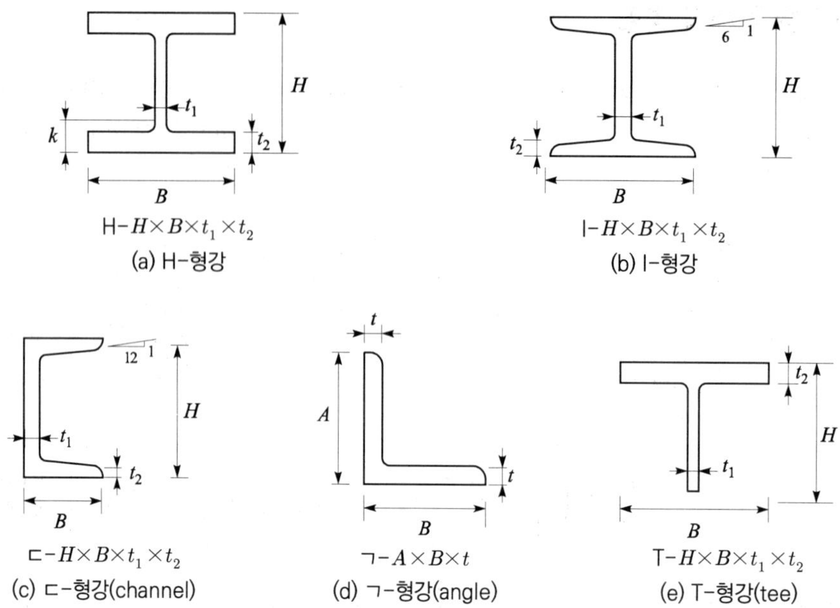

그림 2-9 형강의 단면형상과 치수 표기

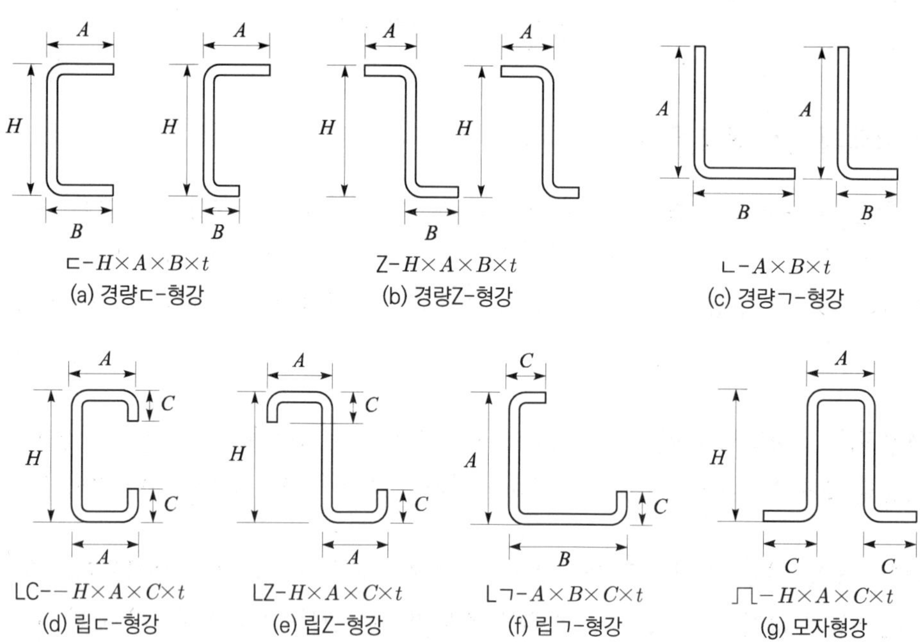

그림 2-10 경량형강의 단면형상과 치수 표기

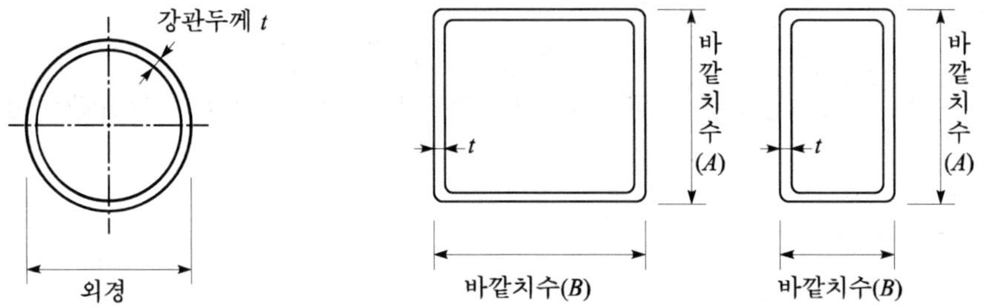

$\phi-$외경$\times t$　　　　$\square-A\times B\times t$

(a) 원형강관　　　　(b) 각형강관

그림 2-11 강관의 단면형상과 치수 표기

2.6 구조용 강재의 재료강도 및 재료정수 Material Strength & Constant

2.6.1 구조용 강재의 강도

최소 항복강도(F_y) 및 최소 인장강도(F_u) 값은 표 2-6을 사용하며, 강재의 판두께가 100mm (TMC강재인 경우 80mm)를 초과한 경우에는 규정에 따라 안전성이 인정되어야 한다.

표 2-6 주요 구조용 강재의 재료강도(MPa)-1

강도	강재 기호 / 판 두께	SS235	SS275	SM275 SMA275[1]	SS315	SM355 SMA355[1]	SS410	SM420	SS450	SM460[2] SMA460[3]	SS550
F_y	16mm 이하	235	275	275	315	355	410	420	450	460	550
	16mm 초과 40mm 이하	225	265	265	305	345	400	410	440	450	540
	40mm 초과 75mm 이하	205	245	255	295	335	–	400	–	430	–
	75mm 초과 100mm 이하	205	245	245	295	325	–	390	–	420	–
	100mm ~ 200mm	195	235	235	275	305	–	380	–	–	–
F_u		330	410	410	490	490	540	520	590	570	690

주1) SMA275CW,CP, SMA355CW, CP 적용두께 100mm 이하

주2) SM460B, C는 주문자 제조자 협정에 따라 150mm 이하 강판 제조 가능

주3) SMA460W, P 적용두께는 100mm 이하

표 2-6 주요 구조용 강재의 재료강도(MPa)-2

강도	강재 기호 / 판 두께	SN275	SN355	SN460	SHN275[2)]	SHN355[2)]	SHN420[2)]	SHN460[2)]
F_y	6mm 초과 40mm 이하	275	355	460	275	355	420	460
	40mm 초과 100mm이하	255[1)]	335	440				
F_u	100mm이하	410	490	570	410	490	520	570

주1) SN275A의 항복강도는 265MPa

주2) SHN강의 적용두께는 75 mm 이내

표 2-6 주요 구조용 강재의 재료강도(MPa)-3

강도	강재 기호 / 판 두께	HSB380 HSM500[1)]	HSB460	HSB690[2)]	HSA650[2)]	SM275-TMC[3)]	SM355-TMC[3)]	SM420-TMC[3)]	SM460-TMC[3)]
F_y	100 mm 이하	380	460	690	650	275	355	420	460
F_u	100 mm 이하	500	600	800	800	410	490	520	570

주1) HSM500 적용두께는 40mm 이하

주2) HSA650, HSB690 적용두께는 80mm 이하

주3) 열가공제어(TMC)를 한 경우 두께에 따른 항복강도의 저감없이 기준값(16mm이하의 항복강도)을 적용한다.

건축 강구조 건축물에 적용되는 TMC강재의 적용두께는 80mm 이하

2.6.2 접합재료의 강도

(1) **고장력볼트 최소인장강도** : 주요 접합재료로 사용되는 고장력볼트의 규정 최소강도는 표 2-7과 같으며, 고장력 볼트에는 크롬-몰리브데넘강, 니켈-크롬강 등의 특수 합금강이 사용되고 이러한 합금강은 높은 인장강도뿐만 아니라 내마모성, 내열성 등 우수한 기계적 성질을 가지고 있다. 고장력볼트는 등급에 따라 F8T는 일반적인 고장력볼트로 건축, 기계 등 다양한 분야에 사용되며, F10T는 높은 강도와 내구성을 가지고 있어 건축구조물에 주로 사용되고, F13T는 매우 높은 강도를 요구하는 항공우주, 자동차 등 부하가 크게 작용하는 환경에서 사용한다.

(2) **일반볼트의 최소인장강도** : 1차 부재가 아닌 2차 부재 등의 마감재 접합재료로 사용되는 일반볼트의 최소강도는 표 2-8과 같다.

표 2-7 고장력볼트의 재료강도(MPa)

최소강도 \ 볼트등급	F8T	F10T	F13T[1)]
F_y (항복강도)	640	900	1,170
F_u (인장강도)	800	1,000	1,300

주 1) 기준에 의하여 수소지연파괴민감도에 대하여 합격된 시험성적표가 첨부된 제품에 한하여 사용하여야 한다.

표 2-8 일반볼트의 재료강도(MPa)

최소강도 \ 볼트등급	4.6
F_y (항복강도)	240
F_u (인장강도)	400

2.6.3 강재의 재료정수

구조용 강재의 탄성계수, 전단탄성계수, 푸아송비 및 선팽창계수 등의 재료정수는 일반적으로 표 2-9과 같은 값을 사용한다.

표 2-9 강재의 재료정수

재료 \ 정수	탄성계수 E(MPa)	전단탄성계수 G(MPa)	푸아송비(ν)	선팽창계수 α (1/℃)
강재	210,000	81,000	0.3	0.000012

2.7 강재 용어정리 Glossary of Terms

용어	용어 설명	비고
담금질 (quenching)	강을 700~750℃ 정도로 가열했다가 급랭시키면 강재의 강도 및 경도가 증가되고, 내구성이 향상되지만 연성은 감소되며 종류로는 물, 기름, 가스 담금질로 분류	
뜨임 (tempering)	담금질로 열처리한 강을 다시 200~400℃ 정도로 가열하였다 서냉시켜 강의 조직을 안정상태로 회복시켜 강도와 연성 증가	
탄성 (elastic)	힘을 가했을 때 변형된 물체가 힘을 제거하면 원래 모양으로 되돌아가려는 성질	loading path = unloading path
소성 (plastic)	힘을 가했을 때 변형된 물체가 힘을 제거해도 변형된 모양 그대로 유지되는 성질	loading path ≠ unloading path
강도 (strength)	물체가 파괴되기 전까지 견딜 수 있는 최대 응력 또는 하중을 나타내는 기계적 성질로 탄성계수(E)를 의미	
강성 (stiffness)	물체가 힘을 받았을 때 변형에 저항하는 정도를 나타내는 기계적 성질로 단면2차모멘트(I)를 의미하지만 구조에서는 보통 $\frac{EI}{l}$ 로 표기	
연성 (ductility)	재료가 하중을 받아 항복 후 파괴에 이르기까지 소성변형을 할 수 있는 능력	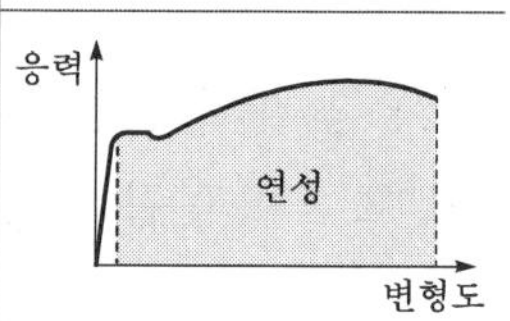
인성 (toughness)	재료의 변형에너지를 흡수할 수 있는 능력으로 응력-변형도 곡선에서 수평 투영면적으로 정의되며 재료의 강도와 연성에 의하여 결정	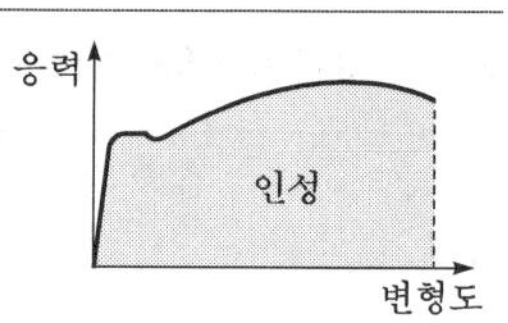
노치인성 (notch toughness)	노치가 있는 재료의 취성파괴에 대한 저항능력	
파괴인성 (failure toughness)	강재는 낮은 온도나 고속재하의 조건에서 큰 소성변형이 반복적으로 작용하면 충분한 에너지 흡수를 못하고 유리와 같이 부서져 버리는 파괴특성	
청열취성 (blue shortness)	강재가 푸른빛을 띠는 산화막이 생기는 온도 영역에서 발생하여 연신율이 250℃ 부근에서 최소가 되는 현상	

용어	용어 설명	비고
연성파괴 (ductile failure)	탄성한계를 초과하여 재료가 파괴에 이르기까지 큰 소성변형 후 파괴	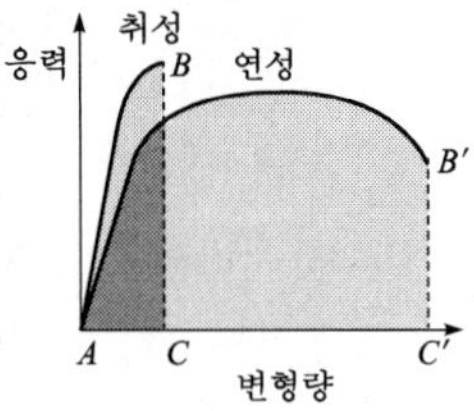
취성파괴 (brittle failure)	부재의 응력이 탄성한계 내에서 충격하중에 의하여 부재가 갑작스럽게 파괴	
크리프 (creep)	일정한 응력의 지속상태에서 시간에 지날수록 점점 더 변형되어 모양이 왜곡되는 현상	
응력이완 (relaxation)	변형을 일정하게 고정시켰을 때 시간이 지남에 따라 변형을 유지하는데 필요한 하중 또는 응력이 줄어드는 현상	
에너지 흡수 (energy absorption)	강재가 소성변형을 하는 과정에서 흡수되는 것으로 그 대부분은 열로 변환되어 강재의 온도를 상승	
영구변형도 (permanent strain)	큰 힘을 주거나 장시간 작용하는 힘은 힘을 제거하여도 원래의 모습으로 복원되지 못하고 변형이 탄성한계를 초과하여 변형된 것	
총변형도 (total strain)	탄성변형+크리프변형+수축변형의 합	
잔류응력 (residual stress)	외부 하중 없이도 부재 내부에 존재하는 응력으로 부재를 만든 후 외부 하중을 가하지 않아도 원래 단면을 유지하려는 힘	
탄소당량 (carbon equivalent)	철강에서 합금 원소의 영향을 탄소의 영향에 환산한 값으로 탄소 당량은 특정 강종의 용접성을 평가하는 데 사용할 수 있는 척도이며, 탄소 당량이 낮을수록 용접성이 양호하며, 탄소당량이 높은 강을 용접하는 경우 균열을 방지하기 위해 예열 또는 후열 처리가 필요	$C_{eq} = C + \frac{Mn}{6} + \frac{Cr+Mo+V}{5} + \frac{Ni+Cu}{15} \leqq 0.44$
용접갈라짐 감수성조성 (parameter crack measurement)	용접 후 강재에서 발생할 수 있는 균열 유형인 저온 균열에 대한 강재의 취약성을 평가하는 데 사용되는 지수로 값이 높을수록 강재가 저온 균열에 더 취약하다는 것을 의미하며, 값이 높은 강을 용접하는 경우 균열을 방지하기 위해 예열 또는 후열 처리가 필요	$P_{cm} = C + \frac{Mn+Si}{10} + \frac{Ni+Cu+V}{30} + \frac{Cr+M0}{20} \leqq 0.3$

용어	용어 설명	비고
루더선 (Lüders' line)	항복점 이후 시편에 약45도 경사진 선이 나타나는 것으로 최대 전단 응력에 의해 재료가 파손되는 것으로 루더선이 진행되는 동안은 응력-변형도 곡선에서 응력이 증가하지 않고 변형이 평탄하게 증가하거나 요철을 가지면서 수평으로 이동하고 루더선이 시편 전체를 관통하고 응력이 증가하면서 극한점으로 진행	
네킹 (necking)	인장 변형 중 재료의 단면적이 국부적으로 좁아지는 현상으로 이는 재료의 일부가 약화되어 주변 영역보다 더 많이 변형되기 시작할 때 발생하며, 이러한 네킹 부분은 점점 더 얇아지면서 응력을 더욱 집중시키고 네킹 과정을 가속화	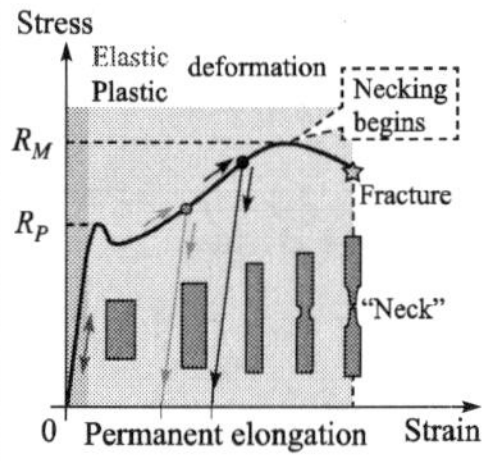
파괴 (fracture)	응력 하에 부서지는 것으로 재료가 완전한 파괴되며 이는 재료가 더 이상 작용하는 하중을 견딜 수 없을 때 두 개 이상의 조각으로 분리되는 지점. 네킹은 종종 파괴의 전조로 네킹 영역이 점점 더 얇아지면 응력 집중이 심화되어 결국 재료의 최대 인장 강도를 초과하여 파괴	
바우싱거효과 (Bauschinger effect)	재료의 탄성한계 이상으로 당기는 힘을 가한 후 압축력을 가하면 당길 때의 탄성한계보다 낮은 압축탄성한계를 지나 압축의 응력-변형 관계는 곡선을 그리는데, 이처럼 어떤 힘을 가한 뒤에는 반대쪽으로의 힘에 대한 탄성한계가 현저하게 저하하는 현상으로 주로 반복하중, 충격하중 등에 대해서의 거동 및 파괴양상	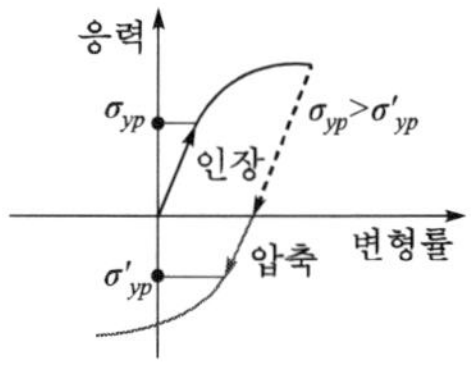
샤르피 충격시험 (Charpy impact test)	V노치가 있는 시험편을 충격 해머로 쳐서 파괴하는 데 필요한 에너지를 측정하여 인성 및 취성을 평가하는 것으로 측정된 에너지는 샤르피 충격 값(CVN)으로 나타내어 J/cm^2 단위로 표현되고 샤르피 충격 값이 높을수록 재료의 인성이 높다는 것을 의미	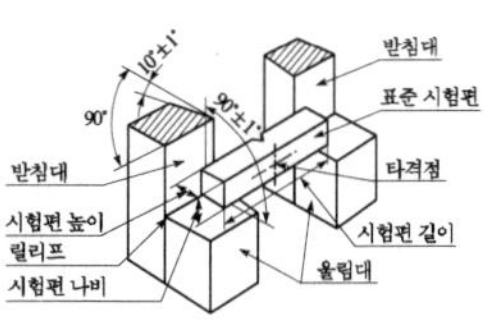
피로강도 (fatigue strength)	S-N 곡선으로 표시되며 강재가 피로 파괴 없이 견딜 수 있는 응력 변화의 범위를 나타내는 것으로 S-N 곡선에서 수평한 부분을 피로한도, S-N 곡선의 경사 부분을 피로강도로 사이클 수가 증가함에 따라 피로강도가 감소	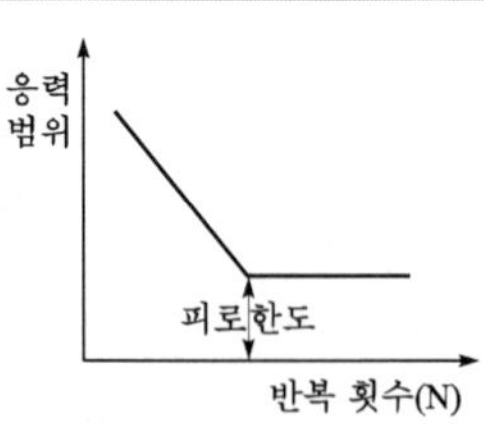

용어	용어 설명	비고
항복강도 (yield strength)	재료에 변형을 일으키는 데 필요한 최소 응력으로 재료가 영구적으로 변형되기 시작하는 지점	
인장강도 (tensile strength)	재료가 파단되기 직전까지 견딜 수 있는 최대 응력으로 재료가 끊어지기 직전에 받는 최대 힘	
열전도도 (thermal conductivity)	물질이 열을 전달하는 능력을 나타내는 물리량으로 물질 내부에서 온도가 높은 부분에서 낮은 부분으로 열이 얼마나 잘 전달되는지를 나타내는 지표	
비열 (specific heat)	물질 1kg의 온도를 1℃ 올리는 데 필요한 열량으로 물질이 열을 얼마나 잘 흡수하고 저장하는지를 나타내는 물리량	
라멜라 테어링 (lameller tearing)	탄성범위 내에서는 비슷한 거동을 보이는 압연방향 단면과 교차되는 단면은 소성범위 내에서의 연성능력이 압연방향에 비해 떨어지며, 특히 Z-방향과 같이 두께가 얇은 판에 수직인 하중이 작용하면 변형의 집중현상과 작은 연성능력으로 인하여 취성파괴가 일어날 수 있으며, 이러한 현상의 주요 원인은 용접 후에 부재에 일어나는 수축현상으로 용접되는 부분이 압연이 진행되는 방향과 일치하도록 하면 이러한 현상이 감소	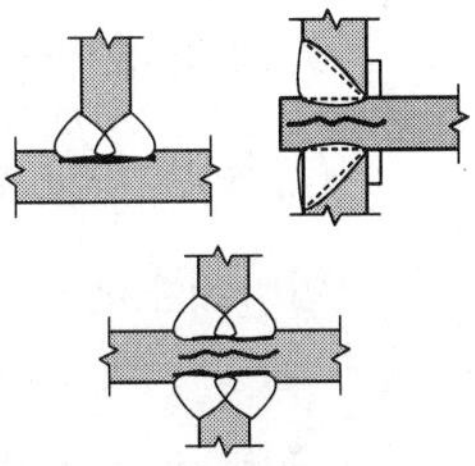
강재 (steel material)	철을 주성분으로 하는 구조용 강의 총칭으로서 구조용 강판, 강관, 형강, 선재, 봉강, 볼트 및 연결재, 정착재, 주조품 등과 이들의 부속재료	
형강 (structural steel)	일정한 단면 모양으로 압연된 강재를 의미하며, 주로 건축 및 토목 구조물에 사용되는 것으로 H-형강, ㄱ-형강, ㄷ-형강, T-형강 등	

2.8 강재 요약 Summary of Steel

1. 강재의 화학적 성질

(1) **구조용 강재의 분류** : 탄소강, 합금강, 열처리강, TMC강

(2) **강재의 용접성** : 탄소와 다른 원소와의 비율인 탄소당량(C_{eq}, Carbon Equivalent)으로 평가, 탄소당량이 낮을수록 용접성이 좋고, 높을수록 용접 후 균열 발생 가능성이 높아지며, 보통은 탄소당량이 0.44% 이하이면 용접에 적합

2. 강재의 기계적 성질

(1) **강재의 응력-변형도 관계** : 비례한도→탄성한도→상항복점→하항복점→루더선→변형경화→인장강도→파괴강도(일반적인 강재의 항복강도는 하항복점 근처)

(2) **고강도강의 항복강도** : 비례한도에 대한 기울기를 0.2% 오프셋하여 만나는 점이나 0.5%의 총변형도에 해당하는 응력
(항복비 : $\frac{F_y}{F_u} \leq 1.0$ 로 나타내며, 항복비가 클수록 연성적인 거동 확보가 어려우며, 일반적으로 0.7 이하가 적당

3. 온도에 따른 강재의 성질

(1) **온도에 따른 강도의 변화**

① 200~250℃ : 비선형거동, 연신율 최소, 청열취성현상 발생
② 250~300℃ : 인장강도 최대
③ 500~600℃ : 항복강도=$0.5F_y$, 인장강도=$0.5F_u$
④ 800℃ : 인장강도, $F_u \approx 0$

(2) **기계적 성질** : 인성(온도가 상승하면 인성은 증가하고 충격이나 변형에 대한 저항력 상승), 연성(온도가 상승하면 연성은 증가하고 변형이 용이), 탄성계수(온도가 상승하면 탄성계수 감소)

(3) **물리적 성질** : 온도가 상승하면 강재는 팽창하며 열 응력 발생, 열전도도 증가 및 비열이 증가하여 더 많은 열을 흡수

4. 구조용 강재

(1) 구조용 강재의 성질

① 일반구조용 압연강재(SS, Steel Structural) : 가장 일반적인 강재, 용접 시 판두께가 두꺼워지면 취성이 증가, 용접에 주의 요망

② 용접구조용 압연강재(SM, Steel for Marine) : 용접이 가능하도록 개선된 강재, B종 및 C종은 충격시험에 의한 저온인성을 보증하고 있어서 취성파괴 우려 없음

③ 용접구조용 내후성 열간 압연강재(SMA, Steel for Marine Atmospheric) : 일반강재에 비해 4~8배의 내식성 보유, 내후성강재는 도장용강재(Painting)와 무도장강재(Weathering)로 구분

④ 건축구조용 압연강재(SN, Steel New) : 내진성능을 개선한 강재

⑤ 건축구조용 열간 압연형강(SHN, Steel H-beam New) : 내진성능이 뛰어난 건축구조용 H-형강

⑥ 건축구조용 고성능 압연강재(HSA, High-performance rolled steel for building structures) : 항복강도 $F_y = 650\,MPa$, 인장강도 $F_u = 800\,MPa$ 이상 되는 초고도강재

⑦ TMC 강재(Thermo-Mechanical Control Process) : 강재의 두께가 증가하더라도 항복강도의 저하가 없도록 특성을 향상시킨 강재

(2) 구조용 강재 기호 및 명칭

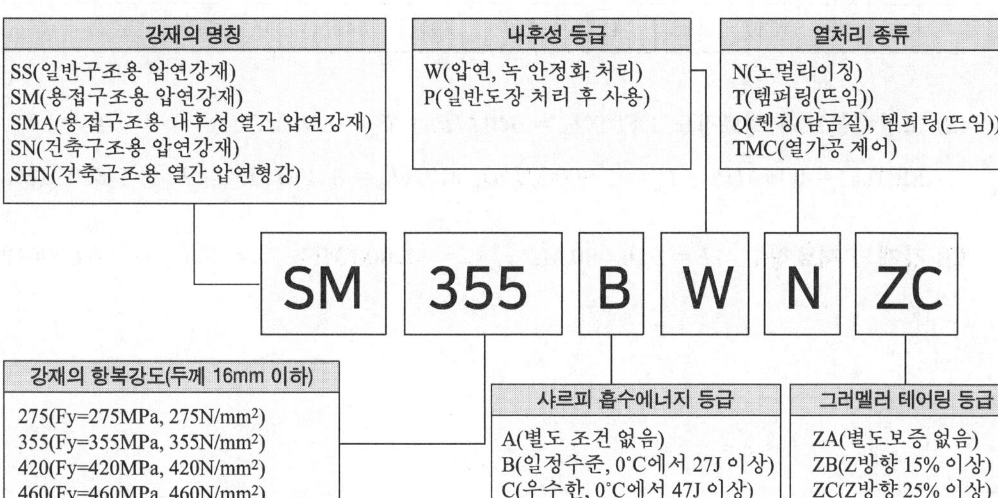

(3) **강재의 표기 방법**

① H-형강 : $H-H$(높이)$\times B$(폭)$\times t_w$(웨브두께)$\times t_f$(플랜지두께)

② I-형강 : $I-H$(높이)$\times B$(폭)$\times t_w$(웨브두께)$\times t_f$(플랜지두께)

③ ㄷ-형강 : ㄷ $-H$(높이)$\times B$(폭)$\times t_w$(웨브두께)$\times t_f$(플랜지두께)-Channel

④ ㄱ-형강 : ㄱ $-A$(높이)$\times B$(폭)$\times t$(두께)-Angle

⑤ T-형강 : $T-H$(높이)$\times B$(폭)$\times t_w$(웨브두께)$\times t_f$(플랜지두께)-Tee

5. 구조용 강재의 재료강도 및 재료정수

(1) 구조용 강재의 재료강도

주요 구조용 강재의 재료강도(MPa)

강도	강재 기호 / 판 두께	SS235	SS275	SM275 SMA275	SS315	SM355 SMA355	SS410	SM420	SS450	SM460 SMA460	SS550
F_y	16mm 이하	235	275	275	315	355	410	420	450	460	550
	16mm 초과 40mm 이하	225	265	265	305	345	400	410	440	450	540
	40mm 초과 75mm 이하	205	245	255	295	335	–	400	–	430	–
	75mm 초과 100mm 이하	205	245	245	295	325	–	390	–	420	–
	100mm ~ 200mm	195	235	235	275	305	–	380	–	–	–
F_u		330	410	410	490	490	540	520	590	570	690

(2) **고장력볼트의 재료강도** : F8T($F_y = 640\,MPa$, $F_u = 800\,MPa$), F10T($F_y = 900\,MPa$, $F_u = 1,000\,MPa$), F13T($F_y = 1,170\,MPa$, $F_u = 1,300\,MPa$)

(3) **강재의 재료정수** : $E = 210,000\,MPa$, $G = 81,000\,MPa$, $\nu = 0.3$, $\alpha = 0.000012$

01. 다음 강재의 성질에 관한 설명 중 가장 부적합한 것은?

① 라멜라 테어링은 압연방향과 직각방향으로 응력이 작용하는 용접 이음부에서 발생하는 층상균열이다.
② 강재에 첨가되어 있는 원소가 용접성에 미치는 영향은 탄소당량으로 표시한다.
③ 뵈흐러곡선(S-N곡선)은 강재의 피로시험 결과를 나타낸다.
④ 충격에 대한 재료의 저항성을 인성이라 하며 연신율이 적은 것이 일반적으로 인성이 크다.

▶ - 탄소당량 : $C_{eq} = C + \frac{Mn}{6} + \frac{Cr+Mo+V}{5} + \frac{Ni+Cu}{15} \leq 0.44$
- 연신율이 크면 인성이 큼 ④

02. 다음 강재의 성질에 관한 설명 중 가장 부적합한 것은?

① 충격에 대한 재료의 저항성을 인성이라 한다.
② 탄소당량이 높을수록 용접성이 저하된다.
③ TMC강은 성분조정없이 특수압연과 냉각방법에 의해 제조된 강재로 후판일지라도 강도의 저하는 없는 강재이다.
④ 인장강도와 연신율은 비례하며 약 250℃에서 최소가 된다.

▶ 인장강도와 연신율은 반비례 ④

03. 용접성과 내진성이 우수한 극후판의 고강도 강재로서 열처리 제어강으로 불리는 강재의 종류는?

① 내화강 ② 내후성강 ③ TMC강 ④ SM강

▶ TMC(Thermo-Mechanical Control Process) ③

04. 화재에 의해 강재가 500℃로 가열된 경우의 인장강도로 옳은 것은? (단, 강재의 상온에 있어서의 인장강도는 F임)

① 약 0F ② 약 1/2F ③ 약 1/3F ④ 약 1/4F

▶ 800℃에서는 약 0F ②

05. 다음 강재의 성질에 관한 설명 중 가장 부적합한 것은?

① 용접은 강재를 국부적으로 취성화시키는 원인이 되므로 용접성 고장력강에 충격치의 규정을 둔다.

② 온도에 따른 강재의 성질중 약 250℃ 부근에서 늘어남이 최소가 되는 현상을 청열취성이라 한다.

③ 강재의 피로시험 결과는 S-N곡선으로 표시한다.

④ 연성이란 강재가 파괴에 이르기까지의 에너지 흡수능력을 의미한다.

- 청열현상 : 200~300℃ 부근에서 강의 인장강도 및 경도가 증가하고 연성이 감소하는 성질로 표면이 청색으로 변화
- 연성 : 강재가 항복한 후 변형능력

④

06. 고강도 강재와 일반강도 강재의 일반적인 성능을 비교한 것으로 가장 부적합한 것은 어느 것인가?

① 고강도 강재는 일반강도 강재에 비하여 항복강도가 높다.

② 고강도 강재와 일반강도 강재의 탄성계수는 유사하다.

③ 고강도 강재로 만든 보는 일반강도 강재로 만든 보에 비하여 처짐이 작다.

④ 고강도 강재는 일반강도 강재보다 용접성이 떨어진다.

처짐은 단면의 크기와 연관

③

07. 강재에 관한 다음의 기술 중 틀린 것은?

① 탄소의 함유량이 매우 낮고, 그 밖의 불순물을 제거한 순도가 높은 철은 일반적인 강재에 비해 인장강도, 항복강도가 낮다.

② SM 규격의 강재는 망간, 규소를 첨가하여 용접성의 향상을 도모한 용접구조용 강재이다.

③ 인장강도에 대한 항복강도의 비를 항복비라고 하며, 연강과 고장력강의 항복비는 거의 같은 값을 가진다.

④ 압연된 강재에서도 판두께가 두꺼운 강판은 판두께가 얇은 강판에 비해서 항복강도가 낮게되는 경향이 있다.

고장력강은 항복비(F_y/F_u)가 커져 취성

③

08. 강재의 기계적 성질에 대한 설명으로 가장 부적합한 것은?

① 항복강도 : 응력－변형도 곡선에서 응력의 증가 없이 변형도가 크게 증가하기 시작하는 지점

② 인장강도 : 강재 인장시험에서 시험편이 받을 수 있는 최대응력

③ 연성 : 하중을 받아 항복 후 파괴에 이르기까지 소성 변형할 수 있는 능력

④ 인성 : 응력－변형도 곡선에서 항복변형도에 대한 최대변형도의 비율

▶ 인성 : 재료의 변형에너지를 흡수할 수 있는 능력, 응력-변형도 곡선에서의 수평 투영면적 ④

09. 강재의 기계적 성질은 온도에 의해 변화한다. 600℃ 정도의 열을 가한 강재의 기계적 성질 중 틀린 것은?

① 선팽창계수는 커진다.

② 탄성계수는 작아진다.

③ 인장강도가 높아진다.

④ 항복점이 낮아진다.

▶ 상온 인장강도의 약 1/2로 감소 ③

10. 한국산업규격(KS)에 따른 구조용 강재의 분류방법 중 용접구조용 압연강재를 의미하는 명칭으로 가장 적합한 것은?

① SS ② SN ③ SM ④ SHN

▶ 용접구조용 압연강재(SM, Steel for Marine) ③

11. 강재의 기계적 성질에서 다음 (E-F)구간의 영역 설명으로 타당한 것은?

① 탄성영역(Elastic)

② 소성영역(Plastic)

③ 경화영역(Strain Hardening)

④ 넥킹영역(Necking)

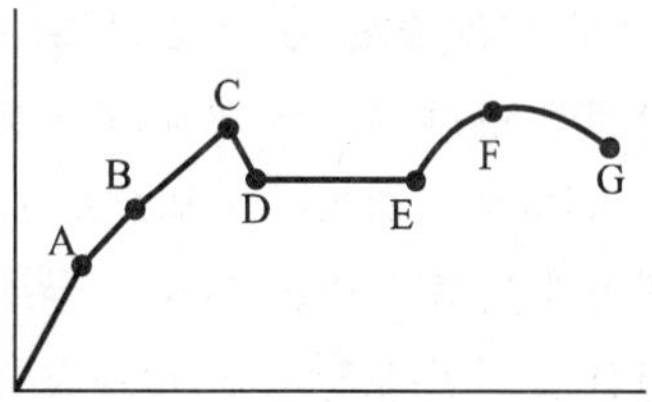

▶ 소성영역(D-E), 넥킹영역(F-G) ③

12. 강재의 응력-변형도 곡선에 대한 사항 중 부적합한 것은?

① 강재에서는 항복점이 일정하지 않고 분명하지 않은 경우가 많다.
② 탄성한도는 비례한도보다 약간 크다.
③ 항복점이 일정하지 않을 때는 영구변형을 0.02%로 잡고 탄성한도와 평행선을 그려 만나는 점을 항복점으로 한다.
④ 항복점은 일반적으로 하위항복점 근처이다.

▶ 하중을 제거한 후 0.2%의 영구변형을 남기는 응력도로 항복점을 결정 ③

13. 강재의 기계적 성질과 관련된 응력-변형도 곡선에서 가장 먼저 나타나는 점은?

① 비례한계점 ② 탄성한계점
③ 상위항복점 ④ 하위항복점

▶ 비례한계점 → 탄성한계점 → 상위항복점 → 하위항복점 → 루더선 → 네킹 → 파단 ①

14. 강재의 응력-변형도 곡선에서 다음의 각 점들은 변형도가 커짐에 따라 나타나는 순서로 옳은 것은?

Ⓐ : 비례한계점	Ⓑ : 탄성한계점	Ⓒ : 상위항복점
Ⓓ : 하위항복점	Ⓔ : 인장강도점	Ⓕ : 파괴강도점

① Ⓒ→Ⓕ→Ⓐ→Ⓓ→Ⓑ→Ⓔ ③ Ⓕ→Ⓐ→Ⓓ→Ⓒ→Ⓔ→Ⓑ
② Ⓒ→Ⓓ→Ⓐ→Ⓕ→Ⓑ→Ⓔ ④ Ⓐ→Ⓑ→Ⓒ→Ⓓ→Ⓔ→Ⓕ

▶ ④

15. 강구조에 관한 설명 중 가장 부적당한 것은?

① 강재의 영계수(E)는 부재의 형상과 강도에 관계없이 일정한 값이다.
② 보의 처짐을 줄이는 방법으로 SS275 대신에 SM355를 사용한다.
③ 휨이나 압축을 받는 부재는 국부좌굴을 방지하기 위해서 판－폭두께비를 제한한다.
④ 양단 고정인 부재는 온도 상승시에 인장력을 받는다.

▶ 강도가 아닌 강성(부재 단면)을 크게 하여야 처짐이 줄어 듬 ②

16. 강구조 건축물의 구조부재에 사용되는 SN강(KS D 3861)의 특징으로 가장 부적합한 것은?

① 항복점의 상한치 제한이 있다.
② 600 이하의 범위에서 비내화 피복이 가능하다.
③ 일반강재에 비하여 불순물의 엄격한 제한으로 용접성이 우수하다.
④ 공칭치수가 엄격하게 제어된다.

▶ 250℃ 이하 ②

17. 다음 구조용 강재의 명칭에 관한 내용으로 옳지 않은 것은?

① SM - 용접구조용 압연강재(KS D 3515)
② SS - 일반구조용 압연강재(KS D 3503)
③ SN - 건축구조용 각형 탄소강관(KS D 3864)
④ SGT - 일반구조용 탄소강관(KS D 3566)

▶ SN-건축구조용 압연강재(KS D 3861) ③

18. 건축구조용압연강이라 하며, 건축물의 내진성능을 확보하기 위하여 항복점의 상한치 제한 등에 의한 품질의 편차를 줄이고, 용접성 및 냉간 가공성을 향상시킨 강재는?

① SM강재 ② TMC강재
③ SS강재 ④ SN강재

▶ 건축구조용 압연강재(SN, Steel New) ④

19. 구조용 강재 SHN355에 대한 설명 중 옳은 것은?

① 건축구조용 열간압연 H형강, 항복강도 355MPa
② 건축구조용 압연 H형강, 압축강도 355MPa
③ 용접구조용 압연 H형강, 인장강도 355MPa
④ 용접구조용 내후성 열간압연 H형강, 압축강도 355MPa

▶ ①

20. 다음 강종 표시기호에 관한 설명으로 옳지 않은 것은? (단, KS 강종기호 개정사항 반영)

① (가) : 용도에 따른 강재의 명칭 구분

② (나) : 강재의 인장강도 구분

③ (다) : 충격흡수에너지 등급 구분

④ (라) : 내후성 등급 구분

SMA	355	B	W
(가)	(나)	(다)	(라)

▶ 항복강도($F_y = 355\,MPa$) ②

21. 강구조에 사용하는 강재에 대한 설명으로 틀린 것은?

① SN재는 건축물의 내진성능을 확보하기 위하여 항복점의 상한치를 제한하는 강재이다.

② TMC 강재는 판두께 증가에 따른 항복강도의 저감이 크게 나타난다.

③ SMA는 내후성을 높인 강재이다.

④ SM 490 B 강재의 기호 B는 충격흡수에너지를 제한하는 값에 대한 기호이다.

▶ 항복강도 저감이 없음 ②

22. 그림과 같은 단면의 강재에 대한 표기방법으로 가장 적합한 것은?

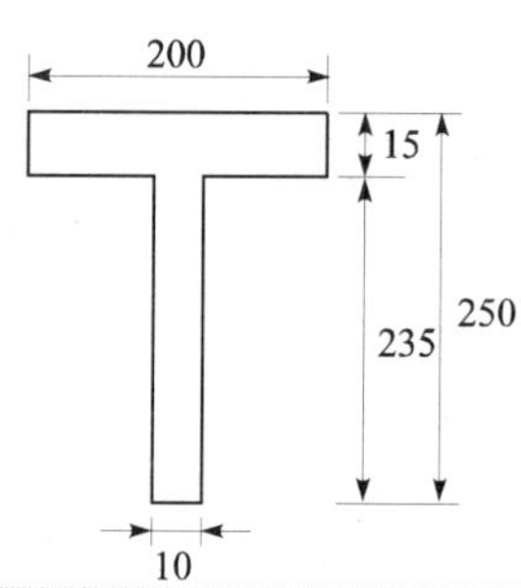

① T−250×200×10×15

② T−200×250×15×10

③ T−235×200×10×15

④ T−200×235×15×10

▶ $T-H \times B \times t_w \times t_f$ ①

23. H-150×100×6×9 형강의 플랜지 및 웨브의 두께는?

① 플랜지두께 : 150mm, 웨브두께 : 100mm

② 플랜지두께 : 100mm, 웨브두께 : 150mm

③ 플랜지두께 : 9mm, 웨브두께 : 6mm

④ 플랜지두께 : 6mm, 웨브두께 : 9mm

▶ $H-H$(높이)$\times B$(폭)$\times t_w$(웨브두께)$\times t_f$(플래지두께) ③

24. 구조용 강재의 종류 및 성질에 대한 설명 중 가장 부적합한 것은?

① 소성변형 할 수 있는 능력을 연성이라 한다.
② 일반적으로 탄소당량이 증가할수록 용접성은 감소한다.
③ H-형강의 단면표기순서는 높이, 폭, 플랜지두께, 웨브두께이다.
④ 냉간성형강은 두께가 얇아 국부좌굴에 취약하다.

▣ - 탄소당량 : 다른 원소에 대한 탄소의 함유량 비율로 C_{eq}=0.35 이하에서 용접성 양호
- $H-$ H(높이)$\times B$(폭)$\times t_w$(웨브두께)$\times t_f$(플래지두께) ③

25. 구조용 압연 형강에 대한 설명 중 가장 부적합한 것은?

① 강구조에 사용되는 주요 형강은 ㄱ-형강(angle), ㄷ-형강(channel), H-형강 등이다.
② I-형강이나 H-형강에서 플랜지의 두께는 웨브의 두께보다 얇다.
③ 두께가 3mm 이상, 폭이 125mm 미만의 판을 평강(flat steel)이라 하고, 폭이 125mm 이상의 판을 강판(steel plate)이라 한다.
④ 경량형강은 판의 두께를 얇게 하여 단면의 성능을 좋게 한 것으로 비교적 작은 하중이 작용하는 구조물에 사용하면 경제적이다.

▣ 플랜지의 두께가 웨브의 두께보다 큼 ②

26. 강재의 전단탄성계수는 탄성계수의 약 몇 %에 가까운 값인가?

① 20% ② 30% ③ 40% ④ 50%

▣ - 탄성계수(E) : 210,000MPa, 전단탄성계수(G) : 81,0000MPa
- $\frac{G}{E}\times 100=\frac{81000}{210000}\times 100=38.57\%$ ③

27. 강재의 성질에 관한 설명 중 부적당한 것은?

① 탄소의 양이 많은 강재는 인장강도가 크다.
② 강재의 탄성계수는 81,000MPa 이다.
③ 강재의 프와송비는 약 0.3 이다.
④ 강재의 선팽창계수는 0.000012 이다.

▣ 탄성계수 : 210,000MPa ②

28. 강재의 인장시험 후 얻어진 응력-변형률 선도로부터 구할 수 없는 것은?

① 안전계수(safety factor)
② 탄성계수(Young's modulus)
③ 인장강도(tensile strength)
④ 항복강도(yield strength)

▶ ①

29. 강재의 응력-변형도 시험에서 인장력을 가해 소성상태에 들어선 강재를 다시 반대 방향으로 압축력을 작용하였을 때의 압축항복점이 소성상태에 들어서지 않은 강재의 압축항복점에 비해 낮은 것을 볼 수 있는데 이러한 현상을 무엇이라 하는가?

① 루더선(Luder's line)
② 소성흐름(Plastic flow)
③ 바우싱거효과(Baushinger's effect)
④ 응력집중(Stress concentration)

▶ - 루더선 : 변형도만 증가하는 영역(소성영역)
- 소성흐름 : 소성영역에서 응력이 일정한 상태에서 변형이 증대하는 현상
- 응력집중 : 응력이 주변 영역보다 크게 나타나는 영역

③

30. 볼트의 기계적 등급을 나타내기 위해 표시하는 F8T, F10T, F13T에서 가운데 숫자는 무엇을 의미하는가?

① 항복강도
② 인장강도
③ 압축강도
④ 휨강도

▶ F8T($F_u = 800\,MPa$), F10T($F_u = 1{,}000\,MPa$), F13T($F_u = 1{,}300\,MPa$) ②

31. 강재의 항복비(yield ratio)에 대한 설명 중 옳지 않은 것은?

① 강재의 인장강도에 대한 항복강도의 비를 의미한다.
② 고강도 강재일수록 항복비가 크다.
③ 항복비는 소성능력, 강재부식에 영향을 준다.
④ 항복비가 클수록 연성거동을 확보하기 어렵다.

▶ 항복비 : 항복강도/인장강도 ③

32. 강재 SM355A에 대한 설명 중 옳지 않은 것은?

① SM은 용접구조용 강재임을 의미한다.
② 기호의 끝 알파벳은 충격흡수 에너지 시험 보증값에 따라 규정된다.
③ 기호의 알파벳은 A, B, C의 순으로 용접성이 양호함을 의미한다.
④ 최저 인장강도가 355 N/mm^2 임을 나타낸다.

▶ 최저 항복강도 ④

33. 강판 두께가 25mm 인 SM355 강재의 허용응력도를 결정하는 기준값 F_y 는 얼마인가?

① 355 N/mm^2 ② 345 N/mm^2
③ 335 N/mm^2 ④ 325 N/mm^2

▶ 16mm<t≤40mm ②

34. 철근, 볼트 등 건축용 강재의 재료시험 항목에서 일반적으로 제외되는 항목은?

① 압축강도시험 ② 인장강도시험
③ 굽힘시험 ④ 연신율시험

▶ 압축강도시험 : 콘크리트 ①

35. 탄소강에서 탄소함유량이 증가할 경우 탄소강의 기계적 성질은 어떻게 변화하는가?

① 경도 및 연성 감소 ② 경도 및 연성 증가
③ 강도 및 경도 감소 ④ 강도 및 경도 증가

▶ 강도 및 경도는 증가, 연성은 감소 ④

36. 강관 구조의 장점으로 가장 부적당한 것은?

① 폐쇄형 단면으로 강도의 방향성이 없다.
② 휨강성, 비틀림 강성이 크다.
③ 국부 좌굴에 유리하다.
④ 접합이 용이하다.

▶ 접합에 불리 ④

37. 다음 중 경량형 강재의 특징에 관한 설명으로 옳지 않은 것은?

① 경량형 강재는 중량에 대한 간면 계수, 단면 2차 반경이 큰 것이 특징이다.
② 경량형 강재는 일반구조용 열간 압연한 일반형 강재에 비하여 단면형이 크다.
③ 경량형 강재는 판두께가 얇지만 판의 국부 좌굴이나 국부 변형이 생기지 않아 유리하다.
④ 일반구조용 열간 압연한 일반형 강재에 비하여 재두께가 얇고 강재량이 적으면서 휨강도는 크고 좌굴 강도도 유리하다.

▶ ③

38. 강구조 부재의 공장제작 시 대략적인 작업순서를 옳게 나열한 것은?

① 원척도 → 본뜨기 → 금매김 → 절단 및 가공 → 구멍뚫기 → 가조립 → 본조립 → 검사
② 본뜨기 → 원척도 → 금매김 → 절단 및 가공 → 구멍뚫기 → 가조립 → 본조립 → 검사
③ 원척도 → 금매김 → 본뜨기 → 절단 및 가공 → 구멍뚫기 → 가조립 → 본조립 → 검사
④ 원척도 → 본뜨기 → 금매김 → 구멍뚫기

▶ ①

제3장

설계하중

3.1 하중의 종류 Classification of Loads

구조설계 과정에서 먼저 구조물에 대한 크기, 형태와 구조 및 마감 재료가 정해지면 구조물에 작용하는 하중을 결정하여야 한다. 구조물 설계에 있어서 시공 또는 완성 후 구조물에 작용하는 고정하중, 활하중, 풍하중, 지진하중, 설하중, 토압 및 유체압, 프리스트레스 힘, 크레인 하중, 진동, 충격, 건조수축, 크리프와 온도변화 및 탄성수축, 부등침하 등의 각종 하중 및 외적작용의 영향을 고려하여 구조설계에 반영하여야 한다.

일반적으로 하중의 기본 단위는 단위 면적당(m^2)의 하중(kN/m^2)으로 표현되며, 바닥 전체에 대하여 균등하게 작용하는 것으로 가정한다. 구조설계 과정인 하중 산정에서 가장 많이 놓치는 하중은 선하중인 단위길이 당(m) 하중으로 작용되는 조적벽체, 커튼월 등과 같은 건물 내외부 마감하중이므로 구조설계 시 세심한 주의를 기울여야 한다.

하중을 분류하는 것은 하중이 작용하는 기간(term)을 기준으로 하는 것과 하중이 작용하는 방향(direction)을 기준으로 하는 경우가 있다. 하중이 작용하는 기간에 따라 장기하중과 단기하중으로 구분하는데 분류하는 기준은 명확하지 않지만 일반적으로 2개월 이상 지속적으로 작용하면 장기하중, 2개월 미만 작용되는 하중을 단기하중으로 분류한다. 하중의 작용방향에 의한 분류는 구조물에 연직방향(수직방향)으로 작용하는 하중과 횡방향(수평방향)으로 작용하는 하중이 있다(표 3-1).

표 3-1 하중의 분류

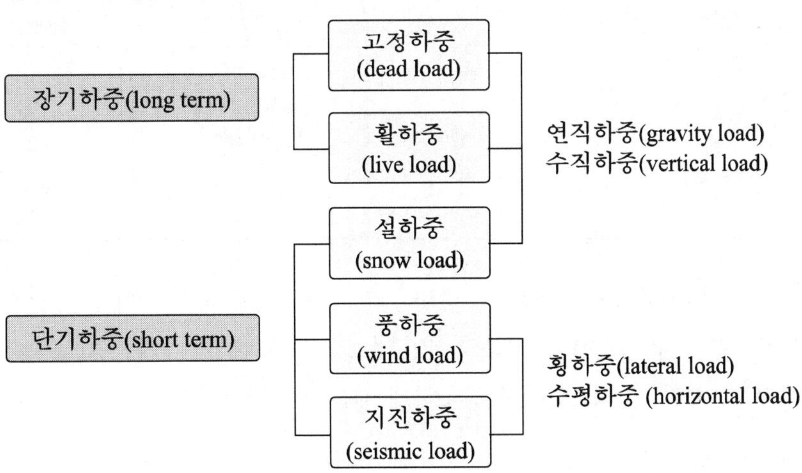

3.1.1 장기하중(long-term load)

1. **고정하중**(dead load) : 구조물의 뼈대를 구성하는 슬래브, 보, 기둥 등의 자체무게(self-weight)와 위생 및 냉난방시설, 바닥, 천장, 벽체의 마감과 같이 구조물에 영구적으로 실리는 하중 등이 포함한다. 이러한 하중은 가장 기본적인 하중으로 시간에 따라 변하지 않는 하중으로 각 재료의 중량을 나타낸 것이다. 구조설계 시 고정하중은 구조물의 실상에 따라 산정하지만 시공 시 또는 건물 사용 시에 고정적으로 부가되는 것 등 실제 상황에 맞도록 산정하여야 한다. 건물 사용 시 물탱크실 등과 같은 경우, 고정하중과 활하중과의 엄밀한 구분은 어렵지만, 실제로 존재하는 것을 반드시 어느 쪽인가의 하중에 포함해 두면 문제가 없을 것이다. 고정하중은 설계하려고 하는 건축물에 맞게 적절히 산정하는 것이 필요하다. 고정하중은 건축 재료의 밀도나 단위 체적 중량(또는 단위 면적 중량)에 체적(또는 면적)을 곱하여 계산하는 것이다. 재료의 밀도, 재료의 단위체적 중량, 재료의 단위면적 및 길이 당 중량, 마감 재료의 중량을 고려하여 산정한다.

(1) **재료의 밀도** : 고정하중 산정의 기본이 되는 것이 건축 재료의 밀도이므로 재료 자체의 중량을 아는 것이 중요하며. 참고로 기본이 되는 물의 단위중량은 $10.0\,kN/m^3$이다. 표 3-2는 주요한 건축 재료에 대한 밀도를 나타낸 것이다.

표 3-2 구조재료의 밀도

구조재료	중량(kN/m^3)	구조재료	중량(kN/m^3)
목재	8.00	무근콘크리트	23.0
납	12.0	철근콘크리트	24.0
흙	18.0	석재	26.0
몰탈	20.0	알루미늄	27.0
유리	22.0	강재	78.5

(2) **재료의 단위 체적, 면적, 길이당 중량** : 고정하중을 구하기 위해서는 건축물을 구성하는 각 부재나 수치를 설정하고, 각 재료의 단위 체적, 단위 면적, 단위 길이 당 중량과 그 체적, 면적, 길이를 정확하게 계산하여 산출한다.

(3) **마감 재료의 중량** : 보드, 시트, 흡음재, 보온재 등과 같이 바닥, 벽체 및 천장에 주로 사용되는 마감 재료에 대한 단위 면적 중량은 두께 $1\,cm$에 대한 값으로 환산하여 사용한다.

예제 3-1

그림과 같은 데크슬래브 바닥의 고정하중의 크기를 산정하시오. 단, 데크슬래브의 두께는 150 mm 이다.

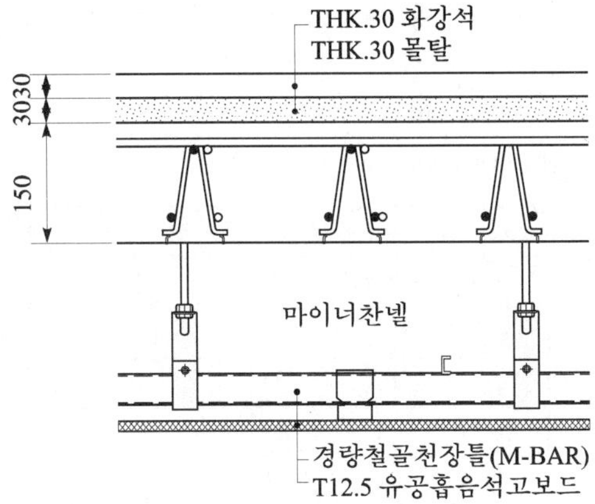

풀이

각 하중은 재료의 단위중량에 두께를 곱하는 것으로 철근콘크리트 슬래브를 예로 든다면 $24\,\mathrm{kN/m^3}(0.15\,\mathrm{m}) = 3.6\,\mathrm{kN/m^2}$ 가 된다. 하지만 천장에 대한 하중은 두께를 규정할 수 없으므로 단위면적에 대한 하중으로 산정한다. 이와 같이 단위면적으로 계산되는 하중은 설비하중, 경량칸막이벽 등이며, 단위면적에 대하여 하중을 산정하는 이유는 하중계산을 편리하게 하기 위함이다. 표 3-2를 참조하여 각 구조재료에 대한 고정하중 값을 산정한다.

재료	단위중량	두께	하중
화강석깔기	26.0kN/m^3	30mm	0.78kN/m^2
시멘트몰탈	20.0kN/m^3	30mm	0.60kN/m^2
RC슬래브	24.0kN/m^3	150mm	3.60kN/m^2
강판데크	–	–	0.05kN/m^2
천장(마감 및 텍스)	–	–	0.20kN/m^2
소계	–	–	5.23kN/m^2

2. **활하중**(live load) : 건물의 용도에 따라 이동이 가능한 사람, 가구 및 비품 등의 하중을 의미한다. 활하중은 본질적으로 불확실한 성질과 함께 변화하는 하중이므로 모든 상황을 예측하여 가정하거나 그 모두를 하나하나 측정하여 계산한다는 것은 복잡하기 때문에 대표적인 용도에 따라 경험과 확률적, 통계적인 방법을 도입하여 등가의 분포하중으로 가정하여 산정한다(표 3-3).

표 3-3 기본등분포활하중 (단위 : kN/m^2)

용도			등분포 활하중
1	주택	주거용 건축물의 거실	2.0
		공동주택의 공용실	5.0
2	병원	병실	2.0
		수술실, 공용실, 실험실	3.0
		1층 외의 모든 층 복도	4.0
3	숙박시설	객실	2.0
		공용실	5.0
4	사무실	일반 사무실	2.5
		특수용도사무실	5.0
		문서보관실	5.0
		1층 외의 모든 층 복도	4.0
5	학교	교실	3.0
		일반 실험실	3.0
		중량물 실험실	5.0
		1층 외의 모든 층 복도	4.0
6	판매장	상점, 백화점 (1층)	5.0
		상점, 백화점 (2층 이상)	4.0
		창고형 매장	6.0
7	집회 및 유흥장	모든 층 복도	5.0
		무대	7.0
		식당	5.0
		주방	7.0
		극장 및 집회장 (고정 좌석)	4.0
		집회장 (이동 좌석)	5.0
		연회장, 무도장	5.0
8	체육시설	체육관 바닥, 옥외경기장	5.0
		스탠드 (고정 좌석)	4.0
		스탠드 (이동 좌석)	5.0

용도			등분포 활하중
9	도서관	열람실	3.0
		서고	7.5
		1층 외의 모든 층 복도	4.0
10	주차장 및 옥외 차도	총중량 30kN이하의 차량(옥내)	3.0
		총중량 30kN이하의 차량(옥외)	5.0
		총중량 30kN초과 90kN이하의 차량	6.0
		총중량 90kN초과 180kN이하의 차량	12.0
		옥외 차도와 차도 양측의 보도	12.0
11	창고	경량품 저장창고	6.0
		중량품 저장창고	12.0
12	공장	경공업 공장	6.0
		중공업 공장	12.0
13	지붕	점유·사용하지 않는 지붕(지붕활하중)	1.0
		산책로 용도	3.0
		정원 또는 집회 용도	5.0
		출입이 제한된 조경 구역	1.0
		헬리콥터 이착륙장	5.0
14	기계실	공조실, 전기실, 기계실 등	5.0
15	광장	옥외광장	12.0
16	발코니	출입 바닥 활하중의 1.5배 (최대 5.0kN/m^2)	
17	로비 및 복도	로비, 1층 복도	5.0
		1층 외의 모든 층 복도 (병원, 사무실, 학교, 집회 및 유흥장, 도서관은 별도 규정)	출입 바닥 활하중
18	계단	단독주택 또는 2세대 거주 주택	2.0
		기타의 계단	5.0

3.1.2 단기하중(short-term load)

설하중을 제외하면 표 3-1에서 분류한 것처럼 풍하중 및 지진하중은 수평하중으로 초고층건물에서 횡변위(수평변위, drift) 및 층간변위(drift ratio)를 지배하는 요소이다. 구조물 설계에서는 두 가지 수평하중 중 불리하게 작용하는 하중에 대하여 구조물을 설계하도록 되어 있다. 풍하중 및 지진하중은 상대적인 것으로 풍하중에만 강하게 저항하도록 설계되면 지진하중에 취약하고, 반대의 개념으로 설계하면 풍하중에 취약한 구조물 설계가 될 수 있다. 즉, 건물의 중량이 가벼우면 풍하중에 약하고, 건물의 중량이 크면 지진하중에 약하므로 두 하중에 잘 견딜 수 있는 설계가 되도록 하여야 한다. 책상 위 두 개의 음료수 캔을 이용하여 이 두 가지 하중의 개념을 알아보는데 한 개의 캔은 빈 상태로 하고, 나머지는 가득 찬 상태에서 한번은 바람을 불어보고 한번은 책상을 흔들어 각각의 현상이 어떠한 지 비교하면 보다 쉽게 하중의 특징을 이해할 수 있다.

1. **풍하중**(wind load) : 건물에 작용하는 풍하중은 건물의 모양, 지리적 위치, 구조물의 표면상태, 건물의 높이에 따라 다르다. 풍하중은 기상관측에 따른 평균풍속을 풍하중 산정법에 따라 계산한다. 그러나 고층건물이나 장 스팬 구조물에는 풍환경 평가의 중요한 몫을 적절한 풍동실험(wind tunnel test)에 따르는 것이 바람직하다. 특히, 초고층 건물에서는 풍하중에 의한 풍진동의 영향을 충분히 고려하여야 하나 아직까지 우리의 기준은 많이 미흡한 것이 현실이다. 관심이 있는 사람이라면 이 분야의 연구도 가치가 충분하리라 생각된다. 기본풍속 V_0 는 지상 10m 높이에서 10분간 평균풍속의 재현기간 500년에 대한 값이고, 건설지점이 위치한 지역에 따라 그림 3-2 또는 표 3-4에 의해 정한다. 다만, 건설지점 부근의 유효한 풍 관측자료가 있는 경우에는 그 값에 따라 설정할 수 있다. 이 경우 풍속자료를 처리할 때에는 공인된 극치통계해석법을 사용하고, 자료의 길이, 측정오차, 평가시간, 풍속계높이, 풍속계 주변의 지표면상태 등을 고려해야하며, 바람은 항상 수평방향에서 불어오는 것으로 가정한다. 최근의 기상자료를 반영한 그림 3-2는 1973년~2013년까지 40년간의 전국 68개 지역의 년 최대풍속 자료에 기반하여 확률통계 및 신뢰성해석과 경험적 방법에 의해 국내에 적합한 풍하중 계수를 산정하고, 그것에 상응하는 재현주기 500년의 한계상태설계용 기대풍속을 지역별로 추정한 후 전국의 등풍속지도를 작성한 것이다. 구조물 설계와 관련된 구조기준에 따라 기본풍속(basic wind speed)과 관련된 정확한 값은 그림 3-2에서 제시된 값에 따라야 하며, 그림 3-2를 기본으로 작성된 표 3-4를 참고용으로만 활용하여야 한다.

(1) **주골조설계용 수평풍하중**

1) 밀폐형 건축구조물 및 부분개방형 건축구조물의 수평풍하중 산정 : 풍상벽, 풍하벽 또는 측벽의 지상높이 z 에서 주골조설계용 풍방향풍하중 $W_D(z)$ 는 식 3-1(a)에 따라 산정한다.

$$W_D(z) = G_D\, q_H (C_{pe1} - C_{pe2})\, A\,(N)$$
$$= \frac{1}{2}\rho\, V_H{}^2\, G_D (C_{pe1} - C_{pe2})\, A$$

$$= \frac{1}{2}\rho\,(V_0\,K_D\,K_{zr}\,K_{zt}\,I_w)^2 G_D\,(C_{pe1} - C_{pe2})\,A$$ 식 3-1(a)

여기서, q_H : 기준높이 H에 대한 설계속도압(N/m^2), $q_H = \frac{1}{2}\rho\,{V_H}^2$

G_D : 풍방향가스트영향계수

C_{pe1} : 풍상벽(windward)의 외압계수

C_{pe2} : 풍하벽(leeward)의 외압계수

C_D : 풍력계수(원형평면을 가진 건축구조물인 경우 $C_{pe1} - C_{pe2}$ 대신 적용)

ρ : 공기밀도로써 균일하게 $1.225\,kg/m^3$

V_H : 설계풍속(m/s), $q_H = V_0\,K_D\,K_{zr}\,K_{zt}\,I_w$

V_0 : 기본풍속(m/s) - 그림 3-2 및 표 3-4 참조

K_D : 풍향계수(0.85 이상의 값 적용하며, 일반적으로 1.0 적용)

K_{zr} : 풍속고도분포계수로 기준높이 H에서의 값

K_{zt} : 지형계수로 산, 언덕 및 경사지의 영향을 받지 않는 평탄한 지역은 1.0

I_w : 중요도계수

A : 지상높이 z 에서 풍향에 수직한 면에 투영된 건축구조물의 유효수압면적(m^2)

2) 개방형건축구조물의 수평풍하중 산정 : 개방형건축구조물이란 각 벽체가 80% 이상 개방되어 있는 경우이며, 지상높이 z 에서 주골조설계용 풍방향풍하중 $W_D(z)$ 는 식 3-1(b)에 따라 산정한다.

$$p_F = k_z\,q_H\,G_D\,C_D\,(N/m^2)$$ 식 3-1(b)

여기서, k_z : 높이방향 압력분포계수, $k_z = \frac{p_z}{p_H} = \frac{q_z}{q_H}$

p_z, p_H : 임의높이 z 에서 기준높이 H 에 대한 설계풍압(N/m^2)

q_z, q_H : 임의높이 z 에서 기준높이 H 에 대한 속도압(N/m^2)

(2) **주골조설계용 지붕풍하중**

1) 밀폐형 건축구조물 및 부분개방형 건축구조물의 지붕풍하중 산정

$$W_R = G_{pe}\, q_H (C_{pe} - C_{pi})\, A_R (N)$$ 식 3-2(a)

여기서, q_H : 기준높이 H에 대한 설계속도압(N/m^2), $q_H = \frac{1}{2}\rho V_H{}^2$

G_{pe} : 지붕의 외압가스트영향계수

C_{pe} : 외압계수

C_{pi} : 내압계수

A_R : 지붕보가 부담하는 부분의 유효수압면적(m^2)

2) 독립지붕의 지붕풍하중 산정

$$W_R = G_{pe}\, q_H\, C_N\, A_R (N)$$ 식 3-2(b)

여기서, C_N : 독립지붕의 순압력계수

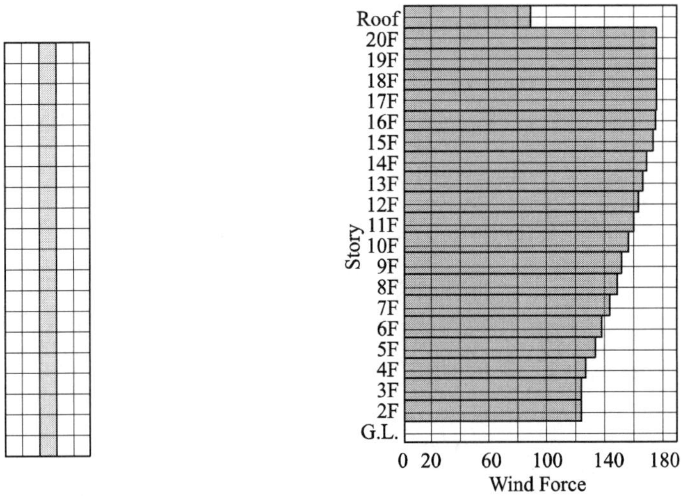

(a) 건물형상 (b) 풍하중분포

그림 3-1 풍하중 분포

주 1) 지도의 지역명칭 중 ●는 기상관청이 설치된 지역으로 기상관청이 위치한 곳을 나타내고, ○는 기상관청 이 없는 지역으로 시청 및 군청 소재지가 위치한 곳이다.

2) 건설지점이 등풍속선 사이에 위치할 때는 인근 등풍속선 중 큰 값을 사용한다.

그림 3-2 기본풍속 $V_0(m/s)$- 재현주기 500년 풍속

표 3-4 지역별 기본풍속 $V_0(m/s)$

<table>
<tr><th colspan="2">지역</th><th>V_0 (m/s)</th></tr>
<tr><td rowspan="4">서울특별시
인천광역시
경기도</td><td>옹진</td><td>44</td></tr>
<tr><td>인천, 강화, 화성</td><td>34</td></tr>
<tr><td>수원, 안산, 안양, 의왕, 시흥, 평택, 군포</td><td>30</td></tr>
<tr><td>서울, 김포, 구리, 오산, 부천, 고양, 안양, 과천, 광명, 의정부, 동두천, 양주, 파주, 포천, 남양주, 가평, 하남, 성남, 광주, 양평, 용인, 안성, 연천, 여주, 이천</td><td>28</td></tr>
<tr><td rowspan="5">강원도</td><td>고성, 속초, 양양, 강릉</td><td>38</td></tr>
<tr><td>인제, 평창, 대관령</td><td>36</td></tr>
<tr><td>동해, 홍천, 삼척</td><td>34</td></tr>
<tr><td>정선, 양구</td><td>32</td></tr>
<tr><td>철원, 화천, 춘천, 횡성, 원주, 태백</td><td>28</td></tr>
<tr><td rowspan="7">대전광역시
충청남북도</td><td>태안</td><td>42</td></tr>
<tr><td>서산, 서천</td><td>40</td></tr>
<tr><td>당진</td><td>38</td></tr>
<tr><td>홍성, 부여</td><td>34</td></tr>
<tr><td>보령, 청주, 대전, 세종, 공주, 예산</td><td>32</td></tr>
<tr><td>진천, 계룡, 천안</td><td>30</td></tr>
<tr><td>아산, 증평, 청량, 논산, 금산, 음성, 충주, 제천, 단양, 괴산, 보은, 영동, 옥천</td><td>28</td></tr>
<tr><td rowspan="11">부산광역시
대구광역시
울산광역시
경상남북도</td><td>울릉도, 독도</td><td>46</td></tr>
<tr><td>부산</td><td>44</td></tr>
<tr><td>포항, 경주, 거제, 통영, 기장</td><td>42</td></tr>
<tr><td>울산, 울주, 고성, 창원</td><td>40</td></tr>
<tr><td>양산, 김해, 남해</td><td>38</td></tr>
<tr><td>울진, 함안</td><td>36</td></tr>
<tr><td>영덕, 영천, 진주</td><td>34</td></tr>
<tr><td>사천, 청송, 대구, 경산, 청도, 밀양</td><td>32</td></tr>
<tr><td>하동, 군위, 칠곡, 달성, 고령, 창녕, 의령</td><td>30</td></tr>
<tr><td>영양, 성주, 봉화, 영주, 예천, 문경, 상주, 추풍령, 안동, 의성, 구미, 김천, 거창, 산청, 합천, 함양</td><td>28</td></tr>
<tr><td rowspan="9">광주광역시
전라남북도</td><td>완도, 해남</td><td>44</td></tr>
<tr><td>신안</td><td>42</td></tr>
<tr><td>진도, 여수, 고흥</td><td>40</td></tr>
<tr><td>무안, 장흥, 목포, 강진</td><td>38</td></tr>
<tr><td>영암, 영광, 함평</td><td>36</td></tr>
<tr><td>나주, 익산, 김제, 고창</td><td>34</td></tr>
<tr><td>부안, 순천, 광양, 보성, 장성</td><td>32</td></tr>
<tr><td>광주, 완주, 전주</td><td>30</td></tr>
<tr><td>무주, 진안, 장수, 임실, 정읍, 순창, 남원, 담양, 곡성, 구례</td><td>28</td></tr>
<tr><td>제주도</td><td>서귀포, 제주</td><td>50</td></tr>
</table>

2. **지진하중**(seismic load, earthquake load) : 지진은 불규칙한 주기를 갖는 지반의 진동현상이므로 같은 지진이라도 흔들리는 모양은 지반종별과 구조물의 형태에 따라 매우 다르게 나타난다. 따라서 지진발생 빈도에 따른 지역계수, 건물의 중요성 형태에 따른 동적계수, 지반상태에 따른 계수, 지진발생에 대한 반응수정계수, 건물의 전체중량 등이 산정되는 요인으로 작용한다. 지반의 위치별 응답가속도를 산정하여 구조물 안정 해석 시 질량에 주어진 값을 곱하여 수평방향의 정적하중으로 작용시키는 내진해석법으로 구조물에 정적으로 하중을 작용시키는 등가정적해석법이 있다. 지진의 크기(강도)를 나타내는 척도로 진도(intensity)와 규모(magnitude)가 있으며, 진도가 상대적 개념인 반면, 규모는 절대적 개념이다. 진도를 나타내는 MMI(Modified Mercalli Intensity)는 정수 단위로 Ⅰ부터 Ⅻ까지의 범주로 표기하며, 낮은 진도는 거의 느껴지지 않는 것이며 높은 진도는 심각한 피해를 나타낸다. 규모는 지진의 크기를 나타내는 지표로 로그 스케일인 Richter Scale 또는 Moment Magnitude Scale(Mw)로 소수점 한자리까지 아라비아 숫자로 표기한다. 우리나라의 경우 지진 발생에 대한 빈도를 나타내는 재현주기는 2400년이다.

(1) **밑면전단력**(base shear) : 구조물의 밑면에 작용하는 설계용 총 전단력

$$V = C_s W \qquad \text{식 3-3(a)}$$

여기서, C_s : 지진응답계수

W : 고정하중 등(건물중량)

(2) **지진응답계수**(seismic response coefficient) : 아래의 2개의 식 중에서 작은 값을 사용하며, 0.01 이상이어야 한다.

$$C_s = \frac{S_{D1}}{\left[\frac{R}{I_E}\right] T} \text{ or } C_s = \frac{S_{DS}}{\left[\frac{R}{I_E}\right]} \qquad \text{식 3-3(b)}$$

여기서, I_E : 중요도계수

R : 반응수정계수

S_{DS} : 단주기 설계스펙트럼가속도

S_{D1} : 주기1초의 설계스펙트럼가속도

T : 건축물의 고유주기(sec)

(3) **약산법에 의한 고유주기**

$$T_a = C_T h_n^{\ x}$$ 식 3-3(c)

여기서, $C_T = 0.0466$, $x = 0.9$: 철근콘크리트모멘트골조

$C_T = 0.0724$, $x = 0.8$: 철골모멘트골조

$C_T = 0.0731$, $x = 0.75$: 철골 편심가새골조 및 철골 좌굴방지가새골조

$C_T = 0.0488$, $x = 0.75$: 철근콘크리트전단벽구조, 기타골조

h_n = 건축구조물의 밑면으로부터 최상층까지의 전체 높이(m)

(4) **내진설계 설계요구사항** : 설계층간변위 Δ 는 어느 층에서도 내진등급에 따라 규정한 허용층간변위 $\Delta_a = 0.010 h_{sx}$(특), $\Delta_a = 0.015 h_{sx}$(Ⅰ), $\Delta_a = 0.020 h_{sx}$(Ⅱ) 값을 초과해서는 안 된다.

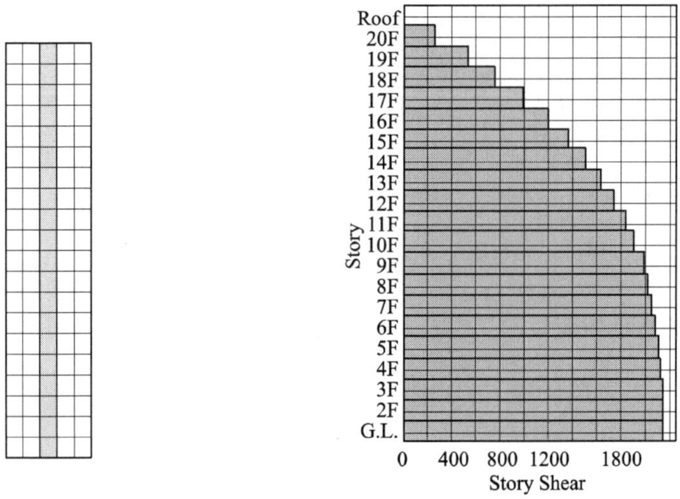

(a) 건물형상 (b) 지진하중분포

그림 3-3 지진하중 분포

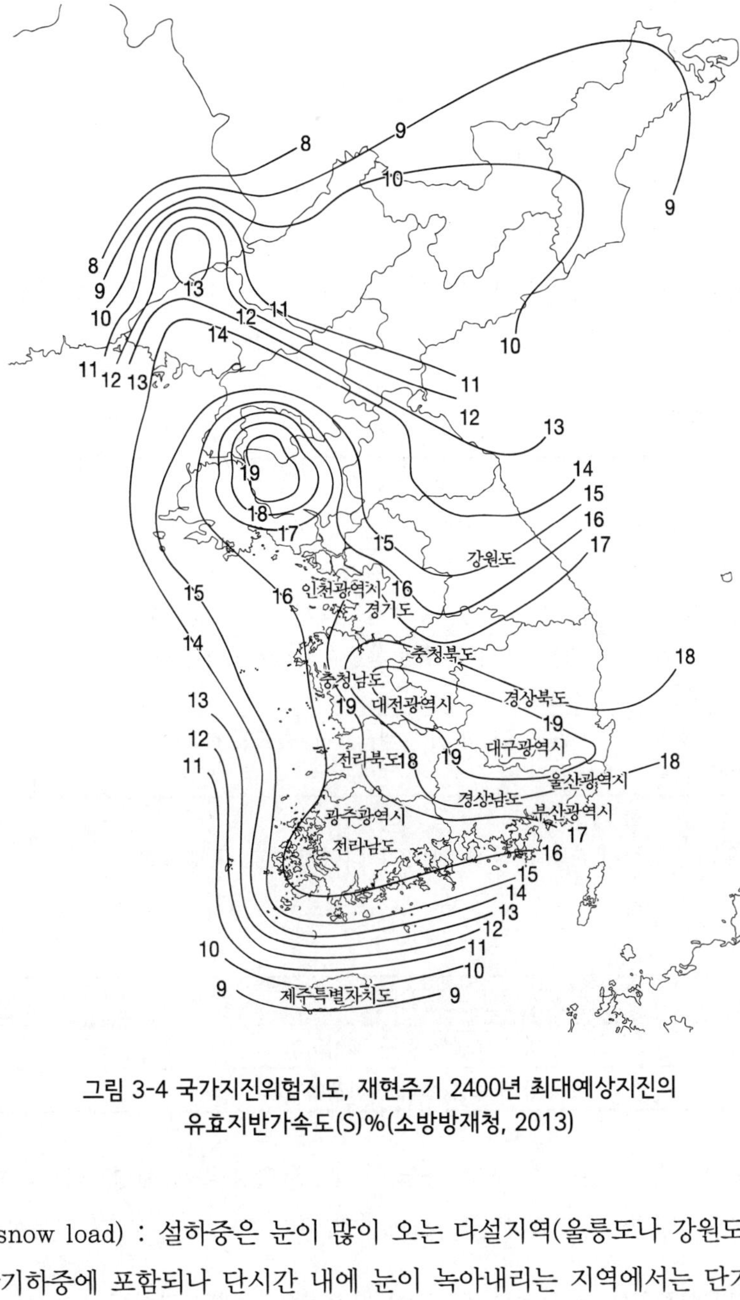

그림 3-4 국가지진위험지도, 재현주기 2400년 최대예상지진의 유효지반가속도(S)%(소방방재청, 2013)

3. **설하중**(snow load) : 설하중은 눈이 많이 오는 다설지역(울릉도나 강원도 산간지방)에서는 장기하중에 포함되나 단시간 내에 눈이 녹아내리는 지역에서는 단기하중으로 생각할 수 있다. 지상설하중의 기본 값은 재현주기 100년에 대한 수직최심적설깊이를 기준으로 가정하며, 평지붕에 대한 설하중은 식 3-4에 의해 산정한다.

$$S_f = C_b \cdot C_e \cdot C_t \cdot I_s \cdot S_g \ (kN/m^2) \qquad \text{식 3-4}$$

여기서, C_b : 기본 지붕설하중계수(0.7)

C_e : 노출계수

C_t : 온도계수

I_s : 중요도계수

S_g : 기본지상설하중

(1) **노출계수**(C_b) : 해당지역의 구조물이 바람에 노출된 정도를 나타내며, 주변지역의 상태에 따라 표 3-5에 의한다.

표 3-5 노출계수(C_b)

주변환경	C_e
A. 모든 면의 주변이 바람막이가 없이 노출된 지붕이고, 거센바람 부는 지역	0.8
B. 약간의 바람막이가 있고 거센바람 부는 지역	0.9
C. 주변환경에 의해 바람에 의한 설하중의 감소를 기대할 수 없는 위치	1.0
D. 바람의 영향이 많지 않은 지역 및 주변 환경에 의하여 지붕에 바람막이가 있는 지역	1.1
E. 바람의 영향이 거의 없는 조밀한 숲 지역으로서, 촘촘한 침엽수 사이에 위치한 지붕	1.2

(2) **온도계수**(C_t) : 구조물 내부를 난방과 비난방으로 구분한다.

표 3-6 난방계수(C_t)

난방상태	C_t
난방 구조물(설하중 제어구조)	1.0
비난방 구조물(설하중 비제어구조)	1.2

(3) **중요도계수**(I_s) : 건축구조물의 용도, 규모, 사회성 및 경제성 등을 고려하여 4개의 중요도로 구분하며, 그 값은 중요도에 따라 0.8, 1.0, 1.1, 1.2를 적용한다.

(4) **기본지상설하중**($S_g = P \times Z_s$) : 눈이 지속적으로 내려 쌓이게 되면 하부에 있는 눈은 녹거나 해서 얼게 되므로 상부에 있는 눈에 비하여 비중이 커지는 현상이 발생된다. 이는 눈의 쌓이는 깊이가 깊어지면 질수록 하부 눈 결정체의 비중은 커질 수밖에 없다.

표 3-7 기본지상설하중(S_g)

수직최심적설깊이 Z_s(m)	평균단위중량 (P, 적설깊이 1mm당 N/m^2)
0.5 이하	1.0
1.0	1.5
1.5	2.0
2.0 이상	3.0

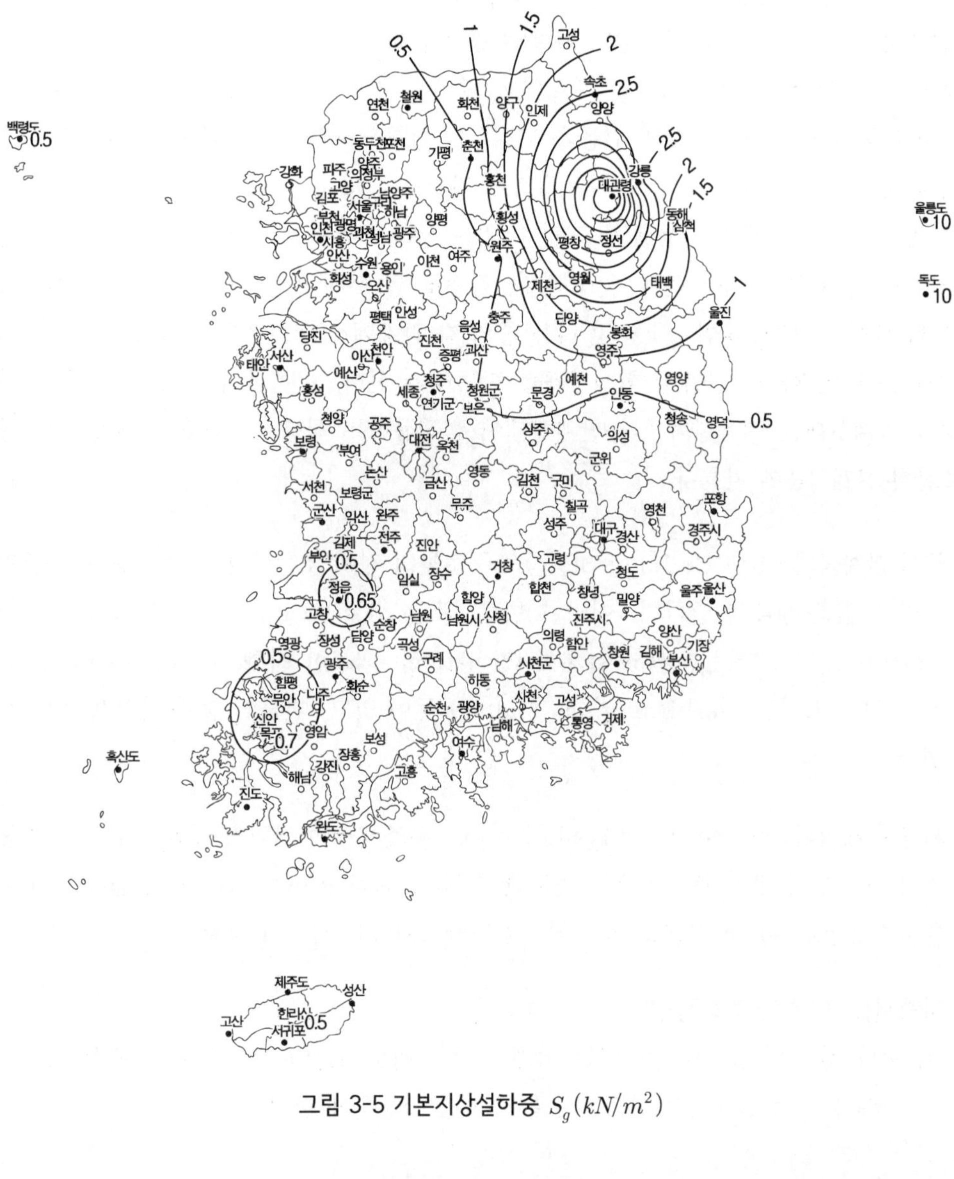

그림 3-5 기본지상설하중 $S_g(kN/m^2)$

3.2 강구조 설계법 Design Method of Steel Structure

3.2.1 하중저항계수설계법(LRFD, Load and Resistance Factor Design Method)

각 부재와 연결부(접합부)는 시공성, 경제성, 미관 및 유지관리를 고려한 안전성 및 사용성을 확보하기 위하여 규정된 한계상태에 대하여 설계한다. 해석의 종류에 상관없이 한계상태에 따라 조합된 하중의 효과는 식 3-5를 만족해야 한다. 소요강도의 계산에서 정(positive)의 영향을 발생시키는 하중에 대해서는 최대의 하중계수를, 부(negative)의 영향을 발생시키는 하중에 대해서는 최소의 하중계수를 적용한다.

구조물에 작용하는 실제 하중과 재료의 실제 강도가 어떤 형태의 분포를 가지는 확률량으로서 하중작용 및 재료강도의 변동을 고려하여 확률론적으로 구조물의 안전성 평가가 요구되며, 한계상태는 구조물이 그 사용목적에 적합하지 않게 되는 어떤 한계상태에 도달되는 구조물의 원래 의도한 기능을 발휘할 수 없는 상태로 확률을 허용한도 이하로 되게 하려는 것으로 한계상태 종류로는 다음과 같다. 강재로 된 부재 또는 다른 재료와 강재가 합성으로 된 부재는 제작, 운반, 시공 및 사용 중의 각 단계에서 검토해야 한다. 부재 및 연결부의 설계는 일반적으로 다음의 한계상태를 만족해야 하며, 구조물의 상황 및 조건에 따라 적절한 한계상태를 적용한다. 각 한계상태에서 적용하는 하중, 하중계수, 저항계수 등은 구조물별 설계기준에 따른다.

1. **극한 한계상태**(Ultimate Limit State) : 구조물의 전체 또는 부분이 붕괴되어 하중지지 능력을 잃은 상태를 말하며, 이러한 현상으로는 좌굴(buckling), 피로(fatigue), 파단(fracture), 과도한 변형(excessive deformation), 과도한 침하(excessive subsidence), 전도 및 미끄러짐(overturning and sliding) 등이 있고, 건물이 붕괴 직전에 있다고 보면 된다.

2. **사용 한계상태**(Serviceability Limit State) : 구조체가 붕괴되지 않았으나 구조 기능의 저하로 사용에 부적합한 상태로 과도한 처짐(excessive deflection), 진동(vibration), 영구변형(permanent deformation), 균열(cracking), 침식(deposition) 등이 있다

3. **하중저항계수설계법의 장점**

   (1) 보다 현실적이고 신뢰성 있는 설계 : 실제 하중 조건과 구조물의 불확실성을 고려하여 보다 현실적이고 신뢰성 있는 설계를 가능하게 한다.

(2) **경제적인 설계** : 허용응력설계법보다 더 효율적인 구조물 설계를 허용하여 공사비를 절감할 수 있다.

(3) **일관된 설계 기준** : 다양한 유형의 구조물에 적용할 수 있는 일관된 설계 기준을 제공한다.

4. 강도한계상태의 설계 식

$$R_u \leqq \phi R_n \text{ 또는 } \sum_{i=1}^{n} \gamma_i Q_i \leqq \phi R_n$$ 식 3-5

여기서, R_u : 소요강도(required strength, $R_u = \sum_{i=1}^{n} \gamma_i Q_i$)

R_n : 공칭강도(nominal strength)

ϕR_n: 설계강도(design strength)

γ_i : 하중계수(load factor)

Q_i : 계수하중(factored load effect)

ϕ : 저항계수(strength reduction factor, resistance factor)-
(인장부재 : 총단면적 항복, $\phi_t = 0.9$, 유효순단면의 파단, $\phi_t = 0.75$, 블록전단, $\phi_t = 0.75$, 압축부재 : $\phi_c = 0.9$, 휨부재 : $\phi_b = 0.9$, 전단부재 : $\phi_v = 0.9$ or 1.0)

5. 하중저항계수설계법의 하중조합

(1) U=1.4D : 고정하중만을 고려

(2) U=1.2D+1.6L : 가장 일반적인 연직하중에 대한 고려

(3) U=1.2D±0.65W : 고정하중과 풍하중 고려

(4) U=1.2D±1.0W+1.0L : 연직하중과 풍하중 고려

(5) U=1.2D±1.0E+1.0L : 연직하중과 지진하중 고려

(6) U=0.9D±1.0W : 고정하중과 풍하중 고려

(7) U=0.9D±1.0E : 고정하중과 지진하중 고려

예제 3-2

강구조 건축물을 설계하기 위해 다음과 같은 각 하중마다 선형탄성 구조해석을 수행하였다. 그 결과, 이 강구조 건축물의 가장 불리한 강재 보(steel beam)의 단면에 발생된 단면력은 고정하중(Dead Load), 활하중(Live Load), 풍하중(Wind Load), 지진하중(Seismic Load)에 의해 휨모멘트 및 전단력이 다음과 같이 산정되었다. 각각의 값을 적용하여 이 부재 단면의 계수휨모멘트와 계수전단력을 구하시오.

- 고정하중 : $M_{DL} = 170\,kN \cdot m$ $V_{DL} = 240\,kN$
- 활하중 : $M_{DL} = 145\,kN \cdot m$ $V_{DL} = 170\,kN$
- 풍하중 : $M_{DL} = 80\,kN \cdot m$ $V_{DL} = 110\,kN$
- 지진하중 : $M_{DL} = 85\,kN \cdot m$ $V_{DL} = 100\,kN$

풀이

1. 하중조합

수평하중인 풍하중과 지진하중이 작용하면 연직하중과는 다르게 고려하여야 할 하중조합이 많아진다. 본 예제에서는 바람과 지진이 동시에 작용하므로 3.2.1 하중저항계수설계법의 하중조합이 적용되어야 한다.

1) $U = 1.4D$

2) $U = 1.2D + 1.6L$

3) $U = 1.2D \pm 0.65W$

4) $U = 1.2D \pm 1.0W + 1.0L$

5) $U = 1.2D \pm 1.0E + 1.0L$

6) $U = 0.9D \pm 1.0W$

7) $U = 0.9D \pm 1.0E$

2. 계수 휨모멘트 산정

7가지 경우의 하중조합에 대하여 가장 불리한 하중을 산정한다. 이때, 바람과 지진에 의한 수평하중은 하중방향이 역전(위의 식에서 "−"를 의미)될 수 있으므로 "−"에 대한 하중조합도 고려하여야 된다.

1) $U = 1.4D = 1.4(170) = 238\,kN.m$

2) $U = 1.2D + 1.6L = 1.2(170) + 1.6(145) = 436\,kN.m$

3) $U = 1.2D \pm 0.65W = 1.2(170) \pm 0.65(80) = 256\,kN.m,\ 152\,kN.m$

4) $U = 1.2D \pm 1.0W + 1.0L = 1.2(170) \pm 1.0(80) + 1.0(145) = 429\,kN.m,\ 269\,kN.m$

5) $U = 1.2D \pm 1.0E + 1.0L = 1.2(170) \pm 1.0(85) + 1.0(145) = 434\,kN.m,\ 264\,kN.m$

6) $U = 0.9D \pm 1.0W = 0.9(170) \pm 1.0(80) = 233\,kN.m,\ 73\,kN.m$

7) $U = 0.9D \pm 1.0E = 0.9(170) \pm 1.0(85) = 238\,kN.m,\ 68\,kN.m$

$\therefore M_u = 436\,kN \cdot m$: 최대값 선택(하중조합-2, 연직하중에 의한 지배)

3. 계수 전단력 산정

1) $U = 1.4D = 1.4(240) = 336\,kN$

2) $U = 1.2D + 1.6L = 1.2(240) + 1.6(170) = 560\,kN$

3) $U = 1.2D \pm 0.65W = 1.2(240) \pm 0.65(110) = 359.5\,kN,\ 216.5\,kN$

4) $U = 1.2D \pm 1.0W + 1.0L = 1.2(240) \pm 1.0(110) + 1.0(170) = 568\,kN,\ 348\,kN$

5) $U = 1.2D \pm 1.0E + 1.0L = 1.2(240) \pm 1.0(100) + 1.0(170) = 558\,kN,\ 358\,kN$

6) $U = 0.9D \pm 1.0W = 0.9(240) \pm 1.0(110) = 326\,kN,\ 106\,kN$

7) $U = 0.9D \pm 1.0E = 0.9(240) \pm 1.0(100) = 316\,kN,\ 116\,kN$

$\therefore V_u = 568\,kN$: 최대값 선택(하중조합-4, 풍하중에 의한 지배)

4. 본 예제와 같은 하중이 강구조 건축물에 작용한다면 이 강재 보의 단면 설계는 휨모멘트에 대해서는 연직하중에 의한 조합이 가장 크고, 전단력은 풍하중이 작용할 때 가장 크게 나타나 이를 만족하는 단면 설계가 이루어져야 한다.

3.2.2 허용응력도설계법(ASD, Allowable Stress Design Method)

구조체가 탄성상태인 것으로 가정한 설계법으로 사용하중(service load)을 사용하며, 강재의 응력이 항복점 아래에 있는 것으로 보고 후크의 법칙을 근간으로 탄성해석을 하는 설계방법이다.

1. 허용응력도설계법의 장점 및 단점

(1) 비교적 간단하고 이해하기 쉬운 설계 방법으로 이는 엔지니어링 교육 과정에서 일반적으로 다루어지기 때문에 실무 경험이 적은 엔지니어에게 적합하다.

(2) 오랜 기간 동안 사용되어 왔으며 안전한 구조물 설계에 효과적인 것으로 입증되었다.

(3) 안전성을 위해 보수적인 접근 방식을 사용하기 때문에 구조물이 필요 이상으로 과설계가 될 수 있으며, 이는 공사비를 증가시킬 수 있다.

(4) 재료의 강도 및 기타 특성의 불확실성을 명시적으로 고려하지 않으며, 이는 설계의 정확성을 떨어뜨릴 수 있다.

(5) 한계상태설계법과 같은 현대적인 설계 방법론과 호환되지 않는다.

2. 허용응력상태의 설계 식

$$R_a \leqq F_a = \frac{R_n}{\Omega} \quad \text{식 3-6}$$

여기서, R_a : 소요강도(required strength)

F_a : 허용응력(allowable strength)

Ω : 안전계수(safety factor)

$$\text{단기허용응력도} = \text{장기허용응력도} \times 1.33 \quad \text{식 3-7}$$

3. 허용응력도설계법의 하중조합

(1) $S = D$: 고정하중만을 고려

(2) $S = D + L$: 가장 일반적인 연직하중에 대한 고려

(3) $S = D \pm 0.75(0.65W$ 또는 $0.7E) + 0.75L$: 연직하중과 풍 또는 지진하중 고려

(4) $S = 0.6D \pm (0.65W$ 또는 $0.7E)$: 고정하중과 풍 또는 지진하중 고려

3.2.3 하중의 표시

구조물에 작용하는 하중은 도면에서는 평면에 작용하는 것으로 표시하나 실제는 공간적으로 작용한다. 슬래브를 통하여 보에 전달되는 작용하중은 분포상태에 따라 다음과 같이 분류되며, 모멘트하중 및 이동하중은 건축구조물에서 흔히 볼 수 없는 하중이다.

표 3-9 작용하중의 분류

종류		표시	단위	설명
집중하중 (concentrated load)		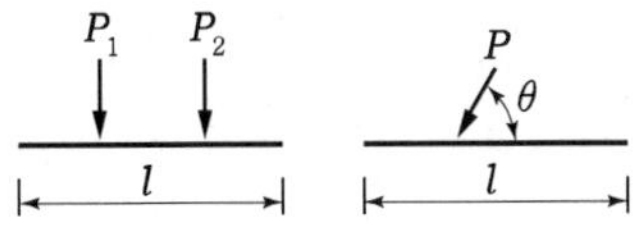	N kN	한점에 집중하여 작용하는 하중. 큰보 위에 놓인 작은보의 하중이 작용할 때
등분포하중 (uniform load)		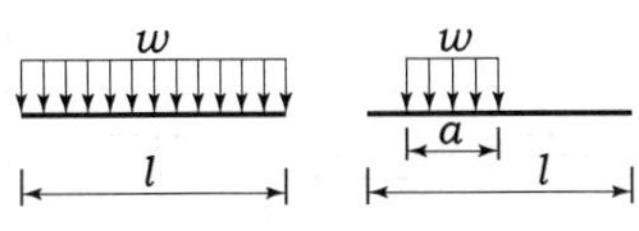	N/m kN/m	같은 크기의 분포하중이 연속적으로 작용하는 하중. 구조물의 자중이나 설하중 등이 작용할 때
등변분포하중	삼 각 형	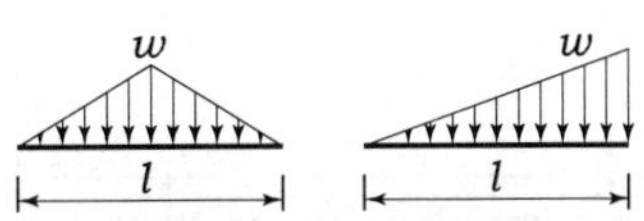 (a) (b)	N/m kN/m	하중 크기가 직선으로 변화하는 분포하중. 그림 (a), (c)의 경우는 바닥판에 작용하는 하중이고, (b), (d)는 지하외벽에 작용하는 토압과 수압이고, (e), (f)의 경우는 구조물의 변형량을 계산할 때의 탄성하중으로 작용할 때
	사다리꼴	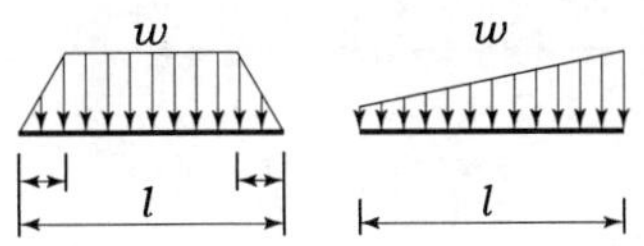 (c) (d)		
	곡 선 형	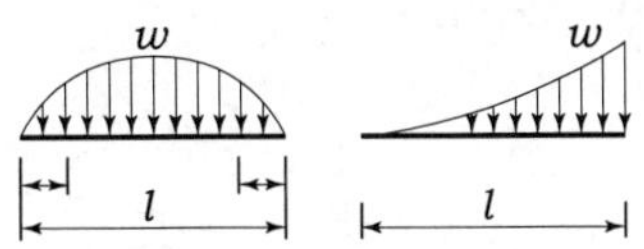 (e) (f)		
모멘트하중 (moment load)		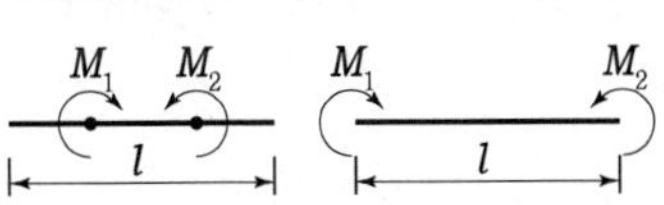	N · m kN · m	구조물의 임의의 작용점 또는 단부에 회전을 주는 하중이 작용할 때
이동하중 (moving load)		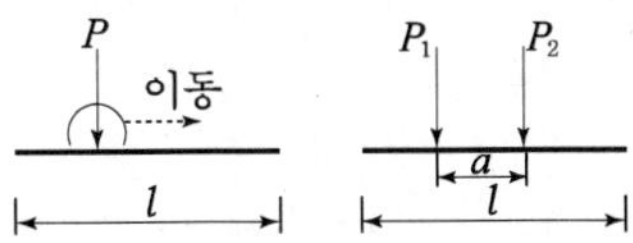	N kN	공장의 크레인이나 교량위의 차량 등이 움직일 때와 같이 작용점에 이동하는 하중이 작용할 때

예제 3-3

그림과 같은 강구조의 구조평면도에서 각각의 보들이 부담하는 하중을 계산하고 각각의 최대 휨모멘트를 산정하시오(단, 바닥하중은 고정하중 $6.0\,kN/m^2$, 활하중 $3.0\,kN/m^2$ 이며, 등분포하중을 받는 단순보의 최대 정모멘트 : $M=\dfrac{wl^2}{8}$, 등분포하중을 받는 고정보의 최대 부모멘트 : $M=\dfrac{wl^2}{12}$, 집중하중을 받는 고정보의 최대 모멘트 : $M=\dfrac{Pl}{8}$이고 자중은 무시한다).

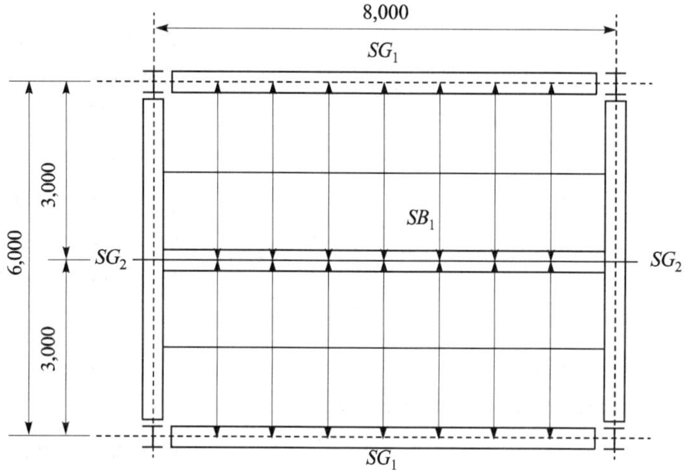

풀이

1. 하중 산정

$w_u = 1.2D + 1.6L = 1.2(6.0) + 1.6(3.0) = 12\,kN/m^2$

2. 각 부재가 받는 하중계산

강구조에서는 SB1이 SG2에 전단접합(shear connection)되는 가구식구조이기 때문에 하중의 분포가 철근콘크리트구조의 각 절점에서 45° 각도로 하중을 부담하는 것과 다르게 인접한 부재에 각각 반반씩 전달된다.

3. 각 부재가 받는 휨모멘트 산정

1) 단순보 SB1 : $M_u = \dfrac{wl^2}{8} = \dfrac{36(8^2)}{8} = 288\,kN.m$ (정모멘트)

2) 고정보 SG1 : $M_u = \dfrac{wl^2}{12} = \dfrac{18(8^2)}{12} = 96\,kN.m$ (부모멘트)

3) 양단 고정보 SG2에 작용하는 집중하중 : $P=4m(3m)(12kN/m^2)=144kN$

4) 고정보 SG2 : $M_u=\dfrac{Pl}{8}=\dfrac{144(8)}{12}=144\,kN.m$ (정, 부모멘트)

부재명	하중분포	하중계산
SB_1	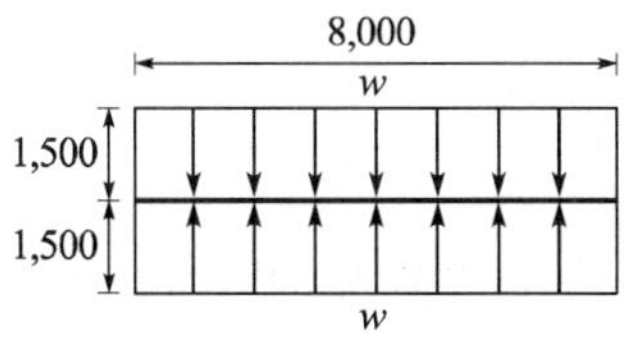	1. 등분포하중 계산 $w=12\text{kN/m}^2(1.5\text{m})(2)=36\text{kN/m}$
SG_1	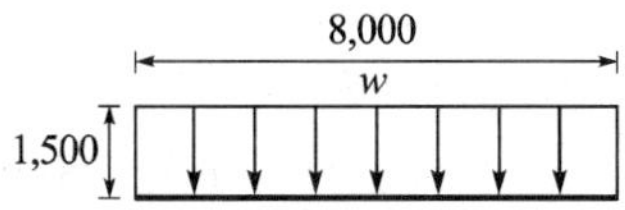	1. 등분포하중 계산 $w=12\text{kN/m}^2(1.5\text{m})=18\text{kN/m}$
SG_2	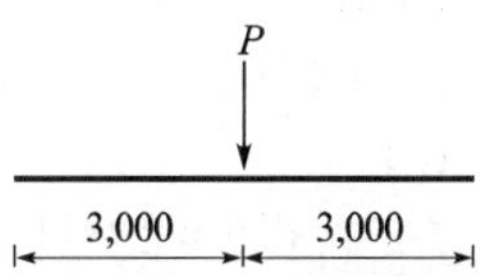	1. SB_1에 의한 집중하중 계산 SB_1의 자중은 무시한다. 위에서 SB_1이 부담하는 하중의 형태는 2개의 직사각형 부분이다. 따라서 좌·우측의 SG_2는 각각 직사각형 1개씩을 부담하면 된다. $P=(3\text{m})(4\text{m})\cdot(12\text{kN/m}^2)=144\text{kN}$

4. 철근콘크리트 구조인 경우의 각 부재가 받는 휨모멘트 산정

철근콘크리트보 B1은 사다리꼴, 강재보 SB1은 사각형의 형태로 하중을 부담한다. 철근콘크리트구조에서 B1은 G2에 회전절점(활절점)으로 접합되지만 시공시 일체로 타설되기 때문에 각 절점에서 45°각도로 하중을 부담한다.

1) 단순보 B1(정모멘트)

$$M_u=\frac{3l^2-4a^2}{24}(w)=\frac{3(8^2)-4(1.5^2)}{24}(36)=274.5\,kN.m$$

2) 고정보 G1(부모멘트)

$$M_u=\frac{w}{12l}(l^3-2a^2l+a^3)=\frac{18}{12(8)}(8^3-2\times1.5^2\times8+1.5^3)=89.88\,kN.m$$

3) 고정보 G2(부모멘트)

$$M_u=\frac{Pl}{8}+\frac{17}{384}wl=\frac{117(8)}{8}+\frac{17}{384}(18)(8)=123.38\,kN.m$$

부재명	하중분포	하중계산
B_1	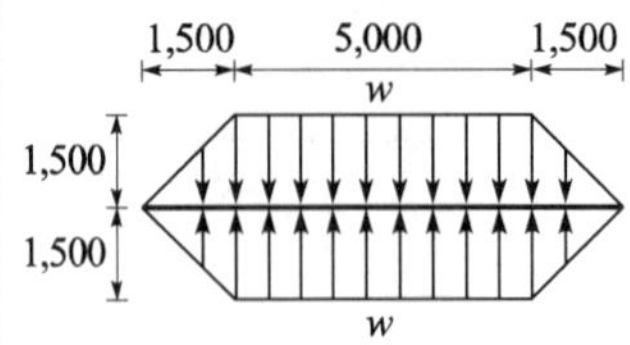	1. 사다리꼴의 등변분포하중 계산 $w = 12\,kN/m^2(1.5m)(2) = 36\,kN/m$
G_1	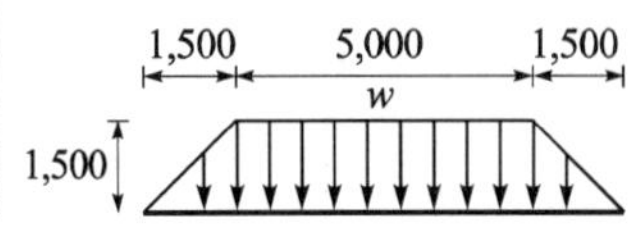	1. 사다리꼴의 등변분포하중 계산 $w = 12\,kN/m^2(1.5m) = 18\,kN/m$
G_2	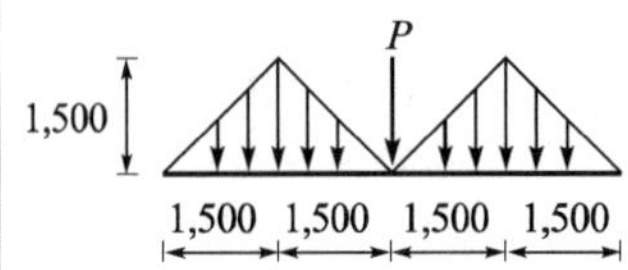	1. 삼각형의 등변분포하중 계산 $w = 12\,kN/m^2(1.5m) = 18\,kN/m$ 2. B_1에 의한 집중하중 계산 B_1의 자중은 무시한다. 위에서 B_1이 부담하는 하중의 형태는 2개의 사다리꼴 부분이다. 따라서 좌 · 우측의 G_2는 각각 사다리꼴 1개씩을 부담하면 된다. $P = (3m)\dfrac{(2.5m + 4m)}{2} \cdot (12\,kN/m^2)$ $= 117\,kN$

3.3 설계하중 용어정리 Glossary of Terms

용어	용어 설명	비고
재현주기 (return period)	지진과 같은 자연재해가 특정한 크기 이상으로 발생할 주기를 확률적으로 계산한 값으로, 일 년 동안에 특정한 크기 이상의 자연재해가 발생할 확률의 역수	
횡변위 및 층간변위 (drift & drift ratio)	횡변위는 구조물이 횡(수평) 방향으로의 변위를 말하고, 층간변위는 각 층 사이의 상대적인 변위를 의미. 보통 횡변위는 풍하중에 의한 변위를 검토하며, 층간변위는 지진하중에 대한 변위를 검토	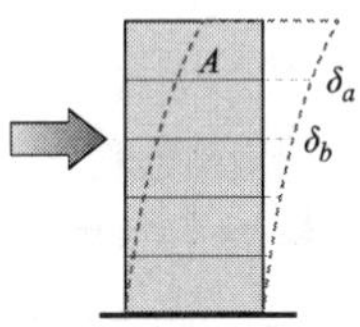
풍상벽 및 풍하벽 (windward & leeward)	바람이 직접적으로 부딪히는 벽면을 풍상벽이라 하며, 풍상벽의 반대쪽에 위치한 벽면을 풍하벽이라 함. 보통은 풍상벽에서 맞바람에 의한 계수 0.8과 풍하벽에서 뒷바람에 의한 계수 0.5를 합하여 1.3으로 건물에 작용	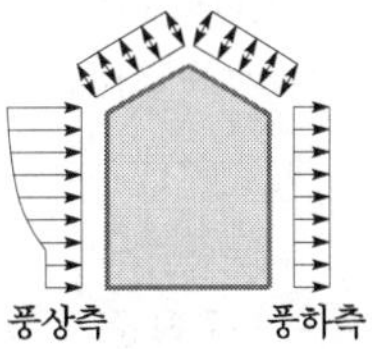
가스트영향계수 (gust effect factor)	바람의 난류로 인한 순간적인 풍압 변동을 고려하여 설계 풍압을 증가시키는 계수로 구조물에 작용하는 최대 풍하중은 평균 풍압에 가스트 영향 계수를 곱하여 계산	
지진응답계수 (seismic response coefficient)	지진 하중에 의한 구조물의 응답을 계산하는 데 사용되는 계수로 지진 규모, 지반 조건, 구조물의 형상 및 크기, 구조물의 동적 특성에 따라 결정	
중요도계수 (importance factor)	지진 하중에 의한 구조물의 응답을 계산하는 데 사용되는 계수로 지진 규모, 지반 조건, 구조물의 형상 및 크기, 구조물의 동적 특성에 따라 결정	
반응수정계수 (response modification factor)	구조물의 비선형 거동을 고려하여 지진 하중에 대한 응답을 산정하는 데 사용되는 계수로 탄성 해석 기반의 설계법에서 구조물의 비선형 거동을 직접적으로 고려하기 어렵기 때문에, 반응수정계수를 도입하여 비선형 거동을 간접적으로 반영	
설계스펙트럼가속도 (design spectral acceleration)	특정 지점에서 진동 주기별로 예상되는 최대 지반 가속도를 나타내는 지표로 이는 내진 설계에서 기본적인 하중으로 고려되는 설계 기준 전단력을 결정하는 데 사용	

용어	용어 설명	비고
고유주기 (Natural Period)	지진 발생 시 건축물이 자연스럽게 진동하는 주기를 의미하며, 이는 구조물의 질량, 강성, 형상에 따라 결정되며, 지진에 대한 구조물의 반응을 이해하는 데 중요한 역할	
모멘트골조 (moment frame)	부재와 접합부가 휨모멘트, 전단력, 축력에 저항하는 골조로서 보통모멘트골조, 중간모멘트골조, 특수모멘트골조로 분류	
가새골조 (braced frame)	수평하중에 대한 저항이나 골조의 안정성이 주로 대각선 가새 또는 다른 형식의 보조가새에 의해서 확보되는 골조	
전단벽구조 (shear wall structure)	횡(수평) 하중(주로 바람이나 지진력)에 저항하도록 설계된 벽체를 의미하며, 높은 가성을 가지고 있어 횡 하중에 의한 변형을 최소화하고, 구조물의 안정성을 유지	
사용하중 (service load)	① 하중계수를 적용하지 않은 하중 ② 사용한계상태를 평가하기 위한 하중 ③ 작용하중이라고도 하며, 고정하중 및 활하중과 같이 이 기준에서 규정하는 각종 하중으로서 하중계수를 곱하지 않은 하중	
계수하중 (factored load)	사용하중에 설계법에서 요구하는 하중계수를 곱한 하중	
하중계수 (load factor)	구조설계 시 사용되는 안전계수 중 하나로, 실제하중에 곱하여 설계하중을 산정하는 데 사용되며, 하중계수는 하중의 불확실성(변동 가능성)과 구조물의 중요도 등을 고려하여 결정	
소요강도 (required strength)	하중조합에 따른 계수하중을 저항하는데 필요한 부재나 단면의 강도	
공칭강도 (nominal strength)	하중에 대한 구조체나 구조부재 또는 단면의 저항능력을 말하며 강도감소계수 또는 저항계수를 적용하지 않은 강도	
설계강도 (design strength)	단면 또는 부재의 공칭강도에 저항계수를 곱합 강도	
저항계수 (strength reduction factor)	재료의 설계기준강도와 실제 강도의 차이, 부재를 제작 또는 시공할 때 설계도와 완성된 부재의 차이, 그리고 내력의 추정과 해석에 관련된 불확실성을 고려하기 위한 안전계수	

3.4 설계하중 요약 Summary of Design Load

1. 주요 하중의 종류

(1) **장기하중**(long-term load) : 고정하중(dead load), 활하중(live load)

(2) **단기하중**(short-term load) : 풍하중(wind load), 지진하중(seismic load), 설하중(snow load)

2. 하중저항계수설계법(LSD, Limit State Design Method)

(1) **강도한계상태의 설계 식** : $R_u \leq \phi R_n$ (ϕ : 저항계수, 인장부재 : 총단면적 항복, $\phi_t = 0.9$, 유효순단면의 파단, $\phi_t = 0.75$, 블록전단, $\phi_t = 0.75$, 압축부재 : $\phi_c = 0.9$, 휨부재 : $\phi_b = 0.9$, 전단부재 : $\phi_v = 0.9$ or 1.0)

(2) **하중저항계수설계법의 하중조합**

1) U=1.4D : 고정하중만을 고려
2) U=1.2D+1.6L : 가장 일반적인 연직하중에 대한 고려
3) U=1.2D±0.65W : 고정하중과 풍하중 고려
4) U=1.2D±1.0W+1.0L : 연직하중과 풍하중 고려
5) U=1.2D±1.0E+1.0L : 연직하중과 지진하중 고려
6) U=0.9D±1.0W : 고정하중과 풍하중 고려
7) U=0.9D±1.0E : 고정하중과 지진하중 고려

3. 허용응력도설계법(ASD, Allowable Stress Design Method)

(1) **허용응력상태의 설계 식** : $R_a \leq F_a = \dfrac{R_n}{\Omega}$ (Ω : 안전계수)

(2) 단기허용응력도 = 장기허용응력도 × 1.33

(3) 허용응력도설계법의 하중조합

1) $S = D$: 고정하중만을 고려
2) $S = D + L$: 가장 일반적인 연직하중에 대한 고려
3) $S = D \pm 0.75(0.65W$ 또는 $0.7E) + 0.75L$: 연직하중과 풍 또는 지진하중 고려
4) $S = 0.6D \pm (0.65W$ 또는 $0.7E)$: 고정하중과 풍 또는 지진하중 고려

01. 다음 강구조 하중저항계수설계법에 관련된 설명 중 가장 부적당한 것은?

① 허용응력도설계법의 안전율이 동일하게 유지된다.
② 확률통계학적인 방법에 기초한 설계법이다.
③ 저항계수와 하중계수를 적용한다.
④ 응력도 개념의 설계법이 아니라 강도 개념의 설계법이다.

▶ - 허용응력도설계법 안전율 : 재료
- 하중저항계수설계법 안전율 : 하중계수와 강도감소계 ①

02. 다음 강구조 하중저항계수설계법의 원리에 관련된 설명 중 가장 부적당한 것은?

① 구물에 요구되는 여러 가지 상태에 대해 각각 허용되는 한계상태를 정하고, 그 상태의 안전성을 취한다.
② 하중, 재료의 강도, 구조물의 강도 등을 통계학적으로 처리한다.
③ 모든 한계상태에 대하여 허용되는 확률을 구한다.
④ 설계강도(ϕR_n)보다 소요강도(R_u)가 커야 한다.

▶ $R_u \leqq \phi R_n$ ④

03. 강구조 초고층건물에서 풍하중의 영향을 평가할 때 반드시 검토해야 할 변위(변형)는 다음 중 어느 것인가?

① 처짐(deflection) ② 횡변위(drift)
③ 층간변위(drift ratio) ④ 좌굴(buckling)

▶ 처짐 : 일반적으로 고정하중 및 활하중에 대한 수직방향 변위
층간변위 : 지진하중에 대한 검토
좌굴 : 축방향으로 압축력을 받을 때, 횡으로의 변위 ②

04. 다음 강구조 하중저항계수설계법에서 풍하중이 작용할 때, 하중조합으로 부적당한 것은 어느 것인가? 단, D : 고정하중, L : 활하중, W : 풍하중, E : 지진하중

① U=1.2D+1.6L ② U=1.2D±0.65W
③ U=1.2D±1.0W+1.0L ④ U=0.9D±1.3W

▶ $U= 0.9D\pm 1.0W$ ④

05. 고정하중 400kN 및 활하중 300kN과 풍하중 200kN이 강구조 기둥에 축력으로 작용하고 있다. 기둥의 소요강도의 얼마인가?

① $P_u = 560\,kN$ ② $P_u = 900\,kN$

③ $P_u = 960\,kN$ ④ $P_u = 980\,kN$

- $U = 1.2D + 1.6L = 1.2(400) + 1.6(300) = 960\,kN$: 연직하중
- $U = 1.2D + 1.0L + 1.0W = 1.2(400) + 1.0(300) + 1.0(200) = 980\,kN$: 연직하중+풍하중
- $U = 0.9D + 1.0W = 0.9(400) + 1.0(200) = 560\,kN$: 고정하중+풍하중 ④

06. 다음 강구조 하중저항계수설계법에서 강도저감계수(strength reduction factor, resistance factor)로서 옳지 않은 것은?

① 인장부재(총단면적 항복) : $\phi_t = 0.85$

② 인장부재(블록전단) : $\phi_t = 0.75$

③ 압축부재 : $\phi_c = 0.9$

④ 휨부재 : $\phi_b = 0.9$

인장부재의 총단면적 항복 : $\phi_t = 0.9$ ①

07. 다음 강구조 하중저항계수설계법에서 극한 한계상태(Ultimate Limit State)에 포함되지 않는 현상은 어느 것인가?

① 좌굴(buckling) ② 피로(fatigue)

③ 파단(fracture) ④ 진동(vibration)

진동은 사용 한계상태 ④

08. 다음 강구조 하중저항계수설계법에서 극한 한계상태(Ultimate Limit State)에 포함되지 않는 현상은 어느 것인가?

① 바닥재의 진동 ② 기둥의 좌굴

③ 골조의 불안정성 ④ 취성파괴

진동은 사용한계상태 ①

09. 다음 강구조 하중저항계수설계법에서 사용 한계상태(Serviceability Limit State)에 포함되지 않는 현상은 어느 것인가?

① 처짐(deflection) ② 진동(vibration)
③ 변형(deformation) ④ 균열(cracking)

▶ 변형은 극한 한계상태 ③

10. 다음 강구조 하중저항계수설계법에서 구조물에 대한 처짐 검토는 어느 하중을 사용하는가?

① 설계하중(design load) ② 사용하중(service load)
③ 계수하중(factored load) ④ 상재하중(surcharge load)

▶ 사용하중을 이용하여 사용성 검토 ②

11. 다음 강구조 허용응력설계법에서 단기허용응력도는 장기허용응력도의 몇 배인가?

① 0.90 ② 1.00 ③ 1.33 ④ 1.50

▶ 단기허용응력도 = 장기허용응력도×1.33 ③

12. 경량지붕이 아닌 저층 강구조 장스팬 건물의 구조계획에서 고려해야 할 사항과 가장 관계가 적은 것은?

① 층고, 지붕형태 등 건물의 형상 결정
② 적절한 골조 간격의 결정
③ 강절점, 활절점에 대한 부재의 접합방식 결정
④ 풍하중에 의한 횡변위 제어방법 결정

▶ 철근콘크리트 슬래브가 있다면 풍하중의 영향 미미 ④

제4장

강재의 접합

4.1 접합의 일반사항 General of Connection

강구조는 일반적으로 공장에서 정해진 형상과 크기로 절단하여 형강 등으로 제작하고, 이렇게 만들어진 기둥과 보를 현장에서 조립하는 가구식 구조이므로 접합부의 중요성은 대단히 중요하다. 강구조의 접합에 사용되는 접합은 기계적인 방법(mechanical methods)인 (고장력)볼트접합과 야금적인 방법(metallurgical methods)인 용접접합이 있다. 일반적인 현장에서 주로 사용되고 있는 접합은 주로 고장력볼트 접합이 주를 이루고 있지만 후판부재(thick plate members)의 접합은 현장용접으로 접합하여야 한다.

강재 접합은 두 개 이상의 강재 부재를 연결하여 하나의 구조물로 만드는 과정으로 구조해석에 의하여 산정된 부재들을 연결하여 작용하중을 견딜 수 있는 구조체로 조립하는 것을 말한다. 강구조에서 접합부의 설계 및 시공은 구조체의 안정성, 경제성과 밀접한 관계를 가지고 있으며, 하자발생이 가장 많은 부분이므로 적절한 접합재료 및 접합 구조형식을 선택하는 것이 중요하다.

4.1.1 접합재료에 의한 분류

강재의 접합 재료에 의한 접합방법은 크게 고장력볼트, 용접 및 리벳 접합 등으로 나눌 수 있으며, 각 접합 방식마다 장단점이 있으므로 접합 대상, 하중 조건, 경제성 등을 고려하여 적절한 방식을 선택해야 한다.

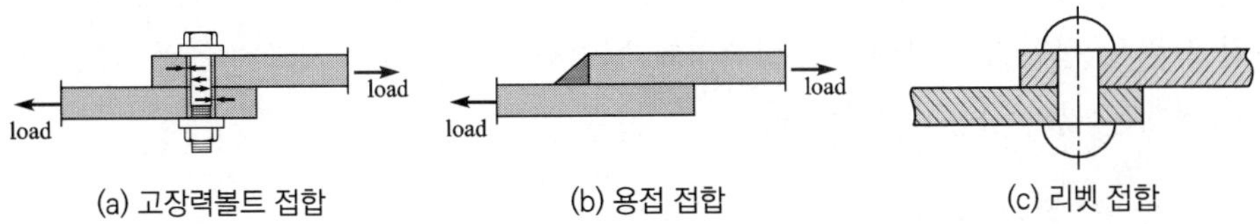

(a) 고장력볼트 접합 (b) 용접 접합 (c) 리벳 접합

그림 4-1 접합 재료의 종류

1. **고장력볼트 접합**(high tension bolting connection) : 고장력볼트 접합은 고장력볼트의 조임력으로 인해 발생하는 마찰력에 의해 접합 부재를 연결하는 방식으로 용접에 비해 시공이 간편하고 경제적이며, 해체 및 재사용이 가능하다는 장점이 있다. 하지만, 용접에 비해 접합 강도가 낮고, 피로 하중에 취약하다는 단점도 있지만 현장에서 가장 많이 적용하는 접합 방식이다.

표 4-1 고장력볼트 접합의 장, 단점

장점	단점
시공이 간편하고 경제적	용접에 비해 접합 강도 낮음
해체 후 재사용 가능	피로하중에 취약
정밀한 조임 가능	볼트 관리 필요

2. **용접 접합**(welding connection) : 용접은 강재를 국부적으로 용융시켜 서로 결합하는 방식으로 가장 강력하고 밀폐성이 뛰어난 접합 방식이지만, 시공에 전문적인 기술과 장비가 필요하고, 열 변형이 발생할 수 있다는 단점이 있어 용접성 등이 확보될 수 있는 공장에서의 작업은 비교적 품질이 확보되나, 현장에서의 작업은 용접 품질이 저하될 우려가 있으므로 신중하여야 한다.

표 4-2 용접 접합의 장, 단점

장점	단점
높은 접합 강도	시공에 전문 기술 및 장비 필요
밀폐성 우수	열 변형 발생 우려
다양한 형상의 접합 가능	잔류응력 발생 가능
비교적 경제성 확보 가능	제료에 따른 제한 수반

3. **리벳 접합**(riveting connection) : 리벳은 강재에 구멍을 뚫고 리벳을 삽입하여 결합하는 방식으로 비교적 간편하고 빠르게 시공할 수 있으며, 용접에 비해 열 변형이 적지만 용접에 비해 접합 강도가 낮고, 밀폐성이 떨어진다는 단점이 있으며 소음 발생이 심하므로 현재는 거의 사용하지 않는다.

표 4-3 리벳 접합의 장, 단점

장점	단점
시공이 간편하고 빠름	용접에 비해 접합 강도가 낮음
열 변형이 적음	용접에 비해 밀폐성이 떨어짐
해체 및 재사용 가능	외관 상 손상 가능

4. **볼트 접합**(bolting connection) : 건축구조물에서 주구조체가 아닌 마감 등을 위한 2차 부재인 경미한 부재 등에 대한 체결을 목적으로 사용된다.

표 4-4 접합재료에 의한 비교

접합 종류	역학적 특성			시공성			경제성		판정	비고
	강도	강성	내구성	시공성	확실성	검사성	효율	가격		
고장력 볼트	◎	◎	○	○	○	△	○	△	◎	마찰면 처리, 조임 등의 시공관리 필요
용접	◎	◎	◎	○	○	△	○	△	◎	용접자 선정 및 검사 중요
리벳	○	○	○	△	△	△	○	○	○	소음 문제. 현재 거의 사용치 않음
볼트	△	×	△	○	△		×	○	△	경미한 구조체에 주로 사용

4.1.2 구조형식에 의한 접합 분류

1. **모멘트접합**(moment connection, fix or rigid joint) : 모멘트접합(강절점)은 강구조에서 사용되는 접합 방법으로 구조물의 두 부재(보통은 강재 보와 기둥) 사이에 휨모멘트, 전단력 및 축방향력에 저항하도록 설계된다. 강접합이 이루어지면 하중에 의해 발생하는 처짐을 보가 저항하여 전체 구조물의 안정성을 유지한다.

2. **단순접합**(shear connection, hinge joint) : 단순접합(회전절점)은 모멘트접합과 달리 두 개의 구조 부재 사이에 주로 전단력을 전달하도록 설계되는 것으로 모멘트접합에 비해 접합 부분에서 약간의 회전을 허용하며, 이는 건물의 흔들림이나 열팽창에 유연하게 대응할 수 있다. 즉, 구조해석에 의한 소요 회전을 흡수할 수 있는 충분한 회전능력을 갖고 있어야 하며, 보의 단부 회전을 수용하기 위한 접합부 자체 제한적 비탄성 변형은 허용된다.

3. **부분모멘트접합**(semi-rigid joint) : 부분모멘트접합은 완전 모멘트접합과 단순접합의 중간 형태의 접합으로 휨모멘트 전달 능력 측면에서 모멘트접합과 단순접합 사이에 존재하며, 일부 휨모멘트를 전달하면서도 접합 부분에서 어느 정도의 회전을 허용한다.

표 4-5 구조형식에 의한 접합 분류

구조형식	모멘트접합	단순접합	부분모멘트접합
접합 특징	- 하중이 작용하였을 때 부재의 끝단이 회전하지 않도록 된 접합 - 변형 전 부재각과 변형 후 부재각 동일 - 접합부가 충분히 강함 (고정도 : 90~100%)	- 하중이 작용하였을 때 부재의 끝단이 자유롭게 회전하도록 된 접합 - 충분한 회전변형 가능 - 접합부가 유연함 (고정도 : 0~20%)	- 하중이 작용하였을 때 일정량의 모멘트 저항능력을 가진 접합 - 설계 시 적용 않음 - 접합부가 다소 강함 (고정도 : 20~90%)
접합부의 부재력	축방향력 전단력 휨모멘트	축방향력 전단력	축방향력 전단력 휨모멘트 일부
접합 부분	플랜지, 웨브	웨브	플랜지, 웨브
접합 상세	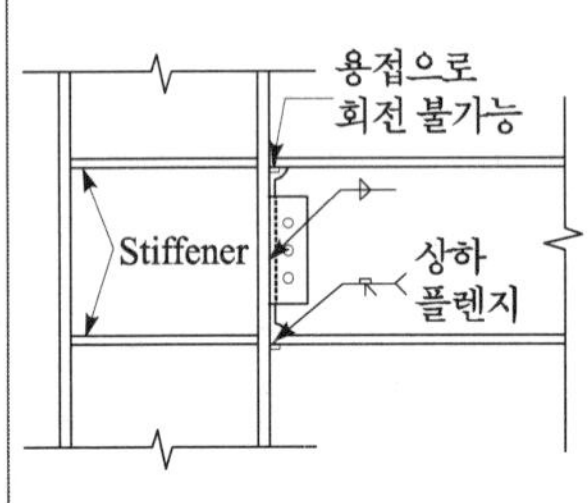	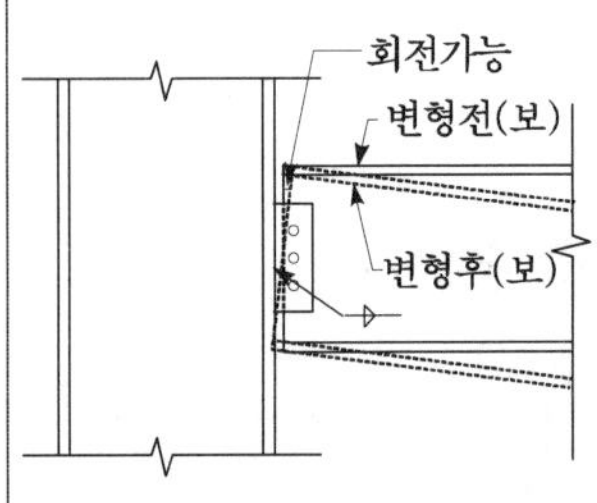	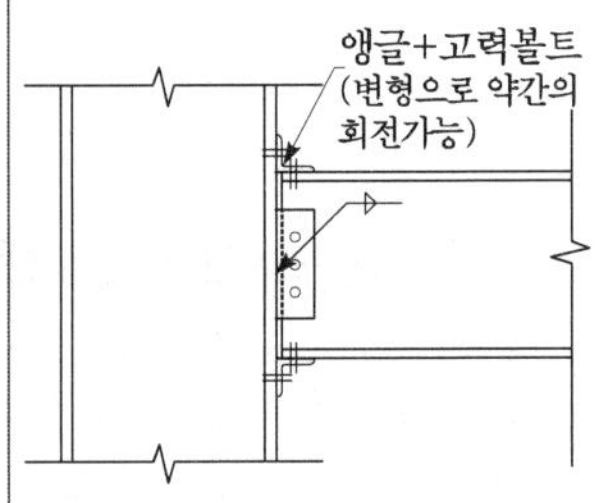

4.1.3 용접과 볼트의 병용

(1) 볼트접합은 용접과 조합해서 하중을 부담시킬 수 없다. 이러한 경우 용접이 전체하중을 부담하는 것으로 한다.

(2) 전단접합에는 용접과 볼트의 병용이 허용된다. 전단접합 시 표준구멍과 하중방향에 직각인 단슬롯의 경우 볼트접합과 하중방향에 평행한 필릿용접이 하중을 각각 분담할 수 있다. 이때 볼트의 설계강도는 지압볼트접합 설계강도의 50%를 넘지 않도록 한다.

(3) 마찰볼트접합으로 이미 시공된 구조물을 개축할 경우 고장력볼트는 이미 시공된 하중을 받는 것으로 가정하고 병용되는 용접은 추기된 소요강도를 받는 것으로 용접설계를 병용할 수 있다.

4.1.4 볼트와 용접접합의 제한

아래의 접합부에 대해서는 용접접합, 마찰접합 또는 전인장조임을 사용해야 한다. 단, 교량의 경우에는 볼트접합 시 마찰접합만 허용한다.

(1) 기둥-보 모멘트접합부에서 볼트가 용접과 병용될 경우에 마찰볼트접합을 사용한다.

(2) 충격이나 하중의 반전을 일으키는 활하중이나 동적하중을 받는 기계받침과 교량 등과 같이 동적 하중을 받는 구조물의 접합부에 적용된다.

(3) 높이가 38m 이상인 다층 건축구조물의 기둥이음부에 적용된다.

(4) 높이가 38m 이상인 건축구조물의 기둥-보 연결부와 기둥가새가 연결된 모든 보의 접합부에 적용된다.

(5) 용량 50kN 이상의 크레인을 설치한 건축구조물의 지붕트러스 이음부, 지붕트러스와 기둥 연결부, 기둥 이음부, 기둥가새, 크레인 지지부 등에 적용된다.

4.1.5 접합부 및 이음부 설계세칙

(1) 접합부의 설계강도는 45kN 이상이어야 한다. 다만, 연결재, 새그로드 또는 띠장은 제외한다.

(2) 기둥 이외의 압축부재가 선단지지 되도록 가공된 경우의 이음판과 연결재들은 소요압축강도의 50%에 해당하는 축방향 인장력 또는 소요압축강도의 2%에 해당하는 횡방향 하중으로 인한 휨모멘트와 전단력에 만족하도록 설계되어야 한다.

(3) 응력을 전달하는 필릿용접의 최소유효길이는 공칭용접치수의 10배 이상이며, 또한 30mm 이상을 원칙으로 한다.

(4) 응력을 전달하는 겹침이음은 2열 이상의 필릿용접을 원칙으로 하고, 겹침길이는 얇은 쪽 판 두께의 5배 이상이며, 또한 25mm 이상으로 한다.

(5) 고장력볼트의 구멍중심간의 거리는 공칭직경의 2.5배를 최소거리로 하고 3배를 표준거리로 한다.

(6) 고장력볼트의 구멍중심에서 볼트머리 또는 너트가 접하는 부재의 연단까지의 최대거리는 판 두께의 12배 이하이며, 또한 150mm이하로 한다.

(7) 건축구조물의 경우 판과 판 또는 판과 형강이 연속으로 접속되는 경우에 길이방향 볼트의 간격은 부식을 고려하지 않는 경우에는 얇은쪽 두께의 24배 또는 300mm를 초과하지 않는 간격, 페인트하지 않은 내후성강재가 대기중에 노출되는 경우에는 얇은쪽 두께의 14배 또는 180mm를 초과하지 않는 간격으로 하여야 한다.

4.2 볼트접합의 일반사항 General of Bolt Connection

4.2.1 볼트 접합의 일반사항

볼트 접합방법의 종류에는 마찰접합, 지압접합 및 인장접합으로 분류되며, 일반적으로 볼트 접합이라고 하면 마찰접합을 말한다. 볼트의 구성은 볼트 1개, 너트 1개, 평와셔 2개로 이루어졌으며, 재료의 재질이 고강도강으로 만들어져 있으며 접합 시 볼트에 강한 인장력을 가한 후에 너트를 끼우므로 체결한 후에는 강판과 강판의 강한 마찰력으로 작용하중에 대하여 지지하게 된다. 볼트 접합에서의 배치는 정렬배치와 엇모배치가 있으며, 정렬배치가 시공성 등이 유리하여 많이 쓰이고 있지만 5장 인장재에서 유효단면적 산정에 있어서는 엇모배치가 구조적으로 유리하다.

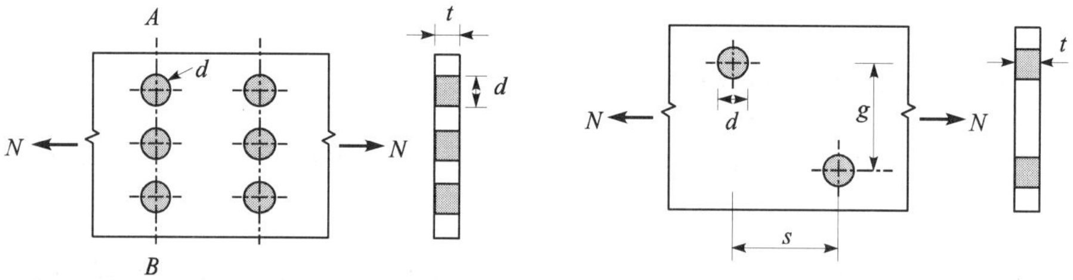

(a) 정렬배치 (b) 엇모배치

그림 4-2 볼트의 배치 방법

볼트 접합에서 피 접합재의 조임 두께는 $5d$ 이하로 하고, 볼트의 게이지라인(gauge line, 볼트의 중심선), 피치(pitch, 게이지 라인상의 볼트의 간격), 연단거리(edge distance, 볼트와 부재끝단과의 거리), 클리어런스(clearance, 볼트와 다른 부재면과의 거리), 측단거리(guage distance, 볼트와 부재측면과의 거리) 등은 일반 볼트 접합과 동일하다(그림 4-3). 구조상 주요한 부재의 접합부는 2개 이상의 볼트를 설치하며 1열로 나열하는 볼트 수는 6개 이하로 하며, 끼움판(filler)은 두께 6mm 이상의 것을 사용한다. 볼트 접합에서 그림 4-4(e)와 (f)에서의 연단부 및 측단부 파괴를 방지하기 위해서는 연단 및 측단 거리를 볼트 직경 d의 2.0~2.5배로 하여야 하며, 연단거리가 너무 길면 접합 부재가 휘어지므로 최대 연단거리는 판두께 t의 12배나 $150mm$ 이하로 한다.

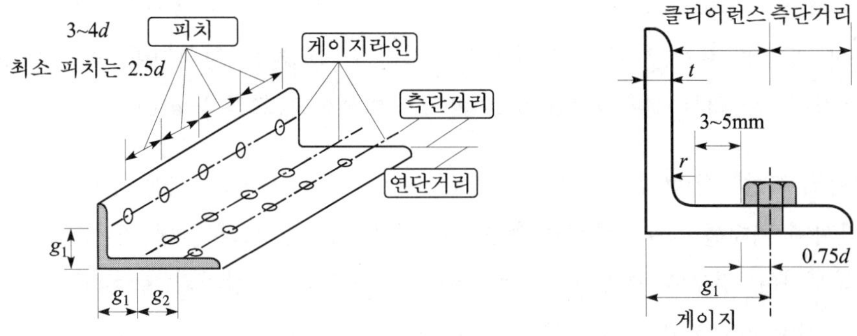

(a) 게이지라인 및 피치　　(b) 측단거리 및 클리어런스

그림 4-3 볼트의 게이지라인, 피치 및 측단거리

4.2.2 볼트접합부의 파괴형식

볼트 접합은 두 개 이상의 부재를 볼트를 사용하여 연결하는 방식으로 볼트 접합은 사용하기 쉽고 다양한 하중 조건에 적용될 수 있기 때문에 광범위하게 사용되지만 모든 구조물과 마찬가지로 볼트 접합도 하중에 의해 파괴될 수 있다. 볼트 접합의 파괴 형식을 예측하고 방지하기 위해서는 적절한 볼트의 선택, 적절한 접합 부재(플레이트)의 선택, 적절한 볼트 구멍의 위치와 크기 및 적절한 볼트의 조임력 등에 대하여 면밀하게 검토하고 반영하여야 한다. 아래는 여러 가지 파괴양상에 대하여 간략하게 서술하였다.

1. **볼트의 전단파괴**(shear failure of bolt) : 볼트가 전단력에 의해 두 개 이상의 부분으로 파괴되는 가장 일반적인 파괴로 1면 전단파괴와 2면 전단파괴가 있으며 볼트의 재질, 크기, 하중 조건에 따라 파괴 형태가 달라지며, 일반적으로 볼트의 목 부분에서 파괴가 발생한다(그림 4-4(a), (b)).

2. **볼트의 인장파괴**(tension failure of bolt) : 인장 파괴는 볼트 축에 인장력이 가해져 볼트가 끊어지는 가장 일반적인 파괴 형태로 주로 볼트의 머리 또는 나사 부분이나 볼트의 단면적이 감소하는 곳에서 발생하기 쉽고 인장접합에서 나타나는 현상이다.(그림 4-4(c)).

3. **플레이트의 지압파괴**(bearing failure of plate by the bolt) : 볼트의 조임력으로 인해 발생하는 지압에 의해 플레이트가 변형되고 파괴되는 형식으로 볼트 구멍 주변에서 발생한다(그림 4-4(d)).

4. **플레이트의 연단부파괴**(shear failure of plate by the bolt) : 볼트 구멍이 부재의 가장자리에 가까이 위치한 경우, 부재의 가장자리가 파괴되는 형식이며, 높은 인장력 또는 전단력이 작용하는 경우 45° 각도로 파괴가 발생한다(그림 4-4(e)).

5. **플레이트의 측단부파괴**(tensile failure of plate by the bolt) : 볼트 구멍이 부재의 측면에 가까이 위치한 경우, 부재의 측면으로 파괴되는 형식으로 높은 인장력 또는 압축력이 작용하는 경우에 발생하며, 플레이트 순단면의 인장파괴(tension failure of plate by the bolt)라고도 한다(그림 4-4(f)).

6. **플레이트의 전단인발파괴**(shear out failure of plate by bolt) : 볼트는 두 개의 플레이트를 연결하는데 하나의 플레이트는 다른 플레이트에 대해 미끄러지려는 힘(전단력)을 받아 플레이트의 평행면에 작용한다. 만약 플레이트의 전단 강도가 불충분하거나, 혹은 전단력이 너무 크면, 볼트 구멍 주변의 플레이트가 항복하여 볼트 구멍을 중심으로 전단 파괴된다(그림 4-4(g)).

7. **플레이트의 조각파괴**(cleavage failure of plate by bolt) : 볼트에 의해 가해지는 인장력으로 인해 플레이트가 파괴되는 것으로 볼트 구멍 주변의 플레이트 재질이 인장강도가 충분하지 않거나 인장력이 지나치게 크면 플레이트가 항복하여 구멍 주변에서 취성파괴가 발생할 수 있다(그림 4-4(h)).

8. **플레이트의 조각+인장파괴**(cleavage-tension failure of plate by bolt) : 조각파괴와 인장파괴(측단부파괴)의 조합에 의해 플레이트가 파괴되는 양상이다(그림 4-4(i)).

9. **볼트와 접합 부재 간의 마찰 미끄러짐**(frictional slippage between bolt and plate) : 볼트와 접합 부재 간의 마찰력이 부족하여 미끄러짐이 발생하고 접합이 풀리는 현상이며, 반복적인 하중 또는 진동 하중 하에서 발생할 확률이 높다.

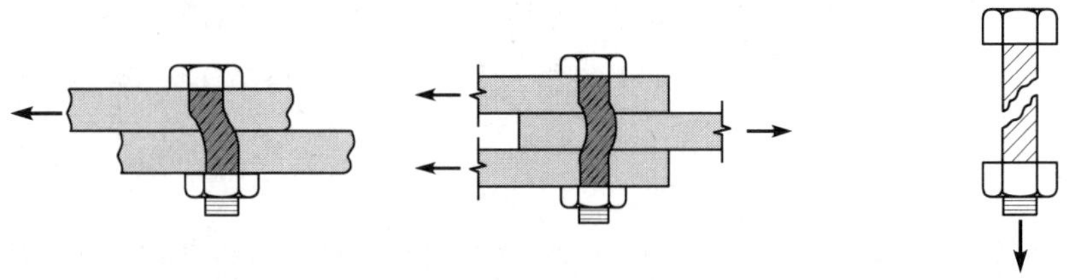

(a) 1면 전단파괴　　(b) 2면 전단파괴　　(c) 인장파괴

(가) 볼트의 파괴형태

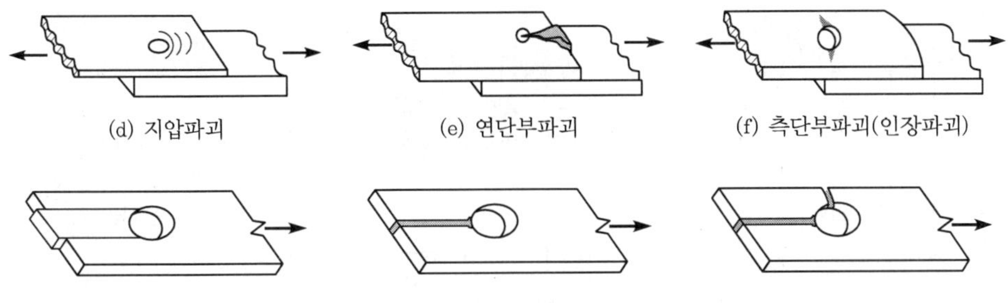

(d) 지압파괴 (e) 연단부파괴 (f) 측단부파괴(인장파괴)

(g) 전단인발파괴 (h) 조각파괴 (i) 조각+인장파괴

(나) 플레이트의 파괴형태

그림 4-4 볼트접합부의 파괴형태

4.3 고장력볼트 접합 Connection of High Tension Bolt

4.3.1 고장력볼트의 일반사항

고장력볼트 접합에서 피 접합재의 조임두께는 5d 이하로 하고, 고장력볼트의 게이지, 피치, 연단거리, 클리어런스, 측단거리 등은 일반 볼트접합과 동일하다. 그림 4-5는 고장력볼트의 명칭과 응력전달기구에 대한 그림이며, 고장력볼트의 등급에 따른 기계적 성질은 표 4-6, 고장력볼트의 구멍 공칭치수는 표 4-7을 참조하면 된다.

1. 고장력볼트의 응력 전달 기구

(1) **볼트 조임** : 볼트를 토크 렌치로 조이면 볼트 몸체에 인장력이 발생하고, 이 인장력은 볼트 머리와 너트 아래의 와셔를 통해 접합 부재에 전달된다.

(2) **마찰력** : 볼트 머리와 너트 아래의 와셔는 접합 부재 표면에 밀착되어 마찰력을 발생시키며, 이 마찰력은 접합 부재의 상대적인 미끄럼을 방지하고 볼트에 의한 인장력을 효과적으로 전달하는 데 중요한 역할을 한다.

(3) **압축응력** : 볼트 조임 과정에서 접합 부재는 서로 밀착되고 압축응력을 받게 되며, 이 압축응력은 접합 부재 표면 사이의 접촉 면적을 증가시켜 마찰력을 높이고 전단 강도를 향상시킨다.

(4) **전단응력** : 접합 부재에 가해지는 하중은 볼트에 의해 전달된 인장력과 마찰력에 의해 발생하는 전단응력으로 변환되며, 이 전단응력은 접합 부재의 전단 강도에 의해 저항된다.

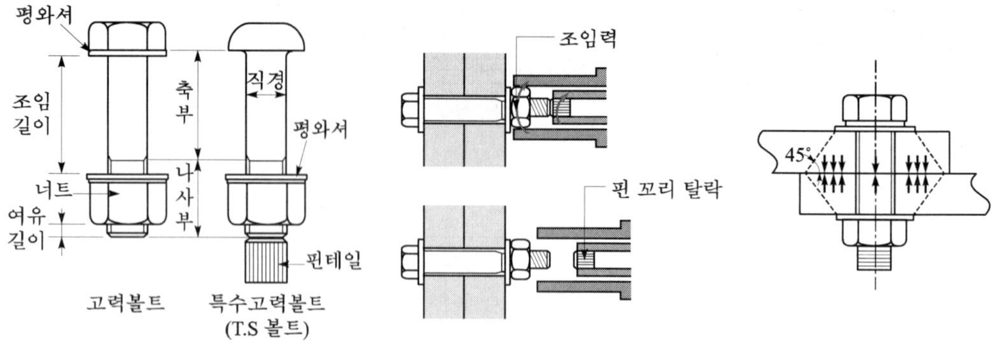

(a) 고장력볼트 각부 명칭 (b) T.S 볼트 원리 (c) 응력전달기구

그림 4-5 고장력볼트 각부 명칭과 응력전달기구

2. 고장력볼트 접합의 구조적 장점

(1) 강한 조임력으로 너트의 풀림이 생기지 않는다.

(2) 응력방향이 바뀌더라도 혼란이 일어나지 않는다.

(3) 응력집중이 적으므로 반복응력에 대해서 강하다.

(4) 고장력볼트의 전단응력과 판의 지압응력이 생기지 않는다.

(5) 유효단면적당 응력이 작으며, 피로강도가 높다.

표 4-6 고장력볼트의 기계적 성질

고장력볼트의 등급	인장시험			
	항복강도 $F_y(N/mm^2)$	인장강도 $F_u(N/mm^2)$	연신률 (%)	수축률 (%)
F8T	640 이상	800~1,000	16 이상	45 이상
F10T	900 이상	1,000~1,200	14 이상	40 이상
F13T	1,170 이상	1,300~1,500	12 이상	35 이상

표 4-7 고장력볼트의 구멍 공칭치수(mm)

고장력볼트의 호칭	표준구멍	대형구멍	단슬롯구멍	장슬롯구멍
M16	18(16+2)	20(16+4)	18 × 22	18 × 40
M20	22(20+2)	24(20+4)	22 × 26	22 × 50
M22	24(22+2)	28(22+6)	24 × 30	24 × 55
M24	27(24+3)	30(24+6)	27 × 32	27 × 60
M27	30(27+3)	35(27+8)	30 × 37	30 × 67
M30	33(30+3)	38(30+8)	33 × 40	33 × 75

4.3.2 고장력볼트의 접합방법

1. **마찰접합**(friction connection) : 볼트를 사용하여 강재를 연결할 때, 일반볼트가 판과 볼트의 직접적인 접촉에 의한 지압으로 접합되는 데 비해 고장력볼트 마찰접합은 강한 장력에 의해 덧댐판과 모재가 밀착되어 그 마찰력으로 접합되는 방법으로 응력 전달방법은 볼트축의 직각방향이므로 전단형 접합방법이다. 마찰접합은 응력의 흐림이 원활하며 접합부의 강성이 높다. 볼트접합의 경우는 구멍 주변에 응력이 집중되지만 마찰접합은 부재의 접합면에서 응력이 전달되기 때문에 국부적인 응력집중 현상이 생길 염려가 없다. 고장력볼트의 강력한 조임력에 의해 부재 간에 발생하는 마찰력에 의해 응력을 전달하는 접합 방식으로 가장 일반적인 고장력볼트 접합 방식이다. 시공이 간편하고 경제적이지만, 접합면의 마찰 계수를 높이기 위해 표면처리(화면처리, 도장 등)를 하는 경우가 많으며 고장력볼트 접합이라고도 하며 대표적으로 1면 마찰(그림 4-6(a)) 및 2면 마찰(그림 4-6(b)) 접합이 있다(그림 4-7(a)).

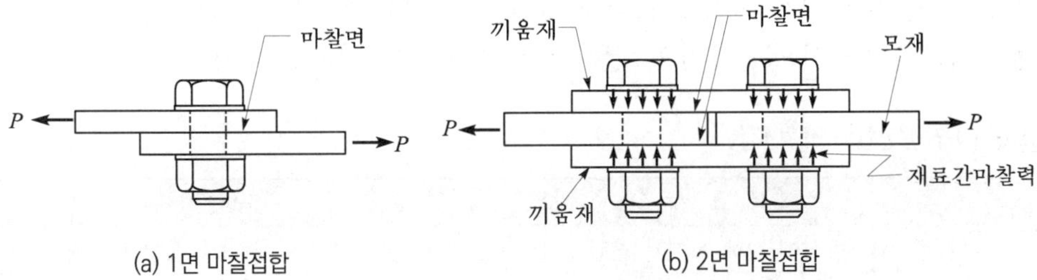

그림 4-6 마찰접합의 종류

표 4-8 마찰접합의 장, 단점

장점	단점
시공이 간편하고 경제적	접합면의 표면처리 필요
접합부 강성이 높음	접합부 변형에 취약
소음 발생 최소	정기적인 검사와 관리가 필요
불량 개소 수정 용이, 해체 후 재사용 가능	지압접합에 비해 피로 강도가 다소 낮음

2. **지압접합**(bearing connection) : 부재 간 발생하는 마찰력과 고장력볼트 축의 전단력 및 부재의 지압력을 동시에 발생시켜 응력을 부담하는 접합 방식으로 고장력볼트 자체의 고강도성을 유효하게 이용하고자 하는 접합방법이기 때문에 종국내력이 고장력볼트의 전단내력에 의해 결정되며, 마찰접합보다 높은 접합 강도를 얻을 수 있지만 시공이

더 복잡하고 비용이 많이 든다(그림 4-7(b)).

표 4-9 지압접합의 장, 단점

장점	단점
마찰접합보다 높은 접합 강도 가능	마찰접합보다 시공이 복잡하고 비용 증가
피로 하중에 대한 저항력 높음	지압 과정에서 정밀도 요구
접합부의 변형에 대한 저항력 향상	특정 재료에는 적용 불가
접합부의 수밀성을 확보 가능	

3. **인장접합**(tension connection) : 인장접합은 마찰접합과 같이 고장력볼트를 체결할 때 부재 간 압축력을 이용하여 응력을 전달시키지만, 이러한 응력의 전달메카니즘에 마찰이 전혀 관여하지 않는다는 점에서 마찰접합과 차이가 있다. 인장접합은 충분한 축력에 의하여 체결된 접합부에 인장외력이 작용할 때 부재 간 압축력과 인장력이 평형상태를 이루기 때문에 부가되는 축력은 적게 되므로 접합부의 변형은 아주 작고, 강성이 크며, 조립시공이 용이하다. 하지만 볼트에 일어나는 응력 등의 변동 폭이 접합방법에 따라 매우 커서 일반적인 접합방법으로는 적당하지 못하다(그림 4-7(c)).

표 4-10 인장접합의 장, 단점

장점	단점
다른 접합 방식에 비해 설계가 간편	마찰 및 지압접합에 비해 접합 강도가 낮음
용접이나 리벳 접합에 비해 저렴하게 시공	피로 하중에 취약
비교적 간편하게 시공	강한 하중에 의한 접합부 변형 가능성 증가
볼트를 풀어 해체한 후 재 사용 가능	

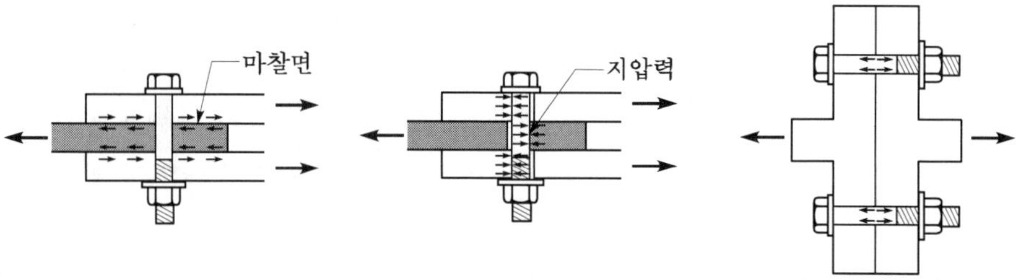

(a) 마찰접합　　(b) 지압접합　　(c) 인장접합

그림 4-7 고장력볼트의 접합방법

4.3.3 볼트의 설계인장강도 및 설계전단강도

(1) 밀착조임 볼트, 장력도입 볼트, 또는 나사 강봉의 설계인장강도 또는 설계전단강도는 인장파단과 전단파단의 한계상태에 따라 산정한다.

$$\phi R_n = \phi F_n A_b \qquad \text{식 4-1}$$

여기서, $\phi = 0.75$ (저항계수)

F_n : 볼트의 공칭강도 - 표 4-11 참조

F_{nt} (공칭인장강도), F_{nv} (공칭전단강도)

A_b : 볼트 또는 나사 강봉의 나사가 없는 부분의 공칭단면적

$\left(A_b = \dfrac{\pi d^2}{4}\right)$, d는 고장력볼트의 공칭직경

(2) 소요인장강도는 연결부(접합부)의 변형에 의한 지레작용(prying action)을 고려한 인장력으로 한다.

표 4-11 볼트의 공칭강도(MPa)

강종 / 강도		고장력볼트			일반볼트
		F8T	F10T	F13T	4.6[5]
공칭인장강도, F_{nt} [1]		600	750	975	300
지압접합의 공칭인장강도, F_{nv} [2]	나사부가 전단면에 포함될 경우[3]	320	400	520	160
	나사부가 전단면에 포함되지 않을 경우[4]	400	500	650	200

주 1) 인장강도의 0.75배, $F_{nt} = 0.75F_u$

주 2) 힘 작용 방향으로 볼트접합부의 첫 번째 볼트와 맨 끝 볼트의 중심 거리 $800mm$ 이하인 경우에 대한 것임. 이를 초과하는 경우에는 주어진 값의 80%를 적용함. KS B 1010에 의하여 수소지연파괴 민감도에 대하여 합격된 시험성적표가 첨부된 제품에 한하여 사용하여야 한다.

주 3) 인장강도의 0.4배, $F_{nv} = 0.4F_u$

주 4) 인장강도의 0.5배, $F_{nv} = 0.5F_u$

주 5) KS B 1002에 따른 강도 구분 4.6에 해당

4.3.4 지압접합에서의 인장과 전단의 조합

지압접합이 인장과 전단의 조합력을 받을 경우 볼트의 설계강도는 다음의 인장과 전단파괴의 한계상태에 따라 구한다.

$$\phi R_n = \phi F_{nt}' A_b \qquad \text{식 4-2}$$

여기서, $\phi = 0.75$ (저항계수)

F_{nt}' : 전단응력의 효과를 고려한 공칭인장강도(MPa)

$$F_{nt}' = 1.3 F_{nt} - \frac{F_{nt}}{\phi F_{nv}} f_v \leq F_{nt}$$

F_{nt} : 공칭인장강도(MPa) - 표 4-11 참조

F_{nv} : 공칭전단강도(MPa) - 표 4-11 참조

f_v : 소요전단응력(MPa) $= \dfrac{P_u(\text{전단})}{A_b}$

4.3.5 볼트구멍의 설계지압강도

한계상태의 마찰접합 및 지압접합에서 고장력볼트와 볼트구멍이 지압 상태가 되는 경우, 고장력볼트 구멍에 대한 지압강도를 검토해야 한다. 접합되는 플레이트가 얇을 경우 미끄럼강도 이상의 하중을 받으면 미끄러진 후 지압으로 저항하지 못하고 접합부의 파괴로 이어진다. 각각의 경우 고장력볼트 구멍 하나에 대한 설계지압강도(ϕR_n)는 아래와 같이 구하며, 구멍이 여러 개인 경우 L_c에 의해 구분된 구멍 하나당 지압강도에 해당 구멍의 개수를 곱하고 더해서 최종적으로 구멍의 설계지압강도를 구한다.

1. 표준구멍, 과대구멍, 단슬롯의 모든 방향에 대한 지압력 또는 장슬롯의 길이방향에 평행으로 작용하는 지압력의 경우

   (1) 사용하중상태에서 볼트구멍의 변형을 설계에 고려할 필요가 있는 경우

   $$\phi R_n = \phi 1.2 L_c t F_u \leq 2.4 d t F_u \qquad \text{식 4-3(a)}$$

   (2) 사용하중상태에서 볼트구멍의 변형을 설계에 고려할 필요가 없는 경우

   $$\phi R_n = \phi 1.5 L_c t F_u \leq 3.0 d t F_u \qquad \text{식 4-3(b)}$$

2. 장슬롯의 길이방향에 직각으로 작용하는 지압력의 경우

$$\phi R_n = \phi 1.0 L_c t F_u \leq 2.0 d t F_u$$ 식 4-4

여기서, $\phi = 0.75$ (저항계수)

L_c : 하중방향 순간격, 구멍의 끝과 피접합재의 끝 또는 인접구멍 끝까지의 거리(mm)

t : 피접합재의 두께(mm)

F_u : 피접합재의 공칭인장강도(MPa)

d : 볼트의 공칭직경(mm)

4.3.6 마찰접합의 설계미끄럼강도

(1) 마찰접합은 미끄럼을 방지하고 지압접합에 의한 한계상태에 대하여도 검토해야 한다.

(2) 마찰볼트에 끼움재를 사용할 경우에는 미끄럼에 관련되는 모든 접촉면에서 미끄럼에 저항할 수 있도록 해야 한다.

(3) 미끄럼 한계상태에 대한 마찰접합의 설계강도는 다음과 같다.

$$\phi R_n = \phi \mu h_f T_o N_s$$ 식 4-5

여기서, $\phi = 1.0$ (표준구멍 또는 하중방향에 수직인 단슬롯인 경우)

$\phi = 0.85$ (과대구멍 또는 하중방향에 평행한 단슬롯인 경우)

$\phi = 0.70$ (장슬롯인 경우)

μ : 미끄럼계수

= 0.5 (무도장이고 블라스트 처리한 강재 표면 또는 블라스트 처리한 강재에 미끄럼계수 0.5 발현이 실험적으로 검증된 코팅을 한 표면)

= 0.4 (무기질 아연말 프라이머 도장한 표면)

= 0.3 (무도장이고 흑피를 제거한 강재 표면 또는 블라스트 처리한 강재에 미끄럼계수 0.3 발현이 실험적으로 검증된 코팅을 한 표면)

h_f : 끼움재계수(필러계수)

= 1.0 (끼움재를 사용하지 않는 경우와 끼움재 내 하중의 분산을 위하여 볼트를 추가한 경우 또는 끼움재 내 하중의 분산을 위해 볼트를 추가하지 않은 경우로서 접합되는 재료 사이에 1개의 끼움

재가 있는 경우)

= 0.85 (끼움재 내 하중의 분산을 위하여 볼트를 추가하지 않은 경우로서 접합되는 재료 사이에 2개 이상의 끼움재가 있는 경우)

T_o : 고장력볼트의 설계볼트장력(kN) - 표 4-12 참조

N_s : 전단면의 수(마찰접합과 지압접합에만 적용)

(4) **설계볼트장력 및 표준볼트장력** : 공칭단면적 및 설계볼트장력의 정확한 값은 표 4-12에 정리되어 있지만, 이러한 값들을 다 외울 수는 없기에 다음과 같이 간단하게 아래와 같이 구할 수 있으며, 약간의 차이는 있으나 외우는 것보다 과정을 알면 보다 쉽게 접근할 수 있다. 여기서 볼트의 등급에 따른 인장강도 F_u 는 앞서 2장의 표 2-7에서 제시되었듯 가운데 숫자에 100을 곱한 것이 인장강도가 되어 F8T ($F_u = 800\,MPa$), F10T($F_u = 1{,}000\,MPa$) 및 F13T($F_u = 1{,}300\,MPa$)를 사용하면 된다.

1) 공칭단면적(A) : $A = \dfrac{\pi d^2}{4}$

M16 : $A = \dfrac{\pi(16)^2}{4} = 201.06\,mm^2$, $A = 201\,mm^2$

M20 : $A = \dfrac{\pi(20)^2}{4} = 314.16\,mm^2$, $A = 314\,mm^2$

M22 : $A = \dfrac{\pi(22)^2}{4} = 380.13\,mm^2$, $A = 380\,mm^2$

M24 : $A = \dfrac{\pi(24)^2}{4} = 452.39\,mm^2$, $A = 452\,mm^2$

2) 설계볼트장력(T_o) : $T_o = 0.7 F_u A_e \ (A_e = 0.75A)$

F8T-M16[$T_o = 0.7(800)(0.75 \times 201.06) \times 10^{-3} = 84.5\,kN$], $T_o = 84\,kN$

F8T-M20[$T_o = 0.7(800)(0.75 \times 314.16) \times 10^{-3} = 132.0\,kN$], $T_o = 132\,kN$

F10T-M20[$T_o = 0.7(1000)(0.75 \times 314.16) \times 10^{-3} = 164.9\,kN$], $T_o = 165\,kN$

F10T-M22[$T_o = 0.7(1000)(0.75 \times 380.13) \times 10^{-3} = 199.6\,kN$], $T_o = 200\,kN$

F10T-M24[$T_o = 0.7(1000)(0.75 \times 452.39) \times 10^{-3} = 237.5\,kN$], $T_o = 237\,kN$

F13T-M20[$T_o = 0.7(1300)(0.75 \times 314.16) \times 10^{-3} = 214.4\,kN$], $T_o = 214\,kN$

F13T−M22[$T_o = 0.7(1300)(0.75 \times 380.13) \times 10^{-3} = 259.4\,kN$], $T_o = 259\,kN$

F13T−M24[$T_o = 0.7(1300)(0.75 \times 452.39) \times 10^{-3} = 308.8\,kN$], $T_o = 308\,kN$

3) 표준볼트장력($1.1\,T_o$)

F8T−M16[$1.1\,T_o = 1.1(84.5) = 92.9\,kN$], $1.1\,T_o = 93\,kN$

F8T−M20[$1.1\,T_o = 1.1(132.0) = 145.2\,kN$], $1.1\,T_o = 146\,kN$

F10T−M20[$1.1\,T_o = 1.1(164.9) = 181.4\,kN$], $1.1\,T_o = 182\,kN$

F10T−M22[$1.1\,T_o = 1.1(199.6) = 219.6\,kN$], $1.1\,T_o = 220\,kN$

F10T−M24[$1.1\,T_o = 1.1(237.5) = 261.3\,kN$], $1.1\,T_o = 261\,kN$

F13T−M20[$1.1\,T_o = 1.1(214.4) = 235.8\,kN$], $1.1\,T_o = 236\,kN$

F13T−M22[$1.1\,T_o = 1.1(259.4) = 285.3\,kN$], $1.1\,T_o = 285\,kN$

F13T−M24[$1.1\,T_o = 1.1(308.8) = 339.7\,kN$], $1.1\,T_o = 339\,kN$

표 4-12 고장력볼트의 설계볼트장력과 표준볼트장력

볼트의 등급	볼트의 호칭	공칭단면적[2] $A(mm^2)$	설계볼트장력[3] $T_o(kN)$	표준볼트장력 $1.1\,T_o(kN)$
F8T	M16	201	84	93
	M20	314	132	146
	M22	380	160	176
	M24	452	190	209
F10T	M16	201	106	117
	M20	314	165	182
	M22	380	200	220
	M24	452	237	261
	M27	573	301	331
	M30	707	371	408
F13T[1]	M16	201	137	151
	M20	314	214	236
	M22	380	259	285
	M24	452	308	339

주 1) KS B 1010에 의하여 수소지연파괴민감도에 대하여 합격된 시험성적표가 첨부된 제품에 한하여 사용하여야 한다.

주 2) 고장력볼트의 유효단면적은 공칭단면적의 0.75배 : $A_e = 0.75A$

주 3) 설계볼트장력은 고장력볼트 인장강도의 0.7배에 유효단면적을 곱한 값 : $T_o = 0.7F_u A_e$

4.3.7 마찰접합에서 인장과 전단의 조합

마찰접합에서 인장하중을 받아 볼트의 장력이 감소할 경우, 식 4-5에서 산정된 설계미끄럼강도($\phi R_n = \phi \mu h_f T_o N_s$)에 다음 계수를 사용하여 감소시킨다.

$$\phi R_n k_s = \phi \mu h_f T_o N_s k_s \qquad \text{식 4-6}$$

여기서, $k_s = 1 - \dfrac{T_u}{T_o N_b}$

T_u : 소요인장력(kN)

T_0 : 설계볼트장력(kN)

N_b : 인장력을 받는 볼트의 수

4.3.8 핀접합의 설계

1. **휨모멘트를 받는 핀의 설계강도(ϕM_n)**

$$\phi M_n = \phi 1.0 F_y Z \qquad \text{식 4-7(a)}$$

여기서, $\phi = 0.9$ (저항계수)

F_y : 핀의 항복강도(MPa), Z : 핀의 소성단면계수(mm^3)

2. **휨모멘트를 받는 핀의 설계전단강도(ϕV_n)**

$$\phi V_n = \phi 0.6 F_y A_p \qquad \text{식 4-7(b)}$$

여기서, $\phi = 0.9$ (저항계수)

A_p : 핀의 단면적(mm^2)

4.3.9 접합부재의 설계강도

이 절의 구체적인 내용은 추후 5장의 인장재 설계에서 다루어지므로 간략한 내용만 소개하는 것으로 한다.

1. **설계인장강도** : 접합부재의 설계인장강도 ϕR_n 은 인장항복과 인장파단의 한계상태에 따라 다음과 같이 산정한다.

$$\phi R_n = \min.(0.9 F_y A_g,\ 0.75 F_u A_e) \quad \text{식 4-8}$$

여기서, A_e : 유효단면적(mm^2), 볼트접합부의 경우, $A_e = A_n \leqq 0.85 A_g$

2. **설계전단강도** : 접합부재의 설계전단강도 ϕR_n 은 전단항복과 전단파단의 한계상태에 따라 다음과 같이 산정한다.

$$\phi R_n = \min.[1.0(0.6 F_y) A_{gv},\ 0.75(0.6 F_u) A_{nv}] \quad \text{식 4-9}$$

여기서, A_{gv} : 전단력을 받는 총단면적(mm^2)

A_{nv} : 유효전단단단면적(mm^2)

3. **블록전단강도** : 전단 파괴선을 따라 발생하는 전단파단과 직각으로 발생하는 인장파단의 조합인 블록전단파단 한계상태에 대한 설계강도는 다음과 같이 산정하며, 보단부 이음부의 상단플랜지 없는 이음부 및 거셋플레이트 등은 블록전단강도를 검토해야 한다.

$$\phi R_n = \phi[0.6\ F_u\ A_{nv} + U_{bs} F_u\ A_{nt}] \le \phi[0.6\ F_y\ A_{gv} + U_{bs} F_u\ A_{nt}] \quad \text{식 4-10}$$

여기서, $\phi = 0.75$ (저항계수)

A_{gv} : 전단저항 총단면적 (mm^2)

A_{nv} : 전단저항 순단면적 (mm^2)

A_{nt} : 인장저항 순단면적 (mm^2)

U_{bs} : 인장응력이 균일할 경우 1.0, 불균일할 경우 0.5 적용

4.3.10 끼움재

(1) 용접구조에서 두께 6mm 이상의 끼움재는 이음판의 연단 밖으로 돌출해야 하며 끼움재의 표면에 작용하는 하중을 이음판에 전달하는데 충분하도록 용접해야 한다.

(2) 두께가 6mm 이하인 끼움재의 단부는 이음판의 단부와 일치되게 용접해야 한다. 이음두께에 끼움재 두께를 더한 크기의 하중을 전달할 수 있도록 용접해야 한다.

(3) 볼트접합에서 끼움재의 두께가 6mm 이하이면 전단강도는 감소하지 않는다고 가정한다.

(4) 볼트접합에서 끼움재의 두께가 6mm 초과하고 19mm 이하일 때 감소계수 $[1-0.0154(t-6)]$를 곱한다. 여기서 t는 끼움재의 전체두께이다.

예제 4-1

그림과 같은 1면전단 및 2면전단에 대한 지압접합에서 고장력볼트의 설계인장강도 및 설계전단강도(ϕR_n)를 구하시오. 단, 강재의 재질은 SS275이며, 고장력볼트는 F10T-M22, 공칭인장강도 $F_{nt} = 750\,MPa$, 공칭전단강도 $F_{nv} = 500\,MPa$ 이다(나사부가 전단면에 포함되어 있지 않은 경우, 표준구멍으로 사용하중 상태에서 볼트구멍의 변형이 설계에 고려된다고 가정).

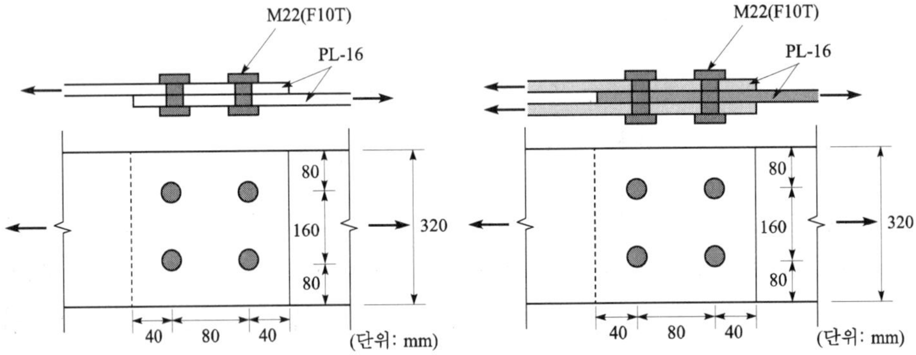

(a) 1면전단 (b) 2면전단

풀이

1. 설계인장강도 및 설계전단강도 산정을 위한 계수 값

저항계수 : $\phi = 0.75$

공칭인장강도 : $F_n = F_{nt} = 0.75\,F_u = 750\,MPa$

공칭전단강도 : $F_n = F_{nv} = 0.5\,F_u = 500\,MPa$

볼트의 공칭단면적 : $A_b = \dfrac{\pi d^2}{4} = \dfrac{\pi (22)^2}{4} = 380\,mm^2$

전단면수 : $N_s = 1$ (1면전단)

전단면수 : $N_s = 2$ (2면전단)

2. 설계인장강도 산정

1) 1면전단에 대한 설계인장강도

$$\phi R_n = \phi F_{nt} A_b N_s = 0.75(750)(4 \times 380)(1) \times 10^{-3} = 855\,kN$$

2) 2면전단에 대한 설계인장강도

$$\phi R_n = \phi F_{nt} A_b N_s = 0.75(750)(4 \times 380)(2) \times 10^{-3} = 1{,}710\,kN$$

3. 설계전단강도 산정1) 1면전단에 대한 설계전단강도

1) 1면전단에 대한 설계전단강도

$$\phi R_n = \phi F_{nv} A_b N_s = 0.75(500)(4 \times 380)(1) \times 10^{-3} = 570\,kN$$

2) 2면전단에 대한 설계전단강도

$$\phi R_n = \phi F_{nv} A_b N_s = 0.75(500)(4 \times 380)(2) \times 10^{-3} = 1{,}140\,kN$$

예제 4-2

그림과 같은 1면전단 및 2면전단 마찰접합에서 고장력볼트의 설계미끄럼강도(ϕR_n)를 구하시오. 단, 강재의 재질은 SS275이며, 고장력볼트는 F10T-M22(설계볼트장력 : $T_o = 200\,kN$), 표준구멍, 미끄럼계수 $\mu = 0.5$, 필러계수 $h_f = 1.0$ 이다.

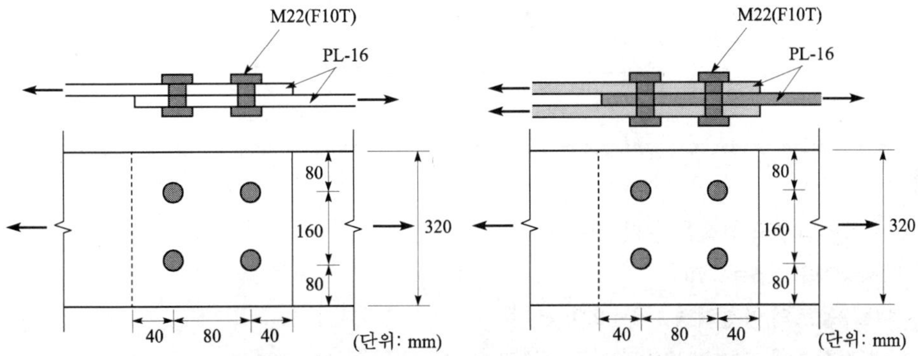

(a) 1면전단 (b) 2면전단

풀이

1. 설계미끄럼강도 산정을 위한 계수 값

저항계수 : $\phi = 1.0$ (표준구멍)

미끄럼계수 : $\mu = 0.5$

필러계수 : $h_f = 1.0$

설계볼트장력 : $T_o = 200\,kN$ (표 4-11 참조)

전단면수 : $N_s = 1$ (1면전단)

전단면수 : $N_s = 2$ (2면전단)

2. 1면전단에 대한 설계미끄럼강도

$$\phi R_n = \phi \mu h_f T_o N_s = 1.0(0.5)(1)(4 \times 200)(1) = 400\,kN$$

3. 2면전단에 대한 설계미끄럼강도

$$\phi R_n = \phi \mu h_f T_o N_s = 1.0(0.5)(1)(4 \times 200)(2) = 800\,kN$$

예제 4-3

그림과 같은 1면전단에 대한 지압접합에서 고장력볼트 구멍의 설계지압강도(ϕR_n)를 구하시오. 단, 강재의 재질은 SS275($F_u = 410\,MPa$)이며, 고장력볼트는 F10T–M22, 표준구멍으로 사용하중 상태에서 볼트구멍의 변형이 설계에 고려된다고 가정).

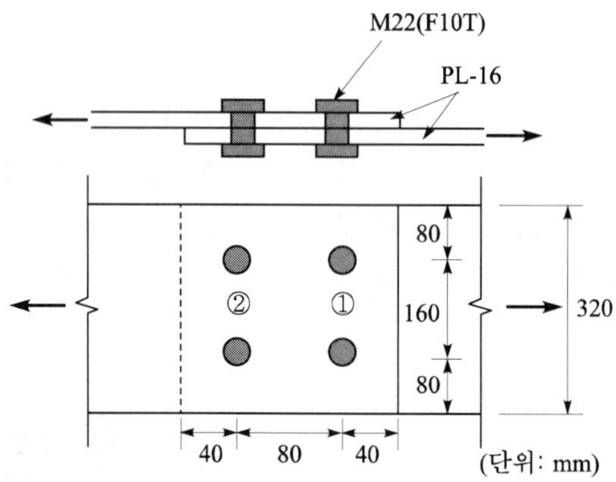

풀이

1. 설계지압강도 산정을 위한 계수 값

   저항계수 : $\phi = 0.75$

   M22볼트의 공칭직경 : $d = 22\,mm$

   피접합재에 대한 M22볼트의 표준구멍 직경 : $d' = 22 + 2 = 24\,mm$

   ①번 위치 볼트구멍의 끝과 피접합재의 끝까지 거리 : $L_c = 40 - \dfrac{24}{2} = 28\,mm$

   ②번 위치 볼트구멍 사이의 순간격 : $L_c = 80 - 24 = 56\,mm$

   피접합재의 두께 : $t = 16\,mm$

   피접합재의 인장강도 : $F_u = 410\,MPa$

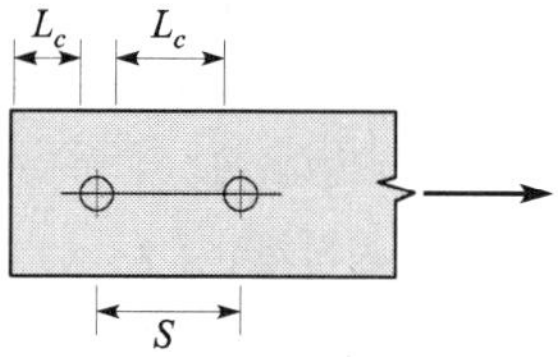

2. 연단측(①번 위치) 고장력볼트의 설계지압강도 산정

   $\phi R_n = \phi 1.2 L_c t F_u (\leq 2.4 d t F_u)$에서

   $\phi R_n = \phi 1.2 L_c t F_u = 0.75(1.2)(28)(16)(410) \times 10^{-3} = 165.3\,kN$

   $\phi R_n \leq \phi 2.4 d t F_u = 0.75(2.4)(22)(16)(410) \times 10^{-3} = 259.8\,kN$

   $\phi R_n = (165.3 < 259.8) = 165.3\,kN$

3. 다른(②번 위치) 고장력볼트의 설계지압강도 산정

   $\phi R_n = \phi 1.2 L_c t F_u (\leq 2.4 d t F_u)$에서

   $\phi R_n = \phi 1.2 L_c t F_u = 0.75(1.2)(56)(16)(410) \times 10^{-3} = 330.6\,kN$

$\phi R_n \leqq \phi 2.4 dtF_u = 0.75(2.4)(22)(16)(410) \times 10^{-3} = 259.8\,kN$

$\phi R_n = (330.6 > 259.8) = 259.8\,kN$

4\. 4개 고장력볼트의 설계지압강도 산정

$\phi R_n =$ ①$\times 2 +$ ②$\times 2 = 165.3 \times 2 + 259.8 \times 2 = 850.2\,kN$

예제 4-4

예제 4-1과 동일한 조건에서 1면전단 마찰접합에서 고장력볼트의 설계강도(ϕR_n)를 구하시오.

풀이

1\. 고장력볼트 4개의 설계미끄럼강도(1면전단)

$\phi R_n = \phi \mu h_f T_o N_s = 1.0(0.5)(1)(4 \times 200)(1) = 400\,kN$: 예제 4-1 참조

2\. 고장력볼트 4개의 설계전단강도(1면전단)

$\phi R_n = \phi F_{nv} A_b N_s = 0.75(500)(4 \times 380)(1) \times 10^{-3} = 570\,kN$: 예제 4-2 참조

3\. 고장력볼트 구멍의 설계지압강도(1면전단, 4개 볼트)

$\phi R_n = 165.3 \times 2 + 259.8 \times 2 = 850.2\,kN$: 예제 4-3 참조

4\. 고장력볼트의 설계강도(1면전단, 4개 볼트)

$\phi R_n =$ min. (설계미끄럼강도, 설계전단강도, 설계지압강도))

$\phi R_n = \text{min.}(400,\ 570,\ 850.2) = 400\,kN$

예제 4-5

예제 4-2와 동일한 조건에서 1면전단 지압접합에서 고장력볼트의 설계강도(ϕR_n)를 구하시오.

풀이

1\. 고장력볼트 4개의 설계전단강도(1면전단)

$\phi R_n = \phi F_{nv} A_b N_s = 0.75(500)(4 \times 380)(1) \times 10^{-3} = 570\,kN$: 예제 4-2 참조

2\. 고장력볼트 구멍의 설계지압강도(1면전단, 4개 볼트)

$\phi R_n = 165.3 \times 2 + 259.8 \times 2 = 850.2\,kN$: 예제 4-3 참조

3. 고장력볼트의 설계강도(1면전단, 4개 볼트)

$\phi R_n = \text{min.}(\text{설계전단강도, 설계지압강도}) = \text{min.}(570, 850.2) = 570\,kN$

예제 4-6

그림과 같은 접합부에서 고정하중 $P_D = 200\,kN$ 과 활하중 $P_L = 200\,kN$ 이 작용할 때 인장력과 전단력이 동시에 작용할 때, 마찰접합인 경우 고장력볼트(F10T–M24)의 설계 미끄럼강도(ϕR_n)를 검토하시오. 단, 강재의 재질은 SM355($F_u = 490\,MPa$)이며, 표준구멍, 미끄럼계수 $\mu = 0.5$, 필러계수 $h_f = 1.0$ 및 설계볼트장력 $T_o = 237\,kN$.

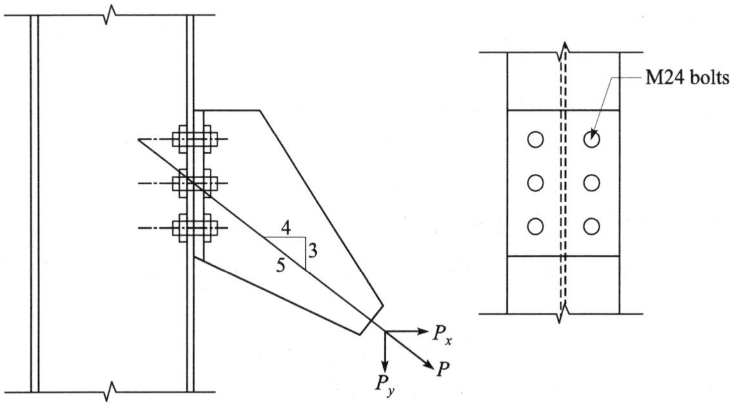

풀이

1. 계수하중에 의한 작용하중 산정

$P_u = 1.2P_D + 1.6P_L = 1.2(200) + 1.6(200) = 560\,kN$

수평성분(인장성분) : $P_{u(\text{인장})} = P_u\left(\frac{4}{5}\right) = 560 \times \frac{4}{5} = 448.0\,kN$

수직성분(전단성분) : $P_{u(\text{전단})} = P_u\left(\frac{3}{5}\right) = 560 \times \frac{3}{5} = 336.0\,kN$

볼트(6개)가 부담하는 인장력 : $P_{u(\text{인장})} = \frac{448.0}{6} = 74.7\,kN/\text{볼트}$

볼트(6개)가 부담하는 전단력 : $P_{u(\text{전단})} = \frac{336.0}{6} = 56.0\,kN/\text{볼트}$

2. 마찰접합에서 인장력과 전단력을 동시에 받는 고장력볼트의 설계미끄럼강도 산정

$\phi R_n k_s = \phi \mu h_f T_o N_s k_s$

$k_s = 1 - \frac{T_u}{T_o N_b} = 1 - \frac{448.0}{237(6)} = 0.685$

1면전단에 대한 고장력볼트의 설계미끄럼강도 :

$\phi R_n = \phi \mu h_f T_o N_s = 1.0(0.5)(1)(237)(1) = 118.5\,kN/$볼트

$\phi R_n k_s = 118.5(0.685) = 81.2\,kN/$볼트 $> P_{u(전단)} = 56.0\,kN/$볼트　　O.K

예제 4-7

> 예제 4-6과 동일한 조건에서 지압접합인 경우 고장력볼트의 설계강도(ϕR_n)를 검토하시오. 단, 강재의 재질은 SM355이며, 고장력볼트는 F10T-M24이며, 표준구멍, 공칭인장강도 $F_{nt} = 750\,MPa$, 공칭전단강도 $F_{nv} = 500\,MPa$ (나사부가 전단면에 포함되어 있지 않은 경우)

풀이

1. 계수하중에 의한 작용하중 산정

$P_u = 1.2P_D + 1.6P_L = 1.2(200) + 1.6(200) = 560\,kN$

수평성분(인장성분) : $P_{u(인장)} = P_u\left(\frac{4}{5}\right) = 560 \times \frac{4}{5} = 448.0\,kN$

수직성분(전단성분) : $P_{u(전단)} = P_u\left(\frac{3}{5}\right) = 560 \times \frac{3}{5} = 336.0\,kN$

볼트(6개)가 부담하는 인장력 : $P_{u(인장)} = \frac{448.0}{6} = 74.7\,kN/$볼트

볼트(6개)가 부담하는 전단력 : $P_{u(전단)} = \frac{336.0}{6} = 56.0\,kN/$볼트

2. 지압접합에서 인장력과 전단력을 동시에 받는 고장력볼트의 설계강도 산정

$\phi R_n = \phi F_{nt}' A_b$

저항계수 : $\phi = 0.75$

볼트의 공칭단면적 : $A_b = \frac{\pi d^2}{4} = \frac{\pi(24)^2}{4} = 453\,mm^2$

$F_{nt}' = 1.3F_{nt} - \frac{F_{nt}}{0.75F_{nv}} f_v \leq F_{nt}$

공칭인장강도 : $F_n = F_{nt} = 0.75F_u = 750\,MPa$

공칭전단강도 : $F_n = F_{nv} = 0.5F_u = 500\,MPa$

소요전단응력 : $f_v = \frac{P_{u(전단)}}{A_b} = \frac{56.0 \times 10^3}{453} = 123.6\,MPa$

$F_{nt}' = 1.3(750) - \frac{750}{0.75(500)}(123.6) = 727.8\,MPa < F_{nt} = 750\,MPa$

$\phi R_n = \phi F_{nt}' A_b = 0.75(727.8)(453) \times 10^{-3} = 247.3\,kN$

$\phi R_n = 247.3\,kN > P_{u(인장)} = 74.7\,kN$　　O.K

4.3.11 볼트접합면에서의 편심하중

하중 작용선이 볼트군의 무게 중심을 통과하지 않는 연결 형태를 편심연결이라 하고 이 경우 각 볼트부분의 작용력은 다르게 나타난다. 이러한 편심연결에 의한 볼트 접합면에서의 편심하중은 볼트 그룹에 불균형한 하중을 발생시키는 것을 의미하며, 이는 볼트 간의 불균일한 응력 분포로 이어져 접합부의 안전성을 저하시킬 수 있다. 편심하중은 하중 부재가 접합면의 중심에서 벗어나 있는 경우(하중 부재의 비대칭), 볼트가 접합면에 불균일하게 배치되어 있는 경우(부적절한 볼트 배치) 및 하중에 의한 접합 부재 변형(접합 부재의 변형) 등의 다양한 요인으로 인해 발생할 수 있다.

외력 P가 볼트군과 편심 e로 작용하는 경우, 편심하중 P는 그림 4-8과 같이 볼트군의 중심에 도심하중 P와 비틀림모멘트 $M(=Pe)$으로 작용한다.

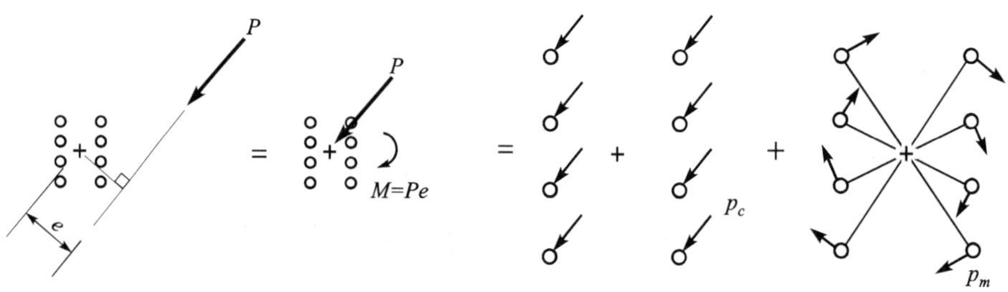

(a) 볼트군에 작용하는 편심하중 (b) 집중하중과 비틀림모멘트의 합

그림 4-8 볼트군에 작용하는 편심하중

각 볼트의 작용력 p는 도심에 작용하는 하중 P와 비틀림모멘트 M에 대한 작용력 p_c와 p_m의 합으로 나타낼 수 있다.

$$p = p_c + p_m \quad \text{식 4-11}$$

여기서, $p_c = \dfrac{P}{n}$ (n은 볼트의 개수)

$$p_m = Af_v = A\frac{Md}{J} = A\frac{Md}{A\sum d^2} = \frac{Md}{\sum d^2} \quad (J = A\sum d^2 \text{ (평행축정리)})$$

f_v : 비틀모멘트 M으로 인해 도심에서 d만큼 떨어진 볼트에 발생하는 전단응력

도심하중 P와 비틀림모멘트 M에 의한 각 볼트가 부담하는 도심하중에 의한 작용력 p_c와 비틀리모멘트에 의한 작용력 p_m 의 x, y방향 분력을 고려하면 그림 4-9와 같이 나타낼 수 있으며, 식 4-12는 개별 볼트가 부담하는 작용하중을 구하는 식으로 도심하중과 비틀림모멘트를 분해하고 다시 합력을 구하는 과정이다.

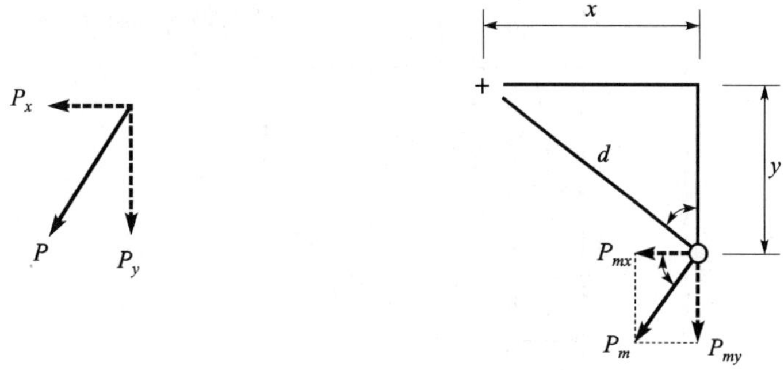

(a) 집중하중에 대한 분력　　(b) 비틀림모멘트에 대한 분력

그림 4-9 개별 볼트가 부담하는 작용하중

$$p_{cx} = \frac{P_x}{n},\ p_{cy} = \frac{P_y}{n} \quad \text{식 4-12(a)}$$

$$p_{mx} = \frac{y}{d}p_m = \frac{y}{d}\frac{Md}{\sum d^2} = \frac{My}{\sum d^2} = \frac{My}{\sum(x^2+y^2)},$$

$$p_{my} = \frac{Mx}{\sum(x^2+y^2)} \quad \text{식 4-12(b)}$$

$$p_x = p_{cx} + p_{mx},\ p_y = p_{cy} + p_{my} \quad \text{식 4-12(c)}$$

$$p = \sqrt{p_x^2 + p_y^2} \quad \text{식 4-12(d)}$$

예제 4-8

그림과 같은 볼트의 편심연결부에서 $P_u = 560\,kN$ 이 작용할 때, 각각의 고장력볼트(F10T–M22)가 부담하는 하중을 구하고, 각각의 전단응력도 산정하시오.

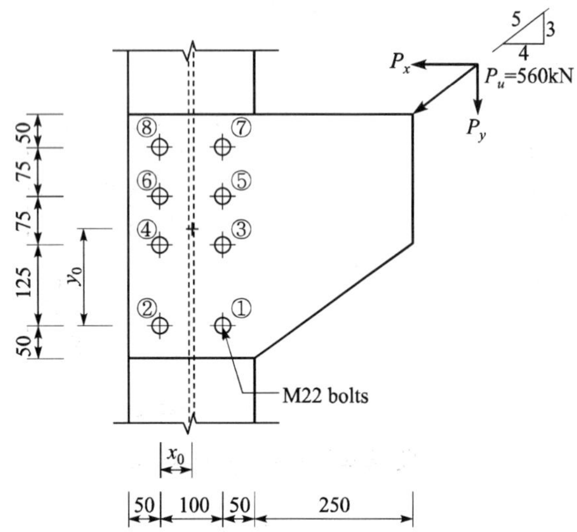

풀이

1. 볼트군의 도심 위치 산정

$x_0 = 50\,mm$

$$y_0 = \frac{2a_1(0) + 2a_1(125) + 2a_1(200) + 2a_1(275)}{8a_1} = 150\,mm$$

2. 외력의 수평과 수직성분 및 비틀림모멘트 산정

– 수평성분 : $P_x = \frac{4}{5}(560) = 448.0\,kN(\leftarrow)$

– 수직성분 : $P_y = \frac{3}{5}(560) = 336.0\,kN(\downarrow)$

– 모멘트 : $M = P_y(x) - P_x(y)$

$$M = 448 \times 10^3(250+50+50) - 336 \times 10^3(50+75+50)$$
$$= 98{,}000{,}000\,N.mm\ (\text{시계방향})$$

3. 고장력볼트가 부담하는 하중 및 전단응력

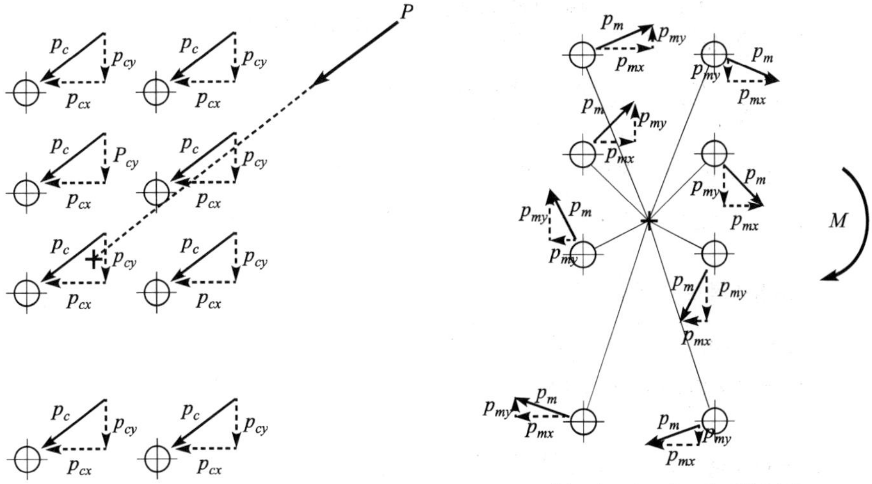

(a) 도심하중에 대한 분력 (b) 비틀림모멘트에 대한 분력

그림 1 개별 볼트가 부담하는 작용하중

1) ①번 고장력볼트

- 수평성분 : $p_{cx} = \dfrac{448}{8} \times 10^3 = 56{,}000\,N(\leftarrow)$

- 수직성분 : $P_{cy} = \dfrac{336}{8} \times 10^3 = 42{,}000\,N(\downarrow)$

- 비틀림모멘트 :

$$\sum(x^2+y^2) = 8(50)^2 + 2(150^2+25^2+50^2+125^2) = 102{,}500\,mm^2$$

$$p_{mx} = \frac{My}{\sum(x^2+y^2)} = \frac{98000000(150)}{102500} = 143{,}414.6\,N(\leftarrow)$$

$$p_{my} = \frac{Mx}{\sum(x^2+y^2)} = \frac{98000000(50)}{102500} = 47{,}804.9\,N(\downarrow)$$

$$p_x = p_{cx} + p_{mx} = -56000 - 143414.6 = -199{,}414.6\,N(\leftarrow)$$

$$p_y = p_{cy} + p_{my} = -42000 - 47804.9 = -89{,}804.9\,N(\downarrow)$$

- 고장력볼트가 부담하는 하중 :

$$p = \sqrt{(p_x)^2 + (p_y)^2} = \sqrt{(-199414.6)^2 + (-89804.9)^2}$$

$$p = 218{,}703\,N = 218.7\,kN$$

- 전단응력 : $\tau = \dfrac{p}{A} = \dfrac{218.7 \times 10^3}{380} = 575.5\,MPa$

2) ②번 고장력볼트

$$p_{mx} = \frac{My}{\sum(x^2+y^2)} = \frac{98000000(150)}{102500} = 143{,}414.6\,N(\leftarrow)$$

$$p_{my} = \frac{Mx}{\sum(x^2+y^2)} = \frac{98000000(50)}{102500} = 47{,}804.9\,N(\uparrow)$$

$$p_x = p_{cx} + p_{mx} = -56000 - 143414.6 = -199{,}414.6\,N(\leftarrow)$$

$$p_y = p_{cy} + p_{my} = -42000 + 47804.9 = 5{,}804.9\,N(\uparrow)$$

- 고장력볼트가 부담하는 하중 :

$$p = \sqrt{(p_x)^2 + (p_y)^2} = \sqrt{(-199414.6)^2 + (5804.9)^2}$$

$$p = 199{,}499\,N = 199.5\,kN$$

- 전단응력 : $\tau = \dfrac{p}{A} = \dfrac{199.5\times10^3}{380} = 525.0\,MPa$

3) ③번 고장력볼트

$$p_{mx} = \frac{My}{\sum(x^2+y^2)} = \frac{98000000(25)}{102500} = 23{,}902.4\,N(\leftarrow)$$

$$p_{my} = \frac{Mx}{\sum(x^2+y^2)} = \frac{98000000(50)}{102500} = 47{,}804.9\,N(\downarrow)$$

$$p_x = p_{cx} + p_{mx} = -56000 - 23902.4 = -79{,}902.4\,N(\leftarrow)$$

$$p_y = p_{cy} + p_{my} = -42000 - 47804.9 = -89{,}804.9\,N(\downarrow)$$

- 고장력볼트가 부담하는 하중 :

$$p = \sqrt{(p_x)^2 + (p_y)^2} = \sqrt{(-79902.4)^2 + (-89804.9)^2}$$

$$p = 120{,}205.3\,N = 120.2\,kN$$

- 전단응력 : $\tau = \dfrac{p}{A} = \dfrac{120.2\times10^3}{380} = 316.3\,MPa$

4) ④번 고장력볼트

$$p_{mx} = \frac{My}{\sum(x^2+y^2)} = \frac{98000000(25)}{102500} = 23{,}902.4\,N(\leftarrow)$$

$$p_{my} = \frac{Mx}{\sum(x^2+y^2)} = \frac{98000000(50)}{102500} = 47{,}804.9\,N(\uparrow)$$

$$p_x = p_{cx} + p_{mx} = -56000 - 23902.4 = -79{,}902.4\,N(\leftarrow)$$

$$p_y = p_{cy} + p_{my} = -42000 + 47804.9 = 5{,}804.9\,N(\uparrow)$$

- 고장력볼트가 부담하는 하중 :

$p= \sqrt{(p_x)^2+(p_y)^2} = \sqrt{(-79902.4)^2+(5804.9)^2}$

$p= 80{,}113.0\,N= 80.1\,kN$

- 전단응력 : $\tau= \dfrac{p}{A} = \dfrac{80.1\times 10^3}{380} = 210.8\,MPa$

5) ⑤번 고장력볼트

$p_{mx}= \dfrac{My}{\sum(x^2+y^2)} = \dfrac{98000000(50)}{102500} = 47{,}804.9\,N(\rightarrow)$

$p_{my}= \dfrac{Mx}{\sum(x^2+y^2)} = \dfrac{98000000(50)}{102500} = 47{,}804.9\,N(\downarrow)$

$p_x= p_{cx}+p_{mx}= -56000+47804.9= -8{,}195.1\,N(\leftarrow)$

$p_y= p_{cy}+p_{my}= -42000-47804.9= -89{,}804.9\,N(\downarrow)$

- 고장력볼트가 부담하는 하중 :

$p= \sqrt{(p_x)^2+(p_y)^2} = \sqrt{(-8195.1)^2+(-89804.9)^2}$

$p= 90{,}178.1\,N= 90.2\,kN$

- 전단응력 : $\tau= \dfrac{p}{A} = \dfrac{90.2\times 10^3}{380} = 237.4\,MPa$

6) ⑥번 고장력볼트

$p_{mx}= \dfrac{My}{\sum(x^2+y^2)} = \dfrac{98000000(50)}{102500} = 47{,}804.9.4\,N(\rightarrow)$

$p_{my}= \dfrac{Mx}{\sum(x^2+y^2)} = \dfrac{98000000(50)}{102500} = 47{,}804.9\,N(\uparrow)$

$p_x= p_{cx}+p_{mx}= -56000+47804.9= -8{,}195.1\,N(\leftarrow)$

$p_y= p_{cy}+p_{my}= -42000+47804.9= 5{,}804.9\,N(\uparrow)$

- 고장력볼트가 부담하는 하중 :

$p= \sqrt{(p_x)^2+(p_y)^2} = \sqrt{(-8195.1)^2+(5804.9)^2}$

$p= 10{,}042.7\,N= 10.0\,kN$

- 전단응력 : $\tau= \dfrac{p}{A} = \dfrac{10.0\times 10^3}{380} = 26.3\,MPa$

7) ⑦번 고장력볼트

$$p_{mx} = \frac{My}{\sum(x^2+y^2)} = \frac{98000000(125)}{102500} = 119{,}512.2\,N(\rightarrow)$$

$$p_{my} = \frac{Mx}{\sum(x^2+y^2)} = \frac{98000000(50)}{102500} = 47{,}804.9\,N(\downarrow)$$

$$p_x = p_{cx} + p_{mx} = -56000 + 119512.2 = 63{,}512.2\,N(\rightarrow)$$

$$p_y = p_{cy} + p_{my} = -42000 - 47804.9 = -89{,}804.9\,N(\downarrow)$$

- 고장력볼트가 부담하는 하중 :

$$p = \sqrt{(p_x)^2 + (p_y)^2} = \sqrt{(63512.2)^2 + (-89804.9)^2}$$

$$p = 109{,}994.2\,N = 110.0\,kN$$

- 전단응력 : $\tau = \frac{p}{A} = \frac{110.0 \times 10^3}{380} = 289.5\,MPa$

8) ⑧번 고장력볼트

$$p_{mx} = \frac{My}{\sum(x^2+y^2)} = \frac{98000000(125)}{102500} = 119{,}512.2\,N(\rightarrow)$$

$$p_{my} = \frac{Mx}{\sum(x^2+y^2)} = \frac{98000000(50)}{102500} = 47{,}804.9\,N(\uparrow)$$

$$p_x = p_{cx} + p_{mx} = -56000 + 119512.2 = 63{,}512.2\,N(\rightarrow)$$

$$p_y = p_{cy} + p_{my} = -42000 + 47804.9 = 5{,}804.9\,N(\uparrow)$$

- 고장력볼트가 부담하는 하중 :

$$p = \sqrt{(p_x)^2 + (p_y)^2} = \sqrt{(63512.2)^2 + (5804.9)^2}$$

$$p = 63{,}776.9\,N = 63.8\,kN$$

- 전단응력 : $\tau = \frac{p}{A} = \frac{63.8 \times 10^3}{380} = 167.9\,MPa$

4.3.12 마찰면의 처리, 도입장력 및 볼트길이

1. 마찰면 처리

(1) 마찰면인 강재의 표면과 고장력볼트 구멍 주변을 정리하고, 구멍을 중심으로 지름의 2배 이상 범위의 흑피를 제거한다.

(2) 마찰면에 대한 미끄럼계수 0.5 이상을 확보한다.

(3) 접합판 두께의 차이가 1mm를 초과할 때는 끼움판(filler plate)을 끼워 마찰면을 처리하여야 한다.

4.3.13 고장력볼트의 조임방법과 검사법

고장력볼트의 마찰접합과 인장접합에서 설계볼트장력을 확보하기 위해서는 표 4-12의 표준볼트장력이 발휘될 수 있도록 조여주어야 한다. 고장력볼트의 장력을 확보하기 위한 조임방법으로는 보정렌치조임법(토크관리법, calibrated wrench tightening), 너트회전법(turn-of-nut tightening), 대안설계볼트설치법(installation of alternate design bolts) 및 직접인장측정법(direct tension indicator tightening) 등이 있으며, 보정렌치조임법에서는 토크조임법을 주로 사용하고, 대안설계볼트설치법은 토크 전단형(T.S)볼트를 조일 때 많이 사용한다. 지압접합에서의 고장력볼트의 조임방법으로는 밀착조임(snug tightening condition)이 사용되며 임팩트렌치(impact wrench)로 수회 또는 일반렌치(general wrench)로 최대한 조여서 밀착시킨다.

1. **보정렌치조임법**(calibrated wrench tightening) : 토크 렌치를 사용하여 볼트에 필요한 토크를 가하여 조이는 방법으로 가장 일반적인 고장력볼트 조임 방법이며, 비교적 정확하고 간편하며, 볼트의 재질, 크기, 강도 등에 따라 적정 토크 값이 다르다. 토크관리법에 의한 고장력볼트의 본조임은 규격에 따른 표준볼트장력의 80% 정도에 해당되는 1차조임 값(M16-약 100 $N.m$, M20, M22-약 150 $N.m$, M24-약 200 $N.m$)을 만족한 후, 볼트에 금매김을 하고 본 조임에서 너트를 소정의 토크로 작용시켜 고장력볼트에 축력을 도입한다. 조임력 값은 아래의 식 4-13와 같이 구할 수 있다.

$$T = k d_1 N \qquad \text{식 4-13}$$

여기서, k : 토크계수(0.11~0.19)

d_1 : 고장력볼트 축부의 공칭직경

N : 고장력볼트의 축력(너트를 조이는 모멘트로 인한 고장력볼트 축방향으로 작용하는 인장력)

표 4-13 보정렌치조임법의 장, 단점

장점	단점
비교적 정확하고 간편	토크 렌치의 정확도 관리 중요
다양한 볼트에 적용 가능	접합면의 마찰 상태에 따라 정확도에 영향

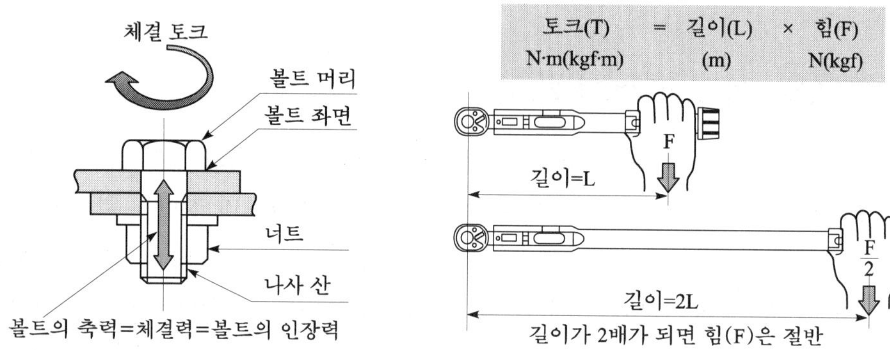

그림 4-10 보정렌치조임법과 토크값

2. **너트회전법**(turn-of-nut tightening) : 너트를 일정한 각도만큼 회전시켜 조이는 방법으로 토크 렌치가 없는 경우 사용할 수 있지만, 정확도가 떨어질 수 있으며, 볼트의 재질, 크기, 강도 등에 따라 적정 회전 각도가 다르다. 이 방법에서는 1차 조임 후 금매김을 기점으로 너트를 120°±30° 회전시켜준다.

표 4-14 너트회전법의 장, 단점

장점	단점
토크 렌치 없이도 사용 가능	정확도 저하 우려
비교적 간편하게 사용 가능	경험과 숙련 필요

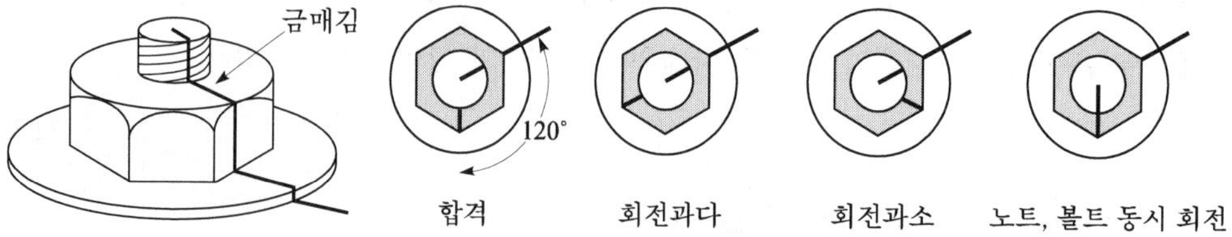

(a) 금매김 (b) 조임원칙

그림 4-11 너트회전법 금매김과 조임원칙

3. **대안설계볼트설치법**(installation of alternate design bolts) : 토크 전단형(T.S)볼트를 조일 때 주로 사용되며, 볼트에 미리 설정된 하중(프리로드)을 가한 후, 너트를 조임하는 방법으로 조임이 완료되면 요구되는 인장력을 확보해 준다. 요구되는 인장력이 확보되면 볼트의 끝단에 설치된 핀테일이 탈락된다.

표 4-15 대안설계볼트설치법의 장, 단점

장점	단점
높은 정확도와 안정성 제공	특수 장비와 기술 필요
다양한 작업 조건에 적용 가능	설치 과정이 다소 복잡

4. **직접인장측정법**(direct tension indicator tightening) : 한 면에 일련의 돌기가 돌출되어 있는 와셔를 사용하고 있으며, 볼트 인장력은 남아있는 틈을 직접 측정하여 적절한 인장력을 확인하는 방법으로 틈을 측정하여 틈 깊이가 약 0.38mm 또는 그 이하의 값을 갖게 되면 적절한 인장력이 도입된 것으로 본다.

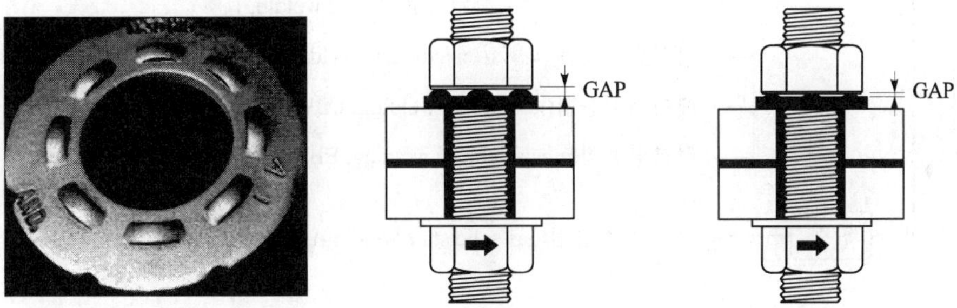

(a) 돌출형 와셔 (b) 조임 전 (c) 조임 후

그림 4-12 직접인장측정법

4.4 용접 접합 Welding Connection

4.4.1 용접접합의 일반사항

용접은 두 개 이상의 금속 부품을 고온으로 가열하여 용융시키거나 용융 직전의 고온 상태로 만들어 접합하는 방식이다. 용접접합의 장점으로는 강도 및 기밀성이 높으며 다양한 재료에 적용 가능하여 경제적이지만, 단점으로 변형과 균열발생 가능성이 있고 숙련된 작업자가 필요하다. 표 4-16은 용접의 종류를 분류한 것이다.

표 4-16 용접의 분류

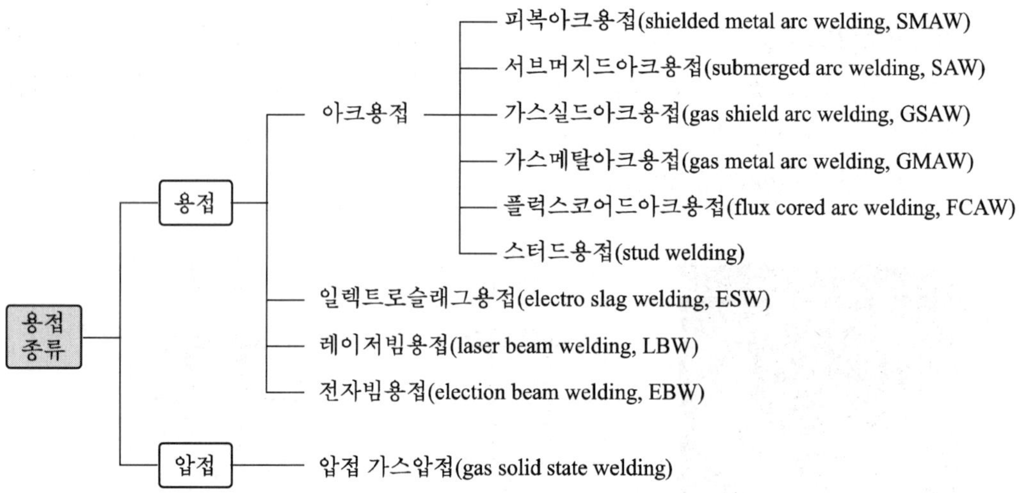

4.4.2 용접방법

1. **피복 아크용접**(shielded metal arc welding : SMAW) : 피복 아크용접(SMAW)은 가장 오래되고 가장 널리 사용되는 용접 공정 중 하나로 이는 용접봉 끝에서 생성된 아크에 의해 금속을 용융시키는 용극식 아크용접 공정이다. 용접봉은 금속 코어로 만들어져 있으며 플럭스로 코팅되며, 플럭스는 용접 중에 금속을 보호하는 슬래그를 생성한다. 피복아크용접은 다양한 용접 작업에 사용할 수 있어 강철, 스테인리스 스틸, 알루미늄, 주철 등의 금속에 사용할 수 있으며, 모든 위치에서 용접에 사용할 수 있어 야외 작업에 적합하다(그림 4-13(a)).

표 4-17 피복 아크용접의 장단점

장점	단점
배우고 사용하기가 비교적 용이	다른 용접 공정에 비해 늦음
다양한 금속 및 용접 위치에 사용 가능	많은 연기와 스패터를 생성
야외 작업에 적합	용접봉을 자주 교체
비교적 저렴한 공정	

2. **서브머지드 아크용접**(submerged arc welding : SAW) : 서브머지드 아크용접(SAW)은 용접부에 쌓인 플럭스 층(layer of flux) 아래에서 아크를 생성하여 용접하는 자동 용접 공정으로 플럭스는 용접 중에 금속을 보호하는 슬래그를 생성한다(그림 4-13(b)).

표 4-18 서브머지드 아크용접의 장단점

장점	단점
고속 용접 가능	장비 비용이 증가
고품질 용접	설정 및 운영이 더 복잡
용접 작업자의 노출 감소	플럭스를 제거해야 하므로 후처리 필요
모든 위치에서 용접 가능	

3. **가스실드 아크용접**(gas shield arc welding : GSAW) : 가스실드 아크용접(GSAW)은 불활성 가스(예 : 아르곤 또는 헬륨)로 용접부를 보호하면서 용접봉 끝에서 생성된 아크에 의해 금속을 용융시키는 용극식 아크용접 공정으로 GSAW는 다양한 금속, 특히 스테인리스 스틸, 알루미늄 및 마그네슘 등에 사용할 수 있다(그림 4-13(c)).

표 4-19 가스실드 아크용접의 장단점

장점	단점
고품질 용접 가능	피복 아크용접에 비해 작업속도 느림
다양한 금속 및 용접 위치에 사용 가능	연기와 스패터가 적게 발생
야외 작업에 적합	용접봉의 잦은 교체
비교적 저렴한 공정	

4. **일렉트로 슬래그용접**(electro slag welding : ESW) : 일렉트로 슬래그용접(ESW)은 용융 슬래그 욕조 속에서 전극 와이어와 모재의 맞대기 부분을 저항열로 용융시켜 용접하는 방법으로 수직 방향으로 진행되는 용접이며, 두꺼운 판재(25mm 이상)의 용접에 주로 사용된다(그림 4-13(d)).

표 4-20 일렉트로 슬래그용접의 장단점

장점	단점
용접속도가 빠르고 고품질 용접 가능	용접 장비가 고가, 넓은 작업 공간 필요
단면적 크고 깊은 용접부를 한 번에 가능	용접 시작과 끝 부분의 용접이 어려움
용접 변형이 적고, 개선 용접 작업이 적음	용접 전에 모재의 준비가 중요
용접부를 직접 관찰하지 않아도 됨	

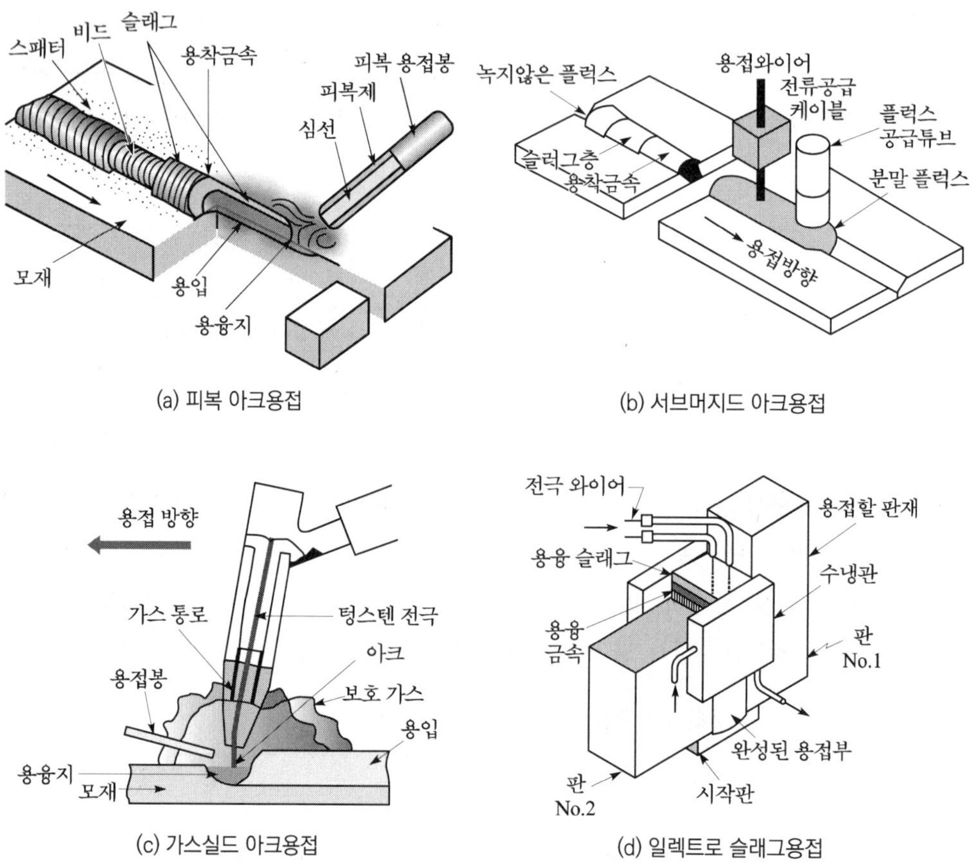

(a) 피복 아크용접 (b) 서브머지드 아크용접

(c) 가스실드 아크용접 (d) 일렉트로 슬래그용접

그림 4-13 용접방법의 종류

5. **스터드 용접**(stud welding) : 스터드 용접은 스터드(stud)라고 불리는 금속 못을 모재에 직접 용접하는 방법으로 건축에서는 강재와 콘크리트를 일체화시키는 합성부재에 이용된다. 스터드 용접은 아크를 이용하여 스터드를 용접하는 아크 스터드 용접(arc stud welding), 콘덴서에 저장된 전기를 이용하여 스터드를 용접하는 콘덴서 방전 스

터드 용접(capacitor discharge stud welding) 및 스터드와 모재를 서로 마찰시켜 발생하는 열을 이용하는 마찰 스터드 용접(friction stud welding)이 있다.

표 4-21 스터드 용접의 장단점

장점	단점
다른 용접 방법에 비해 고속 용접 가능	준비 작업이 필요
숙련된 작업자에 의한 효율성 높은 작업	숙련된 작업자 필요
용접 재료가 적고, 고속 작업에 따른 경제적	특별한 용접 장비 필요
용접부가 강하여 큰 하중에 저항	

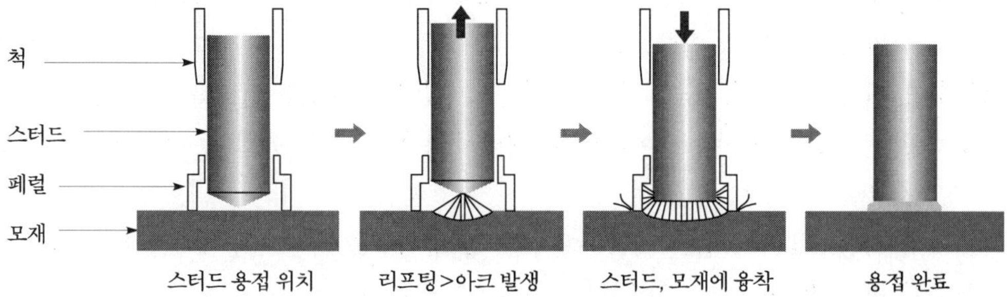

그림 4-14 아크 스터드용접 과정

4.4.3 용접이음

그림 4-15 용접이음의 형태

용접이음의 형태는 그림 4-15와 같이 맞댐이음, 겹침이음, T형이음, 십자이음, 모서리이음, 가장자리이음, 플레어이음 등이 있으며, 용접이음의 대표적인 형식으로는 그루브(맞댐)용접(groove welding)과 필릿(모살) 용접(fillet welding)이 있다.

1. **그루브(맞댐)용접**(groove welding) : 그루브용접은 두 개의 모재를 맞대고 홈(groove)을 파낸 후, 그 홈을 용접 금속으로 채워 용접하는 방법으로 일반적으로 다른 용접 방법보다 높은 강도와 접합 품질을 요구하는 곳에 사용되며, 그루브용접의 특징은 다음과 같다.
   (1) **높은 강도** : 홈을 파서 용접 금속을 충분히 채워 넣기 때문에 다른 용접 방법보다 높은 강도를 얻을 수 있다.
   (2) **높은 접합 품질** : 용접부의 결함을 줄일 수 있어 높은 접합 품질을 얻을 수 있다.
   (3) **다양한 용접 방법 적용** : 아크용접, 레이저 용접, 전자빔 용접 등 다양한 용접 방법을 사용할 수 있다.
   (4) **용접 숙련도 요구** : 홈을 정확하게 파고 용접 작업을 숙련되게 해야 높은 품질의 용접을 할 수 있다.

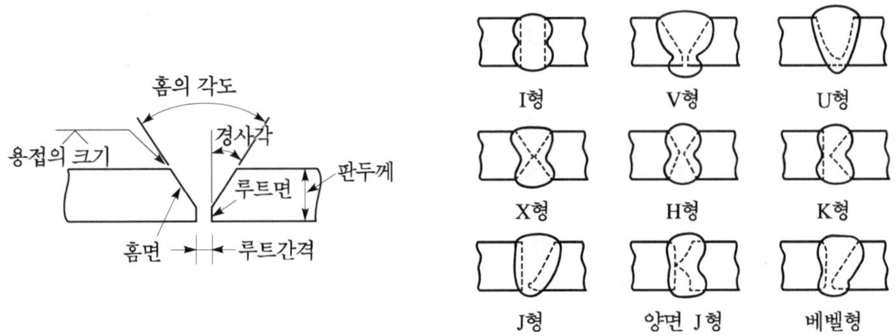

(a) 그루브용접의 명칭 (b) 그루브용접의 형태

그림 4-16 그루브용접의 명칭 및 형태

그루브용접을 할 때는 위쪽을 먼저 용접하고 뒤쪽의 용접 불량이 보완하기 위한 백가우징(back gouging)을 하는데, 백가우징 작업이 어려울 때 뒷댐재(back strip, backing bar)를 대고 용접한다. 용접되는 부재 사이 용접을 원활하게 하기 위한 뒷댐재 및 용접 시작점과 끝점에 용착금속에 결함이 없도록 시작과 끝 부분에 엔드탭(end tab) 등을 설치하여 용접한다.

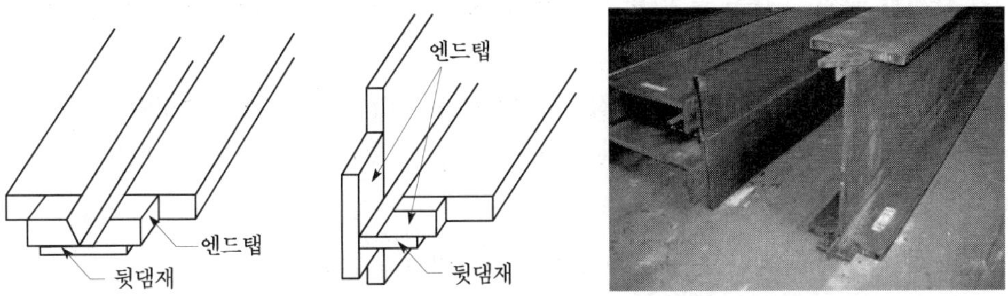

(a) 엔드탭 및 뒷댐재 설치 (b) 엔드탭 설치 시공 사례

그림 4-17 그루브 용접부 끝부분 상세

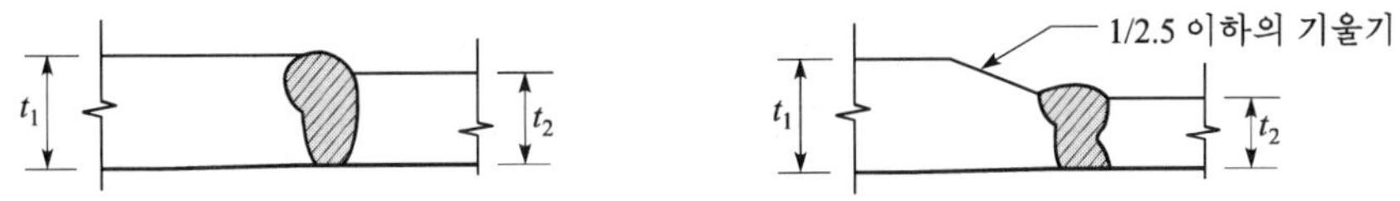

(a) $t_1 - t_2 \leqq 4mm$ (b) $t_1 - t_2 > 4mm$

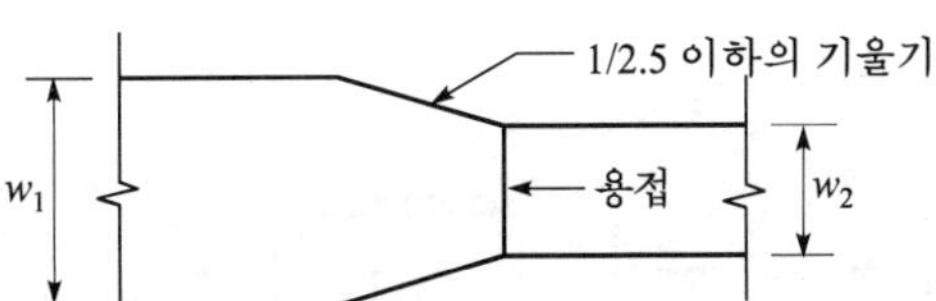

(c) 판 폭이 다를 경우($w_1 - w_2 > 4mm$)

그림 4-18 그루브 용접에서 판두께 및 판폭이 다른 경우

그림 4-18과 같이 판두께 또는 판폭이 다른 경우의 그루브용접은 이음부에서 그 차이가 4mm 이하인 경우, 용착금속의 표면이 자연스럽게 경사가 지도록 용접하면 되지만, 두께 및 폭이 4mm를 초과하는 경우에는 판두께가 두꺼운 쪽, 판폭이 넓은 쪽의 판재를 1/2.5 이하의 기울기가 되도록 절삭하여 용접 부위의 응력 집중 등을 방지한다.

2. **필릿(모살) 용접**(fillet welding) : 필릿 용접은 두 개의 모재를 직각 또는 T자 형태로 맞대고, 모재의 접합면에 용접 금속을 채워 용접하는 방법이며, 필릿용접은 종국적으로 용접부가 전단에 의해 파단되므로 용접유효면적에 대해 전단응력으로 설계되는 용접으로 다른 용접 방법에 비해 비교적 간단하고 배우기 쉽지만, 용접 품질을 높이기 위해서는 숙련된 기술과 정확한 작업이 필요하며 특징은 다음과 같다.

(1) **간편한 용접** : 다른 용접 방법에 비해 용접 준비 과정이 간단하고, 용접 작업이 비교적 간단하다.

(2) **다양한 용접 위치** : 평판, 수직, 오버헤드 등 다양한 위치에서 용접할 수 있다.

(3) **다양한 용접 재료** : 강철, 스테인리스 스틸, 알루미늄 등 다양한 재료에 적용할 수 있다.

(4) **용접 숙련도** : 숙련된 기술과 정확한 작업이 필요하다.

(5) **용접 불량** : 용접부에 언더컷, 오버랩, 슬래그 봉입 등의 불량이 발생하기 쉽다.

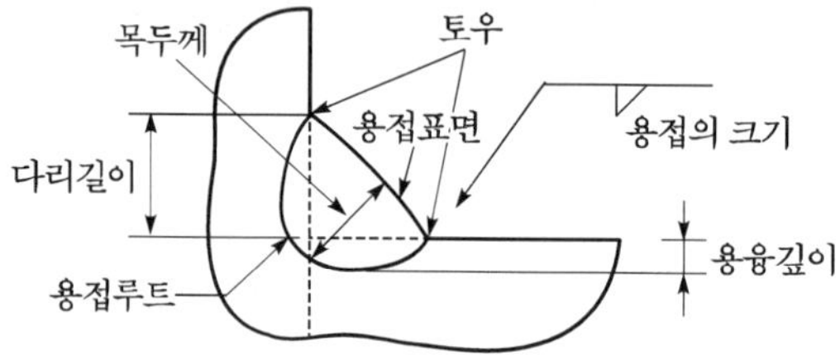

(a) 필릿용접의 명칭

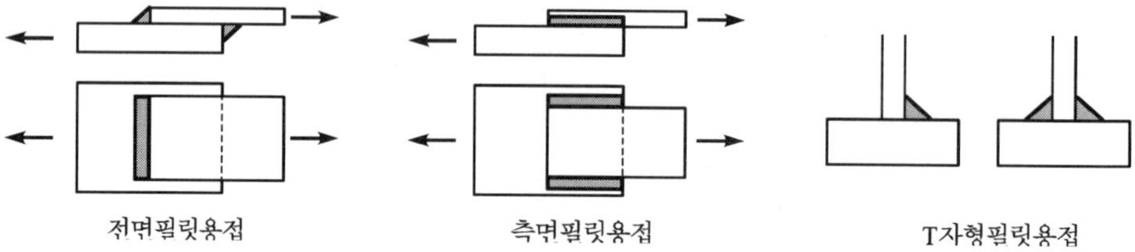

(b) 필릿용접의 형태

그림 4-19 필릿용접의 명칭 및 형태

3. **플러그용접**(plug welding) : 플러그 용접은 한쪽 판에 구멍을 뚫고 다른 판을 그 구멍에 삽입한 후, 용접봉을 사용하여 구멍과 주변을 용접하여 두 판을 결합하는 방법으로, 다른 용접 방법에 비해 간단하고 빠르지만, 용접 품질을 높이기 위해서는 숙련된 기술과 정확한 작업이 필요하며, 특징은 다음과 같다.

   (1) **간편한 용접** : 다른 용접 방법에 비해 용접 준비 과정이 간단하고, 용접 작업이 비교적 간단하다.

   (2) **빠른 용접** : 용접 속도가 빠르고, 대량 생산에 적합하다.

   (3) **다양한 용접 재료** : 강철, 스테인리스 스틸, 알루미늄 등 다양한 재료에 적용할 수

있다.

(4) **용접 숙련도** : 숙련된 기술과 정확한 작업이 필요하다.

(5) **용접 불량** : 용접부에 언더컷, 오버랩, 슬래그 봉입 등의 불량이 발생하기 쉽다.

4. **슬롯용접**(slot welding) : 슬롯 용접은 두 개의 판재를 맞대고, 그 사이에 슬롯(slot)이라고 불리는 홈을 파낸 후 용접봉을 사용하여 홈을 채워 두 판재를 결합하는 것으로 다른 용접 방법에 비해 용접 깊이가 깊고 넓은 용접부를 형성할 수 있으며, 높은 강도와 접합 품질을 얻을 수 있고 다음과 같은 특징을 지니고 있다.

(1) **깊고 넓은 용접부** : 다른 용접 방법에 비해 용접 깊이가 깊고 넓은 용접부를 형성할 수 있다.

(2) **높은 강도** : 높은 강도를 요구하는 곳에 사용하면 좋다.

(3) **높은 접합 품질** : 높은 접합 품질을 얻을 수 있다.

(4) **용접 숙련도** : 숙련된 기술과 정확한 작업이 필요하다.

(5) **용접 불량** : 용접부에 언더컷, 오버랩, 슬래그 혼입 등의 불량이 발생하기 쉽다.

(6) **용접 준비 과정** : 슬롯을 파는 과정이 필요하기 때문에 용접 준비 과정이 다소 복잡하다.

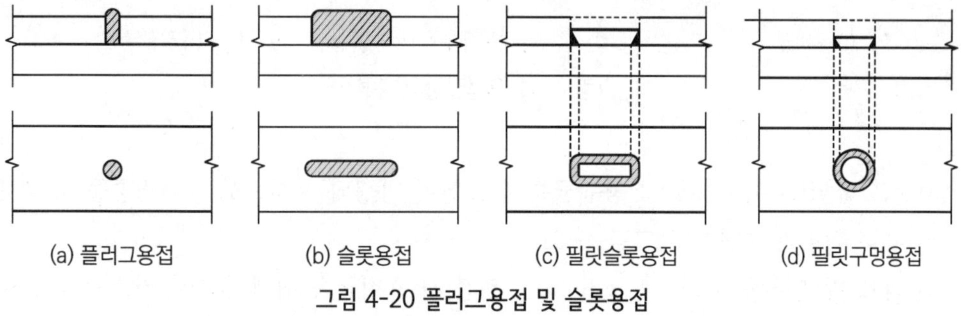

그림 4-20 플러그용접 및 슬롯용접

4.4.4 용접결함

(1) **비드외관불량**(bead appearance defect) : 용접봉에 의한 용접으로 인해 용접금속 표면에 생기는 띠모양을 비드라고 하며 비드 폭과 띠 모양이 불균일하여 허용치를 넘게 되면 외관불량이 된다(그림 4-21(a)).

(2) **스패터**(spatter) : 용접작업 중 용접봉으로부터 튀어나온 용융 금속입자가 식어서 굳은 것으로 도장이나 접합부에 영향을 줄 수 있어 제거허여야 한다(그림 4-21(b)).

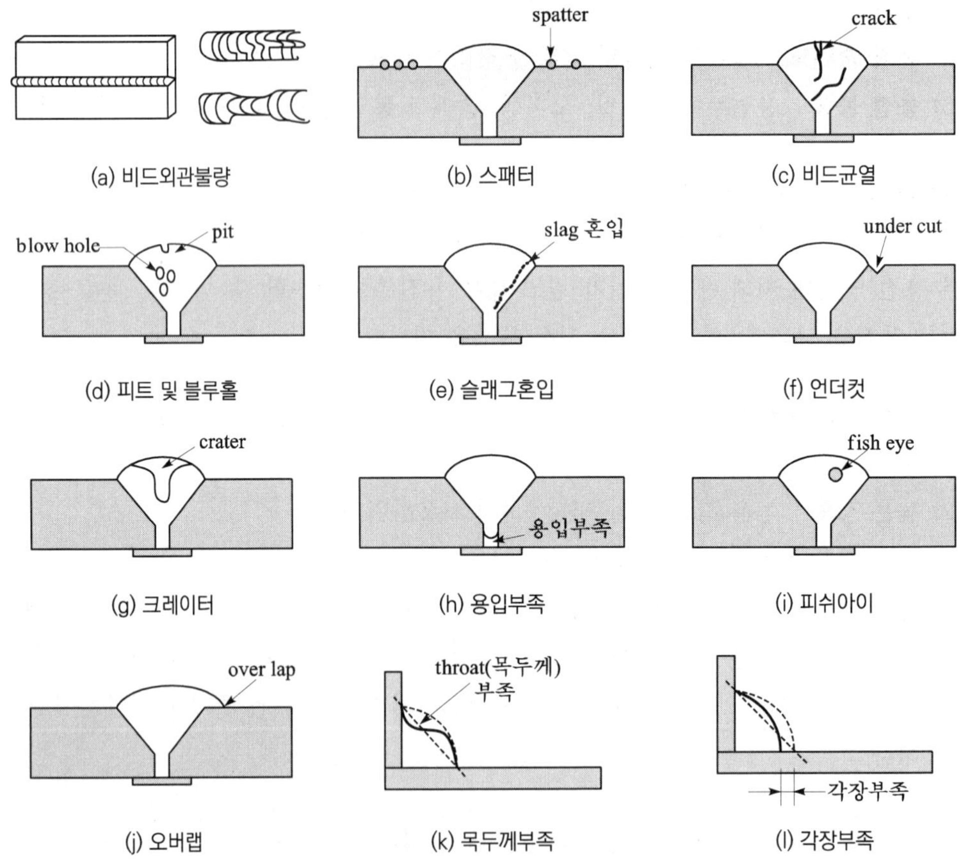

그림 4-21 용접결함의 종류

(3) **비드균열**(bead crack) : 용접금속에 균열이 발생되는 것으로 응력집중을 유발시켜 아주 위험한 결함이다(그림 4-21(c)).

(4) **피트 및 블루홀**(pit & blow hole) : 용접 시 용접금속 내에 흡수된 가스가 표면으로 나와 생성되는 작은 구멍을 피트라고 하며, 내부에 그대로 남은 기공이 블루홀이다(그림 4-21(d)).

(5) **슬래그혼입**(slag inclusion) : 용접봉의 피복재가 녹아 용접금속 표면에 부상하여 굳은 것으로 슬래그 일부가 용접금속 내에 혼입되어 발생한다(그림 4-21(e)).

(6) **언더컷**(under cut) : 용접 시 모재가 녹아 용착금속에 채워지지 않고 홈으로 남게 된 것으로 구조내력상 중대한 결함으로 운봉속도가 빠르거나 용접전류가 클 때 발생한다(그림 4-21(f)).

(7) **크레이터**(crater) : 용접 마지막 단계에서 아크를 급히 절단함으로 생기는 움푹 패인 부분으로 온도저하로 생긴 용접금속의 수축으로 균열이 발생하는 경우가 있다(그림 4-21(g)).

(8) **용입부족**(incomplete penetration) : 용착금속이 채워지지 않고 홈으로 남게 되는 부분으로 운봉속도가 빠르거나 전류가 낮은 경우, 홈의 각도가 좁을 때 발생한다(그림 4-21(h)).

(9) **피쉬아이**(fish eye) : 블루홀 및 혼입된 슬래그가 모여 둥근 은색반점이 생기는 결함이다(그림 4-21(i)).

(10) **오버랩**(over lap) : 용접전류가 약했을 때 주로 발생되는 것으로 용접 시 용착금속이 모재에 융합되지 않고 겹쳐지는 결함이다(그림 4-21(j)).

(11) **목두께부족**(insufficient throat thickness) : 구조내력 상 중대한 결함으로 필릿 용접에서 용접덧살 두께가 부족하여 발생하는 결함이다(그림 4-21(k)).

(12) **각장부족**(incomplete fusion at the root) : 구조적으로 문제가 될 수 있는 결함으로 필릿용접에서 용착면의 길이가 부족하여 발생하는 결함이다(그림 4-21(l)).

4.4.5 용접검사

용접 작업이 완료되면 용접부의 결함, 치수, 기계적 성능 등을 검사하여 용접 작업이 제대로 이루어졌는지 확인하여야 하며, 용접부를 손상시키지 않고 결함을 검사하는 비파괴검사로 내부결함검출에 사용되는 방사선을 용접부에 투과시켜 필름에 감광시킨 후, 필름을 현상하여 결함을 발견하는 방법인 방사선투과시험(Radiographic Testing, RT) 및 초음파를 용접부에 투과시켜 반사된 초음파를 분석하여 결함을 발견하는 방법인 초음파탐상시험(Ultrasonic Testing, UT)이 있고, 표면결함검출에 사용되는 방법으로 용접부의 표면이나 표면 주변의 결함, 표면 직하의 결함 등을 검출하는 방법으로 결함 부위의 자장에 의해 자화(magnetization)되어 흡착되면서 결함을 발견하는 방법인 자분탐상시험(Magnetic Testing, MT)과 액체 침투제를 용접부의 표면에 흘려 넣고, 침투제가 결함에 침투한 후 세척하여 결함을 발견하는 방법인 액체침투탐상시험(Liquid Penetrant Testing, PT)에 의한 방법이 있다.

4.4.6 용접이음의 도시법

(1) 용접기호는 접합부를 지시하는 지시선과 기선에 기재하며, 기선은 수평선이고 필요시에는 꼬리를 붙인다. 지시선은 기선에 대해 60° 또는 120°의 직선이다.

(2) V형, K형 등에서 홈이 있는 쪽의 부재면을 지시할 필요가 있으면 홈을 낸 부재 쪽에 기선을 긋고 지시선을 절선으로 하며 홈을 낸 면에 화살 끝을 둔다.

(3) 기호 및 사이즈는 용접하는 쪽이 화살이 있는 쪽 또는 앞쪽인 때는 기선의 아래쪽에, 화살의 반대쪽이거나 뒷쪽이면 기선의 위쪽에 밀착하여 기재한다.

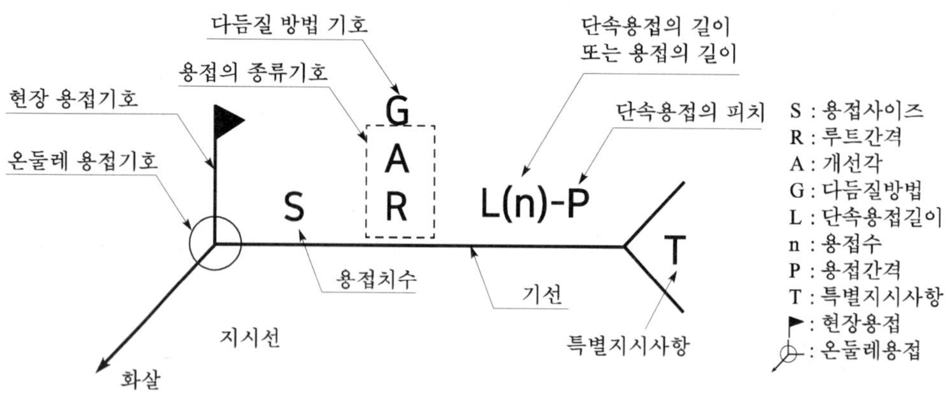

그림 4-22 용접기호의 도시법

4.4.7 용접접합 설계

1. 완전용입 그루브(맞댐)용접

(1) **토목구조물의 경우** : 완전용입 그루브용접의 공칭강도는 접합되는 모재 중 공칭강도가 작은 쪽 값으로 한다. 단, 인장강도 600MPa 이상의 강종에 대해 언더매칭 용접을 한 경우에는 용접금속의 인장강도를 기준으로 공칭강도를 정한다.

(2) **건축구조물의 경우** : 완전용입 그루브용접의 공칭강도는 모재의 공칭강도와 완전용입 그루브용접의 공칭강도 중 작은 값으로 한다. 그루브용접의 유효면적, 유효길이, 유효목두께 산정은 다음을 따른다.

① 그루브용접의 유효면적은 용접의 유효길이에 유효목두께를 곱한 것으로 한다 ($A_e = la$).

② 그루브용접의 유효길이는 접합되는 부분의 폭으로 한다(그림 4-23(a)).

③ 완전용입된 그루브용접의 유효목두께는 접합판 중 얇은 쪽 판두께로 한다(그림 4-23(b)).

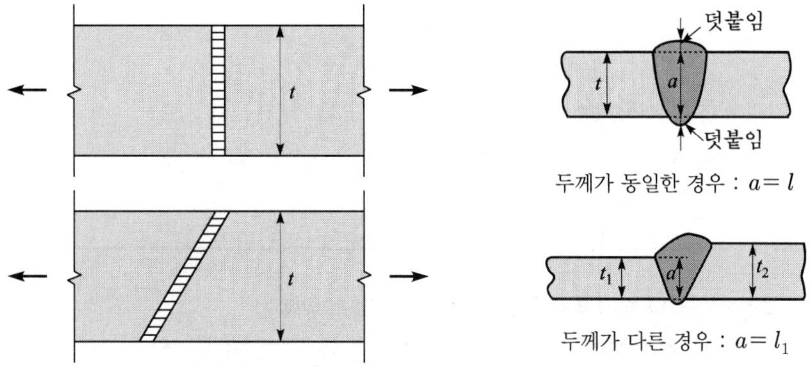

(a) 유효길이　　　　(b) 유효목두께

그림 4-23 그루브용접의 유효길이 및 유효목두께

2. 부분용입 그루브(맞댐)용접

(1) 토목구조물의 경우, 부분용입 그루브용접의 유효목두께는 $\sqrt{2t}$ (mm) 이상으로 한다. 여기서, t는 연결부(접합부)의 두꺼운 쪽 판의 두께이다. 단, 부분용입 그루브용접의 유효목두께는 얇은 쪽 판의 두께 이하이어야 한다.

(2) 건축구조물의 경우, 부분용입 그루브용접의 최소유효목두께는 계산에 의한 응력전달에 필요한 값 이상, 또한 표 4-22의 값 이상으로 한다.

(3) 부분용입 그루브용접의 용접방법 및 그루브 형상에 따른 유효목두께는 표 4-23에 따른다.

(4) 부분용입 그루브용접의 유효면적은 용접의 유효길이에 유효목두께를 곱한 것으로 한다. 건축구조물의 경우 원형 단면이나 모서리를 90° 원호로 만든 각형강관 등의 용접표면을 직각으로 마감한 플레어 그루브용접의 유효목두께는 표 4-24로 계산해야 한다.

(5) 부분용입 그루브용접의 공칭강도는 용접축에 평행으로 작용하는 인장 또는 압축에 대해서는 고려할 필요가 없다.

표 4-22 판두께에 따른 부분용입용접(PJP)의 최소 유효목두께

연결부(접합부)의 얇은쪽 소재 두께 t (mm)	최소 유효목두께 (mm)
$t \leqq 6$	3
$6 < t \leqq 13$	5
$13 < t \leqq 19$	6
$19 < t \leqq 38$	8
$38 < t \leqq 57$	10
$57 < t \leqq 150$	13
$t > 150$	16

표 4-23 용접방법에 따른 부분용입 그루브용접의 유효목두께

용접방법	용접자세 F(하향) H(수평) V(수직) OH(상향)	그루브 형상 및 개선각도	유효목두께
실드메탈 아크용접(SMAW) 가스메탈 아크용접(GMAW) 플럭스코어드 아크용접(FCAW)	모든 자세	J 또는 U 그루브, 60° V 그루브	그루브 깊이
서브머지드 아크용접(SAW)	아래보기 자세(F)	J 또는 U 그루브, 60° 베벨 또는 V 그루브	
가스메탈 아크용접(GMAW) 플럭스코어드 아크용접(FCAW)	아래보기 자세(F) 수평 자세(H)	45° 베벨	
실드메탈 아크용접(SMAW)	모든 자세	45° 베벨	그루브 깊이에서 3mm 공제
가스메탈 아크용접(GMAW) 플럭스코어드 아크용접(FCAW)	수직 자세(V) 위보기 자세(OH)		

표 4-24 플레어 그루브용접의 유효목두께

용접과정	플레어베벨용접	플레어V용접
가스메탈 아크용접, 플럭스코어드 아크용접-G	5/8 R	3/4 R
실드메탈 아크용접, 플럭스코어드 아크용접-S	5/16 R	5/8 R
서브머지드 아크용접	5/16 R	1/2 R

주) 반경이 10 mm 이내(R<10 mm)인 플레어베벨용접의 경우, 민면으로(평평하게) 채운 조인트에 보강필릿용접만을 사용한다.

R=접합 표면의 반경(강관의 경우 2t로 산정할 수 있다.)

3. 필릿(모살)용접

(1) 유효면적

① 필릿용접의 유효면적은 유효길이에 유효목두께를 곱한 것으로 한다($A_e = l_e a$).

② 필릿용접의 유효길이는 필릿용접의 총길이에서 용접치수의 2배를 공제한 값으로 한다($l_e = l - 2s$)(그림 4-24(a)).

③ 필릿용접의 유효목두께는 용접치수의 0.7배로 한다($a = 0.7s$). 접합하는 두 부재사이의 각도가 90°가 아닌 경우, 또는 용접 다리의 크기가 서로 다른 경우의 필릿용접 유효목두께는 용접루트를 꼭지점으로 용접 외측면을 밑변으로 하는 용접단면 내접 삼각형의 높이로 한다(그림 4-24(b)).

④ 플러그용접과 슬롯용접의 유효길이는 목두께의 중심을 잇는 용접중심선의 길이로 한다.

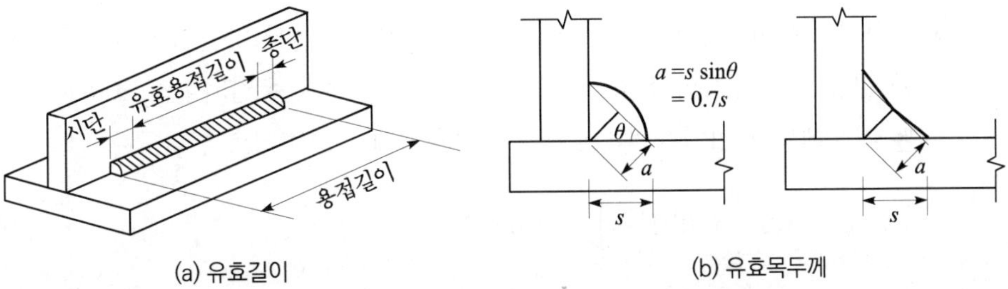

그림 4-24 필릿용접의 유효길이 및 유효목두께

(2) 제한사항

① 필릿용접의 최소치수는 표 4-25에 따른다.

표 4-25 필릿용접의 최소치수 (mm)

토목구조물	연결부(접합부)의 두꺼운 쪽 소재 두께 t	필릿용접의 최소치수
	$t \leq 20$	6
	$t > 20$	8
건축구조물	연결부(접합부)의 얇은 쪽 소재 두께 t	필릿용접의 최소치수
	$t < 6$	3
	$6 \leq t < 13$	5
	$13 \leq t < 20$	6
	$20 \leq t$	8

② 겹침이음의 필릿용접 최대치수 s는 연단이 용접되는 판의 두께 t에 대해 다음과 같이 산정한다.

- $t < 6\text{mm}$일 때, $s = t$
- $t \geq 6\text{mm}$일 때, $s = t - 2\text{ mm}$

③ 강도를 기반으로 하여 설계되는 필릿용접의 최소길이는 공칭용접치수의 4배 이상($l_e \geq 4s$)으로 하여야 한다. 또는 유효용접치수는 그 유효길이의 1/4 이하($s \leq \frac{l_e}{4}$)로 하여야 한다.

④ 평판 인장재의 단부에 길이방향으로 필릿용접이 될 경우 각 필릿용접의 길이는 이들 용접의 직각방향 간격보다 길게 해야 한다.

⑤ 부재 단부에 용접된 필릿용접의 길이가 용접치수의 100배 이내인 경우에는 실제 용접된 길이를 유효길이로 사용할 수 있다. 용접길이가 용접치수의 100배를 초과하고, 300배 이하인 경우에는 실제 용접된 길이에 다음의 감소계수, β를 곱한 값을 필릿용접의 유효길이로 한다. 용접길이가 용접치수의 300배를 초과하는 경우에는 용접치수의 180배를 필릿용접의 유효길이로 한다.

$$\beta = 1.2 - 0.002\left(\frac{l}{z}\right) \leq 1.0 \qquad \text{식 4-14}$$

여기서, l : 부재 단부 필릿용접의 실제 길이(mm)

z : 필릿용접의 치수(mm)

⑥ 단속 필릿용접은 연결부(접합부) 또는 겹친 면사이의 힘을 전달하거나 조립부재의 요소를 서로 접합하는데 사용할 수 있다. 단속 필릿용접의 한 세그멘트 길이는 용접치수의 4배 이상이며 최소 38mm이어야 한다.

⑦ 겹침이음의 경우 최소 겹침길이는 연결부(접합부)의 얇은 쪽 판 두께의 5배 또는 25mm로 한다(그림 4-25(b)).

⑧ 축방향력을 받는 부재의 겹침이음이 횡방향 필릿용접만으로 된 경우 겹쳐진 부재의 양쪽 단부는 필릿용접을 해야 한다.

⑨ 건축구조물의 돌출요소의 유연성이 요구되는 연결부(접합부)에서 단부돌림용접이 사용되는 경우, 단부돌림용접의 길이는 공칭용접사이즈의 4배 이하, 용접되는 부분 폭의 1/2 이하이어야 한다.

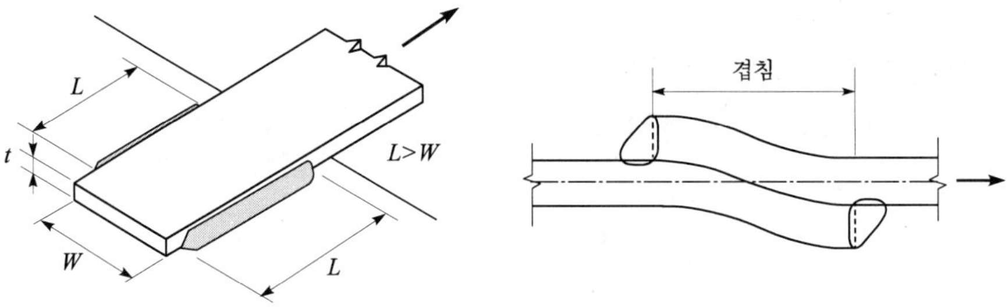

(a) 길이방향 필릿용접 (b) 최소겹침길이

그림 4-25 용접길이 표시

4. 플러그 및 슬롯용접

(1) 플러그 및 슬롯용접의 유효전단면적은 접합면에서의 구멍 또는 슬롯의 공칭단면적으로 한다.

(2) 플러그 및 슬롯용접은 겹침이음부에서의 전단력 전달, 겹침이음을 한 요소들 사이의 벌어짐 또는 좌굴을 방지, 조립단면의 요소들 사이의 접합 등을 위해 사용할 수 있다.

(3) 플러그용접을 위한 구멍의 직경은 구멍이 있는 판의 두께에 8mm를 더한 값 이상, 용접 두께의 2.25배 또는 최소 직경에 3mm를 더한 값 이하로 한다.

(4) 플러그용접의 최소 중심간격은 공칭구멍직경의 4배로 한다.

(5) 슬롯용접의 슬롯길이는 용접두께의 10배 이하로 한다. 슬롯의 폭은 슬롯이 있는 판의 두께에 8mm를 더한 값 이상, 용접두께의 2.25배 이하로 한다. 슬롯의 끝부분은 반원형, 또는 귀퉁이를 판두께 이상의 반지름으로 둥글게 해야 한다.

(6) 슬롯용접 길이에 횡방향인 슬롯용접선의 최소간격은 슬롯 폭의 4배로 한다. 길이방향의 최소 중심간격은 슬롯길이의 2배로 한다.

(7) 슬롯용접선의 횡방향 최소간격은 슬롯 폭의 4배로 한다. 길이방향의 최소 중심간격은 슬롯길이의 2배로 한다.

(8) 플러그 및 슬롯용접의 두께는 판 두께 16mm 이하의 경우 판 두께와 동일하게 하고, 16mm를 초과하는 경우에는 판 두께의 1/2 이상으로 하되 최소 16mm로 한다.

5. 용접부의 설계강도

(1) 토목구조물 용접부의 설계강도

① 용접의 단위길이 당 설계강도

$$\phi R_n = \phi F_{nw} A_w \qquad \text{식 4-15}$$

여기서, ϕ : 저항계수 - 표 4-26 참조

F_{nw} : 용접재의 공칭강도(MPa) - 표 4-26 참조

A_w : 용접유효면적(mm^2)

② 필릿용접의 단위길이 당 소요강도, P_u는 용접의 단위길이 당 작용하는 모든 방향의 힘들의 합력의 크기이다. 여기서 합력의 크기는 임의의 방향으로 작용하는 힘들의 벡터 합으로 구할 수 있으며, 작용하는 힘을 용접의 유효면에서 서로 직각인 3방향으로 구분한 경우에는 식 4-16과 같이 계산할 수 있다.

표 4-26 용접부 응력의 공칭강도 (MPa)

용접구분	응력구분	공칭강도(F_{nw})	저항계수(ϕ)
완전용입 그루브용접	용접축에 직각인 인장	모재와 동일	
	용접축에 직각인 압축	모재와 동일	
	용접축에 평행한 인장, 압축	별도 검토하지 않음	
	전단	$0.6F_u$ 1)	0.8
부분용입 그루브용접	용접축에 직각인 인장	$0.6F_u$ 1), 2)	0.8
	기둥의 선단밀착접합부 압축	별도 검토하지 않음	
	기둥 외의 선단밀착접합부 압축	$0.6F_u$ 1)	0.8
	선단밀착접합부 외의 압축	$0.9F_u$ 1)	0.8
	용접축에 평행한 인장, 압축	별도 검토하지 않음	
	전단	$0.6F_u$ 1), 2)	0.75
필릿용접	전단	$0.6F_u$ 1), 2)	0.75
	용접축에 평행한 인장, 압축	별도 검토하지 않음	
플러그, 슬롯용접	접합면에 평행한 전단	$0.6F_u$ 1), 2)	0.75

주 1) 용접부 모재의 인장강도이며, 언더매칭용접의 경우에는 용접재의 인장강도를 적용한다.

주 2) 인장강도 600MPa의 강종(HSB460)은 $0.56F_u$, 800MPa의 강종(HSA650, HSB690)은 $0.45F_u$을 적용하며, 인장강도가 이들 사이인 강종의 경우에는 보간법을 적용한다.

$$P_u = \sqrt{P_\perp^2 + V_\perp^2 + V_\parallel^2}$$ 식 4-16

여기서, $P_\perp$: 필릿용접의 유효면에 작용하는 수직력

$V_\perp$: 필릿용접의 유효면에서 용접축에 직각방향으로 작용하는 전단력

$V_\parallel$: 필릿용접의 유효면에서 용접축에 평행으로 작용하는 전단력

(2) **건축구조물 용접부의 설계강도** : 모재의 인장파단, 전단파단 한계상태에 의한 강도와 용접재의 파단한계상태 강도 중 작은 값으로 산정한다.

① 모재(접합부재)의 설계강도

$$\phi R_n = \phi F_{nBM} A_{BM}$$ 식 4-17

여기서, ϕ : 저항계수 - 표 4-27 참조

F_{nBM} : 모재(접합재)의 공칭강도(MPa) - 표 4-27 참조

A_{BM} : 모재(접합재)의 단면적(mm^2)

② 용접재의 설계강도

$$\phi R_n = \phi F_{nw} A_{we}$$ 식 4-18

여기서, ϕ : 저항계수 - 표 4-27 참조

F_{nw} : 용접재의 공칭강도(MPa) - 표 4-27 참조

A_{we} : 용접재의 유효단면적(mm^2)

표 4-27 용접조인트 강도표-1

<table>
<tr><th>하중유형 및 방향</th><th>적용재료</th><th>저항계수(ϕ)</th><th>공칭강도(F_{nBM}, F_{nw}) (MPa)</th><th>유효단면적(A_{BM}, A_{we}) (mm^2)</th><th>용접재 소요강도[1), 2)]</th></tr>
<tr><td colspan="6">완전용입그루브용접</td></tr>
<tr><td>용접선(축)에 직교(각)인 인장</td><td colspan="4">- 용접조인트 강도는 모재에 의해 제한된다.
1. 적용재료는 모재와 용접재는 동일
2. 저항계수 : 항복($\phi = 0.9$), 파단($\phi = 0.75$)
3. 공칭강도 : $F_{nBM} = F_y$ (항복), $F_{nBM} = F_u$ (파단),
$F_{nw} = F_y$
4. 유효단면적 : 총단면(A_g), 유효순단면(A_e) 동일</td><td>매칭용접재가 사용되어야 한다. 뒷댐재가 남아 있는 T 조인트와 모서리조인트는 노치인성 용접재를 사용한다(섭씨 4도에서 27J 이상의 CVN 인성값 이상).</td></tr>
<tr><td>용접선(축)에 직교(각)인 압축</td><td colspan="4">- 용접조인트 강도는 모재에 의해 제한된다.
1. 적용재료는 모재와 용접재는 동일
2. 저항계수 : 항복($\phi = 0.9$), 파단($\phi = 0.75$)
3. 공칭강도 : $F_{nBM} = F_y$ (항복), $F_{nBM} = F_u$ (파단),
$F_{nw} = F_y$
4. 유효단면적 : 총단면(A_g), 유효순단면(A_e) 동일</td><td>매칭용접재 또는 이 보다 한 단계 낮은 강도의 용접재가 사용될 수 있다.</td></tr>
<tr><td>용접선(축)에 평행한 인장, 압축</td><td colspan="4">용접에 평행하게 접합된 요소들에 작용하는 인장 또는 압축은 그 요소들을 접합하는 용접부 설계에 고려할 필요가 없다.</td><td>매칭용접재 또는 이 보다 한 단계 낮은 강도의 용접재가 사용될 수 있다.</td></tr>
<tr><td>전단</td><td colspan="4">- 용접조인트 강도는 모재에 의해 제한된다.
1. 적용재료는 모재와 용접재는 동일
2. 저항계수 : 항복($\phi = 0.9$), 파단($\phi = 0.75$)
3. 공칭강도 : $F_{nBM} = F_y$ (항복), $F_{nBM} = F_u$ (파단),
$F_{nw} = F_y$
4. 유효단면적 : 총단면(A_g), 유효순단면(A_e) 동일</td><td>매칭용접재가 사용되어야 한다.[3)]</td></tr>
<tr><td colspan="6">부분용입그루브용접(플레어V그루브용접, 플레어베벨그루브용접 포함)</td></tr>
<tr><td rowspan="2">용접선(축)에 직교(각)인 인장</td><td>모재</td><td>$\phi = 0.75$</td><td>F_u</td><td>4.3.9 참조</td><td rowspan="11">매칭용접재 또는 이보다 한 단계 낮은 강도의 용접재가 사용될 수 있다.</td></tr>
<tr><td>용접재</td><td>$\phi = 0.80$</td><td>$0.60F_w$</td><td>4.4.7 1. 참조</td></tr>
<tr><td>기둥주각부와 기둥이음부의 압축</td><td colspan="4">해당 용접부 설계에서 압축응력은 고려하지 않아도 된다.</td></tr>
<tr><td rowspan="2">기둥을 제외한 부재의 지압접합부의 압축</td><td>모재</td><td>$\phi = 0.90$</td><td>F_y</td><td>4.3.9 참조</td></tr>
<tr><td>용접재</td><td>$\phi = 0.80$</td><td>$0.60F_w$</td><td>4.4.7 1. 참조</td></tr>
<tr><td rowspan="2">지압응력을 전달할 수 있도록 마감되지 않은 접합부의 압축</td><td>모재</td><td>$\phi = 0.90$</td><td>F_y</td><td>4.3.9 참조</td></tr>
<tr><td>용접재</td><td>$\phi = 0.80$</td><td>$0.90F_w$</td><td>4.4.7 1. 참조</td></tr>
<tr><td>용접선(축)에 평행한 인장, 압축</td><td colspan="4">용접에 평행하게 접합된 요소들에 작용하는 인장 또는 압축은 그 요소들을 접합하는 용접부 설계에 고려할 필요가 없다.</td></tr>
<tr><td rowspan="2">전단</td><td>모재</td><td colspan="3">4.3.9 참조</td></tr>
<tr><td>용접재</td><td>$\phi = 0.75$</td><td>$0.60F_w$</td><td>4.4.7 1. 참조</td></tr>
</table>

표 4-27 용접조인트 강도표-2

<table>
<tr><th>하중유형 및 방향</th><th>적용 재료</th><th>저항 계수(ϕ)</th><th>공칭강도 (F_{nBM}, F_{nw}) (MPa)</th><th>유효단면적 (A_{BM}, A_{we}) (mm^2)</th><th>용접재 소요강도[1), 2)]</th></tr>
<tr><td colspan="6">필릿용접(구멍, 슬롯, 빗방향 T조인트 필릿 포함)</td></tr>
<tr><td rowspan="2">전단</td><td>모재</td><td colspan="3">4.3.9 참조</td><td rowspan="3">매칭용접재 또는 이보다 한 단계 낮은 강도의 용접재가 사용될 수 있다.</td></tr>
<tr><td>용접부</td><td>$\phi = 0.75$</td><td>$0.60F_w$</td><td>4.4.7 3. 참조</td></tr>
<tr><td>용접선(축)에 평행한 인장, 압축</td><td colspan="4">용접에 평행하게 접합된 요소들에 작용하는 인장 또는 압축은 그 요소들을 접합하는 용접부 설계에 고려할 필요가 없다.</td></tr>
<tr><td colspan="6">플러그 및 슬롯 용접</td></tr>
<tr><td rowspan="2">3유효면적의 접합면에 평행한 전단</td><td>모재</td><td colspan="3">4.3.9 참조</td><td rowspan="2">매칭용접재 또는 이보다 한 단계 낮은 강도의 용접재가 사용될 수 있다.</td></tr>
<tr><td>용접재</td><td>$\phi = 0.75$</td><td>$0.60F_w$</td><td>4.4.7 4. 참조</td></tr>
</table>

주 1) F_w는 용접재의 등급강도 곧 용접재의 인장강도이다.

주 2) 원칙적으로 매칭용접재(matching weld metal)는 용접재의 인장강도가 모재의 인장강도와 같거나 거의 동등한 수준을 지칭한다. 일반적으로 용접재와 모재가 동일한 인장강도를 지녀도 용접재의 항복강도가 모재항복강도보다 크므로 보통 모재의 항복이 선행된다. 용접재의 인장강도가 모재의 인장강도를 상회/하회하는 경우 각각 오버매칭(overmatching), 언더매칭(undermatching)이라 칭한다. 용접재에서 '1단계 강도'는 70 MPa의 강도크기를 지칭하며, '1단계 강도'를 상회하는 오버매칭 용접재의 사용은 불필요한 열영향의 증대 등 부작용을 고려하여 권장되지 않는다. 그러나 국내외의 사례에서 보듯이 경험과 실험결과를 바탕으로 종종 오버매칭 용접재가 사용되기도 한다(예를 들어, 인장강도 350~400 MPa급 모재에 대해 인장강도 490 MPa급 용접재가 사용되고 있음).

주 3) 전단하중을 전달하는 조립단면의 웨브와 플랜지 사이의 그루브용접부 또는 높은 구속이 우려되는 곳의 그루브용접부에는 언더매칭용접재를 사용할 수 있다. 이 방법을 적용할 경우에는 해당 용접부를 지정하여야 하고, 용접부의 설계에서 유효목두께는 모재두께로 하고, 강도저항계수는 $\phi = 0.8$, 공칭강도는 $0.6F_w$를 적용한다.

6. 용접 접합부의 설계강도

(1) 완전용입 그루브용접

① 용접선(축)에 직교(각)인 인장에 대한 설계강도 : 용접재의 공칭강도, F_{nw} 는 모재에 의해 제한되는 동일한 강도를 가지므로 용접이음부는 연속된 하나의 부재로 이러한 경우의 용접부 설계는 인장을 받는 모재를 설계하는 것과 동일하다.

– 총단면(A_g)의 인장항복(F_y)에 대한 설계인장강도 :

$$\phi R_n = \phi F_{nBM} A_{BM} = \phi F_y A_g (N),\ \phi = 0.9$$ 식 4-19(a)

– 유효순단면(A_e)의 인장파단(F_u)에 대한 설계인장강도 :

$$\phi R_n = \phi F_{nBM} A_{BM} = \phi F_u A_e (N),\ \phi = 0.75$$ 식 4-19(b)

– 인장저항 총단면의 항복과 유효순단면의 파단 중 작은 값

$$\phi R_n = \min.(\text{식 } 4-19(a),\ \text{식 } 4-19(b))$$ 식 4-19(c)

② 용접선(축)에 평행한 전단에 대한 설계강도 : 용접재의 공칭강도, F_{nw} 는 모재에 의해 제한되는 동일한 강도를 가지므로 용접이음부는 연속된 하나의 부재로 이러한 경우의 용접부 설계는 전단을 받는 모재를 설계하는 것과 동일하다.

– 전단저항 총단면(A_{gv})의 전단항복(F_y)에 대한 설계전단강도 :

$$\phi R_n = \phi F_{nBM} A_{BM} = \phi F_y A_{gv} (N),\ \phi = 1.0$$ 식 4-20(a)

– 전단저항 유효순단면(A_{nv})의 전단파단(F_u)에 대한 설계전단강도 :

$$\phi R_n = \phi F_{nBM} A_{BM} = \phi F_u A_{nv} (N),\ \phi = 0.75$$ 식 4-20(b)

– 전단저항 총단면의 항복과 유효순단면의 파단 중 작은 값 :

$$\phi R_n = \min.(\text{식 } 4-20(a),\ \text{식 } 4-20(b))$$ 식 4-20(c)

(2) 부분용입 그루브용접

① 용접선(축)에 직교(각)인 인장에 대한 설계강도

– 모재(접합재)의 설계인장강도 :

$$\phi R_n = \phi F_{nBM} A_{BM} = \phi F_u A_{nv} (N),\ \phi = 0.75$$ 식 4-21(a)

– 용접재의 설계인장강도 :

$\phi R_n = \phi F_{nw} A_{we} = \phi(0.6 F_w) A_{we} (N)$, $\phi = 0.80$ 식 4-21(b)

- 모재 및 용접재의 설계인장강도 중 작은 값 :

$\phi R_n = \min.(식\ 4-21(a),\ 식\ 4-21(b))$ 식 4-21(c)

② 용접선(축)에 평행한 전단에 대한 설계강도

- 모재(접합재)의 설계인장강도 :

$\phi R_n = \phi F_{nBM} A_{BM} = \phi F_y A_g (N)$, $\phi = 0.9$ 식 4-19(a)

$\phi R_n = \phi F_{nBM} A_{BM} = \phi F_u A_e (N)$, $\phi = 0.75$ 식 4-19(b)

$\phi R_n = \min.(식\ 4-19(a),\ 식\ 4-19(b))$ 식 4-19(c)

- 모재(접합재)의 설계전단강도 :

$\phi R_n = \phi F_{nBM} A_{BM} = \phi 0.6 F_y A_{gv} (N)$, $\phi = 1.0$ 식 4-22(a)

$\phi R_n = \phi F_{nBM} A_{BM} = \phi 0.6 F_u A_{nv} (N)$, $\phi = 0.75$ 식 4-22(b)

$\phi R_n = \min.(식\ 4-22(a),\ 식\ 4-22(b))$ 식 4-22(c)

- 모재(접합재)의 설계블록전단강도 :

$\phi R_n = \phi[0.6\ F_u\ A_{nv} + U_{bs} F_u\ A_{nt}] \le \phi[0.6\ F_y\ A_{gv} + U_{bs} F_u\ A_{nt}]$

$\phi = 0.75$ 식 4-23

- 용접재의의 설계전단강도 :

$\phi R_n = \phi F_{nw} A_{we} = \phi(0.6 F_w) A_{we} (N)$, $\phi = 0.75$ 식 4-24

- 용접선(축)에 평행한 전단에 대한 설계강도 :

$\phi R_n = \min.(식\ 4–19(c),\ 식\ 4–22(c),\ 식\ 4–23,\ 식\ 4–24)$ 식 4-25

여기서, A_g : 부재의 총단면적(mm^2)

A_e : 유효단면적(mm^2), 볼트접합부의 경우, $A_e = A_n \leqq 0.85 A_g$

A_{gv} : 전단저항 총단면적(mm^2)

A_{nv} : 전단저항 순단면적(mm^2)

A_{nt} : 인장저항 순단면적(mm^2)

U_{bs} : 인장응력이 균일할 경우 1.0, 불균일할 경우 0.5 적용

F_y : 모재(접합재)의 항복강도(MPa)

F_u : 모재(접합재)의 인장강도(MPa)

F_w : 용접재의 인장강도(MPa)

(3) **필릿용접** : 전단에 대한 설계강도

- 모재(접합재)의 설계전단강도 : 부분용입 그루브용접에서의 용접선(축)에 평행한 전단에 대한 설계인장강도, 설계전단강도 및 설계블록전단강도 중에서 가장 작은 값으로 한다.
- 용접재의 설계전단강도 :

$$\phi R_n = \phi F_{nw} A_{we} = \phi(0.6 F_w) A_{we}(N), \ \phi = 0.75 \qquad \text{식 4-24}$$

예제 4-9

건축구조물에서 그림과 같은 완전용입 그루브용접 용접부의 설계강도를 구하고, 고정하중(DL) $80\,kN$, 활하중(LL) $400\,kN$의 인장력이 작용할 때 용접부의 안전성을 검토하시오. 단, 강재의 재질은 SM275, 용접재의 인장강도는 $F_{uw}=420\,MPa$ 이다.

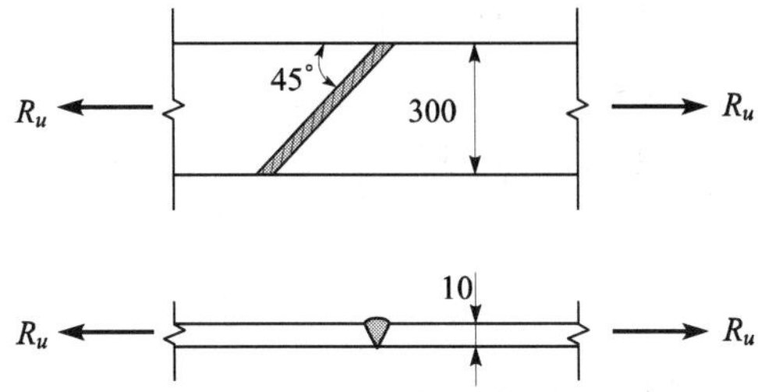

풀이

완전용입 그루브용접에서 용접부 설계인장강도는 모재(접합부재)의 총단면의 인장항복(F_y, 항복한계상태)과 유효순단면의 인장파단(F_u, 파단한계상태)에 대한 설계인장강도 값 중에서 작은 값으로 하며, 용접재의 경우 단면 결손이 없으므로 총단면적과 유효순단면적은 동일하다.

1. 강재(모재)의 재료강도
   1) 항복강도 : $F_y = 275\,MPa$ (판의 두께 16mm 이하)
   2) 인장강도 : $F_u = 410\,MPa$

2. 소요강도 산정
   $R_u = 1.2\,DL + 1.6\,LL = 1.2(80) + 1.6(400) = 736\,kN$

3. 완전용입 그루브용접에서 용접부의 설계강도
   (1) 모재(접합재)의 총단면의 인장항복(항복한계상태)에 대한 설계강도
      1) $\phi R_n = \phi F_{nBM} A_{BM} = \phi F_y A_g$, $\phi = 0.9$
      2) 모재의 총단면적 : $A_g = t(l) = 10(300) = 3{,}000\,mm^2$
      3) $\phi R_n = \phi F_y A_g = 0.9(275)(3000) \times 10^{-3} = 742.5\,kN$

   (2) 모재(접합재)의 유효순단면의 인장파단(파단한계상태)에 대한 설계강도
      1) $\phi R_n = \phi F_{nBM} A_{BM} = \phi F_u A_e$, $\phi = 0.75$
      2) 모재의 유효단면적 : $A_e = t(l) = 10(300) = 3{,}000\,mm^2$
      3) $\phi R_n = \phi F_u A_e = 0.75(410)(3000) \times 10^{-3} = 922.5\,kN$

(3) 용접재의 설계강도

1) $\phi R_n = \phi F_{nw} A_{we} = \phi F_y A_g$, $\phi = 0.9$

2) 용접 유효목두께 : $a = t = 10mm$, 용접 유효길이 : $l_e = l = 300mm$

용접 유효단면적 : $A_g = A_e = al_e = 10(300) = 3{,}000mm^2$

3) $\phi R_n = \phi F_y A_g = 0.9(275)(3000) \times 10^{-3} = 742.5kN$

(4) 용접부의 설계강도

$\phi R_n = \min.(742.5,\ 922.5,\ 742.5) = 742.5kN$

4. 안전성 검토

$\phi R_n \geq R_u$, $\dfrac{R_u}{\phi R_n} = \dfrac{736}{742.5} = 0.99 < 1.0$ – O.K

예제 4-10

건축구조물에서 그림과 같은 완전용입 그루브용접 용접부의 설계강도를 구하고, 소요강도 $R_u = 420kN$ 의 인장력이 작용할 때 용접부의 안전성을 검토하시오. 단, 강재의 재질은 SM275, 용접재의 인장강도는 $F_{uw} = 420MPa$ 이다.

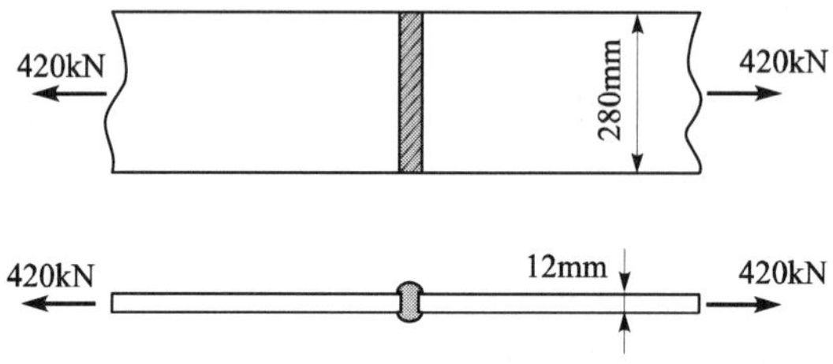

풀이

1. 강재(모재)의 재료강도

1) 항복강도 : $F_y = 275MPa$ (판의 두께 16mm 이하)

2) 인장강도 : $F_u = 410MPa$

2. 완전용입 그루브용접에서 용접부의 설계강도

(1) 모재(접합재)의 총단면의 인장항복(항복한계상태)에 대한 설계강도

1) $\phi R_n = \phi F_{nBM} A_{BM} = \phi F_y A_g$, $\phi = 0.9$

2) 모재의 총단면적 : $A_g = t(l) = 12(280) = 3{,}360mm^2$

3) $\phi R_n = \phi F_y A_g = 0.9(275)(3360) \times 10^{-3} = 831.6kN$

(2) 모재(접합재)의 유효순단면의 인장파단(파단한계상태)에 대한 설계강도

1) $\phi R_n = \phi F_{nBM} A_{BM} = \phi F_u A_e$, $\phi = 0.75$

2) 모재의 유효단면적 : $A_e = t(l) = 12(280) = 3{,}360\,mm^2$

3) $\phi R_n = \phi F_u A_e = 0.75(410)(3360) \times 10^{-3} = 1{,}033.2\,kN$

(3) 용접부의 설계강도

$\phi R_n = \min.(831.6,\ 1033.2) = 831.6\,kN$

3. 안전성 검토

$\phi R_n \geq R_u$, $\dfrac{R_u}{\phi R_n} = \dfrac{420}{831.6} = 0.51 < 1.0$ − O.K

예제 4-11

그림과 같은 필릿용접 이음부의 설계강도를 구하고, 고정하중 $P_D = 60\,kN$ 과 활하중 $P_L = 50\,kN$ 이 작용할 때 필릿용접 이음부의 안전성을 검토하시오. 단, 강재의 재질은 SM275, 용접재의 인장강도는 $F_{uw} = 420\,MPa$ 이며, 설계블록강도는 고려하지 않는다.

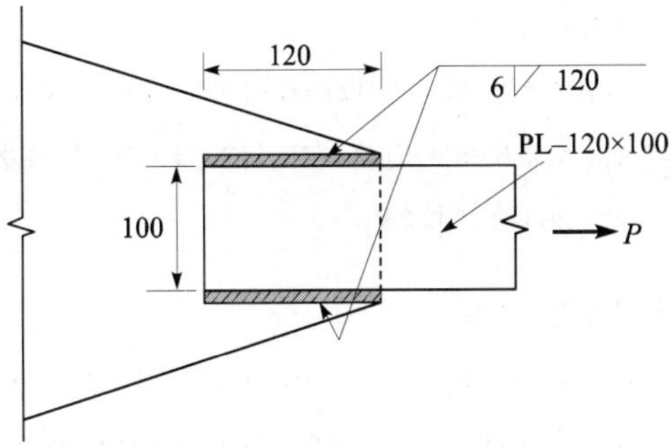

풀이

1. 강재(모재) 및 용접재의 재료강도

1) 모재의 항복강도 : $F_y = 275\,MPa$ (판의 두께 16mm 이하)

2) 모재의 인장강도 : $F_u = 410\,MPa$

3) 용접재의 인장강도 : $F_{uw} = 420\,MPa$

2. 용접 사이즈와 길이의 적정성 검토

1) 모재두께 $t = 12\,mm$, 필릿용접의 최소 사이즈 : $s_{\min.} = 5\,mm$ (표 4–25)

2) 필릿용접의 최대 사이즈 : $s_{\max.} = t - 2 = 12 - 2 = 10\,mm$

3) $s_{\min.} = 5\,mm < s = 6\,mm < s_{\max.} = 10\,mm$ − O.K

4) 필릿용접의 유효길이 : $l_e = 216mm > 4s = 4(6) = 24mm$ - O.K

5) 필릿용접의 길이 : $l = 120mm > w = 100mm$ - O.K

3. 소요강도 산정

$R_u = 1.2DL + 1.6LL = 1.2(60) + 1.6(50) = 152kN$

4. 필릿용접 이음부의 설계강도

(1) 모재(접합재) 및 용접부 의 재원

1) 모재의 총단면적 : $A_g = t(w) = 12(100) = 1{,}200mm^2$

2) 모재의 유효순단면적 : $A_e = A_n = A_g = 1{,}200mm^2$

3) 모재의 전단저항 총단면적 : $A_{gv} = 2t(l) = 2(12)(120) = 2{,}880mm^2$

4) 모재의 전단저항 유효순단면적 : $A_{nv} = A_{gv} = 2{,}880mm^2$

5) 용접부 유효길이 : $l_e = 2(l - 2s) = 2\{120 - 2(6)\} = 216mm$

6) 용접부 유효목두께 : $a = 0.7s = 0.7(6) = 4.2mm$

7) 용접부 유효단면적 : $A_{we} = a(l_e) = 4.2(216) = 907.2mm^2$

(2) 모재(접합재)의 설계인장강도

1) $\phi R_n = \phi F_{nBM} A_{BM} = \phi F_y A_g = 0.9(275)(1200) \times 10^{-3} = 297kN$

2) $\phi R_n = \phi F_{nBM} A_{BM} = \phi F_u A_e = 0.75(410)(1200) \times 10^{-3} = 369kN$

3) $\phi R_n = \min.(297,\ 369) = 297kN$

(3) 모재(접합재)의 설계전단강도

1) $\phi R_n = \phi F_{nBM} A_{BM} = \phi 0.6 F_y A_{gv} = 1.0(0.6)(275)(2880) \times 10^{-3} = 475.2kN$

2) $\phi R_n = \phi F_{nBM} A_{BM} = \phi 0.6 F_u A_{nv} = 0.75(0.6)(410)(2880) \times 10^{-3} = 531.4kN$

3) $\phi R_n = \min.(475.2,\ 531.4) = 475.2kN$

(4) 용접재의 설계전단강도

1) 용접재의 공칭강도 : $F_w = 0.6F_{uw} = 0.6(420) = 252MPa$

2) $\phi R_n = \phi F_w A_{we} = 0.75(252)(907.2) \times 10^{-3} = 171.5kN$

(5) 필릿용접의 설계강도

$\phi R_n = \min.(297,\ 475.2,\ 171.5) = 171.5kN$

5. 용접이음부의 안전성 검토

$\phi R_n \geqq R_u$, $\dfrac{R_u}{\phi R_n} = \dfrac{152}{171.5} = 0.89 < 1.0$ - O.K

예제 4-12

그림과 같은 필릿용접 이음부의 설계강도를 구하고, 고정하중 $P_D = 60\,kN$ 과 활하중 $P_L = 50\,kN$ 이 작용할 때 필릿용접 이음부의 안전성을 검토하시오. 단, 강재의 재질은 SM275, 용접재의 인장강도는 $F_{uw} = 420\,MPa$ 이다.

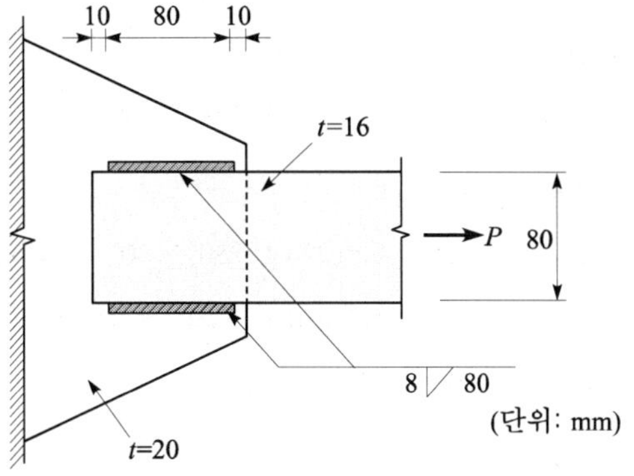

풀이

1. 강재(모재) 및 용접재의 재료강도

   1) 모재의 항복강도 : $F_y = 275\,MPa$ (판의 두께 16mm 이하)

   2) 모재의 인장강도 : $F_u = 410\,MPa$

   3) 용접재의 인장강도 : $F_{uw} = 420\,MPa$

2. 용접 사이즈와 길이의 적정성 검토

   1) 모재두께 $t = 16\,mm$, 필릿용접의 최소 사이즈 : $s_{\min.} = 6\,mm$ (표 4-25)

   2) 필릿용접의 최대 사이즈 : $s_{\max.} = t - 2 = 16 - 2 = 14\,mm$

   3) $s_{\min.} = 6\,mm < s = 8\,mm < s_{\max.} = 14\,mm$ – O.K

   4) 필릿용접의 유효길이 : $l_e = 128\,mm > 4s = 4(8) = 32\,mm$ – O.K

   5) 필릿용접의 길이 : $l = 80\,mm \geq w = 80\,mm$ – O.K

3. 소요강도 산정

   $R_u = 1.2\,DL + 1.6\,LL = 1.2(60) + 1.6(50) = 152\,kN$

4. 필릿용접 이음부의 설계강도

   (1) 모재(접합재) 및 용접부 의 재원

   1) 모재의 총단면적 : $A_g = t(w) = 16(80) = 1{,}280\,mm^2$

   2) 모재의 유효순단면적 : $A_e = A_n = A_g = 1{,}280\,mm^2$

3) 모재의 전단저항 총단면적 : $A_{gv} = 2t(l) = 2(16)(100) = 3{,}200\,mm^2$

4) 모재의 전단저항 유효순단면적 : $A_{nv} = A_{gv} = 3{,}200\,mm^2$

5) 모재의 인장저항 총단면적 : $A_{gt} = t(w) = 16(100) = 1{,}600\,mm^2$

6) 모재의 인장저항 유효순단면적 : $A_{nt} = A_{gt} = 1{,}600\,mm^2$

7) 용접부 유효길이 : $l_e = 2(l - 2s) = 2\{80 - 2(8)\} = 128\,mm$

8) 용접부 유효목두께 : $a = 0.7s = 0.7(8) = 5.6\,mm$

9) 용접부 유효단면적 : $A_{we} = a(l_e) = 5.6(128) = 716.8\,mm^2$

(2) 모재(접합재)의 설계인장강도

1) $\phi R_n = \phi F_{nBM} A_{BM} = \phi F_y A_g = 0.9(275)(1280) \times 10^{-3} = 316.8\,kN$

2) $\phi R_n = \phi F_{nBM} A_{BM} = \phi F_u A_e = 0.75(410)(1280) \times 10^{-3} = 393.6\,kN$

3) $\phi R_n = \min.(316.8,\ 393.6) = 316.8\,kN$

(3) 모재(접합재)의 설계전단강도

1) $\phi R_n = \phi F_{nBM} A_{BM} = \phi 0.6 F_y A_{gv} = 1.0(0.6)(275)(3200) \times 10^{-3} = 528\,kN$

2) $\phi R_n = \phi F_{nBM} A_{BM} = \phi 0.6 F_u A_{nv} = 0.75(0.6)(410)(3200) \times 10^{-3} = 590.4\,kN$

3) $\phi R_n = \min.(528,\ 590.4) = 528\,kN$

(4) 모재(접합재)의 설계블록전단강도($\phi = 0.75$, $U_{bs} = 1.0$)

1) $\phi R_n = \phi[0.6 F_u A_{nv} + U_{bs} F_u A_{nt}] \leq \phi[0.6 F_y A_{gv} + U_{bs} F_u A_{nt}]$

2) $\phi R_n = \phi[0.6 F_u A_{nv} + U_{bs} F_u A_{nt}]$

$= 0.75[0.6(410)(3200) + 1.0(410)(1600)] \times 10^{-3} = 1{,}082.4\,kN$

3) $\phi R_n = \phi[0.6 F_y A_{gv} + U_{bs} F_u A_{nt}]$

$= 0.75[0.6(275)(3200) + 1.0(410)(1600)] \times 10^{-3} = 888\,kN$

4) $\phi R_n = 888\,kN$

(5) 용접재의 설계전단강도

1) 용접재의 공칭강도 : $F_w = 0.6 F_{uw} = 0.6(420) = 252\,MPa$

2) $\phi R_n = \phi F_w A_{we} = 0.75(252)(716.8) \times 10^{-3} = 135.5\,kN$

(6) 필릿용접의 설계강도

$\phi R_n = \min.(316.8,\ 528,\ 888,\ 135.5) = 135.5\,kN$

5. 용접이음부의 안전성 검토

$\phi R_n \geq R_u$, $\dfrac{R_u}{\phi R_n} = \dfrac{152}{135.5} = 1.12 > 1.0$ − N.G

4.5 강재의 접합 용어정리 Glossary of Terms

용어	용어 설명	비고
완전용입 (complete-joint -penetration)	용접부가 모재의 전체 두께를 완전히 관통하여 용융된 상태	
부분용입 (partial-joint -penetration)	용접부가 모재의 일부분만을 용융하여 접합하는 방식	
매칭용접재 (matching weld metal)	모재의 성질과 최대한 일치하도록 만들어진 용접재를 의미하며, 모재와 용접재의 성질을 맞춰주는 용접봉이나 용접 와이어	
오버매칭 (overmatching)	용접재의 강도가 모재의 강도보다 더 높은 경우로 강도와 내구성은 향상되나 용접 부위와 모재 사이에 응력 집중이 발생	
언더매칭 (undermatching)	용접재의 강도가 모재의 강도보다 낮은 경우로 연성이 증가하여 충격에 대한 저항성이 향상되나 강도가 낮아져 구조물의 안전성이 저하	
스캘럽 (scallop)	강재 용접에서 이음 및 접합 부위의 용접선 교차를 방지하기 위해 모재에 부채꼴 모양의 모따기를 한 것으로 용접선이 교차할 경우 교차점에서는 가열의 반복에 의해 모재 재질의 변화가 발생하고 결함이 생기기 쉬우므로 스캘럽을 만들면 용접선 교차를 없앨 수 있고, 이로 인해 용접 강도를 높이고 결함 발생 가능성이 감소	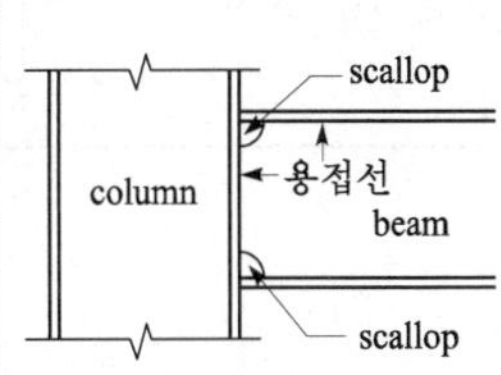
엔드탭 (end tab)	강재 구조물의 용접 시, 용접의 시작과 끝 부분에 용접 결함을 방지하기 위해 설치하는 보조판으로 엔드탭은 용접부 끝이 움푹 파지는 것을 방지하고, 용접 변형을 최소화하는 역할	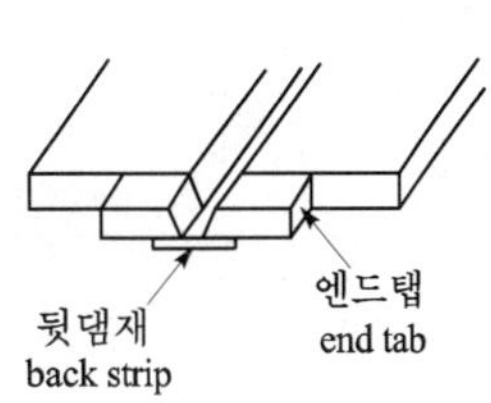
뒷댐재 (back strip)	용접 시 용접부 뒤쪽에 설치하는 보조판으로, 용접 결함을 방지하고 용접 변형을 최소화하는 역할을 하며, 뒷댐재는 일반적으로 모재와 동일한 두께의 판을 사용하며, 용접부의 길이보다 약간 더 길게 제작	

용어	용어 설명	비고
지레작용 (prying action)	기둥과 보의 접합 시, end plate형식이나 t형 접합을 할 때 모멘트에 의해 발생한 보의 플랜지에 생기는 인장력 T에 더하여 볼틀 설계 시 end plate의 끝단에 생기는 추가적인 반력 Q를 고려해야 한다는 개념. 즉 H.S.B(high strength bolt) 설계 시 T+Q 〈 Rn이 되게 검토해야 한다. 이러한 prying action에 의해 end plate의 변형을 방지하기 위하여 수직으로 rib plate를 설치하여 변형을 방지하곤 한다.	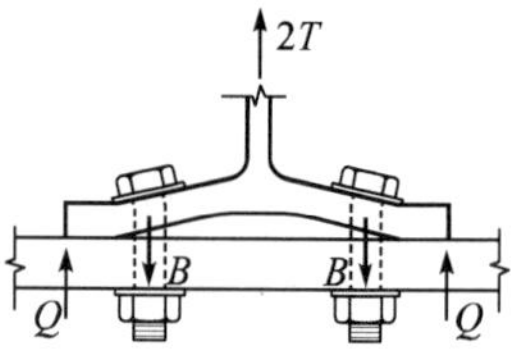
백가우징 (back gouging)	가우징(gouging)이란 금속을 녹인 후 강한 공기로 불어내는 작업을 말하며, 현장에서는 가우징 쳐낸다 또는 가우징으로 불어낸다라고도 많이 사용된다. 일반적으로 용접한 부위에 불량이 발견된 경우 불량 용접 부분을 제거 후 재 용접해야 되는 경우 백가우징(back gouging)으로 작업하여 불량이 없는 완벽한 용접 작업을 마무리하기도 한다. 그루브 용접에서 백가우징이 어려울 때는 뒷댐재를 설치(2번)하지만, 뒷댐재가 없이(1번) 용접을 하면 용접불량(3번 동그라미)이 발생할 경우, 4번처럼 반원 모양으로 파내주고 5번처럼 용접을 하면 불량이 거의 없는 용접이 된다.	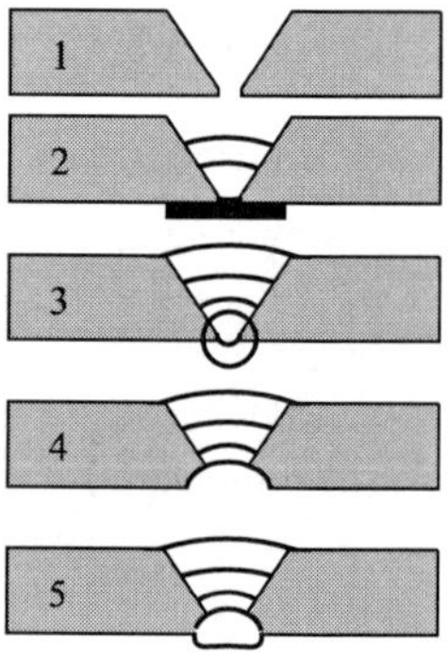

4.6 강재의 접합 요약 Summary of Steel Connection

1. **구조형식에 따른 접합의 종류** : 모멘트접합(moment connection), 단순접합(shear connection), 부분 모멘트접합(semi-rigid joint)

2. **고장력볼트접합**

(1) **고장력볼트의 기계적성질 및 구멍 공칭치수**

고장력볼트의 등급	항복강도 $F_y(N/mm^2)$	인장강도 $F_u(N/mm^2)$
F8T	640 이상	800~1,000
F10T	900 이상	1,000~1,200
F13T	1,170 이상	1,300~1,500

고장력볼트의 호칭	표준구멍(mm)
M16	18(16+2)
M20	22(20+2)
M22	24(22+2)
M24	27(24+3)
M27	30(27+3)
M30	33(30+3)

(2) **고장력볼트의 접합방법** : 마찰접합, 지압접합, 인장접합

(3) **밀착조임 볼트, 장력도입 볼트의 설계인장강도 및 설계전단강도** :

$\phi R_n = \phi F_n A_b N_s$ ($\phi = 0.75$)

(4) **지압접합에서 인장력과 전단력의 조합** : $\phi R_n = \phi F_{nt}' A_b$ ($\phi = 0.75$)

$$F_{nt}' = 1.3 F_{nt} - \frac{F_{nt}}{0.75 F_{nv}} f_v \le F_{nt}$$

(5) **볼트구멍의 설계지압강도**

구멍의 변형 고려 : $\phi R_n = \phi 1.2 L_c t F_u (\le 2.4 d t F_u)$ ($\phi = 0.75$)

구멍의 변형 미 고려 : $\phi R_n = \phi 1.5 L_c t F_u (\le 3.0 d t F_u)$ ($\phi = 0.75$)

(6) **마찰접합 고장력볼트의 설계미끄럼강도** : $\phi R_n = \phi \mu h_f T_o N_s$

(7) **마찰접합에서 인장력과 전단력의 조합** : $\phi R_n k_s = \phi \mu h_f T_o N_s k_s$

(8) **설계볼트장력 및 표준볼트장력**(예 : F10T-M22 사용)

– 공칭단면적(A) : $A = \dfrac{\pi(20)^2}{4} = 314.2\,mm^2$

– 설계볼트장력(T_o) : $T_o = 0.7\,F_u(0.75\,A) = 0.7(1000)(0.75 \times 314.2) \times 10^{-3}$

$= 165.0\,kN$

– 표준볼트장력($1.1\,T_o$) : $1.1\,T_o = 1.1(165.0) = 181.5\,kN$

(9) **고장력볼트의 조임방법** : 보정렌치조임법, 너트회전법, 대안설계볼트설치법, 직접 인장측정법

3. 용접접합

(1) **용접방법** : 피복 아크용접(SMAW), 서브머지드 아크용접(SAW), 가스실드 아크용접 (GSAW), 일렉트로 슬래그용접(ESW), 스터드 용접

(2) **용접이음의 형식** : 그루브(맞댐)용접(groove welding), 필릿(모살) 용접(fillet welding), 플러그용접(plug welding), 슬롯용접(slot welding)

① 그루브(맞댐)용접에서 판두께 및 판폭이 다른 경우 용접 : 차이가 4mm 이하인 경우, 경사가 지도록 용접, 두께 및 폭이 4mm를 초과하는 경우에는 판두께가 두꺼운 쪽, 판폭이 넓은 쪽의 판재를 1/2.5 이하의 기울기가 되도록 절삭하여 용접

② 그루브(맞댐)용접 및 필릿(모살)용접 각부의 명칭

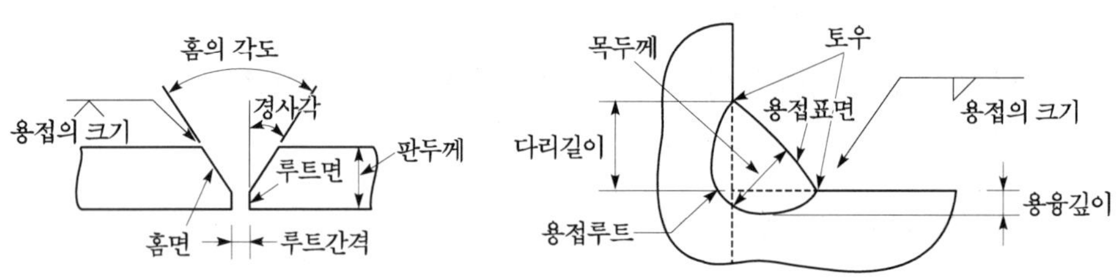

(a) 그루브(맞댐)용접　　(b) 필릿(모살)용접

그루브(맞댐)용접과 필릿(모살)용접

(3) **용접결함** : 비드외관불량(bead appearance defect), 스패터(spatter), 비드균열 (bead crack), 피트 및 블루홀(pit & blow hole), 슬래그혼입(slag inclusion), 언더컷(under cut), 크레이터(crater), 용입부족(incomplete penetration), 피쉬아이 (fish eye), 오버랩(over lap), 목두께부족(insufficient throat thickness), 각장부족(incomplete fusion at the root)

(4) **용접검사** : 방사선투과시험(RT), 초음파탐상시험(UT), 자분탐상시험(MT), 액체침투탐상시험(PT)

(5) **용접이음부의 도시법**

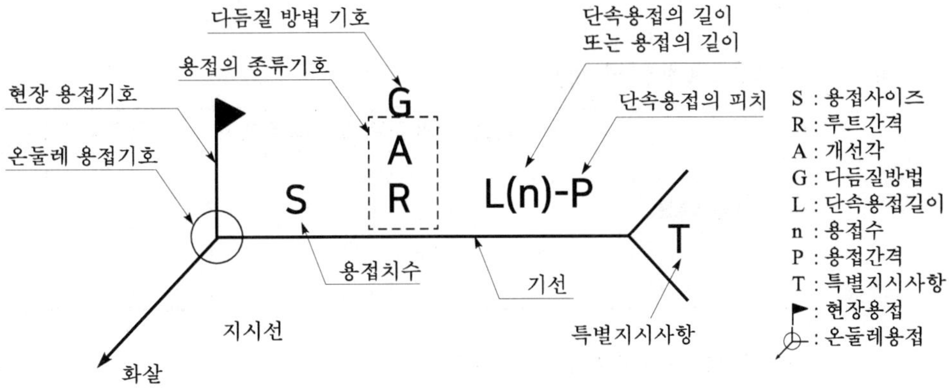

(6) **용접접합 설계**

1) 완전용입 그루브(맞댐)용접

① 그루브용접의 유효면적은 용접의 유효길이에 유효목두께를 곱한 것으로 한다 ($A_e = la$).

② 그루브용접의 유효길이는 접합되는 부분의 폭으로 한다

③ 완전용입된 그루브용접의 유효목두께는 접합판 중 얇은 쪽 판두께로 한다.

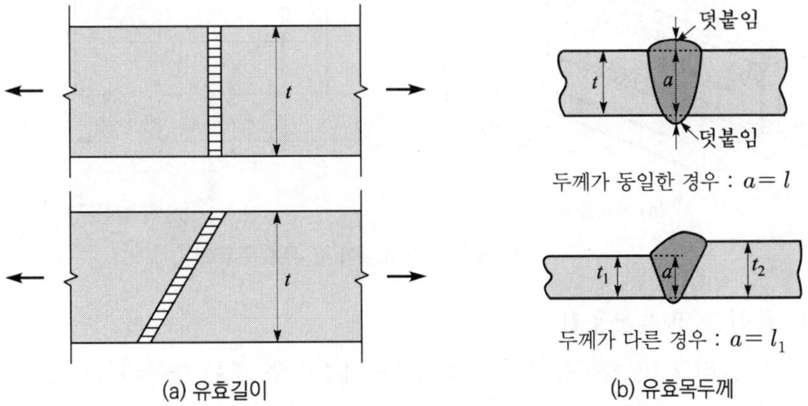

그루브용접의 유효길이 및 유효목두께

2) 부분용입 그루브(맞댐)용접

3) 필릿(모살)용접

① 필릿용접의 유효면적 : $A_e = l_e a$

② 필릿용접의 유효길이 : $l_e = l - 2s$

③ 필릿용접의 유효목두께 : $a = 0.7s$

④ 필릿용접의 최소치수

필릿용접의 최소치수 (mm)

	연결부(접합부)의 얇은 쪽 소재 두께 t	필릿용접의 최소치수
건축구조물	$t < 6$	3
	$6 \le t < 13$	5
	$13 \le t < 20$	6
	$20 \le t$	8

⑤ 겹침이음의 필릿용접 최대치수 s

- $t < 6\text{mm}$일 때, $s = t$
- $t \ge 6\text{mm}$일 때, $s = t - 2\text{ mm}$

⑥ 필릿용접의 최소길이 : $l_e \geq 4s$

⑦ 단속 필릿용접의 한 세그멘트 길이 : 용접치수의 4배 이상, 최소 38mm

⑧ 겹침이음의 경우 최소 겹침길이 : 얇은 쪽 판 두께의 5배 또는 25mm

⑨ 단부돌림용접의 길이 : 공칭용접사이즈의 4배 이하, 용접되는 부분 폭의 1/2 이하

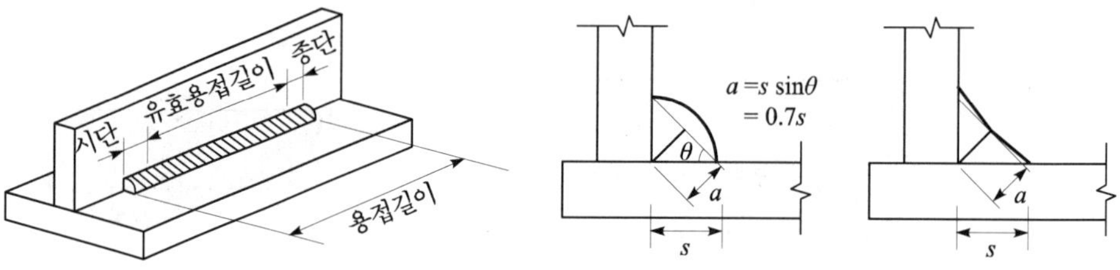

(a) 유효길이　　(b) 유효목두께

필릿용접의 유효길이 및 유효목두께

4) 플러그 및 슬롯용접

① 플러그 및 슬롯용접의 유효전단면적 : 구멍 또는 슬롯의 공칭단면적

② 플러그용접을 위한 구멍의 직경 : 판 두께에 8mm를 더한 값 이상, 용접 두께의 2.25배 또는 최소 직경에 3mm를 더한 값 이하

③ 플러그용접의 최소 중심간격 : 공칭구멍직경의 4배

④ 슬롯용접의 슬롯길이 : 용접두께의 10배 이하

⑤ 슬롯의 폭 : 판 두께에 8mm를 더한 값 이상, 용접두께의 2.25배 이하

⑥ 슬롯용접 길이에 횡방향인 슬롯용접선의 최소간격 : 슬롯 폭의 4배, 길이방향의 최소 중심간격 : 슬롯길이의 2배

⑦ 슬롯용접선의 횡방향 최소간격 : 슬롯 폭의 4배, 길이방향의 최소 중심간격 : 슬롯길이의 2배

⑧ 플러그 및 슬롯용접의 두께 : 판 두께 16mm 이하의 경우 판 두께와 동일하게 하고, 16mm를 초과하는 경우에는 판 두께의 1/2 이상으로 하되 최소 16mm

(7) **용접부의 설계강도**

1) 완전용입 그루브용접

① 용접선(축)에 직교(각)인 인장에 대한 설계강도 : 용접재의 공칭강도, F_{nw}는 모재에 의해 제한되는 동일한 강도를 가지므로 용접이음부는 연속된 하나의 부재로 이러한 경우의 용접부 설계는 인장을 받는 모재를 설계하는 것과 동일하다.

- 총단면(A_g)의 인장항복(F_y)에 대한 설계인장강도 :

$$\phi R_n = \phi F_{nBM} A_{BM} = \phi F_y A_g (N), \ \phi = 0.9$$

- 유효순단면(A_e)의 인장파단(F_u)에 대한 설계인장강도 :

$$\phi R_n = \phi F_{nBM} A_{BM} = \phi F_u A_e (N), \ \phi = 0.75$$

- 인장저항 총단면의 항복과 유효순단면의 파단 중 작은 값 선택

② 용접선(축)에 평행한 전단에 대한 설계강도 : 용접재의 공칭강도, F_{nw}는 모재에 의해 제한되는 동일한 강도를 가지므로 용접이음부는 연속된 하나의 부재로 이러한 경우의 용접부 설계는 전단을 받는 모재를 설계하는 것과 동일하다.

- 전단저항 총단면(A_{gv})의 전단항복(F_y)에 대한 설계전단강도 :

$$\phi R_n = \phi F_{nBM} A_{BM} = \phi F_y A_{gv} (N), \ \phi = 1.0$$

- 전단저항 유효순단면(A_{nv})의 전단파단(F_u)에 대한 설계전단강도 :

$$\phi R_n = \phi F_{nBM} A_{BM} = \phi F_u A_{nv} (N), \ \phi = 0.75$$

- 전단저항 총단면의 항복과 유효순단면의 파단 중 작은 값 선택

2) 부분용입 그루브용접

① 용접선(축)에 직교(각)인 인장에 대한 설계강도

- 모재(접합재)의 설계인장강도 : 작은 값 선택

$$\phi R_n = \phi F_{nBM} A_{BM} = \phi F_u A_{nv} (N), \ \phi = 0.75$$

- 용접재의 설계인장강도 :

$\phi R_n = \phi F_{nw} A_{we} = \phi(0.6 F_w) A_{we}(N)$, $\phi = 0.80$

② 용접선(축)에 평행한 전단에 대한 설계강도

- 모재(접합재)의 설계인장강도 : 작은 값 선택

$\phi R_n = \phi F_{nBM} A_{BM} = \phi F_y A_g(N)$, $\phi = 0.9$

$\phi R_n = \phi F_{nBM} A_{BM} = \phi F_u A_e(N)$, $\phi = 0.75$

- 모재(접합재)의 설계전단강도 : 작은 값 선택

$\phi R_n = \phi F_{nBM} A_{BM} = \phi 0.6 F_y A_{gv}(N)$, $\phi = 1.0$

$\phi R_n = \phi F_{nBM} A_{BM} = \phi 0.6 F_u A_{nv}(N)$, $\phi = 0.75$

- 모재(접합재)의 설계블록전단강도 :

$\phi R_n = \phi[0.6\ F_u\ A_{nv} + U_{bs} F_u\ A_{nt}] \le \phi[0.6\ F_y\ A_{gv} + U_{bs} F_u\ A_{nt}]$

$\phi = 0.75$

- 용접재의의 설계전단강도 :

$\phi R_n = \phi F_{nw} A_{we} = \phi(0.6 F_w) A_{we}(N)$, $\phi = 0.75$

- 용접선(축)에 평행한 전단에 대한 설계강도 : 용접선(축)에 평행한 전단에 대한 설계강도는 모재에 대한 설계인장강도, 설계전단강도, 설계블 록전단강도와 용접재의 설계전단강도 중 가장 작은 값을 선택

3) 필릿용접 : 전단에 대한 설계강도

- 모재(접합재)의 설계전단강도 : 부분용입 그루브용접에서의 용접선(축)에 평행한 전단에 대한 설계인장강도, 설계전단강도 및 설계블록전단강도 중에서 가장 작은 값으로 한다.
- 용접재의의 설계전단강도 :

$\phi R_n = \phi F_{nw} A_{we} = \phi(0.6 F_w) A_{we}(N)$, $\phi = 0.75$

(8) **병용접합**

① 고장력볼트와 일반볼트의 병용 : 강성이 큰 고장력볼트에 전내력을 부담

② 고장력볼트와 용접접합의 병용 : 용접접합에 전내력을 부담. 다만, 고장력볼트를 먼저 조인 후에 용접하는 경우, 접합부의 내력은 양쪽 접합내력의 합으로 설계

연습문제

01. 재료의 접합방법은 기계적(mechanical) 접합과 야금적(meallurgical) 접합으로 분류하는데 야금적 접합에 속하지 않는 것은?

① 리벳(riveting) ② 융접(fusion welding)

③ 압접(pressure welding) ④ 납땜(soldering)

▶ 리벳은 기계적인 접합 ①

02. 고장력볼트 접합의 장점으로 가장 부적합한 것은?

① 용접접합에 비하여 구조체 강재의 양을 감소시킬 수 있다.

② 리벳접합 및 용접접합보다 작업 시 안전성이 우수하다.

③ 리벳접합에 비하여 소음이 적고 불량개소의 수정이 쉽다.

④ 시공 장비가 간단하며 공기단축이 가능하다.

▶ ①

03. 강구조 고장력볼트 마찰접합의 특징에 관한 설명으로 옳지 않은 것은?

① 시공이 용이하여 공기가 절약된다.

② 접합부의 강성과 강도가 크다.

③ 품질관리가 용이하다.

④ 국부적인 응력집중이 발생한다.

▶ ④

04. 고장력볼트를 이용한 접합부의 특징 중 가장 부적합한 것은?

① 모재 결손이 없다.

② 일반 볼트에 비해 접합부의 강성이 높아 접합부 변형이 거의 없다.

③ 응력은 접합되는 판 사이의 마찰 저항으로 전달된다.

④ 너트의 풀림이 거의 없다.

▶ 모재에 볼트 구멍 생성 ①

05. 고장력볼트 접합에 관한 설명으로 옳지 않은 것은?

① 현대건축물의 고층화, 대형화 추세에 따라 소음이 심한 리벳은 현재 거의 사용하지 않고 볼트접합과 용접접합이 대부분을 차지하고 있다.

② 토크쉐어형 고장력볼트는 조여서 소정의 축력이 얻어지면 자동적으로 핀테일이 파단되는 구조로 되어 있다.

③ 고장력볼트의 조임기구는 토크렌치와 임팩트렌치 등이 있다.

④ 고장력볼트의 접합형태는 모두 마찰접합이며, 마찰접합은 하중이나 응력을 볼트가 직접 부담하는 방식이다.

▶ 접합방법 : 마찰접합, 지압접합, 인장접합 ④

06. 강구조의 볼트접합에 관한 일반적인 설명으로 옳지 않는 것은?

① 볼트는 가공정밀도에 따라 상볼트, 중볼트, 흑볼트로 나뉜다.

② 볼트 중심 사이의 간격을 게이지라인(gauge line)이라고 한다.

③ 게이지라인과 게이지라인과의 거리를 게이지(gauge)라고 한다.

④ 배치방식은 정렬배치와 엇모배치가 있다.

▶ 볼트 중심 사이의 간격 : 피치, 볼트의 중심선 : 게이지라인 ②

07. 강구조에 사용되는 고장력볼트에 대한 설명으로 가장 부적합한 것은?

① 연단부를 수공가스절단공법으로 가공하였을 경우 볼트직경이 16mm일 때 최소연단거리를 28mm 이상으로 한다.

② 고장력볼트의 구멍중심 간의 거리는 공칭직경의 2.5배 이상으로 한다.

③ F10T로 표기되는 고장력볼트의 인장강도는 800MPa이다.

④ 2면 전단접합은 1면 전단접합에 비하여 볼트에 작용하는 전단응력이 1/2로 감소한다.

▶ $F_u = 1{,}000\,MPa$ ③

08. 하중저항계수설계법에 따른 강구조 연결 설계기준을 근거로 할 때 고장력볼트의 직경 M24 라면 표준 구멍치수로 옳은 것은?

① 26mm ② 27mm ③ 28mm ④ 30mm

▶ 표준 구멍치수 : 24+3=27mm ②

09. 고장력볼트 접합에 관한 설명으로 옳지 않은 것은?

① 유효단면적당 응력이 크며, 피로강도가 작다
② 강한 조임력으로 너트의 풀림이 생기지 않는다
③ 응력방향이 바뀌더라도 혼란이 일어나지 않는다
④ 접합방식에는 마찰접합, 지압접합, 인장접합이 있다.

▶ 피로강도에 취약 ①

10. 다음 그림은 고장력볼트 체결부의 명칭을 나타낸 것이다. 명칭이 틀린 것은?

① [① 평와셔]
② [② 축부]
③ [③ 여유길이]
④ [④ 볼트직경]

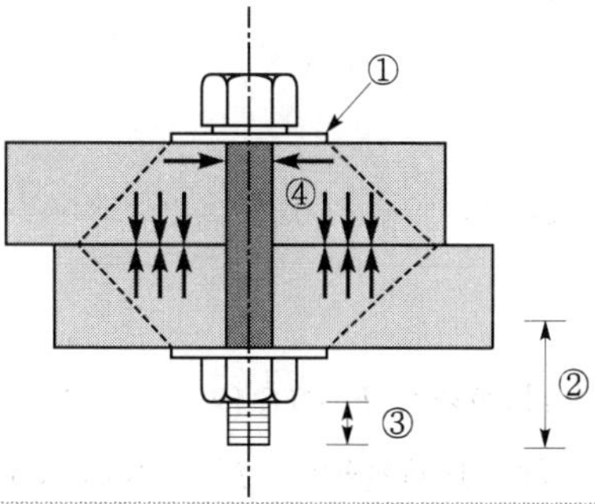

▶ ② : 나사부 ②

11. 고장력볼트 접합부의 미끄럼강도와 가장 관련이 없는 것은?

① 전단면의 수 ② 설계볼트 장력
③ 볼트구멍의 종류 ④ 볼트와 모재의 접합부 길이

▶ $\phi R_n (R_n = \mu h_f T_o N_s)$: ϕ(저항계수, 표준 1.0, 대형 및 단슬롯 0.85, 장슬롯 0.7)
μ: 미끄럼계수(주어지지 않으면 0.5), h_f : 필러계수(한 개면 1.0, 두 개면 0.85)
T_o : 설계볼트장력, N_s : 전단면의 수 ④

12. 고장력볼트 1개의 인장파단 한계상태에 대한 설계인장 강도는? (단, 볼트의 등급 및 호칭은 F10T, M24, $\phi = 0.75$)

① 254kN ② 284kN ③ 304kN ④ 324kN

▶ $\phi R_n = \phi F_{nt} A_b N_s = 0.75(0.75 \times 1000)\left(\frac{\pi(24)^2}{4}\right)(1)(1) \times 10^{-3} = 254.5\,kN$ ①

13. 다음 그림과 같은 단순 인장접합부의 강도한계 상태에 따른 고장력볼트의 설계전단강도(ϕR_n)를 구하면? (단, 강재의 재질은 SS275이며 고장력볼트는 M22(F10T), 공칭전단강도 $F_{nv}=500\,MPa$, $\phi=0.75$)

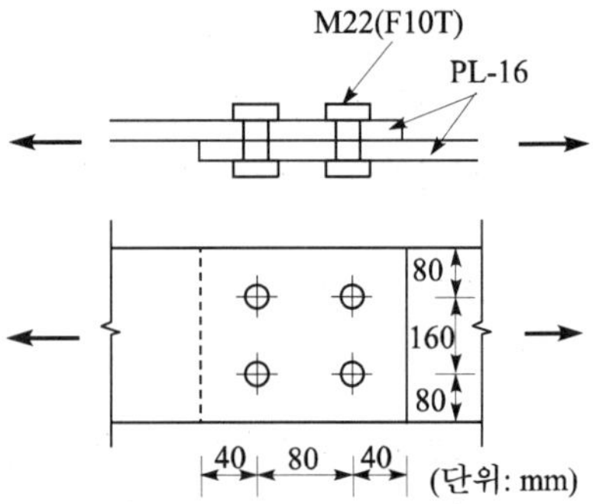

① $\phi R_n = 500\,kN$

② $\phi R_n = 530\,kN$

③ $\phi R_n = 550\,kN$

④ $\phi R_n = 570\,kN$

▶ $\phi R_n = \phi F_{nv} A_b N_s = 0.75(500)\left(\dfrac{\pi(22)^2}{4}\right)(4)(1)\times 10^{-3} = 570\,kN$ ④

14. 고장력볼트 F10T(M20) 1면전단 일 때 볼트 한 개당 설계전단강도(ϕR_n)를 구하면? (단, 고장력볼트의 $F_u=1000\,MPa$, $\phi=0.75$, $F_{nv}=0.5F_u$ 임)

① 117.8kN ② 94.2kN ③ 58.8kN ④ 47.1kN

▶ $\phi R_n = \phi F_{nv} A_b N_s = 0.75(0.5\times 1000)\left(\dfrac{\pi(20)^2}{4}\right)(1)(1)\times 10^{-3} = 117.8\,kN$ ①

15. 다음과 같은 볼트군의 x_0 부터의 도심위치 x 를 구하면? (단, 그림의 단위는 mm)

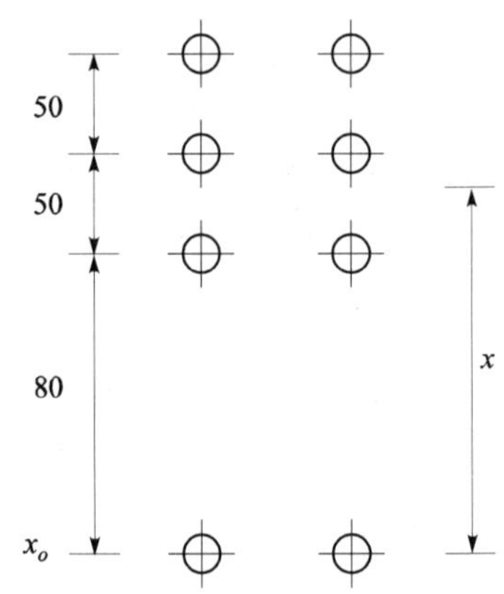

① 80 mm

② 89.5 mm

③ 90 mm

④ 97.5 mm

▶ - 단면1차모멘트 : $S_{x_0} = 2A(0)+2A(80)+2A(130)+2A(180) = 780A$

- 단면적 : $A = 8A$

- $x = \dfrac{S_{x_0}}{A} = \dfrac{780A}{8A} = 97.5mm$ ④

16. 2면전단 고장력볼트(bolt)의 마찰이음에서 강판에 P=350kN이 작용할 때 볼트의 수는 최소 몇 개가 필요한가? (단, 볼트의 지름(d)은 20mm이고, 허용전단응력(f_s)은 120MPa 이다.)

① 3개　② 5개　③ 8개　④ 10개

$A_1 = \frac{\pi d^2}{4} = \frac{\pi(20)^2}{4} = 314.2mm^2$, $A = nA_1$, $\tau = \frac{P}{A} \leq f_s$

$\tau = \frac{P}{A} \leq f_s$, $A \geq \frac{P}{f_s}$, $n \geq \frac{P}{A_1 f_s} = \frac{350 \times 10^3}{314.2(120)} = 4.8EA$　②

17. 다음은 너트회전법에서 1차조임과 금매김 후 본조임에 대한 너트의 회전으로 가장 적당한 것은?

①　②　③　④

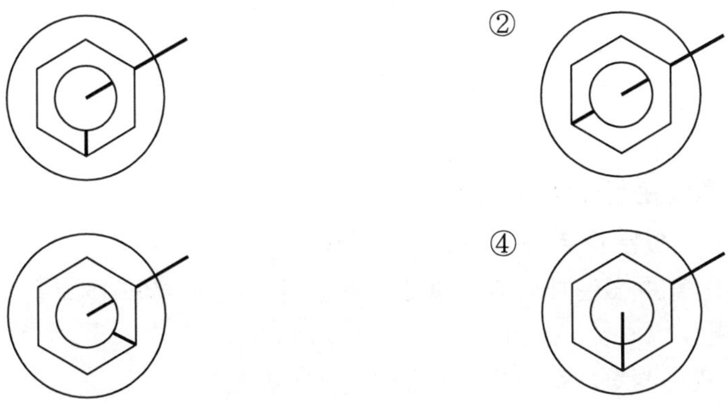

① : 너트의 회전량 120° 정도(120°±30°가 적당)
② : 너트의 회전량 180° 정도-회전과다
③ : 너트의 회전량 45° 정도-회전과소
④ : 너트와 볼트가 동시에 회전　①

18. 고장력볼트의 마찰접합에서 소요되는 설계볼트장력을 확보하기 위한 조임법으로 가장 부적합한 것은?

① 밀착조임법　② 토크관리법
③ 너트회전법　④ 직접인장측정법

밀착조임법(slug tightened connection method)은 지압접합에서 사용　①

19. 고장력볼트 F10T-M24의 현장시공을 위한 본조임의 조임력(T)은 얼마인가? (단, 토크계수는 0.13, F10T-M24볼트의 설계볼트장력은 200kN이며 표준볼트장력은 설계볼트장력에 10%를 할증한다.)

① $568,573\,N.mm$　　② $686,400\,N.mm$
③ $799,656\,N.mm$　　④ $892,638\,N.mm$

▶ $T = kd_1 N = 0.13(24)(200\times10^3)(1.1) = 686,400\,N.mm$ ②

20. 강구조에서 하중점과 볼트, 접합된 부재의 반력사이에서 지렛대와 같은 거동에 의해 볼트에 작용하는 인장력이 증폭되는 현상을 무엇이라 하는가?

① slip-critical action　　② bearing action
③ prying action　　④ buckling action

▶ 지레작용 ③

21. 용접 시의 주의 사항에 관한 설명 중 틀린 것은?

① 용접의 열을 될 수 있는 대로 균등하게 분포 시킨다.
② 용접부의 구속을 될 수 있는 대로 적게 하여 수축변형을 일으키더라도 해로운 변형이 남지 않도록 한다.
③ 평행한 용접은 같은 방향으로 동시에 용접하는 것이 좋다.
④ 주변에서 중심으로 향하여 대칭으로 용접해 나간다.

▶ 중심에서 시작 ④

22. 강구조 공사에 관한 설명으로 옳지 않은 것은?

① 볼트접합부는 부식하기 쉬우므로 방청도장을 하여야 한다.
② 볼트조임에는 임팩트렌치, 토크렌치 등을 사용한다.
③ 강구조는 화재에 의한 강성저하가 심하므로 내화피복을 하여야 한다.
④ 용접부 비파괴 검사에는 침투탐상법, 초음파탐상법 등이 있다.

▶ 마찰접합에서는 도장하면 마찰력 상실 ①

23. 용접작업 중 일반적인 주의사항에 대한 내용으로 옳지 않은 것은?

① 구조상 중요한 부분을 지정하여 집중 용접한다.
② 용접은 수축이 큰 이음을 먼저 용접하고, 수축이 작은 이음은 나중에 한다.
③ 앞의 용접에서 생긴 변형을 다음 용접에서 제거할 수 있도록 진행시킨다.
④ 특히 비틀어지지 않게 평행한 용접은 같은 방향으로 할 수 있으며 동시에 용접을 한다.

▶ ①

24. 강구조 공사에서 용접봉의 내밀기, 이동 등을 기계화한 것으로, 서브머지드 아크용접법에 쓰이며, 피복재대신에 분말상의 플럭스를 쓰는 용접기기 명칭으로 옳은 것은?

① 직류아크용접기 ② 교류아크용접기
③ 자동용접기 ④ 반자동용접기

▶ ③

25. 강구조 용접에서 용접 개시점과 종료점에 용착금속에 결함이 없도록 임시로 부착하는 것은?

① 엔드탭(end tap) ② 오버랩(overlap)
③ 뒷댐재(backing strip) ④ 언더컷(under cut)

▶ ①

26. 다음 중 용접부의 결함이 아닌 것은?

① 오버랩(overlap) ② 언더컷(undercut)
③ 스터드(stud) ④ 균열(crack)

▶ 스터드 : 일반적으로 보에서 사용되는 전단연결재 ③

27. 용접작업 시 용착금속 단면에 생기는 작은 은색의 점을 무엇이라 하는가?

① 피시 아이(fish eye) ② 블로 홀(blow hole)
③ 슬래그 함입(slag inclusion) ④ 크레이터(crater)

▶ ①

28. 강재 용접부 비파괴 검사 방법으로 가장 부적당한 것은?

① 방사선 투과법　　② 초음파 탐상법
③ 침투 탐상법　　④ 반발 경도법

▶ 반발경도법 : 콘크리트 압축강도 ④

29. 용접부의 표면이나 표면 주변의 결함 등을 검출하는 방법은?

① 방사선 투과시험　　② 초음파 탐상시험
③ 자분 탐상시험　　④ 액체침투 탐상시험

▶ ③

30. 용접이음에 관한 설명으로 틀린 것은?

① 내부 검사(X-선 검사)가 간단하지 않다.
② 작업의 소음이 적고 경비와 시간이 절약된다.
③ 리벳구멍으로 인한 단면 감소가 없어서 강도 저하가 없다.
④ 리벳이음에 비해 약하므로 응력 집중 현상이 일어나지 않는다.

▶ 용접이 가장 강함 ④

31. 강재의 용접시 이음 및 접합부위의 용접선의 교차로 재 용접된 부위가 열 영향을 받아 취약해짐을 방지하기 위하여 모재에 부채꼴 모양으로 모따기를 한 것은?

① Blow Hole　　② Scallop
③ End Tap　　④ Crater

▶ ②

32. 강재의 용접성에 대한 설명 중 가장 부적당한 것은?

① 탄소 함유량은 용접성에 큰 영향을 미친다.
② SS315이상은 용접이 허용되지 않는다.
③ 동일 두께의 강재에서는 강도가 높을수록 용접성이 떨어진다.
④ 예열하면 용접성이 떨어진다.

▶ ④

33. 용접 작업 시 용착금속 단면에 생기는 작은 은색의 점으로 수소의 영향에 의해서 발생하며 100℃로 가열하여 24시간 방치하면 수소가 방출되어 회복되는 불완전용접의 종류는?

① 피시 아이(fish eye)　　② 블루 홀(blow hall)
③ 슬래그 섞임(slag inclusion)　　④ 크레이터(crater)

②

34. 용접작업 중 운봉을 용접방향에 대하여 가로로 왔다갔다 움직여 용착금속을 녹여 붙이는 것을 의미하는 용어는?

① 밀 스케일(mill scale)　　② 그루브(groove)
③ 위핑(weeping)　　④ 블루 홀(blow hole)

③

35. 강구조의 용접 결함의 종류 중 아래의 그림에 해당하는 것은?

① 언더컷(under cut)
② 피트(pit)
③ 오버랩(over lap)
④ 슬래그 섞임(slag inclusion)

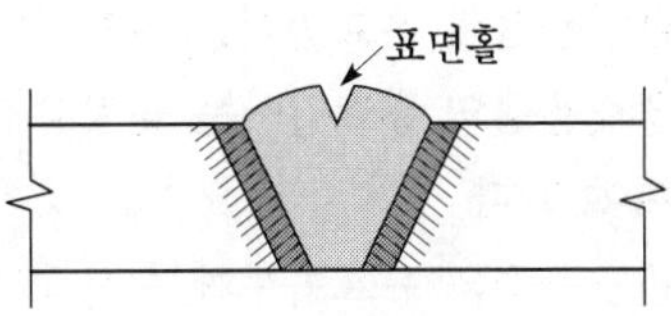

②

36. 다음과 같은 원인으로 인하여 발생하는 용접 결함의 종류는?

원인 : 도료, 녹, 밀, 스케일, 모재의 수분

① 피트　　② 언더컷
③ 오버랩　　④ 슬래그 함입

①

37. 필릿용접의 최소사이즈에 관한 설명으로 옳지 않은 것은? (단, KDS 2024기준)

① 접합부 얇은 쪽 모재두께가 6mm 이하일 경우 3mm이다.
② 접합부 얇은 쪽 모재두께가 6mm를 초과하고 13mm 이하일 경우 4mm이다.
③ 접합부 얇은 쪽 모재두께가 13mm를 초과하고 19mm 이하일 경우 6mm이다.
④ 접합부 얇은 쪽 모재두께가 19mm 초과할 경우 8mm이다.

▶ 최소 유효목두께 : 5mm ②

38. 강재 용접 시 겹침이용, T자이용 등에 사용되는 용접으로 목두께의 방향이 모재의 면과 45° 또는 거의 45°의 각을 이루는 것은?

① 완전용입 그루브용접 ② 필릿용접
③ 부분용입 그루브용접 ④ 다층용접

▶ ②

39. 강구조 필릿용접에 관한 설명으로 옳지 않은 것은?

① 필릿용접의 유효면적은 유효길이에 유효목두께를 곱한 것으로 한다.
② 필릿용접의 유효길이는 필릿용접의 총길이에서 2배의 필릿사이즈를 공제한 값으로 하여야 한다.
③ 필릿용접의 유효목두께는 용접루트로부터 용접표면까지의 최단거리로 한다. 단, 이음면이 직각인 경우에는 필릿사이즈의 배로 한다.
④ 구멍필릿과 슬롯필릿용접의 유효길이는 목두께의 중심을 잇는 용접중심선의 길이로 한다.

▶ 유효목두께는 목두께의 0.7배($a = 0.7s$) ③

40. 그림과 같은 필릿용접의 유효목두께로 옳게 표시된 것은? (단, 강구조 연결 설계기준에 따름)

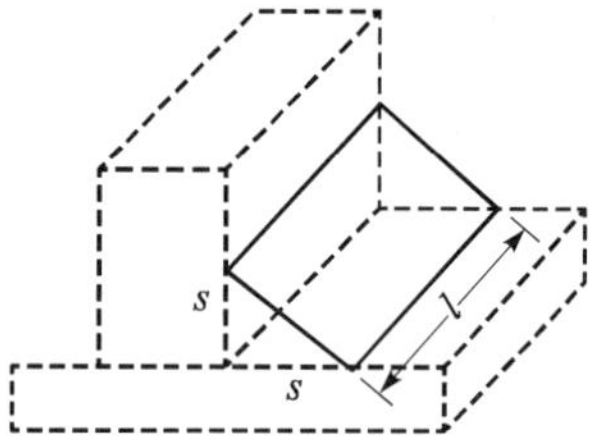

① S
② 0.9 S
③ 0.7 S
④ 0.5 L

▶ s : 용접두께, l : 용접길이 ③

41. 목두께 8mm, 용접 길이 500mm인 양면필릿용접의 유효 단면적은 약 얼마인가?

① $2100\,mm^2$ ② $3221\,mm^2$

③ $4300\,mm^2$ ④ $5421\,mm^2$

- $a = 0.7s = 0.7(8) = 5.6mm$, $l_e = l - 2s = 2\{500 - 2(8)\} = 968mm$
- $A_e = al_e = 5.6(968) = 5{,}420.8mm^2$

④

42. 다음 그림의 필릿용접부의 유효목두께는?

① 4.0mm

② 4.2mm

③ 4.8mm

④ 5.6mm

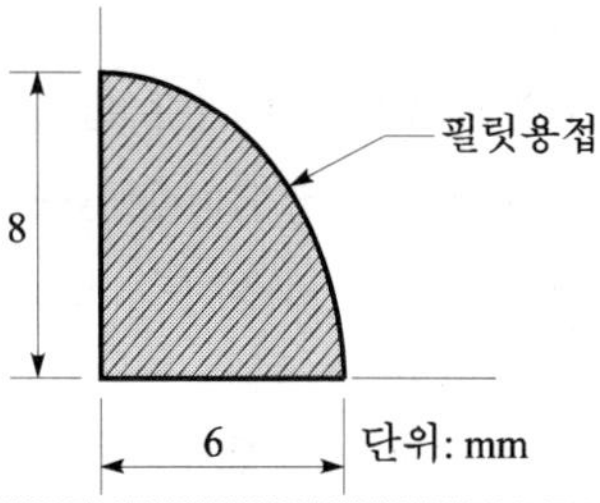

$a = 0.7s = 0.7(6) = 4.2mm$

②

43. 그림과 같은 필릿용접의 유효용접길이는?
(단, 유효용접길이는 1면에 대해서만 산정)

① 10mm

② 94mm

③ 107mm

④ 114mm

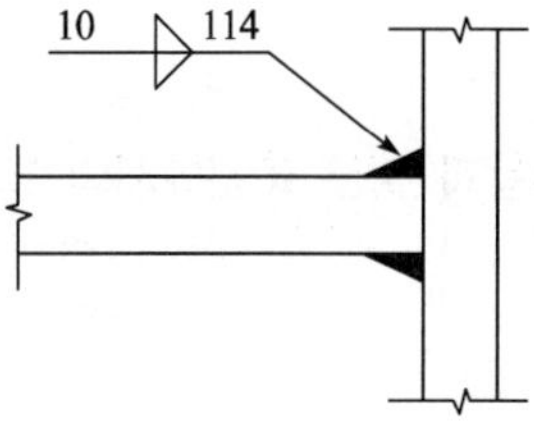

$l_e = l - 2s = 114 - 2(10) = 94mm$

②

44. 그림의 용접기호와 관련된 내용으로 옳은 것은?

① 양면용접에 용접길이 50mm

② 용접 간격 100mm

③ 용접 치수 12mm

④ 그루브(맞댐) 용접

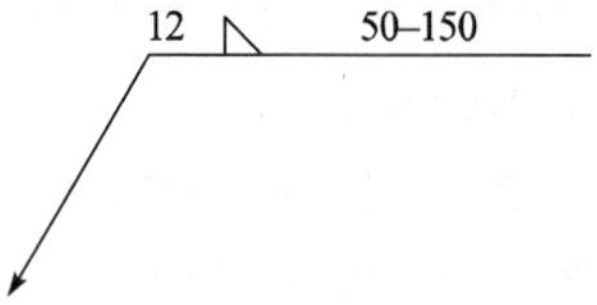

단면 필릿용접, 용접길이 50mm, 피치 150mm

③

45. 다음 용접기호에 대한 옳은 설명은?

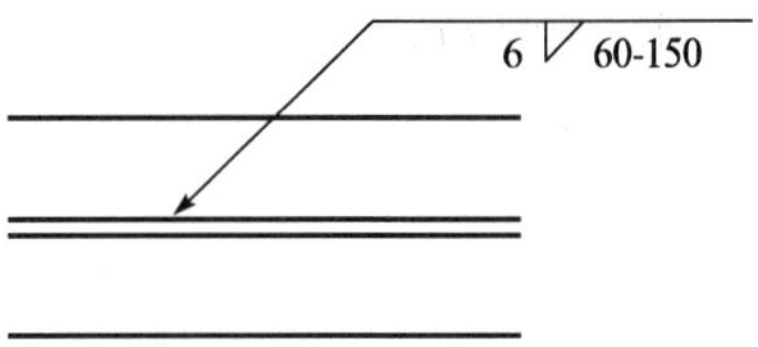

① 그루브용접이다.
② 용접되는 부위는 화살의 반대쪽이다.
③ 유효목두께는 6mm이다.
④ 용접길이는 60mm이다.

▶ 화살표쪽 단면 필릿용접, 유효목두께 4.2mm ④

46. 다음 용접기호에 대한 설명으로 옳은 것은?

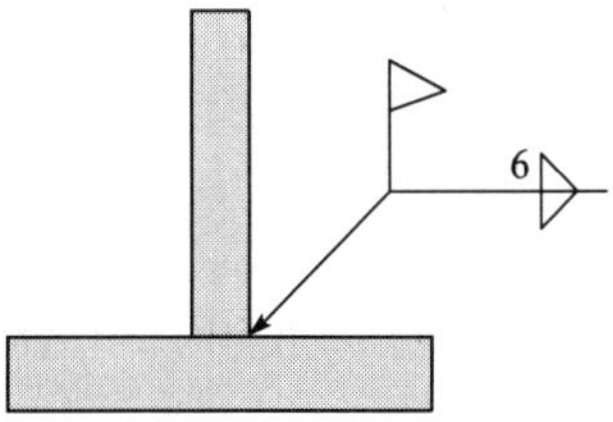

① 공장에서 용접치수 6mm로 양측에 필릿용접한다.
② 현장에서 용접치수 6mm로 화살방향에 그루브용접한다.
③ 공장에서 용접치수 6mm로 화살방향에 그루브용접한다.
④ 현장에서 용접치수 6mm로 양측에 필릿용접한다.

▶ ④

47. 다음과 같은 조건에서의 필릿용접의 최소 사이즈는 얼마인가?

접합부의 얇은 쪽 모재두께(t), mm
$6 < t \leq 13$

① 3 mm　② 5 mm　③ 6 mm　④ 8 mm

▶ ②

48. 강구조 필릿용접의 최소 및 최대 사이즈는 얼마인가? (단, 접합부의 얇은 쪽 모재두께(t)는 10mm이다)

① 최소 : 3mm, 최대 : 8mm　② 최소 : 5mm, 최대 : 8mm
③ 최소 : 3mm, 최대 : 10mm　④ 최소 : 5mm, 최대 : 10mm

▶ - 얇은 쪽 모재두께 : $6 < t \leq 13$일 경우의 최소 사이즈
- 얇은 쪽 모재두께 : $t \geq 6$일 때, 최대 사이즈 $s = t - 2$ ②

49. 강구조 필릿용접에서 두께가 15mm, 20mm인 2장을 접합할 때, 필릿용접의 최소 사이즈는 얼마인가?

① 3mm ② 5mm ③ 6mm ④ 8mm

▶ 얇은 쪽 모재두께 : $13 < t \leq 19$일 경우 ③

50. 다음 그림과 같이 용접을 할 때, 용접의 유효목두께(a)를 구하는 식으로 옳은 것은?

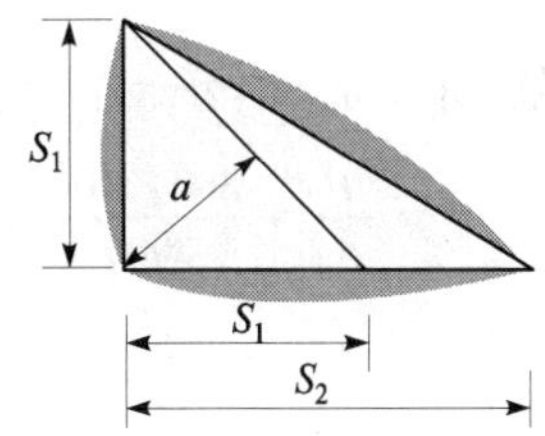

① $a = \sqrt{2S_1}$

② $a = \sqrt{2S_2}$

③ $a = 0.7S_1$

④ $a = 0.7S_2$

▶ ③

51. 그루브용접부에서 A와 D 부위의 명칭으로 옳은 것은?

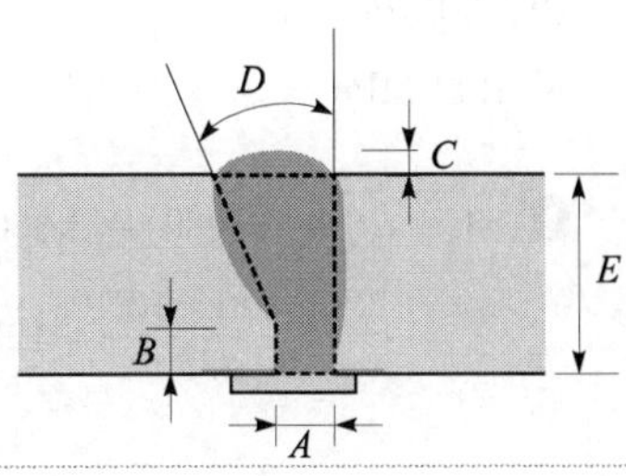

① A : 루트간격, D : 개선각

② A : 루트면, D : 유효목두께

③ A : 루트간격, D : 보강살높이

④ A : 루트면, D : 개선각

▶ ①

52. 다음 그림과 같은 필릿용접부의 유효 면적은?

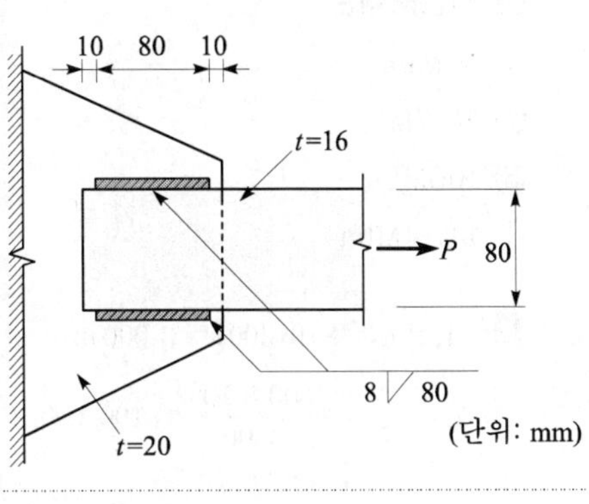

① $614.4mm^2$

② $691.2mm^2$

③ $716.8mm^2$

④ $806.4mm^2$

▶ - $a = 0.7s = 0.7(8) = 5.6mm$, $l_e = l - 2s = 2\{80 - 2(8)\} = 128mm$

- $A_e = al_e = 5.6(128) = 716.8mm^2$ ③

53. 그림과 같은 그루브용접의 이음부에 발생하는 응력의 크기는? (단, P=360kN, 강판두께=12mm)

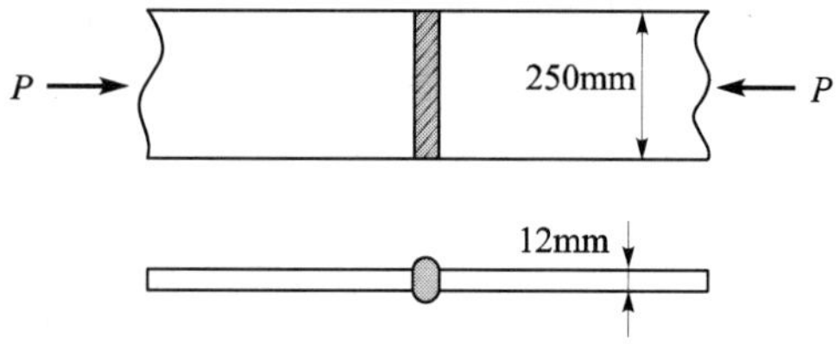

① 압축응력 fc = 14.4 MPa
② 인장응력 ft = 3000 MPa
③ 전단응력 τ = 150 MPa
④ 압축응력 fc = 120 MPa

$A_e = al_e = 12(250) = 3{,}000\,mm^2$

$f_c = \dfrac{P}{A_e} = \dfrac{360 \times 10^3}{3000} = 120\,MPa$ ④

54. 그림과 같은 그루브용접의 인장응력은?

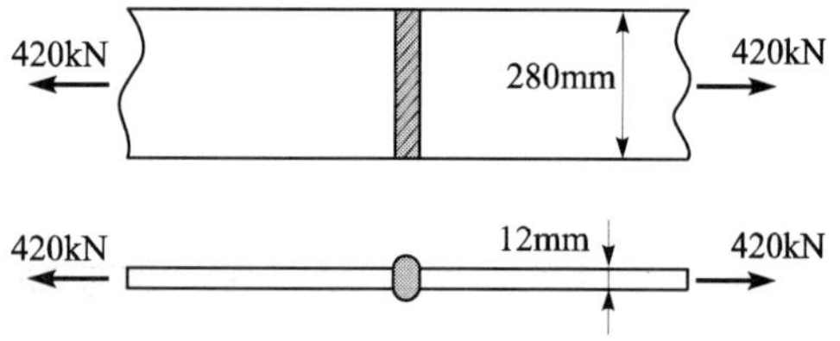

① 25MPa
② 125MPa
③ 250MPa
④ 1250MPa

$A_e = al_e = 12(280) = 3{,}360\,mm^2$

$f_t = \dfrac{N}{A_e} = \dfrac{420 \times 10^3}{3360} = 125\,MPa$ ②

55. 그림과 같은 그루브용접의 용접부에 생기는 인장응력은?

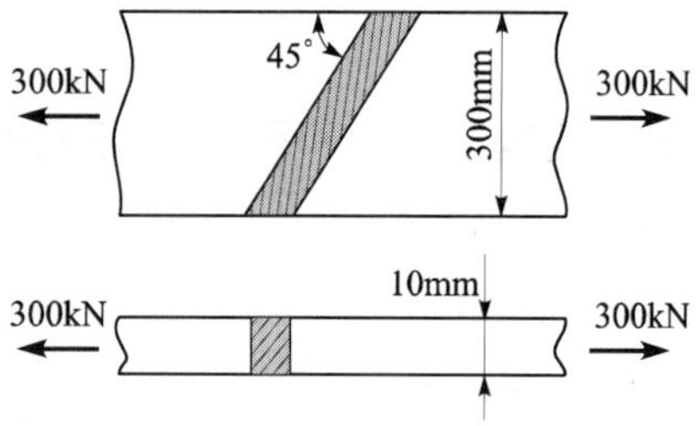

① 50MPa
② 70.7MPa
③ 100MPa
④ 141.4MPa

$A_e = al_e = 10(300) = 3{,}000\,mm^2$

$f_t = \dfrac{N}{A_e} = \dfrac{300 \times 10^3}{3000} = 100\,MPa$ ③

56. 그림과 같은 양면 필릿용접에서 일어나는 응력으로 옳은 것은?

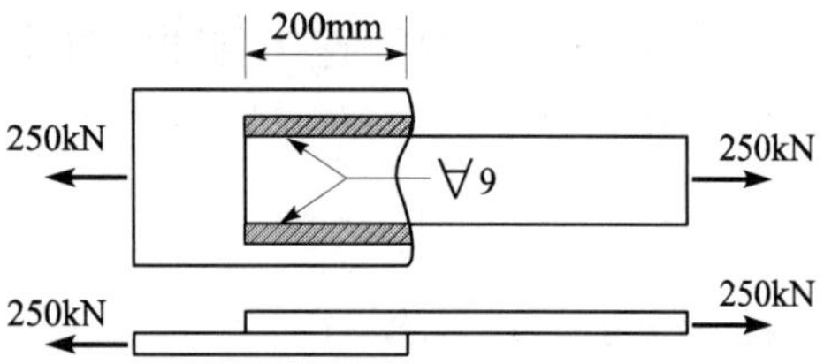

① 109.0 MPa
② 119.0 MPa
③ 129.0 MPa
④ 139.0 MPa

$A_e = al_e = 0.7(9)2\{(200-2\times 9)\} = 2{,}293.2\,mm^2$

$f_t = \dfrac{N}{A_e} = \dfrac{250\times 10^3}{2293.2} = 109.0\,MPa$ ①

57. 다음 필릿용접의 전단응력은 얼마인가?

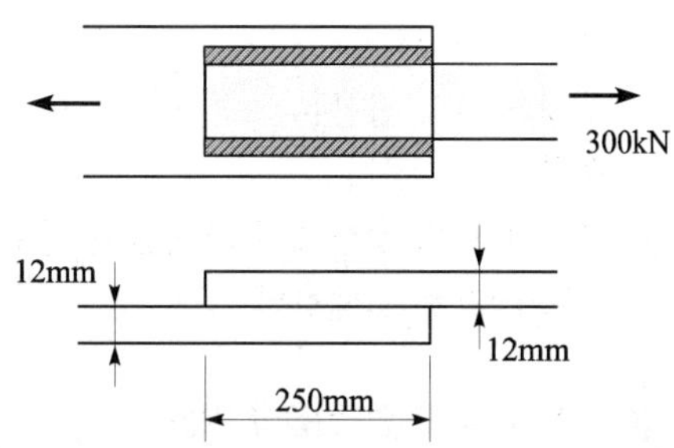

① 69.0MPa
② 79.0MPa
③ 89.0MPa
④ 99.0MPa

$A_e = al_e = 0.7(12)2\{(250-2\times 12)\} = 3{,}796.8\,mm^2$

$f_t = \dfrac{N}{A_e} = \dfrac{300\times 10^3}{3796.8} = 79.0\,MPa$ ②

58. 강구조 접합부 계획 시 고려사항이 아닌 것은?

① 부재의 이음개소는 가급적 적게 한다.
② 공장 용접보다 현장 용접이 많도록 하며 용접 부위의 검사가 용이하도록 한다.
③ 응력 집중이나 국부 변형이 일어나지 않도록 한다.
④ 단면의 급격한 변화는 가급적 피한다.

현장용접은 품질 저하 우려 ②

59. 다음 강구조 접합부 중 회전저항에 유연해서 모멘트를 전달하지 않는 형태로 기둥에 보의 플랜지를 연결하지 않고 웨브만 접합한 형태는?

① 강접 접합부　　② 스플릿 티 모멘트 접합부
③ 전단 접합부　　④ 반강접 접합부

▶ 플랜지 접합은 강접　③

60. 다음의 강구조의 접합부에 대한 설명 중 옳지 않은 것은?

① 기둥의 이음에서 접합할 기둥 단면의 춤이 상부와 하부가 다를 때에는 이음판과 플랜지 사이에 4장 이내의 깔판을 삽입한다.
② 기둥의 이음에서 이음판은 플랜지, 웨브 모두 양면에 설치하고 면적 분포는 기둥단면과 가능한 일치시킨다.
③ 기둥과 보의 접합은 보통 핀접합으로 하나, 수평력이 가새 등으로 지지될 때에는 주로 강접합으로 한다.
④ 기둥과 보의 접합에서 강접합의 경우에는 일반적으로 플랜지가 휨모멘트를 모두 부담하는 것으로 설계한다.

▶ 가새가 설치되면 핀접합 가능　③

61. 강구조에서 규정된 별도의 설계하중이 없는 경우 접합부의 최소 설계강도 기준은? (단, 연결재, 새그로드 또는 띠장은 제외)

① 30kN 이상　　② 35kN 이상
③ 40kN 이상　　④ 45kN 이상

▶　④

제5장

인장재 설계

5.1 인장재의 개념 Concept of Tension Member

부재의 축방향으로 인장력을 받는 구조 요소로 늘어나는 힘에 대응할 수 있도록 설계되는 부재이다. 인장재는 주로 트러스의 현재(일반적으로 하현재), 강구조물에서 변형을 제어하는 가새(bracing), 현수구조(suspension structure) 및 사장구조(cable stayed structure)에 사용되는 케이블(cable) 등이 있다.

설계에서는 이러한 요소들이 인장력에 문제없이 버틸 수 있도록 신중하게 설계하여야 하며, 특히 인장재 접합에 연결재가 사용되는 경우에는 인장재에 접합 철물(파스너, fastener) 설치를 위한 구멍을 뚫어야 하므로 인장력을 부담하는 단면적이 줄어들어 이러한 단면결손을 고려하여 설계에 반영하는 것이 중요하다.

5.2 단면적의 산정 Calculation of Sectional Area

5.2.1 총단면적(gross area)

부재의 총단면적 A_g 는 부재축의 직각방향으로 측정된 각 요소단면의 합이다.

5.2.2 순단면적(net area)

1. 인장재 접합부의 연결재 구멍에 의한 결손부분을 고려한 단면적으로 구멍의 배열 상태에 따라 파단이 일어나는 형태가 달라지므로 모든 발생가능 한 파단선에 대해 순단면적을 구한 후 그 중 가장 작은 값을 인장재의 순단면적으로 사용한다. 인장과 전단을 받는 부재의 순단면적을 산정하는 경우 볼트구멍의 폭은 "4.3.1 고장력볼트의 일반사항 중 표 4-7 고장력볼트의 구멍 공칭치수"에 의해 구한다. 순단면적 산정을 위한 볼트접합에서의 배치는 정렬배치와 엇모배치가 있으며, 일반적으로는 정렬배치가 많이 쓰이고 있지만, 구조적으로는 엇모배치가 더 유리하다.

   (1) **정렬배치 구멍(straight hole)인 경우** – 볼트간의 간격 및 형성이 사각형으로 배치되며, 최대발생 마찰력이 작다(그림 5-1).

   $$A_n = A_g - ndt(hole) \qquad \text{식 5-1}$$

여기서, A_g : 총단면적

n : 인장력에 의한 파단선상에 있는 구멍의 수

d : 연결재 직경에 따른 구멍 공칭치수(mm)

t : 부재의 두께(mm)

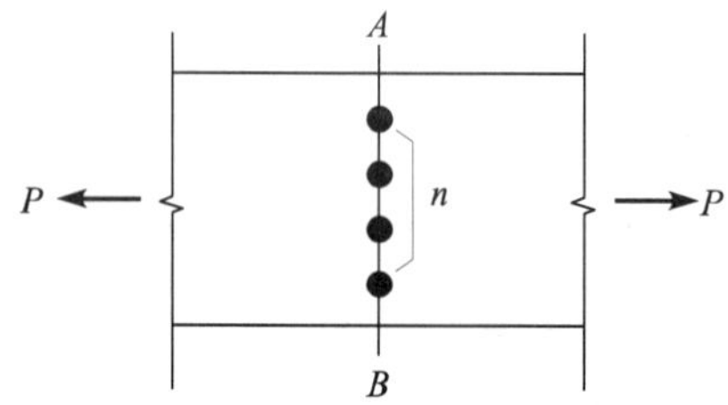

그림 5-1 정렬배치 구멍인 경우

(2) **불규칙배치(엇모배치) 구멍(staggered hole)인 경우** - 볼트간의 간격 및 형성이 삼각형으로 배치되며, 최대발생마찰력이 크다(그림 5-2).

$$A_n = A_g - ndt + \sum \frac{s^2}{4g} t(hole) \quad \text{식 5-2}$$

여기서, s : 인접한 2개 구멍의 응력방향 중심간격(mm)

g : 파스너 게이지선 사이 응력에 수직방향 중심간격(mm)

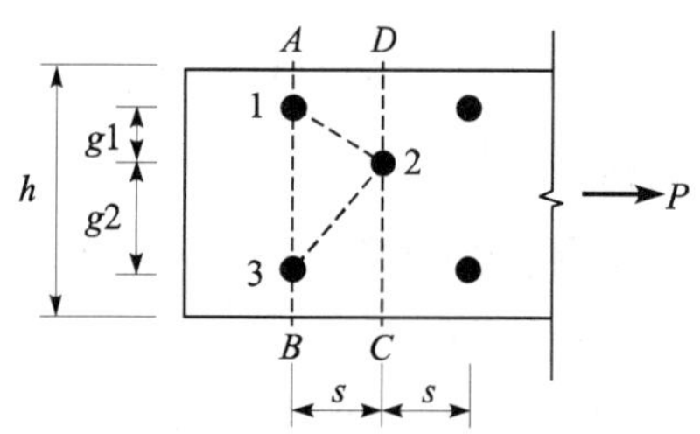

그림 5-2 불규칙배치(엇모배치) 구멍인 경우

2. 동일 평면상에 있지 않을 경우의 구멍열 사이 간격(g) : 볼트구멍이 있는 ㄱ-형강 또는 ㄷ-형강의 순단면적은 다리를 동일평면에 전개한 후 산정한다. 이 경우 전개된 인접한 두 면의 구멍의 게이지는 형강의 뒷면으로부터 산정한 게이지들의 합에서 두께를 감한 값이다(그림 5-3).

(1) **앵글**(Angle) : $g = g_a + g_b - \frac{t}{2} - \frac{t}{2}$ 식 5-3(a)

(2) **채널**(Channel) : $g = g_a + g_b - \frac{t_f}{2} - \frac{t_w}{2}$ 식 5-3(b)

여기서, t : 앵글의 두께

t_f : 채널의 플랜지 두께

t_w : 채널의 웨브 두께

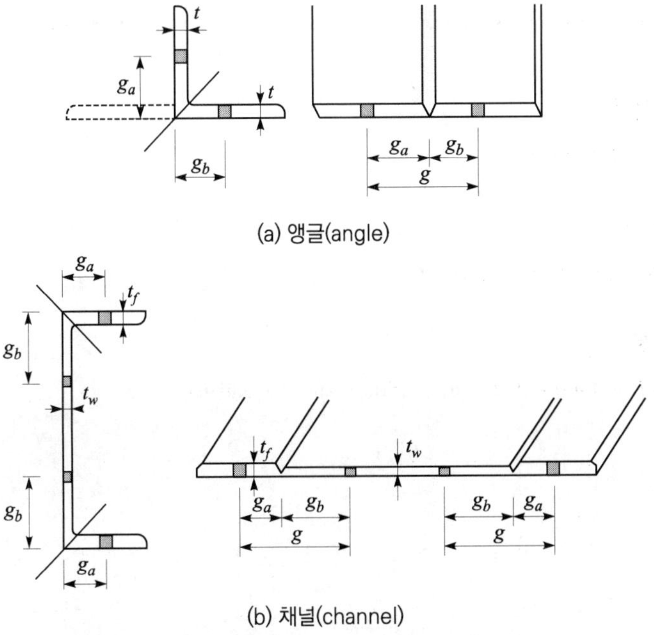

그림 5-3 동일 평면상에 있지 않을 경우의 구멍열 사이 간격(g)

3. 거셋플레이트에 슬롯이 있는 강관을 용접하는 경우 강관의 순단면적은 총단면적에서 슬롯의 전체 단면적을 뺀 것으로 한다.

4. 플러그용접이나 슬롯용접을 가로지르는 순단면적을 계산할 때 용접재는 순단면적 계산에 포함하지 않는다.

5. 볼트구멍이 없는 부재의 경우, 순단면적 A_n은 총단면적 A_g와 같다.

예제 5-1

아래 그림과 같이 정렬로 배치된 M20 볼트에 의해 단면결손이 발생된 인장부재의 순단면적을 산정하시오.

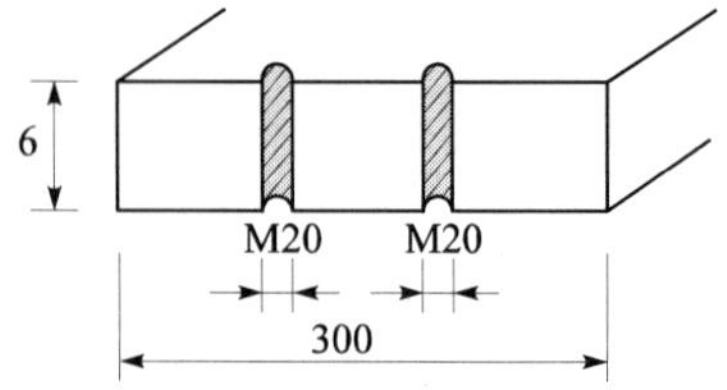

풀이

1. 전체단면적 산정

$A_g = 300 \times 6 = 1800 mm^2$

2. 구멍의 직경 산정

$d =$ 볼트직경 $+ 2 = 20 + 2 = 22 mm$

3. 순단면적 산정

$A_n = A_g - ndt = 1800 - 2(22)(6) = 1800 - 264 = 1{,}536 mm^2$

예제 5-2

아래 그림과 같이 불규칙(엇모)으로 배치된 직경 M20 볼트에 의해 단면결손이 발생된 인장부재의 순단면적을 산정하시오.

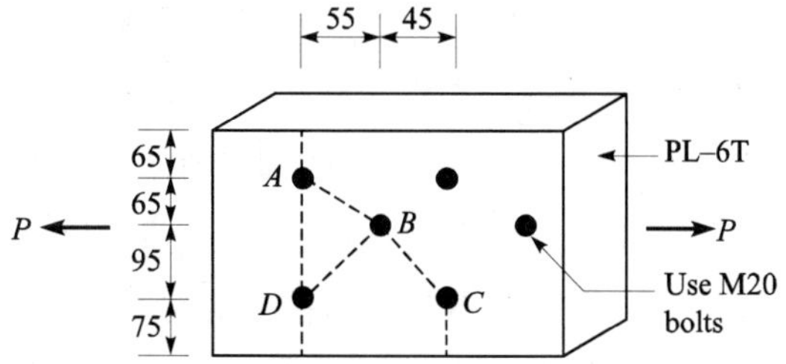

풀이

1. 전체단면적 및 구멍의 직경 산정

$A_g = 300 \times 6 = 1800mm^2$, $d =$ 볼트직경 $+ 2 = 20 + 2 = 22mm$

2. 가상파괴선

1) PATH AD

$$A_n = A_g - ndt = 1800 - 2(22)(6) = 1800 - 264 = 1{,}536mm^2$$

2) PATH ABD

$$A_n = A_g - ndt + \sum \frac{s^2}{4g}t = 1800 - 3(22)(6) + \left(\frac{55^2}{4\times 65} + \frac{55^2}{4\times 95}\right)6$$

$$A_n = A_g - ndt + \sum \frac{s^2}{4g}t = 1{,}521.6mm^2$$

3) PATH ABC

$$A_n = A_g - ndt + \sum \frac{s^2}{4g}t = 1800 - 3(22)(6) + \left(\frac{55^2}{4\times 65} + \frac{45^2}{4\times 95}\right)6$$

$$A_n = A_g - ndt + \sum \frac{s^2}{4g}t = 1{,}505.8mm^2$$

3. 순단면적 산정

$A_n = \min.(A_{n(AD)},\ A_{n(ABD)},\ A_{n(ABC)})$

$A_n = \min.(1{,}536,\ 1{,}521.6,\ 1{,}505.8) = 1{,}505.8mm^2$

5.2.3 유효순단면적(effective net area)

1. 유효순단면적의 정의

접합부 부근에서는 접합의 형태에 따라 응력의 분포가 다르게 나타나며, 접합의 중심이 인장재의 중심과 일치하지 않아 편심의 의한 영향이 발생한다. 편심이 발생한 접합부 응력의 흐름은 접합에 사용된 면을 통해 전단응력의 형태로 전체 단면으로 전달되며, 접합에 사용된 면은 전체가 인장력을 부담한다. 접합에 사용되지 않은 면에는 인장력이 불균등하게 발생하는데 이러한 현상을 전단지연(shear lag)이라 한다. 이러한 현상은 인장재의 중심축과 인장력의 축이 일치하지 않는 하중이 편심으로 작용할 때 항상 발생되며, 인장재의 중심축과 인장력의 축 사이의 거리($\bar{x}$)가 커질수록 심하고, 접합부의 길이(l)가 길어질수록 전단지연 현상은 줄어든다(Munse & Chesson, 1963).

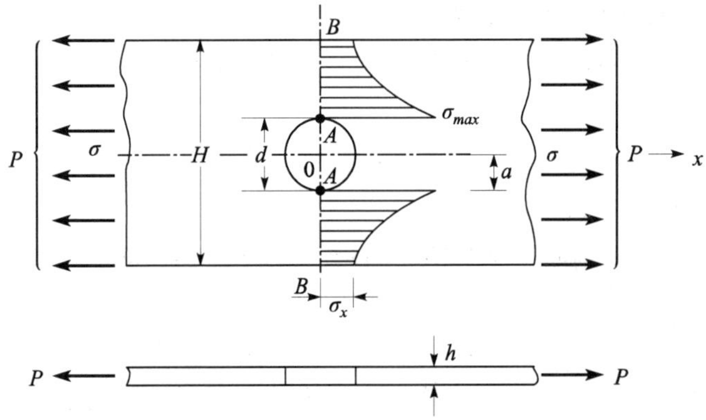

그림 5-4 구멍이 있는 폭이 한정된 판의 인장(Walter D. P. & Deborah F.P., 2008)

이러한 전단지연 현상의 영향을 고려하기 위하여 순단면적 대신에 유효순단면적을 사용하여 설계에 반영한다.

$$A_e = UA_n \quad \text{식 5-4}$$

여기서, A_e : 유효순단면적(effective net area), A_n : 순단면적(net area)

U : 전단뒤짐계수(표 5-1)

2. 전단뒤짐계수 산정

H형강, I형강, ㄷ형강, T형강, 단일ㄱ형강 및 쌍ㄱ형강과 같은 개단면의 경우, 전단뒤짐계수 U는 부재 총단면적에 대한 연결된 요소 총단면적의 비 이상이어야 한다. 이 규정은 강관과 같은 폐단면과 판재에는 적용하지 않으며, 표 5-1에서 일반적으로 많이 활용되는 내용을 간략하게 다음과 같이 정리할 수 있다.

표 5-1 인장재 접합부의 전단뒤짐계수-1

사례	요소 설명	전단뒤짐계수, U	예
1	인장력이 용접이나 연결재를 통해 각각의 단면요소에 직접적으로 전달되는 모든 인장재(사례 4, 5, 6과 같은 경우는 제외한다.)	$U=1.0$	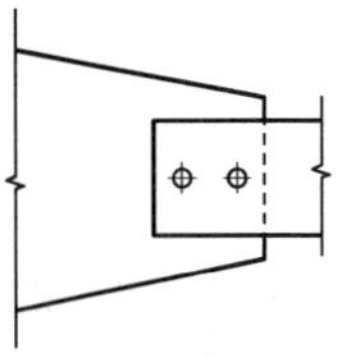 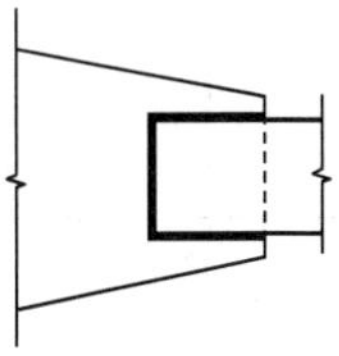
2	인장력이 가로방향 용접과 조합된 길이방향 용접이나 연결재를 통해 단면요소의 일부에 전달되는 경우로, 강관을 제외한 모든 인장재(H형강은 사례7을 적용할 수도 있고, ㄱ형강은 사례8을 적용할 수 있다.)	$U=1-\dfrac{\bar{x}}{l}$ - 논리적 방법(logical method)	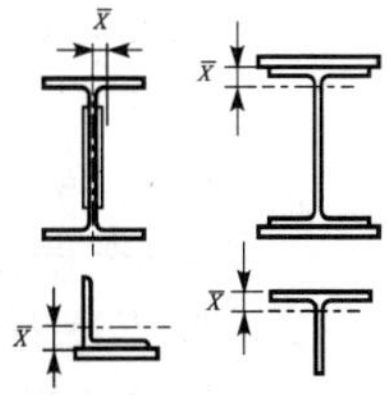
3	인장력이 단면요소의 일부에 가로방향 용접을 통해서만 전달되는 모든 인장재	$U=1.0$ 그리고 A_n = 직접 접합된 요소의 면적	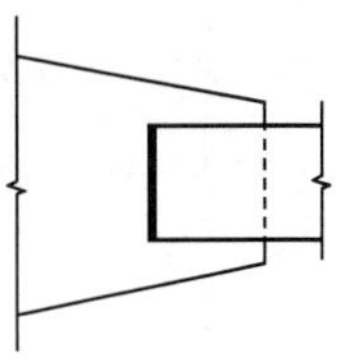
4[1)]	인장력이 길이방향 용접만을 통해서 전달되는 경우로, 판재, ㄱ형강, 힐에서 용접되는 ㄷ형강, T형강, 연결된 요소를 갖는 H형강 ($\bar{x}$ 의 정의는 사례 2 그림 참조)	$U=\dfrac{3l^2}{3l^2+w^2}\left(1-\dfrac{\bar{x}}{l}\right)$ 여기서, $l=(l_1+l_2)/2$ $l \geq 2w$: $U=1.00$ $1.5w \leq l < 2w$: $U=0.87$ $w \leq l < 1.5w$: $U=0.75$	
5	강관에서 슬롯을 통과하는 하나의 동일 중심의 거셋플레이트를 갖는 원형 강관	$l \geq 1.3D$: $U=1.0$ $D \leq l < 1.3D$: $U=\dfrac{\bar{x}}{l}$ 여기서, $\bar{x}=\dfrac{D}{\pi}$	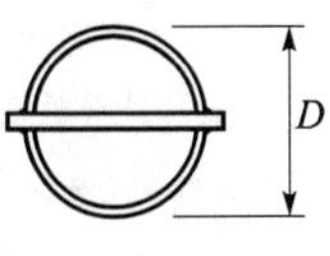

표 5-1 인장재 접합부의 전단뒤짐계수-2

사례	요소 설명		전단뒤짐계수, U	예
6	각형강관	하나의 동일 중심의 거셋플레이트가 있는 경우	$l \geq H ... U = 1 - \bar{x}/l$ 여기서, $\bar{x} = \dfrac{B^2 + 2BH}{4(B+H)}$	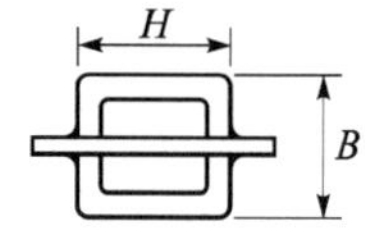
		양측면에 거셋플레이트가 있는 경우	$l \geq H ... U = 1 - \bar{x}/l$ 여기서, $\bar{x} = \dfrac{B^2}{4(B+H)}$	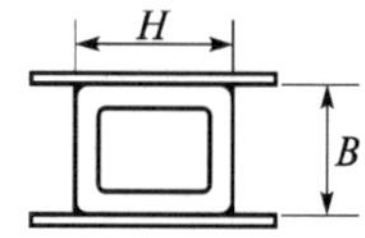
7	H형강 또는 T형강 (사례2와 비교하여 큰 값의 U를 사용할 수 있다.)	하중방향으로 매 열당 3개 이상의 연결재로 접합한 플랜지 연결의 경우	$\dfrac{b_f}{d} \geq \dfrac{2}{3}$: $U = 0.90$ $\dfrac{b_f}{d} < \dfrac{2}{3}$: $U = 0.85$ - 단순한 방법(simple method)	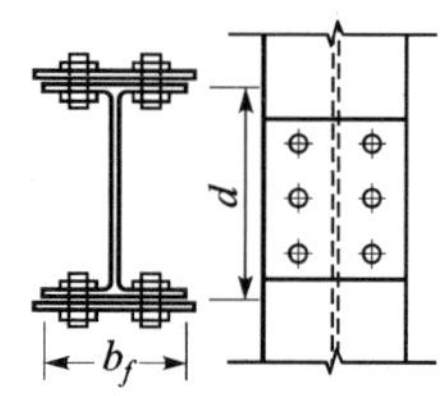
		하중방향으로 매 열당 4개 이상의 연결재로 접합한 웨브연결의 경우	$U = 0.70$ - 단순한 방법(simple method)	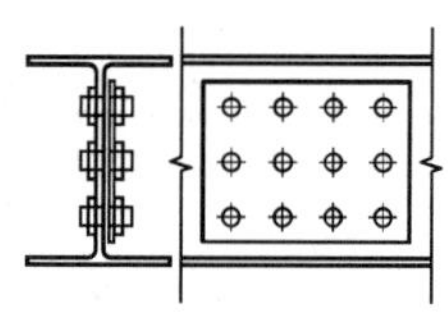
8	단일 ㄱ형강 혹은 쌍 ㄱ형강 (사례2와 비교하여 큰 값의 U를 사용할 수 있다.)	하중방향으로 매 열당 4개 이상의 연결재가 있는 경우	$U = 0.80$ - 단순한 방법(simple method)	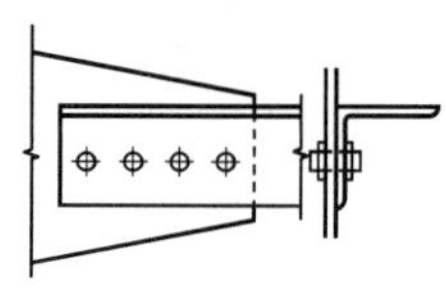
		하중방향으로 매 열당 3개의 연결재가 있는 경우(하중방향으로 열당 3개의 연결재 보다 작은 경우 사례2를 사용)	$U = 0.60$ - 단순한 방법(simple method)	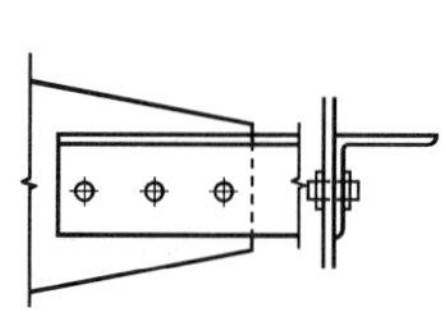

주) B : 연결면에 대해서 90°로 측정된 각형강관 부재의 전체 폭(mm), D : 원형강관의 외경(mm), H : 연결면에서 측정된 각형강관의 전체 높이(mm), d : T형강의 경우 단면의 깊이(mm), 절단된 T형강의 경우 단면의 깊이(mm), l : 연결의 길이, w : 플레이트의 폭(mm), $\bar{x}$: 연결의 편심(mm)

주 1) $l = (l_1 + l_2)/2$ 인 경우 l_1과 l_2는 용접크기의 4배 이상이어야 한다.

(1) **단순한 방법에 의한 전단뒤짐계수 산정**(simple method) – 표 5–1의 사례 7에 의한 방법(H–형강, T–형강)과 표 5–1의 사례 8에 의한 방법(단일 ㄱ–형강)

1) H–형강, T–형강 - 논리적 방법(표 5–1 사례 2에 의한 방법)과 비교하여 큰 값을 사용할 수 있다.

① 하중방향으로 매 열 당 3개 이상의 파스너로 접합한 플랜지 연결의 경우

$\frac{b_f}{d} \geqq \frac{2}{3}$: $U = 0.9$, $\frac{b_f}{d} < \frac{2}{3}$: $U = 0.85$

② 하중방향으로 매 열 당 4개 이상의 파스너로 접합한 웨브 연결의 경우

: $U = 0.7$

2) 단일 ㄱ–형강 - 논리적 방법(표 5–1 사례 2에 의한 방법)과 비교하여 큰 값을 사용할 수 있다.

① 하중방향으로 매 열 당 4개 이상의 파스너가 있는 경우 : $U = 0.8$

② 하중방향으로 매 열 당 2개 또는 3개의 파스너가 있는 경우 : $U = 0.6$

(2) **논리적 방법에 의한 전단뒤짐계수 산정**(logical method) – 표 5–1 사례 2

$$U = 1 - \frac{\overline{x}}{l} \qquad \text{식5-4}$$

여기서, $\overline{x}$: 연결편심 거리(mm), 앵글의 경우, $\overline{x} = \max(\overline{x_1}, \overline{x_2})$

l : 접합 길이(mm)

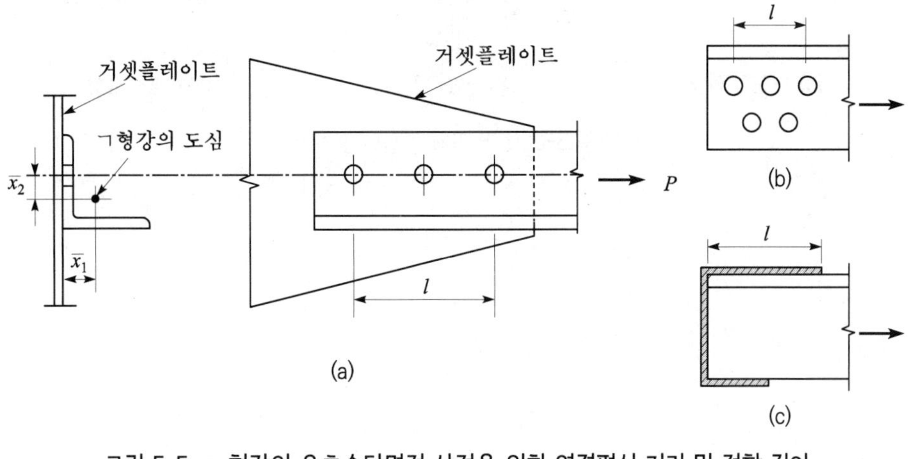

그림 5-5 ㄱ-형강의 유효순단면적 산정을 위한 연결편심 거리 및 접합 길이

그림 5-6에서는 연결재(파스너)의 중심과 접합재의 도심까지 거리로 계산되는 편심거리를 각 경우에 대하여 표시한 것이다.

여기서 앵글의 경우, $\overline{x_1}$의 값은 부록에 표기된 도심 C_x 또는 C_y를 나타내고, T-형강의 $\overline{x}$값은 부록의 도심 C_y, ㄷ형강의 $\overline{x}$값은 C_x의 값이다. 그리고 H-형강의 경우 $\overline{x}$값을 구하기 위해서는 H-형강의 높이를 이등분하여 T-형강으로 만들어 T-형강에 대한 도심 C_y값을 적용한다. 예를 들어, H-500×200×10×16인 경우, 이등분하면 T-250×200×10×16이 되어 T-형강에 대한 도심 C_y값이 연결편심 거리 $\overline{x}$가 된다.

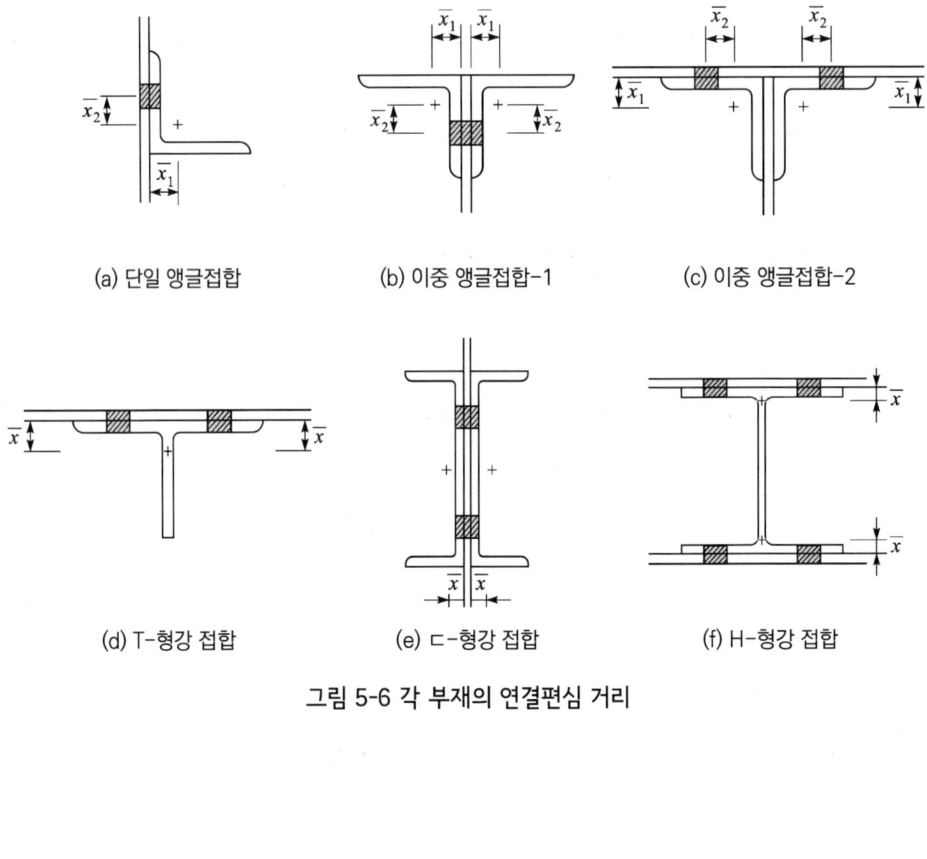

(a) 단일 앵글접합　(b) 이중 앵글접합-1　(c) 이중 앵글접합-2

(d) T-형강 접합　(e) ㄷ-형강 접합　(f) H-형강 접합

그림 5-6 각 부재의 연결편심 거리

예제 5-3

아래 그림과 같이 거셋플레이트에 연결된 등변 ㄱ-형강 L-130x130x12($A_g = 2,976\,mm^2$)의 유효순단면적을 구하시오. 강재의 재질은 SM275($F_y = 275\,MPa$, $F_u = 410\,MPa$)이고, 사용된 고장력볼트는 M20(F10T)이다. 여기서 $C_x = C_y = 36.4\,mm$ 이다.

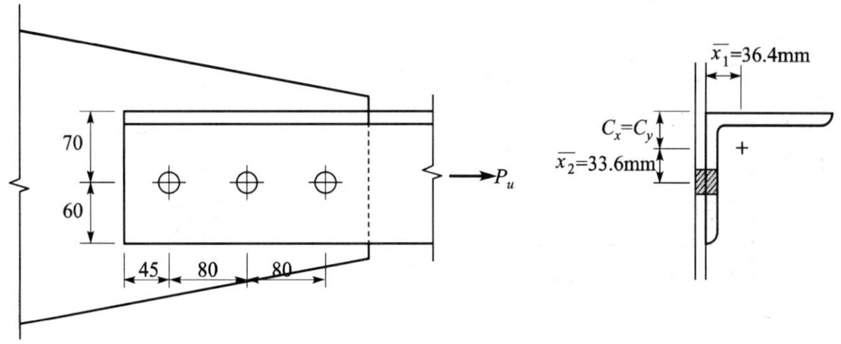

풀이

1. 순단면적(A_n) 산정

$A_g = 2{,}976\,mm^2$, $d =$ 볼트직경 $+ 2 = 20 + 2 = 22\,mm$

$A_n = A_g - ndt = 2{,}976 - 1(22)(12) = 2{,}712\,mm^2$

2. 전단뒤짐계수(U) 산정

1) 단순한 방법에 의한 전단뒤짐계수(U) 산정 - 표 5-1 사례 8에서 ㄱ형강에서 하중방향으로 1열에 3개의 파스너가 설치된 경우 : $U = 0.60$

2) 논리적 방법에 의한 전단뒤짐계수(U) 산정 - 표 5-1 사례 2

$\overline{x_1} = 36.4\,mm$, $\overline{x_2} = (130 - 60) - 36.4 = 33.6\,mm$

$\overline{x} = \max.(\overline{x_1},\ \overline{x_2}) = \max.(36.4,\ 33.6) = 36.4\,mm$

$$U = 1 - \frac{\overline{x}}{l} = 1 - \frac{36.4}{160} = 0.7725$$

3) $U = \max.(0.6,\ 0.7725) = 0.7725$

3. 유효순단면적(A_e) 산정

$A_e = UA_n = 0.7725(2712) = 2{,}095.0\,mm^2$

예제 5-4

아래 그림과 같이 거셋플레이트에 연결된 등변 ㄱ-형강 L-130x130x12($A_g = 2,976\,mm^2$)의 유효순단면적을 구하시오. 강재의 재질은 SM275($F_y = 275\,MPa$, $F_u = 410\,MPa$)이고, 사용된 고장력볼트는 M20(F10T)이다. 여기서 $C_x = C_y = 36.4\,mm$ 이다.

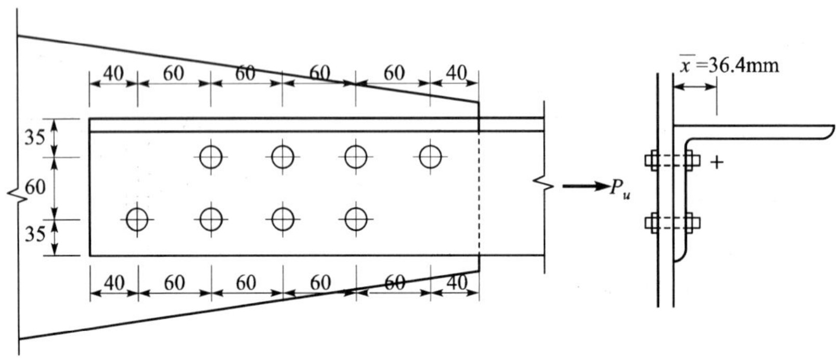

풀이

1. 순단면적(A_n) 산정

$A_g = 2,976\,mm^2$, $d =$ 볼트직경 $+ 2 = 20 + 2 = 22\,mm$

구멍 1개 : $A_n = A_g - ndt = 2,976 - 1(22)(12) = 2,712\,mm^2$

구멍 2개 : $A_n = A_g - ndt + \dfrac{s^2}{4g}t = 2976 - 2(22)(13) + \dfrac{60^2}{4 \times 60}(13)$

$A_n = 2,599\,mm^2$

$A_n = \min.(2712,\ 2599) = 2,599\,mm^2$

2. 전단뒤짐계수(U) 산정

1) 단순한 방법에 의한 전단뒤짐계수(U) 산정 - 표 5-1 사례 8에서 ㄱ형강에서 하중방향으로 1열에 4개의 파스너가 설치된 경우 : $U = 0.80$

2) 논리적 방법에 의한 전단뒤짐계수(U) 산정 - 표 5-1 사례 2

$$U = 1 - \frac{\bar{x}}{l} = 1 - \frac{36.4}{180} = 0.7978$$

3) $U = \max.(0.80,\ 0.7978) = 0.80$

3. 유효순단면적(A_e) 산정

$A_e = UA_n = 0.80(2599) = 2,079.2\,mm^2$

예제 5-5

아래 그림과 같이 상하부 플랜지에 플레이트로 연결된 압연 H-형강 H-400x200x8x13 ($A_g = 8,412\,mm^2$)의 유효순단면적을 구하시오. 강재의 재질은 SM275($F_y = 275\,MPa$, $F_u = 410\,MPa$)이고, 사용된 고장력볼트는 M20(F10T)이다.

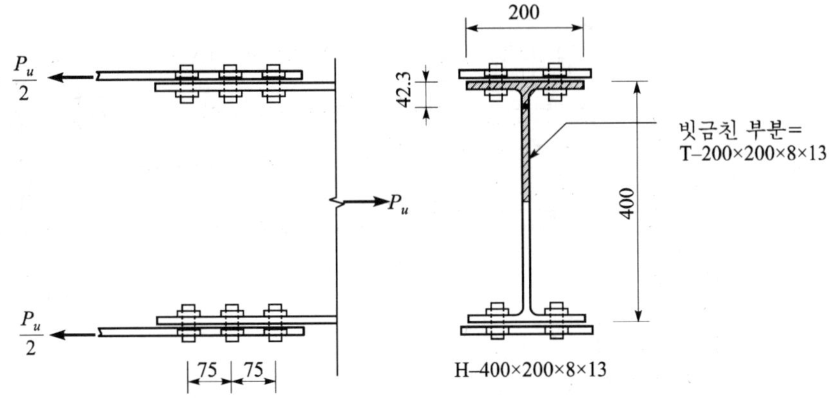

풀이

1. 전체단면적과 순단면적 산정

   1) 전체단면적 : $A_g = 8,412\,mm^2$, $d =$ 볼트직경$+ 2 = 20 + 2 = 22\,mm$

   2) $A_n = A_g - ndt = 8412 - 4(20+2)(13) = 7,268\,mm^2$

2. 전단뒤짐계수(U) 산정

   1) 단순한 방법에 의한 전단뒤짐계수(U) 산정 : 표 5-1 사례 7에서 H형강에서 하중방향으로 1열에 3개의 파스너로 접합된 플랜지의 경우

   $$\frac{b_f}{d} = \frac{200}{400} = 0.5 < \frac{2}{3} = 0.67 \quad \rightarrow U = 0.85$$

   2) 논리적 방법에 의한 전단뒤짐계수(U) 산정

   $$U = 1 - \frac{\bar{x}}{l} = 1 - \frac{42.3}{150} = 0.718$$

   3) 전단뒤짐계수(U) 산정

   $U = \max.(0.85,\ 0.718) = 0.85$

3. 유효순단면적 산정

   $A_e = UA_n = 0.85(7268) = 6,177.8\,mm^2$

예제 5-6

아래 그림과 같이 웨브에 플레이트로 연결된 압연 H-형강 H-200x100x5.5x8 ($A_g = 2,716\,mm^2$)의 유효순단면적을 구하시오. 강재의 재질은 SM275($F_y = 275\,MPa$, $F_u = 410\,MPa$)이고, 사용된 고장력볼트는 M20(F10T)이다.

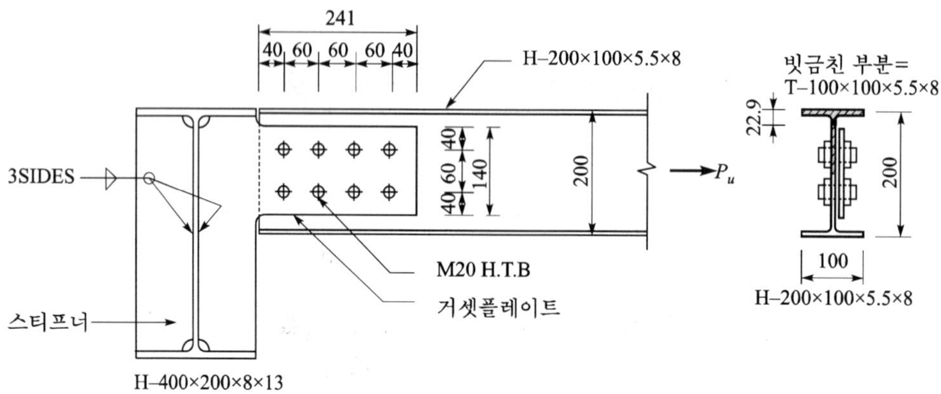

풀이

1. 전체단면적과 순단면적 산정

   1) 전체단면적 : $A_g = 2{,}716\,mm^2$, $d=$ 볼트직경 $+ 2 = 20 + 2 = 22\,mm$

   2) $A_n = A_g - ndt = 2716 - 2(20+2)(5.5) = 2{,}474\,mm^2$

2. 전단뒤짐계수(U) 산정

   1) 단순한 방법에 의한 전단뒤짐계수(U) 산정 : 표 5-1 사례 7에서 H형강에서 하중방향으로 1열에 4개의 파스너로 접합된 웨브의 경우

      $U = 0.70$

   2) 논리적 방법에 의한 전단뒤짐계수(U) 산정

      $$U = 1 - \frac{\bar{x}}{l} = 1 - \frac{22.9}{180} = 0.873$$

   3) 전단뒤짐계수(U) 산정

      $U = \max.(0.70,\ 0.873) = 0.873$

3. 유효순단면적 산정

   $A_e = UA_n = 0.873(2474) = 2{,}159.3\,mm^2$

5.3 설계인장강도 Design Tensile Strength

5.3.1 총단면의 항복한계상태

$$\phi_t P_n = \phi_t F_y A_g \ (\phi_t = 0.90) \qquad \text{식 5-5}$$

여기서, A_g : 부재의 총단면적 (mm^2)

F_y : 항복강도 (MPa)

5.3.2 유효순단면의 파단한계상태

$$\phi_t P_n = \phi_t F_u A_e \ (\phi_t = 0.75) \qquad \text{식 5-6}$$

여기서, A_e : 부재의 유효순단면적 (mm^2)

F_u : 인장강도 (MPa)

5.3.3 핀접합부재의 설계인장강도

1. 유효순단면의 인장파단에 대한 설계인장강도

$$\phi_t P_n = 2t\, b_{eff} F_u \ (\phi_t = 0.75) \qquad \text{식 5-7}$$

여기서, b_{eff} : 유효연단거리 (= $2t$+16) (mm)

t : 판재의 두께 (mm)

2. 유효단면의 전단파단에 대한 설계인장강도

$$\phi_t P_n = 0.6 F_u A_{sf} \ (\phi_t = 0.75) \qquad \text{식 5-8}$$

여기서, $A_{sf} = 2t(a + d/2)$ (mm^2)

a : 핀구멍의 연단으로부터 힘의 방향과 평행하게 측정한 부재의 연단까지의 최단거리 (mm)

d : 핀직경 (mm)

t : 판재의 두께 (mm)

5.4 블록전단파단 Block Shear Rupture

5.4.1 블록전단파단의 개념

고장력볼트 사용, 적은 개수의 볼트 및 직경이 큰 볼트 사용하면 블록전단파단 현상에 의한 파괴양상이 발생하며, 전단파단(shear fracture)과 인장파단(tensile fracture)에 의해 접합부의 일부분이 찢어져 나가는 파괴형태를 말한다(Ricles & Yura, 1983, Hardash & Bjorhovde, 1985).

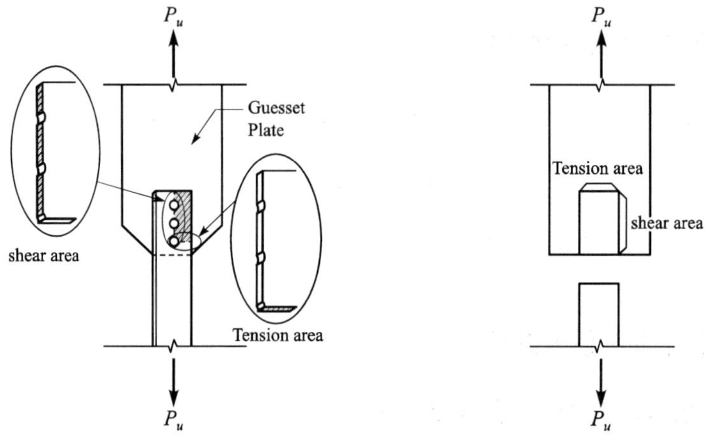

(a) 볼트접합 (b) 용접접합

그림 5-7 인장과 전단파단 영역

얇은 판(thin plate)이 볼트로 연결된 경우, 찢김한계상태(tearing limit state)인 블록전단(block shear)은 인장부재의 강도나 보 단부 인장영역을 지배할 수 있다. 그림 5-8(a)에서 거셋플레이트에 연결된 인장부재는 볼트 구멍에 의한 단면 a-b-c를 따라 찢김파괴(tearing failure)가 발생할 수 있다. 한계상태는 b-c 평면의 인장파단과 a-b 평면의 전단항복 또는 전단파단으로 규정할 수 있으며, 용접접합에서도 용접부 주변에 동일한 블록전단파괴가 발생된다.

그림 5-8(b)와 (c)의 4개의 볼트 구멍은 a-b, c-d에 따른 전단강도와 b-c에 따른 인장강도의 합이 부재의 항복강도($P_n = F_y A_g$) 또는 e-b-c-f에 의한 파단강도($P_n = F_u A_e$) 중 어느 하나보다 작으면 찢어짐파괴가 발생된다.

블록전단파괴 모드는 두 가지로 정의되는데 첫 번째는 전단면(그림 5-8(b)의 a-b 및 c-d)을 따라 항복을 동반한 인장면(그림 5-8(b)의 b-c)의 파단과 두 번째는 인장면(그림

5-8(c)의 b-c)을 따른 파단과 함께 전단면(그림 5-8(c)의 a-b 및 c-d)의 파단이다. 인장 파괴는 두 모드에서 순단면이 파단되지만, 전단면이 파괴되는 것은 순단면이 파단되거나 총단면이 항복할 수 있다.

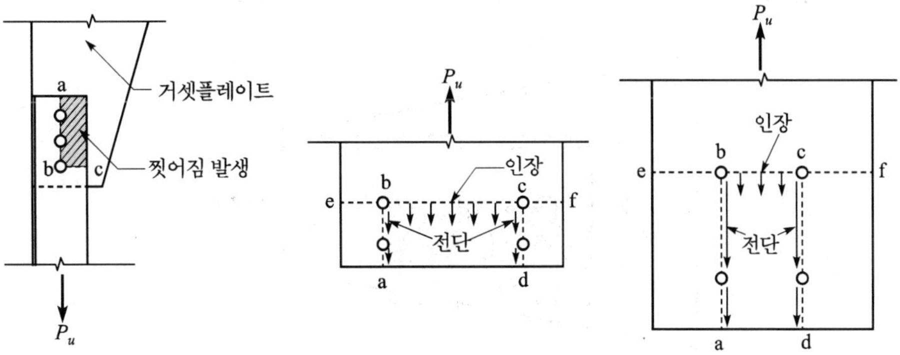

(a) 찢어짐에 의한 파괴 (b) 인장>전단 상태 저항 (c) 인장<전단 상태 저항

그림 5-8 찢김파괴한계상태(tearing failure limit state)

5.4.2 블록전단파단강도(block shear rupture strength)

$$P_u \leq \phi_t R_n$$

$$\phi_t R_n = \phi_t (0.6 F_u A_{nv} + U_{bs} F_u A_{nt}) \leq \phi_t (0.6 F_y A_{gv} + U_{bs} F_u A_{nt}) \quad \text{식 5-9}$$

여기서, ϕ_t : 0.75(저항계수)

F_y : 강재의 항복강도(yield strength)

F_u : 강재의 인장강도(tensile strength)

U_{bs} : 인장응력이 균일할 경우 1.0, 불균일할 경우 0.5

A_{gv} : 전단저항 전단면적(gross area in shear)

A_{nv} : 전단저항 순단면적(net area in shear)

A_{nt} : 인장저항 순단면적(net area in tension)

$F_u A_{nv}$: 전단저항 순단면적에 대한 전단파단강도(shear fracture strength)

$F_u A_{nt}$: 인장저항 순단면적에 대한 인장파단강도(tensile fracture strength)

$F_y A_{gv}$: 전단저항 전단면적에 대한 전단항복강도(shear yielding strength)

예제 5-7

아래 그림과 같은 등변 ㄱ-형강 L-130x130x12($A_g = 2,976\,mm^2$)의 블록전단파단강도를 구하시오. 강재의 재질은 SM275($F_y = 275\,MPa$, $F_u = 410\,MPa$)이고, 사용된 고장력볼트는 M20(F10T)이다. 여기서 $C_x = C_y = 36.4\,mm$ 이다.

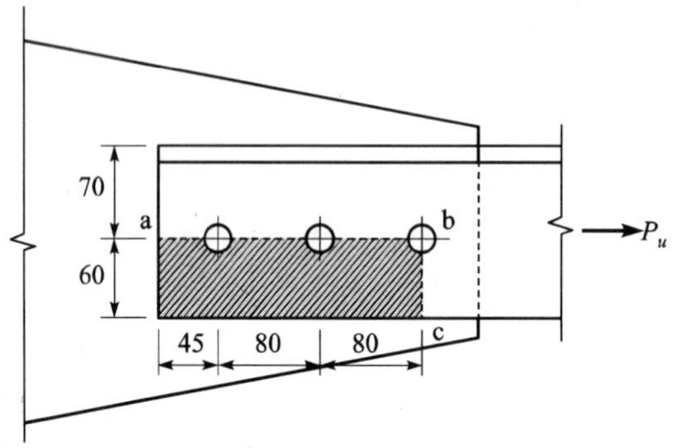

풀이

1. 저항면적 산정
   ① 전단저항 전단면적 : $A_{gv} = (45 + 80 + 80) \times 12 = 2{,}640\,mm^2$
   ② 전단저항 순단면적 : $A_{nv} = \{(45 + 80 + 80) - 2.5(20 + 2)\} \times 12 = 1{,}800\,mm^2$
   ③ 인장저항 순단면적 : $A_{nt} = \{60 - 0.5(20 + 2)\} \times 12 = 588\,mm^2$

2. 강도 산정
   ① 전단저항 순단면적에 대한 전단파단강도 : $F_u A_{nv} = 410(1800) \times 10^{-3} = 738\,kN$
   ② 인장저항 순단면적에 대한 인장파단강도 : $F_u A_{nt} = 410(588) \times 10^{-3} = 241.1\,kN$
   ③ 전단저항 전단면적에 대한 전단항복강도 : $F_y A_{gv} = 275(2640) \times 10^{-3} = 726\,kN$

3. 블록전단파단 강도 산정
   $\phi_t R_n = \phi_t(0.6 F_u A_{nv} + U_{bs} F_u A_{nt}) \leqq \phi_t(0.6 F_y A_{gv} + U_{bs} F_u A_{nt})$ 의 조건을 만족하기 위하여 아래와 같이 $\phi_t R_{n1}$ 과 $\phi_t R_{n2}$ 를 산정하고 작은 값을 설계강도로 한다. 이때 저항계수, $\phi_t = 0.75$ 이다.
   ① 전단저항 순단면적에 대한 인장파단강도+인장저항 순단면적에 대한 인장파단강도
   $P_u \leqq \phi_t R_{n1} = \phi_t(0.6 F_u A_{nv} + U_{bs} F_u A_{nt}) = 0.75(0.6 \times 738 + 241.1) = 512.9\,kN$
   ② 전단저항 전단면적에 대한 전단항복강도+인장저항 순단면적에 대한 인장파단강도
   $P_u \leqq \phi_t R_{n2} = \phi_t(0.6 F_y A_{gv} + F_u A_{nt}) = 0.75(0.6 \times 726 + 241.1) = 507.5\,kN$

4. 블록전단파단 강도 : $\phi_t R_n = \min.(\phi_t R_{n1}, \phi_t R_{n2}) = 507.5\,kN$

5.5 인장재 설계 Design of Tension Member

5.5.1 총단면적의 항복(Yielding of the gross section)

$$P_u \leqq \phi_t P_n = \phi_t F_y A_g \,(\phi_t = 0.9)$$ 식 5-10(a)

5.5.2 유효순단면적의 파괴(Fracture of effective net area)

$$P_u \leqq \phi_t P_n = \phi_t F_u A_e \,(\phi_t = 0.75)$$ 식 5-10(b)

5.5.3 블록전단파단(Block shear rupture)

$$P_u \leqq \phi_t R_n = \phi_t (0.6 F_u A_{nv} + U_{bs} F_u A_{nt}) \leqq \phi_t (0.6 F_y A_{gv} + U_{bs} F_u A_{nt})$$
$$(\phi_t = 0.75)$$ 식 5-10(c)

5.5.4 설계강도(Design strength)

$$\phi_t P_n = \text{min.}(\text{식 } 5\text{–}10(\text{a}),\ \text{식 } 5\text{–}10(\text{b}),\ \text{식 } 5\text{–}10(\text{c}))$$ 식 5-10(d)

여기서, F_y : 강재의 항복강도(MPa)
F_u : 강재의 인장강도(MPa)
A_g : 총단면적(mm^2)
A_e : 유효순단면적(mm^2)
A_{gv} : 전단저항 전단면적(mm^2)
A_{nv} : 전단저항 순단면적(mm^2)
A_{nt} : 인장저항 순단면적(mm^2)
U_{bs} : 인장응력이 균일할 경우 1.0, 불균일할 경우 0.5

예제 5-8

아래 그림과 같이 H-형강에 대한 인장부재의 설계강도(design strength)를 산정하시오. 강재의 재질은 SM275($F_y = 275\,MPa$, $F_u = 410\,MPa$)이고, 사용강재는 H-294x200x8x12($A_g = 7{,}240\,mm^2$, $\bar{x} = C_y = 28.3\,mm$), 사용된 고장력볼트는 M24 (F10T)이며, 인장응력이 균일하게 작용하는 것으로 가정한다.

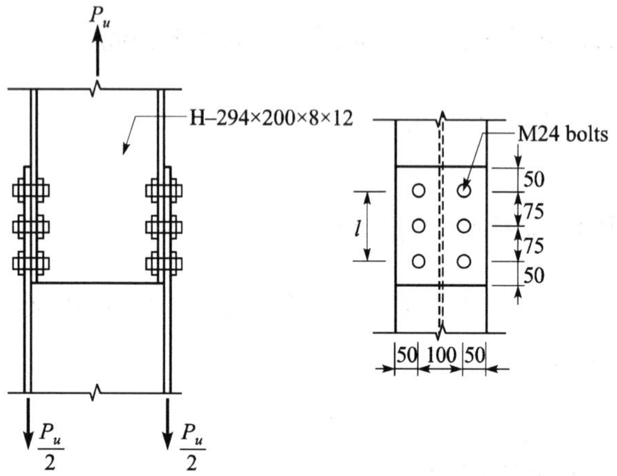

풀이

1. 전체단면적과 순단면적 산정

1) 전체단면적 : $A_g = 7{,}240\,mm^2$

2) $A_n = A_g - ndt = 7240 - 4(24+3)(12) = 5{,}944\,mm^2$

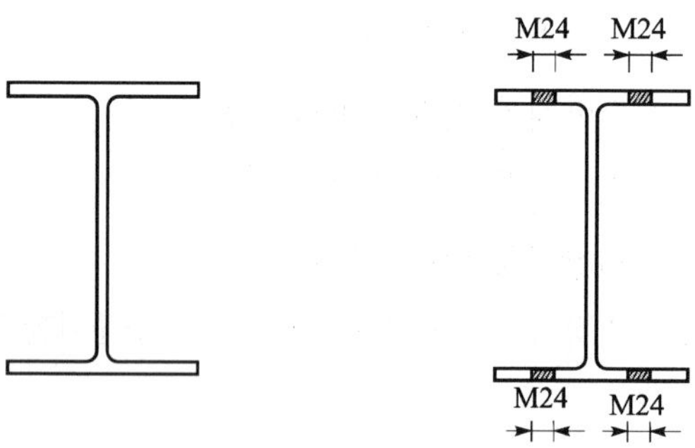

(a) 전체단면적　　(b) 순단면적

그림 1 전체단면적과 순단면적

2. 전체단면적 항복에 대한 설계강도 산정($\phi_t = 0.9$)

$P_u \leqq \phi_t P_n = \phi_t F_y A_g$

$\phi_t P_n = 0.9(275)(7240) \times 10^{-3} = 1{,}791.9\,kN$

3. 유효순단면적 파괴에 대한 설계강도 산정($\phi_t = 0.75$)

$P_u \leqq \phi P_n = \phi F_u A_e,\ A_e = UA_n$

1) 단순한 방법에 의한 전단뒤짐계수(U) 산정

$$\frac{b_f}{d} = \frac{200}{294} = 0.68 > \frac{2}{3} = 0.67 \rightarrow U = 0.9$$

2) 논리적 방법에 의한 전단뒤짐계수(U) 산정

$U = 1 - \dfrac{\bar{x}}{l} = 1 - \dfrac{28.3}{150} = 0.81 < 0.9$, $U = 0.9$ 사용

$A_e = UA_n = 0.9(5944) = 5{,}349.6\,mm^2$

$\phi_t P_n = \phi_t F_u A_e = 0.75(410)(5349.6) \times 10^{-3} = 1{,}645.0\,kN$

4. 블록전단 파단에 대한 설계강도 산정($\phi_t = 0.75$)

1) 면적 산정

① 전단저항 전단면적 : $A_{gv} = 4 \times (75+75+50) \times 12 = 9{,}600\,mm^2$

② 전단저항 순단면적 : $A_{nv} = 4 \times \{(75+75+50) - 2.5(24+3)\} \times 12 = 6{,}360\,mm^2$

③ 인장저항 순단면적 : $A_{nt} = 4 \times \{50 - 0.5(24+3)\} \times 12 = 1{,}752\,mm^2$

2) 강도 산정

① 전단저항 순단면적에 대한 전단파단강도 : $F_u A_{nv} = 410(6360) \times 10^{-3} = 2{,}607.6\,kN$

② 인장저항 순단면적에 대한 인장파단강도 : $F_u A_{nt} = 410(1752) \times 10^{-3} = 718.3\,kN$

③ 전단저항 전단면적에 대한 전단항복강도 : $F_y A_{gv} = 275(9600) \times 10^{-3} = 2{,}640\,kN$

3) 블록전단파단 강도 산정

① 전단저항 순단면적에 대한 인장파단강도+인장저항 순단면적에 대한 인장파단강도

$P_u \leqq \phi_t R_{n1} = \phi_t(0.6 F_u A_{nv} + U_{bs} F_u A_{nt}) = 0.75(0.6 \times 2608 + 718)$

$\phi_t R_{n1} = 1{,}712.2\,kN$

② 전단저항 전단면적에 대한 전단항복강도+인장저항 순단면적에 대한 인장파단강도

$P_u \leqq \phi_t R_{n2} = \phi(0.6 F_y A_{gv} + F_u A_{nt}) = 0.75(0.6 \times 2640 + 718)$

$\phi_t R_{n2} = 1{,}726.7\,kN$

③ 블록전단파단 강도 : $\phi_t R_n = \min.(\phi_t R_{n1},\ \phi_t R_{n2}) = 1{,}712.2\,kN$

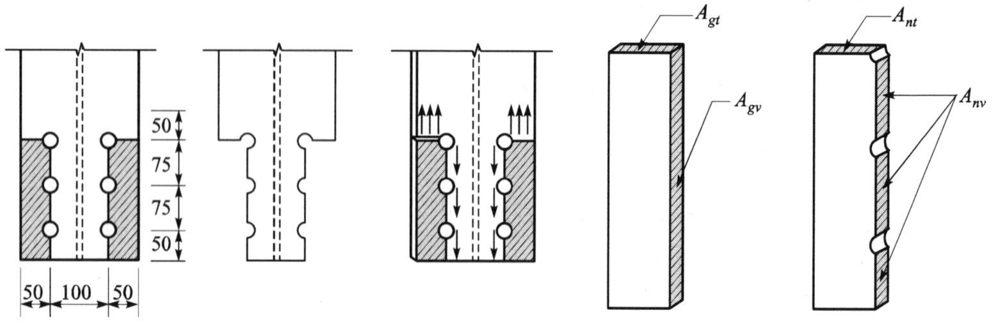

(a) 블록전단의 파단형태

(b) 면적 산정

그림 2 블록전단의 파단형태 및 면적산정

5. 설계강도 산정

$$\phi P_n = \min.\begin{cases} \text{전단면적의 항복 : } \phi_t P_n = 1{,}791.9\,kN \\ \text{유효순단면적의 파괴 : } \phi_t P_n = 1{,}645.0\,kN \\ \text{블록전단파단 : } \phi_t R_n = 1{,}712.2\,kN \end{cases}$$

$\therefore \phi_t P_n = 1{,}645.0\,kN$

5.6 인장재의 구조제한 Criterion of Tension Member

5.6.1 세장비 제한

인장부재 설계에서는 안정성에 문제가 없더라도, 시공성 및 사용성 측면에서 너무 유연해지지 않도록 길이를 제한하는 것이 필요하다. 길이가 지나치게 긴 인장부재는 자중으로 인하여 과도하게 변형이 발생할 수 있다. 특히, 풍하중에 노출되는 경우나 팬이나 압축기 같은 진동 장비를 지지하는 경우에는 과도한 진동과 처짐이 발생하므로 인장재에 대한 세장비를 제한은 없으나 다음과 같이 설정하였다. 단, 이러한 제한은 인장력을 받는 강봉이나 매달린 부재에는 적용할 필요가 없다.

$$\frac{L}{r_m} \leqq 300 \quad \text{식 5-11}$$

여기서, L : 부재의 비지지길이(mm)

r_m : 좌굴축(약축)에 대한 단면2차반경(mm), $r_m = \sqrt{\frac{I_m}{A}}$

I_m : 약축에 대한 단면2차모멘트(mm^4)

A : 부재의 단면적(mm^2)

참고로 교량 강구조의 경우, 아이바, 봉강, 케이블, 판을 제외한 모든 인장부재의 세장비는 교번응력을 받는 주부재($L/r_m \leqq 140$), 교번응력을 받지 않는 주부재($L/r_m \leqq 200$), 2차 부재($L/r_m \leqq 240$)를 만족해야 한다.

5.6.2 조립인장재의 구조제한

판재, 형강 등으로 조립인장재를 구성하는 경우, 조립재가 일체가 되도록 조건에 맞게 조립하여야 한다.

(1) 판재와 형강 또는 2개의 판재로 구성되어 연속적으로 접촉되어 있는 조립인장재의 재축방향 긴결간격은 다음 값 이하로 한다.

① 도장된 부재 또는 부식의 염려가 없어 도장되지 않은 부재의 경우 얇은 판두께의 24배 또는 300mm로 한다.

② 대기 중 부식에 노출된 도장되지 않은 내후성강재의 경우 얇은 판 두께의 14배 또는 180mm로 한다.

(2) 끼움판을 사용한 두 개 이상의 형강으로 구성된 조립인장재는 개재의 세장비가 300 이하가 되도록 한다.

(3) 조립인장재의 비충복면에 사용되는 띠판의 간격은 다음과 같다.

① 띠판의 재축방향 길이는 조립부재 개재를 연결시키는 용접이나 파스너 사이 거리의 2/3 이상이 되어야 하고, 띠판두께는 이 열 사이 거리의 1/50 이상 되어야 한다.

② 띠판에서의 단속용접 또는 파스너의 재축방향 간격은 150mm 이하로 한다.

③ 띠판 간격을 결정할 때, 조립부재 개재의 세장비는 300 이하로 한다.

5.6.3 핀접합부재의 구조제한

교량강구조의 핀접합부재를 제외한 강구조 건축물을 포함한 일반 강구조 핀접합부재에 대한 구조제한은 다음과 같으며, 교량강구조에 대한 내용은 “KDS 14 31 10 : 2024”를 참조하면 된다.

(1) 핀 구멍은 작용하중의 직각인 방향으로 부재의 가장자리 사이 중간에 위치해야 한다.

(2) 핀이 전하중상태에서 피접합재들 간의 상대변위를 발생시킬 경우, 핀구멍의 직경은 핀 직경보다 1mm를 초과하지 않아야 한다.

(3) 핀구멍이 있는 플레이트의 폭은 $2b_{eff}+d$ 이상이어야 하며, 핀 구멍의 베어링 끝을 넘어 부재축에 평행한 핀구멍의 최소 연단거리 a는 $1.33\,b_{eff}$이상이어야 한다.

(4) 핀 구멍 너머의 모서리는 부재의 축에 대해 45°로 절단할 수 있다. 단, 절단부에 수직인 평면에서 핀 구멍 너머의 순단면적은 부재 축에 평행한 핀 구멍 너머에 필요한 것 이상이어야 한다.

5.6.4 아이바의 구조제한

교량강구조의 아이바를 제외한 강구조 건축물을 포함한 일반 강구조 아이바에 대한 구조제한은 다음과 같으며, 교량강구조에 대한 내용은 “KDS 14 31 10 : 2024”를 참조하면 된다.

(1) 아이바 몸체의 단면적은 A_g로 한다. 아이바 몸체의 폭은 두께의 8배를 초과하지 않도록 한다.

(2) 아이바는 핀구멍에 보강 없이 균일한 두께를 가져야 하며, 핀구멍과 동심원을 이루는 둘레가 원형 머리를 가져야 한다.

(3) 아이바의 원형 머리부분과 몸체 사이부분의 전환 반지름은 아이바 머리의 직경 이상이어야 한다.

(4) 핀 직경은 아이바 몸체 폭의 7/8배 이상이어야 하고, 핀 구멍의 직경은 핀 직경보다 1 mm를 초과하여 크면 안 된다.

(5) F_y가 460MPa를 초과하는 강재의 구멍직경은 플레이트 두께의 5배를 초과할 수 없고 아이바 몸체의 폭은 그에 따라 감소시켜야 한다.

(6) 핀 플레이트와 필러 플레이트를 밀착접촉으로 조임하기 위해 외부 너트를 사용하는 경우에만 13mm 미만의 플레이트 두께가 허용된다.

(7) 구멍 끝에서부터 힘과 직각 방향의 플레이트 가장자리(측단)까지의 폭은 아이바 몸체폭의 2/3배보다 커야 하고, 3/4배 이하이어야 한다.

(8) 여러 개의 아이바가 동시에 사용될 경우 가능한 한 서로 평행해야 하고, 연결되는 부재의 중심면에 대하여 대칭으로 배열해야 한다. 아이바는 횡방향 이동 및 사교에서 발생할 수 있는 횡방향 뒴(warping)에 대하여 구속해야 한다.

(9) 인접한 아이바의 간격은 13mm 이상이어야 한다. 동일한 핀으로 연결된 인접한 아이바의 사이를 고리모양으로 된 끼움재를 사용해야 한다. 대각선으로 교차하는 아이바 간격이 작을 경우 교차점에서 서로 크램핑시켜야 한다.

5.7 인장재 용어정리 Glossary of Terms

용어	용어 설명	비고
파스너 (fastener)	두 개 이상의 물체를 기계적으로 결합하거나 부착하는 하드웨어 장치로 일반적으로 파스너는 비영구적 조인트를 만드는 데 사용되며 접합 부품을 손상시키지 않고 제거하거나 분해할 수 있는 접합에서 접합용 조임쇠로 리벳, 볼트, 고장력볼트 또는 기타 접합 수단의 총칭	
슬롯홀 (slot hole)	강 구조물 등에 지지부 활동단에서 온도 변화에 따른 신축에 대비하기 위해 길쭉하게 낸 앵커 볼트 구멍	
거셋플레이트 (gusset plate)	강구조에서 부재들을 연결하고 강화하는 데 사용되는 판요소로 일반적으로 보, 기둥, 브레이스와 같은 부재들의 연결부에 사용되며, 거셋플레이트는 용접, 볼트 체결, 리벳 체결 등 다양한 방식으로 연결	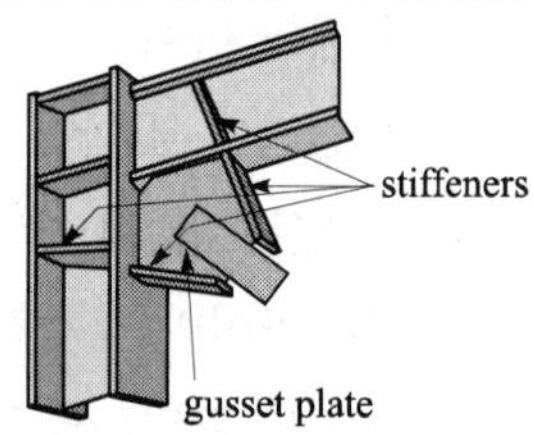
전단지연 (shear lag)	볼트 구멍 또는 용접부와 같은 연결 요소로 인해 단면적이 감소하여 발생하는 현상으로 인장력이 단면 전체에 균등하게 분포되지 않고, 연결 부분에 응력이 집중되는 것을 의미하며, 심각한 경우에는 단면 손실, 블록 전단 파괴, 휨 파괴 등을 초래 - 볼트 구멍 : 볼트 구멍을 뚫으면, 단면적이 감소하고 응력 집중이 발생하며, 구멍 직경이 클수록, 구멍 간 간격이 좁을수록 전단지연 현상 심각 - 용접부 : 용접부는 인장재의 단면적을 약화시키고, 용접 결합은 응력 집중을 더욱 심화 - 단면 형상 : H형강과 같이 플랜지가 넓은 단면은 I형강에 비해 전단지연 현상이 쉽게 발생	
아이바 (eyebar)	균일한 두께를 가진 특수한 형태의 핀 접합부재로서, 핀 구멍이 있는 머리와 구멍이 없는 몸체에 거의 동일한 강도를 부여하도록, 몸체의 폭보다 크게 단조되거나 절단된 머리 폭을 가진 인장부재	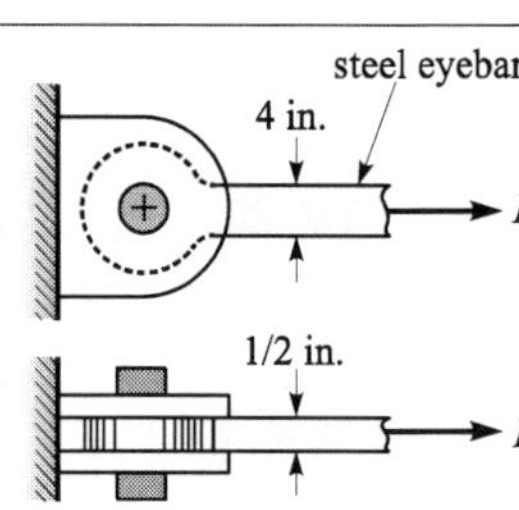 PROB.10.46
띠판 (tie plate)	조립 구조부재에서 2개의 나란한 요소를 결집하기 위한 판재	

5.8 인장재 요약 Summary of Tension Member

1. 순단면적

(1) **정렬배치 구멍인 경우**(straight hole) : $A_n = A_g - ndt(hole)$

(2) **엇모(지그재그)배치 구멍인 경우**(staggered hole)

$$A_n = A_g - ndt + \sum \frac{s^2}{4g} t(hole)$$

(3) **동일 평면상에 있지 않을 경우의 구멍열 사이 간격**(g)

– 앵글(Angle) : $g = g_a + g_b - \frac{t}{2} - \frac{t}{2}$

– 채널(Channel) : $g = g_a + g_b - \frac{t_f}{2} - \frac{t_w}{2}$

2. 유효순단면적 : $A_e = UA_n$

(1) **단순한 방법에 의한 전단뒤짐계수 산정**(simple method)

① 하중방향으로 매 열 당 3개 이상 파스너로 접합한 플랜지연결의 경우(H–형강, T–형강) : $\frac{b_f}{d} \geq \frac{2}{3}$: $U = 0.9$, $\frac{b_f}{d} < \frac{2}{3}$: $U = 0.85$

② 하중방향으로 매 열 당 4개 이상 파스너로 접합한 웨브연결의 경우(H–형강, T–형강) : $U = 0.7$

③ 하중방향으로 매 열 당 4개 이상 파스너가 있는 경우(단일 ㄱ–형강) : $U = 0.8$

④ 하중방향으로 매 열 당 2개 또는 3개 파스너가 있는 경우(단일 ㄱ–형강) : $U = 0.6$

(2) 논리적 방법에 의한 전단뒤짐계수 산정(logical method) : $U = 1 - \frac{\bar{x}}{l}$

3. 인장재 설계

(1) **총단면의 항복** : $P_u \leq \phi_t P_n = \phi_t F_y A_g (\phi_t = 0.9)$

(2) **유효순단면의 파괴** : $P_u \leq \phi_t P_n = \phi_t F_u A_e (\phi_t = 0.75)$

(3) **블록전단파단** :

$P_u \leq \phi_t R_n = \phi_t(0.6 F_u A_{nv} + U_{bs} F_u A_{nt}) \leq \phi_t(0.6 F_y A_{gv} + U_{bs} F_u A_{nt})$
$(\phi_t = 0.75)$

4. 인장재의 구조제한

(1) **세장비 제한** : $\frac{L}{r_m} \leq 300$

(2) **조립인장재 구조제한**

① 조립인장재의 재축방향 긴결 간격 : 얇은 판두께의 24배 또는 300mm 이하, 내후성강재의 경우 얇은 판 두께의 14배 또는 180mm 이하

② 조립인장재의 비충복면에 사용되는 띠판의 간격 : 띠판의 재축방향 길이는 조립부재 개재를 연결시키는 용접이나 파스너 사이 거리의 2/3 이상이 되어야 하고, 띠판두께는 이 열 사이 거리의 1/50 이상, 띠판에서의 단속용접 또는 파스너의 재축방향 간격은 150mm 이하

(3) **핀접합부재 구조제한**

① 핀이 전하중상태에서 피접합재들 간의 상대변위를 발생시킬 경우, 핀구멍의 직경은 핀직경보다 1mm 이하

② 핀구멍이 있는 플레이트의 폭은 $2b_{eff}+d$ 이상, 핀 구멍의 베어링 끝을 넘어 부재축에 평행한 핀구멍의 최소 연단거리 a는 $1.33b_{eff}$이상

(4) **아이바 구조제한**

① 아이바 몸체의 폭은 두께의 8배 이하

② 핀 직경은 아이바 몸체폭의 7/8배 이상, 핀 구멍의 직경은 핀 직경보다 1mm 이하

③ 구멍 끝에서부터 힘과 직각 방향의 플레이트 가장자리(측단)까지의 폭은 아이바 몸체폭의 2/3배보다 커야 하고, 3/4배 이하

01. 부재의 순단면적을 계산할 경우 지름 22mm의 고장력볼트를 사용하였을 때 볼트 구멍의 지름은 얼마인가?

① 22.0mm ② 23.0mm ③ 24.0mm ④ 25.0mm

▶ 4.3.1 고장력볼트의 일반사항 중 표 4-7 고장력볼트의 구멍 공칭치수 ③

02. 하중저항계수설계법에 따른 강구조 연결 설계기준을 근거로 할 때 고장력볼트의 직경 M24 라면 표준 구멍의 직경으로 옳은 것은?

① 26mm ② 27mm ③ 28mm ④ 30mm

▶ 4.3.1 고장력볼트의 일반사항 중 표 4-7 고장력볼트의 구멍 공칭치수 ②

03. 다음 그림과 같은 인장재의 순단면적을 구하면? (단, F10T-M20볼트 사용(표준구멍), 판의 두께는 6mm임)

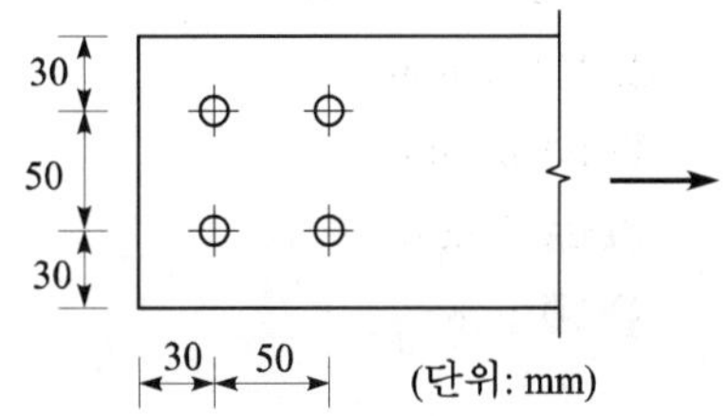

① $296\,mm^2$

② $396\,mm^2$

③ $426\,mm^2$

④ $536\,mm^2$

▶ $A_n = A_g - ndt = 110(6) - 2(22)(6) = 396\,mm^2$ ②

04. 그림과 같은 앵글(angle)의 순단면적으로 옳은 것은? (단, Ls-50×50×6 사용, 단면적, $A = 564.4\,mm^2$, 볼트 구멍 직경, $d = 18\,mm$)

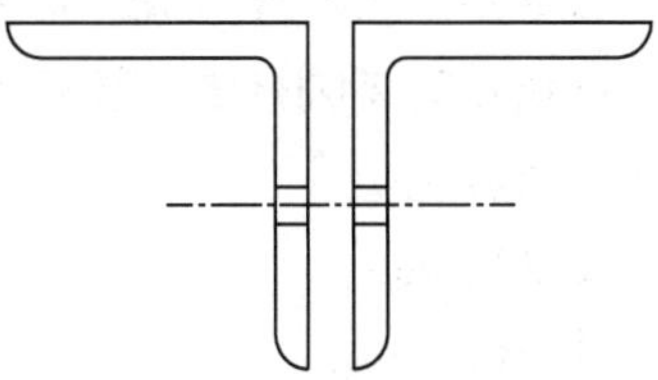

① $864.8\,mm^2$

② $888.8\,mm^2$

③ $912.8\,mm^2$

④ $1128.8\,mm^2$

▶ $A_n = A_g - ndt = \{564.4 - 1(18)(6)\}(2) = 912.8\,mm^2$ ③

05. 그림과 같이 지름 25mm의 구멍이 있는 판(plate)에서 인장응력 검토를 위한 순폭은?

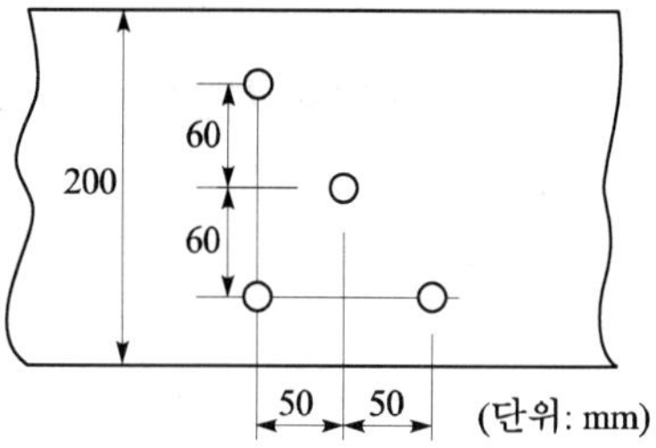

① 160.4 mm
② 150 mm
③ 145.8 mm
④ 130 mm

- CASE 1 : $A_n = A_g - ndt = 200(t) - 2(25)(t) = 150(t)\,mm^2$
- CASE 2 : $A_n = = 200(t) - 3(25)(t) + \left(\dfrac{50^2}{4\times 60} + \dfrac{50^2}{4\times 60}\right)(t) = 145.8(t)\,mm^2$ ③

06. 순단면적이 볼트의 구멍 하나를 제외한 단면(즉, A-B-C 단면)과 같을 경우, 피치(s)를 결정하면? (단, 구멍의 지름은 22mm 이다.)

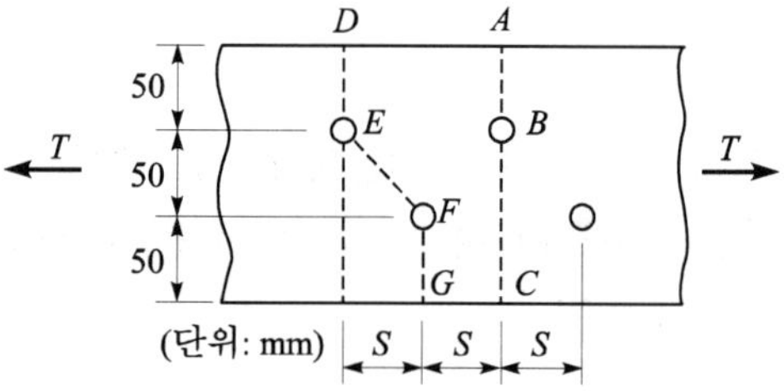

① 114.9 mm
② 90.6 mm
③ 66.3 mm
④ 50 mm

- PATH ABC : $A_n = A_g - ndt = 150(t) - 1(22)(t) = 128(t)$
- PATH DEFG : $A_n = A_g - ndt + \sum \dfrac{s^2}{4g} t(hole) = 150(t) - 2(22)(t) + \left(\dfrac{s^2}{4\times 50}\right)(t)$
- $A_{n(PATH\ ABC)} = A_{n(PATH\ DEFG)}$ ③

07. 인장응력 검토를 위한 L-150×90×12인 형강(angle)의 전개한 총 폭(g)은?

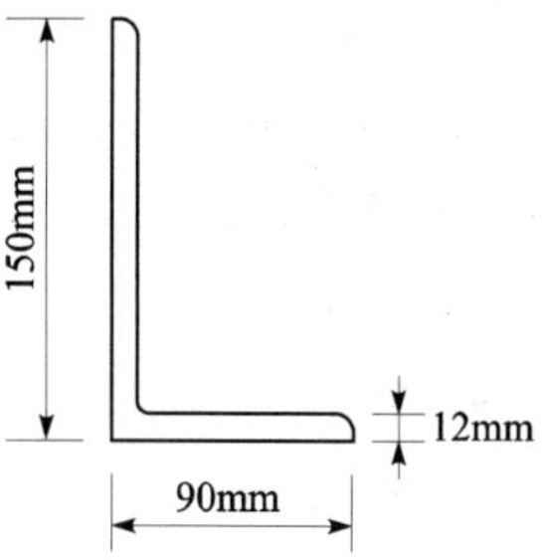

① 228 mm
② 232 mm
③ 240 mm
④ 252 mm

$g = g_a + g_b - \dfrac{t}{2} - \dfrac{t}{2} = 90 + 150 - \dfrac{12}{2} - \dfrac{12}{2} = 228\,mm$ ①

08. 강판을 볼트로 불규칙적으로 체결할 때, 모재의 순폭은 총폭으로부터 단면의 최초 볼트 구멍에 대하여 그 지름을 공제하고 순차적으로 볼트 구멍으로 공제하는데 이때의 식은? (단, g : 리벳 선간의 거리, d : 리벳 구멍의 지름, s : 리벳 피치)

① $d-\dfrac{s^2}{4g}$　② $d-\dfrac{g^2}{4s}$　③ $d-\dfrac{4s^2}{g}$　④ $d-\dfrac{4g^2}{s}$

▶ $A_n = A_g - ndt + \sum \dfrac{s^2}{4g}t(hole)$ ①

09. 그림에서 파단선 a-1-2-3-d의 인장재의 순 단면적은? (단, 판두께는 10mm, 볼트 구멍지름은 22mm)

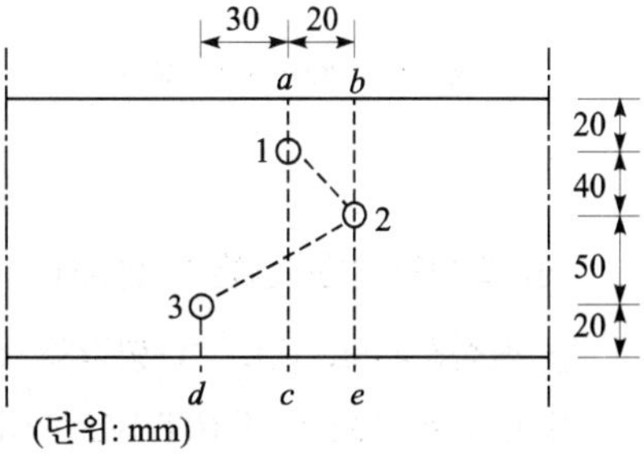

① $690mm^2$
② $790mm^2$
③ $890mm^2$
④ $990mm^2$

▶ - $A_n = A_g - ndt + \sum \dfrac{s^2}{4g}t(hole)$

- $A_n = 130(10) - 3(22)(10) + \left(\dfrac{20^2}{4\times 40} + \dfrac{50^2}{4\times 50}\right)10 = 790mm^2$ ②

10. 그림과 같은 두께 13mm의 플레이트에 4개의 볼트구멍이 배치 되어있을 때 부재의 순 단면적은? (단, 구멍의 지름은 24mm이다.)

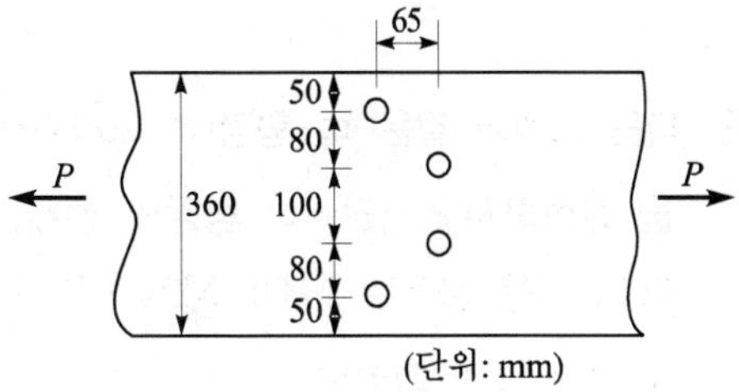

① $4056mm^2$
② $3916mm^2$
③ $3775mm^2$
④ $3524mm^2$

▶ - $A_n = A_g - ndt + \sum \dfrac{s^2}{4g}t(hole)$

- $A_n = = 360(13) - 4(24)(13) + \left(\dfrac{65^2}{4\times 80} + \dfrac{0^2}{4\times 100} + \dfrac{65^2}{4\times 80}\right)13 = 3{,}775mm^2$ ③

11. 아래 그림과 같은 인장재의 순단면적은 약 얼마인가? (단, 구멍의 지름은 25mm이고, 강판두께는 10mm이다.)

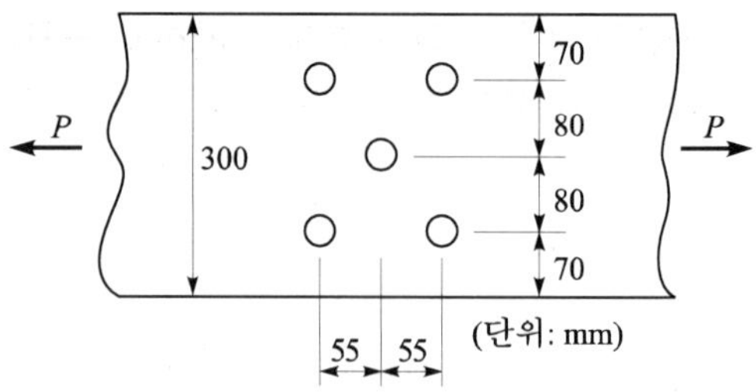

① $2323\,mm^2$

② $2439\,mm^2$

③ $2500\,mm^2$

④ $2595\,mm^2$

- $A_n = A_g - ndt + \sum \frac{s^2}{4g} t(hole)$
- $A_n == 300(10) - 3(25)(10) + \left(\frac{55^2}{4\times 80} + \frac{55^2}{4\times 80}\right)10 = 2{,}439\,mm^2$ ②

12. 다음 그림과 같은 등변ㄱ-형강(L-100×100×10)에 대한 순단면적을 산정하시오. (단, ㄱ-형강의 전체단면적 $A_g = 1{,}900\,mm^2$이고, 사용 볼트는 F10T-M20 이다.)

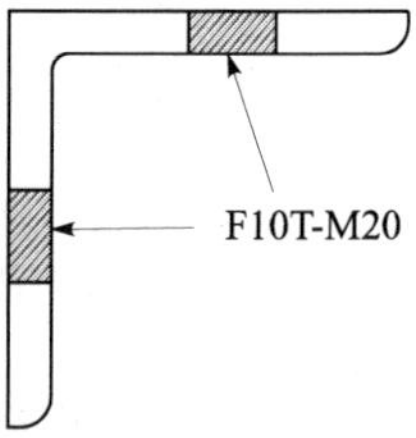

① $A_e = 1{,}460\,mm^2$

② $A_e = 1{,}500\,mm^2$

③ $A_e = 1{,}680\,mm^2$

④ $A_e = 1{,}700\,mm^2$

$A_e = A_g - ndt = 1900 - 2(20+2)(10) = 1{,}460\,mm^2$ ①

13. 다음 그림과 같은 ㄷ-형강(ㄷ-200×70×7×10)에 대한 순단면적을 산정하시오. (단, ㄷ-형강의 전체단면적 $A_g = 2{,}692\,mm^2$이고, 사용 볼트는 F10T-M24 이다.)

① $A_e = 1{,}612\,mm^2$

② $A_e = 1{,}774\,mm^2$

③ $A_e = 1{,}876\,mm^2$

④ $A_e = 1{,}936\,mm^2$

$A_e = A_g - ndt = 2692 - 2(24+3)(10) - 2(24+3)(7) = 1{,}774\,mm^2$ ②

14. 거셋플레이트에 1열로 3개의 볼트로 체결되어 인장력을 받는 등변 ㄱ-형강(앵글) L-100×100×10의 유효순단면적을 구하시오. 단, 인장 부재의 총단면적 $A_g = 1,362\,mm^2$, 순단면적 $A_n = 1,142\,mm^2$, 도심의 위치 $C_x = C_y = 28.7\,mm$, 볼트 간 피치는 $60\,mm$ 이다.

① $868.9\,mm^2$ ② $913.6\,mm^2$
③ $970.7\,mm^2$ ④ $1,027.8\,mm^2$

- 전단뒤짐계수 산정 : $U = 1 - \frac{\bar{x}}{l} = 1 - \frac{28.7}{120} = 0.761$
- 유효순단면 : $A_e = UA_n = 0.761(1142) = 868.9\,mm^2$ ①

15. 강구조 인장부재의 설계인장강도는 한계상태설계법에 의해 구하면? (단, 인장 부재의 총단면적 $A_g = 3,000\,mm^2$ 이고 유효 순단면적 $A_e = 2,700\,mm^2$ 이며, 이때 사용 형강은 SM275 $F_y = 275\,N/mm^2$, $F_u = 410\,N/mm^2$)

① $618.75\,kN$ ② $742.50\,kN$
③ $830.25\,kN$ ④ $996.30\,kN$

- 총단면의 항복한계 : $\phi_t P_n = \phi_t F_y A_g = 0.9(275)(3000) \times 10^{-3} = 742.50\,kN$
- 유효순단면의 파단한계 : $\phi_t P_n = \phi_t F_u A_e = 0.75(410)(2700) \times 10^{-3} = 830.25\,kN$
- $\phi_t P_n = \min(742.50,\ 830.25) = 742.50\,kN$ ②

16. 강구조 인장재의 설계인장강도 $\phi_t P_n$ 산정 시, 인장재 총단면의 항복한계상태에 대하여 강도저감계수 $\phi_t = (a)$, 인장재 유효순단면의 파단상태에 대하여 $\phi_t = (b)$ 라 할 때 (a), (b) 에 가장 적합한 값은?

① $(a) = 0.90$ $(b) = 0.75$ ② $(a) = 0.90$ $(b) = 0.85$
③ $(a) = 0.85$ $(b) = 0.65$ ④ $(a) = 0.85$ $(b) = 0.75$

①

17. 강재 인장재의 설계 시 고려해야 할 상태로 가장 적합하지 않은 것은?

① 총단면의 항복　　② 횡좌굴
③ 블록전단파단　　④ 유효 순단면의 파단

▶ 횡좌굴은 보 설계에 적용　②

18. 강구조 인장재의 한계상태설계 시 검토해야 하는 사항으로 가장 부적합한 것은?

① 총단면에 대한 항복강도를 계산한다.
② 전체좌굴에 대하여 적절하게 고려한다.
③ 유효순단면에 대한 파괴강도를 계산한다.
④ 블록전단(block shear)에 대한 파괴강도를 계산한다.

▶ 전체좌굴은 압축부재 설계에 적용　②

19. 강구조에서 인장력을 받는 부재의 세장비의 한계 값은 얼마 이내로 제한하는가?

① 150　② 200　③ 250　④ 300

▶ 권장 값　④

제6장

압축재 설계

STEEL STRUCTURE DESIGN

6.1 압축재의 좌굴 Buckling of Compression Member

6.1.1 압축재의 정의

압축재는 압축력을 받는 구조부재로 이러한 압축재의 예로는 기둥(column), 스텐션(stanchion), 포스트(post), 지주(strut) 등을 들 수 있다. 압축재는 작용하는 하중이 어느 한계에 이르면 좌굴(buckling)을 일으키며, 이러한 좌굴현상은 부재의 내력을 감소시킨다. 압축재는 보통 단일압축재와 조립압축재로 나누어 쓰이며, 단면설계에 있어 압축재의 유효좌굴길이와 단면성능에 의하여 정해지는 세장비(slenderness ratio)와 밀접한 관계를 가지고 있다.

6.1.2 압축재의 파괴형태

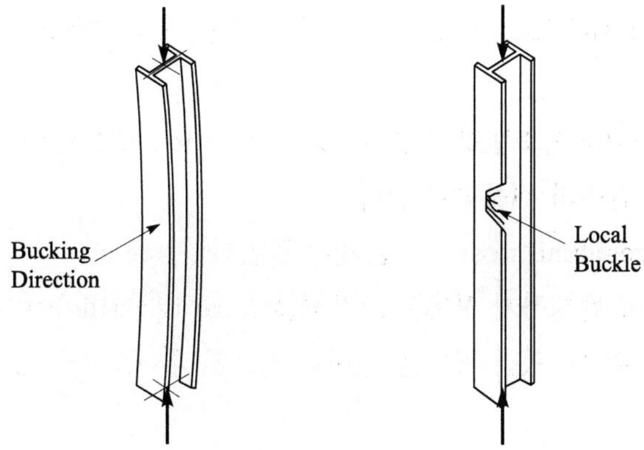

(a) 오일러 좌굴 (b) 국부 좌굴

그림 6-1 압축재의 파괴 형태

(1) **재료의 항복**(material yielding) : 하중을 받아 재료가 영구 변형을 일으키는 지점을 말한다. 재료는 일정한 응력 이하에서는 이러한 변형이 탄성 변형을 일으켜 힘을 제거하면 재료는 원래 모양으로 돌아온다. 하지만 항복점에 도달하면 변형은 소성 변형이 되어 영구 변형이 발생한다.

(2) **전체 좌굴**(오일러 좌굴)(overall buckling, Euler buckling) : 부재의 전체 길이가 변형되고, 바깥쪽으로 구부러지며 궁극적으로 파괴되는 것을 말하며, 부재의 특정 영역이 전체 부재의 파괴를 일으키지 않고 구겨지거나 안쪽으로 접히는 국부 좌굴과 차이가 있다.

(3) **국부 좌굴**(local buckling) : 압축재의 일부 영역이 압축력에 의해 휨 변형이 발생하여 파괴되는 현상으로 압축재의 전체적인 좌굴보다는 작은 규모에서 발생하며, 단면의 약한 부분에서 발생하기 쉽다. 국부좌굴은 압축재의 강도를 저하시키고 파괴를 유발할 수 있으며, 국부좌굴은 압축재의 변형을 증가시키고 구조물의 안정성을 저하시킬 수 있다.

6.1.3 좌굴에 대한 이론적 배경

아래와 같은 이론적 가정을 전제로 한 이상기둥(ideal column)의 좌굴이론이 1744년 스위스의 수학자 오일러(Leonhard Euler)에 의해 유도되었다.

(1) 재료는 탄성법칙에 따르며, 균질(homogeneous)하고 등방성(isotropic)이다.
(2) 응력-변형 관계는 인장, 압축이 동일하다.
(3) 기둥은 초기결함(initial imperfection)이 없는 완전한 직선재이며, 하중은 단면의 중심에 작용한다.
(4) 휨변형은 대단히 작아 미소변형 이론(small deflection theory)을 적용할 수 있고, 휨이 발생하는 동안 단면의 뒤틀림이 없다.
(5) 부재의 잔류응력(residual stress)은 존재치 않는다.
(6) 부재 전체의 좌굴이 발생하기 전에는 국부좌굴(local buckling)이 발생치 않는다.
(7) 변형 전 중립축에 수직이었던 평면은 변형을 일으킨 후에도 평면상태를 유지한다.

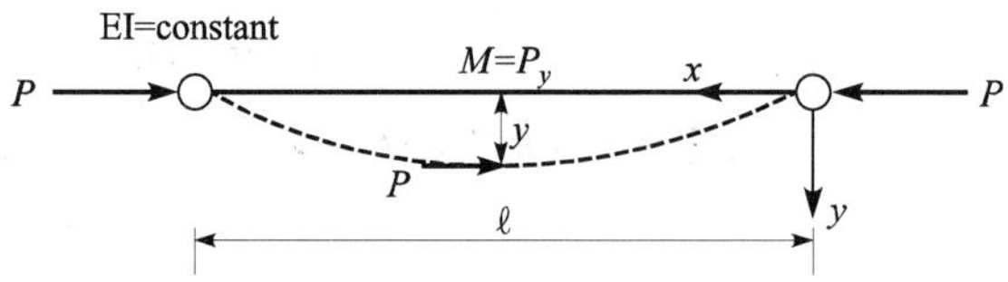

그림 6-2 중심압축력을 받는 부재의 탄성좌굴

오일러는 1757년 중심압축력을 받는 부재의 탄성좌굴하중을 미분방정식을 이용하여 구하였다. 미소변형 이론(small deflection theory)에 따라 그림 6-2와 같이 기둥 중앙에 축방향 압축 하중 P를 받고 좌굴이 발생한 상황에서 외부모멘트와 내부모멘트가 동일하다는 조건에서 기둥의 휨 저항은 다음과 같은 식으로 나타낼 수 있다.

$$\frac{d^2y}{dx^2} = -\frac{M_{(x)}}{EI}$$ 식 6-1(a)

여기서, y는 탄성곡선에서의 변위이고, $M_{(x)}$는 x만큼 떨어진 위치에서의 휨모멘트($M_{(x)} = Py$)이다. 휨모멘트($M_{(x)}$)를 식 6-1(a)에 대입하고, $\frac{P}{EI} = k^2$으로 놓으면 다음과 같이 정리할 수 있다.

$$\frac{d^2y}{dx^2} + k^2 y = 0$$ 식 6-1(b)

식 6-1(b)의 2계 상미분방정식의 일반해는 식 6-1(c)와 같으며, 여기서 A, B는 적분상수이다.

$$y_{(x)} = A\sin kx + B\cos kx$$ 식 6-1(c)

경계조건, $x = 0$일 때, $y = 0$, $x = l$일 때, $y = 0$으로부터 k^2 값을 산정하고 최대 내력을 갖는 $n = 1$ 일 때, 오일러의 좌굴하중을 식 6-1(d)와 같이 산정한다.

$$y_{(x=0)} = A\sin k(0) + B\cos k(0) = 0 \rightarrow B = 0 \quad \therefore y = A\sin kx$$

$$y_{(x=l)} = A\sin(kl) = 0 \rightarrow \sin(kl) = 0 \quad \therefore kl = n\pi,\ k^2 = \frac{n^2\pi^2}{l^2}$$

$$\frac{P}{EI} = k^2 = \frac{n^2\pi^2}{l^2},\ P_{cr} = \frac{\pi^2 EI}{l^2}$$ 식 6-1(d)

또한, 오일러의 좌굴강도 식은 다음과 같다.

$$F_{cr} = \frac{P_{cr}}{A_g} = \frac{\pi^2 E}{(KL/r)^2},\ P_{cr} = \frac{\pi^2 EI}{(KL)^2}$$ 식 6-2

여기서, P_{cr} : 오일러의 좌굴하중(임계하중)
A_g : 전체 단면적
E : 강재의 탄성계수($= 2.1 \times 10^5\,MPa$)
I : 좌굴축에 대한 단면2차모멘트(약축)
K : 유효길이계수
L : 압축부재의 길이
r : 좌굴축에 대한 단면2차(회전)반경(약축)

6.1.4 압축재의 좌굴 형태

압축력에 저항하기 위한 부재로 주로 압축력을 받는 기둥, 일반적인 트러스의 상현재 및 압축 가새 등이 이에 해당된다. 압축력은 주로 부재를 축방향으로 축소시키지만, 압축력이 일정 이상을 넘기면 부재가 압축력의 수직인 방향으로 갑자기 변형되는 좌굴 현상이 발생된다. 좌굴이 발생하면 설계했던 부재의 내력보다 훨씬 작은 힘에서 부재가 파괴될 수 있으므로 부재가 충분한 소성변형능력을 발휘할 수 있도록 설계하여야 한다.

(1) **휨좌굴**(flexural buckling) : 세장비가 큰 축에서 휨에 의한 변위가 발생하는 것으로 좌굴은 보통 단면2차 회전반경이 작은 약축에 대하여 일어난다. 보통, 비세장판 단면의 부재는 이러한 좌굴이 지배한다.

(2) **비틀림좌굴**(torsional buckling) : 부재 설계 시 비틀림모멘트는 무시되는 경우가 많으나 기둥과 같은 부재는 길이방향으로 뒴(warping)이 발생하여 파괴되는 경우도 있다. 이러한 좌굴은 매우 세장하고 2개의 대칭축을 가진 단면에서 만 발생하며, 비세장판 단면에서는 발생치 않고, 박판으로 형성된 압축재에서 많이 발생한다.

(3) **휨비틀림좌굴**(flexural-torsional buckling) : 휨 좌굴과 비틀림 좌굴이 동시에 발생하는 것으로 1개의 대칭축을 가진 단면(Tee, Double Angle, Equal-leg Single Angle) 및 대칭축이 없는 단면(Unequal-leg Single Angle)에서 발생한다.

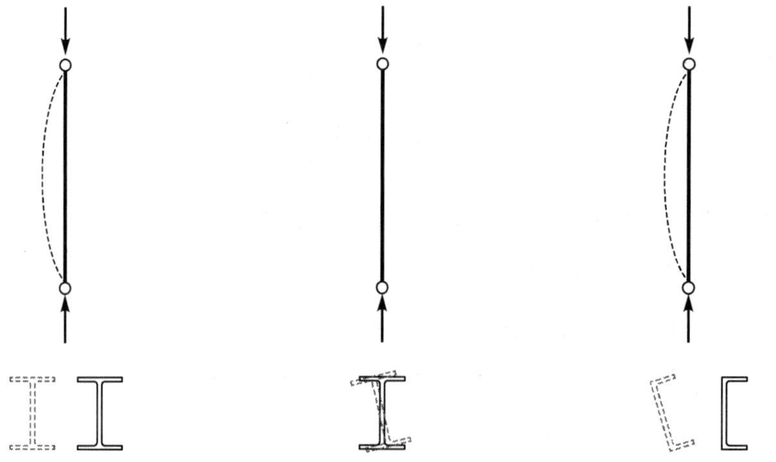

(a) 휨좌굴 (b) 비틀림좌굴 (c) 휨비틀림 좌굴

그림 6-3 압축재의 좌굴 형태

표 6-1 압축부재의 적용과 한계상태

단면의 형태	세장판이 없는 경우 (비세장판 단면)		세장판이 있는 경우 (세장판 단면)	
	적용	한계상태	적용	한계상태
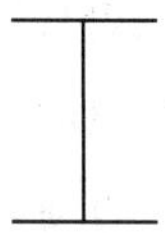	-비세장판 단면을 가진 부재의 휨좌굴 -비세장판 단면을 가진 부재의 비틀림좌굴	휨좌굴 비틀림좌굴	-세장판요소 부재	국부좌굴 휨좌굴 비틀림좌굴
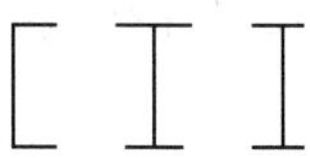	-비세장판 단면을 가진 부재의 휨좌굴 -비세장판 단면을 가진 부재의 휨비틀림좌굴	휨좌굴 휨비틀림좌굴	-세장판요소 부재	국부좌굴 휨좌굴 휨비틀림좌굴
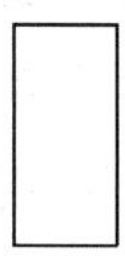	-비세장판 단면을 가진 부재의 휨좌굴	휨좌굴	-세장판요소 부재	국부좌굴 휨좌굴
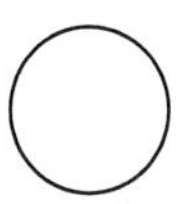	-비세장판 단면을 가진 부재의 휨좌굴	휨좌굴	-세장판요소 부재	국부좌굴 휨좌굴
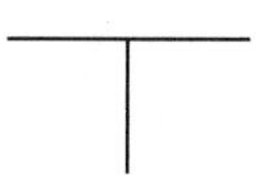	-비세장판 단면을 가진 부재의 휨좌굴 -비세장판 단면을 가진 부재의 휨비틀림좌굴	휨좌굴 휨비틀림좌굴	-세장판요소 부재	국부좌굴 휨좌굴 휨비틀림좌굴
	-비세장판 단면을 가진 부재의 휨좌굴 -비세장판 단면을 가진 부재의 휨비틀림좌굴 -조립압축재	휨좌굴 휨비틀림좌굴	-조립압축재 -세장판요소 부재	국부좌굴 휨좌굴 휨비틀림좌굴
	-단일 ㄱ형강	-	-단일 ㄱ형강	-
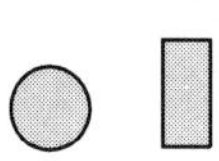	-비세장판 단면을 가진 부재의 휨좌굴	휨좌굴	-	-
ㄱ형강을 제외한 비대칭 단면	-비세장판 단면을 가진 부재의 휨비틀림좌굴	휨비틀림좌굴	-세장판요소 부재	국부좌굴 휨비틀림좌굴

6.1.5 국부좌굴에 대한 강재 단면의 분류

압축력을 받는 부재는 부재를 구성하는 판의 두께가 너무 얇으면, 전체 좌굴이 일어나기 전에 국부 좌굴이 발생하여 압축내력을 급격히 저하시킨다.

(1) **비세장판 단면**(non-slender section) : 두께에 비해 폭이 상대적으로 작은 판으로 세장판에 비해 좌굴에 대한 저항력이 크며, 외부 하중에 대해 안정적인 거동을 보이고 큰 하중을 견딜 수 있다. 국부좌굴이 발생하기 전에 압축부재에서 항복응력이 발생할 수 있으나, 완전소성응력 분포를 위해 요구되는 변형값에서 소성국부좌굴을 저항하지 못하지만 압축 판요소의 폭두께비 λ가 한계폭두께비 λ_r(표 6-2 참조)를 초과하지 않는 단면이다($\lambda \leq \lambda_r$).

(2) **세장판 단면**(slender plate section) : 두께에 비해 폭이 매우 큰 판으로 외부 하중에 대해 쉽게 좌굴(buckling)이 발생하며, 비교적 작은 하중에도 판이 휘어지거나 주름이 생길 수 있다. 부재가 항복응력에 도달하기 전에 탄성적으로 좌굴이 발생하는 것으로 단면을 구성하는 요소 중 하나 이상의 압축 판요소의 폭두께비 λ가 한계폭두께비 λ_r(표 6-2 참조)를 초과하는 단면이다($\lambda > \lambda_r$).

여기서, λ_r : 폭두께비의 한계값

λ : 부재 단면의 모든 압축요소의 폭두께비

1. 자유돌출판(비구속판요소) - 그림 6-4(a) 및 표 6-2 참조

(1) **I, H-형강과 T-형강 플랜지의 폭**

$b = \dfrac{1}{2} b_f$ (b_f=전체 플랜지폭)

(2) **ㄱ-형강, ㄷ-형강 및 Z-형강 다리의 폭**

b=전체공칭 폭(width)

(3) **플레이트의 폭**

b=자유단으로부터 파스너의 첫 번째 줄 또는 용접선까지의 거리

(4) **T-형강의 스템**

d=전체공칭 춤(depth)

2. 양연지지판(구속판요소) - 그림 6-4(b) 및 표 6-2 참조

(1) **압연, 경량형강 웨브의 폭**

h = 각 플랜지에서 필릿, 모서리 반경을 제외한 순간격

(2) **조립단면 웨브의 폭**

h = 인접한 파스너 열간거리 또는 용접된 플랜지사이 순간격

(3) **조립단면에서 플랜지 또는 다이아프램 플레이트 폭**

b = 인접한 파스너 열간거리 또는 용접선간 거리

(4) **각형강관 단면의 플랜지에 대한 폭(b)와 웨브에 대한 춤**(h)

b = 각 변의 내측 모서리 반경을 감한 웨브 사이의 순간격

h = 각 변의 내측 모서리 반경을 감한 플랜지 사이의 순간격

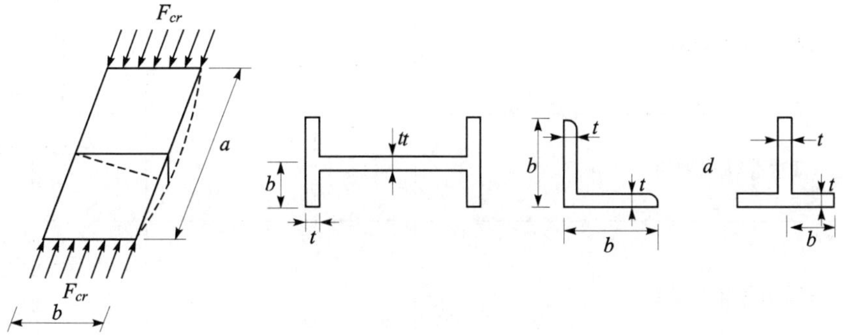

(a) 자유돌출판(비구속판)요소의 폭

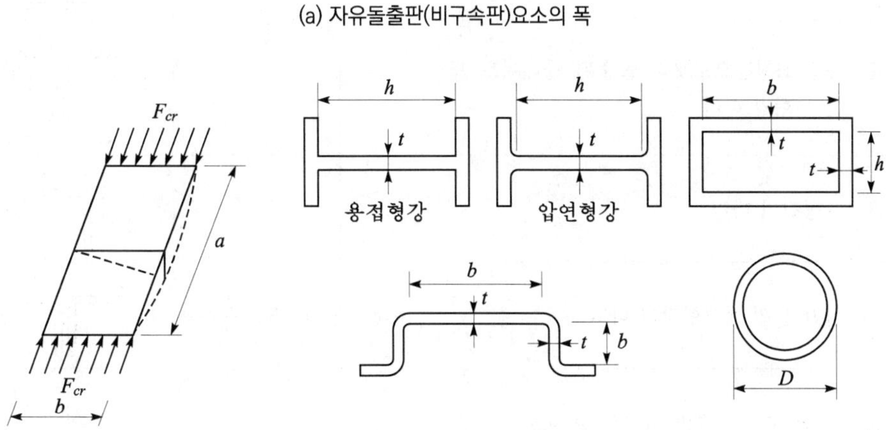

(b) 양연지지판(구속판)요소의 춤

그림 6-4 압축판 요소의 폭두께비 산정

3. 압축판요소의 폭두께비

표 6-2 압축력을 받는 압축 판요소의 폭두께비 - 1

단면	판요소에 대한 설명	폭두께비	폭두께비 한계값 λ_r(비세장/세장)	예
자유돌출판(비구속판요소)	① 압연 H형강의 플랜지	b/t	$0.56\sqrt{\frac{E}{F_y}}$	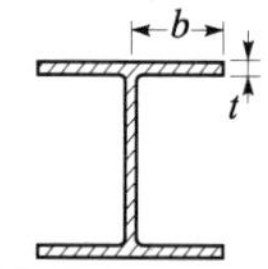
	② 압연 H형강으로부터 돌출된 플레이트			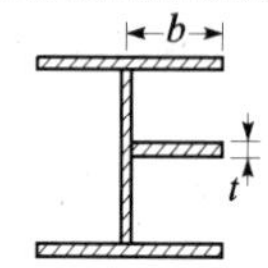
	③ 서로 접한 쌍ㄱ형강의 돌출된 다리			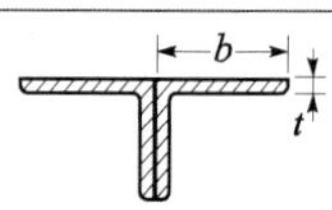
	④ ㄷ형강의 플랜지			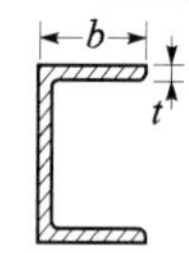
	⑤ - T형강의 플랜지			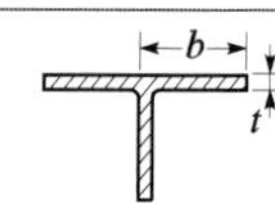
	⑥ 용접 H형강의 플랜지	b/t	$0.64\sqrt{\frac{k_cE}{F_y}}$ 1)	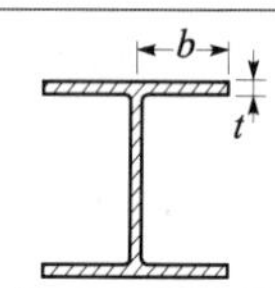
	⑦ 용접 H형강으로부터 돌출된 플레이트 또는 ㄱ형강 다리			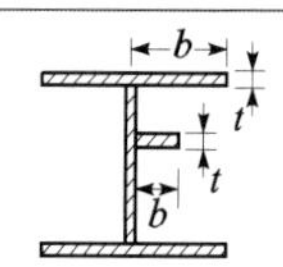
	⑧ ㄱ형강의 다리	b/t	$0.45\sqrt{\frac{E}{F_y}}$	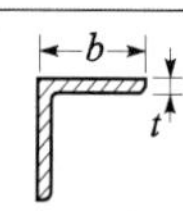
	⑨ 낄판을 낀 쌍ㄱ형강의 다리			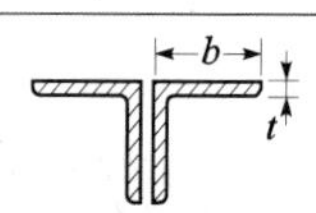
	⑩ 그 외 모든 한쪽만 지지된 판 요소			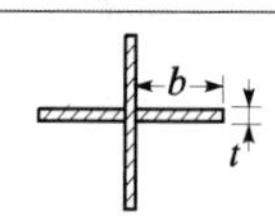
	⑪ - T형강의 스템	d/t	$0.75\sqrt{\frac{E}{F_y}}$	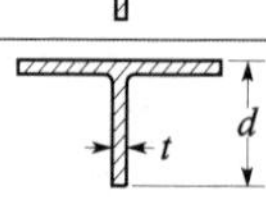

표 6-2 압축력을 받는 압축 판요소의 폭두께비 - 2

단면	판요소에 대한 설명	폭두께비	폭두께비 한계값 λ_r(비세장/세장)	예
양연지지판(구속판요소)	① 2축 대칭 H형강의 웨브	h/t_w	$1.49\sqrt{\dfrac{E}{F_y}}$	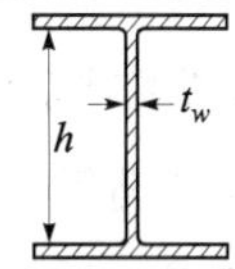
	② 1축 대칭 ㄷ형강의 웨브			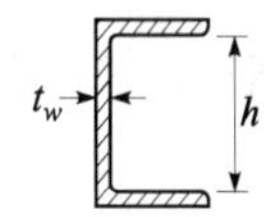
	③ 균일한 두께를 갖는 각형강관과 박스의 벽	b/t	$1.40\sqrt{\dfrac{E}{F_y}}$	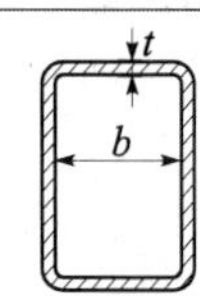
	④ 플랜지 커버플레이트	b/t	$1.40\sqrt{\dfrac{E}{F_y}}$	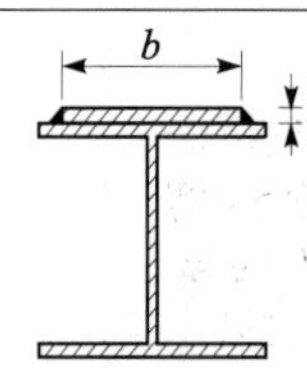
	⑤ 연결재 또는 용접선 사이의 다이아프램 플레이트			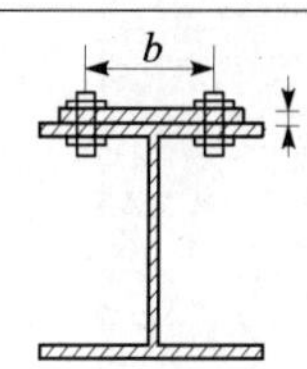
	⑥ 그 외 모든 양쪽이 지지된 판요소	b/t	$1.49\sqrt{\dfrac{E}{F_y}}$	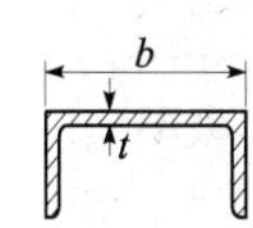
	⑦ 원형강관	D/t	$0.11\dfrac{E}{F_y}$	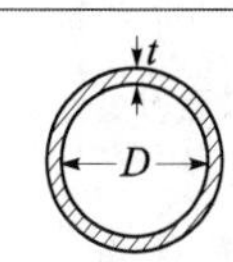

주 1) $k_c = \dfrac{4}{\sqrt{h/t_w}}$, 여기서 $0.35 \le k_c \le 0.76$

6.2 유효길이계수와 세장비 Effective Length & Slenderness Ratio

6.2.1 유효길이계수

유효길이계수는 구조 부재의 좌굴 거동을 고려하여 부재의 유효길이를 실제 길이로 나눈 값으로 부재의 실제 길이보다 유효길이가 얼마나 길어지는지를 나타내는 계수로 좌굴 거동에 영향을 미치는 경계 조건 및 부재 형태를 고려한다. 유효길이계수 값이 클수록 좌굴에 대한 안정성이 감소된다.

표 6-3 유효길이계수 K

기둥의 좌굴형태를 점선으로 표시	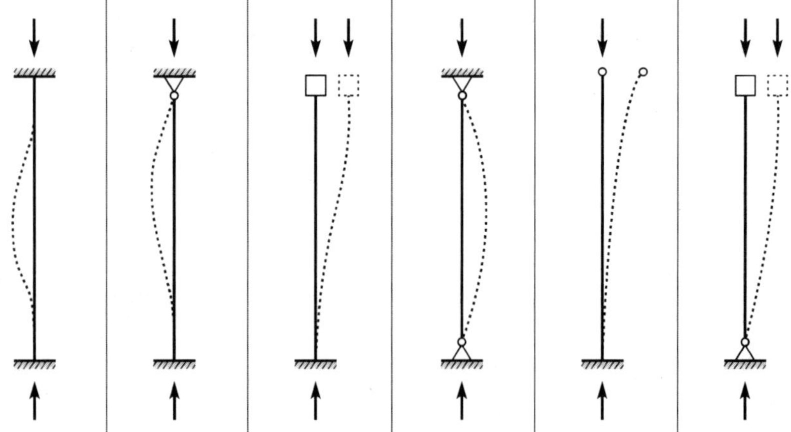					
이론값(K)	0.5	0.7	1.0	1.0	2.0	2.0
설계값(K)	0.65	0.8	1.2	1.0	2.1	2.0
단부조건	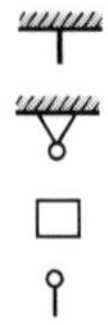	회전고정 및 이동고정 회전자유 및 이동고정 회전고정 및 이동자유 회전자유 및 이동자유				

식 6-2, $P_{cr} = \dfrac{\pi^2 EI}{(KL)^2}$ 에서 KL이 부재의 유효길이이고, K를 유효길이계수라고 한다. 상기의 표 6-3은 양단의 지지상태에 따른 유효길이계수를 이론값과 설계값으로 나타내고 있다.

일반적으로 구조설계에서는 부재의 좌굴하중과 유효길이를 결정하기 위하여 전체구조물을 해석하는 것은 많은 시간을 필요로 하여 실용적이지 못하므로 상대강성계수 G_A 와 G_B 를 식 6-3에 의해 구하고 그림 6-6의 유효길이계수 계산도표에서 선을 그어 만나는 점의 값을 유효길이계수 K값으로 산정할 수 있다.

$$G = \frac{\Sigma(I_c / L_c)}{\Sigma(I_g / L_g)} \qquad \text{식 6-3}$$

여기서, $G_A = \dfrac{I_{cA}/L_{cA} + I_{cB}/L_{cB}}{I_{gA}/L_{gA} + I_{gB}/L_{gB}}$, $G_B = \dfrac{I_{cB}/L_{cB} + I_{cC}/L_{cC}}{I_{gC}/L_{gC} + I_{gD}/L_{gD}}$

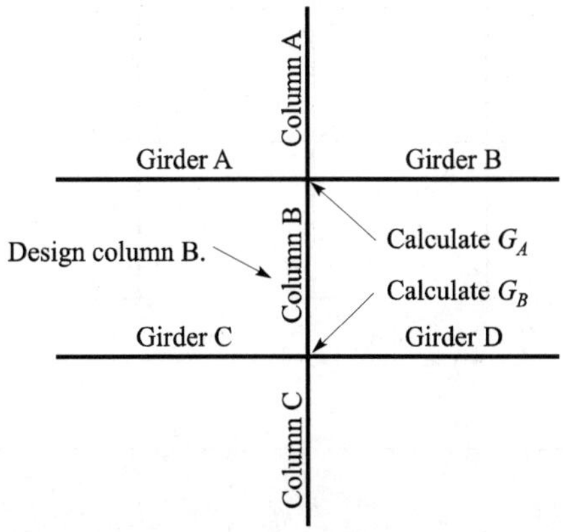

그림 6-5 G 값 산정을 위한 예

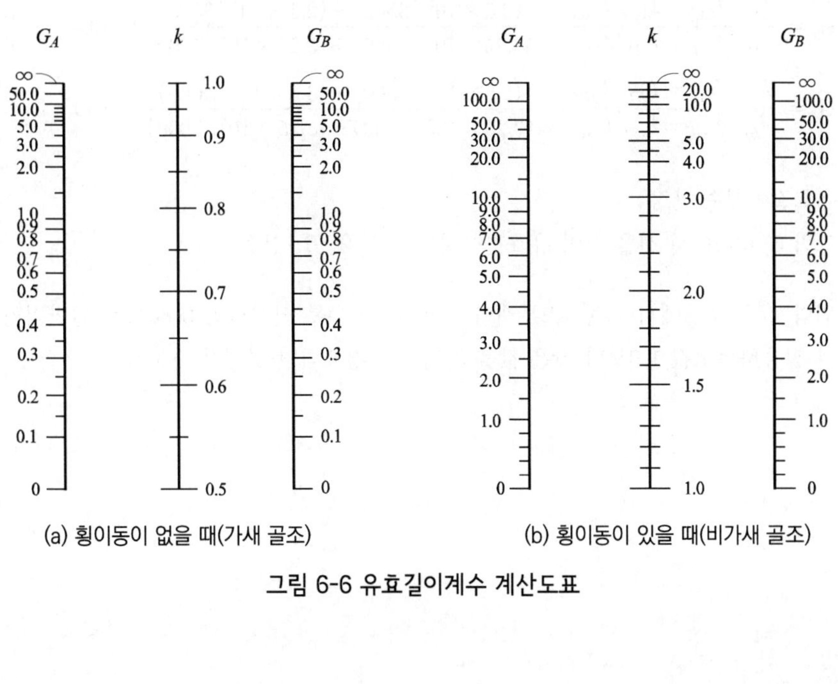

그림 6-6 유효길이계수 계산도표

예제 6-1

그림과 같은 가새 골조에서 내부에 설치된 기둥 AB에 대한 유효길이계수 K 값을 산정하시오. 단, 각각의 부재에 대한 단면2차모멘트 값은 다음과 같이 주어진다.

- 부재 AB, AG 단면2차모멘트 : $2.5 \times 10^8 mm^4$
- 부재 BH 단면2차모멘트 : $3.5 \times 10^8 mm^4$
- 부재 AC, AD, BE, BF 단면2차모멘트 : $3.25 \times 10^8 mm^4$

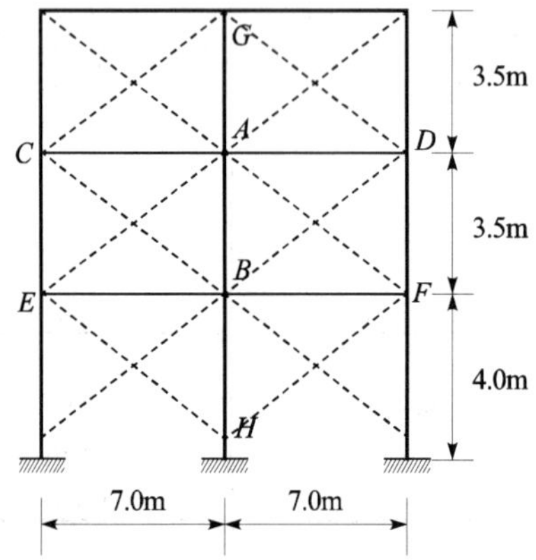

풀이

1. 상대강성계수 산정

$$G_A = \frac{I_{AB}/L_{AB} + I_{AG}/L_{AG}}{I_{AC}/L_{AC} + I_{AD}/L_{AD}} = \frac{(2.5 \times 10^8/3500) + (2.5 \times 10^8/3500)}{(3.25 \times 10^8/7000) + (3.25 \times 10^8/7000)} = 1.54$$

$$G_B = \frac{I_{AB}/L_{AB} + I_{BH}/L_{BH}}{I_{BE}/L_{BE} + I_{BF}/L_{BF}} = \frac{(2.5 \times 10^8/3500) + (3.5 \times 10^8/4000)}{(3.25 \times 10^8/7000) + (3.25 \times 10^8/7000)} = 1.71$$

2. 유효길이계수 산정

그림 6-6(a)에서 선을 그어 유효길이계수 $K = 0.86$ 산정

3. 위와 같은 조건에서 기둥 AB부재의 유효길이계수를 산정하면 0.86으로 일반적인 설계에서 적용하는 K값 1.0보다 작은 값을 가지므로 경제적인 설계가 가능하다.

6.2.2 트러스 압축부재의 좌굴길이

트러스의 압축부재에서 좌굴이 일어나면 면내좌굴(in plane buckling)과 면외좌굴(out of plane buckling)이 있다. 이러한 경우 각 축에 대한 세장비 중 큰 쪽을 사용하여 압축강도를 산정한다.

1. 트러스 현재

(1) 면내좌굴에 대해서는 절점간 거리를 좌굴길이로 한다.

(2) 면외좌굴에 대해서는 가로방향으로 보강된 지점간 거리를 좌굴길이로 한다.

2. 트러스 웨브재

(1) 면내좌굴에 대해서는 절점간 거리를 좌굴길이로 하되 재단까지의 상태가 특히 강하게 되었을 때는 양단 접합 볼트군 또는 용접부의 중심간 거리로 한다.

(2) 면외좌굴에 대해서는 절점간 거리를 좌굴길이로 한다.

3. 압축력의 크기가 다른 경우

부재의 양쪽에서 크기가 다른 압축력을 받는 경우 부재의 압축력이 큰 쪽을 N_1이라 할 때, 다음과 같이 유효좌굴길이 산정식을 이용한다. 단, N_2가 인장력을 받을 때는 부(−)이다.

$$l_k = l\left(0.75 + 0.25\frac{N_2}{N_1}\right) \geq 0.5\,l \qquad \text{식 6-4}$$

여기서, l : 길이

N_1 : 큰 쪽의 압축력 크기

N_2 : 작은 쪽의 압축력 크기

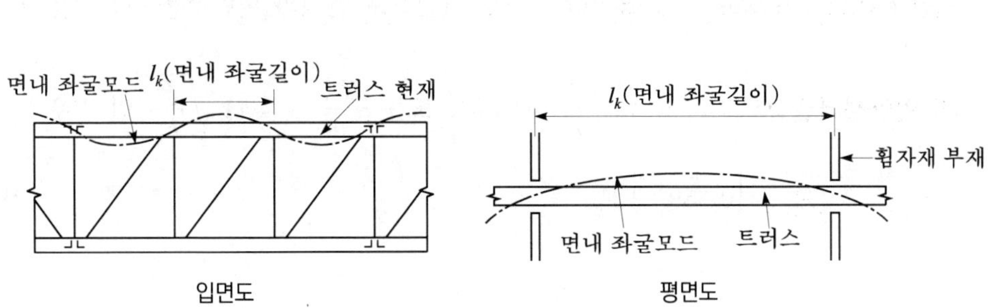

그림 6-7 압축력이 변화하는 압축재

6.2.3 압축재의 세장비 제한

강구조 건축물과 일반 강구조의 경우, 기둥의 유효세장비(L_c/r)는 가급적 200을 넘지 않도록 한다. 교량 강구조의 경우, 압축부재의 세장비는 주부재는 $L_c/r \le 120$, 가새는 $L_c/r \le 140$를 만족하여야 한다(여기서, $L_c = KL$: 부재의 유효길이(mm)).

6.3 압축재 설계 Design of Compression Member

6.3.1 비세장판 단면을 가진 부재의 휨좌굴에 대한 압축강도

1. 균일압축을 받는 비세장판 요소의 단면으로 된 압축부재에 적용되며, 비틀림에 대한 유효 비지지길이가 휨좌굴에 대한 유효 비지지길이보다 큰 경우, H형강이나 그와 유사한 형상의 기둥의 설계는 비틀림좌굴 및 휨비틀림좌굴에 대한 압축강도를 따른다. 설계압축강도 $\phi_c P_n$ 은 휨좌굴에 대한 한계상태에 기초하여 다음과 같이 산정한다.

$$P_u \leqq \phi_c P_n = \phi_c F_{cr} A_g (\phi_c = 0.9)$$ 식 6-5

여기서, F_{cr} : 임계좌굴응력(MPa)

A_g : 부재의 총단면적(mm^2)

2. **임계좌굴응력**

휨좌굴은 비세장판 단면인 압축재에 적용되며, H-형강을 사용한 기둥에 대한 압축강도 산정에 이용된다. 그림 6-8은 좌굴응력과 세장계수의 상관관계를 나타낸 그래프로 세장계수(slenderness parameter) 1.5를 기준으로 탄성과 비탄성을 구분하였다.

(1) **비탄성좌굴강도** : $\lambda_c \leqq 1.5 \left(\dfrac{F_y}{F_e} \leqq 2.25 \right)$ 또는 $\dfrac{KL}{r} \leqq 4.71 \sqrt{\dfrac{E}{F_y}}$ 인 경우

$$F_{cr} = \left[0.658^{\lambda_c^2} \right] F_y$$ 식 6-6(a)

(2) **탄성좌굴강도** : $\lambda_c > 1.5\left(\dfrac{F_y}{F_e} > 2.25\right)$ 또는 $\dfrac{KL}{r} > 4.71\sqrt{\dfrac{E}{F_y}}$ 인 경우

$$F_{cr} = \frac{0.877}{\lambda_c^2}F_y \qquad \text{식 6-6(b)}$$

여기서, F_y : 강재의 항복강도(MPa)

$F_e = \dfrac{\pi^2 E}{\left(\dfrac{KL}{r}\right)^2}$: 탄성좌굴해석을 통하여 구하는 탄성좌굴응력(MPa)

E : 강재의 탄성계수(MPa)

K : 유효길이계수

L : 부재의 횡좌굴에 대한 비지지길이(mm)

r : 좌굴축에 대한 단면2차반경(mm)

$\lambda_c{}^2 = \dfrac{F_y}{F_e}$: 세장계수(slenderness parameter)

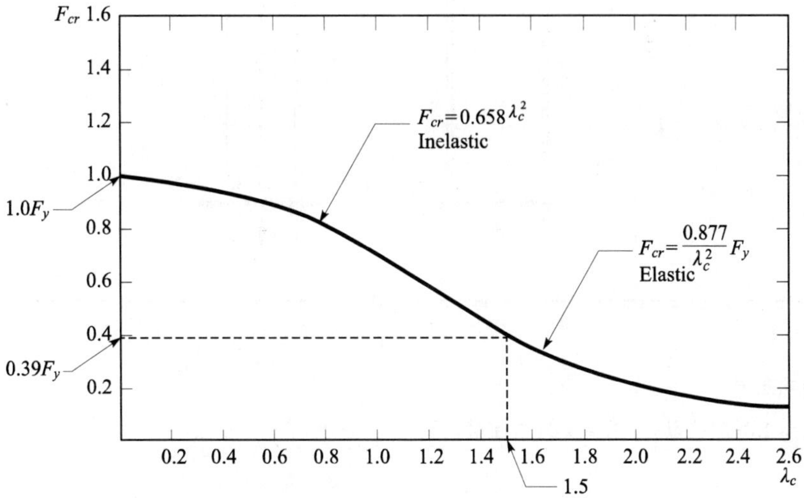

그림 6-8 좌굴응력과 세장계수의 관계

예제 6-2

아래 그림과 같은 경계조건을 갖고 압축을 받는 H-형강의 설계강도를 산정하시오. 단, H-형강의 사용강재는 H-294x200x8x12이고, 재질은 SM355, 탄성계수 $E_s = 2.1 \times 10^5 MPa$ 이다. 단면의 성능은 다음과 같다.

- $A_g = 7.24 \times 10^3 mm^2$
- $I_x = 1.13 \times 10^8 mm^4$
- $I_y = 1.60 \times 10^7 mm^4$
- $r_x = 1.25 \times 10^2 mm$
- $r_y = 4.71 \times 10^1 mm$
- $r = 18 mm$

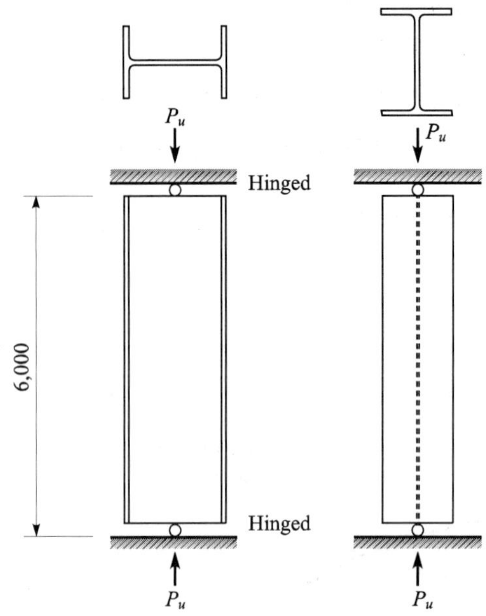

풀이

1. 경계조건

$K = 1.0$(이론값) , $K = 1.0$(설계값)

2. 폭두께비 검토

1) 플랜지 : $\dfrac{b}{t_f} = \dfrac{100}{12} = 8.3 < \lambda_r = 0.56\sqrt{\dfrac{E}{F_y}} = 0.56\sqrt{\dfrac{210000}{355}} = 13.6$

2) 웨브 : $\dfrac{h}{t_w} = \dfrac{234}{8} = 29.3 < \lambda_r = 1.49\sqrt{\dfrac{E}{F_y}} = 1.49\sqrt{\dfrac{210000}{355}} = 36.2$

여기서, $h = H - 2(t_f + r) = 294 - 2(12 + 18) = 234 mm$

∴ 비세장판 단면 : 압축재에서 전체 좌굴 전에 국부좌굴은 없다.

3. 세장비 검토

1) 강축에 대한 세장비 : $\dfrac{K_x L_x}{r_x} = \dfrac{1.0 \times 6000}{125} = 48.0$

2) 약축에 대한 세장비 : $\dfrac{K_y L_y}{r_y} = \dfrac{1.0 \times 6000}{47.1} = 127.4$

∴ y-축에 대하여 좌굴 발생

4. 휨좌굴강도 산정

1) x-축 : $F_{ex} = \dfrac{\pi^2 E}{(K_x L_x / r_x)^2} = \dfrac{\pi^2 (210000)}{(48.0)^2} = 899.6\,MPa$

2) y-축 : $F_{ey} = \dfrac{\pi^2 E}{(K_y L_y / r_y)^2} = \dfrac{\pi^2 (210000)}{(127.4)^2} = 127.7\,MPa$

∴ 휨좌굴강도 : $F_e = \min.(F_{ex},\ F_{ey}) = \min.(899.6,\ 127.7) = 127.7\,MPa$

5. 설계강도 산정

1) 세장계수 : $\lambda_c = \sqrt{\dfrac{F_y}{F_e}} = \sqrt{\dfrac{355}{127.7}} = 1.667 > 1.5$

∴ 탄성좌굴(장주)

2) 세장비 : $\dfrac{KL}{r} = 127.4 > 4.71\sqrt{\dfrac{E}{F_y}} = 4.71\sqrt{\dfrac{210000}{355}} = 114.6$

3) 휨좌굴에 대한 압축강도 : $F_{cr} = \dfrac{0.877}{\lambda_c^2} F_y = \dfrac{0.877}{1.667^2}(355) = 112.0\,MPa$

4) 설계강도 : $P_u \leqq \phi_c P_n = \phi_c F_{cr} A_g = 0.9(112.0)(7240) \times 10^{-3} = 730.0\,kN$

6. 결론

탄성 상태에서 좌굴이 발생되는 장주인 경우, 휨좌굴에 대한 압축강도가 그림 6-8에서 보듯 $0.39F_y$($138.45MPa$)보다 적은 $112.0MPa$을 나타내어 작은 응력에서 쉽게 좌굴될 수 있다.

예제 6-3

아래 그림과 같은 경계조건을 갖고 압축을 받는 H-형강의 설계강도를 산정하시오. 단, H-형강의 사용강재는 H-294x200x8x12이고, 재질은 SM355, 탄성계수 $E_s = 2.1\times10^5\,MPa$이다. 단면의 성능은 다음과 같다.

- $A_g = 7.24\times10^3\,mm^2$
- $I_x = 1.13\times10^8\,mm^4$
- $I_y = 1.60\times10^7\,mm^4$
- $r_x = 1.25\times10^2\,mm$
- $r_y = 4.71\times10^1\,mm$
- $r = 18\,mm$

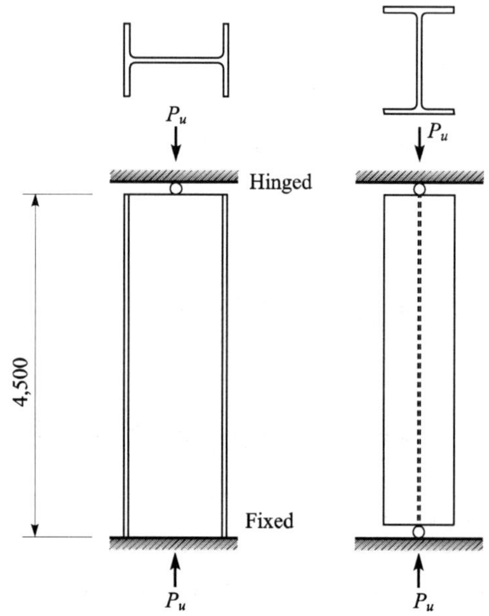

풀이

1. 경계조건

$K = 0.7$(이론값) , $K = 0.8$(설계값)

2. 폭두께비 검토

1) 플랜지 : $\dfrac{b}{t_f} = \dfrac{100}{12} = 8.3 < \lambda_r = 0.56\sqrt{\dfrac{E}{F_y}} = 0.56\sqrt{\dfrac{210000}{355}} = 13.6$

2) 웨브 : $\dfrac{h}{t_w} = \dfrac{234}{8} = 29.3 < \lambda_r = 1.49\sqrt{\dfrac{E}{F_y}} = 1.49\sqrt{\dfrac{210000}{355}} = 36.2$

여기서, $h = H - 2(t_f + r) = 294 - 2(12+18) = 234\,mm$

∴ 비세장판 단면 : 압축재에서 전체 좌굴 전에 국부좌굴은 없다.

3. 세장비 검토

1) 강축에 대한 세장비 : $\dfrac{K_x L_x}{r_x} = \dfrac{0.8 \times 4500}{125} = 28.8$

2) 약축에 대한 세장비 : $\dfrac{K_y L_y}{r_y} = \dfrac{0.8 \times 4500}{47.1} = 76.4$

∴ y-축에 대하여 좌굴 발생

4. 휨좌굴강도 산정

1) x-축 : $F_{ex} = \dfrac{\pi^2 E}{(K_x L_x / r_x)^2} = \dfrac{\pi^2 (210000)}{(28.8)^2} = 2{,}498.8\,MPa$

2) y-축 : $F_{ey} = \dfrac{\pi^2 E}{(K_y L_y / r_y)^2} = \dfrac{\pi^2 (210000)}{(76.4)^2} = 354.8\,MPa$

∴ 휨좌굴강도 : $F_e = \min.(F_{ex},\ F_{ey}) = \min.(2498.8,\ 354.8) = 354.8\,MPa$

5. 설계강도 산정

1) 세장계수 : $\lambda_c = \sqrt{\dfrac{F_y}{F_e}} = \sqrt{\dfrac{355}{354.8}} = 1.00 < 1.5$

∴ 비탄성좌굴(단주)

2) 세장비 : $\dfrac{KL}{r} = 76.4 \leq 4.71\sqrt{\dfrac{E}{F_y}} = 4.71\sqrt{\dfrac{210000}{355}} = 114.6$

3) 휨좌굴에 대한 압축강도 : $F_{cr} = \left[0.658^{\lambda_c^2}\right] F_y = \left[0.658^{1.00^2}\right](355) = 233.6\,MPa$

4) 설계강도 : $P_u \leq \phi_c P_n = \phi_c F_{cr} A_g = 0.9(233.6)(7240) \times 10^{-3} = 1{,}522.1\,kN$

예제 6-4

아래 그림과 같은 경계조건을 갖고, $P_u = 1{,}500\,kN$의 압축력을 받는 H-형강을 선택하시오. 단, 형강의 재질은 SM355, 탄성계수 $E_s = 2.1\times10^5\,MPa$이다.

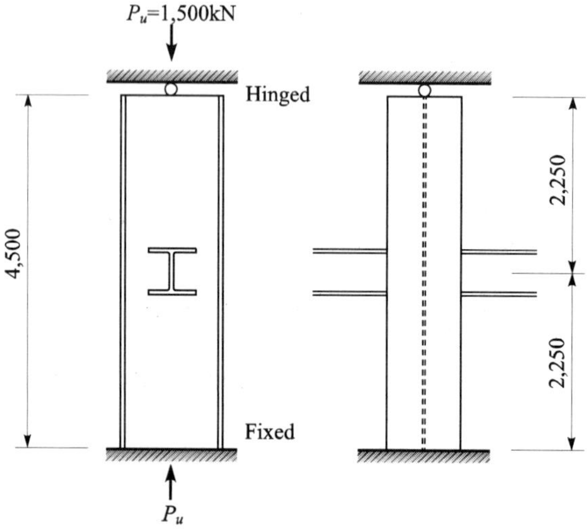

풀이

1. 경계조건

$K = 0.7$(이론값), $K = 0.8$(설계값)

2. 부재 가정-1

$P_u \leq \phi_c P_n = \phi_c F_{cr} A_g (\phi = 0.9)$

휨 좌굴에 대한 압축강도 가정 : $F_{cr} = 0.7F_y = 0.7(355) = 248.5\,MPa$

소요 단면적 : $A_g \geq \dfrac{P_u}{\phi_c F_{cr}} = \dfrac{1500\times10^3}{0.9(248.5)} = 6{,}707\,mm^2$

단면 가정에 따른 단면 성능 : H-250×250×9×14($A_g = 9.218\times10^3 mm^2$)

- $I_x = 1.08\times10^8 mm^4$, $I_x = 3.65\times10^7 mm^4$

- $r_x = 1.08\times10^2 mm$, $r_y = 6.29\times10^1 mm$, $r = 16\,mm$

1) 폭두께비 검토

플랜지 : $\dfrac{b}{t_f} = \dfrac{125}{14} = 8.9 < \lambda_r = 0.56\sqrt{\dfrac{E}{F_y}} = 0.56\sqrt{\dfrac{210000}{355}} = 13.6$

웨브 : $\dfrac{h}{t_w} = \dfrac{190}{9} = 21.1 < \lambda_r = 1.49\sqrt{\dfrac{E}{F_y}} = 1.49\sqrt{\dfrac{210000}{355}} = 36.2$

여기서, $h = H - 2(t_f + r) = 250 - 2(14+16) = 190\,mm$

∴ 비세장판 단면 : 압축재에서 전체 좌굴 전에 국부좌굴은 없다.

2) 세장비 검토

강축에 대한 세장비 : $\dfrac{K_x L_x}{r_x} = \dfrac{0.8 \times 4500}{108} = 33.3$

약축에 대한 세장비 : $\dfrac{K_y L_y}{r_y} = \dfrac{0.8 \times 2250}{62.9} = 28.6$

∴ x-축에 대하여 좌굴 발생

3) 휨좌굴강도 산정

$$F_{ex} = \frac{\pi^2 E}{(K_x L_x / r_x)^2} = \frac{\pi^2 (210000)}{(33.3)^2} = 1{,}869.1\,MPa$$

$$F_{ey} = \frac{\pi^2 E}{(K_y L_y / r_y)^2} = \frac{\pi^2 (210000)}{(28.6)^2} = 2{,}533.9\,MPa$$

∴ 휨좌굴강도 :

$F_e = \min.(F_{ex},\ F_{ey}) = \min.(1869.1,\ 2533.9) = 1{,}869.1\,MPa$

4) 설계강도 산정

세장계수 : $\lambda_c = \sqrt{\dfrac{F_y}{F_e}} = \sqrt{\dfrac{355}{1869.1}} = 0.436 < 1.5$

세장비 : $\dfrac{KL}{r} = 33.3 \leq 4.71\sqrt{\dfrac{E}{F_y}} = 4.71\sqrt{\dfrac{210000}{355}} = 114.6$

∴ 비탄성좌굴(단주)

휨좌굴에 대한 압축강도 : $F_{cr} = \left[0.658^{\lambda_c^{\,2}}\right] F_y = \left[0.658^{0.436^2}\right](355) = 327.9\,MPa$

설계강도 : $P_u \leq \phi_c P_n = \phi_c F_{cr} A_g = 0.9(327.9)(9218) \times 10^{-3} = 2{,}720.3\,kN$

설계 검증 : $\dfrac{P_u}{\phi_c P_n} = \dfrac{1500}{2720.3} = 0.55 < 1.0$ --- 과 설계

3. 부재 가정-2

단면 가정에 따른 단면 성능 : H-200×200×8×12($A_g = 6.353 \times 10^3 mm^2$)

- $I_x = 4.72 \times 10^7 mm^4$, $I_x = 1.60 \times 10^7 mm^4$
- $r_x = 8.62 \times 10^1 mm$, $r_y = 5.02 \times 10^1 mm$, $r = 13mm$

1) 폭두께비 검토

플랜지 : $\frac{b}{t_f} = \frac{100}{12} = 8.33 < \lambda_r = 0.56\sqrt{\frac{E}{F_y}} = 0.56\sqrt{\frac{210000}{355}} = 13.6$

웨브 : $\frac{h}{t_w} = \frac{150}{8} = 18.75 < \lambda_r = 1.49\sqrt{\frac{E}{F_y}} = 1.49\sqrt{\frac{210000}{355}} = 36.2$

여기서, $h = H - 2(t_f + r) = 200 - 2(12+13) = 150\,mm$

∴ 세장판 단면 : 압축재에서 전체 좌굴 전에 국부좌굴은 없다.

2) 세장비 검토

강축에 대한 세장비 : $\frac{K_x L_x}{r_x} = \frac{0.8 \times 4500}{86.2} = 41.8$

약축에 대한 세장비 : $\frac{K_y L_y}{r_y} = \frac{0.8 \times 2250}{50.2} = 35.9$

∴ x-축에 대하여 좌굴 발생

3) 휨좌굴강도 산정

$$F_{ex} = \frac{\pi^2 E}{(K_x L_x / r_x)^2} = \frac{\pi^2(210000)}{(41.8)^2} = 1{,}186.2\,MPa$$

$$F_{ey} = \frac{\pi^2 E}{(K_y L_y / r_y)^2} = \frac{\pi^2(210000)}{(35.9)^2} = 1{,}608.2\,MPa$$

∴ 휨좌굴강도 :

$F_e = \min.(F_{ex},\ F_{ey}) = \min.(1186.2,\ 1608.2) = 1{,}186.2\,MPa$

4) 설계강도 산정

세장계수 : $\lambda_c = \sqrt{\frac{F_y}{F_e}} = \sqrt{\frac{355}{1186.2}} = 0.547 < 1.5$

$\frac{KL}{r} = 41.8 \leq 4.71\sqrt{\frac{E}{F_y}} = 4.71\sqrt{\frac{210000}{355}} = 114.6$

∴ 비탄성좌굴(단주)

휨좌굴에 대한 압축강도 : $F_{cr} = \left[0.658^{\lambda_c^2}\right] F_y = \left[0.658^{0.547^2}\right](355) = 313.2\,MPa$

설계강도 : $P_u \leq \phi_c P_n = \phi_c F_{cr} A_g = 0.9(313.2)(6353) \times 10^{-3} = 1{,}790.8\,kN$

설계 검증 : $\frac{P_u}{\phi_c P_n} = \frac{1500}{1790.8} = 0.84 < 1.0$ --- O.K

예제 6-5

아래 그림과 같은 경계조건을 갖고, $P_u = 1,500\,kN$ 의 압축력을 받는 H-형강을 선택하시오. 단, 형강의 재질은 SM355, 탄성계수 $E_s = 2.1\times10^5\,MPa$ 이다.

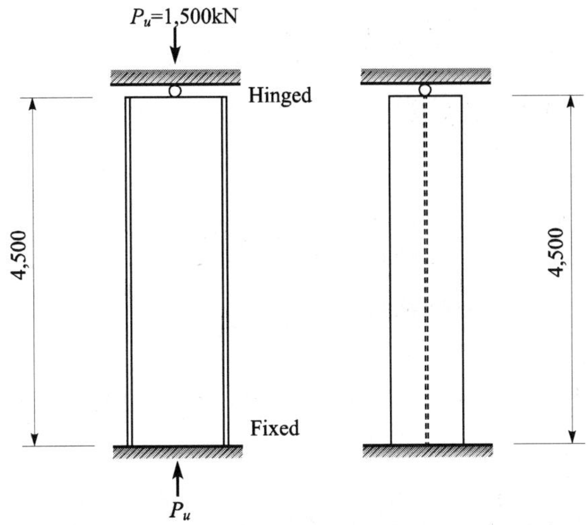

풀이

1. 경계조건

$K = 0.7$(이론값), $K = 0.8$(설계값)

2. 부재 가정-1

$P_u \leqq \phi_c P_n = \phi_c F_{cr} A_g (\phi = 0.9)$

휨 좌굴에 대한 압축강도 가정 : $F_{cr} = 0.7F_y = 0.7(355) = 248.5\,MPa$

소요 단면적 : $A_g \geqq \dfrac{P_u}{\phi_c F_{cr}} = \dfrac{1500\times10^3}{0.9(248.5)} = 6,707\,mm^2$

단면 가정에 따른 단면 성능 : H−250×250×9×14($A_g = 9.218\times10^3 mm^2$)

− $I_x = 1.08\times10^8 mm^4$, $I_x = 3.65\times10^7 mm^4$

− $r_x = 1.08\times10^2 mm$, $r_y = 6.29\times10^1 mm$, $r = 16\,mm$

1) 폭두께비 검토

플랜지 : $\dfrac{b}{t_f} = \dfrac{125}{14} = 8.9 < \lambda_r = 0.56\sqrt{\dfrac{E}{F_y}} = 0.56\sqrt{\dfrac{210000}{355}} = 13.6$

웨브 : $\dfrac{h}{t_w} = \dfrac{190}{9} = 21.1 < \lambda_r = 1.49\sqrt{\dfrac{E}{F_y}} = 1.49\sqrt{\dfrac{210000}{355}} = 36.2$

여기서, $h = H - 2(t_f + r) = 250 - 2(14+16) = 190\,mm$

∴ 비세장판 단면 : 압축재에서 전체 좌굴 전에 국부좌굴은 없다.

2) 세장비 검토

강축에 대한 세장비 : $\dfrac{K_x L_x}{r_x} = \dfrac{0.8 \times 4500}{108} = 33.3$

약축에 대한 세장비 : $\dfrac{K_y L_y}{r_y} = \dfrac{0.8 \times 4500}{62.9} = 57.2$

∴ y-축에 대하여 좌굴 발생

3) 휨좌굴강도 산정

$$F_{ex} = \frac{\pi^2 E}{(K_x L_x / r_x)^2} = \frac{\pi^2 (210000)}{(33.3)^2} = 1{,}869.1\,MPa$$

$$F_{ey} = \frac{\pi^2 E}{(K_y L_y / r_y)^2} = \frac{\pi^2 (210000)}{(57.2)^2} = 632.7\,MPa$$

∴ 휨좌굴강도 : $F_e = \min.(F_{ex},\ F_{ey}) = \min.(1869.1,\ 632.7) = 632.7\,MPa$

4) 설계강도 산정

세장계수 : $\lambda_c = \sqrt{\dfrac{F_y}{F_e}} = \sqrt{\dfrac{355}{632.7}} = 0.749 < 1.5$

세장비 : $\dfrac{KL}{r} = 57.2 \leqq 4.71\sqrt{\dfrac{E}{F_y}} = 4.71\sqrt{\dfrac{210000}{355}} = 114.6$

∴ 비탄성좌굴(단주)

휨좌굴에 대한 압축강도 : $F_{cr} = \left[0.658^{\lambda_c^2}\right] F_y = \left[0.658^{0.749^2}\right](355) = 280.7\,MPa$

설계강도 : $P_u \leqq \phi_c P_n = \phi_c F_{cr} A_g = 0.9(280.7)(9218) \times 10^{-3} = 2{,}328.8\,kN$

설계 검증 : $\dfrac{P_u}{\phi_c P_n} = \dfrac{1500}{2328.8} = 0.64 < 1.0$ --- 과 설계

3. 부재 가정-2

단면 가정에 따른 단면 성능 : H-200×200×8×12($A_g = 6.353 \times 10^3 mm^2$)

- $I_x = 4.72 \times 10^7 mm^4$, $I_x = 1.60 \times 10^7 mm^4$
- $r_x = 8.62 \times 10^1 mm$, $r_y = 5.02 \times 10^1 mm$, $r = 13\,mm$

1) 폭두께비 검토

플랜지 : $\dfrac{b}{t_f} = \dfrac{100}{12} = 8.33 < \lambda_r = 0.56\sqrt{\dfrac{E}{F_y}} = 0.56\sqrt{\dfrac{210000}{355}} = 13.6$

웨브 : $\dfrac{h}{t_w} = \dfrac{150}{8} = 18.75 < \lambda_r = 1.49\sqrt{\dfrac{E}{F_y}} = 1.49\sqrt{\dfrac{210000}{355}} = 36.2$

여기서, $h = H - 2(t_f + r) = 200 - 2(12 + 13) = 150\,mm$

∴ 세장판 단면 : 압축재에서 전체 좌굴 전에 국부좌굴은 없다.

2) 세장비 검토

강축에 대한 세장비 : $\dfrac{K_x L_x}{r_x} = \dfrac{0.8 \times 4500}{86.2} = 41.8$

약축에 대한 세장비 : $\dfrac{K_y L_y}{r_y} = \dfrac{0.8 \times 4500}{50.2} = 71.7$

∴ y-축에 대하여 좌굴 발생

3) 휨좌굴강도 산정

$$F_{ex} = \frac{\pi^2 E}{(K_x L_x / r_x)^2} = \frac{\pi^2 (210000)}{(41.8)^2} = 1{,}186.2\,MPa$$

$$F_{ey} = \frac{\pi^2 E}{(K_y L_y / r_y)^2} = \frac{\pi^2 (210000)}{(71.7)^2} = 403.0\,MPa$$

∴ 휨좌굴강도 : $F_e = \min.(F_{ex},\ F_{ey}) = \min.(1186.2,\ 403.0) = 403.0\,MPa$

4) 설계강도 산정

세장계수 : $\lambda_c = \sqrt{\dfrac{F_y}{F_e}} = \sqrt{\dfrac{355}{403.0}} = 0.939 < 1.5$

$\dfrac{KL}{r} = 71.7 \leq 4.71\sqrt{\dfrac{E}{F_y}} = 4.71\sqrt{\dfrac{210000}{355}} = 114.6$

∴ 비탄성좌굴(단주)

휨좌굴에 대한 압축강도 : $F_{cr} = \left[0.658^{\lambda_c^2}\right] F_y = \left[0.658^{0.939^2}\right](355) = 245.5\,MPa$

설계강도 : $P_u \leq \phi_c P_n = \phi_c F_{cr} A_g = 0.9(245.5)(6353) \times 10^{-3} = 1{,}403.4\,kN$

설계 검증 : $\dfrac{P_u}{\phi_c P_n} = \dfrac{1500}{1403.4} = 1.07 > 1.0$ --- N.G

4. 예제 6-4와 예제 6-5 비교

약축에 대한 횡지지가 된 예제 6-4와 약축에 대한 횡지지가 없는 예제 6-5를 비교하여 아래의 표를 보면 H-250×250×9×14 단면에 대해서는 횡지지가 되면 설계강도가 17% 정도 증가되고, H-200×200×8×12 단면의 경우는 28% 정도의 설계강도가 증가한다. 결과적으로 약축에 대하여 보강하면 설계강도는 대략 20% 내외의 증가를 보여준다.

구분	예제 6-4① 약축 횡지지	예제 6-5② 약축 횡지지 없음	비교 : ①/②
H-250×250×9×14	$\phi_c P_n = 2{,}720.3\,kN$	$\phi_c P_n = 2{,}328.8\,kN$	1.17
H-200×200×8×12	$\phi_c P_n = 1{,}790.8\,kN$	$\phi_c P_n = 1{,}403.4\,kN$	1.28

6.3.2 비세장판 단면을 가진 부재의 비틀림좌굴 및 휨비틀림좌굴에 대한 압축강도

1. 비세장판 단면을 가지는 부재로서, 1축대칭 부재, 비대칭 부재, +형 또는 조립부재와 같은 2축대칭 부재, 비틀림에 대한 비지지길이가 휨좌굴에 대한 비지지길이를 초과하는 2축대칭 부재에 적용한다. 또한 $b/t > 0.71\sqrt{E/F_y}$ 인 단일ㄱ형강 부재의 경우에도 적용된다. 여기서, b는 가장 긴 다리의 폭이며 t는 두께이다.

2. 설계압축강도 $\phi_c P_n$ 은 비틀림좌굴과 휨비틀림좌굴에 대한 한계상태에 기초하여 다음과 같이 산정한다.

$$P_u \leqq \phi_c P_n = \phi_c F_{cr} A_g \, (\phi_c = 0.9) \qquad \text{식 6-7}$$

3. 임계좌굴응력 F_{cr} 은 비탄성에 대한 식 6−6(a) 또는 탄성에 대한 식 6−6(b)에 의해 계산하며, 이 경우에 적용되는 비틀림 또는 휨비틀림 탄성좌굴응력(F_e)은 다음과 같이 산정한다.

(1) 전단중심을 중심으로 비틀리는 2축대칭 부재의 경우

$$F_e = \left[\frac{\pi^2 E C_w}{L_{cz}^2} + GJ\right]\frac{1}{I_x + I_y} \qquad \text{식 6-8(a)}$$

(2) 전단중심을 중심으로 비틀리는 y축에 대칭인 1축대칭 부재의 경우에 해당하며, ㄷ형강과 같이 x축에 대칭인 1축대칭 부재의 경우 아래 식의 F_{ey} 대신 F_{ex} 를 적용한다.

$$F_e = \left(\frac{F_{ey} + F_{ez}}{2H}\right)\left[1 - \sqrt{1 - \frac{4F_{ey}F_{ez}H}{(F_{ey} + F_{ez})^2}}\right] \qquad \text{식 6-8(b)}$$

(3) 전단중심을 중심으로 비틀리는 비대칭 부재의 경우 다음 3차 방정식의 해 중 가장 작은 해를 F_e 를 사용한다. 2축대칭 H형단면의 경우, $C_w = I_y h_0^2/4$ 값을 사용할 수 있다. 여기서, h_0는 플랜지 도심 간의 거리를 나타낸다. T형강과 쌍ㄱ형강의 경우, F_{ez} 를 계산할 때 C_w 를 포함한 항을 삭제하고 x_0 를 0으로 놓는다.

$$(F_e - F_{ex})(F_e - F_{ey})(F_e - F_{ez}) - F_e^{\,2}(F_e - F_{ey})\left(\frac{x_0}{\overline{r_0}}\right)^2$$

$$- F_e^{\,3}(F_e - F_{ex})\left(\frac{y_o}{\overline{r_0}}\right)^2 = 0 \qquad \text{식 6-8(c)}$$

여기서, $F_{ex} = \dfrac{\pi^2 E}{(K_x L / r_x)^2}$: x-축에 대한 휨 좌굴강도

$F_{ey} = \dfrac{\pi^2 E}{(K_y L / r_y)^2}$: y-축에 대한 휨 좌굴강도

$F_{ez} = \left[\dfrac{\pi^2 E C_w}{(K_z L)^2} + GJ\right]\dfrac{1}{A_g \overline{r_0}^2}$: z-축에 대한 휨 좌굴강도

$H = 1 - \dfrac{x_0^2 + y_0^2}{\overline{r_0}^2}$

$\overline{r_0}$: 전단중심에 대한 극2차반경(mm)

$\overline{r_0}^2 = x_0^2 + y_0^2 + \dfrac{I_x + I_y}{A_g}$

x_0, y_0 : 단면의 도심에서 전단중심까지의 거리(mm)

K_x : x-축에 대해서 휨좌굴에 대한 유효길이계수

K_y : y-축에 대해서 휨좌굴에 대한 유효길이계수

K_z : z-축에 대해서 비틀림좌굴에 대한 유효길이계수

C_w : 뒴상수(mm^6)

J : 비틀림상수(mm^4)

G : 전단탄성계수($= 79{,}000\,MPa$)

6.3.3 단일ㄱ형강 압축부재

(1) 단일ㄱ형강 부재의 설계압축강도 $\phi_c P_n$은 비세장판 단면 또는 세장판 단면에 의한 휨좌굴 한계상태 또는 비세장판 단면에 의한 휨비틀림좌굴에 대한 가장 낮은 값으로 산정한다. 휨비틀림 좌굴은 $b/t \le 0.71\sqrt{E/F_y}$일 때는 고려하지 않아도 된다.

(2) 단일ㄱ형강 압축부재의 편심에 대한 효과는 다음의 조건을 만족할 경우 무시할 수 있으며, 아래에서 규정한 유효세장비 중 하나를 사용하여 압축부재를 평가할 수 있다.

① 동일한 하나의 다리를 통하여 양단에서 압축력을 받는 부재

② 용접이나 최소한 2개의 볼트로 접합되어있는 부재

③ 중간 횡하중이 없는 경우

④ 단면에서 계산된 L_c/r이 200을 초과하지 않는 경우

⑤ 부등변ㄱ형강의 경우, 짧은 다리의 폭에 대한 긴 다리의 폭의 비가 1.7보다 작은 경우

(3) 위의 만족하지 않는 단일ㄱ형강 압축부재는 축력과 휨의 조합된 힘을 받는 부재는 8장 조합력과 비틀림을 받는 부재의 규정에 따른다.

1. 개별 부재 또는 거셋플레이트나 현의 동일한 면에 부착된 인접한 웨브 부재가 있는 평면 트러스의 웨브 부재인 ㄱ형강의 경우

(1) 등변ㄱ형강 또는 긴 다리로 접합된 부등변ㄱ형강의 경우

① $\dfrac{L}{r_a} \le 80$일 때, $\dfrac{L_c}{r} = 72 + 0.75\dfrac{L}{r_a}$ 식 6-9(a)

② $\dfrac{L}{r_a} > 80$일 때, $\dfrac{L_c}{r} = 32 + 1.25\dfrac{L}{r_a} \le 200$ 식 6-9(b)

(2) 짧은 다리를 통하여 접합된 부등변ㄱ형강에서, 식 6-9(a)와 식 6-9(b)로부터 계산된 L_c/r는 $4\left[(b_l/b_s)^2-1\right]$을 더하여 증가시킨다. 다만, L_c/r는 $0.95L/r_z$ 이상이어야 한다.

2. 거셋플레이트 또는 현의 동일한 면에 부착된 인접한 웨브 부재가 있는 박스 또는 입체트러스의 웨브 부재인 ㄱ형강의 경우

(1) 등변ㄱ형강 또는 긴 다리로 접합된 부등변ㄱ형강의 경우

① $\dfrac{L}{r_a} \le 75$일 때, $\dfrac{L_c}{r} = 60 + 0.8\dfrac{L}{r_a}$ 식 6-10(a)

② $\dfrac{L}{r_a} > 75$일 때, $\dfrac{L_c}{r} = 45 + \dfrac{L}{r_a} \le 200$ 식 6-10(b)

(2) 다리길이의 비가 1.7 이하이고 짧은 다리가 접합된 부등변ㄱ형강에서, 식 6-10(a)와 식 6-10(b)로부터 계산된 L_c/r는 $6\left[(b_l/b_s)^2-1\right]$을 더하여 증가시킨다. 다만, L_c/r는 $0.82L/r_z$ 이상이어야 한다.

여기서, L : 트러스 현 중심선에서 작업점 사이의 부재 길이 (mm)
L_c : 단축에 대해 좌굴에 대한 부재의 유효길이(mm)
b_l : ㄱ형강의 긴 쪽 다리의 길이 (mm)
b_s : ㄱ형강의 짧은 쪽 다리의 길이 (mm)
r_a : 접합된 다리에 평행한 기하학적 축에 대한 단면2차반경 (mm)
r_z : 약축에 대한 단면2차반경 (mm)

6.3.4 세장판요소 단면에 대한 압축강도

1. 균일압축을 받는 세장판 단면에 대한 설계압축강도 $\phi_c P_n$은 휨좌굴, 비틀림좌굴 및 휨비틀림좌굴에 근거하여 해당하는 한계상태 중 가장 작은 값으로 산정한다.

$$\phi_c P_n = \phi_c F_{cr} A_e \,(\phi_c = 0.9)$$ 식6-11

여기서, A_e : 감소된 유효폭 b_e, d_e 또는 h_e에 기초하여 계산된 단면의 유효면적 또는 식 6-13(a) 또는 식 6-13(b)로 계산된 단면적의 합
F_{cr} : 계산에 의한 임계응력으로 ㄱ형강의 경우 F_{cr}은 단지 비세장판 단면에 대한 휨좌굴응력

2. 유효단면적 A_e는 전체단면적 A_g로부터 $(b-b_e)t$로 계산된 감소된 단면적을 감하여 산정할 수 있다.

(1) **원형강관을 제외한 세장판 부재** : 세장판 부재의 유효폭 b_e (T형강의 경우 유효폭은 d_e, 웨브에 대해서는 h_e)는 다음과 같이 계산한다.

① $\lambda \le \lambda_r \sqrt{\dfrac{F_y}{F_{cr}}}$ 인 경우, $b_e = b$ 식 6-12(a)

② $\lambda > \lambda_r \sqrt{\dfrac{F_y}{F_{cr}}}$ 인 경우, $b_e = b\left(1 - c_1\sqrt{\dfrac{F_{el}}{F_{cr}}}\right)\sqrt{\dfrac{F_{el}}{F_{cr}}}$ 식 6-12(b)

여기서, b : 부재의 폭(T형강의 경우 폭은 d, 웨브에 대해서는 h)

c_1 : 유효폭 불완전 조정계수(표 6-4)

$$c_2 = \frac{1 - \sqrt{1 - 4c_1}}{2c_1}$$

λ : 부재의 폭두께비

λ_r : 부재의 한계 폭두께비(표 6-2)

$F_{el} = \left(c_2 \dfrac{\lambda_r}{\lambda}\right)^2 F_y$ 또는 탄성국부좌굴해석에 의한 탄성국부좌굴응력

표 6-4 유효폭 불완전 조정계수

사례	세장부재	c_1	c_2
1	정사각형 또는 사각형 강관을 제외한 보강 부재	0.18	1.31
2	정사각형 또는 사각형 강관 부재	0.20	1.38
3	다른 모든 부재	0.22	1.49

(2) **원형강관** : 유효단면적 A_e는 다음과 같이 계산한다.

① $\dfrac{D}{t} \le 0.11 \dfrac{E}{F_y}$ 인 경우, $A_e = A_g$ 식 6-13(a)

② $0.11 \dfrac{E}{F_y} < \dfrac{D}{t} < 0.45 \dfrac{E}{F_y}$ 인 경우, $A_e = \left[\dfrac{0.038E}{F_y(D/t)} + \dfrac{2}{3}\right] A_g$ 식 6-13(b)

여기서, D : 원형강관의 외경(mm)

t : 두께(mm)

6.4 조립압축재 Latticed Compression Member

6.4.1 조립압축재의 정의

압연형강의 크기와 형태는 제조시설의 제한성으로 인하여 일정규격으로 생산되고 있다. 따라서 설계압축력을 단일재로 지지하는 것이 불가능한 경우에는 강재를 조립하여 만든 압축재를 사용한다. 이러한 조립압축재는 낄판, 띠판, 래티스형식 등이 있으며, 수평력에 의한 전단변형과 접합재의 설계에 유의하여야 한다. 조립압축재의 도심축과 낱개 압축재의 도심축이 일치하는 축을 충복축이라 하고, 충복축과 수직인, 조립압축재의 도심축과 낱개 압축재의 도심축이 일치하지 않는 축을 비충복축이라 한다.

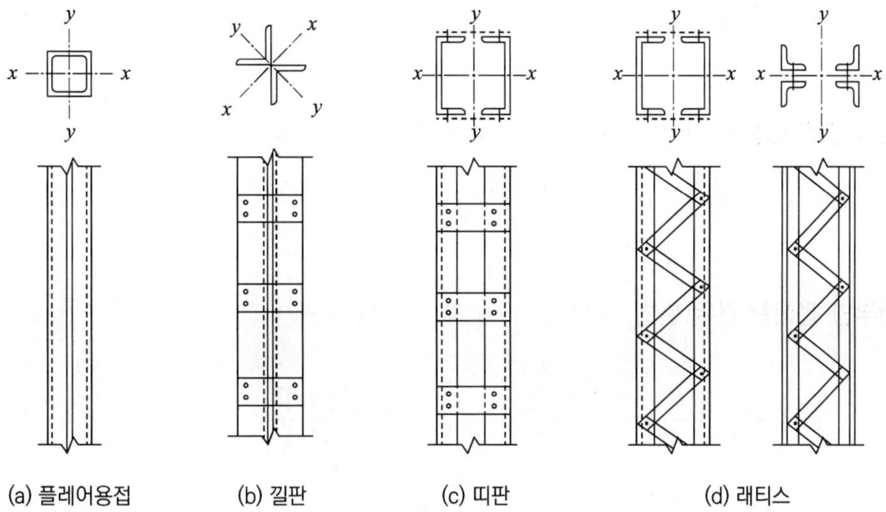

그림 6-9 조립압축재의 종류

1. **충복축**(centroidal axis) : 조립압축재의 도심축과 단일 압축재의 도심축이 일치하는 축이다.
   (1) **단면2차모멘트** : 단면2차모멘트는 단일 압축재의 단면2차모멘트 I_x 와 I_y 의 합 $(I_{xy} = I_x + I_y)$으로 산정한다.
   (2) **좌굴** : 휨좌굴에 대한 저항력이 높으나, 비틀림좌굴에 대한 저항력이 낮다.
   (3) **적용** : 보와 기둥과 같은 휨모멘트가 주로 작용하는 구조물에 적용한다.

2. **비충복축**(noncentroidal axis) : 충복축과 수직인 축으로 조립압축재의 도심축과 단일 압축재의 도심축이 불일치하는 축이다.

(1) **단면2차모멘트** : 단면2차모멘트는 단일 압축재의 단면2차모멘트 I_x 와 I_y 에 더하여, 조립압축재의 단면적 A와 단일 압축재의 도심축 간 거리(d)의 제곱의 합 ($I_{xy} = I_x + I_y + A\,d^2$)으로 산정한다.

(2) **좌굴** : 휨좌굴에 대한 저항력은 낮으나, 비틀림좌굴에 대한 저항력은 높다.

(3) **적용** : 크레인, 굴뚝과 같은 비틀림모멘트가 주로 작용하는 구조물에 적용한다.

6.4.2 조립압축재의 접합 개념

1. 접합을 하지 않은 경우(단면 : 폭(b), 높이(d)) – 그림 6–10(a)

$$I_x = \frac{bd^3}{12}\ ,\ \frac{P_{cr}}{2} = \frac{\pi^2 E \dfrac{bd^3}{12}}{L^2}\ ,\ P_{cr} = \frac{1}{6}\,\frac{\pi^2 Ebd^3}{L^2} \qquad \text{식 6-14(a)}$$

2. 전체를 완전 접합한 경우(단면 : 폭(b), 높이(2d)) – 그림 6–10(b)

$$I_x = \frac{b(2d)^3}{12}\ ,\ P_{cr} = \frac{2}{3}\,\frac{\pi^2 Ebd^3}{L^2} \qquad \text{식 6-14(b)}$$

3. 양단부만 접합한 경우(단면 : 폭(b), 높이(d)) – 그림 6–10(c)

$$I_x = \frac{bd^3}{12}\ ,\ \frac{P_{cr}}{2} = \frac{\pi^2 E \dfrac{bd^3}{12}}{(0.5L)^2}\ ,\ P_{cr} = \frac{2}{3}\,\frac{\pi^2 Ebd^3}{L^2} \qquad \text{식 6-14(c)}$$

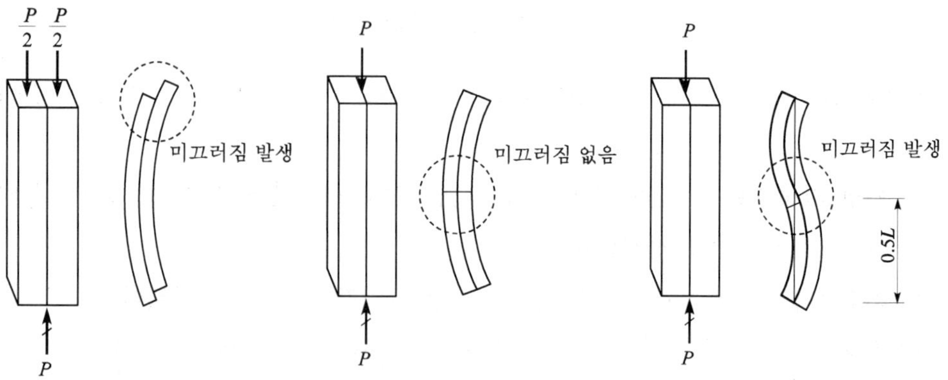

(a) 접합을 하지 않은 경우 (b) 전체를 접합한 경우 (c) 양단부만 접합한 경우

그림 6-10 조립압축재 접합에 따른 좌굴하중 비교

접합을 한 조립압축재가 접합을 하지 않은 조립압축재보다 4배의 좌굴하중을 더 부담하지만, 전체를 접합한 것과 양단부만을 접합한 것은 동일한 좌굴하중을 부담할 수 있다. 따라서 설계에서는 시공성 등을 고려하겠지만 이론적으로는 조립압축재의 개별 부재 간 전체를 굳이 접합하지 않아도 구조적 성능을 충분히 발휘할 수 있다.

6.4.3 조립압축재의 세장비

1. **충복축에 대한 특성 값**

   그림 6-9의 조립재의 도심축과 개재의 도심축이 일치하는 X-X축을 충복축이라 하고, 충복축에 대한 단면2차반경은 $r_X = \sqrt{\dfrac{\Sigma I_x}{\Sigma A}}$ 이다. 여기서 I_x 는 낱개 압축재의 도심축(x축)에 대한 단면2차모멘트이고 A는 낱개 압축재의 단면적이다. 충복축에 대한 세장비 $\dfrac{L_c}{r_X}$ 는 단일 압축재에서 세장비를 구한 것과 같은 방법으로 구하면 된다.

2. **비충복축에 대한 특성 값**

   조립재의 도심축과 개재의 도심축이 일치하지 않는 Y-Y축을 비충복축이라 하며, 비충복축에 대한 조립재의 단면2차모멘트는 평행축 정리를 이용해 구한다. 낱개 압축재의 도심간 거리(mm)를 c라 하면 $I_Y = 2\left[I_y + A\left(\dfrac{c}{2}\right)^2\right]$ 이며, 단면2차반경은 $r_Y = \sqrt{\dfrac{I_Y}{2A}}$ 가 되어 $r_Y = \sqrt{\dfrac{I_y}{A} + \left(\dfrac{c}{2}\right)^2} = \sqrt{r_y^2 + \left(\dfrac{c}{2}\right)^2}$ 가 된다.

   세장비는 비충복축에 대해 단일부재로 거동한다면 $\dfrac{L_c}{r_Y}$ 이다. 만일 좌굴모드가 개재간의 접합재에서 전단력을 발생시키는 상대변형을 포함하고 있다면 조립압축재의 세장비 $\dfrac{L_c}{r_Y}$ 대신 조립압축재의 (수정된) 유효세장비 $\left(\dfrac{L_c}{r}\right)_m$ 을 사용하며, 다음 식으로 계산한다.

   (1) **밀착조임(snug-tight)된 중간 연결재의 경우**

   $$\left(\frac{L_c}{r}\right)_m = \sqrt{\left(\frac{L_c}{r}\right)_0^2 + \left(\frac{a}{r_i}\right)^2} \qquad \text{식 6-15}$$

   (2) **용접이나 전인장조임 볼트로 접합된 중간 연결재의 경우**

   ① $\dfrac{a}{r_i} \le 40$ 일 때, $\left(\dfrac{L_c}{r}\right)_m = \left(\dfrac{L_c}{r}\right)_0$ 　식 6-16(a)

② $\frac{a}{r_i} > 40$ 일 때, $\left(\frac{L_c}{r}\right)_m = \sqrt{\left(\frac{L_c}{r}\right)_0^2 + \left(\frac{K_i a}{r_i}\right)^2}$ 식 6-16(b)

여기서, $\left(\frac{L_c}{r}\right)_0$: 고려하는 좌굴방향으로 단일부재로 거동하는 조립부재의 세장비

$\left(\frac{L_c}{r}\right)_m$: 조립부재의 수정된 세장비

L_c : 조립부재의 유효길이(mm)

r_i : 개재부재 최소 단면2차반경(mm)

a : 연결재 사이의 길이(mm)

$K_i = 0.50$: 서로 맞닿은 ㄱ형강일 경우

$= 0.75$: 서로 맞닿은 ㄷ형강일 경우

$= 0.86$: 위의 경우가 아닌 다른 모든 경우

6.4.4 조립압축재의 구조제한

1. 2개 이상의 형강들로 구성된 조립압축재에서 접합부 사이 간격을 a라고 할 때, a 부분에 해당하는 압축재의 세장비가 조립압축재 전체세장비의 3/4배를 초과하지 않도록 하여야 한다($\frac{a}{r_i} \leq \frac{3}{4}\frac{L_c}{r}$).

2. 커버플레이트를 사용한 조립압축재의 연결재 및 단속용접 최대간격은 가장 얇은 커버플레이트 두께의 $0.75\sqrt{E/F_y}$ 배 및 300mm 이하로 한다. 연결재가 엇모배치 될 경우 각 게이지선에서 연결재의 최대간격은 가장 얇은 커버플레이트 두께의 $1.12\sqrt{E/F_y}$ 배 그리고 460mm 이하로 한다. 조립재의 단부에서 개재 상호간의 접합은 다음과 같다.
   (1) **용접접합** : 용접길이가 조립재의 최대폭 이상이 되도록 하며 연속용접으로 한다.
   (2) **고장력볼트접합** : 조립재 최대폭의 1.5배 이상의 구간에 대해서 길이방향으로 볼트 직경의 4배 이하 간격으로 접합한다.

3. 유공커버플레이트형식 조립압축재
   (1) 응력방향의 개구부의 길이는 개구부 폭의 2배 이하로 한다.
   (2) 응력방향의 개구부 순간격은 조립압축재 개재를 연결시키는 용접 또는 파스너 열사

이의 최소거리 이상이 되어야 한다.

(3) 개구부의 모서리는 곡률반경이 38mm 이상이어야 한다.

4. 유공커버플레이트형식 대안 조립압축재

(1) 래티스 설치에 지장이 있는 경우 그 부분의 양단부와 중간부에 띠판을 설치할 수 있으며, 이때의 띠판은 단부에 가깝게 설치하여야 한다.

(2) 부재단부에 사용되는 띠판의 폭은 구성요소와 띠판을 연결하는 용접선 또는 파스너열 간격 이상이어야 한다.

(3) 부재중간에 사용되는 띠판의 폭은 부재단부 띠판길이의 1/2 이상이어야 한다.

(4) 띠판의 두께는 부재의 구성요소와 띠판을 연결시키는 용접선 또는 파스너열 사이 거리의 1/50 이상이어야 한다.

(5) 띠판의 조립부재에 접합은 용접의 경우 용접길이는 띠판 길이의 1/3 이상이어야 하고 볼트접합의 경우 띠판에 최소한 3개 이상의 파스너로, 응력방향 간격은 파스너 직경의 6배 이하 간격으로 접합하여야 한다.

5. 래티스형식 조립 압축재

(1) 평강, ㄱ형강, ㄷ형강, 기타 형강을 래티스로 사용한다.

(2) 래티스의 재축방향 간격은 조립부재의 플랜지요소 세장비가 부재전체의 최대세장비의 3/4을 초과하지 않도록 한다.

(3) 래티스는 조립압축재 설계압축강도의 2%에 상당하는 부재축에 수직인 전단강도를 지지할 수 있어야 한다.

(4) 단일 래티스재의 세장비 L/r은 140 이하로 하며, 복 래티스재의 경우 세장비는 200 이하로 하고, 그 교차점을 접합한다.

(5) 압축력을 받는 래티스의 길이 L는 단일래티스 경우 주부재와 래티스를 접합하는 용접 또는 파스너 사이의 비지지된 래티스의 길이이며, 복 래티스의 경우 이 길이의 70%로 한다.

(6) 부재축에 대한 래티스재의 경사각은 다음과 같이 한다.

① 단일 래티스 경우 : 60° 이상

② 복 래티스 경우 : 45° 이상

(7) 조립부재의 플랜지요소의 재축방향 용접선 또는 파스너열 사이 거리가 380mm를 초과하면, 래티스는 복 래티스로 하거나 ㄱ형강으로 하는 것이 바람직하다.

예제 6-6

아래 그림과 같은 하우트러스의 경사재(압축재)인 2L−150x150x15(SS275)의 양단이 같은 다리 쪽에 3개의 고장력볼트로 상하현재와 밀착조임(snug−tight)으로 접합되어 있다. 부재길이 $L = 5.0m$ 이고, 접합부재의 간격(g)이 $10mm$ 이며, 마찰접합에 의한 끼판(filler)의 개수에 따른 경사재의 설계압축강도($\phi_c P_n$)를 구하시오. 단, 강재의 탄성계수 $E_s = 2.1 \times 10^5 MPa$, 전단탄성계수 $G = 79{,}000 MPa$ 이고, 단일 형강에 대한 단면의 성질은 다음과 같다.

- $A_g = 4.274 \times 10^3 mm^2$
- $I_x = 8.88 \times 10^6 mm^4$, $I_y = 8.88 \times 10^6 mm^4$
- $I_u = 1.41 \times 10^7 mm^4$, $I_v = 3.65 \times 10^6 mm^4$
- $r_x = r_y = 4.56 \times 10^1 mm$, $r_u = 5.75 \times 10^1 mm$, $r_v = 2.92 \times 10^1 mm$
- $C_x = C_y = 42.4 mm$

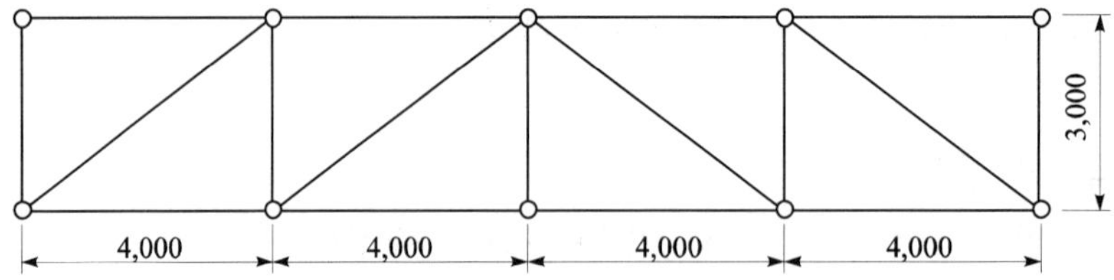

(a) 하우트러스(howe truss)

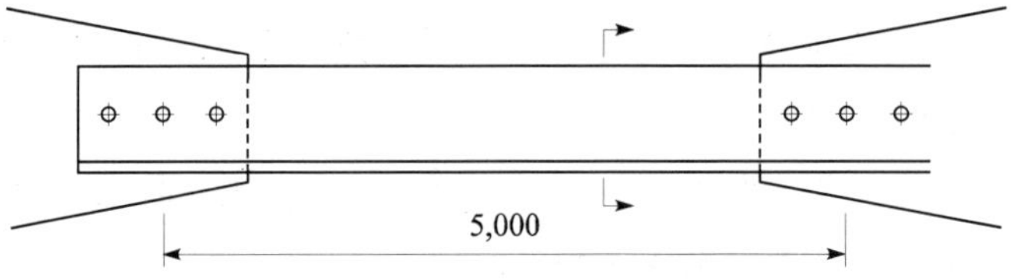

(b) 경사재 형상

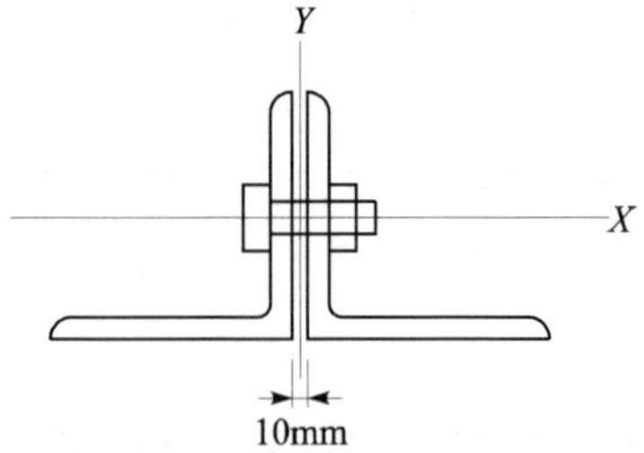

(c) 경사재 단면

풀이

1. 이중 형강에 대한 단면의 성질

$$2A_g = 2\times 4.274\times 10^3 = 8.548\times 10^3 mm^2,\ r_X = 45.6mm$$

$$I_Y = 2\left[I_y + A\left(\frac{c}{2}\right)^2\right] = 2\left[8.88\times 10^6 + 4.274\times 10^3(5+42.4)^2\right]$$

$$I_Y = 3.697\times 10^7 mm^4$$

$$r_Y = \sqrt{\frac{I_Y}{2A_g}} = \sqrt{\frac{3.697\times 10^7}{8.548\times 10^3}} = 65.76mm$$

2. 세장비 검토

1) 충복축(X-X)에 대한 세장비 : $\dfrac{K_X L_X}{r_X} = \dfrac{5000}{45.6} = 109.65$

2) 비충복축(Y-Y)에 대한 세장비 : $\dfrac{K_Y L_Y}{r_Y} = \dfrac{5000}{65.76} = 76.04$

X-축에 대하여 좌굴이 발생된다.

3. 수정된 세장비, $\left(\dfrac{L_c}{r}\right)_m$ 산정

1) 접합 개소 : 0

$$a = \frac{5000}{1} = 5{,}000mm$$

$$r_i = r_x(\text{for single angle}) = 45.6mm$$

$$a = \frac{3}{4}\frac{r_v}{K}\left(\frac{KL}{r}\right)_{\max} = \frac{3}{4}\frac{29.2}{1.0}(109.65) = 2{,}401mm < 5{,}000mm$$

$$\left(\frac{L_c}{r}\right)_m = \sqrt{\left(\frac{L_c}{r}\right)_0^2 + \left(\frac{a}{r_i}\right)^2} = \sqrt{(109.65)^2 + \left(\frac{5000}{45.6}\right)^2} = 155.1$$

2) 접합 개소 : 1

$$a = \frac{5000}{2} = 2{,}500mm > 2{,}401mm$$

$$\left(\frac{KL}{r}\right)_m = \sqrt{(109.65)^2 + \left(\frac{2500}{45.6}\right)^2} = 122.6$$

3) 접합 개소 : 2

$$a = \frac{5000}{3} = 1{,}667mm < 2{,}401mm$$

$$\left(\frac{KL}{r}\right)_m = \sqrt{(109.65)^2 + \left(\frac{1667}{45.6}\right)^2} = 115.6$$

4) 접합 개소 : 3

$$a = \frac{5000}{4} = 1{,}250\,mm < 2{,}401\,mm$$

$$\left(\frac{KL}{r}\right)_m = \sqrt{(109.65)^2 + \left(\frac{1250}{45.6}\right)^2} = 113.0$$

5) 접합 개소 : 4

$$a = \frac{5000}{5} = 1{,}000\,mm < 2{,}401\,mm$$

$$\left(\frac{KL}{r}\right)_m = \sqrt{(109.65)^2 + \left(\frac{1000}{45.6}\right)^2} = 111.8$$

6) 접합 개소 : 5

$$a = \frac{5000}{6} = 833\,mm < 2{,}401\,mm$$

$$\left(\frac{KL}{r}\right)_m = \sqrt{(109.65)^2 + \left(\frac{833}{45.6}\right)^2} = 111.2$$

4. 휨좌굴강도와 휨비틀림좌굴강도 산정

1) 휨좌굴강도 산정

$$F_{eY} = \frac{\pi^2 E}{\left(\frac{K_Y L_Y}{r_Y}\right)^2} = \frac{\pi^2(210000)}{(76.04)^2} = 358.46\,MPa$$

① 접합 개소(0) : $F_{eX} = \dfrac{\pi^2 E}{(K_X L_X / r_X)^2} = \dfrac{\pi^2 E}{(L_c/r)_m} = \dfrac{\pi^2(210000)}{(155.1)^2} = 86.2\,MPa$

② 접합 개소(1) : $F_{eX} = \dfrac{\pi^2 E}{(K_X L_X / r_X)^2} = \dfrac{\pi^2 E}{(L_c/r)_m} = \dfrac{\pi^2(210000)}{(122.6)^2} = 137.9\,MPa$

③ 접합 개소(2) : $F_{eX} = \dfrac{\pi^2 E}{(K_X L_X / r_X)^2} = \dfrac{\pi^2 E}{(L_c/r)_m} = \dfrac{\pi^2(210000)}{(115.6)^2} = 155.1\,MPa$

④ 접합 개소(3) : $F_{eX} = \dfrac{\pi^2 E}{(K_X L_X / r_X)^2} = \dfrac{\pi^2 E}{(L_c/r)_m} = \dfrac{\pi^2(210000)}{(113.0)^2} = 162.3\,MPa$

⑤ 접합 개소(4) : $F_{eX} = \dfrac{\pi^2 E}{(K_X L_X / r_X)^2} = \dfrac{\pi^2 E}{(L_c/r)_m} = \dfrac{\pi^2(210000)}{(111.8)^2} = 165.8\,MPa$

⑥ 접합 개소(5) : $F_{eX}=\dfrac{\pi^2 E}{(K_X L_X/r_X)^2}=\dfrac{\pi^2 E}{(L_c/r)_m}=\dfrac{\pi^2(210000)}{(111.2)^2}=167.6\,MPa$

2) 휨비틀림좌굴강도 산정

$$F_{e1}=\left(\frac{F_{eX}+F_{eZ}}{2H}\right)\left[1-\sqrt{1-\frac{4F_{eX}F_{eZ}H}{(F_{eX}+F_{eZ})^2}}\right]$$

$$F_{eZ}=\left[\frac{\pi^2 EC_w}{(K_Z L_Z)^2}+GJ\right]\frac{1}{A_g\overline{r_0}^2}\approx\frac{GJ}{A_g\overline{r_0}^2}$$

$$J=\frac{1}{3}\sum bt^3=\frac{1}{3}(142.5\times15^3+142.5\times15^3)2=641{,}250\,mm^4$$

$$\overline{r_0}^2=x_0^2+y_0^2+\frac{I_x+I_y}{A_g}=y_0^2+\frac{2I_x+I_Y}{2A_g}$$

$$\overline{r_0}^2=\left(42.4-\frac{15}{2}\right)^2+\frac{2(8.88\times10^6)+3.697\times10^7}{2(4.274\times10^3)}=7{,}620.68\,mm^2$$

$$H=1-\frac{x_0^2+y_0^2}{\overline{r_0}^2}=1-\frac{0+34.9^2}{7620.68}=0.84$$

$$F_{eZ}=\frac{GJ}{2A_g\overline{r_0}^2}=\frac{79000(641250)}{2(4.274\times10^3)(7620.68)}=777.67\,MPa$$

① 접합 개소(0) : $F_{eX}+F_{eZ}=86.2+777.7=863.9\,MPa$

$F_{eX}\times F_{eZ}=86.2\times777.7=67{,}037.7\,MPa$

$$F_{e1}=\left(\frac{863.9}{2\times0.84}\right)\left[1-\sqrt{1-\frac{4(67037.7)(0.84)}{(863.9)^2}}\right]=84.6\,MPa$$

② 접합 개소(1) : $F_{eX}+F_{eZ}=137.9+777.7=915.6\,MPa$

$F_{eX}\times F_{eZ}=137.9\times777.7=107{,}244.8\,MPa$

$$F_{e1}=\left(\frac{915.6}{2\times0.84}\right)\left[1-\sqrt{1-\frac{4(107244.8)(0.84)}{(915.6)^2}}\right]=133.5\,MPa$$

③ 접합 개소(2) : $F_{eX}+F_{eZ}=155.1+777.7=932.8\,MPa$

$F_{eX}\times F_{eZ}=155.1\times777.7=120{,}621.3\,MPa$

$$F_{e1}=\left(\frac{932.8}{2\times0.84}\right)\left[1-\sqrt{1-\frac{4(120621.3)(0.84)}{(932.8)^2}}\right]=149.4\,MPa$$

④ 접합 개소(3) : $F_{eX}+F_{eZ}=162.3+777.7=940.0\,MPa$

$F_{eX}\times F_{eZ}=162.3\times777.7=126{,}220.7\,MPa$

$$F_{e1}=\left(\frac{940.0}{2\times0.84}\right)\left[1-\sqrt{1-\frac{4(126220.7)(0.84)}{(940.0)^2}}\right]=156.0\,MPa$$

⑤ 접합 개소(4) : $F_{eX}+F_{eZ}=165.8+777.7=943.5\,MPa$

$$F_{eX} \times F_{eZ} = 165.8 \times 777.7 = 128{,}942.7\,MPa$$

$$F_{e1} = \left(\frac{943.5}{2 \times 0.84}\right)\left[1 - \sqrt{1 - \frac{4(128942.7)(0.84)}{(943.5)^2}}\right] = 159.2\,MPa$$

⑥ 접합 개소(5) : $F_{eX} + F_{eZ} = 167.6 + 777.7 = 945.3\,MPa$

$$F_{eX} \times F_{eZ} = 167.6 \times 777.7 = 130{,}342.5\,MPa$$

$$F_{e1} = \left(\frac{945.3}{2 \times 0.84}\right)\left[1 - \sqrt{1 - \frac{4(130342.5)(0.84)}{(945.3)^2}}\right] = 160.9\,MPa$$

3) 좌굴강도 산정

$F_e = \min.(F_{eY},\ F_{e1})$

① 접합 개소(0) : $F_e = \min.(F_{eX},\ F_{e1}) = \min.(86.2,\ 84.6) = 84.6\,MPa$

② 접합 개소(1) : $F_e = \min.(F_{eX},\ F_{e1}) = \min.(137.9,\ 133.5) = 133.5\,MPa$

③ 접합 개소(2) : $F_e = \min.(F_{eX},\ F_{e1}) = \min.(155.1,\ 149.4) = 149.4\,MPa$

④ 접합 개소(3) : $F_e = \min.(F_{eX},\ F_{e1}) = \min.(162.3,\ 156.0) = 156.0\,MPa$

⑤ 접합 개소(4) : $F_e = \min.(F_{eX},\ F_{e1}) = \min.(165.8,\ 159.2) = 159.2\,MPa$

⑥ 접합 개소(5) : $F_e = \min.(F_{eX},\ F_{e1}) = \min.(167.6,\ 160.9) = 160.9\,MPa$

4. 세장계수 산정

① 접합 개소(0) : $\lambda_e = \sqrt{\frac{F_y}{F_e}} = \sqrt{\frac{275}{84.6}} = 1.803 > 1.5$: 탄성

② 접합 개소(1) : $\lambda_e = \sqrt{\frac{F_y}{F_e}} = \sqrt{\frac{275}{133.5}} = 1.435 < 1.5$: 비탄성

③ 접합 개소(2) : $\lambda_e = \sqrt{\frac{F_y}{F_e}} = \sqrt{\frac{275}{149.4}} = 1.357 < 1.5$: 비탄성

④ 접합 개소(3) : $\lambda_e = \sqrt{\frac{F_y}{F_e}} = \sqrt{\frac{275}{156.0}} = 1.328 < 1.5$: 비탄성

⑤ 접합 개소(4) : $\lambda_e = \sqrt{\frac{F_y}{F_e}} = \sqrt{\frac{275}{159.2}} = 1.314 < 1.5$: 비탄성

⑥ 접합 개소(5) : $\lambda_e = \sqrt{\frac{F_y}{F_e}} = \sqrt{\frac{275}{160.9}} = 1.307 < 1.5$: 비탄성

5. 폭-두께비 검토

6. 설계강도 산정

① 접합 개소(0) : $\phi_c P_n = \phi_c A_g F_{cr} = \phi_c A_g \dfrac{0.877}{{\lambda_e}^2} F_y$

$$\phi_c P_n = 0.9(2 \times 4.274 \times 10^3)\frac{0.877}{1.803^2}(275) \times 10^{-3} = 570.8\,kN$$

② 접합 개소(1) : $\phi_c P_n = \phi_c A_g F_{cr} = \phi_c A_g 0.658^{{\lambda_e}^2} F_y$

$$\phi_c P_n = 0.9(2 \times 4.274 \times 10^3)\,0.658^{1.435^2}(275) \times 10^{-3} = 893.6\,kN$$

③ 접합 개소(2) : $\phi_c P_n = 0.9(2 \times 4.274 \times 10^3)\,0.658^{1.357^2}(275) \times 10^{-3} = 978.8\,kN$

④ 접합 개소(3) : $\phi_c P_n = 0.9(2 \times 4.274 \times 10^3)\,0.658^{1.328^2}(275) \times 10^{-3} = 1{,}011.3\,kN$

⑤ 접합 개소(4) : $\phi_c P_n = 0.9(2 \times 4.274 \times 10^3)\,0.658^{1.314^2}(275) \times 10^{-3} = 1{,}027.1\,kN$

⑥ 접합 개소(5) : $\phi_c P_n = 0.9(2 \times 4.274 \times 10^3)\,0.658^{1.307^2}(275) \times 10^{-3} = 1{,}035.0\,kN$

7. 결론

아래의 그림은 낄판(filler)의 개수에 따른 조립압축 부재의 설계강도를 나타낸 것으로 낄판의 개수가 3개를 넘는 경우에는 설계강도가 거의 변하지 않는 것으로 나타난다. 따라서, 본 예제의 유효좌굴길이 $5m$ 정도에서는 낄판 및 용접 개소가 3개 이상일 경우에는 설계강도가 거의 증가하지 않으므로 부재설계 시 이런 측면을 고려하는 것이 경제적이다.

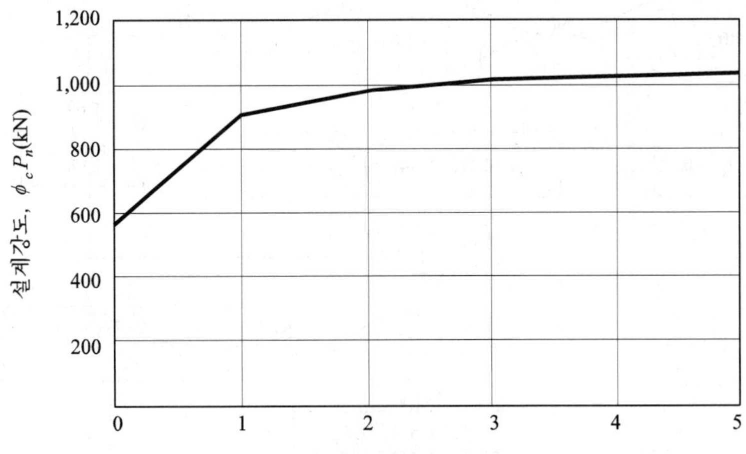

그림 낄판(filler)의 갯수에 따른 설계강도

6.5 압축재 설계를 위한 흐름도 Flow Chart

1. H-형태(H shaped) 단면 설계용 흐름도

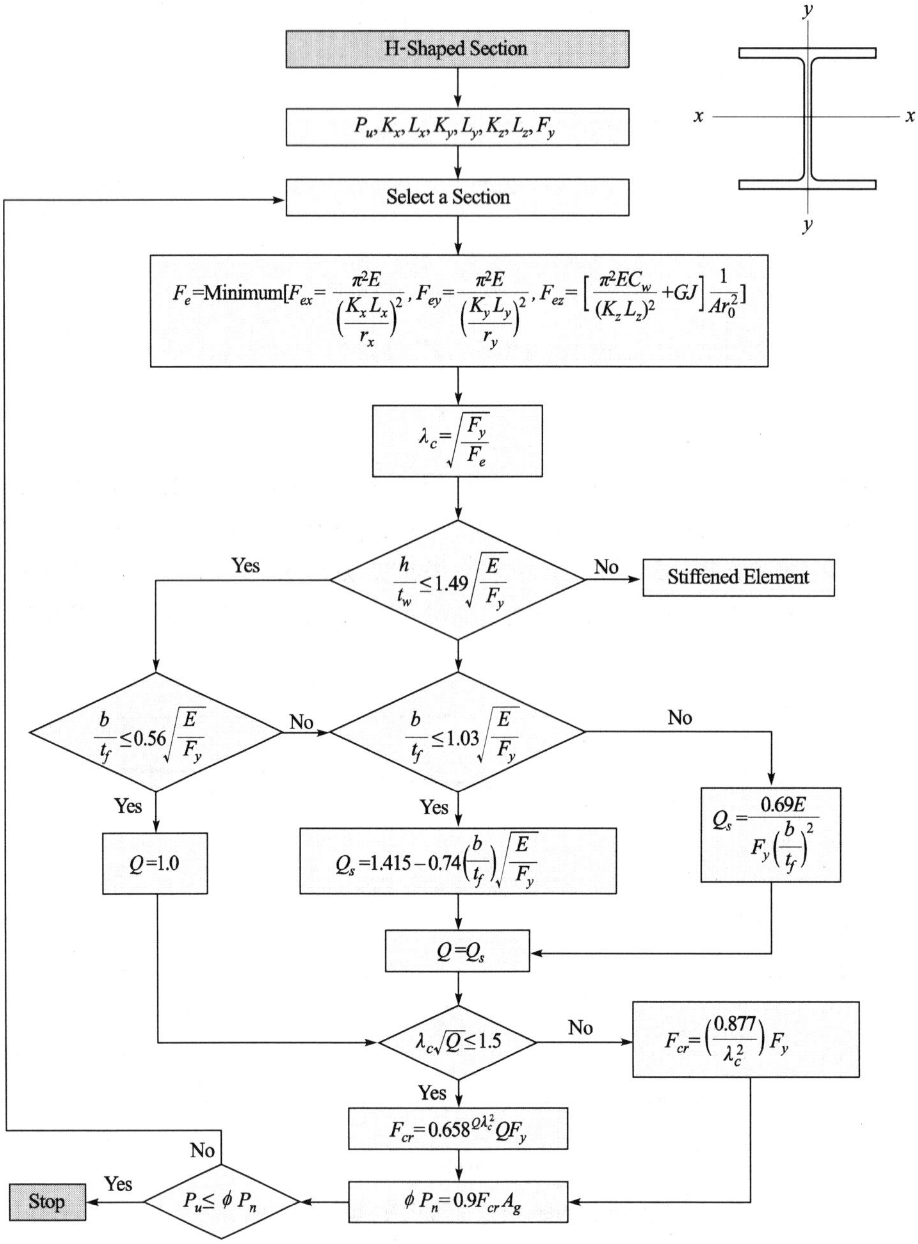

그림 6-11 H-형태(H shaped) 단면 설계용 흐름도

2. ㄷ-형태(Channel shaped) 단면 설계용 흐름도

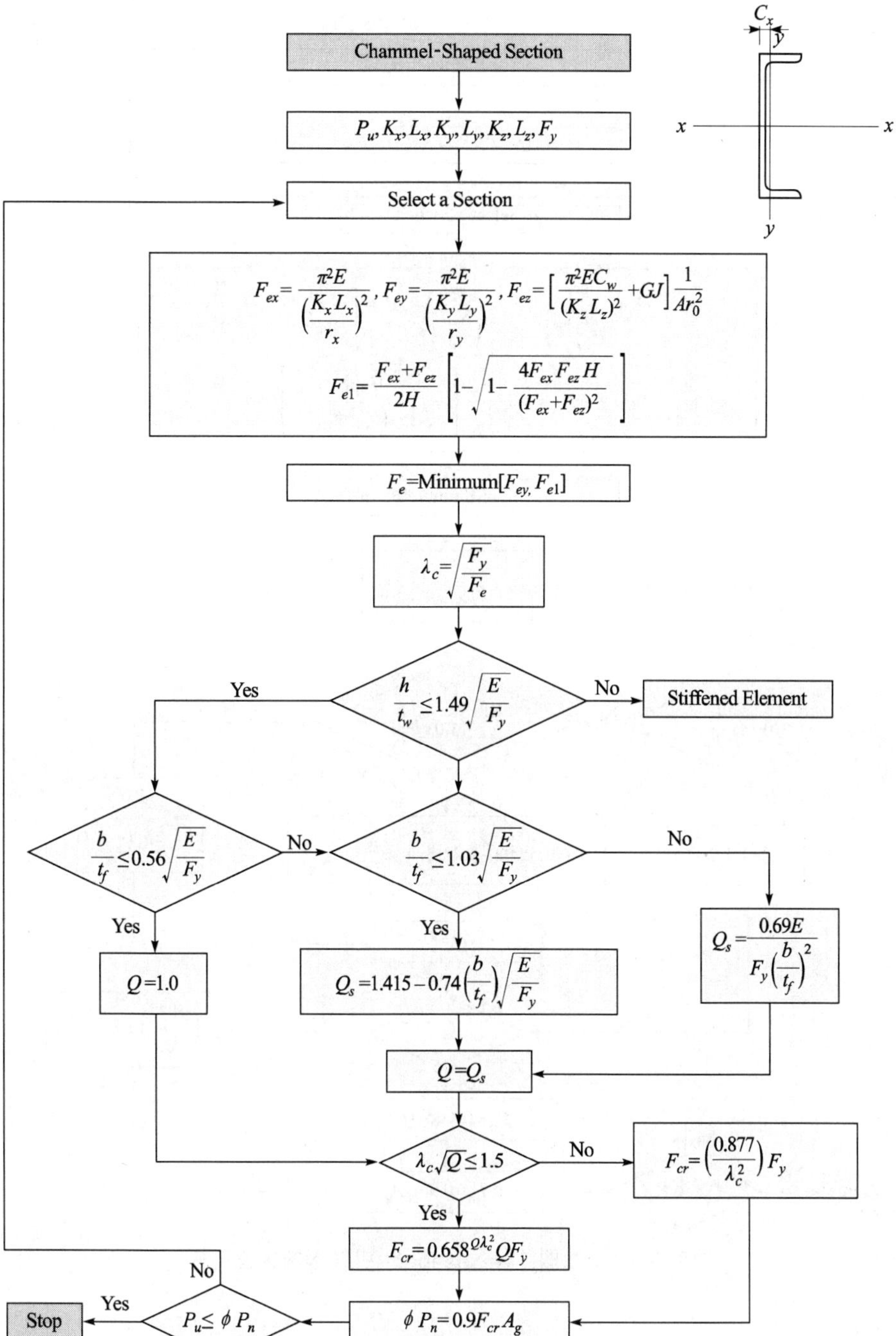

그림 6-12 ㄷ-형태(Channel shaped) 단면 설계용 흐름도

3. T-형태(Tee shaaped) 단면 설계용 흐름도

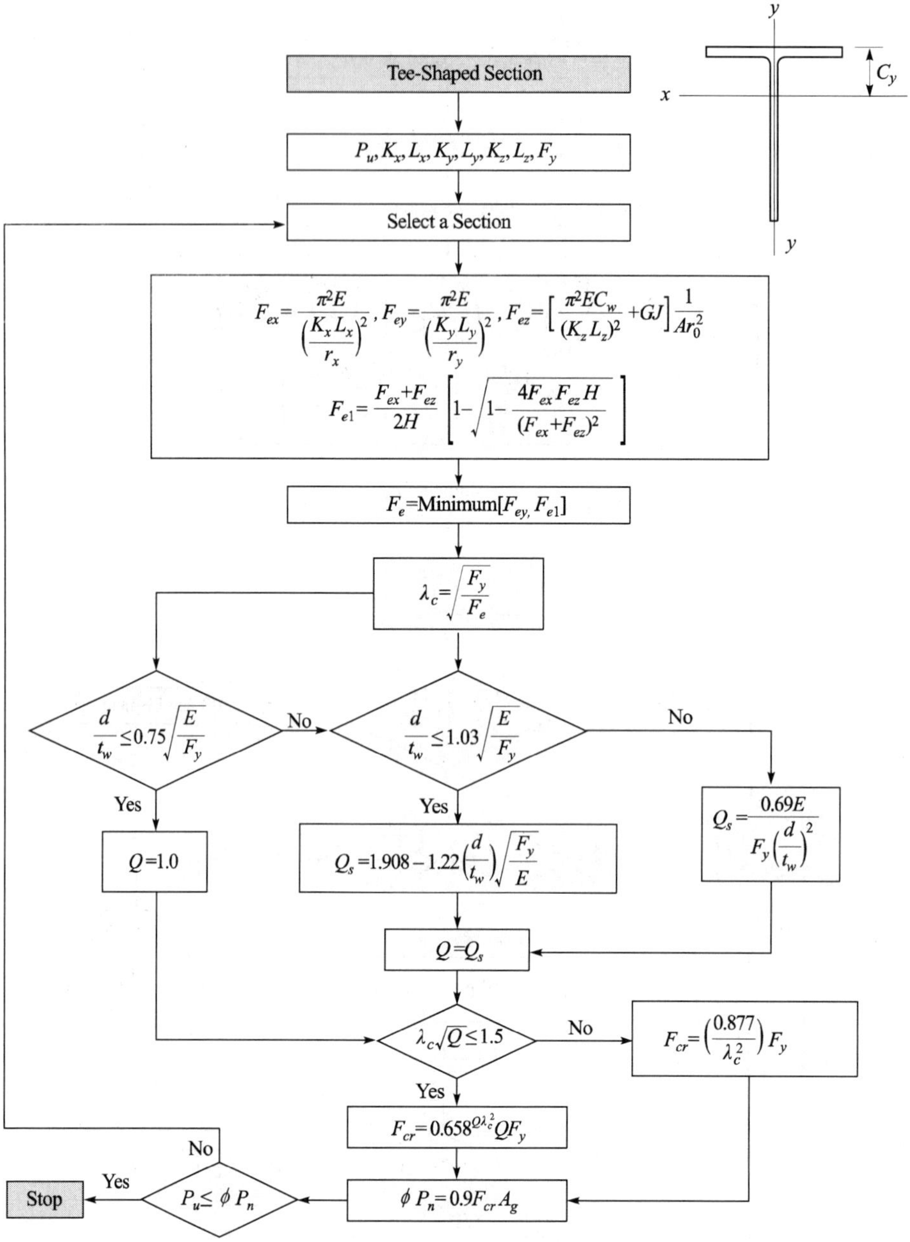

그림 6-13 T-형태(Tee shaaped) 단면 설계용 흐름도

4. 단일 ㄱ-형태(Single-Angle shaped) 단면 설계용 흐름도

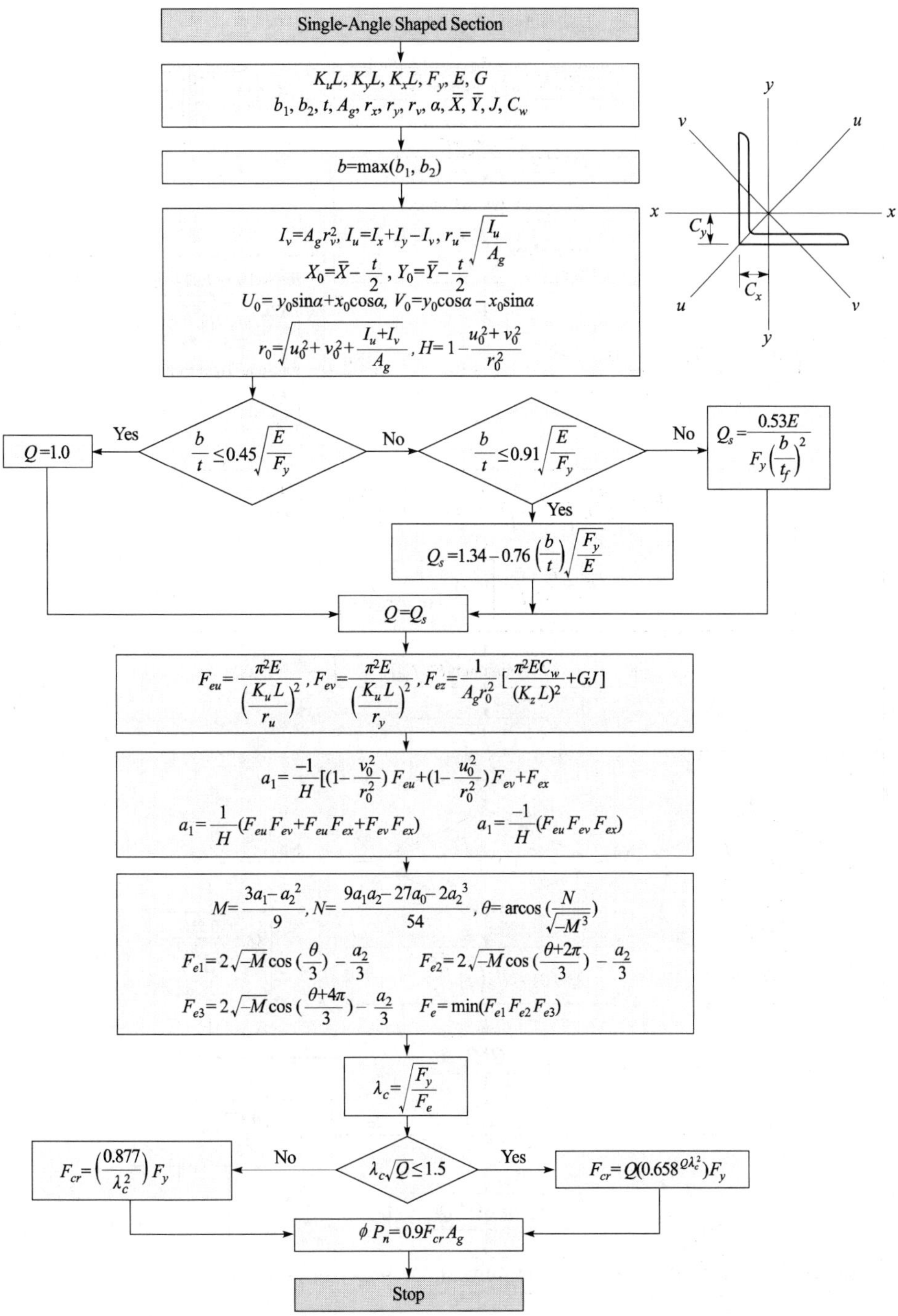

그림 6-14 단일 ㄱ-형태(Single-Angle shaped) 단면 설계용 흐름도

5. 이중 ㄱ-형태(Double-Angle shaped) 단면 설계용 흐름도

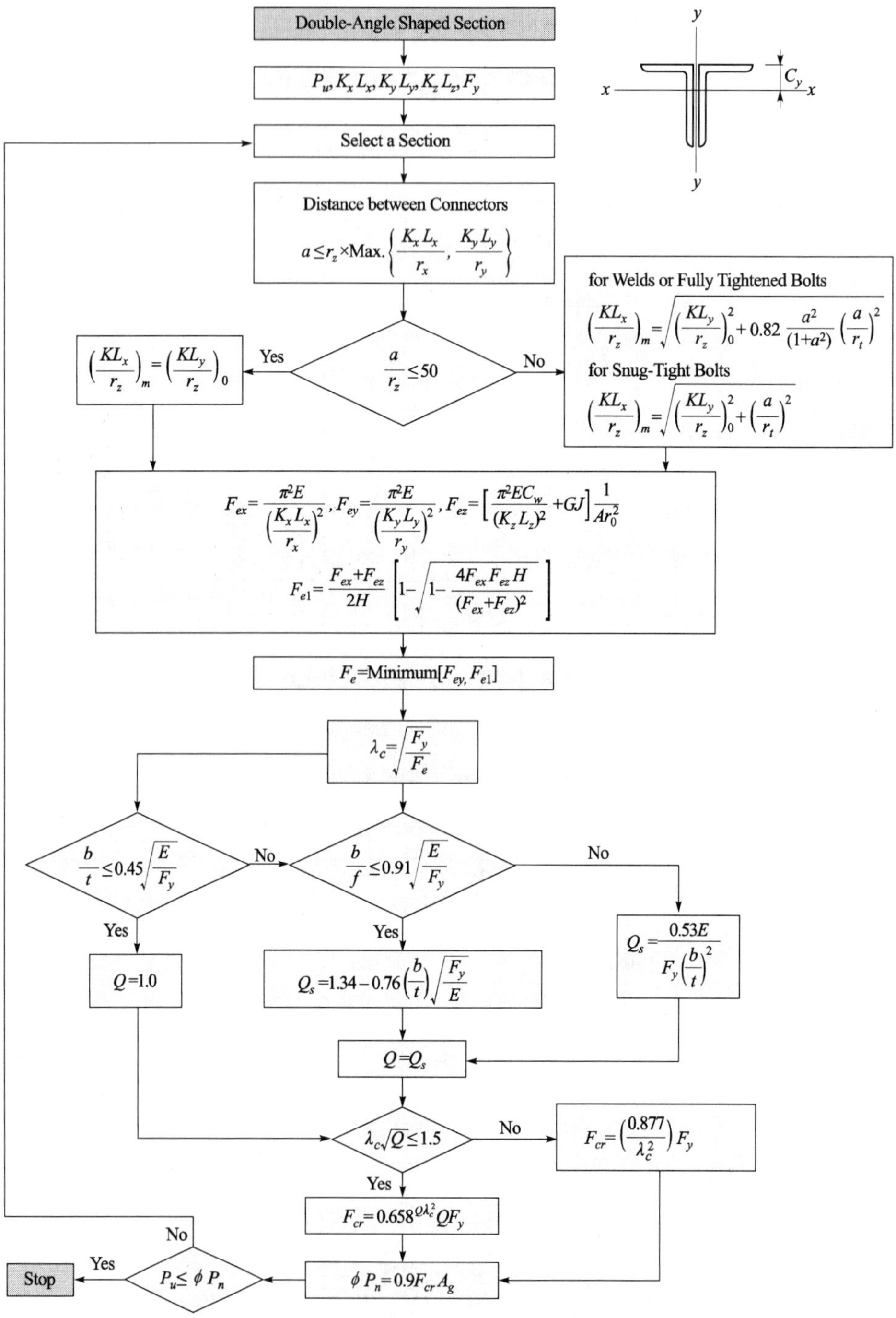

그림 6-15 이중 ㄱ-형태(Double-Angle shaped) 단면 설계용 흐름도

6.6 압축재 용어정리 Glossary of Terms

용어	용어 설명	비고
등방성 (isotropy)	물질의 성질(탄성계수, 푸와송 비, 열전도도 등)이 모든 방향에서 동일하다는 것을 의미하며, 어떤 방향으로 측정하든 물질의 특성이 변하지 않는다는 것으로 모든 방향으로 동일 이방성(anisotropy)은 등방성의 반대되는 개념으로 물질은 방향에 따라 특성이 달라지는 것으로, 목재의 경우 수평 방향과 수직 방향으로 탄성 계수, 푸아송 비, 열전도도 등이 상이	
미소변형 이론 (small deflection theory)	구조물이 크게 변형되지 않고 작게 변형된다고 가정하여 해석하는 방법으로 미소변형 이론의 반대되는 개념은 대변형 이론 대변형 이론은 구조물의 변형이 매우 클 때 적용하는 해석 방법으로 변형률과 응력이 비례하지 않는 비선형 해석을 사용	
면내좌굴 (in plane buckling)	구조물이 평면 내에서 좌굴하는 현상으로 구조물이 평면 안에서 휘어지거나 변형되는 좌굴	
면외좌굴 (out of plane buckling)	구조물이 평면에서 튀어나오는 방향으로 좌굴하는 현상으로 구조물이 평면 바깥쪽으로 휘어지거나 변형되는 좌굴	
밀스케일 (mill scale)	강철 제품을 압연하거나 열처리하는 과정에서 발생하는 두꺼운 산화철 피막으로 철강 공장에서 나오는 주요 폐기물이며, 철 함량이 보통 70% 이상이기 때문에 재활용이 가능한 귀중한 자원	
패널존 (pannel zone)	접합부를 관통하는 보와 기둥의 플랜지의 연장에 의해 구성되는 보-기둥 접합부의 웨브영역으로, 전단패널을 통하여 모멘트를 전달하는 영역	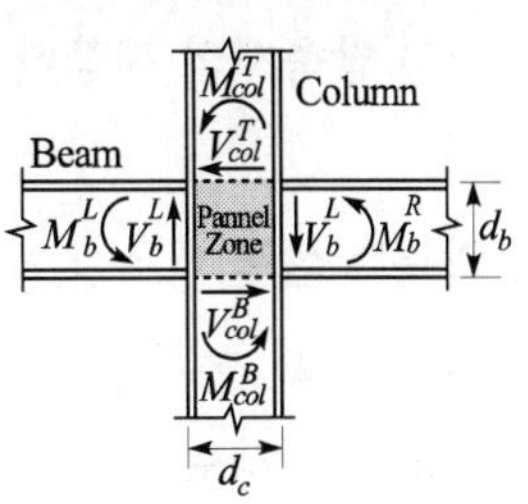

6.7 압축재 요약 Summary of Compression Member

1. 압축재의 파괴형태

(1) **재료의 항복**(Material yielding)

(2) **전체 좌굴(오일러 좌굴)**(Overall buckling, Euler buckling)

(3) **국부 좌굴**(Local buckling)

2. 압축재의 좌굴형태

(1) **휨좌굴**(flexural buckling)

(2) **비틀림좌굴**(torsional buckling)

(3) **휨비틀림 좌굴**(flexural-torsional buckling)

3. 압축을 받는 강재의 단면 분류

(1) **비세장판 단면**(non-slender plate section) : $\lambda \leqq \lambda_r$

(2) **세장판 단면**(slender plate section) : $\lambda > \lambda_r$

4. 압축판 요소의 폭두께비 : H-형강의 비세장판 단면의 조건을 만족하기 위한 한계폭두께비

플랜지 : $\dfrac{b}{t_f} \leqq \lambda_r = 0.56\sqrt{\dfrac{E}{F_y}}$, 웨브 : $\dfrac{h}{t_w} \leqq \lambda_r = 1.49\sqrt{\dfrac{E}{F_y}}$

5. 유효길이(KL)와 세장비($\lambda = \dfrac{KL}{r}$)

(1) **유효길이계수** : 경계조건에 따른 유효길이계수

양단고정-$K = 0.5(0.65)$, 한단고정타단힌지-$K = 0.7(0.8)$, 양단힌지-$K = 1.0$

(2) **트러스 압축부재의 좌굴길이** : 면내좌굴과 면외좌굴

(3) **압축재의 세장비 제한** : $\lambda = \dfrac{KL}{r} \leqq 200$

6. 압축재 설계

(1) $P_u \leqq \phi_c P_n = \phi_c F_{cr} A_g \, (\phi_c = 0.9)$

(2) 좌굴강도

① 탄성휨좌굴강도 : $F_e = \dfrac{\pi^2 E}{(KL/r)^2}$

② 세장계수 : $\lambda_c{}^2 = \dfrac{F_y}{F_e}$

③ 비탄성좌굴강도 : $\lambda_c \leqq 1.5 \left(\dfrac{F_y}{F_e} \leqq 2.25 \right)$ 또는 $\dfrac{KL}{r} \leqq 4.71 \sqrt{\dfrac{E}{F_y}}$ 인 경우

$F_{cr} = \left[0.658^{\lambda_c{}^2} \right] F_y$

④ 탄성좌굴강도 : $\lambda_c > 1.5 \left(\dfrac{F_y}{F_e} > 2.25 \right)$ 또는 $\dfrac{KL}{r} > 4.71 \sqrt{\dfrac{E}{F_y}}$ 인 경우

$F_{cr} = \dfrac{0.877}{\lambda_c^2} F_y$

7. 조립압축재

(1) **조립압축재의 형식** : 플레어용접, 낄판형식, 띠판형식, 래티스형식

(2) **충복축과 비충복축** : 조립압축재의 도심축과 단일 압축재의 도심축이 일치하는 충복축, 불일치하면 비충복축

(3) **조립압축재의 세장비**

① 충복축에 대한 단면2차반경 및 세장비

단면2차반경 : $r_X = \sqrt{\dfrac{\Sigma I_x}{\Sigma A}}$, 세장비 : $\lambda_X = \dfrac{L_c}{r_X}$

② 비충복축에 대한 단면2차반경 및 세장비

단면2차모멘트 : $I_Y = 2\left[I_y + A\left(\dfrac{c}{2}\right)^2 \right]$

단면2차반경 : $r_Y = \sqrt{\dfrac{I_y}{A} + \left(\dfrac{c}{2}\right)^2} = \sqrt{r_y^2 + \left(\dfrac{c}{2}\right)^2}$

수정된 유효세장비

밀착조임(snug-tight)된 중간 연결재의 경우 : $\left(\dfrac{L_c}{r}\right)_m = \sqrt{\left(\dfrac{L_c}{r}\right)_0^2 + \left(\dfrac{a}{r_i}\right)^2}$

용접이나 전인장조임 볼트로 접합된 중간 연결재의 경우 :

$\dfrac{a}{r_i} \leqq 40$ 일 때, $\left(\dfrac{L_c}{r}\right)_m = \left(\dfrac{L_c}{r}\right)_0$

$$\frac{a}{r_i} > 40 \text{ 일 때, } \left(\frac{L_c}{r}\right)_m = \sqrt{\left(\frac{L_c}{r}\right)_0^2 + \left(\frac{K_i a}{r_i}\right)^2}$$

(4) **조립압축재의 구조제한 :** $\frac{a}{r_i} \leq \frac{3}{4}\frac{L_c}{r}$

① 고장력볼트접합 : 볼트직경의 4배 이하 간격으로 접합

② 커버플레이트를 사용한 조립압축재의 연결재 및 단속용접 최대간격은 가장 얇은 커버플레이트두께의 0.75 $\sqrt{E/F_y}$ 배 또는 300mm 이하. 연결재가 엇모배치 될 경우에는 1.12 $\sqrt{E/F_y}$ 배 또는 450mm 이하

③ 도장 내후성강으로 만든 조립압축재의 긴결 간격은 가장 얇은 판두께의 14배 또는 170mm 이하. 최대연단거리는 가장 얇은 판두께의 8배 또는 120mm 이하

(5) **유공커버플레이트형식 조립압축재 구조제한**

① 응력방향의 개구부의 길이 : 개구부 폭의 2배 이하

② 개구부 모서리의 곡률반경 : 38mm 이상

(6) **유공커버플레이트형식 대안 조립압축재 구조제한**

① 부재중간에 사용되는 띠판의 폭 : 부재단부 띠판 길이의 1/2 이상

② 띠판의 두께 : 연결재 사이 거리의 1/50 이상

③ 띠판의 조립부재에 접합 : 용접길이는 띠판 길이의 1/3 이상. 볼트접합의 경우 띠판에 최소한 3개 이상의 파스너로 응력방향 간격은 파스너 직경의 6배 이하 간격

(7) **래티스형식 조립 압축재 구조제한**

① 래티스의 재축방향 간격 : 조립부재의 플랜지요소 세장비가 부재전체의 최대세장비의 3/4을 이하

② 단일 래티스재의 세장비 L/r 은 140 이하. 복 래티스재의 경우 세장비는 200 이하

③ 부재축에 대한 래티스재의 경사각

- 단일 래티스 경우 : 60° 이상
- 복 래티스 경우 : 45° 이상

01. 중심축하중을 받는 강재 압축부재의 설계 시 고려해야 할 한계상태 중 가장 적합하지 않은 것은?

① 비틀림좌굴　② 휨좌굴　③ 휨비틀림좌굴　④ 횡비틀림좌굴

▶ 횡비틀림좌굴은 보 설계에 적용 ④

02. 좌굴에 관한 설명 중 가장 부적합한 것은?

① 보가 휨을 받을 때 보의 플랜지 폭이 좁거나 보의 강축에 대하여 휨이 작용할 때 비틀림이 일어나서 불안정한 상태가 되는 것을 횡좌굴이라 한다.

② 형강의 플랜지나 웨브등 얇은 판 등에서 국부적으로 휘거나 주름살이 일어나는 현상을 국부좌굴이라 한다.

③ 기둥이 세장한 경우에는 압축력만 받더라도 휨방향으로 휘어져 내력이 상실되는 현상을 좌굴이라 한다.

④ 오일러의 좌굴공식은 단주에서도 적용할 수 있다.

▶ 장주에서 적용하며, 단주에서는 실용적인 실험식 사용 ④

03. 강재의 단면을 구성하는 요소 중 압축력을 받는 판요소를 구분하는 방법과 가장 거리가 먼 것은?

① 콤팩트　② 비콤팩트　③ 세장판요소　④ 비세장판요소

▶ ④

04. 강구조 압축요소의 한계 판폭두께비 산정을 위한 자유돌출판요소의 폭에 대한 설명 중 가장 부적합한 것은?

① H-형강 플랜지의 자유돌출판요소의 폭 b는 전체 공칭 폭의 1/2로 한다.

② ㄱ-형강 다리의 자유돌출판요소의 폭 b는 전체 공칭사이즈로 한다.

③ T-형강 자유돌출판요소의 스템 d는 전체 공칭 춤으로 한다.

④ Z-형강 다리 자유돌출판요소의 폭 b는 전체 공칭사이즈의 1/2이다.

▶ Z-형강 다리의 폭 b는 전체 공칭사이즈 ④

05. 용접 H-형강(H-400×200×10×20)의 플랜지와 웨브의 폭두께비로 가장 적합한 것은?

① 플랜지=5, 웨브=36 ② 플랜지=10, 웨브=40
③ 플랜지=36, 웨브=10 ④ 플랜지=40, 웨브=10

▶ $\frac{b}{t_f} = \frac{100}{20} = 5$, $\frac{h}{t_w} = \frac{400-2(20)}{10} = 36$ ①

06. 압연 H-형강(H-400×200×8×13)의 플랜지와 웨브의 폭두께비로 가장 적합한 것은? 단, 웨브 필렛의 반지름 $r = 16\,mm$

① 플랜지=7.69, 웨브=42.75 ② 플랜지=7.69, 웨브=46.75
③ 플랜지=42.75, 웨브=7.69 ④ 플랜지=46.75, 웨브=7.69

▶ $\frac{b}{t_f} = \frac{100}{13} = 7.69$, $\frac{h}{t_w} = \frac{400-2(13+16)}{8} = 42.75$ ①

07. 다음 중 국부좌굴과 가장 관련이 있는 것은?

① 폭두께비 ② 세장비 ③ 탄성계수비 ④ 형상계수비

▶ ①

08. 강재부재에서 폭두께비를 제한하는 이유 중 가장 적당한 것은?

① 유효단면적 확보 ② 국부좌굴의 방지
③ 면외좌굴의 방지 ④ 응력집중의 방지

▶ ②

09. 단일 압축재에서 세장비를 구할 때 필요없는 것은 다음 중 어느 것인가?

① 유효좌굴길이 ② 단면적
③ 단면2차모멘트 ④ 탄성계수

▶ $r = \sqrt{\frac{I}{A}}$, $\lambda = \frac{KL}{r}$ ④

10. 강재의 단면2차반경 및 세장비에 대한 설명으로 가장 부적합한 것은?

① 단면2차반경이 클수록 세장비가 크다.

② 단면2차모멘트가 같은 경우 단면적이 클수록 세장비가 크다.

③ 약축의 세장비가 더 크다.

④ 세장비가 작을수록 좌굴하중이 커진다.

▶ $r=\sqrt{\dfrac{I}{A}}$, $\lambda=\dfrac{KL}{r}$ ①

11. 강구조에서 압축력을 받는 부재의 세장비의 한계 값은 얼마 이내로 제한하는가?

① 150 ② 200 ③ 250 ④ 300

▶ 권장 값 ②

12. 압축재에 관한 사항 중 가장 부적당한 것은?

① 장주의 강도는 단면2차모멘트에 비례하고 유효좌굴길이의 제곱에 반비례 한다.

② 좌굴응력은 세장비의 제곱에 반비례 한다.

③ 세장비는 유효좌굴길이와 단면2차반경의 비로 표현하고, 단면2차반경은 그 단면에서 최소의 것을 사용한다.

④ 길이가 길고 면적이 같은 장주에서 양단 고정인 기둥의 좌굴응력도는 양단 회전인 기둥의 8배이다.

▶ 장주의 좌굴하중 : $P_{cr}=\dfrac{\pi^2 EI}{(KL)^2}$, 양단고정 : $K=0.5$, 양단회전 : $K=1.0$ ④

13. 그림과 같은 강구조에서 $K_b=\infty$ 일때, 기둥의 좌굴길이는? (단, 수평력에 의해 수평변위가 허용된다)

① $2.0h$

② $0.5h$

③ $0.7h$

④ $1.0h$

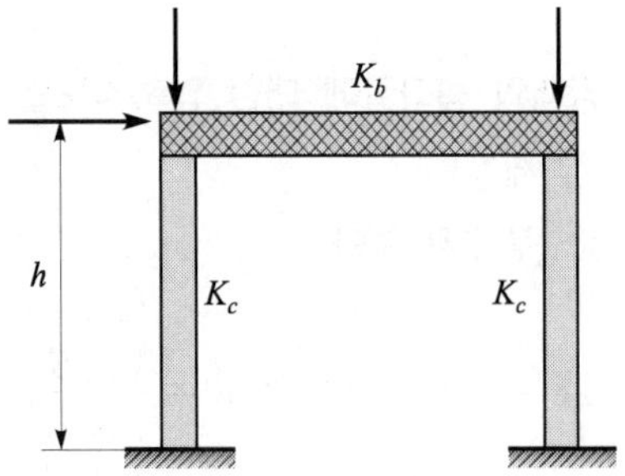

▶ 강한 기둥에 접합되는 절점은 고정지점과 같은 역할 ②

14. 강구조의 압축재 설계에 관한 설명으로 가장 적합한 것은?

① 부재의 세장비는 부재길이를 단면2차모멘트로 나눈 값이다.
② 좌굴하중은 지지점의 구속상태와 무관하다.
③ 좌굴하중은 부재의 길이와 무관하다.
④ 국부좌굴을 방지하기 위하여 폭-두께비에 제한을 둔다.

▶ ④

15. 강재기둥의 좌굴거동에 대하여 설명한 내용 중 가장 부적합한 것은?

① 긴 기둥(장주)의 좌굴하중은 오일러(Euler)식에 의하여 산정할 수 있다.
② 중간 길이의 기둥(중간주)은 비탄성 좌굴이 지배한다.
③ 잔류응력 및 초기변형은 좌굴거동에 영향을 미치지 않는다.
④ 횡이동이 있는 지지조건의 좌굴길이는 부재 길이보다 항상 크다.

▶ ③

16. 다음 H-형강에 대한 설명 중 맞는 것은?

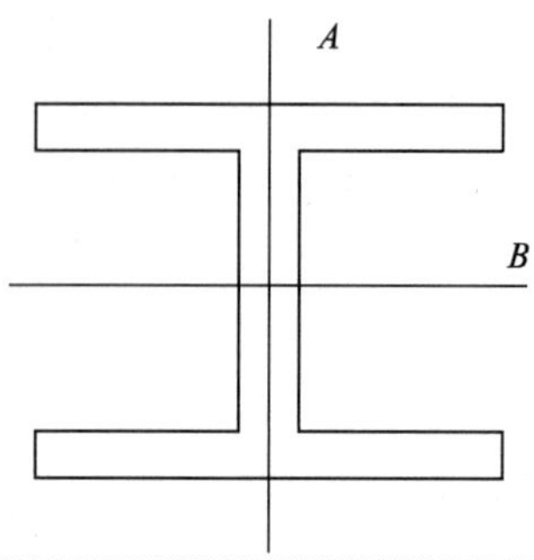

① 강축은 A축이다.
② 약축은 B축이다.
③ 좌굴하중은 A축이 크다.
④ 좌굴하중은 B축이 크다.

▶ A축 : 약축, B축 : 강축, 좌굴은 약축(A축)에 대하여 발생 ④

17. 강재의 휨좌굴에 대한 압축강도를 결정하는 요소 중 가장 부적당한 것은?

① 세장비
② 부재의 항복강도
③ 부재의 길이
④ 압축하중

▶ - 탄성좌굴응력 : $F_e = \dfrac{\pi^2 E}{\left(\dfrac{KL}{r}\right)^2}$, 세장계수 : $\lambda_c^2 = \dfrac{F_y}{F_e}$

- 비탄성좌굴강도 : $F_{cr} = \left[0.658^{\lambda_c^2}\right] F_y$, 탄성좌굴강도 : $F_{cr} = \dfrac{0.877}{\lambda_c^2} F_y$ ④

18. 강재의 압축재에 관한 설명으로 내용 중 가장 부적합한 것은?

① 압축재는 좌굴이 생길 수 있으므로 보통 인장재에 사용될 때보다 내력은 떨어진다.
② 좌굴은 부재가 길수록, 단면2차반경이 작을수록 작은 압축력에서 발생한다.
③ H-형강을 사용한 압축재에서 돌출된 플랜지 부분의 판폭두께비가 크면 전체좌굴보다 먼저 국부좌굴이 발생하지 않는다.
④ 횡방향 이동 가능한 장방향 라멘기둥의 좌굴길이는 기둥양단이 강접합이므로 절점간 길이보다 짧다.

▶ ③

19. 단일 압축재에서 세장비를 구할 때 필요 없는 것은?

① 좌굴길이 ② 단면적 ③ 단면2차 모멘트 ④ 탄성계수

▶ $\lambda = \dfrac{l_k}{r}$, $r = \sqrt{\dfrac{I}{A}}$ ②

20. 좌굴에 관한 설명으로 부적합한 것은?

① 좌굴하중식은 세장계수가 1.5 이하인 경우에는 실용적으로 실험식을 사용한다.
② 형강의 플랜지나 웨브와 같이 얇은 판 등에서 국부적으로 휘거나 주름살이 일어나는 현상을 국부좌굴이라 한다.
③ 기둥이 세장한 경우에는 압축력만 받더라도 휨방향으로 휘어져 내력을 상실하게 되는 현상을 좌굴이라 한다.
④ 오일러 좌굴하중식은 세장계수 1.5 이하인 값에서만 적용할 수 있다.

▶ 세장계수 1.5 이상에서 적용 ④

21. 좌굴에 관한 설명으로 부적합한 것은?

① 좌굴하중식은 세장계수가 1.5이하인 경우에는 실용적으로 실험식을 사용한다.
② 형강의 플랜지나 웨브와 같이 얇은 판 등에서 국부적으로 휘거나 주름살이 일어나는 현상을 국부좌굴이라 한다.
③ 기둥이 세장한 경우에는 압축력만 받더러도 휨방향으로 휘어져 내력을 상실하게 되는 현상을 좌굴이라 한다.
④ 오일러 좌굴하중공식은 세장계수 1.5 이하인 값에서만 적용할 수 있다.

▶ 세장계수 1.5 이상에서 적용 ④

22. 강재의 단면2차 반경 및 세장비에 대한 설명으로 내용 중 가장 부적합한 것은?

① 단면2차 반경이 클수록 세장비가 크다.
② 약축의 세장비가 더 크다.
③ 세장비가 작을수록 좌굴하중이 커진다.
④ 세장비는 단부 지지조건에 따라 달라진다.

▶ $\lambda = \dfrac{l_k}{r}$, l_k : 유효좌굴길이, r : 단면2차 반경 ①

23. 강구조의 압축재 설계에 관한 설명으로 부적합한 것은?

① 기둥에 대한 보의 강비가 클수록 유효좌굴길이는 짧아진다.
② 스티프너는 좌굴방지를 위해 주로 설치한다.
③ 판 요소의 폭두께비 값이 클수록 소성변형 능력이 크다.
④ 좌굴은 부재가 길수록, 부재 단면의 단면2차 반경이 작을수록 쉽게 일어난다.

▶ 스티프너는 주로 보 웨브의 전단보강과 좌굴방지 ②

24. 강구조의 압축재 설계에 관한 설명으로 부적합한 것은?

① 압축재는 단면2차모멘트 값이 클수록 유리하다.
② 압축재는 단면2차반경 값이 작을수록 유리하다.
③ 압축재는 세장비 값이 작을수록 유리하다.
④ 압축재는 회전지지보다 고정지지가 유리하다.

▶ 단면2차반경이 작으면 세장비가 커짐 ②

25. 그림과 같은 압축부재에서 좌굴축은?

① x-축
② y-축
③ u-축
④ v-축

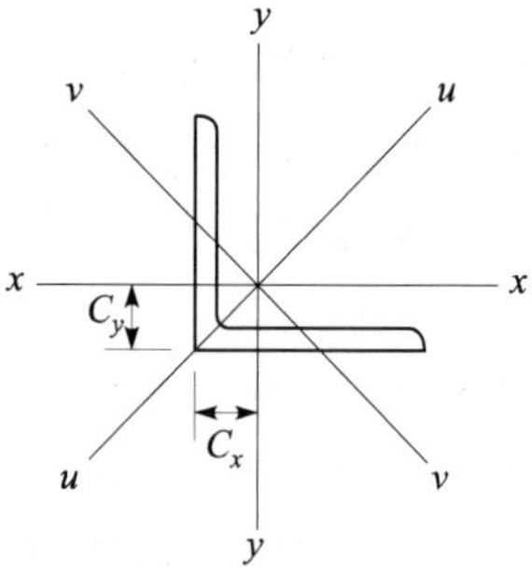

▶ 단면2차반경이 가장 작은 축 ④

26. 양단 힌지인 길이 5m의 H-300×300×10×15 기둥에서 약축방향으로 부재 중앙이 가새 지지되어 있을 때 설계용 세장비는 다음 중 어느 것인가? 단, 이 부재의 단면2차반경 $r_x = 131\,mm$, $r_y = 75.1\,mm$ 이다.

① 33.3　② 38.2　③ 49.9　④ 54.0

$$\lambda_x = \frac{K_x L_x}{r_x} = \frac{1.0(5000)}{131} = 38.2,\ \lambda_y = \frac{K_y L_y}{r_x} = \frac{1.0(2500)}{75.1} = 33.3$$ ②

27. 그림과 같은 지지조건을 가진 단일 압축재에서 v-v 축에 대한 세장비는? 단, $A_g = 5.775 \times 10^3\,mm^2$, $I_v = 8.91 \times 10^6\,mm^4$

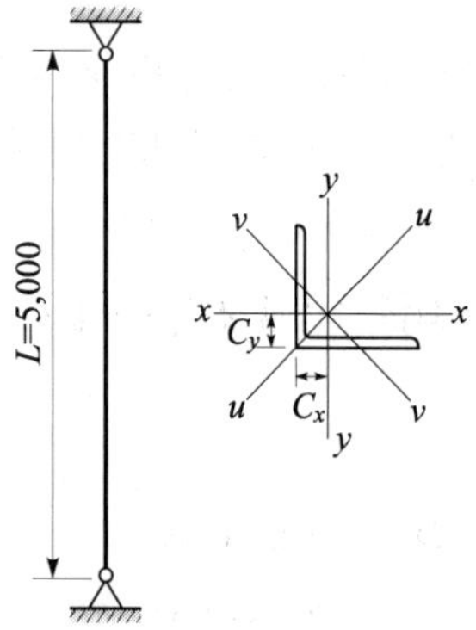

① 125.1
② 127.3
③ 135.6
④ 150.7

$$\lambda = \frac{KL}{r_{\min}},\ r_{\min} = \sqrt{\frac{I_v}{A}} = \sqrt{\frac{8.91 \times 10^6}{5.775 \times 10^3}} = 39.3\,mm$$

$$\lambda = \frac{KL}{r_{\min}} = \frac{1.0(5000)}{39.3} = 127.3$$ ②

28. 일반구조용 압연강재 H-294×200×8×12의 압축부재가 높이 4.5m로 지지조건은 한단 힌지, 타단 고정으로 단면의 성질은 $A_g = 7.24 \times 10^3\,mm^2$, $I_x = 1.13 \times 10^8\,mm^4$, $I_y = 1.60 \times 10^7\,mm^4$ 일 때 오일러의 좌굴하중을 산정하시오. 단, 유효길이계수는 설계 값을 적용한다.

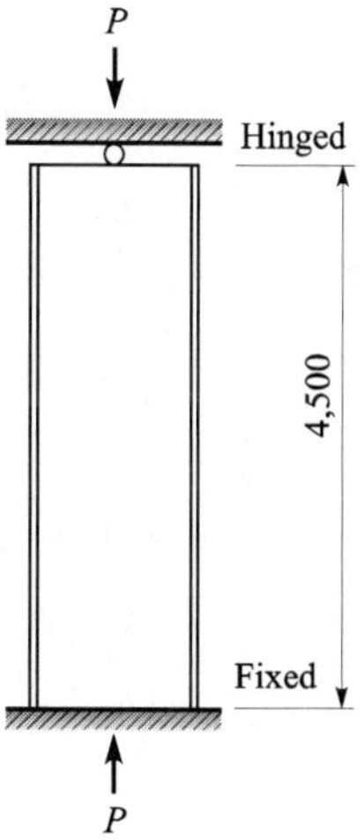

① $P_{cr} = 2{,}556\,kN$
② $P_{cr} = 10{,}225\,kN$
③ $P_{cr} = 18{,}053\,kN$
④ $P_{cr} = 72{,}212\,kN$

- $r_x = \sqrt{\dfrac{I_x}{A_g}} = \sqrt{\dfrac{1.13\times10^8}{7.24\times10^3}} = 124.93\,mm$, $r_x = \sqrt{\dfrac{I_y}{A_g}} = \sqrt{\dfrac{1.60\times10^7}{7.24\times10^3}} = 47.01\,mm$
- $\lambda_x = \dfrac{K_x L_x}{r_x} = \dfrac{0.8(4500)}{124.93} = 28.82$, $\lambda_y = \dfrac{K_y L_y}{r_y} = \dfrac{0.8(4500)}{47.01} = 76.58$

  $\lambda_x = 28.82 < \lambda_y = 76.58$: y축에 대하여 좌굴 발생
- $P_{cr} = \dfrac{\pi^2 EI_y}{(K_y L_y)^2} = \dfrac{\pi^2(210000)(1.60\times10^7)}{(0.8\times4500)^2}\times10^{-3} = 2{,}556\,kN$ ①

29. 일반구조용 압연강재 H-200×200×8×12의 압축부재가 높이 4.5m로 부재의 중간에서 약축에 대한 횡지지가 되어 있으며, 지지조건은 한단 힌지, 타단 고정으로 단면의 성질은 $A_g = 6.353\times10^3\,mm^2$, $I_x = 4.72\times10^7\,mm^4$, $I_y = 1.60\times10^7\,mm^4$일 때 오일러의 좌굴하중을 산정하시오. 단, 유효길이계수는 설계 값을 적용한다.

① $P_{cr} = 2{,}556\,kN$
② $P_{cr} = 7{,}541\,kN$
③ $P_{cr} = 10{,}225\,kN$
④ $P_{cr} = 30{,}163\,kN$

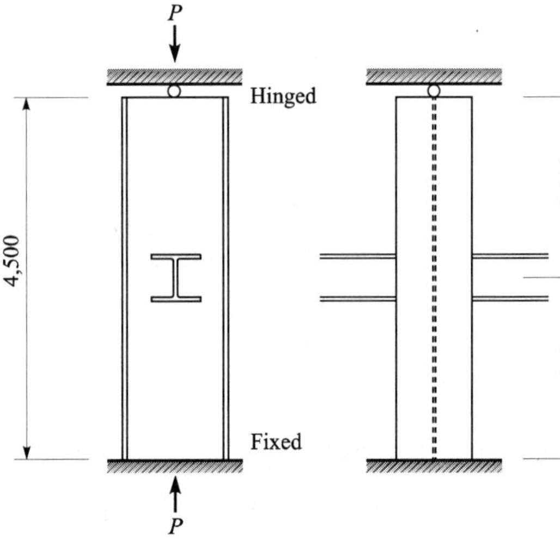

- $r_x = \sqrt{\dfrac{I_x}{A_g}} = \sqrt{\dfrac{4.72\times10^7}{6.353\times10^3}} = 86.2\,mm$, $r_x = \sqrt{\dfrac{I_y}{A_g}} = \sqrt{\dfrac{1.60\times10^7}{6.353\times10^3}} = 50.2\,mm$
- $\lambda_x = \dfrac{K_x L_x}{r_x} = \dfrac{0.8(4500)}{86.2} = 41.76$, $\lambda_y = \dfrac{K_y L_y}{r_y} = \dfrac{0.8(2250)}{50.2} = 35.86$

  $\lambda_x = 41.76 > \lambda_y = 35.86$: x축에 대하여 좌굴 발생
- $P_{cr} = \dfrac{\pi^2 EI_x}{(K_x L_x)^2} = \dfrac{\pi^2(210000)(4.72\times10^7)}{(0.8\times4500)^2}\times10^{-3} = 7{,}541\,kN$ ②

30. 일반구조용 압연강재 H-294×200×8×12의 압축부재가 높이 4.5m로 지지조건은 한단 힌지, 타단 고정으로 단면의 성질은 $A_g = 7.24 \times 10^3 mm^2$, $I_x = 1.13 \times 10^8 mm^4$, $I_y = 1.60 \times 10^7 mm^4$일 때 탄성좌굴응력을 산정하시오. 단, 유효길이계수는 설계 값을 적용한다.

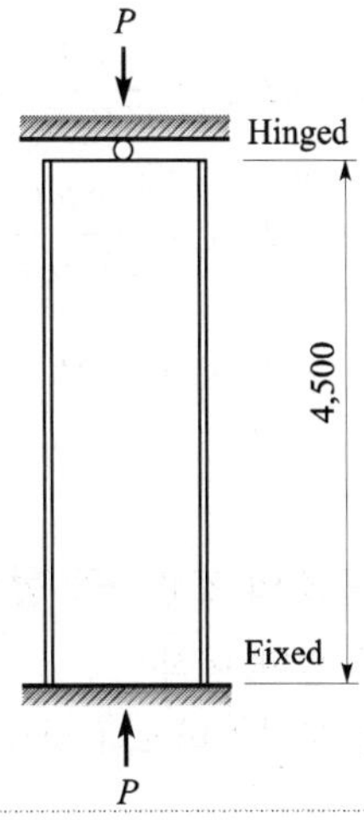

① $F_{cr} = 353 N/mm^2$

② $F_{cr} = 1{,}412 N/mm^2$

③ $F_{cr} = 2{,}494 N/mm^2$

④ $F_{cr} = 9{,}974 N/mm^2$

- $P_{cr,\,x} = \dfrac{\pi^2 EI_x}{(K_x L_x)^2} = \dfrac{\pi^2(210000)(1.13\times10^8)}{(0.8\times4500)^2}\times10^{-3} = 18{,}053 kN$
- $P_{cr,\,y} = \dfrac{\pi^2 EI_y}{(K_y L_y)^2} = \dfrac{\pi^2(210000)(1.60\times10^7)}{(0.8\times4500)^2}\times10^{-3} = 2{,}556 kN$
- $P_{cr} = \min(P_{cr,\,x},\, P_{cr,\,y}) = 2{,}556 kN$, $F_{cr} = \dfrac{P_{cr}}{A_g} = \dfrac{2556\times10^3}{7.24\times10^3} = 353 N/mm^2$ ①

31. 일반구조용 압연강재 H-200×200×8×12의 압축부재가 높이 4.5m로 부재의 중간에서 약축에 대한 횡지지가 되어 있으며, 지지조건은 한단 힌지, 타단 고정으로 단면의 성질은 $A_g = 6.353 \times 10^3 mm^2$, $I_x = 4.72 \times 10^7 mm^4$, $I_y = 1.60 \times 10^7 mm^4$일 때 탄성좌굴응력을 산정하시오. 단, 유효길이계수는 설계 값을 적용한다.

① $F_{cr} = 402 N/mm^2$

② $F_{cr} = 1{,}187 N/mm^2$

③ $F_{cr} = 1{,}610 N/mm^2$

④ $F_{cr} = 4{,}748 N/mm^2$

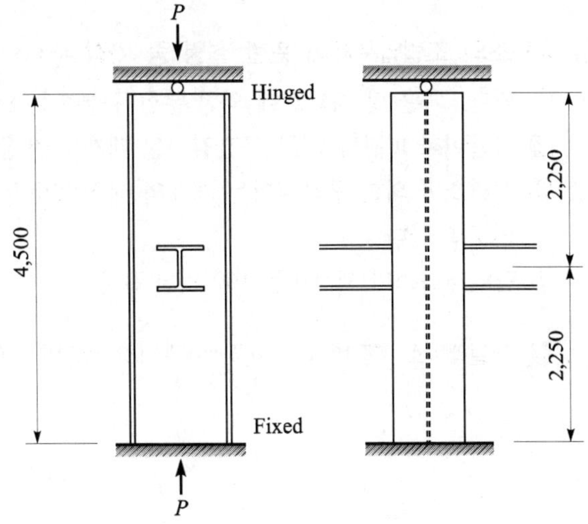

- $P_{cr,\,x} = \dfrac{\pi^2 EI_x}{(K_x L_x)^2} = \dfrac{\pi^2(210000)(4.72\times 10^7)}{(0.8\times 4500)^2}\times 10^{-3} = 7{,}541\,kN$
- $P_{cr,\,y} = \dfrac{\pi^2 EI_y}{(K_y L_y)^2} = \dfrac{\pi^2(210000)(1.60\times 10^7)}{(0.8\times 2250)^2}\times 10^{-3} = 10{,}225\,kN$
- $P_{cr} = \min(P_{cr,\,x},\ P_{cr,\,y}) = 7{,}541\,kN$, $F_{cr} = \dfrac{P_{cr}}{A_g} = \dfrac{7541\times 10^3}{6.353\times 10^3} = 1{,}187\,N/mm^2$ ②

31. 강구조의 조립기둥 형식이 아닌 것은?

① 낄판 형식 ② 래티스 형식
③ 보강스티프너 형식 ④ 띠판 형식

플레어 용접 형식 ③

32. 래티스형식 조립압축재에 관한 설명으로 옳지 않은 것은?

① 단일 래티스 부재의 세장비 L/r 은 140 이하로 한다.
② 단일 래티스 부재의 부재축에 대한 기울기는 60° 이상으로 한다.
③ 복 래티스 부재의 세장비 L/r 은 180 이하로 한다.
④ 복 래티스 부재의 부재축에 대한 기울기는 45° 이상으로 한다.

복 래티스 부재의 세장비 200 이하 ③

33. 강구조의 조립압축재에 관한 설명 중 가장 부적합한 것은?

① 낄판, 띠판 및 래티스에 의한 분할 구분수는 3이상으로 한다.
② 낄판이나 띠판에 의한 구간길이는 개재의 세장비가 50 이하가 되도록 한다.
③ 래티스에 의한 구간길이는 개재의 세장비가 조립재의 내력을 결정하는 세장비 이하가 되도록 한다.
④ 단일래티스의 세장비는 150 이하로 한다.

단일래티스 세장비 140 이하, 복래티스 세장비 200 이하 ④

34. 다음 그림과 같이 2ㄷ-380×100×13×20을 사용한 조립압축재의 Y-축에 대한 단면2차반경은?(ㄷ-380×100×13×20, $r_x = 143\,mm$, $r_y = 27.6\,mm$, $C_y = 25.4\,mm$)

① $r_Y = 143.0\,mm$

② $r_Y = 176.8\,mm$

③ $r_Y = 215.9\,mm$

④ $r_Y = 309.7\,mm$

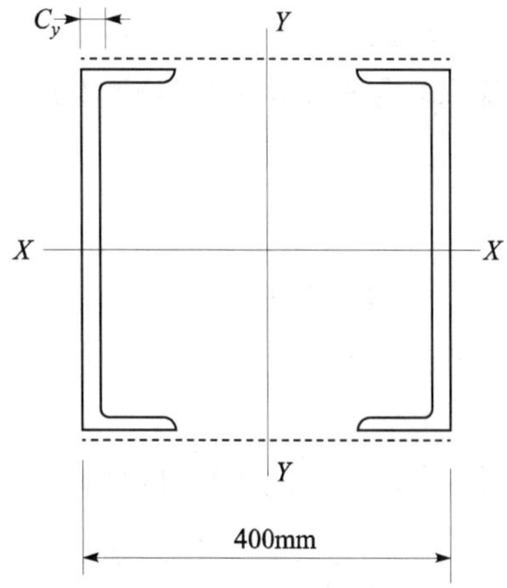

▶ $r_Y = \sqrt{r_y^2 + \left(\frac{c}{2}\right)^2}$, $c = B - 2(C_y) = 400 - 2(25.4) = 349.2\,mm$

$r_Y = \sqrt{27.6^2 + \left(\frac{349.2}{2}\right)^2} = 176.8\,mm$ ②

35. 다음 그림과 같이 개재의 좌굴길이, $K_0 L_0 = 1.0\,m$, 조립압축재의 좌굴길이, $K_X L_X = 9.0\,m$, $K_Y L_Y = 3.0\,m$인 2ㄷ-200×90×8×13.5 단면 조립압축재의 세장비는? (ㄷ-200×90×8×13.5, $r_x = 80.2\,mm$, $r_y = 26.8\,mm$, $C_y = 27.4\,mm$)

① $\lambda = 95.1$

② $\lambda = 104.8$

③ $\lambda = 112.2$

④ $\lambda = 121.8$

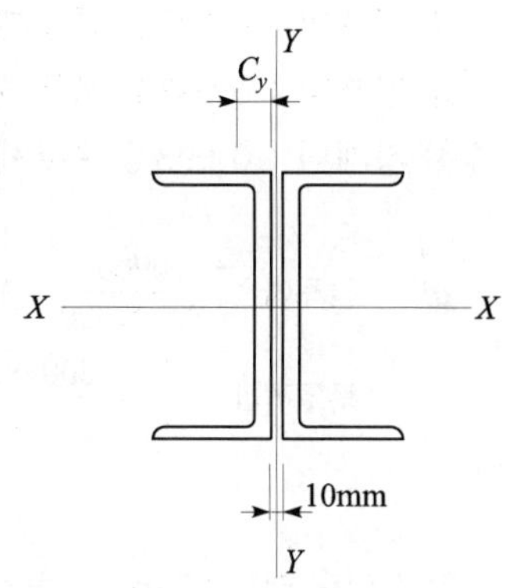

▶ - $\lambda_X = \frac{K_X L_X}{r_X} = \frac{9000}{80.2} = 112.2$, $r_Y = \sqrt{r_y^2 + \left(\frac{c}{2}\right)^2}$,

$c = 2(C_y) + gap = 2(27.4) + 10 = 64.8\,mm$

- $r_Y = \sqrt{26.8^2 + \left(\frac{64.8}{2}\right)^2} = 42.1\,mm$, $\lambda_Y = \frac{K_Y L_Y}{r_Y} = \frac{3000}{42.1} = 71.3$,

$\lambda_0 = \frac{K_0 L_0}{r_y} = \frac{1000}{26.8} = 37.3$

- $\lambda_m = \sqrt{\left(\frac{K_Y L_Y}{r_Y}\right)^2 + {\lambda_0}^2} = \sqrt{71.3^2 + 37.3^2} = 80.5$

- $\lambda = \max(\lambda_X, \lambda_m) = \max(112.2, 80.5) = 112.2$ ③

36. 그림과 같은 $2L_s - 90 \times 90 \times 7$ 조립압축재의 단면2차 반경 r_Y는 얼마인가? (단, 개재의 중심축에 대한 단면2차반경 $r_y = 27.6mm$, $C_y = 24.6mm$)

① $r_Y = 38.5mm$
② $r_Y = 40.1mm$
③ $r_Y = 52.2mm$
④ $r_Y = 58.0mm$

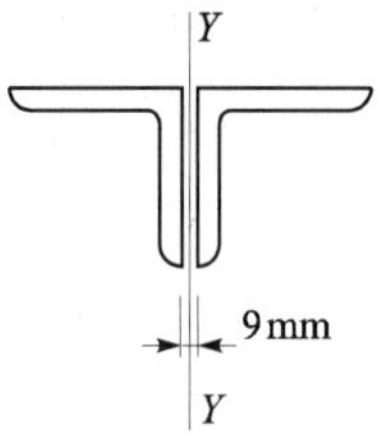

▶ $c = 2(c_y) + gap = 2(24.6) + 9 = 58.2mm$

$$r_Y = \sqrt{(r_y)^2 + \left(\frac{c}{2}\right)^2} = \sqrt{(27.6)^2 + \left(\frac{58.2}{2}\right)^2} = 40.1mm$$ ②

37. 다음 그림과 같은 충전형 각형강관 합성기둥의 강재비와 폭두께비를 구하면? (단, 각형강관 ㅁ$-300 \times 300 \times 6$, $A_s = 6{,}963mm^2$)

① 강재비 : 0.0774, 폭두께비 : 50
② 강재비 : 0.0774, 폭두께비 : 48
③ 강재비 : 0.0984, 폭두께비 : 50
④ 강재비 : 0.0984, 폭두께비 : 48

▶ - 강재비 : $\frac{6963}{300 \times 300} = 0.0774$

- 폭두께비 : $\frac{b}{t} = \frac{300 - 2(6)}{6} = 48$ ②

38. 강구조의 래티스형식 조립압축재에 대한 구조제한에 대한 내용이다. (　　)안에 알맞은 것은?

부재축에 대학 래티스 부재의 기울기는 다음과 같다. - 단일 래티스 경우 : (가) 이상 - 복 래티스 경우 : (나) 이상

① 가 : 50°, 나 : 40°
② 가 : 60°, 나 : 40°
③ 가 : 50°, 나 : 45°
④ 가 : 60°, 나 : 45°

▶ ④

39. 강구조의 조립압축재 구조제한 중 가장 부적합한 것은?

① 조립압축재에서 개재의 세장비가 전체세장비의 3/4배를 초과하지 않도록 하여야 한다.
② 개재간 고장력볼트 접합에서 조립재 최대 폭의 1.5배 이상의 구간에 대해서 길이방향으로 볼트직경의 4배 이하 간격으로 접합한다.
③ 커버플레이트를 사용한 조립압축재의 연결재 및 단속용접 최대간격은 가장 얇은 커버플레이트두께의 $0.75\sqrt{E/F_y}$ 배 또는 600mm 이하로 한다.
④ 조립압축재의 단부의 단속용접 또는 고장력볼트 길이방향간격은 설계응력을 전달하기에 적절해야 한다.

▶ 300mm 이하 ③

40. 강구조의 조립압축재에서 낄판, 띠판 및 래티스로 나누어지는 구간 수는?

① 2 이상 ② 3 이상 ③ 4 이상 ④ 5 이상

▶ 구간 수 3 이상의 등간격 ②

41. 강재 기둥에서 세장한 기둥의 단면계산에 있어 세장비에 따라 그 허용응력도가 달라지는 것은 다음 현상 중 어느 것에 해당되는가?

① 처짐현상 ② 진동현상
③ 전단현상 ④ 좌굴현상

▶ ④

42. 강재 기둥의 좌굴하중(Critical Bucking Load), P_{cr} 을 계산하는데 직접적인 영향을 주지 않는 것은?

① 재료의 항복강도 ② 재료의 탄성계수
③ 단면2차모멘트 ④ 유효좌굴길이

▶ $P_{cr} = \dfrac{\pi^2 EI}{(KL)^2}$ ①

43. 다음 트러스 중에서 접합부가 반드시 모멘트 접합이 되어야 하는 것으로 가장 적합한 것은?

① 하우(howe) 트러스　　② 비렌딜(vierendeel) 트러스
③ 와렌(warren) 트러스　　④ 프랫(pratt) 트러스

▶ 수직재가 상하현재에 강접합되어 거동 ②

44. 아래 그림과 같은 6m 길이의 강재 기둥에 압축하중이 작용할 때 횡구속에 가장 유리한 조건은? (단, SM275 강재 사용)

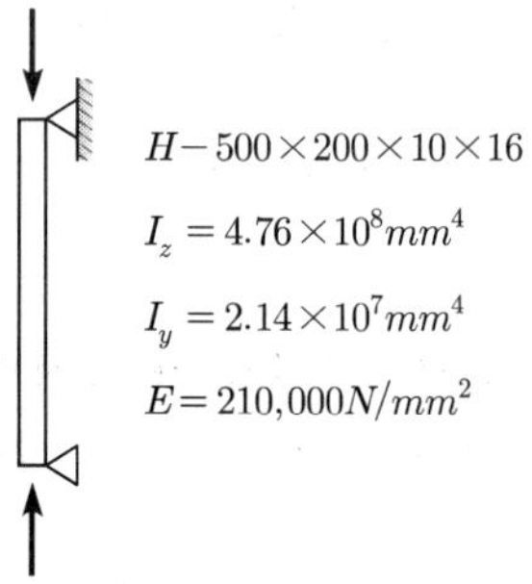

① 5m 높이에 강축에 만 휨변형 구속
② 3m 높이에 강축에 만 휨변형 구속
③ 5m 높이에 약축에 만 휨변형 구속
④ 3m 높이에 약축에 만 휨변형 구속

▶ 약축 중앙부에 대한 보강이 효과적 ④

제7장

휨재 설계

7.1 휨재의 거동 Behavior of Flexural Member

7.1.1 개요

보는 휨과 전단에 의한 응력과 변형이 주로 발생하나 작용하중이 단면의 전단중심과 일치하지 않으면 비틀림을 수반하기도 한다. 보의 적정 춤(depth)은 작용하중에 따라 다르지만 일반적인 H-형강인 경우는 L/18~L/20 정도로 하며, 보의 최대 스팬은 18.0m를 초과하지 않도록 하는 것이 좋다.

강재 보의 종류에는 다음과 같다.

1. **기성제품 보**(rolled beam) : 보통 유니버설 압연기에 의해 제조되는 압연형강을 말하는 것으로 일정한 단면 모양으로 미리 성형 된 보를 총칭하며 H-형강의 경우, 최대 보의 춤이 900mm 시리즈까지 생산되며 약 79가지 종류가 있다. 평행하는 각각의 2변이 동일 두께이고, 웨브(높이)와 플랜지(변)의 비율에 따라 WH(WIDE FLANGE H-BEAM), MH(MIDDLE FLANGE H-BEAM) 및 SH(SLENDER FLANGE H-BEAM) 3종류로 구분한다(그림 7-1(a)).

2. **주문제작 보**(built-up beam) : 정해진 규격의 압연기에 의해 제조되지 못하는 비규격으로 강판을 절개하여 플랜지와 웨브를 용접으로 접합하여 성형된 것이다. 응력과 변형에 적합한 기성 제품이 없을 때 경제적인 단면을 확보하여 최적화된 설계를 하기 위하여 주문, 제작하는 부재로 표기는 BH(BUILT-UP H-BEAM)으로 한다(그림 7-1(b)).

3. **하이브리드 보**(hybrid beam) : 보통의 보에서 주로 지배하는 응력은 휨모멘트이다. 이러한 원리에 부합되게 휨모멘트를 부담하는 플랜지에는 고강도강을 사용하고, 전단력을 부담하는 웨브에는 상대적으로 강도가 낮은 강재를 사용하여 경제성을 향상시킨 보이다(그림 7-1(c)).

4. **커버플레이트 보**(cover plate beam) : 표준규격 H-형강 또는 I-형강의 플랜지에 강판을 용접하거나 볼트로 접합하여 만든다. 이러한 보의 설계에서는 최대 휨모멘트보다 저항능력이 작은 형강보를 택하고 부족한 부분에 대하여 커버 플레이트 판으로 부분 보강하여 경제성을 향상시킨 것이다(그림 7-1(d)).

5. **허니컴 보**(honeycomb(castellated) beam) : H-형강의 웨브를 절단가공, 접합하여 만든 오픈 웨브재의 보로 일반적으로는 웨브에 6각형의 구멍을 두며, 구멍의 높이는 전체 높이의 1/2를 가급적 초과하지 않도록 한다. 같은 재료로 보 춤이 크므로 휨 내력이 강한 보를 만들 때 이용되며, 구멍으로는 설비공간으로 활용이 가능하다(그림 7-1(e)).

6. **플레이트 거더**(plate girder) : 강판과 L형강 등을 볼트 또는 용접으로 I자형의 단면으로 만든 보로 휨모멘트 및 전단력이 커서 기성품인 압연형강으로 내력 및 처짐을 만족시키기 어려울 때 사용되며, 최소의 단면으로 비교적 큰 강성을 갖도록 제작할 수 있다(그림 7-1(f)).

(a) 기성제품 보

(b) 주문제작 보

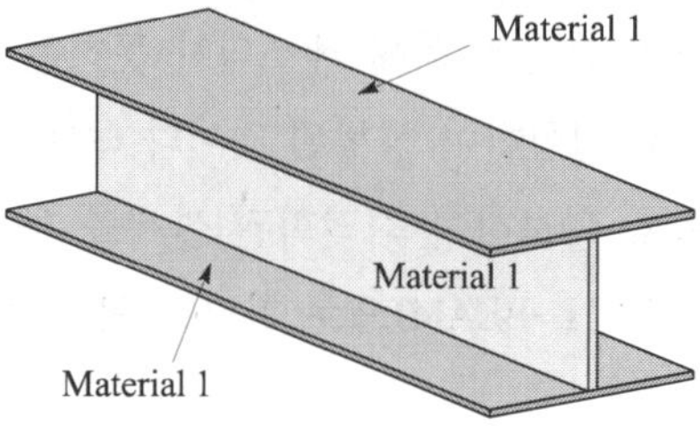

(c) 하이브리드 보

(d) 커버플레이트 보

(e) 허니컴 보

(f) 플레이트 거더

그림 7-1 강재 보의 종류 - 1

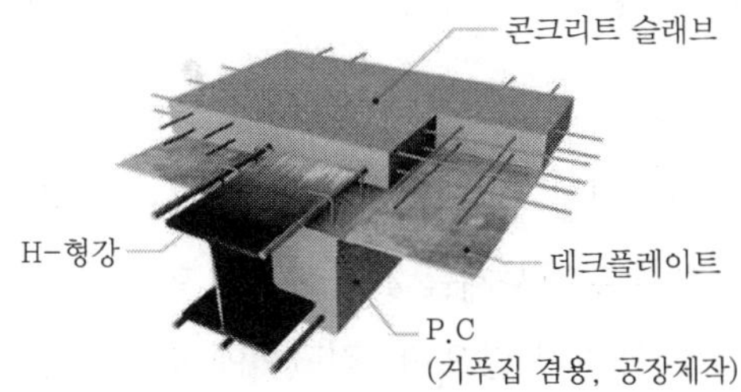

(g) 합성 보

(h) 변단면 보

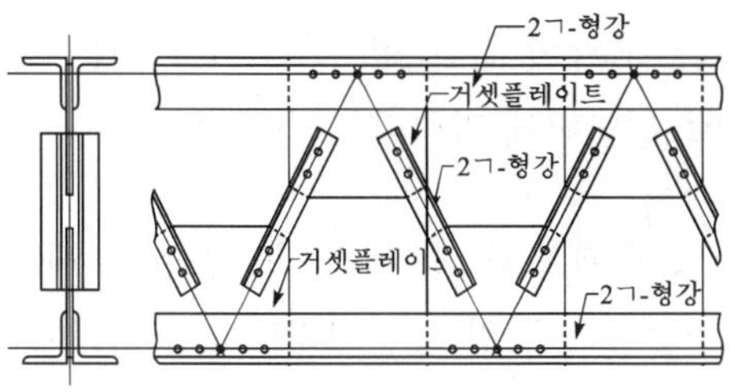

(i) 트러스 보

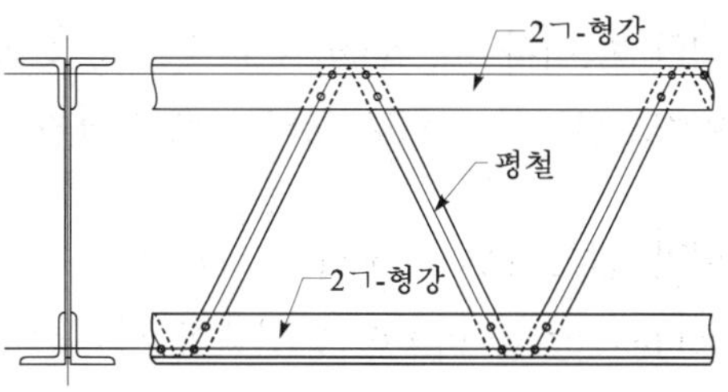

(j) 래티스 보

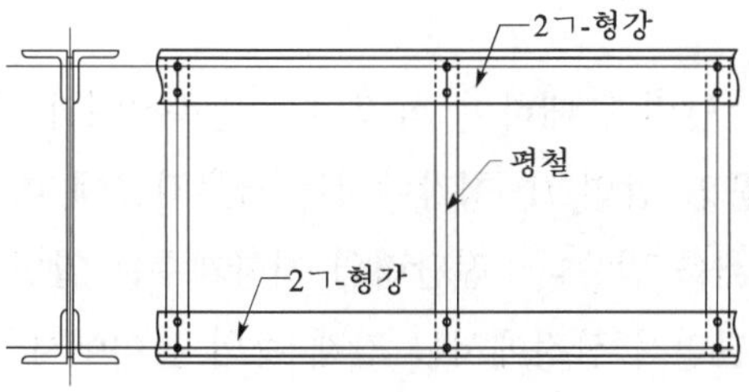

(k) 띠판(격자) 보

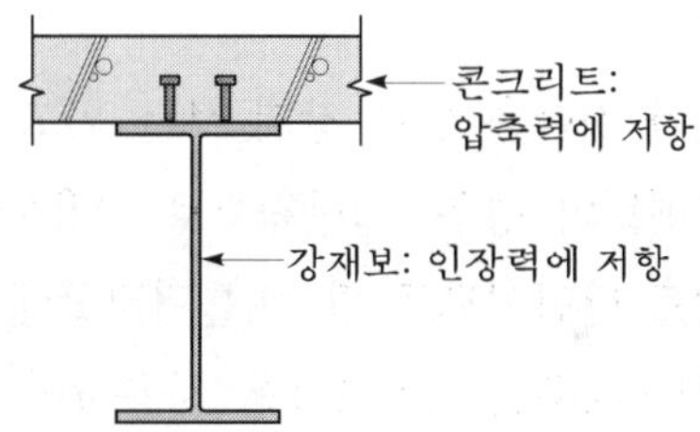

(l) 일반 합성 보

그림 7-1 강재 보의 종류 - 2

7. **합성 보**(composite beam) : 철근콘크리트 보의 경제성과 강재 보의 시공성 및 효율성이 뛰어나 보 춤 감소, 횡강성 증대, 처짐 및 진동 제어가 가능하며, 강재 보에 대한 내화피복이 필요 없는 구조이다(그림 7-1(g)).

8. **변단면 보**(tapered beam) : 높이가 일정하지 않은 보로 캔틸레버 구조물에서 사용되며, 라멘구조에서는 주로 PEB(pre-engineering building) 시스템에서 흔히 볼 수 있다(그림 7-1(h)).

9. **트러스 보**(truss beam) : 스팬이 15m를 넘거나, 보의 춤이 1m 이상 되는 보를 플레이트 거더(plate girder)로 하면 비 경제적일 때 사용하는 것으로 거셋플레이트(gusset

plate)를 이용해서 웨브재(수직재, 경사재)를 상, 하현재에 접합한 조립보이다(그림 7-1(i)).

10. **래티스 보**(lattice beam) : 플랜지와 웨브로 이루어진 강재 보로 상하 플랜지에 이중 ㄱ-형강(double angle)을 사용하고 웨브재는 평철로 경사재를 45°, 60°로 만들어 사용되는 것으로 트러스 보와 달리 거셋플레이트를 사용하지 않으며, 전단력에 취약하다(그림 7-1(j)).

11. **띠판 보**(격자 보, open web beam) : 래티스 보와 동일한 형식으로 웨브재는 평철로 90°도 설치한 것으로 래티스 보와 마찬가지로 전단력에 약하다(그림 7-1(k)).

12. **일반 합성 보**(composite beam) : 콘크리트 슬래브와 강재 보를 전단연결재(shear connector)를 이용하여 일체화 시킨 것으로 압축측에 있는 콘크리트를 고려하여 강재 보의 휨내력을 증가시킨 것으로 일반적으로 강구조에서 작은 보(beam)를 설계할 때 경제적이다(그림 7-1(l)).

휨과 전단을 받는 강재 보는 휨모멘트 및 전단력에 대하여 식 7-1을 만족하여야 한다. 휨모멘트의 경우, 일반적으로 사용되는 기성품인 압연 H-형강에서는 국부좌굴에 대하여 콤팩트 단면이므로 횡-비틀림좌굴에 의해 지배를 받는다. 전단력의 저항계수는 압연 H-형강인 경우는 $\phi_v = 1.0$ 을 사용하며, 웨브의 단면적 산정에서는 강재 보의 높이에서 플랜지 두께 및 웨브 필릿 반경을 공제하지 않고 전체높이를 반영한다.

$$M_u \leqq \phi_b M_n \ (\phi_b = 0.9) \quad \text{식 7-1(a)}$$

$$V_u \leqq \phi_v V_n \ (\phi_v = 0.9) \quad \text{식 7-1(b)}$$

여기서, $M_n = \min.(FP,\ FLB,\ WLB,\ LTB)$

$V_n = 0.6 F_y A_w C_v$

$FP(fully\ plastic)$: 완전 소성

$FLB(flange\ local\ buckling)$: 플랜지 국부좌굴

$WLB(web\ local\ buckling)$: 웨브 국부좌굴

$LTB(lateral\ torsional\ buckling)$: 횡-비틀림좌굴

A_w : 웨브의 단면적

C_v : 전단좌굴계수

7.1.2 휨 변형과 응력도

아래의 그림 7-2는 4개의 다른 단계에서의 변형과 응력의 변화를 보여주는 것으로 각각의 단계에서 응력과 모멘트는 다음과 같다.

(1) **1단계**(탄성) : 휨응력($f < F_y$), 모멘트($M < M_y$)
(2) **2단계**(탄성) : 휨응력($f = F_y$), 모멘트($M = M_y$)
(3) **3단계**(탄소성) : 휨응력($f = F_y$), 모멘트($M_y < M < M_p$)
(4) **4단계**(소성) : 휨응력($f = F_y$), 모멘트($M = M_p$)

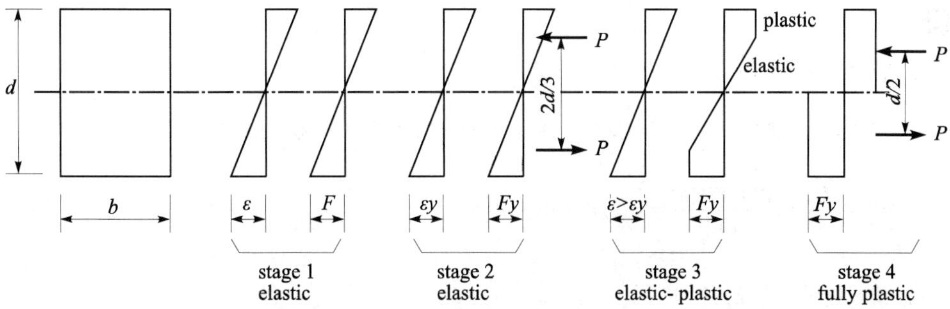

그림 7-2 휨 변형과 응력도

1. 항복모멘트(S_x : 탄성단면계수)

$$M_{yielding} = \frac{1}{2}(F_y)\left(\frac{d}{2}\right)b\frac{2}{3}d = \frac{1}{6}bd^2F_y = S_xF_y \quad \text{식 7-2(a)}$$

2. 소성모멘트(Z_x : 소성단면계수)

$$M_{plast} = (F_y)\left(\frac{d}{2}\right)b\frac{1}{2}d = \frac{1}{4}bd^2F_y = Z_xF_y \quad \text{식 7-2(b)}$$

3. 형상계수

$$f = \frac{Z_x}{S_x} = \frac{M_p}{M_y} = \frac{bd^2/4}{bd^2/6} = 1.5 \quad \text{식 7-2(c)}$$

참고로 이러한 형상계수는 각형 강관 $f \fallingdotseq 1.2$, 원형 강관 $f \fallingdotseq 1.27$, 원형 강봉 $f \fallingdotseq 1.7$ 및 H-형강 $f = 1.10 \sim 1.20$ 정도를 나타내고 있다.

예제 7-1

아래 그림과 같은 용접 H-형강 단면에 대한 형상계수(shape factor)를 구하시오.

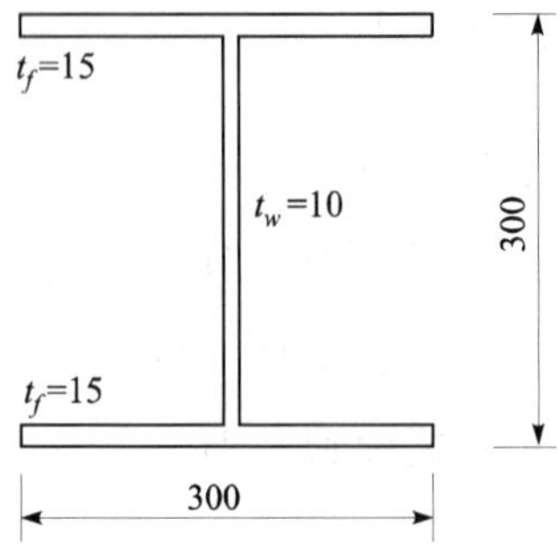

풀이

1. 탄성단면계수(S_x)

단면2차모멘트 : $I_x = \frac{1}{12}(300 \times 300^3 - 290 \times 270^3) = 199{,}327{,}500\,mm^4$

$$S_x = \frac{I_x}{y} = \frac{199327500}{150} = 1{,}328{,}850\,mm^3$$

2. 소성단면계수(Z_x)

$$Z_x = \frac{1}{4}bd^2 = \frac{1}{4}(300 \times 300^2 - 290 \times 270^2) = 1{,}464{,}750\,mm^3$$

3. 형상계수(f)

$$f = \frac{Z_x}{S_x} = \frac{1464750}{1328850} = 1.10$$

∴ 형강계수가 의미하는 것은 항복모멘트(M_y)보다 소성모멘트(M_p)가 10% 정도 크다는 것을 의미한다.

7.1.3 전단응력과 전단중심

1. **전단응력에 대한 일반식**

$$f_v = \frac{VS}{Ib} = \frac{V}{b}\frac{bh^2}{8}\frac{12}{bh^3} = \frac{12}{8}\frac{V}{bh} = \frac{3}{2}\frac{V}{A} \qquad \text{식 7-3}$$

여기서, 단면1차모멘트 : $S = b \times \left(\frac{h}{2}\right)\left(\frac{h}{4}\right) = \frac{bh^2}{8}$

단면2차모멘트 : $I = \frac{bh^3}{12}$

2. **전단중심**(shear center) : ㄷ-형강의 보에서 하중을 단면의 중심선상에 가하면 비틀림이 생긴다. 그러나 외력이 웨브 외측의 특정위치에 작용하면 단면에 비틀림이 생기지 않고 휨변형 만을 유발하는데 이러한 위치를 전단중심이라 한다. 즉, 전단중심은 단면에 전단 하중이 작용할 때 비틀림이 발생하지 않는 지점으로, 전단중심을 통해 하중을 작용하면 단면은 순수 휨만을 발생하고 비틀림은 발생하지 않는다. 비틀림은 구조물의 강도와 안정성을 크게 저하시킬 수 있기 때문에 보 및 기둥과 같은 주요 구조 부재를 설계할 때 전단중심을 반드시 고려해야 한다.

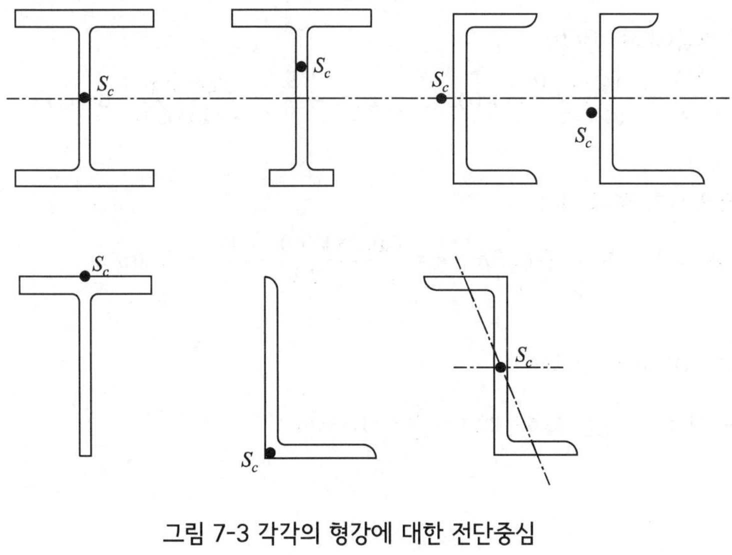

그림 7-3 각각의 형강에 대한 전단중심

예제 7-2

아래 그림과 같은 ㄷ-300x90x9x13 형강 단면에 대한 전단중심(shear center)를 구하시오.

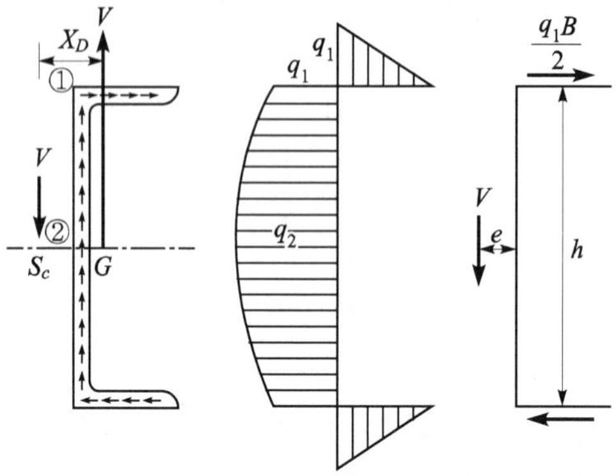

풀이

1. 단면의 성질

$A = 4.857\times10^3 mm^2$, $I_x = 6.44\times10^7 mm^4$, $c_y = 22.3mm$

2. 단면1차모멘트 산정

$S_1 = 90\times13\times143.5 = 167{,}895mm^3$, $S_2 = S_1 + (9\times137)\times68.5 = 252{,}356mm^3$

3. 전단흐름(shear flow)

$q_1 = \frac{VS_1}{I} = \frac{167895\,V}{64400000} = 0.0026\,V$, $q_2 = \frac{VS_2}{I} = \frac{252356\,V}{64400000} = 0.0039\,V$

4. ②점에 대한 힘의 평형

$\sum M_{②} = 0$; $Ve = \frac{1}{2}q_1 Bh$, $e = \frac{0.0026\,V\times90\times278}{2\,V} = 33.6mm$

5. 전단중심(shear center)

$x_c = e + C_y - \frac{t_w}{2} = 33.6 + 22.3 - \frac{9}{2} = 51.4mm$

7.1.4 비틀림(torsion)

1. 외력이 부재의 전단중심에서 벗어나 작용하면 편심으로 인한 비틀림모멘트가 발생하게 되며, 그 종류는 다음과 같다.
   (1) **순수비틀림**(pure torsion) : 단면의 변형이나 길이방향의 직응력을 일으키지 않고 단면 전체가 일정하게 각 변위를 일으키는 비틀림으로 생 베낭 비틀림(Saint Venant torsion)이라고도 한다.
   (2) **뒤틀림**(distortion) : 비틀림 하중에 의하여 박벽보(thin walled beam)의 면내변형으로 단면의 형상이 일그러지는 변위모드이다.
   (3) **뒴**(warping) : 원형 또는 파이프 단면이 아닌 부재가 비틀림 하중을 받게 되면 뒴 변형(warping torsion)을 동반하게 된다. 보가 비틀림 하중을 받을 때, 단면의 다른 부분이 서로 다른 양으로 비틀리면서 단면이 왜곡되며, 이러한 왜곡으로 단면의 형상 변화를 초래하며, 단면 내에서 복잡한 응력 분포가 발생된다. 즉, 비틀림 하중에 의하여 보의 투영된 단면형상이 유지되면서 축방향으로 발생하는 변위모드이다.

2. 뒴이 발생하는 H-형강과 같은 부재의 비틀림 응력은 순수 비틀림과 뒴에 의한 2개 성분의 합으로 나타낸다(T=Ts+Tw).

7.1.5 탄성횡좌굴모멘트

1. 춤이 높고 폭이 좁은 H-형강의 경우, 보가 강축으로 휨을 받으면 처음에는 하중 면 내로만 처짐이 생기지만, 휨모멘트가 어떤 한계값(횡좌굴모멘트 : M_{cr})에 도달하면 보의 압축측 플랜지가 갑자기 하중 면 직각의 횡방향으로 휘어지면서 동시에 비틀림을 유발시키는데, 이러한 현상을 보의 횡좌굴(lateral buckling) 또는 횡비틀림좌굴(lateral torsional buckling)이라 한다.

2. 이러한 현상이 발생하면 내력이 급격히 저하되는데, 이것을 방지하기 위해서는 횡방향 가새(lateral brace)나 슬래브를 설치한다.

3. 횡좌굴모멘트(M_{cr}) 및 횡비틀림좌굴 휨응력도(F_{cr}) : 춤이 높고 폭이 좁은 H-형강의 경우, 휨모멘트가 한계값(M_{cr}, 횡좌굴모멘트)에 도달하면 보의 압축측 플랜지가 갑자기 하중방향과 직각으로 좌굴이 발생하는데 이러한 좌굴을 횡좌굴이라 하며, 횡좌굴과

동시에 비틀림이 발생한다. 이러한 현상은 휨변형과 비틀림변형이 동시에 발생하므로 휨비틀림좌굴(flexural torsional buckling)이라고도 한다.

$$M_{cr} = C_b \sqrt{E I_y G J \left(\frac{\pi}{L}\right)^2 + E^2 I_y C_w \left(\frac{\pi}{L}\right)^4} \quad \text{식 7-4(a)}$$

$$F_{cr} = \frac{M_{cr}}{S} = C_b \sqrt{\frac{E I_y G J}{S^2}\left(\frac{\pi}{L}\right)^2 + \frac{E^2 I_y C_w}{S^2}\left(\frac{\pi}{L}\right)^4} \quad \text{식 7-4(b)}$$

여기서, C_b : 횡좌굴모멘트 수정계수(lateral buckling modification factor)

I_y : 약축에 대한 단면2차모멘트(mm^4)

L : 횡비지지길이(L_b)

G : 전단탄성계수($= \frac{E}{2(1+\nu)}$, N/mm^2)

S : 강축에 대한 탄성단면계수(mm^3)

J : 단면비틀림상수(mm^4)

C_w : 단면뒴상수(mm^6)

EI_y : 약축방향 휨강성, GJ : 비틀림 강성, EC_w : 뒴 강성

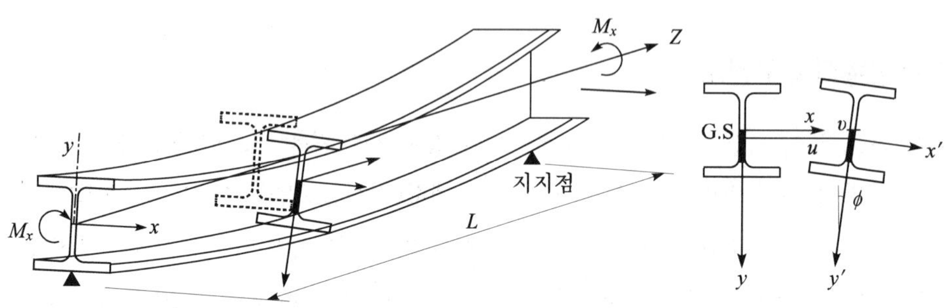

그림 7-4 보의 횡좌굴 변형

4. 횡지지길이가 길수록, 약축단면2차모멘트, 비틀림강성, 뒴강성이 작을수록 횡좌굴이 일어나기 쉽다. 상자형, 원형단면과 같은 폐단면은 H-형강에 비해 비틀림강성이 커서 횡좌굴이 일어나기 어렵다.

5. 횡보강재는 횡좌굴을 방지하기 위해서 압축플랜지에 횡지지하는 것을 말하며, 압축플랜지에 작용하는 압축력의 2% 정도를 지지하면 횡좌굴을 방지할 수 있다.

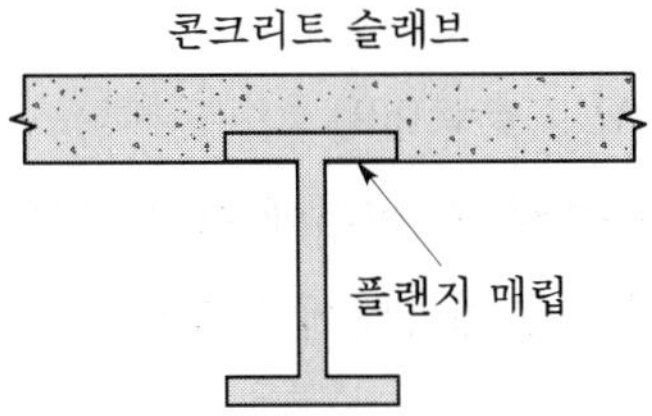

(a) 압축 플랜지 매립한 합성 보

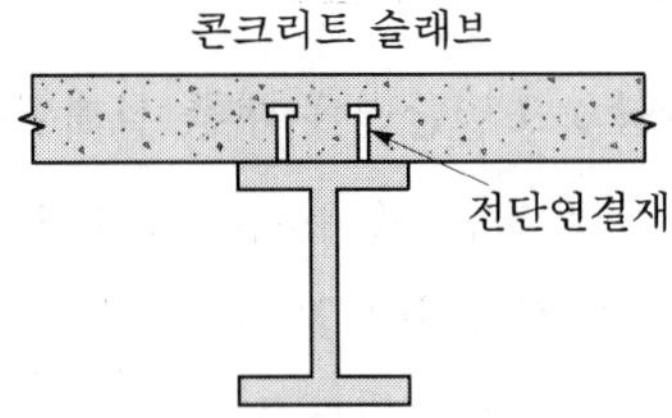

(b) 전단연결재 사용한 합성 보

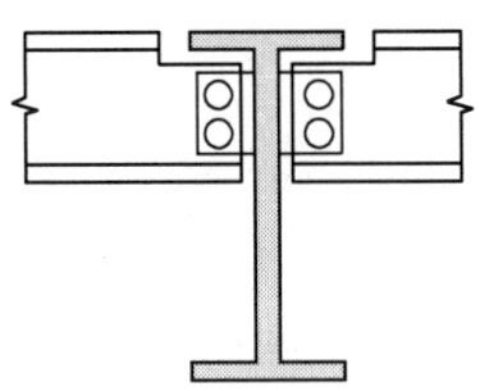

(c) 압축측 횡좌굴 방지용 보 설치

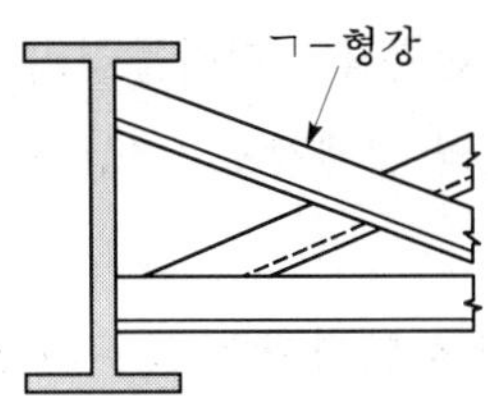

(d) 압축측 앵글 설치

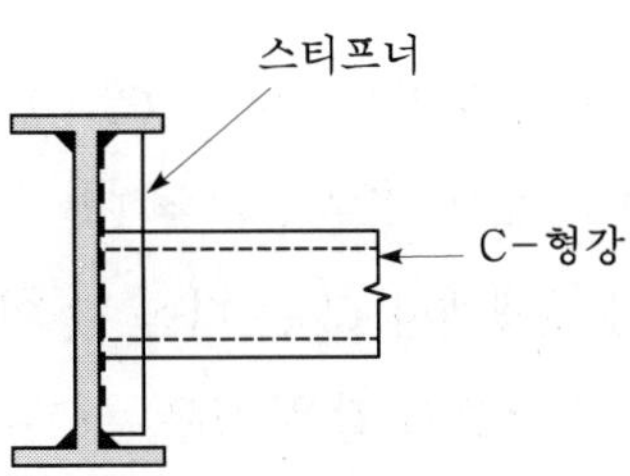

(e) 스티프너와 C-형강 설치

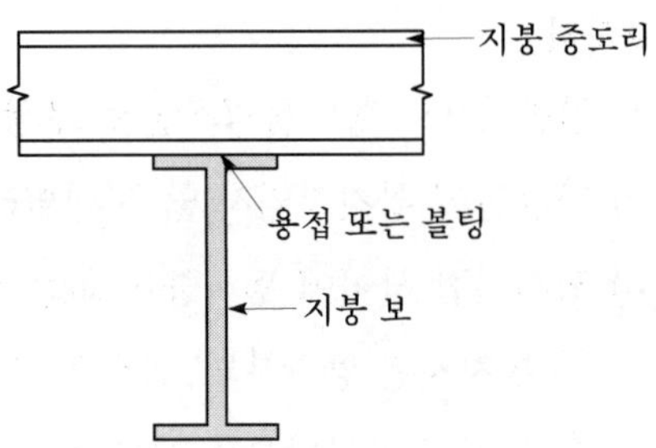

(f) 압축측 플랜지 지붕 중도리에 접합

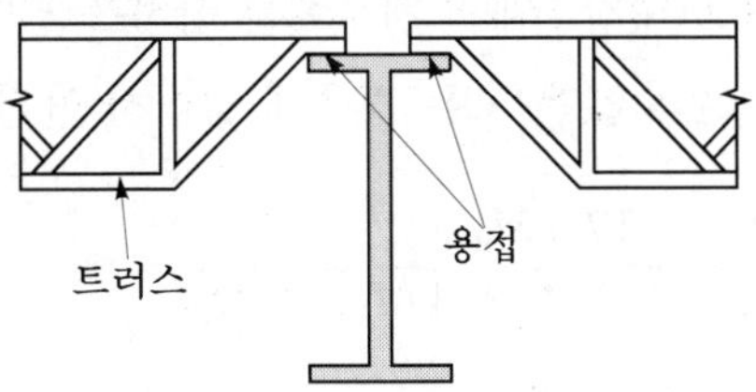

(g) 트러스를 압축측 플랜지에 용접 설치

그림 7-5 보의 횡지지 형태

7.1.6 휨강도에 대한 일반규정

1. **일반사항** : 조밀단면에 대한 설계휨강도($M_u \leq \phi M_n$, $\phi = 0.9$)

휨모멘트를 받는 보 부재는 소성모멘트 강도에 도달했는지 여부에 따라 다음과 같은 파괴 모드의 가능성이 있고, 이러한 파괴 모드에 따른 한계상태에서 강도를 산정하여 가장 작은 값을 설계강도로 결정한다.

(1) **압축측에서의 플랜지의 국부좌굴** : 플랜지 국부좌굴의 한계상태(FLB)

(2) **휨에서의 웨브의 국부좌굴** : 웨브 국부좌굴의 한계상태(WLB)

(3) **횡비틀림좌굴** : 횡비틀림좌굴의 한계상태(LTB)

(4) **휨부재의 설계강도** : min.(FLB, WLB, LTB)

2. **횡비틀림좌굴 보정계수**(C_b, lateral-torsional buckling modification) : factor) : 보의 비지지길이 내의 모멘트분포가 등분포가 아닌 경우는 보의 횡좌굴강도가 증가한다. 비지지구간 보 양단부의 모멘트가 균일하지 않게 작용하지 않는 경우에 대한 보정이 필요하다.

(1) 일반적으로 횡비틀림좌굴트 보정계수는 가장 불리한 경우 : $C_b = 1.0$

(2) 자유단이 횡지지되지 않은 캔틸레버와 내민보의 경우 : $C_b = 1.0$

(3) 횡지지점 사이에 횡하중이 없는 2축 대칭부재에서 C_b는 다음 값 이하

① 횡지지된 양단부의 모멘트 크기가 같고 부호가 같은 경우 : $C_b = 1.0$

② 횡지지된 양단부의 모멘트 크기가 같고 부호가 반대인 경우 : $C_b = 2.27$

③ 한쪽 단부모멘트가 0인 경우 : $C_b = 1.67$

(4) 복곡률이 발생하는 1축 대칭부재의 경우에는 상하플랜지 모두에 대하여 횡비틀림좌굴강도를 검토한다. C_b의 값은 모든 경우에 있어서 안전측으로 1.0을 사용 가능

$$C_b = \frac{12.5\,M_{\max}}{2.5\,M_{\max} + 3\,M_A + 4\,M_B + 3\,M_C} \qquad \text{식 7-5}$$

여기서, M_A : 비지지구간에서 1/4지점의 모멘트 절대값($N \cdot mm$)

M_B : 비지지구간에서 중앙부 모멘트 절대값($N \cdot mm$)

M_C : 비지지구간에서 3/4지점의 모멘트 절대값($N \cdot mm$)

$M_{\max}$: 비지지구간에서 최대모멘트 절대값($N \cdot mm$)

예제 7-3

아래와 같이 스팬이 12m인 등분포하중을 받는 단순보 SB2(H-600x200x11x17)에 $W_D = 5\,kN/m^2$, $W_L = 3\,kN/m^2$의 하중이 작용할 때 보 단면에 대한 횡비틀림좌굴 보정계수 C_b를 구하시오. 여기서, 횡좌굴방지용 보인 SB1의 단면은 H-200x100x5.5x8 이며, 강재의 재질은 SM275($F_y = 275\,MPa$)이고, 자중은 고려하지 않는다.

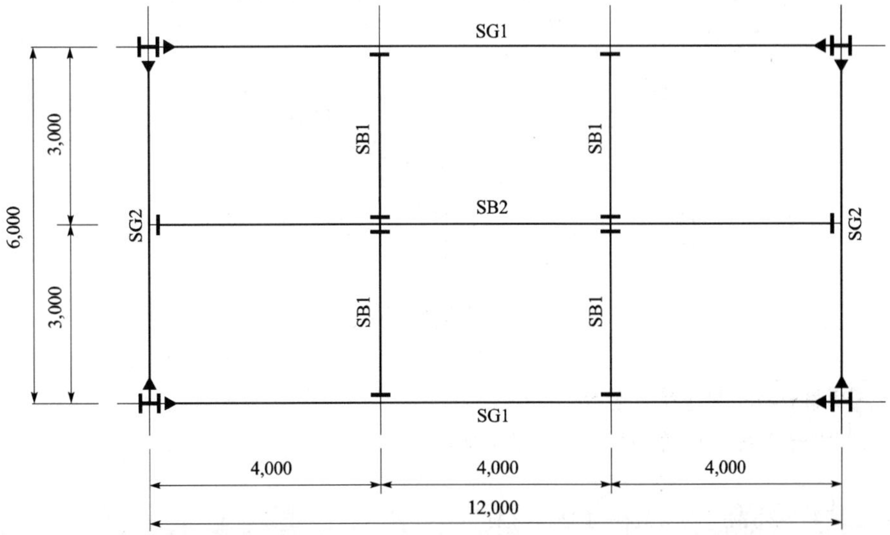

풀이

1. 계수하중 산정

$$w_u = 1.2(5\times 3) + 1.6(3\times 3) = 32.4\,kN/m$$

2. 최대전단력(지점반력) 및 최대휨모멘트 산정

$$V_{\max} = \frac{1}{2}w_u l = \frac{1}{2}(32.4)(12) = 194.4\,kN$$

$$M_{\max} = \frac{1}{8}w_u l^2 = \frac{1}{8}(32.4)(12)^2 = 583.2\,kN.m$$

3. 각 점에서의 모멘트 산정

$$M_A(l = 5m) = 194.4(5) - 32.4(5)\left(\frac{5}{2}\right) = 567.0\,kN.m$$

$$M_B(l = 6m) = 194.4(6) - 32.4(6)\left(\frac{6}{2}\right) = 583.2\,kN.m$$

$$M_C(l = 7m) = 194.4(7) - 32.4(7)\left(\frac{7}{2}\right) = 567.0\,kN.m$$

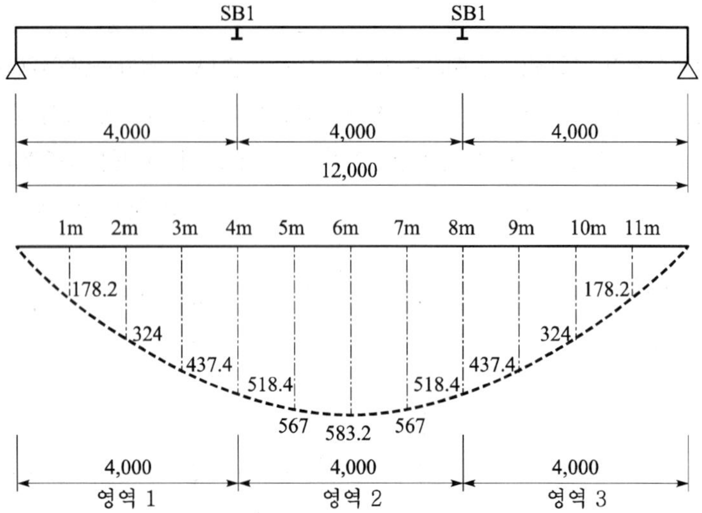

그림 휨모멘트 분포

4. 횡비틀림좌굴 보정계수 산정

1) "영역 2"에 대한 횡비틀림좌굴 보정계수

$$C_b = \frac{12.5\,M_{max}}{2.5\,M_{max} + 3\,M_A + 4\,M_B + 3\,M_C}$$

$$C_b = \frac{12.5\,(583.2)}{2.5\,(583.2) + 3\,(567) + 4\,(583.2) + 3\,(567)} = 1.014$$

2) "영역 1" "영역 3"에 대한 횡비틀림좌굴 보정계수

$$C_b = \frac{12.5\,(518.4)}{2.5\,(518.4) + 3\,(178.2) + 4\,(324) + 3\,(437.4)} = 1.460$$

3) 영역 2에 대한 보정계수 값이 영역 1 또는 3의 보정계수보다 적으므로 구조물 설계에서 안전측으로 보면 횡비틀림좌굴 보정계수, $C_b = 1.014$ 이다.

7.2 휨재의 좌굴 Buckling of Flexural Member

7.2.1 휨재의 국부좌굴

휨재는 외부 힘에 의해 휨모멘트를 받는 부재를 말하며, 이러한 휨재가 특정 부분에서 갑작스럽게 휘어지는 현상을 국부좌굴이라 하며, 이러한 현상은 판의 두께가 얇을수록, 응력집중이 발생하는 볼트구멍이나 용접부와 같이 단면의 불연속적인 부위 및 휨과 동시에 압축력을 받는 부분에서 쉽게 발생될 수 있다. 이러한 국부좌굴의 종류에는 플랜지 국부좌굴(FLB, flange local buckling)과 웨브 국부좌굴(WLB, web local buckling)이 있다. 휨재에서도 국부좌굴을 방지하기 위해 폭두께비(λ)를 표 7-2와 같이 각 단면에 대하여 제한하고 있으며, 구조용부재로 가장 많이 사용되는 H-형강 단면에 대한 폭두께비 제한 값은 다음과 같다.

1. **플랜지**(flange)

$$\lambda_f = \frac{b}{t_f} \leqq \lambda_p = 0.38\sqrt{\frac{E}{F_y}} \quad : \text{조밀단면} \qquad \text{식 7-6(a)}$$

$$\lambda_p < \lambda_f \leqq \lambda_r = 1.0\sqrt{\frac{E}{F_y}} \quad : \text{비조밀단면} \qquad \text{식 7-6(b)}$$

2. **웨브**(web)

$$\lambda_w = \frac{h}{t_w} \leqq \lambda_p = 3.76\sqrt{\frac{E}{F_y}} \quad : \text{조밀단면} \qquad \text{식 7-7(a)}$$

$$\lambda_p < \lambda_w \leqq \lambda_r = 5.70\sqrt{\frac{E}{F_y}} \quad : \text{비조밀단면} \qquad \text{식 7-7(b)}$$

여기서, λ_f : 플랜지에 대한 폭두께비
λ_w : 플랜지에 대한 폭두께비
λ_p : 소성한계 폭두께비
λ_r : 비탄성한계 폭두께비

표 7-1 휨부재 단면의 분류

단면의 형태	플랜지	웨브	한계상태
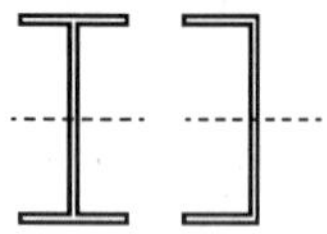	조밀단면	조밀단면	항복 횡비틀림좌굴
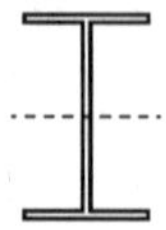	비조밀단면 세장판 단면	조밀단면	횡비틀림좌굴 플랜지 국부좌굴
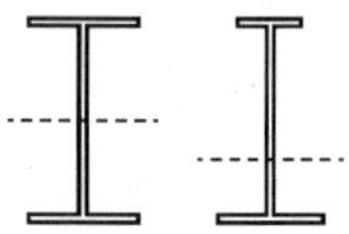	조밀단면 비조밀단면 세장판 단면	조밀단면 비조밀단면	항복 횡비틀림좌굴 플랜지 국부좌굴 인장플랜지 항복
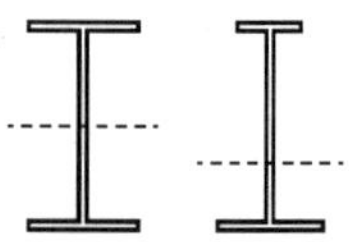	조밀단면 비조밀단면 세장판 단면	세장판 단면	항복 횡비틀림좌굴 플랜지 국부좌굴 인장플랜지 항복
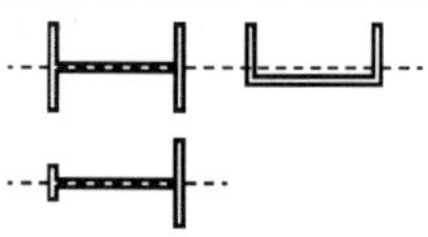	조밀단면 비조밀단면 세장판 단면	–	항복 플랜지 국부좌굴
	조밀단면 비조밀단면 세장판 단면	조밀단면 비조밀단면	항복 플랜지 국부좌굴 웨브 국부좌굴
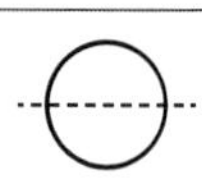	–	–	항복 국부좌굴
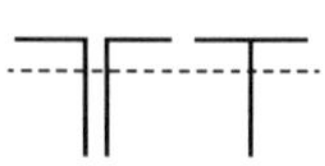	조밀단면 비조밀단면 세장판 단면	–	항복 횡비틀림좌굴 플랜지 국부좌굴
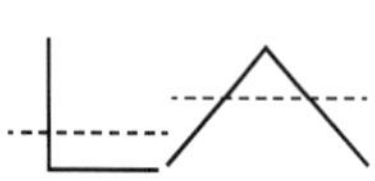	–	–	항복 횡비틀림좌굴 플랜지 국부좌굴
	–	–	항복 횡비틀림좌굴
ㄱ형강을 제외한 비대칭 단면	–	–	모든 한계상태 포함

표 7-2 휨부재 단면의 폭두께비 제한-1

단면	판요소에 대한 설명	폭두께비	폭두께비 제한 값 λ_p (조밀/비조밀)	폭두께비 제한 값 λ_r (비조밀/세장)	예
자유돌출판(비구속판요소)	① 강축 휨을 받는 압연 H형강의 플랜지	b/t	$0.38\sqrt{\frac{E}{F_y}}$	$1.0\sqrt{\frac{E}{F_y}}$	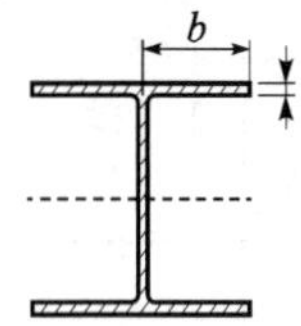
	② 강축 휨을 받는 압연 ㄷ형강의 플랜지				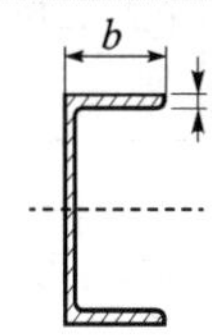
	③ 강축 휨을 받는 압연 T형강의 플랜지				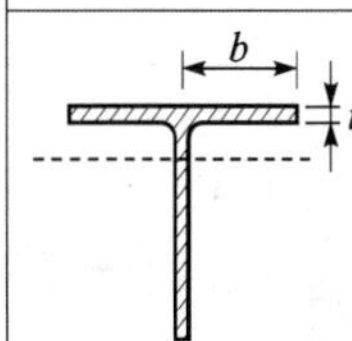
	④ 강축 휨을 받는 2축 또는 1축 대칭인 용접 H형강의 플랜지	b/t	$0.38\sqrt{\frac{E}{F_y}}$	$0.95\sqrt{\frac{k_c E}{F_L}}$ 1),2)	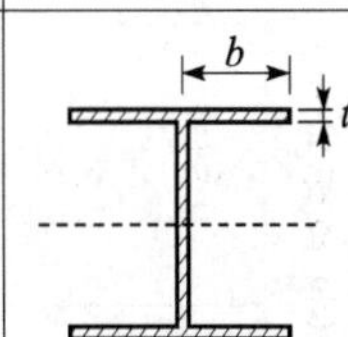
	⑤ 단일 ㄱ형강의 다리	b/t	$0.54\sqrt{\frac{E}{F_y}}$	$0.91\sqrt{\frac{E}{F_y}}$	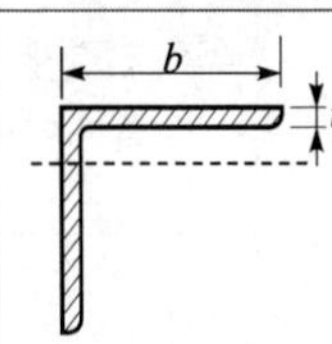
	⑥ 약축 휨을 받는 압연 H형강의 플랜지	b/t	$0.38\sqrt{\frac{E}{F_y}}$	$1.0\sqrt{\frac{E}{F_y}}$	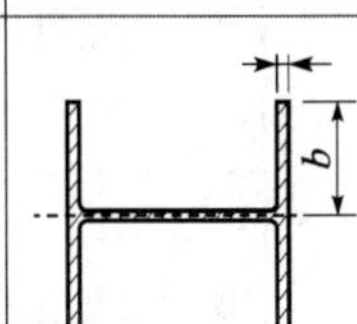
	⑦ 약축 휨을 받는 압연ㄷ형강의 플랜지				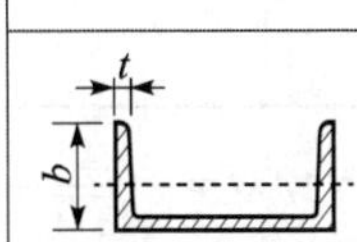
	⑧ T형강의 스템	d/t	$0.84\sqrt{\frac{E}{F_y}}$	$1.52\sqrt{\frac{E}{F_y}}$	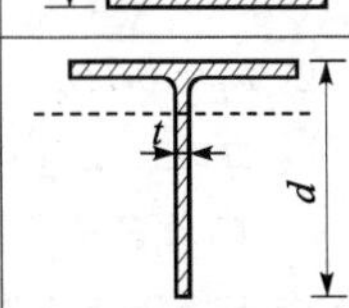

표 7-2 휨부재 단면의 폭두께비 제한-2

단면	판요소에 대한 설명	폭두께비	폭두께비 제한 값 λ_p (조밀/비조밀)	 λ_r (비조밀/세장)	예
양연지지판(구속판요소)	① 2축 대칭 H형강의 웨브	h/t_w	$3.76\sqrt{\frac{E}{F_y}}$	$5.70\sqrt{\frac{E}{F_y}}$	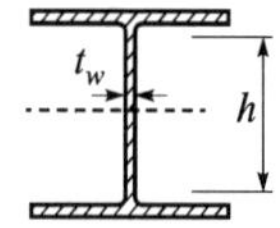
	② ㄷ형강의 웨브				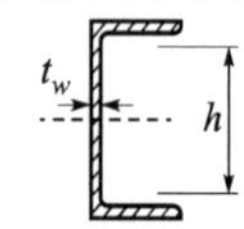
	③ 1축 대칭 H형강의 웨브	h_c/t_w	$\frac{\frac{h_c}{h_p}\sqrt{\frac{E}{F_y}}}{\left(0.54\frac{M_p}{M_y}-0.09\right)^2} \le \lambda_r$	$5.70\sqrt{\frac{E}{F_y}}$	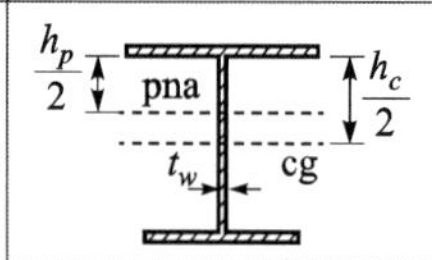
	④ 균일한 두께를 갖는 각형강관과 박스의 플랜지	b/t	$1.12\sqrt{\frac{E}{F_y}}$	$1.40\sqrt{\frac{E}{F_y}}$	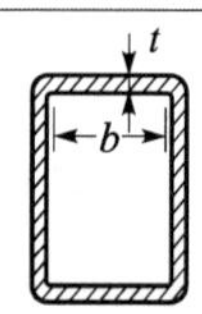
	⑤ 플랜지 커버플레이트	b/t	$1.12\sqrt{\frac{E}{F_y}}$	$1.40\sqrt{\frac{E}{F_y}}$	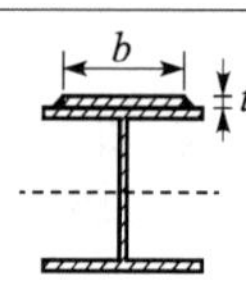
	⑥ 연결재 사이의 다이아프램 플레이트				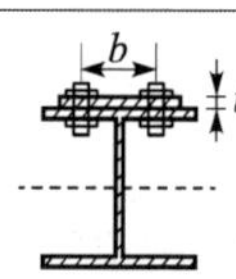
	⑦ 각형강관과 박스의 웨브	h/t	$2.42\sqrt{\frac{E}{F_y}}$	$5.70\sqrt{\frac{E}{F_y}}$	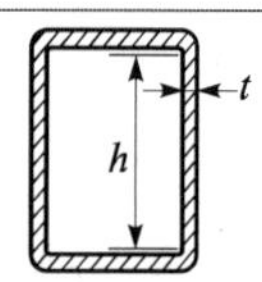
	⑧ 원형강관	D/t	$0.07\frac{E}{F_y}$	$0.31\frac{E}{F_y}$	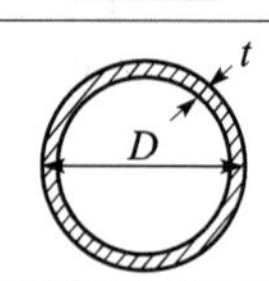

주 1) $k_c = \frac{4}{\sqrt{h/t_w}}$, 여기서 $0.35 \le k_c \le 0.76$

2) $F_L = 0.7F_y$: 약축 휨을 받는 경우, 웨브가 세장판 단면인 용접 H형강이 강축 휨을 받는 경우, 그리고 조밀단면 웨브 또는 비조밀단면 웨브이고 $S_{xt}/S_{xc} \ge 0.7$ 인 용접 H형강이 강축 휨을 받는 경우

$F_L = F_y S_{xt}/S_{xc} \ge 0.5F_y$

$S_{xt}/S_{xc} < 0.7$인 용접 H형강이 강축 휨을 받는 경우

예제 7-4

압연 형강인 H-600x200x11x17(SM275) 강재의 보 단면에 대해 국부좌굴에 대한 휨부재 단면을 구분하시오.

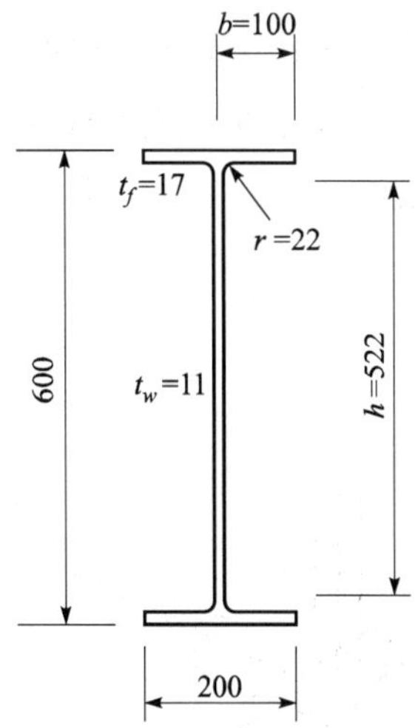

풀이

1. 플랜지에 대한 폭두께비 검토

1) 단면의 폭두께비 : $\lambda = \dfrac{b}{t_f} = \dfrac{100}{17} = 5.88$

2) 소성한계 폭두께비 : $\lambda_p = 0.38\sqrt{\dfrac{E}{F_y}} = 0.38\sqrt{\dfrac{210000}{265}} = 10.7$

3) $\lambda = 5.88 < \lambda_p = 10.7$: 조밀단면

2. 웨브에 대한 폭두께비 검토

1) 단면의 폭두께비 : $\lambda = \dfrac{h}{t_w} = \dfrac{522}{11} = 18.75$

여기서, $h = H - 2(t_f + r) = 600 - 2(17 + 22) = 522mm$

2) 소성한계 폭두께비 : $\lambda_p = 3.76\sqrt{\dfrac{E}{F_y}} = 3.76\sqrt{\dfrac{210000}{265}} = 105.9$

3) $\lambda = 18.75 < \lambda_p = 105.9$: 조밀단면

3. 따라서, 주어진 단면은 조밀단면(compact section)

7.2.2 휨재의 횡좌굴 거동

1. 횡비틀림좌굴을 방지하기 위해서는 압축플랜지를 직교보(lateral beam)나 슬래브 등에 의해 적절히 횡지지해야 한다. 횡방향 지지점 사이의 길이를 보의 비지지길이(unbraced length : L_b)라고 한다.

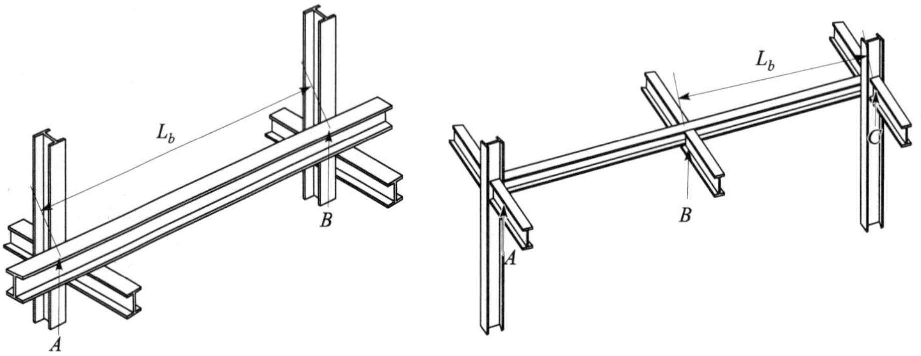

그림 7-6 보의 횡비지지 길이

2. **비지지길이(unbraced length)의 종류**

(1) L_b : 횡비지지길이

(2) L_{pd} : 완전소성한계 비지지길이($M_n = M_p$)

$$L_{pd} = \left[0.12 + 0.076\left(\frac{M_1}{M_2}\right)\right]\left(\frac{E}{F_y}\right)r_y \qquad \text{식 7-8}$$

여기서, M_1 : 횡비지지부재의 단부에서의 작은 모멘트 값

M_2 : 횡비지지부재의 단부에서의 큰 모멘트 값

r_y : 약축에 대한 단면회전반경

(3) L_p : 소성한계 비지지길이($M_n = M_p$)

$$L_p \leqq 1.76\, r_y \sqrt{\frac{E}{F_y}} \qquad \text{식 7-9}$$

(4) L_r : 비탄성한계 비지지길이($M_n = M_r$)

비탄성한계 비지지길이 산정의 일반적인 방법은 “방법 2”와 같이 구한다. 그러나 본서에서는 복잡한 식을 비틀림(torsion)과 뒴(warping)에 대해 정리한 “방법 1”을 사용하였으며 두 방법의 결과 값은 동일하다. 하지만 “방법 1” 또한 식이 복잡하여 간편식으로 “방법 3”을 이용하여 구하는 것이 안전측으로 많이 활용된다.

① 방법 1 : $L_r = \dfrac{r_y \cdot X1}{(F_y - F_r)}\sqrt{1+\sqrt{1+X2(F_y-F_r)^2}}$ 식 7-10(a)

여기서, F_r : 잔류응력($0.3F_y$)

$X1$: 순수비틀림($\dfrac{\pi}{S_x}\sqrt{\dfrac{EGJA}{2}}$)

$X2$: 뒴($\dfrac{4C_w}{I_y}\left(\dfrac{S_x}{GJ}\right)^2$)

② 방법 2 : $L_r = 1.95\,r_{ts}\dfrac{E}{0.7F_y}\sqrt{\dfrac{Jc}{S_x h_o}}\sqrt{1+\sqrt{1+6.76\left(\dfrac{0.7F_y}{E}\dfrac{S_x h_o}{Jc}\right)^2}}$ 식 7-10(b)

여기서, $r_{ts}^2 = \dfrac{\sqrt{I_y C_w}}{S_x}$: 뒴회전반경

$c = 1$: 2축대칭 H형강의 경우, $c = \dfrac{h_o}{2}\sqrt{\dfrac{I_y}{C_w}}$: ㄷ형강의 경우

h_o : 상하부 플랜지 간 중심거리 (mm)

③ 방법 3 : $L_r = \pi r_{ts}\sqrt{\dfrac{E}{0.7F_y}}$ 식 7-10(c)

3. 횡지지길이에 따른 휨거동의 차이

변형도 경화에 따른 소성좌굴과 소성좌굴 구간을 소성설계구간, 비탄성좌굴을 비탄성 횡비틀림좌굴구간, 탄성좌굴을 탄성 횡비틀림좌굴구간으로 크게 3구간으로 구분하여 공칭모멘트강도가 결정되며, 보의 비지지길이가 증가하면 공칭모멘트강도도 작아진다. 횡좌굴에 대한 적절한 횡비지지길이를 확보하여야만 부재가 가지고 있는 항복강도를 충분히 발휘할 수 있어 휨내력의 저하가 없다.

(1) $L_b \leqq L_{pd}$ (그림 7-7(a), plastic) : 보의 횡지지가 충분하고, 단면은 국부좌굴이 방지된 컴펙트 단면이며, 보의 전소성모멘트를 발휘함은 물론 뛰어난 소성회전능력을 가진다. 소성설계(plastic design)에서 이러한 거동을 관찰할 수 있다. - 조밀단면(compact sections)

(2) $L_{pd} < L_b \leqq L_p$ (그림 7-7(b), partially plastic) : 보가 소성모멘트는 발휘하지만 큰 소성회전능력을 발휘하지는 못한다. 플랜지 및 웨브의 강성이 충분치 않아 국부좌굴이 발생할 수 있는 경우이며, 플랜지에 비탄성 변형이 생긴 상태에서 횡좌굴이 발생하며 이 때의 휨강도는 소성모멘트이다. - 부분 조밀단면(partially compact sections)

(3) $L_p < L_b \leqq L_r$ (그림 7-7(c), inelastic) : 비탄성좌굴이 발생하여 휨강도가 소성모멘트보다는 작고 항복모멘트보다는 큰 경우이며, 보의 휨강도는 비탄성 좌굴강도이다. - 비조밀단면(noncompact sections)

(4) $L_b > L_r$ (그림 7-7(d), elastic) : 보의 약축세장비가 매우 커서 보의 탄성횡좌굴에 의해 한계상태에 도달하는 경우로 보의 휨강도는 탄성좌굴강도이다. - 세장단면(slender sections)

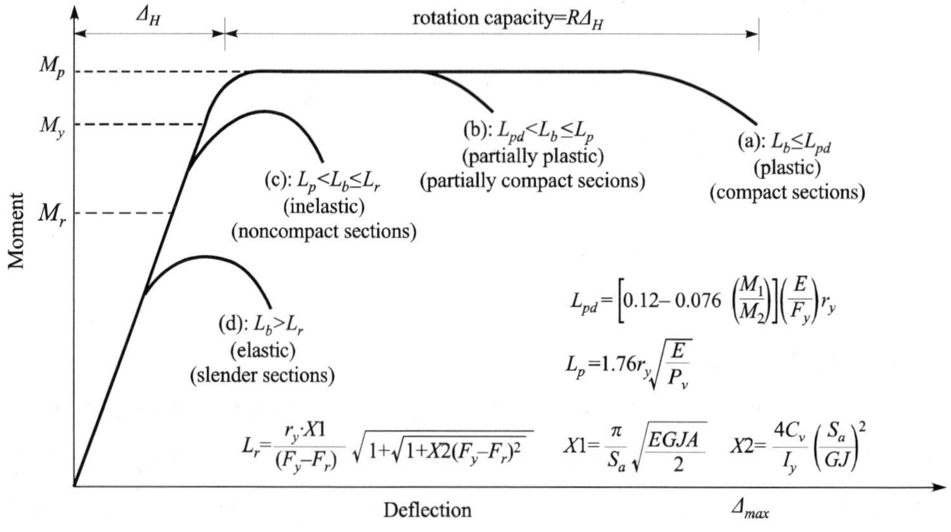

그림 7-7 보의 비지지길이에 따른 모멘트와 회전각의 관계

4. 보의 횡지지별 거동 특성

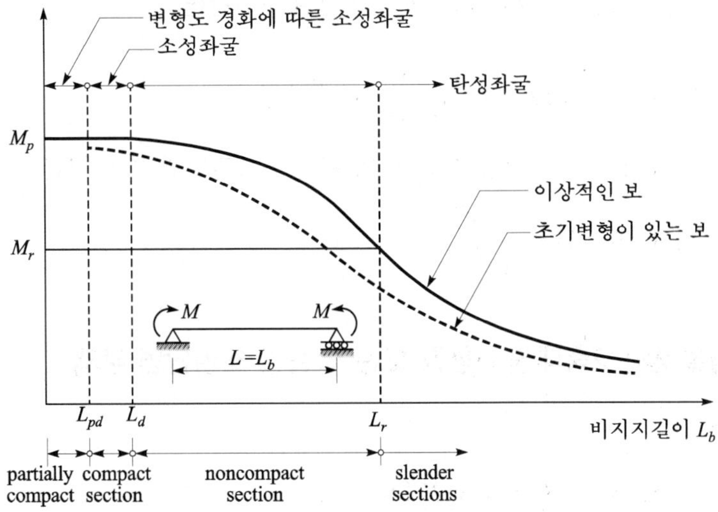

그림 7-8 보의 횡지지별 거동 특성

7.3 휨재의 강도설계 Strength Design of Flexural Member

7.3.1 단면의 항복 한계상태

소성구간에 해당되며 소성해석에 의해 설계할 경우, 보는 소성모멘트에 도달한 이후 충분한 비탄성변형을 통하여 모멘트를 재분배한다.

$$M_n = M_p = Z_x F_y$$

1. 단면의 폭두께비

$$\lambda_f = \frac{b}{t_f} \leq \lambda_p = 0.38\sqrt{\frac{E}{F_y}}$$: H-형강 플랜지에 대한 조밀단면

$$\lambda_w = \frac{h}{t_w} \leq \lambda_p = 3.76\sqrt{\frac{E}{f_y}}$$: H-형강 웨브에 대한 조밀단면

2. 횡비지지길이

$L_b \leqq L_{pd}$: 횡비지지길이와 관련된 조밀단면

여기서, $L_{pd} = \left[0.12 + 0.076\left(\dfrac{M_1}{M_2}\right)\right]\left(\dfrac{E}{F_y}\right) r_y$

$L_b \leqq L_p$: 횡비지지길이와 관련된 조밀단면 또는 부분 조밀단면

여기서, $L_p \leqq 1.76\, r_y \sqrt{\dfrac{E}{F_y}}$

7.3.2 강축 휨을 받는 2축대칭 H형강 또는 ㄷ형강 조밀단면 부재

1. 소성모멘트

$$\phi_b M_n = \phi_b M_p = \phi_b Z_x F_y \,(\phi_b = 0.9) \qquad \text{식 7-11}$$

여기서, M_p : 소성모멘트, Z_x : 소성단면계수

2. 횡비틀림좌굴

(1) $L_b \leqq L_p$ (조밀단면)의 경우에는 횡비틀림좌굴강도를 고려하지 않아도 된다.

(2) $L_p < L_b \leqq L_r$ (비조밀단면)의 경우의 설계강도

$$\phi_b M_n = \phi_b C_b\left[M_p - (M_p - 0.7 M_r)\left(\frac{L_b - L_p}{L_r - L_p}\right)\right] \leq M_p \,(\phi_b = 0.9) \qquad \text{식 7-12}$$

여기서, $M_p = Z_x F_y$: 소성모멘트

$M_r = S_x F_y$: 항복모멘트

L_b =단면의 횡비지지길이

$L_p \leqq 1.76\, r_y \sqrt{\dfrac{E}{F_y}}$: 소성한계 비지지길이

$L_r = \dfrac{r_y \cdot X1}{(F_y - F_r)} \sqrt{1 + \sqrt{1 + X2\,(F_y - F_r)^2}}$: 비탄성한계 비지지길이

$L_r = 1.95\, r_{ts} \dfrac{E}{0.7F_y} \sqrt{\dfrac{Jc}{S_x h_o}} \sqrt{1 + \sqrt{1 + 6.76\left(\dfrac{0.7F_y}{E}\dfrac{S_x h_o}{Jc}\right)^2}}$: 정확한 값

$L_r = \pi\, r_{ts} \sqrt{\dfrac{E}{0.7F_y}}$ (r_{ts} : 뒴회전반경) : 안전측 값

$$X1 = \frac{\pi}{S_x}\sqrt{\frac{EGJA}{2}}\ (N/mm^2,\ MPa)$$: 순수비틀림

$$X2 = \frac{4C_w}{I_y}\left(\frac{S_x}{GJ}\right)^2\left(mm^4/N^2,\ \left(\frac{1}{MPa}\right)^2\right)$$: 뒴

$F_r = 0.3F_y (N/mm^2)$: 잔류응력

$r_y (mm)$: 약축에 대한 단면2차 반경

$G = \frac{E}{2(1+\nu)} (N/mm^2)$: 전단탄성계수

$J = \sum \frac{bt^3}{3} (mm^4)$: 단면비틀림상수(torsional constant)

$C_w = \frac{I_y h^2}{4} (mm^6)$: 단면뒴상수(warping constant)

$r_{ts} = \sqrt{\frac{I_y h_o}{2S_x}}$: 압연 H형강인 경우, $r_{ts}^2 = \sqrt{\frac{I_y C_w}{S_x}}$ (일반)

$S_x (mm^3)$: 탄성단면계수

$I_y (mm^4)$: 약축에 대한 단면2차모멘트

$c = 1$: 2축대칭 H형강의 경우, $c = \frac{h_o}{2}\sqrt{\frac{I_y}{C_w}}$: ㄷ형강의 경우

h_o : 상하부 플랜지 간 중심거리 (mm)

3. $L_b > L_r$ (세장 단면)의 경우에서의 공칭모멘트 강도

$$\phi_b M_n = \phi_b C_b \left[\frac{\sqrt{2}\, S_x X_1}{\left(\frac{L_b}{r_y}\right)} \sqrt{1 + \frac{X_2 X_1^2}{2\left(\frac{L_b}{r_y}\right)^2}} \right] \le M_p (\phi_b = 0.9)$$ 식 7-13(a)

$$\phi_b M_n = \phi_b F_{cr} S_x \le M_p (\phi_b = 0.9)$$ 식 7-13(b)

여기서, $F_{cr} = \frac{C_b \pi^2 E}{\left(\frac{L_b}{r_{ts}}\right)^2} \sqrt{1 + 0.078 \frac{Jc}{S_x h_o}\left(\frac{L_b}{r_{ts}}\right)^2}$

예제 7-5

횡비지지길이 $L_b = 2.5\,m$ 이고, 횡비틀림좌굴 보정계수 $C_b = 1.0$ 인 압연 형강인 H-600x200x11x17(SM275) 강재 보의 설계강도($\phi_b M_n$)를 산정하시오. 단, 주어진 형강 단면의 성질은 다음과 같다.

$A_g = 1.344 \times 10^4\,mm^2$, $r_y = 4.12 \times 10^1\,mm$

$I_x = 7.76 \times 10^8\,mm^4$, $I_y = 2.28 \times 10^7\,mm^4$

$S_x = 2.59 \times 10^6\,mm^3$, $Z_x = 2.98 \times 10^6\,mm^3$

$J = 9.06 \times 10^5\,mm^4$, $C_w = 1.94 \times 10^{12}\,mm^6$

$E = 2.1 \times 10^5\,N/mm^2$, $G = 8.1 \times 10^4\,N/mm^2$

풀이

1. 비틀림과 관련된 $X1$, $X2$ 값 산정

1) 순수 비틀림 : $X1 = \dfrac{\pi}{S_x}\sqrt{\dfrac{EGJA}{2}}$

$$X1 = \frac{\pi}{2.59 \times 10^6}\sqrt{\frac{210000(81000)(9.06 \times 10^5)(1.344 \times 10^4)}{2}}$$

$$X1 = 12{,}344\,MPa$$

2) 뒴 : $X2 = \dfrac{4\,C_w}{I_y}\left(\dfrac{S_x}{GJ}\right)^2$

$$X2 = \frac{4(1.94 \times 10^{12})}{2.28 \times 10^7}\left(\frac{2.59 \times 10^6}{81000(9.06 \times 10^5)}\right)^2 = 0.000424\left(\frac{1}{MPa}\right)^2$$

2. 비지지길이 산정

1) 소성한계 비지지길이 : $L_p = 1.76\,r_y\sqrt{\dfrac{E}{F_y}}$

$$L_p = 1.76(41.2)\sqrt{\frac{210000}{265}} \times 10^{-3} = 2.04\,m$$

2) 비탄성한계 비지지길이 : 일반적인 교재에서의 산정방법은 “방법 2”에 의해 주로 산정하지만 본서에서는 “방법 2”를 수정한 “방법 1”에 의해 산정하기로 한다.

① 방법 1

$$L_r = \frac{r_y \cdot X1}{(F_y - F_r)}\sqrt{1 + \sqrt{1 + X2(F_y - F_r)^2}}$$

$$L_r = \frac{41.2(12344)}{0.7(265)}\sqrt{1 + \sqrt{1 + 0.000424(185.5)^2}} \times 10^{-3} = 6.10\,m$$

② 방법 2

$$L_r = 1.95 r_{ts} \frac{E}{0.7F_y} \sqrt{\frac{Jc}{S_x h_o}} \sqrt{1+\sqrt{1+6.76\left(\frac{0.7F_y}{E}\frac{S_x h_o}{Jc}\right)^2}}$$

$$L_r = 1.95(50.7)\frac{210000}{0.7(265)}\sqrt{\frac{9.06\times10^5(1.0)}{2.59\times10^6(583)}}\sqrt{1+\sqrt{1+6.76\left(\frac{0.7(265)}{210000}\frac{2.59\times10^6(583)}{9.06\times10^5(1.0)}\right)^2}}$$

$$L_r = 6{,}103\,mm = 6.10\,m$$

③ 방법 3

$$L_r = \pi r_{ts}\sqrt{\frac{E}{0.7F_y}} = \pi(50.7)\sqrt{\frac{210000}{0.7(265)}}\times10^{-3} = 5.36\,m$$

여기서, $r_{ts}^2 = \dfrac{\sqrt{2.258\times10^7(1.94\times10^{12})}}{2.59\times10^6} = 2{,}567.8\,mm^2$

$r_{ts} = 50.7\,mm$ (휨회전반경)

$h_0 = h - t_f = 600 - 17 = 583\,mm$ (상하플랜지간 중심거리)

$c = 1.0$(2축 대칭인 H형강 부재), $c = \dfrac{h_0}{2}\sqrt{\dfrac{I_y}{C_w}}$ (ㄷ형강)

3) 비탄성한계 비지지길이에 대한 "방법 1"과 "방법 2"에 의한 값보다 "방법3"에 의한 값이 작으므로 안전측으로 $L_r = 5.36\,m$ 적용한다.

$L_p = 2.04\,m < L_b = 2.5\,m < L_r = 5.36\,m$

∴ 비탄성 상태, 비조밀단면

3. 좌굴강도 산정

1) 플랜지 국부좌굴(FLB)

$$\lambda_f = \frac{b}{t_f} = \frac{100}{17} = 5.88$$

$$\lambda_p = 0.38\sqrt{\frac{E}{F_y}} = 0.38\sqrt{\frac{210000}{265}} = 10.7$$

$\lambda_f = 5.88 < \lambda_p = 10.7$: 조밀단면

$\phi_b M_n = \phi_b M_p = \phi_b Z_x F_y = 0.9(2.98\times10^6)(265)\times10^{-6}$

$\phi_b M_n = 710.7\,kN\cdot m$

2) 웨브 국부좌굴(WLB)

$$\lambda_w = \frac{h}{t_w} = \frac{522}{11} = 47.45$$

$$\lambda_p = 3.76\sqrt{\frac{E}{F_y}} = 3.76\sqrt{\frac{210000}{265}} = 105.9$$

$\lambda_w = 47.45 \leq \lambda_p = 105.9$: 조밀단면

$\phi_b M_n = \phi_b M_p = \phi_b Z_x F_y = 0.9(2.98 \times 10^6)(265) \times 10^{-6}$

$\phi_b M_n = 710.7\, kN.m$

3) 횡비틀림 좌굴(LTB)

$$\phi_b M_n = \phi C_b \left[M_p - (M_p - M_r)\left(\frac{L_b - L_p}{L_r - L_p}\right)\right]$$

$M_p = Z_x F_y = 2.98 \times 10^6 (265) \times 10^{-6} = 789.7\, kN.m$

$M_r = 0.7 S_x F_y = 0.7(2.59 \times 10^6)(265) \times 10^{-6} = 480.5\, kN.m$

$$\phi_b M_n = 0.9(1.0)\left[789.7 - (789.7 - 480.5)\left(\frac{2.5 - 2.04}{6.10 - 2.04}\right)\right] = 679.2\ kN.m$$

$$\phi_b M_n = 0.9(1.0)\left[789.7 - (789.7 - 480.5)\left(\frac{2.5 - 2.04}{5.36 - 2.04}\right)\right] = 672.2\ kN.m$$

4. 설계강도 산정

$\phi_b M_n = \min.(FLB,\ WLB,\ LTB)$

$\phi_b M_n = \min.(710.7,\ 710.7,\ 672.2) = 672.2\, kN.m$

예제 7-6

횡비지지길이 $L_b = 6.5\,m$ 이고, 횡비틀림좌굴 보정계수 $C_b = 1.0$ 인 압연 형강인 H-600x200x11x17(SM275) 강재 보의 설계강도($\phi_b M_n$)를 산정하시오. 단, 주어진 형강 단면의 성질은 예제 7-5를 참조한다.

풀이

1. 비틀림과 관련된 $X1$, $X2$ 값 산정

1) 순수 비틀림 : $X1 = \dfrac{\pi}{S_x}\sqrt{\dfrac{EGJA}{2}}$

$$X1 = \frac{\pi}{2.59 \times 10^6}\sqrt{\frac{210000(81000)(9.06 \times 10^5)(1.344 \times 10^4)}{2}}$$

$X1 = 12{,}344\, MPa$

2) 뒴 : $X2 = \dfrac{4C_w}{I_y}\left(\dfrac{S_x}{GJ}\right)^2$

$$X2 = \frac{4(1.94 \times 10^{12})}{2.28 \times 10^7}\left(\frac{2.59 \times 10^6}{81000(9.06 \times 10^5)}\right)^2 = 0.000424\left(\frac{1}{MPa}\right)^2$$

2. 비지지길이 산정

1) 소성한계 비지지길이 : $L_p = 1.76 r_y \sqrt{\dfrac{E}{F_y}}$

$$L_p = 1.76(41.2)\sqrt{\frac{210000}{265}} \times 10^{-3} = 2.04m$$

2) 비탄성한계 비지지길이 :

① 방법 1 - $L_r = \dfrac{r_y \cdot X1}{(F_y - F_r)}\sqrt{1+\sqrt{1+X2(F_y-F_r)^2}}$

$$L_r = \frac{41.2(12344)}{0.7(265)}\sqrt{1+\sqrt{1+0.000424(185.5)^2}} \times 10^{-3} = 6.10m$$

② 방법 2 - $L_r = 6{,}103mm = 6.10m$

③ 방법 3 - $L_r = \pi r_{ts}\sqrt{\dfrac{E}{0.7F_y}} = \pi(50.7)\sqrt{\dfrac{210000}{0.7(265)}} \times 10^{-3} = 5.36m$

3) $L_b = 6.5m > L_r = 5.36m$: 탄성 상태, 세장단면

3. 좌굴강도 산정

1) 플랜지 국부좌굴(FLB) : 조밀단면

$$\lambda_f = \frac{b}{t_f} = \frac{100}{17} = 5.88 \leq \lambda_p = 0.38\sqrt{\frac{E}{F_y}} = 0.38\sqrt{\frac{210000}{265}} = 10.7$$

$$\phi_b M_n = \phi_b M_p = \phi_b Z_x F_y = 0.9(2.98\times10^6)(265)\times10^{-6}$$

$$\phi_b M_n = 710.7kN \cdot m$$

2) 웨브 국부좌굴(WLB) : 조밀단면

$$\lambda_w = \frac{h}{t_w} = \frac{522}{11} = 47.45 \leq \lambda_p = 3.76\sqrt{\frac{E}{F_y}} = 3.76\sqrt{\frac{210000}{265}} = 105.9$$

$$\phi_b M_n = \phi_b M_p = \phi_b Z_x F_y = 0.9(2.98\times10^6)(265)\times10^{-6}$$

$$\phi_b M_n = 710.7kN.m$$

3) 횡비틀림 좌굴(LTB)

① 방법 1 : $\phi_b M_n = \phi C_b \left[\dfrac{\sqrt{2}\,S_x X_1}{\left(\dfrac{L_b}{r_y}\right)}\sqrt{1+\dfrac{X_2 X_1^2}{2\left(\dfrac{L_b}{r_y}\right)^2}}\right]$

$$\phi_b M_n = 0.9(1.0)\left[\frac{\sqrt{2}(2.59\times10^6)(12344)}{\left(\dfrac{6500}{41.2}\right)}\sqrt{1+\frac{(0.000424)(12344)^2}{2\left(\dfrac{6500}{41.2}\right)^2}}\right]\times10^{-6}$$

$\phi_b M_n = 391.0\,kN.m$

② 방법 2 : $\phi_b M_n = \phi_b F_{cr} S_x \leq M_p (\phi_b = 0.9)$

$$F_{cr} = \frac{C_b \pi^2 E}{\left(\frac{L_b}{r_{ts}}\right)^2} \sqrt{1 + 0.078 \frac{Jc}{S_x h_o} \left(\frac{L_b}{r_{ts}}\right)^2}$$

$$F_{cr} = \frac{1.0\pi^2 (210000)}{\left(\frac{6500}{50.7}\right)^2} \sqrt{1 + 0.078 \frac{9.06 \times 10^5 (1.0)}{2.59 \times 10^6 (583)} \left(\frac{6500}{50.7}\right)^2}$$

$F_{cr} = 167.7\,MPa$

$\phi_b M_n = \phi_b F_{cr} S_x = 0.9(167.7)(2.59 \times 10^6) \times 10^{-6} = 391.0\,kN.m$

4. 설계강도 산정

$\phi_b M_n = \min.(FLB,\ WLB,\ LTB)$

$\phi_b M_n = \min.(710.7,\ 710.7,\ 391.0) = 391.0\,kN.m$

5. 예제 7-5와 예제 7-6 비교

H-600×200×11×17(SM275)에 대한 횡비지지길이를 달리하여 검토한 결과, 횡비지지길이 $L_b = 2.5\,m$ 인 경우의 설계강도 $\phi_b M_n = 672.2\,kN.m$ 이고, $L_b = 6.5\,m$ 인 경우의 설계강도 $\phi_b M_n = 391.0\,kN.m$ 로 나타나 횡비지지길이가 증가됨에 따라 설계강도가 약 40% 정도 감소됨을 알 수 있다. 상대적으로 폭(width)이 작고, 춤(depth)이 큰 강재보는 압축축에 대한 횡지지 여부에 따라 설계강도의 차이가 크게 발생하므로 설계 시 횡지지에 대한 보강을 충분히 하는 것이 바람직하다.

7.3.3 국부좌굴강도 : 콤팩트 웨브 – 비콤펙트 플랜지

강축에 휨을 받는 2축대칭 H형강(콤팩트 웨브, 비콤팩트 플랜지 또는 세장판요소 플랜지) 부재에 적용하며, 이러한 경우 횡좌굴강도와 국부좌굴을 검토하여 공칭모멘트강도를 결정한다.

1. $\lambda \leqq \lambda_p$: 플랜지와 웨브가 조밀단면인 경우

$$\phi_b M_n = M_p = Z_x F_y (\phi_b = 0.9) \quad \text{식 7-14}$$

2. $\lambda_{pf} < \lambda \leqq \lambda_{rf}$: 플랜지가 비조밀단면인 경우

$$\phi_b M_n = \phi_b C_b \left[M_p - (M_p - M_r) \left(\frac{\lambda - \lambda_{pf}}{\lambda_{rf} - \lambda_{pf}} \right) \right] (\phi_b = 0.9) \quad \text{식 7-15}$$

3. $\lambda > \lambda_{rf}$: 플랜지가 세장 단면인 경우

$$\phi_b M_n = \phi_b \frac{k_c \pi^2 E}{12(1-\nu^2)(b_f/t_f)^2} = \phi_b \frac{0.9 E k_c S_x}{\lambda^2} \quad \text{식 7-16}$$

여기서, $\lambda = \dfrac{b_f}{2t_f}$, $\lambda_{pf} = \lambda_p$, $\lambda_{rf} = \lambda_r$, $\nu = 0.3$: 강재의 프와송비

$$0.35 \leq k_c = \frac{4}{\sqrt{h/t_w}} \leq 0.76$$

7.3.4 각형강관

강축 또는 약축 휨을 받는 조밀 또는 비조밀단면 웨브 및 조밀, 비조밀 또는 세장판 단면 플랜지를 갖는 직사각형, 정사각형 및 2축대칭 각형강관에 적용한다. 공칭강도 M_n은 항복강도(소성모멘트), 플랜지 국부좌굴강도 및 웨브 국부좌굴강도의 한계상태 중 최솟값으로 한다.

(1) **항복강도** : $M_n = M_p = F_y Z$

(2) **플랜지 국부좌굴강도**

① 조밀단면 플랜지를 갖는 단면의 경우에는 플랜지 국부좌굴강도를 산정하지 않는다.

② 비조밀단면 플랜지를 갖는 단면의 경우

$$M_n = M_p - (M_p - F_y S)\left(3.57\frac{b}{t_f}\sqrt{\frac{F_y}{E}} - 4.0\right) \le M_p \quad \text{식 7-17}$$

여기서, b : 플랜지의 폭 (mm)

t_f : 플랜지의 두께 (mm)

S : 탄성단면계수 (mm^3)

③ 세장판 단면플랜지를 갖는 단면의 경우

$$M_n = F_y S_{eff} \quad \text{식 7-18}$$

여기서, S_{eff} : 압축플랜지의 유효폭 b_e에 대한 유효단면계수

$$b_e = 1.92 t_f \sqrt{\frac{E}{F_y}}\left[1 - \frac{0.38}{b/t_f}\sqrt{\frac{E}{F_y}}\right] \le b$$

(3) **웨브 국부좌굴강도**

① 조밀단면의 경우에는 웨브 국부좌굴강도를 산정하지 않는다.

② 비조밀 웨브를 갖는 단면의 경우

$$M_n = M_p - (M_p - F_y S_x)\left(0.305\frac{h}{t_w}\sqrt{\frac{F_y}{E}} - 0.738\right) \le M_p \quad \text{식 7-19}$$

여기서, h : 웨브의 폭 (mm)

t_w : 웨브의 두께 (mm)

S_x : 강축에 대한 탄성단면계수 (mm^3)

7.3.5 원형강관

폭두께비 D/t가 $0.45E/F_y$보다 적은 원형강관에 적용한다. 공칭휨강도 M_n은 항복강도(소성모멘트) 및 국부좌굴강도의 한계상태 중 최솟값으로 한다.

(1) **항복강도** : $M_n = M_p = F_y Z$

(2) **국부좌굴강도**

① 조밀단면인 경우에는 플랜지 국부좌굴강도를 산정하지 않는다.

② 비조밀단면의 경우

$$M_n = \left(\frac{0.021E}{(D/t)} + F_y\right)S \quad \text{식 7-21}$$

③ 세장판 단면의 경우

$$M_n = F_{cr} S$$ 식 7-22

여기서, $F_{cr} = \dfrac{0.33E}{(D/t)}$

S : 탄성단면계수 (mm^3)

D : 원형강관의 외경 (mm)

t : 원형강관의 두께 (mm)

7.4 휨재의 전단강도 Shear Strength of Flexural Member

7.4.1 설계전단강도($\phi_v V_n$)

$$V_u \leq \phi_v V_n \ (\phi_v = 0.9)\ ,\ V_n = 0.6\, C_v\, F_y\, A_w$$ 식 7-23

여기서, C_v : 전단좌굴 감소계수

7.4.2 저항계수(ϕ_v)와 전단좌굴 감소계수(C_v)

(1) $\dfrac{h}{t_w} \leq 2.24\sqrt{\dfrac{E}{F_y}}$ 인 압연 H-형강인 경우

$$\phi_v V_n = \phi_v (0.6\, C_v\, F_y\, A_w)$$ 식 7-24

여기서, $\phi_v = 1.0$: 강도감소계수

A_w : 압연H-형강 웨브의 단면적

$C_v = 1.0$: 전단좌굴 감소계수

(2) 2축 대칭단면, 1축 대칭단면 및 ㄷ-형강(원형강관 제외)인 경우의 강도감소계수 (ϕ_v)와 전단좌굴 감소계수(C_v)

① $\dfrac{h}{t_w} \leq 1.10\sqrt{\dfrac{k_v E}{F_y}}$ 일 때

$$\phi_v = 0.9\ ,\ C_v = 1.0$$ 식 7-25(a)

② $1.10\sqrt{\frac{k_v E}{F_y}} < \frac{h}{t_w} \leqq 1.37\sqrt{\frac{k_v E}{F_y}}$ 일 때

$$\phi_v = 0.9\,,\ C_v = \frac{1.10\sqrt{k_v E/F_y}}{h/t_w} \quad \text{식 7-25(b)}$$

③ $1.37\sqrt{\frac{k_v E}{F_y}} < \frac{h}{t_w} < 260$일 때

$$\phi_v = 0.9\,,\ C_v = \frac{1.5\,E k_v}{(h/t_w)^2 F_y} \quad \text{식 7-25(c)}$$

(3) **웨브판의 좌굴계수**(k_v)

① T-형강의 스템을 제외한 $\frac{h}{t_w} < 260$인 자유돌출판요소 웨브

$$k_v = 5 \quad \text{식 7-26(a)}$$

② $\frac{h}{t_w} < 260$인 T-형강의 스템

$$k_v = 1.2 \quad \text{식 7-26(b)}$$

③ 양면지지판요소 웨브

$$k_v = 5 + \frac{5}{(a/h)^2} \quad \text{식 7-26(c)}$$

여기서, $a/h > 3.0$ 또는 $a/h > \left[\frac{260}{(h/t_w)}\right]^2$ 인 경우, $k_v = 5.0$

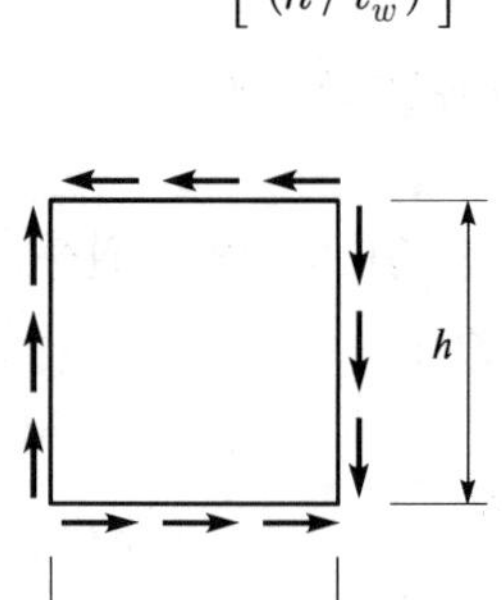

그림 7-9 웨브판 좌굴계수 산정을 위한 폭과 깊이

그림 7-10은 원형강관을 제외한 부재 웨브의 폭-두께비와 전단좌굴감소계수와의 상관관계를 나타낸 것으로 $\frac{h}{t_w} \leq 59.2$ 인 변형 경화역에서의 전단좌굴감소계수 $C_v = 1.0$ 으로 기성품인 압연 H-형강이 이에 해당된다.

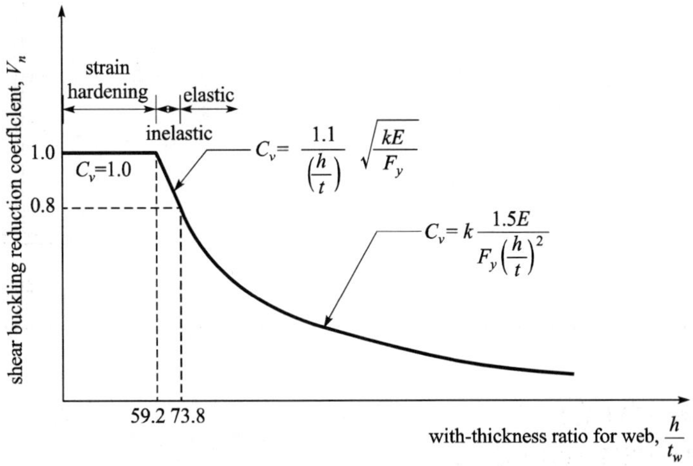

그림 7-10 원형강관을 제외한 부재의 폭-두께비와 전단좌굴감소계수 관계

예제 7-7

압연 형강인 H-600x200x11x17(SM275) 강재 보의 전단 설계강도($\phi_b V_n$)를 산정하시오.

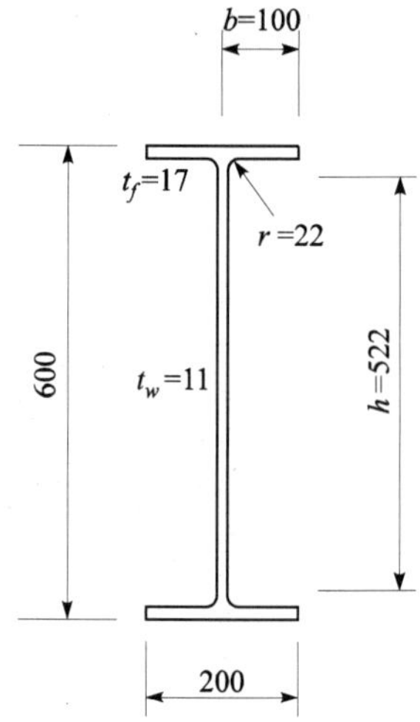

풀이

1. 웨브의 폭두께비 산정

$$\frac{h}{t_w} = \frac{600-2(17+22)}{11} = 47.45$$

$$2.24\sqrt{\frac{E}{F_y}} = 2.24\sqrt{\frac{210000}{265}} = 63.1 > \frac{h}{t_w} = 47.45: \ C_v = 1.0$$

2. 전단설계강도 산정

일반적인 전단에 대한 강도저감계수 $\phi_v V_n = 1.0$ 이지만, 압연 H형강에 대한 강도저감계수 $\phi_v V_n = 0.9$ 를 적용한다.

$$\phi_v V_n = \phi_v 0.6 F_y A_w C_v = 1.0(0.6)(265)(600 \times 11)(1.0) \times 10^{-3}$$

$$\phi_v V_n = 1{,}049.4\,kN$$

예제 7-8

아래와 같이 스팬이 12m인 등분포하중을 받는 단순보 SB2에 $W_D = 5\,kN/m^2$, $W_L = 3\,kN/m^2$의 하중이 작용할 때 휨 및 전단에 대한 안전성을 검토하시오. 단, SB2의 사용강재는 H-500x200x10x16(SM355)이고, SB1은 횡좌굴방지용 보이다. 이때, 보 단면에 대한 횡비틀림좌굴 보정계수 $C_b = 1.0$이고, 단면의 성질은 다음과 같다.

$A_g = 1.142 \times 10^4\,mm^2$

$I_x = 4.78 \times 10^8\,mm^4$, $I_y = 2.14 \times 10^7\,mm^4$, $r_y = 4.33 \times 10^1\,mm$

$S_x = 1.91 \times 10^6\,mm^3$, $Z_x = 2.18 \times 10^6\,mm^3$

$C_w = 1.25 \times 10^{12}\,mm^6$, $J = 7.02 \times 10^5\,mm^4$

$E = 2.1 \times 10^5\,N/mm^2$, $G = 8.1 \times 10^4\,N/mm^2$

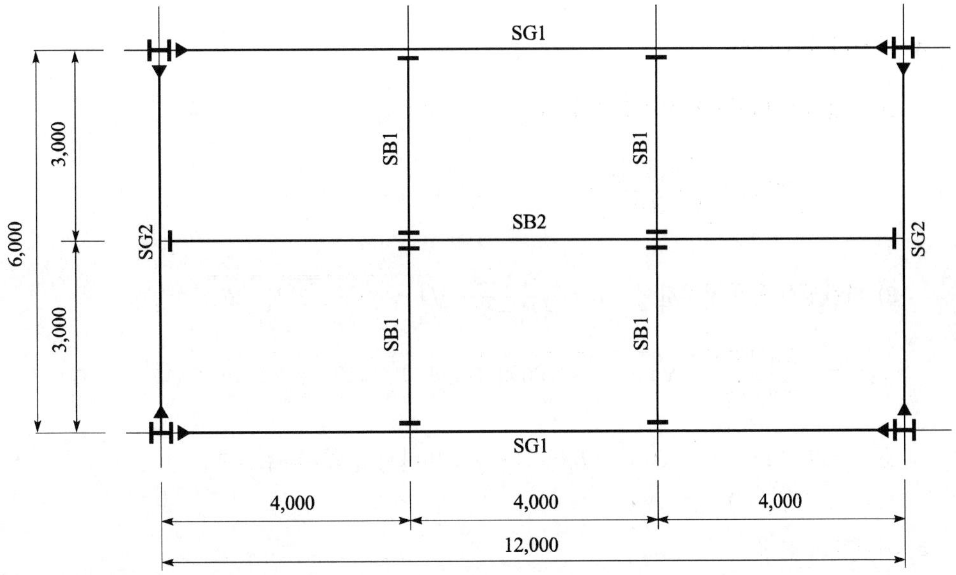

풀이

1. 계수하중 산정

$w_u = 1.2(5 \times 3) + 1.6(3 \times 3) = 32.4\,kN/m$

2. 최대휨모멘트 및 최대전단력(지점반력) 산정

$$M_{\max} = \frac{1}{8} w_u l^2 = \frac{1}{8}(32.4)(12)^2 = 583.2\,kN.m$$

$$V_{\max} = \frac{1}{2} w_u l = \frac{1}{2}(32.4)(12) = 194.4\,kN$$

3. 비틀림과 관련된 $X1$, $X2$ 값 산정

1) 순수 비틀림 : $X1 = \frac{\pi}{S_x}\sqrt{\frac{EGJA}{2}}$

$$X1 = \frac{\pi}{1.91 \times 10^6}\sqrt{\frac{210000(81000)(7.02 \times 10^5)(1.142 \times 10^4)}{2}} = 13{,}582\,MPa$$

2) 뒴 : $X2 = \frac{4C_w}{I_y}\left(\frac{S_x}{GJ}\right)^2$

$$X2 = \frac{4(1.25 \times 10^{12})}{2.14 \times 10^7}\left(\frac{1.91 \times 10^6}{81000(7.02 \times 10^5)}\right)^2 = 0.000264\left(\frac{1}{MPa}\right)^2$$

4. 비지지길이 산정

1) 소성한계 비지지길이 : $L_p = 1.76 r_y \sqrt{\frac{E}{F_y}}$

$$L_p = 1.76(43.3)\sqrt{\frac{210000}{355}} \times 10^{-3} = 1.85\,m$$

2) 비탄성한계 비지지길이 : $L_r = \frac{r_y \cdot X1}{(F_y - F_r)}\sqrt{1 + \sqrt{1 + X2(F_y - F_r)^2}}$

$$L_r = \frac{43.3(13582)}{0.7(355)}\sqrt{1 + \sqrt{1 + 0.000264(248.5)^2}} \times 10^{-3} = 5.38\,m$$

3) $L_p = 1.85\,m < L_b = 4.0\,m < L_r = 5.38\,m$: 비탄성 상태, 비조밀단면

5. 좌굴강도 산정

1) 플랜지 국부좌굴(FLB)

$$\lambda_f = \frac{b}{t_f} = \frac{100}{16} = 6.25$$

$$\lambda_p = 0.38\sqrt{\frac{E}{F_y}} = 0.38\sqrt{\frac{210000}{355}} = 9.24$$

$\lambda_f = 6.25 < \lambda_p = 9.24$: 조밀단면

$$\phi_b M_n = \phi_b M_p = \phi_b Z_x F_y = 0.9(2.18 \times 10^6)(355) \times 10^{-6}$$

$$\phi_b M_n = 696.5\,kN \cdot m$$

2) 웨브 국부좌굴(WLB)

$$\lambda_w = \frac{h}{t_w} = \frac{428}{10} = 42.8$$

$$\lambda_p = 3.76\sqrt{\frac{E}{F_y}} = 3.76\sqrt{\frac{210000}{355}} = 91.45$$

$\lambda_w = 42.8 < \lambda_p = 91.45$: 조밀단면

$$\phi_b M_n = \phi_b M_p = \phi_b Z_x F_y = 0.9(2.18 \times 10^6)(355) \times 10^{-6} = 696.5\,kN.m$$

3) 횡비틀림 좌굴(LTB)

$$\phi_b M_n = \phi_b C_b\left[M_p - (M_p - M_r)\left(\frac{L_b - L_p}{L_r - L_p}\right)\right]$$

$$M_p = Z_x F_y = 2.18 \times 10^6 (355) \times 10^{-6} = 773.9\,kN.m$$

$$M_r = 0.7 S_x F_y = 0.7(1.91 \times 10^6)(355) \times 10^{-6} = 474.6\,kN.m$$

$$\phi_b M_n = 0.9(1.0)\left[773.9 - (773.9 - 474.6)\left(\frac{4.0 - 1.85}{5.38 - 1.85}\right)\right]$$

$$\phi_b M_n = 532.5\ kN.m$$

6. 휨모멘트 설계강도 산정

$$\phi_b M_n = \min.(FLB,\ WLB,\ LTB) = \min.(696.5,\ 696.5,\ 532.5)$$

$$\phi_b M_n = 532.5\,kN.m$$

7. 전단력 설계강도 산정

$$\frac{h}{t_w} = \frac{500 - 2(16 + 20)}{10} = 42.8,\ 2.24\sqrt{\frac{E}{F_y}} = 2.24\sqrt{\frac{210000}{355}} = 54.5$$

$\frac{h}{t_w} = 42.8 < 2.24\sqrt{\frac{E}{F_y}} = 54.5$ 이므로 전단좌굴감소계수 $C_v = 1.0$

$$\phi_v V_n = \phi_v 0.6 F_y A_w C_v = 1.0(0.6)(355)(500 \times 10)(1.0) \times 10^{-3}$$

$$\phi_v V_n = 1{,}065.0\,kN$$

8. 안전성 검토

1) 휨모멘트에 대한 안전성 검토 : $\frac{M_u}{\phi_b M_n} = \frac{583.2}{532.5} = 1.10 \quad N.G$

2) 전단력에 대한 안전성 검토 : $\frac{V_u}{\phi_v V_n} = \frac{194.4}{1065.0} = 0.18 \quad O.K$

3) H−500×200×10×16 단면이 전단력은 만족하고 있으나, 휨모멘트에 대해서는 10% 정도 초과하는 것으로 나타나 단면을 한 단계(H−506×201×11×19) 크게 하면 $\phi_b M_n = 643.1\,kN.m$ 이 되어 휨모멘트에 대해 만족시키거나, 횡비지지길이 L_b를 $4m$ 에서 $3m$ 로 줄여 $\phi_b M_n = 608.8\,kN.m$ 이 되도록 하면 된다.

9. 사용성 검토

1) 활하중에 대한 처짐 :

$$\delta_L = \frac{5w_L L^4}{384EI} = \frac{5(3\times3)(12000)^4}{384(210000)(4.78\times10^8)} = 24.21\,mm$$

$$\frac{\delta_L}{L} = \frac{24.21}{12000} = \frac{1}{495.7} < \frac{L}{360} \qquad \text{O.K}$$

2) 전체하중에 대한 처짐 :

$$\delta_{D+L} = \frac{5w_{(D+L)} L^4}{384EI} = \frac{5(8\times3)(12000)^4}{384(210000)(4.78\times10^8)} = 64.56\,mm$$

$$\frac{\delta_{(D+L)}}{L} = \frac{64.56}{12000} = \frac{1}{185.9} > \frac{L}{300} \qquad \text{N.G}$$

7.5 집중하중점의 보강 Strengthening of Concentrated Loads

보의 웨브는 플랜지에 작용하는 집중하중에 의하여 국부적으로 압축응력 또는 인장응력이 발생하여 집중하중에 의한 파괴 현상 발생 우려되므로 스티프너를 이용하여 보강한다. 즉, 집중하중이 아래 1~5항에 따라 산정되는 설계강도 $\phi_l R_n$ 을 초과할 때는 플랜지 사이 또는 웨브의 양측에 한 쌍의 스티프너를 보강하여야 한다. 한 쪽의 플랜지에서 집중하중을 받는 경우에는 플랜지 국부휨, 웨브 국부항복, 웨브 크립플링 및 웨브 횡좌굴에 대해 각각의 설계강도를 산정하고, 양측의 플랜지에서 집중하중을 받는 경우에는 웨브 국부항복 및 웨브 압축좌굴에 대해 각각 설계강도를 산정한다.

7.5.1 플랜지 국부휨(flange local bending)

단일 인장하중과 2점의 집중하중으로 구성된 복수의 하중들을 받는 인장부위는 국부적인 휨이 발생하므로 보강이 필요하다. 다만, 플랜지에 작용하는 하중의 범위가 $c/b_f \leqq 0.15$ 이면 보강에 대한 검토가 필요 없다(그림 7-11(a)).

$$R_u \leqq \phi_l R_n (\phi_l = 0.9),\ R_n = 6.25 t_f^{\ 2} F_{yf} \qquad \text{식 7-27}$$

7.5.2 웨브 국부항복(local web yielding)

웨브의 직상 또는 직하의 플랜지에 작용하는 집중하중에 의해서 보 웨브가 국부적으로 항복을 일으키는 한계상태에 도달한다. 집중하중에 의해 취약한 단면은 웨브 필릿 선단부로 웨브 필릿선 단부에서 설계국부항복강도를 산정한다(그림 7-11(b)).

$$R_u \leqq \phi_l R_n (\phi_l = 1.0)$$

$$\frac{\xi}{d} \geqq 1\ :\ R_n = (5k + N) t_w F_{yw} \qquad \text{식 7-28(a)}$$

$$\frac{\xi}{d} < 1\ :\ R_n = (2.5k + N) t_w F_{yw} \qquad \text{식 7-28(b)}$$

여기서, ξ : 집중하중(반력)의 작용점과 재단까지의 거리

d : 부재 단면의 전체 높이

k : 플랜지의 바깥쪽 면에서부터 웨브 필릿 선단까지의 거리,

$k = t_f + r$

N : 집중하중이 작용하는 폭, $N \geq k$

7.5.3 웨브 크립플링(web crippling)

플랜지에 작용하는 집중하중에 의해서 웨브가 면외로 좌굴하는 현상이다(그림 7-11(c)).

$$R_u \leq \phi_l R_n (\phi_l = 0.75)$$

$$\frac{\xi}{d} \geq \frac{d}{2} : R_n = 0.8 t_w^2 \left[1 + 3\frac{N}{d}\left(\frac{t_w}{t_f}\right)^{1.5}\right]\sqrt{\frac{EF_{yw}t_f}{t_w}} \quad \text{식 7-29(a)}$$

$$\frac{\xi}{d} < \frac{d}{2} : R_n = 0.4 t_w^2 \left[1 + 3\frac{N}{d}\left(\frac{t_w}{t_f}\right)^{1.5}\right]\sqrt{\frac{EF_{yw}t_f}{t_w}} \; ; \; \frac{N}{d} \leq 0.2 \quad \text{식 7-29(b)}$$

$$\frac{\xi}{d} < \frac{d}{2} : R_n = 0.4 t_w^2 \left[1 + \left(\frac{4N}{d} - 0.2\right)\left(\frac{t_w}{t_f}\right)^{1.5}\right]\sqrt{\frac{EF_{yw}t_f}{t_w}} \; ; \; \frac{N}{d} > 0.2 \quad \text{식 7-29(c)}$$

7.5.4 웨브 횡좌굴(lateral buckling of web)

하중 작용점에서 압축플랜지와 인장플랜지의 상대적 횡방향 이동이 구속되어 있지 않는 경우에 적용한다. 식 7-30(a)는 압축 플랜지가 회전에 대하여 구속된 것으로 $\lambda^* = \frac{(h/t_w)}{(l/b_f)} > 2.3$ 이면 웨브의 횡좌굴 한계상태에 대한 검토가 필요 없으며, 식 7-30(b)는 구속되지 않은 것으로 $\lambda^* = \frac{(h/t_w)}{(l/b_f)} > 1.7$이면 웨브의 횡좌굴 한계상태에 대한 검토가 필요 없다(그림 7-11(d)).

$$R_u \leq \phi_l R_n (\phi_l = 0.85)$$

$$\lambda^* = \frac{(h/t_w)}{(l/b_f)} \leq 2.3 : R_n = \frac{C_r t_w^3 t_f}{h^2}\left[1 + 0.4\left(\frac{h/t_w}{l/b_f}\right)^3\right] \quad \text{식 7-30(a)}$$

$$\lambda^* = \frac{(h/t_w)}{(l/b_f)} \leq 1.7 : R_n = \frac{C_r t_w^3 t_f}{h^2}\left[0.4\left(\frac{h/t_w}{l/b_f}\right)^3\right] \quad \text{식 7-30(b)}$$

여기서, h : 상하 플랜지 사이의 순거리로 압연형강은 필릿을 제외한 거리

l : 하중점에서 각 플랜지의 횡방향지지길이

C_r : 하중작용지점에서 $M_u < M_y$ 일 때, $6.62 \times 10^6 (MPa)$

하중작용지점에서 $M_u \geq M_y$ 일 때, $3.31 \times 10^6 (MPa)$

7.5.5 웨브 압축좌굴(compression buckling of web)

보의 웨브가 기둥의 상하 압축력에 의해 압축을 받거나 기둥-보 접합부에서 보의 플랜지에 의한 압축력을 받을 때 일어나는 현상이다(그림 7-11(e)).

$$R_u \leqq \phi_l R_n (\phi_l = 0.9)$$

$$R_n = \frac{24 t_w^3 \sqrt{E F_{yw}}}{h} \quad \text{식 7-31}$$

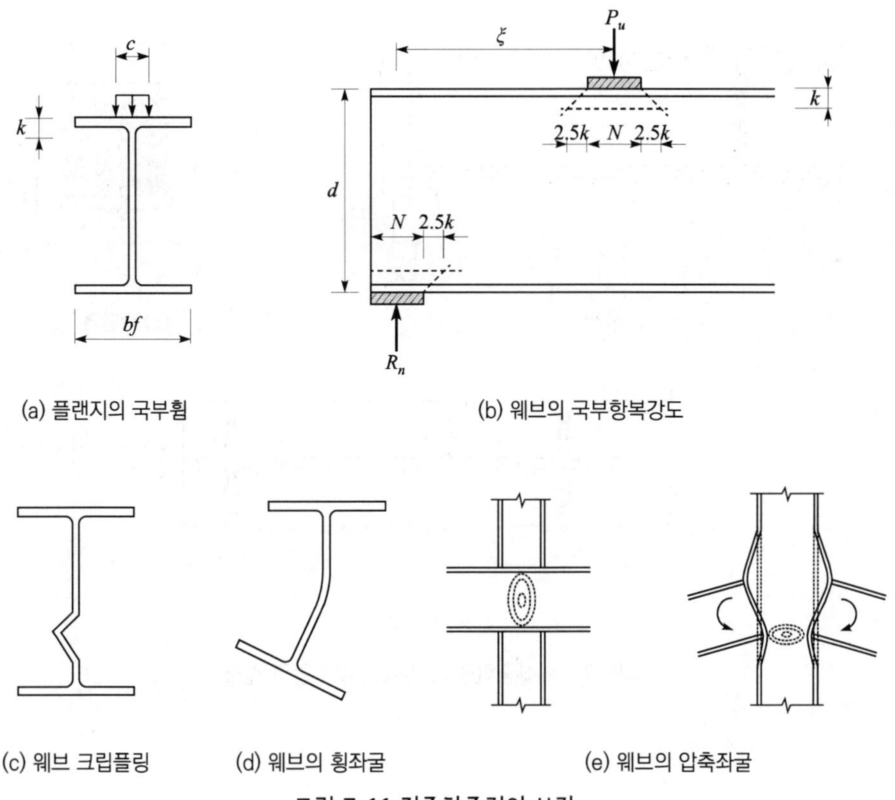

(a) 플랜지의 국부휨 (b) 웨브의 국부항복강도

(c) 웨브 크립플링 (d) 웨브의 횡좌굴 (e) 웨브의 압축좌굴

그림 7-11 집중하중점의 보강

7.5.6 집중하중점 스티프너 보강 시 요구사항

(1) 인장력에 저항하는 스티프너는 소요강도와 설계강도의 차이만큼 설계하며, 스티프너 단부에 작용하는 인장력의 차이만큼을 웨브에 전달할 수 있도록 설계한다.

(2) 압축력에 저항하는 스티프너는 소요강도와 설계강도의 차이만큼 설계하며, 스티프너 단부에 작용하는 압축력의 차이만큼을 웨브에 전달할 수 있도록 설계한다.

(3) 압축력에 저항하는 전체 높이에 걸친 수직 스티프너는 축방향 압축력을 받는 부재(기둥)로 설계한다. 부재의 성능은 유효좌굴길이를 $0.75h$로 하고, 유효단면은 2개의 스티프너와 부재 안쪽으로 폭 $25t_w$, 부재 단부쪽으로 폭 $12t_w$를 가지는 웨브의 스트립으로 구성되는 십자형 단면을 사용하여 부재의 압축강도를 산정한다.

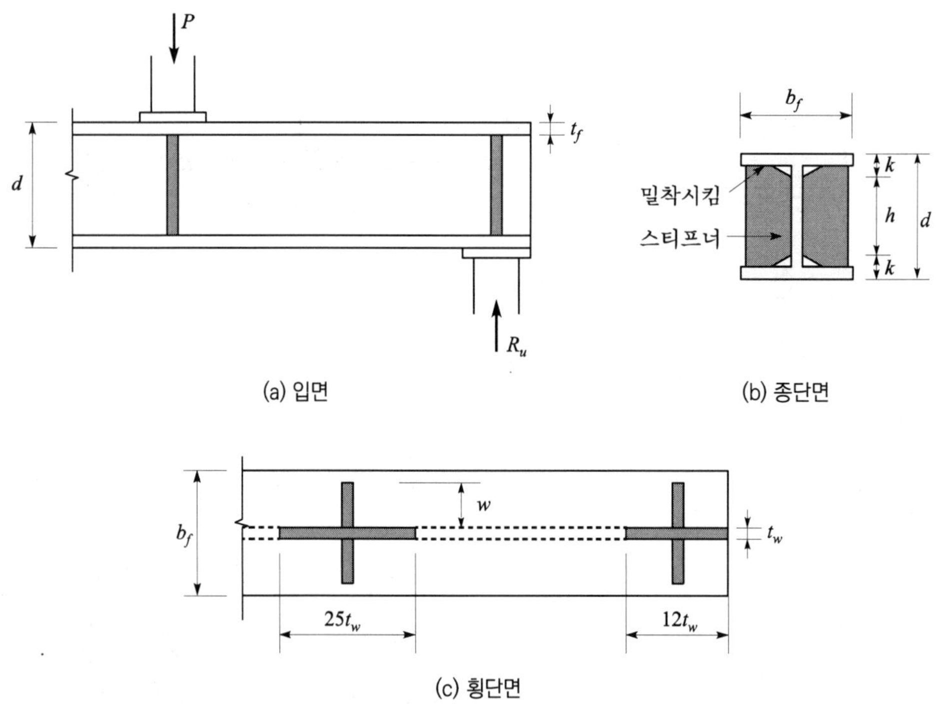

그림 7-12 집중하중점 스티프너의 단면 성능

7.6 휨재 설계를 위한 흐름도 Flow Chart

1. 플랜지 국부좌굴(FLB, Flange Local Buckling) 흐름도(Flow Chart)

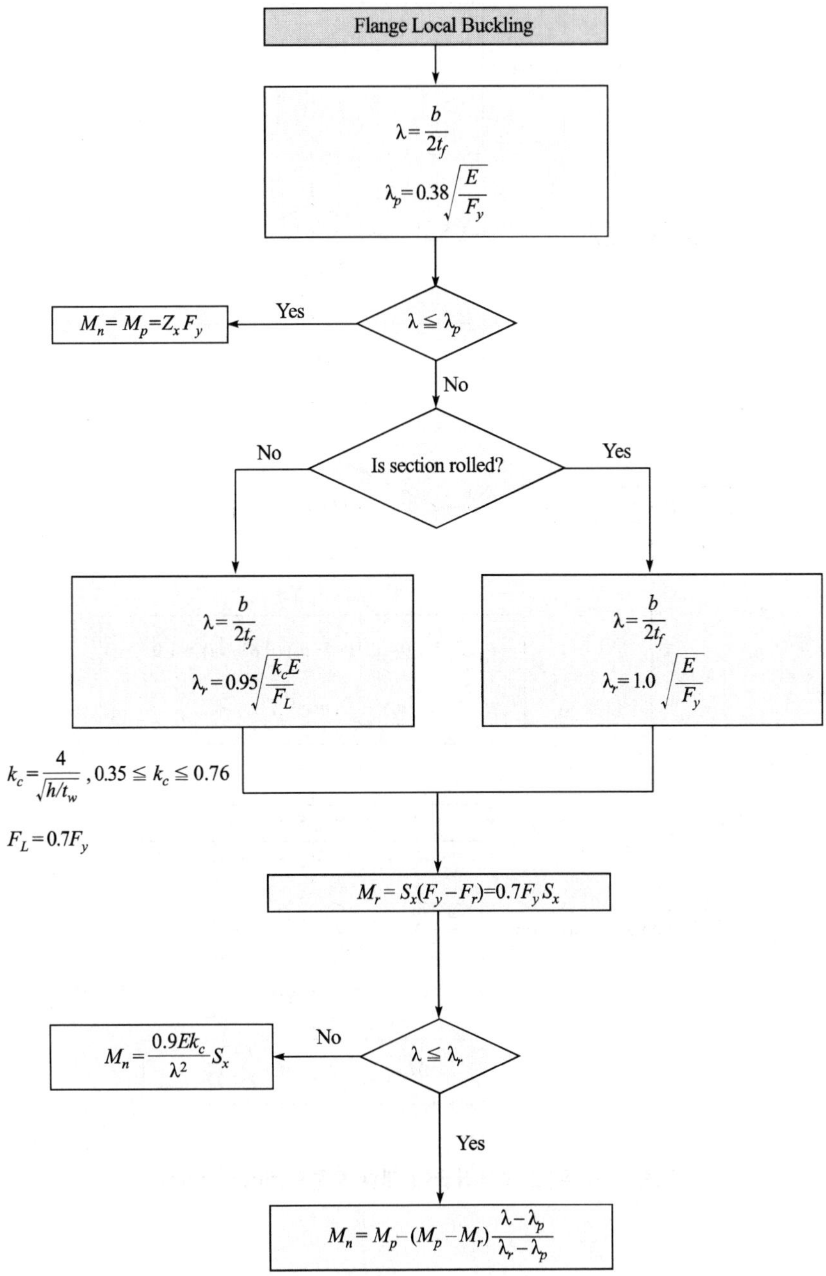

그림 7-13 플랜지 국부좌굴에 대한 흐름도(flow chart)

2. 웨브 국부좌굴(WLB, Web Local Buckling) 흐름도(Flow Chart)

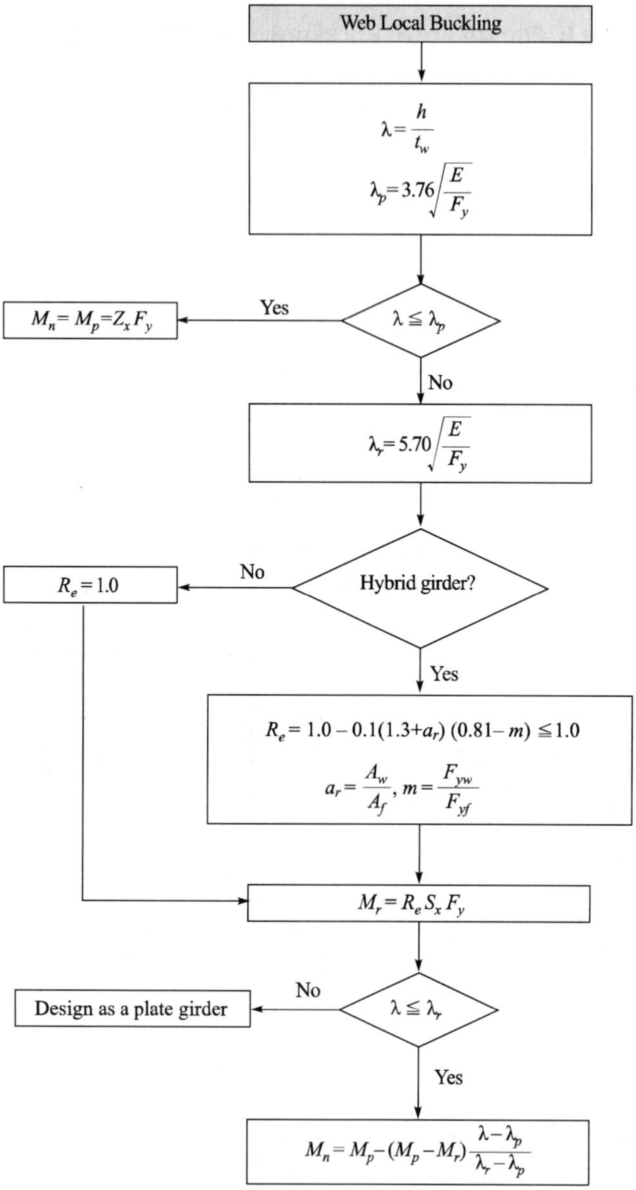

그림 7-14 웨브 국부좌굴에 대한 흐름도(flow chart)

3. 횡비틀림 좌굴(LTB, Lateral Torsional Buckling) 흐름도(Flow Chart)

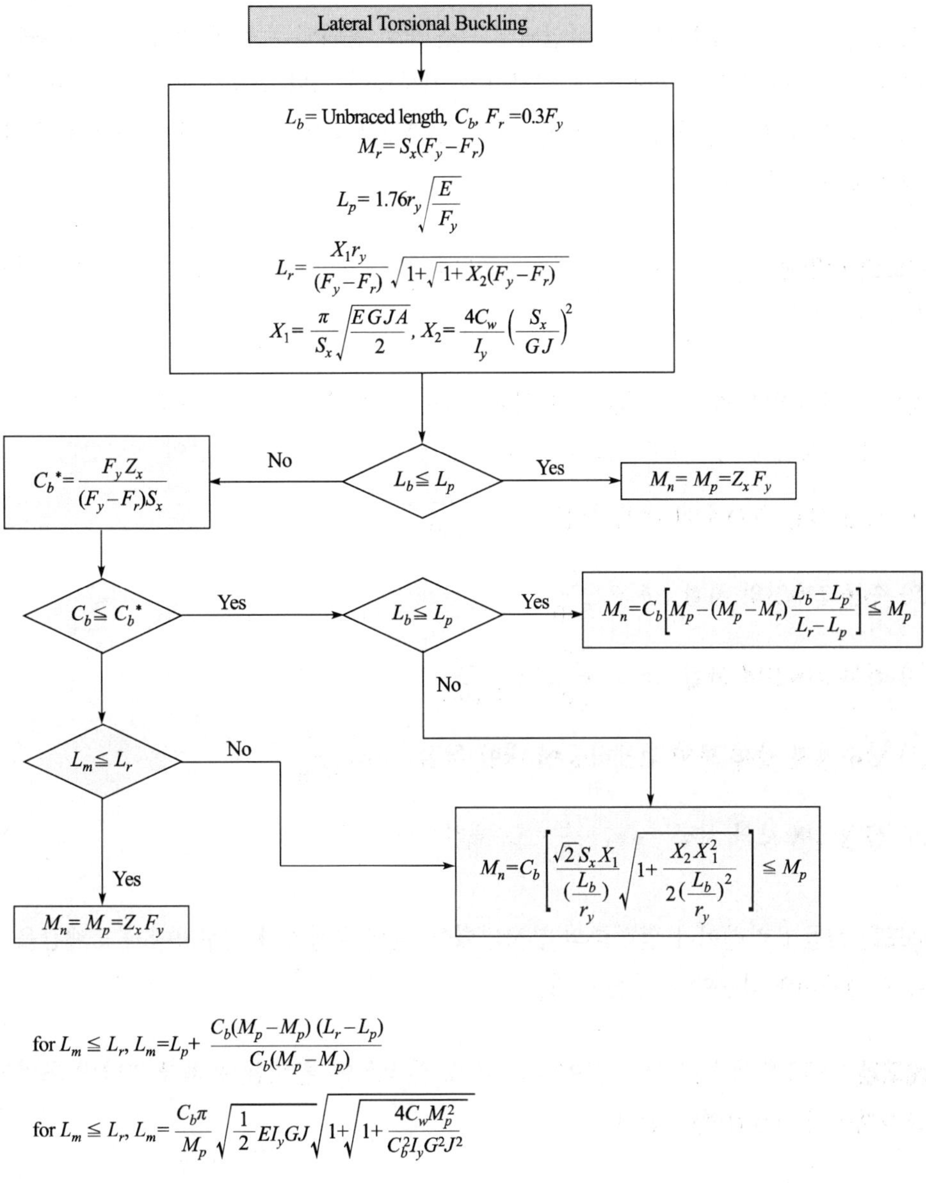

$$\text{for } L_m \leqq L_r,\ L_m = L_p + \frac{C_b(M_p - M_p)\,(L_r - L_p)}{C_b(M_p - M_p)}$$

$$\text{for } L_m \leqq L_r,\ L_m = \frac{C_b \pi}{M_p} \sqrt{\frac{1}{2} E I_y G J} \sqrt{1 + \sqrt{1 + \frac{4 C_w M_p^2}{C_b^2 I_y G^2 J^2}}}$$

그림 7-15 횡-비틀림 좌굴에 대한 흐름도(flow chart)

7.7 휨재의 사용성설계 Serviceability Design of Flexural Member

건물은 구조기능이 부분적으로 상실되어도 곧바로 파괴되는 등의 즉각적인 피해를 입지는 않는다. 그러나 건물의 사용성은 심각하게 저하되어 과다한 수리비용이 필요한 경우가 많으므로 적절한 사용성설계를 하여야 한다. 건축구조물은 다음과 같은 거동에 대비하여 사용성설계를 하여야 한다.

1. **과도한 국부손상** : 국부항복, 좌굴, 미끄러짐 또는 균열 등으로 인한 부재의 부식을 초래할 수 있다.

2. 과도한 처짐이나 회전은 구조물의 외관, 기능 및 배수기능에 나쁜 영향을 주고 비구조요소에 손상을 준다. 강재 보의 처짐 한계는 일반적으로 다음과 같이 제한한다.

   (1) **최대 사용 활하중에 대한 처짐** : $\delta \leq \dfrac{L}{360}$

   (2) **수동크레인의 처짐** : $\delta \leq \dfrac{L}{500}$

   (3) **전동크레인의 처짐** : $\delta \leq \dfrac{L}{800} \sim \dfrac{L}{1,200}$

   (4) **단순지지 강재 보의 전체하중에 대한 처짐** : $\delta \leq \dfrac{L}{300}$

   (5) **캔틸레버 보의 처짐** : $\delta \leq \dfrac{L}{250}$ 로 제한한다.

3. **과도한 진동** : 바람이나 활하중의 분포변화에 의해 발행하며 거주자에게 불쾌감을 주거나 기계장비의 작동에 지장을 준다.

4. **물고임** : 물고임을 방지하는 것이 중요하며, 물고임이 발생할 우려가 있다면 초기에 구조설계에서 반영하여야 한다.

7.8 플레이트거더 Plate Girders

플레이트 거더는 강판으로 조립한 H-형 단면으로 휨모멘트 및 전단력이 커서 기성품인 압연형강으로 내력 및 사용성(처짐 및 진동 등)을 만족시키기 어려울 때 사용하는 조립부재이다. 일반적으로 플레이트 거더는 집중하중이 작용하는 곳의 웨브 양측에 설치하는 하중점 스티프너(bearing stiffener), 중간 스티프너(intermediate transverse stiffener), 및 수평 스티프너(longitudinal stiffener)를 설치한다.

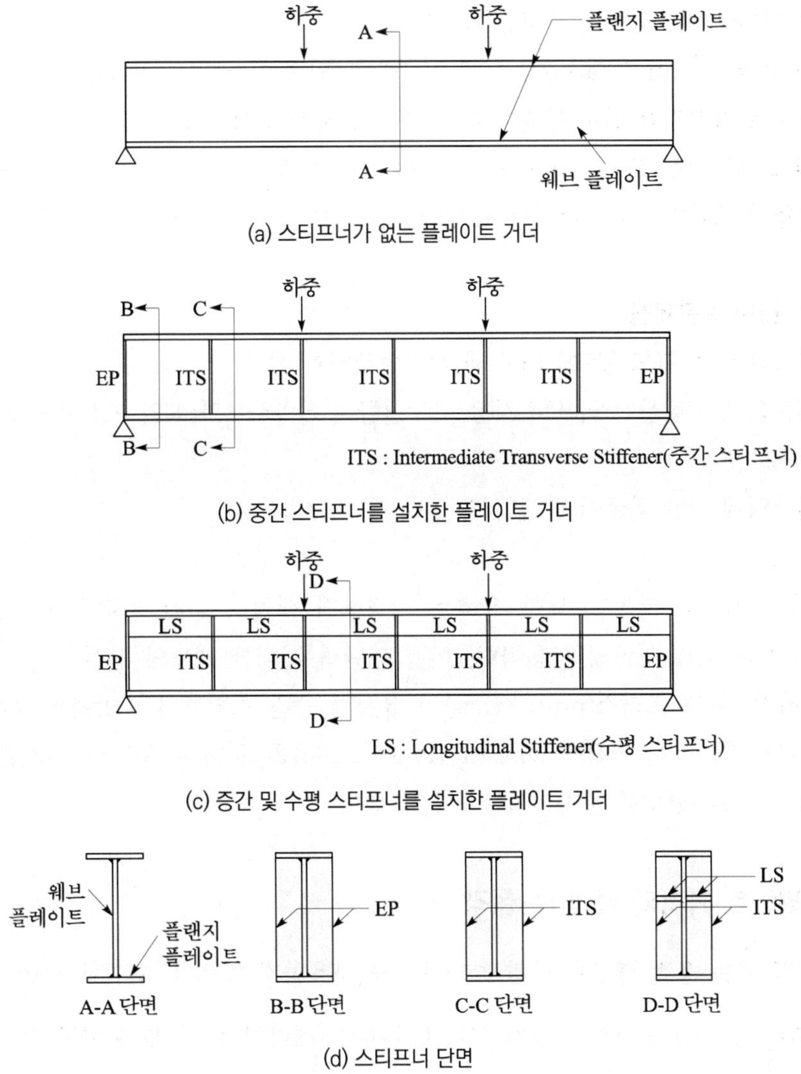

그림 7-16 플레이트 거더의 스티프너

7.8.1 플레이트 거더의 파괴 형태

1. 플레이트 거더의 파괴 형태

(1) **플랜지 국부좌굴**(Flange local buckling) : 압축 플랜지 일부가 너무 얇으면 전체 거더가 파괴되기 전에 국부적으로 변형(좌굴)이 발생하여 전체 파괴를 유도한다.

(2) **웨브 국부좌굴**(Web local buckling) : 웨브의 일부가 너무 얇으면 전체 거더가 파괴되기 전에 국부적으로 변형(좌굴)이 발생하여 전체 파괴를 유도한다.

(3) **횡-비틀림 좌굴**(Lateral torsional buckling) : 휨모멘트와 전단력이 함께 작용하여 거더에 비틀림이 발생하는 것이다.

(4) **휨 파괴**(Flexural failure) : 과 하중으로 인하여 거더가 심하게 처짐이 발생하는 경우로 플랜지가 먼저 항복한 후 압축 플랜지가 항복한다.

(5) **웨브 크립플링**(Web crippling) : 거더의 얇은 웨브가 큰 전단력을 받으면 안쪽으로 변형이 생기며, 이는 거더가 휨 한계에 도달하기 전에도 발생할 수 있다.

2. 세장한 웨브의 문제점

(1) 웨브의 면내 휨모멘트에 의한 좌굴이 발생하기 쉽다.

(2) 웨브의 부적절한 스티프너 사용으로 인한 수직방향으로의 압축 플랜지 좌굴이 발생할 수 있다.

(3) 전단력에 의한 좌굴이 발생할 수 있다.

3. 플레이트 거더의 가장 중요한 요소는 일정하게 배치된 중간 스티프너(intermediate transverse stiffener)의 사용이며, 이는 전단력에 대한 웨브의 강성을 증가시키는 역할을 하며, 프랫 트러스(pratt truss)와 유사한 중간 스티프너는 압축력, 웨브는 인장력을 부담하는 인장역작용(tension field action)을 통하여 웨브의 후좌굴강도(post buckling strength)를 증가시키는 역할도 한다.

7.8.2 플레이트 거더와 압연 H-형강

압연 형강 또는 용접 형강은 중간 스티프너를 사용하지 않으며, 웨브에 대한 폭-두께비 $\frac{h}{t_w}$ 가 $5.70\sqrt{\frac{E}{F_{yf}}}$ 를 초과하지 않지만 웨브의 폭-두께비가 식 7-32를 만족하는 경우를 플레이트 거더라고 한다.

$$\frac{h}{t_w} > 5.70\sqrt{\frac{E}{F_{yf}}}$$ 식 7-32

표 7-3 시스템과 스팬의 비교

시스템(system)	스팬(span, m)
H-형강 단면(H-shape section)	0~27
플레이트 거더(plate girder)	15~40
합성 보(composite girder)	15~45
트러스 구조(truss system)	24~90
아치 및 현수구조(arch and suspension system)	30~

7.8.3 플레이트 거더의 구조제한

1. 커버플레이트는 플랜지 보강을 통한 휨모멘트에 대한 내력을 증가시키며, 커버플레이트 수는 4장 이하이고, 단면적은 플랜지 단면적의 70% 이하이다.
2. 커버플레이트는 계산상 필요한 위치에서 $300mm$ 이상의 여장을 둔다.
3. 플랜지판에서 파스너의 간격은 파스너 직경(d)의 $3 \sim 8d$ 이다.
4. 플랜지는 플랜지앵글, 커버플레이트 및 웨브 단면의 1/6로 구성되어 휨모멘트에 의한 인장력 및 압축력에 저항한다.
5. 웨브플레이트는 전단력을 부담하고, 세장하기 때문에 좌굴을 방지하기 위하여 스티프너를 설치하며, 웨브플레이트와 플랜지플레이트의 접합은 전단력에 의해 결정된다.

7.9 휨재 용어정리 Glossary of Terms

용어	용어 설명	비고
PEB시스템 (pre-engineering building)	강재 건축구조물의 설계, 제작, 시공 과정을 자동화하여 고품질, 저렴한 비용으로 건축할 수 있는 효율적인 건축 구조시스템	
비틀림 (torsion)	물체가 축을 중심으로 회전하면서 변형되는 것으로 나사를 조이거나 풀 때 발생하는 현상. 단면의 형상이 변하지 않고 회전하는 순수비틀림과 단면의 형상이 변하면서 회전하는 비순수비틀림	
뒴 (warping)	물체의 형상이 꼬이거나 변형되는 것으로 비틀림 외에도 압축, 인장, 전단 등의 다른 응력이 함께 작용하여 발생하며, 종이를 구겨서 버리는 것이나 플라스틱 튜브를 비틀어 꼬는 것과 같은 현상	
조밀단면 (compact section)	휨을 받을 때 플랜지나 웨브의 국부좌굴이 발생하기 전에 완전소성응력상태에 도달하고, 소성힌지 부분이 회전할 수 있는 단면	
비조밀단면 (noncompact section)	국부좌굴이 발생하기 전에 압축요소에 항복응력이 발생할 수 있으나 소성힌지의 회전능력을 갖지 못하는 단면	
세장판단면 (slender section)	탄성범위 내에서 국부좌굴이 일어날 수 있는 세장판 요소가 있는 단면	
소성회전능력 (plastic rotation capacity)	구조물이 극한 하중에 도달하기 전까지 소성 변형을 지속할 수 있는 능력을 나타내는 것으로 건축물이 얼마나 크게 변형될 수 있는지를 나타내는 정도로 소성회전능력은 구조물의 내진성과 안전성에 중요한 영향	
스티프너 (stiffener)	플레이트 거더는 웨브의 두께가 얇고 보 높이가 커서 집중하중이 걸리는 곳의 웨브 양측에 설치하는 하중점스티프너(bearing stiffener), 웨브의 전단좌굴 내력을 높이기 위해 재축에 직각방향으로 보강한 중간스티프너(intermediate transverse stiffener) 및 휨모멘트에 의한 재축의 압축력으로 인한 웨브의 좌굴을 방지하기 위한 수평스티프너(longitudinal stiffener)를 설치	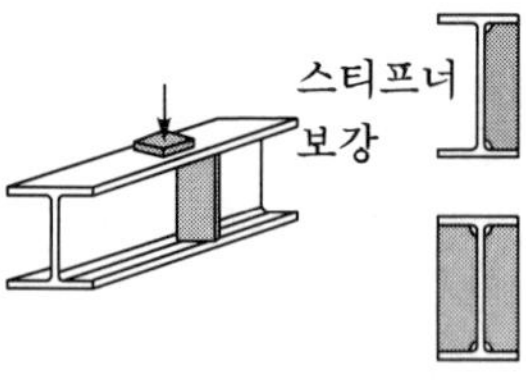

용어	용어 설명	비고
인장역작용 (tension field action)	프랫트러스와 유사하게 전단력이 작용할 때 웨브의 대각 방향으로 인장력이 발생하고 수직스티프너에 압축력이 발생하는 것으로 주로 플레이트거더에서 전단력에 대한 웨브의 거동으로 프랫트러스와 유사하게 대각선의 인장력은 웨브에서 저항하고 압축력은 중간 스티프너에서 저항	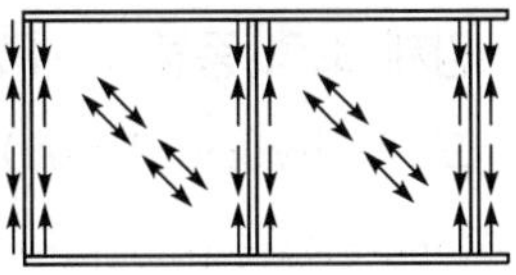
캠버 (camber)	보, 슬래브, 거더, 트러스 등의 정상적 위치 또는 형상으로부터 처짐을 고려하여 상향으로 들어 올리는 것	
잔류응력 (residual stress)	외부 힘이 가해지지 않은 상태에서 재료 내부에 남아 있는 응력을 말하며, 스프링이 압축되거나 늘어난 상태로 고정되어 있는 것처럼, 재료 내부의 입자들이 서로 끌어당기거나 미는 힘이 평형을 이루지 못하고 남아 있는 상태를 의미	
소성중립축 (pna, plastic neutral axis)	재료에 힘이 가해져 변형이 발생할 때, 변형되지 않고 그대로 유지되는 축이며, 이 중립축은 재료가 탄성 변형을 일으킬 때와 소성 변형을 일으킬 때 각각 다르게 나타남. 탄성 중립축은 재료가 탄성 변형 범위 내에서 변형될 때의 중립축이며, 일반적으로 단면의 도심	
무게중심 (cg, center of gravity)	물체의 모든 부분에 작용하는 중력이 한 점에 집중되어 작용하는 것처럼 생각하는 점으로 마치 물체 전체의 무게가 이 한 점에 매달려 있는 것과 동일	

7.10 휨재 요약 Summary of Flexural Member

1. **강재 보의 종류** : 기성제품 보(rolled beam), 주문제작 보(built-up beam), 하이브리드 보(hybrid beam), 커버플레이트 보(cover plate beam), 허니컴 보(honeycomb (castellated) beam), 플레이트 거더(plate girder), 합성 보(composite beam), 변단면 보(tapered beam), 트러스 보(truss beam), 래티스 보(lattice beam), 띠판 보(격자 보, open web beam)

2. **형상계수**(shape factor) : $f = \dfrac{Z_x}{S_x} = \dfrac{M_p}{M_y}$

3. **전단중심**(shear center) : 단면에 전단 하중이 작용할 때 비틀림이 발생하지 않는 지점을 말하며, 전단중심을 통해 하중을 작용하면 단면은 비틀림이 발생하지 않고 순수 휨만 발생

4. **횡좌굴과 횡좌굴 방지**
   (1) 횡좌굴은 휨모멘트가 어떤 한계값(횡좌굴모멘트)에 도달하면 보의 압축측 플랜지가 갑자기 하중 면 직각의 횡방향으로 휘어지면서 동시에 비틀림을 유발하는 현상
   (2) 횡방향가새(lateral brace)나 슬래브를 설치하면 횡좌굴 방지
   (3) 횡지지길이가 길수록, 약축단면2차모멘트, 비틀림강성, 뒴강성이 작을수록 횡좌굴이 일어나기 쉽고, 상자형, 원형단면과 같은 폐단면은 H-형강에 비해 비틀림강성이 커서 횡좌굴 발생 억제
   (4) 압축플랜지에 작용하는 압축력의 2% 정도를 지지하면 횡좌굴을 방지

5. **휨재의 좌굴**
   (1) **비지지길이의 종류** : 횡비지지길이(L_b), 완전소성한계 비지지길이(완전소성한계 비지지길이(L_{pd}), 소성한계 비지지길이(L_p), 비탄성한계 비지지길이(L_r)

   (2) **횡지지길이에 따른 휨거동**
   ① $L_b \leq L_{pd}$: 조밀단면(compact sections)
   ② $L_{pd} < L_b \leq L_p$: 부분 조밀단면(partially compact sections)
   ③ $L_p < L_b \leq L_r$: 비조밀단면(noncompact sections)

④ $L_b > L_r$: 세장 단면(slender sections)

여기서, $L_p = 1.76 r_y \sqrt{\frac{E}{F_y}}$: 소성한계 비지지길이

$L_r = \pi r_{ts} \sqrt{\frac{E}{0.7F_y}}$: 비탄성한계 비지지길이

6. 휨재(압연 H형강)의 폭두께비

(1) **플랜지** : $\lambda_f = \frac{b}{t_f} \leqq \lambda_p = 0.38\sqrt{\frac{E}{F_y}}$ (조밀단면)

$\lambda_p < \lambda_f \leqq \lambda_r = 1.0\sqrt{\frac{E}{F_y}}$ (비조밀단면)

(2) **웨브** : $\lambda_w = \frac{h}{t_w} \leqq \lambda_p = 3.76\sqrt{\frac{E}{F_y}}$ (조밀단면)

$\lambda_p < \lambda_w \leqq \lambda_r = 5.70\sqrt{\frac{E}{F_y}}$ (비조밀단면)

7. 휨재의 강도설계

(1) **휨모멘트에 대한 설계강도** : $\phi_b M_n = \min.(FLB,\ WLB,\ LTB)$

(2) **전단력에 대한 설계강도** : $V_u \leqq \phi_v V_n\ (\phi_v = 0.9)$, $V_n = 0.6\, C_v\, F_y\, A_w$

압연 H형강에 대한 $\phi_v = 1.0$ 사용

8. 집중하중점의 보강 : 플랜지 국부휨(flange local bending), 웨브 국부항복(local web yielding), 웨브 크립플링(web crippling), 웨브 횡좌굴(lateral buckling of web), 웨브 압축좌굴(compression buckling of web)

9. 휨재의 사용성설계에서 처짐 제한 : 강재 보의 처짐 한계는 일반적으로 최대 사용 활하중에 대하여 $\delta \leqq \frac{L}{360}$을 만족하도록 하며, 수동크레인 $\delta \leqq \frac{L}{500}$, 전동크레인 $\delta \leqq \frac{L}{800} \sim \frac{L}{1,200}$ 및 단순지지 강재 보의 전체하중에 대한 처짐 $\delta \leqq \frac{L}{300}$, 캔틸레버 보 $\delta \leqq \frac{L}{250}$로 제한

10. 플레이트 거더

(1) **플레이트 거더의 파괴 형태** : 플랜지 국부좌굴(Flange local buckling), 웨브 국부좌굴(Web local buckling), 횡-비틀림 좌굴(Lateral torsional buckling), 휨 파괴(Flexural failure), 웨브 크립플링(Web crippling)

(2) **플레이트 거더와 형강의 차이** : 형강은 중간 스티프너를 사용하지 않으며, 웨브에 대한 폭-두께비 $\frac{h}{t_w}$가 $5.70\sqrt{\frac{E}{F_{yf}}}$를 초과하지 않지만 웨브의 폭-두께비가 이를 초과하는 경우는 플레이트 거더

(3) **스티프너의 종류** : 플레이트 거더는 집중하중이 작용하는 곳의 웨브 양측에 설치하는 하중점 스티프너(bearing stiffener), 중간 스티프너(intermediate transverse stiffener), 및 수평 스티프너(longitudinal stiffener)를 설치

(4) **플레이트 거더의 구조제한**

① 휨모멘트에 대한 내력을 증가시키기 위한 커버플레이트 수는 4장 이하이고, 단면적은 플랜지 단면적의 70% 이하

② 커버플레이트는 계산상 필요한 위치에서 $300mm$ 이상의 여장

③ 플랜지판에서 파스너의 간격은 파스너 직경(d)의 $3 \sim 8d$

④ 플랜지는 플랜지앵글, 커버플레이트 및 웨브 단면의 1/6로 구성

⑤ 웨브플레이트는 전단력을 부담하고, 세장하기 때문에 좌굴을 방지하기 위하여 스티프너를 설치하며, 웨브플레이트와 플랜지플레이트의 접합은 전단력에 의해 결정

연습문제

01. H-형강 보(Beam)에 관한 기술 중 가장 부적당한 것은?

① 모멘트는 주로 플랜지(Flange)가 부담한다.
② 전단력은 주로 웨브(Web)가 받는다.
③ 처짐은 강성(EI) 크기에 비례한다.
④ 보단면 크기결정은 주로 모멘트로 좌우된다.

▶ 처짐은 강성에 반비례 : 단순보 등분포하중, $\delta = \dfrac{5wl^4}{384EI}$ ③

02. 강구조의 부재설계에 대한 설명 중 가장 부적합한 것은?

① 인장재의 경우 유효순단면적이 적용된다.
② 휨재의 횡좌굴은 강축방향으로 발생한다.
③ 압축재의 경우 일반적으로 총단면적이 적용된다.
④ 기둥부재의 경우 세장비를 고려해야 한다.

▶ 횡좌굴은 약축방향으로 발생 ②

03. 강재보의 부분 보강에 대한 설명 중 가장 부적당한 것은?

① 커버플레이트(cover plate) – 휨 성능의 보강
② 웨브플레이트(web plate) – 전단 성능의 보강
③ 스티프너(stiffener) – 웨브(web) 전단좌굴에 대한 보강
④ 거셋플레이트(gueest plate) – 비틀림 저항 보강

▶ 거셋플레이트 : 두 개 이상의 부재를 긴결하기 위한 보조재 ④

04. 다음 강재 트러스 중 트러스의 구성 형태가 사각형을 이루고 있는 것은?

① 프랫 트러스(pratt truss)
② 하우 트러스(howe truss)
③ 킹포스트 트러스(king post truss)
④ 비렌딜 트러스(vierendeel truss)

▶ ②

05. 강재의 종류에 따라 가장 적당하게 사용하는 방법에 관한 설명으로 가장 적합한 것은 어느 것인가?

① 장스팬 강재보에는 고장력강을 사용할수록 유리하다.

② 경량형강은 경량으로 경제적이기 때문에 장스팬구조에 적합하다.

③ 허니컴(honeycomb) 보는 H-형강의 단면성능을 높인 2차 제품으로 보부재로 사용이 적합하다.

④ 강관은 단면성능에 방향성이 없으므로 보부재에 적합하다.

▶ ① : 처짐을 제어하기 위해서는 단면2차모멘트 증가
② : 경량형강은 소규모 건축물
④ : 강관은 기둥부재에 적합 ③

06. 다음 강재 트러스 설계에 관한 설명 중 가장 부적합한 것은?

① 지붕중도리는 휨모멘트를 고려하여 설계한다.

② 절점은 회전절점으로 취급하여 설계한다.

③ 인장력을 받는 부재는 짧게, 압축을 받는 부재는 길게 한다.

④ 트러스의 기준선과 각 부재의 게이지라인은 되도록 일치시킨다.

▶ 압축을 받는 부재는 좌굴의 영향으로 짧게 배치 ③

07. 래티스 보(lattice beam) 설계에 관한 설명 중 가장 부적합한 것은?

① 집중하중이 작용하는 점에서 웨브플레이트를 사용하는 것이 좋으며, 압축을 받는 현재의 좌굴 방지용 부재를 적당한 간격으로 배치한다.

② 보의 휨에 대한 저항을 크게 하기 위하여 래티스재를 크게 해도 효과가 거의 없다.

③ 한 절점에 모인 부재의 기준선은 한 점에 모이게 한다.

④ 래티재재의 세장비는 140 이하로 한다.

▶ 압축을 받는 부재는 좌굴의 영향으로 짧게 배치 ③

08. 장스팬 보나 큰 하중에 대해 휨강성을 크게하기 위하여 사용되는 보가 아닌 것은?

① 커버플레이트보 ② 플레이트 거더

③ 허니컴보 ④ 래티스 보

▶ 래티스 보는 전단력에 취약 ④

09. 그림과 같은 ㄷ형강(Channel)에서 전단중심(shear center)의 대략적인 위치는?

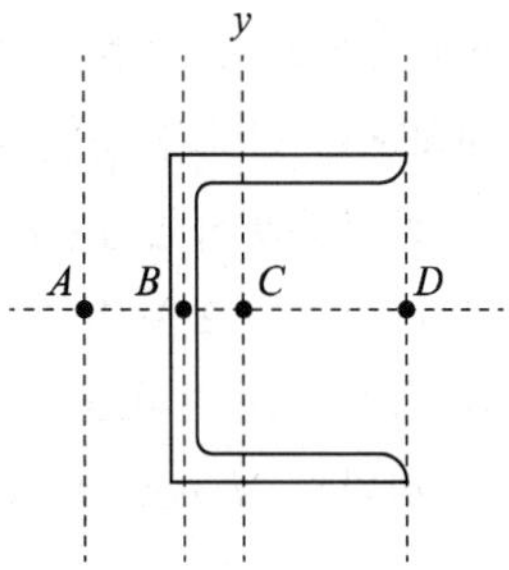

① A점
② B점
③ C점
④ D점

▶ ①

10. 단면적 A와 단면계수 Z가 다음과 같은 4개의 I형강이 있다. 휨모멘트에 대한 효율이 가장 좋은 것은?

① A = 3,900mm^2 , Z = 254,000mm^3
② A = 2,700mm^2 , Z = 370,000mm^3
③ A = 4,000mm^2 , Z = 321,000mm^3
④ A = 3,000mm^2 , Z = 390,000mm^3

▶ 단면적에 비해 단면계수 큼 ②

11. 다음과 같은 용접-H형강(H－440×300×10×20) 단면의 전소성 모멘트(M_p)는 얼마인가? (단, $F_y = 345\,MPa$)

① $M_p = 1071.6\,kN.m$
② $M_p = 1007.4\,kN.m$
③ $M_p = 732.7\,kN.m$
④ $M_p = 601.1\,kN.m$

▶ $Z_x = \frac{1}{4}bd^2 = \frac{1}{4}(300\times440^2 - 290\times400^2) = 2{,}920{,}000\,mm^3$

$M_p = Z_x F_y = 2920000(345)\times10^{-6} = 1007.4\,kN.m$ ②

12. 그림과 같은 부재(H-400×200×8×13)에 관한 설명으로 옳지 않은 것은? (단, 웨브 필릿 반경 $r = 16\,mm$, 작용하는 전단력은 $72\,kN$이다.)

① 최대 휨응력은 플랜지의 바깥면에 발생
② 플랜지의 폭-두께비는 15.38
③ 웨브의 폭-두께비는 42.75
④ 평균전단응력은 22.5MPa

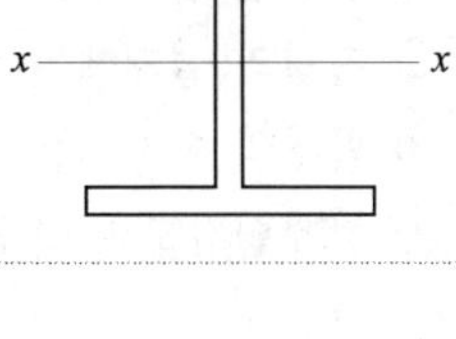

▶ $\frac{b}{t_f} = \frac{100}{13} = 7.69$ ②

13. 휨모멘트를 부담하는 플랜지에는 고강도강을 사용하고, 전단력을 부담하는 웨브에는 상대적으로 강도가 낮은 강재를 사용하여 경제성을 향상시킨 보는 무엇인가?

① 커버플레이트 보(cover plate beam)

② 하이브리드 보(hybrid beam)

③ 플레이트 거더(plate girder)

④ 허니컴 보(honeycomb(castellated) beam)

▶ - 커버플레이트 보 : 표준규격 H-형강 또는 I-형강의 플랜지에 강판을 보강
- 플레이트 거더 : 강판과 L형강 등을 볼트 또는 용접으로 I자형의 단면으로 만든 보
- 허니컴 보 : H-형강의 웨브를 절단가공, 접합하여 만든 오픈 웨브재의 보 ②

14. 다음 강구조에 대한 설명 중 가장 부적합한 것은?

① 플랜지는 주로 휨모멘트에 저항한다.

② 웨브는 주로 전단력에 저항한다.

③ 플랜지는 커버플레이트(cover plate)로 보강한다.

④ 웨브는 시어커넥터(shear connector)로 보강한다.

▶ 웨브는 스티프너(stiffener)로 보강 ④

15. 압연 형강보 H-300×300×10×15의 탄성단면계수 $S_x = 1.36 \times 10^6 mm^3$, 소성단면계수 $Z_x = 1.50 \times 10^6 mm^3$일 때, 형상계수(shape factor)로 적당한 것은?

① $f = 0.907$ ② $f = 1.103$

③ $f = 1.500$ ④ $f = 1.250$

▶ $f = \dfrac{Z_x}{S_x} = \dfrac{1.50 \times 10^6}{1.36 \times 10^6} = 1.103$ ②

16. 강구조의 휨재에 대한 설명으로 가장 부적합한 것은?

① 휨재는 휨과 전단에 의해 하중을 지지하는 구조부재이다.

② 휨재의 설계에는 횡좌굴을 고려하지 않는다.

③ 휨재의 설계에는 처짐을 고려하여야 한다.

④ 설계휨강도의 산정 시 사용되는 휨강도 저항계수는 0.9이다.

▶ 반드시 횡좌굴(lateral buckling) 고려 ②

17. 강재보의 플랜지에 커버플레이트(cover plate)를 사용하는 이유로 가장 적합한 것은?

① 전단력에 대한 보강
② 웨브의 비틀림 방지
③ 플랜지의 부식방지
④ 보의 휨강성 증가

▶ 플랜지 커버플레이트 보강 : 모멘트 보강 ④

18. H-형 단면을 가진 강재보에 관한 설명으로 가장 부적합한 것은?

① 폭-두께비를 줄이는 것은 국부좌굴 방지에 매우 효과적이다.
② 커버플레이트를 사용하면 플랜지의 휨응력을 저감시킬 뿐만 아니라 처짐을 줄이는 효과도 있다.
③ 웨브의 국부좌굴은 부재축에 직각 방향의 스티프너를 사용하여 방지할 수 있다.
④ 보의 횡좌굴을 방지하기 위해서는 플랜지에 스티프너를 사용하면 효과적이다.

▶ 스티프너는 웨브의 좌굴방지를 위해 설치 ④

19. H-형강을 사용한 강재보에 관한 설명으로 가장 부적합한 것은?

① 휨모멘트가 큰 보는 커버플레이트로 보강한다.
② 처짐은 플랜지에 커버플레이트로 보강한다.
③ 횡좌굴이 문제가 되면 플랜지의 폭을 크게 한다.
④ 처짐이나 휨모멘트가 크면 플랜지의 두께보다는 웨브의 두께를 보강한다.

▶ 플랜지의 두께를 증가시키면 단면2차모멘트 값이 증가 ④

20. 강구조의 부재 설계에 관한 설명으로 가장 적합한 것은?

① 보의 경우 휨변형이 생기지 않고, 비틀림 변형만 유발하는 위치를 전단중심(shear center)이라 한다.
② 인장재 설계 시 연결재 구멍에 의한 결손 부분을 무시한다.
③ H-형강 보의 경우 주로 웨브 부분은 휨응력을 부담한다.
④ H-형강 보의 횡지지구간 길이가 길수록 횡좌굴이 일어나기 쉽다.

▶ 횡비지지길이(L_b)를 최소화 ④

21. 강구조에 대한 기술로서 가장 부적합한 것은?

① 용접조립 형강에 대해서는 폭-두께비 제한의 검토를 생략할 수 있다.
② 하중점의 스티프너 또는 지점의 스티프너는 상하 플랜지에 밀착시켜야 한다.
③ 커버플레이트(cover plate)는 플랜지의 단면을 크게 하여 휨모멘트 저항능력을 향상시켜 준다.
④ 강구조 부재에서 기둥의 좌굴과 보의 횡좌굴 발생을 방지하여 내력을 향상시킬 수 있다.

▶ 기성품(rolled beam)에서는 생략 가능 ①

22. 보의 횡좌굴(lateral buckling)에 대한 설명으로 부적당한 것은?

① 횡지지길이가 길수록 횡좌굴이 일어나기 어렵다.
② 약축에 대한 단면2차모멘트가 작을수록 횡좌굴이 일어나기 쉽다.
③ 비틀림강성, 뒴강성이 작을수록 횡좌굴이 일어나기 쉽다.
④ 상자형, 원형단면과 같은 폐단면은 H-형강에 비해 비틀림강성이 커서 횡좌굴이 일어나기 어렵다.

▶ 횡비지지길이가 길수록 횡좌굴이 발생하기 쉽다 ①

23. 강재보의 횡좌굴 현상을 방지하기 위한 가장 타당한 조치는?

① 기둥의 단면 증가
② 접합부의 긴결 상태를 단순접합으로 한다.
③ 보 부재 길이 내 횡지지 부재수를 증가
④ 보 부재 길이 내 횡지지 간격을 증가

▶ 횡비지지길이(L_b)를 최소화 ③

24. 강재보의 횡좌굴에 대한 설명 중 가장 부적합한 것은?

① H-형강이나 ㄷ-형강이 약축(weak-axis)에 대하여 휨모멘트를 받는 경우, 횡좌굴이 발생하지 않는다.
② 상자형 단면은 비틀림 강성이 매우 크므로 횡좌굴의 염려가 적다.
③ 압축플랜지의 지점간 거리가 짧을수록 횡좌굴이 일어나기 어렵다.
④ 횡좌굴모멘트는 순수비틀림(pure torsion) 모멘트와 뒴(warping) 모멘트의 합으로 표현된다.

▶ 약축에 대해 모멘트를 받을 때, 횡좌굴 발생 우려 증가 ①

25. 강재 단순보의 횡좌굴을 방지하기 위한 조치로서 가장 부적합한 것은?

① 상부 플랜지를 슬래브에 긴결한다.
② Box형 단면을 사용한다.
③ 스팬 중앙부에 교차보를 설치한다.
④ 하부 플랜지를 덮개판으로 보강한다.

▶ 하부 플랜지 플랜지플레이트 보강 : 정모멘트 보강 ④

26. 휨과 비틀림을 동시에 받는 부재 단면으로서 가장 효율적인 것은?

① H-형강 ② ㄷ-형강
③ ㄱ-형강 ④ 원형강관

▶ $I_p = I_x + I_y$: 단면극2차모멘트 ④

27. 강재보의 횡좌굴 거동과 관련이 없는 용어는?

① 콤팩트, 비콤팩트, 세장판 단면 ③ 비틀림 강성
② 비지지 길이 ④ 탄성좌굴 모멘트.

▶ 콤팩트, 비콤팩트, 세장판 단면 : 국부좌굴 ①

28. 강구조 휨재 단면이 각형강관일 경우 고려하지 않는 한계상태로 가장 적합한 것은? (단, 플랜지와 웨브는 비콤팩트 요소이다)

① 항복 ② 플랜지 국부좌굴
③ 횡좌굴 ④ 웨브 국부좌굴

▶ 폐쇄형 단면인 경우 횡좌굴의 영향 미미 ③

29. 휨모멘트를 받는 보 부재에서 파괴 모드에 따른 한계상태에서 강도를 산정하기 위한 고려사항이 아닌 것은?

① flange local buckling ② web local buckling
③ flexural torsional buckling ④ lateral torsional buckling

▶ ③

30. 다음 그림은 단부에 집중하중이 작용하고 있는 캔틸레버 부재의 단면을 나타내고 있다. 횡좌굴이 가장 우려되는 부재는?

① 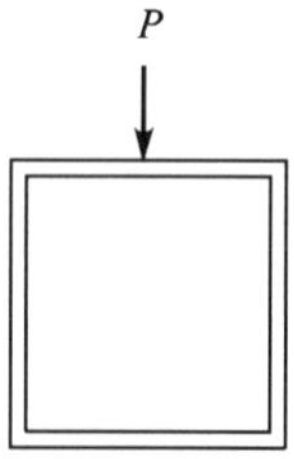

② 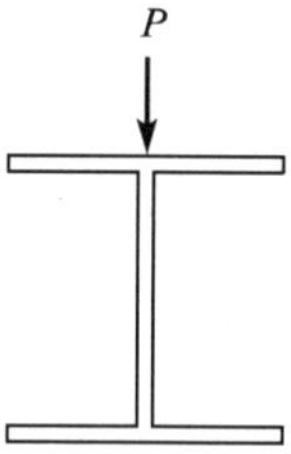

③ 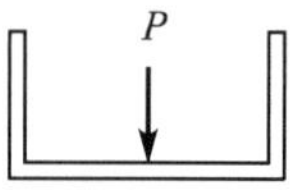

④ 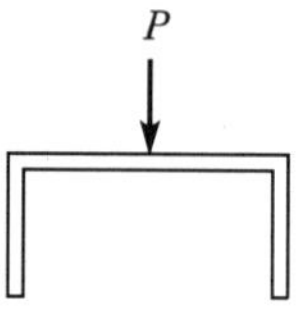

▶ ②

31. 하중의 합력이 단면의 어느 특정한 지점을 지날 때는 부재에 비틀림이 발생하지 않는다. 이 점을 무엇이라 하는가?

① 질량중심(mass center)
② 강성중심(stiffness center)
③ 도심(centroid)
④ 전단중심(shear center)

▶ ④

32. 강구조의 휨재에서 압연 H-형강 플랜지에 대한 콤팩트단면과 비콤팩트단면의 폭-두께비의 한계 값 λ_p와 λ_r은?

① $\lambda_p = 0.38\sqrt{\frac{E}{F_y}}$, $\lambda_r = 0.56\sqrt{\frac{E}{F_y}}$

② $\lambda_p = 0.54\sqrt{\frac{E}{F_y}}$, $\lambda_r = 0.56\sqrt{\frac{E}{F_y}}$

③ $\lambda_p = 0.54\sqrt{\frac{E}{F_y}}$, $\lambda_r = 1.0\sqrt{\frac{E}{F_y}}$

④ $\lambda_p = 0.38\sqrt{\frac{E}{F_y}}$, $\lambda_r = 1.0\sqrt{\frac{E}{F_y}}$

▶ ④

33. 강구조의 휨재에서 압연 H-형강 웨브에 대한 콤팩트단면과 비콤팩트단면의 폭-두께비의 한계 값 λ_p와 λ_r 은?

① $\lambda_p = 1.12\sqrt{\frac{E}{F_y}}$, $\lambda_r = 1.40\sqrt{\frac{E}{F_y}}$

② $\lambda_p = 2.42\sqrt{\frac{E}{F_y}}$, $\lambda_r = 1.49\sqrt{\frac{E}{F_y}}$

③ $\lambda_p = 3.76\sqrt{\frac{E}{F_y}}$, $\lambda_r = 5.70\sqrt{\frac{E}{F_y}}$

④ $\lambda_p = 2.42\sqrt{\frac{E}{F_y}}$, $\lambda_r = 5.70\sqrt{\frac{E}{F_y}}$

③

34. 강구조의 휨재에서 소성힌지가 생성되는 소성모멘트(M_p)의 크기로 가장 적합한 것은? (단, F_y=강재의 항복강도, Z=보 단면의 소성단면계수, I=보 단면의 단면2차모멘트)

① $M_p = \phi_b F_y \cdot Z$　　② $M_p = \phi_b \frac{F_y}{Z}$

③ $M_p = \phi_b F_y \cdot I$　　④ $M_p = \phi_b \frac{F_y}{I}$

①

35. 강구조에서 강축 휨모멘트를 받는 H-형강에서 $L_b \leq L_p$ 인 콤팩트 단면인 경우, 이 부재의 공칭휨강도는? 단, 항복강도 F_y, 인장강도 F_u, 탄성단면계수 S_x, 소성단면계수 Z_x 이다.

① $M_n = Z_x F_y$　　② $M_n = Z_x F_u$

③ $M_n = S_x F_y$　　④ $M_n = S_x F_u$

①

36. 압연 H-형강보의 단면 성능이 다음과 같을 때, 강축에 대한 전소성모멘트(M_p)로 가장 적합한 것은? 단, $F_y = 355\,MPa$, $S_x = 2.6\times10^6\,mm^3$, $Z_x = 3.0\times10^6\,mm^3$, $I_x = 8.0\times10^8\,mm^4$

① $M_p = 923\,kN.m$　　② $M_p = 1,065\,kN.m$
③ $M_p = 1,400\,kN.m$　　④ $M_p = 2,800\,kN.m$

▶ $M_p = Z_x F_y = 3.0\times10^6(355)\times10^{-6} = 1,065\,kN.m$ ②

37. 압연 형강인 H-600×200×11×17(SM275) 강재 보에 대한 소성한계비지지길이 L_p를 구하시오? 단, 강재 보의 약축에 대한 단면회전반경, $r_y = 4.12\times10^1\,mm$ 이다.

① $L_p = 1.98\,m$　　② $L_p = 2.00\,m$
③ $L_p = 2.02\,m$　　④ $L_p = 2.04\,m$

▶ $L_p = 1.76\,r_y\sqrt{\dfrac{E}{F_y}} = 1.76(41.2)\sqrt{\dfrac{210000}{265}}\times10^{-3} = 2.04\,m$ ④

38. 압연 H-형강보 H-400×200×8×13의 전단에 대한 설계강도($\phi_v V_n$)로 가장 적합한 것은? 단, 강재의 항복강도 $F_y = 355\,MPa$, 전단좌굴계수 $C_v = 1.0$, 웨브필릿의 직경 $r = 16\,mm$ 이다.

① $\phi_v V_n = 582.8\,kN$　　② $\phi_v V_n = 613.4\,kN$
③ $\phi_v V_n = 637.3\,kN$　　④ $\phi_v V_n = 681.6\,kN$

▶ $\phi_v V_n = \phi 0.6 F_y A_w C_v = 1.0(0.6)(355)(400\times8)(1.0)\times10^{-3} = 681.6\,kN$ ④

39. 강재 보의 처짐을 적게 하는데 다음 기술 중 가장 적절한 것은?

① 고강도강을 사용한다.
② 웨브 단면적을 크게 한다.
③ 하부 플랜지를 상부 플랜지보다 크게 한다.
④ 단면2차모멘트 값을 크게 한다.

▶ 처짐은 단면2차모멘트에 반비례 ④

40. 단순지지 강재보의 전체하중에 대하여 최대 처짐의 제한으로 가장 적합한 것은?

① 스팬의 1/250 이하　　② 스팬의 1/300 이하
③ 스팬의 1/350 이하　　④ 스팬의 1/400 이하

▶ 캔틸레버 보는 스팬의 1/250 이하 ②

41. 강재 보의 처짐에 관한 기술 중 옳지 않은 것은?

① 처짐이 커지면 보의 진동 등으로 2차 응력이 유발된다.
② 보는 휨에 대한 내력이 충분하여도 강성이 커지면 처짐이 증가한다.
③ 일반적인 보의 경우 스팬의 1/300 이하로 처짐을 제한하고 있다.
④ 중도리 및 띠장의 경우 처짐은 마감재에 지장을 주지 않는 범위 내에서 스팬의 1/150~1/200 이하로 제한하고 있다.

▶ 강성이 커지면 처짐 감소 ②

42. 강재 보의 처짐에 관한 기술 중 옳지 않은 것은?

① 캔틸레버 보에서는 내민 길이의 1/250 이하
② 일반적인 보에서는 스팬의 1/200 이하
③ 수동 크레인의 주행보는 스팬의 1/500 이하
④ 전동 크레인에서는 실정에 따라 1/800~1/1,200 이하

▶ 일반보 1/300 이하 ②

43. 강구조의 플레이트거더(plate girder)에서 스티프너를 사용하는 목적으로 가장 적합한 것은?

① 플랜지 플레이트의 좌굴방지
② 플랜지 플레이트의 크리프방지
③ 웨브 플레이트의 좌굴방지
④ 웨브 플레이트의 크리프방지

▶ ③

44. 플레이트 거더(plate girder)에 사용되는 스티프너(stiffener)로 가장 부적합한 것은?

① 하중점 스티프너　　② 플랜지 스티프너
③ 수평 스티프너　　④ 중간 스티프너

▶ ②

45. 플레이트 거더(plate girder)에 관한 기술 중 옳지 않은 것은?

① 커버플레이트 수는 4장 이하로 하고 커버플레이트의 전단면적은 플랜지 전단면적의 70% 이하로 한다.
② 커버플레이트는 계산상 길이보다 여장을 갖도록 설계한다.
③ 커버플레이트는 길이는 휨모멘트에 의해 결정된다.
④ 플랜지와 웨브의 접합은 휨모멘트에 의해 결정된다.

▶ 플랜지와 웨브의 접합은 전단력에 의해 결정 ④

46. 플레이트 거더(plate girder)에 작용하는 휨모멘트와 축력에 대한 압축 좌굴내성을 증가시키기 위해 웨브에 설치하는 것은?

① 수평 스티프너　　② 중간 스티프너
③ 하중점 스티프너　　④ 보강 리브

▶ 중간 스티프너 : 웨브의 전단 좌굴내력 증진과 지압파괴 방지 ①

47. 플레이트 거더(plate girder)를 구성하는 기본원칙에 대한 설명 중 부적합한 것은?

① 플레이트 거더는 휨모멘트나 전단력이 매우 커서 압연 형강보를 사용할 수 없는 경우에 많이 이용된다.
② 플랜지는 휨에 의한 인장 및 압축력을 부담한다.
③ 웨브 플레이트는 전단력을 부담하며, 전단면에 대해 전단응력이 균등히 분포되는 것으로 생각된다.
④ 중간 스티프너(stiffener)는 플랜지 플레이트 및 웨브 플레이트의 좌굴을 방지하기 위해 설치한다.

▶ 스티프너는 웨브의 좌굴 방지 ④

48. 플레이트거더에서 전단력에 대한 웨브의 거동으로 프랫트러스(pratt truss)와 유사하게 대각선의 인장력은 웨브에서 저항하고 압축력은 중간 스티프너에서 저항하는 작용을 무엇이라 하는가?

① 트러스 작용(truss action)
② 아치 작용(arch action)
③ 인장역 작용(tension field action)
④ 보 작용(beam action)

▶ ③

49. 판보(plate girder)에서 리벳, 볼트로 접합된 플렌지의 커버플레이트의 수는 최대 몇 장 이하로 하는가?

① 2장　② 3장
③ 4장　④ 5장

▶ ③

50. 강구조 플레이트보(plate girder)의 구성부재에 해당되지 않는 것은?

① 윙 플레이트　② 커버 플레이트
③ 플랜지 플레이트　④ 스티프너

▶ 주각부 사용 ①

51. 플레이트 거더의 커버플레이트에 관한 기술 중 틀린 것은?

① 커버플레이트는 휨내력의 부족을 보충하기 위해 덧붙이는 판이다.
② 커버플레이트 수는 4매 이하로 하고, 커버플레이트 전단면적은 플랜지 전단면적의 70% 이하로 한다.
③ 커버플레이트는 주로 전단력에 저항한다.
④ 커버플레이트의 여장길이는 이론적인 소요길이보다 300mm 이상 여유를 둔다.

▶ 커버플레이트는 휨모멘트에 저항 ③

52. 강재 플레이트 거더(plate girder)에서 중간 스티프너(intermediate transverse stiffener)를 사용하는 주된 목적은?

① 웨브 플레이트(web plate)에 생기는 휨모멘트에 저항하기 위해
② 플렌지 앵글(flange angle)의 단면을 작게 하기 위해
③ 플랜지 앵글의 볼트간격을 넓게 하기 위해
④ 웨브 플레이트의 좌굴을 방지하기 위해

▶ ④

53. 다음 중 래티스보의 웨브(web)를 90° 각도로 댄 것으로 경미한 하중을 받는 곳에 주로 사용되는 강재보는?

① 격자보
② H 형강보
③ 트러스보
④ 플레이트거더

▶ ①

54. 강구조의 기둥-보 접합부의 구성요소와 가장 거리가 먼 것은?

① 엔드플레이트(End Plate)
② 다이아프램(Diaphragm)
③ 스플릿티(Split Tee)
④ 메탈터치(Metal touch)

▶ 메탈터치는 기둥과 기둥 이음 ④

55. 플레이트 거더의 스티프너에 관한 기술 중 틀린 것은?

① 스티프너의 간격은 보춤의 1.5배 이내이다.
② 플레이트 거더에는 스티프너를 설치하지 않을 때도 있다.
③ 웨브의 한쪽에만 스티프너를 설치할 수도 있다.
④ 스티프너가 있으면 보의 횡좌굴을 고려하지 않아도 된다.

▶ 횡좌굴은 스티프너에 관계없이 발생 가능 ④

56. 집중하중을 받는 형강보에 하중점 스티프너를 사용할 때 웨브는 스티프너의 중심선에서 얼마의 범위까지 하중을 받는데 유효한가?

① 웨브 두께의 3배　　② 웨브 두께의 6배
③ 웨브 두께의 9배　　④ 웨브 두께의 12배

④

57. 강구조 플레이트 거더를 구성하는 부재로 옳지 않은 것은?

① 래티스(lattice)　　② 필러(filler)
③ 플랜지 앵글(flange angle)　　④ 스티프너(stiffener)

플레이트 거더의 기본 구성 부재 : 커버플레이트, 웨브플레이트, 스티프너, 플랜지 앵글, 필러
①

58. 강구조에 관한 기술 중 틀린 것은?

① 플레이트 거더에서 웨브 플레이트의 좌굴을 방지하기 위하여 스티프너를 댄다.
② 플레이트 거더의 커버플레이트는 플랜지 단면을 크게 하여 주며 전단력에 대한 저항을 높여준다.
③ 트러스의 설계에 있어서 중도리는 절점 위에 두는 것이 가장 좋다.
④ 트러스 접합에 쓰이는 거셋플레이트의 두께는 보통 9mm 정도이다.

플랜지는 주로 휨모멘트를 부담　　④

59. 강구조의 판보(plate girder)에 관한 기술 중 옳지 않은 것은?

① 플랜지(flange)덧판의 겹침수는 보통 5장 이하, 최고 6장까지로 한다.
② 스티프너(stiffener)는 웨브판의 좌굴을 방지하기 위하여 사용한다.
③ 웨브의 이음은 전단력이 최소인 장소에 두고 이음에 쓰이는 덧판은 플랜지단면적 이상의 것으로 한다.
④ 플랜지덧판의 길이는 필요한 위치보다 연장하고 그 볼트수는 그 위치에서 부담하는 응력을 전달할 수 있도록 정한다.

4장 이하　　①

60. 강구조에서 플레이트거더(Plate Girder)에 관한 설명으로 옳지 않은 것은?

① 커버플레이트의 크기는 휨모멘트에 의해 결정된다.
② 용접조립에 의한 보의 플랜지는 될 수 있는 대로 1장의 판으로 구성한다.
③ 스티프너는 웨브 플레이트의 좌굴을 방지하기 위해 사용된다.
④ 플랜지의 커버플레이트 수는 6장 이하로 하며 커버플레이트의 전단면적은 플랜지 전단면적의 85% 이하로 한다.

▶ 70% 이하 ④

61. 다음 중 강재보의 휨내력이 부족시 보완대책으로 가장 알맞은 것은?

① 플랜지를 커버플레이트로 보강한다.
② 접합부분에 고장력볼트의 개수를 증가시킨다.
③ 시어 커넥터를 사용한다.
④ 접합부의 용접두께를 크게 한다.

▶ ①

제8장

기타 부재설계

8.1 조합력을 받는 부재 Member Receiving Combination Force

8.1.1 개요

휨과 축방향력을 받는 부재의 파괴모드는 다음과 같다.

(1) **축방향 인장과 휨모멘트를 받는 부재**(axial tension and bending) ; 재료의 항복에 의해 항상 파괴된다.

(2) **축방향 압축과 일축 휨모멘트를 받는 부재**(axial compression and bending about one axis) ; 면내 휨모멘트에서의 비틀림 없는 불안정성으로 인하여 파괴된다.

(3) **축방향 압축과 강축에 대하여 휨모멘트를 받는 부재**(axial compression and bending about the strong axis) ; 횡-비틀림 좌굴에 의해 파괴된다.

(4) **축방향 압축과 이축 휨모멘트를 받는 비틀림에 강한 단면의 부재**(axial compression and biaxial bending - torsionally stiff sections) ; 주방향 중 한 곳에서 불안정성으로 인하여 파괴된다.

(5) **축방향 압축과 이축 휨모멘트를 받는 얇은 벽두께 개방형 단면의 부재**(axial compression and biaxial bending - thin-walled open sections) ; 비틀림에 약한 단면에서 뒴과 휨모멘트의 조합으로 인하여 파괴된다.

(6) **축방향 압축과 이축 휨모멘트 및 비틀림을 받는 부재**(axial compression, biaxial bending, and torsion) ; 면내 휨모멘트에 전단 중심이 포함되지 않은 경우 뒴과 휨모멘트의 조합으로 인하여 파괴된다.

8.1.2 보-기둥 부재의 2차 효과 및 모멘트 증폭계수

1. 보-기둥 부재

(1) 보-기둥 부재에서는 휨과 축력효과 모두가 상당하므로 보로서의 처짐 문제와 기둥으로서의 좌굴문제를 동시에 고려한다.

(2) 휨이 유발한 처짐에 편심을 갖고 작용하는 축력은 2차 효과(secondary effects)를 유발하여 모멘트와 처짐을 증가시킨다.

2. 보-기둥 부재의 2차 효과 근사해석

(1) 2차 효과의 해석은 기하학적 비선형 문제로 2차 해석(second order analysis)을 통

한 반복계산에 의해 모멘트증폭이나 처짐의 증가를 정확히 산정한다.

(2) 국내의 강구조기준 등에서는 기하학적 비선형을 고려하지 않은 1차 해석에서 얻어진 모멘트에 적절한 증폭계수를 곱하여 2차 효과를 고려하는 근사해석법(moment magnifier method)을 사용한다.

(3) 부재효과(member effect, $P-\delta$ effect)와 골조효과(frame effect, $P-\Delta$ effect)를 구분하여 각각에 B1 및 B2로 표시되는 증폭계수를 곱하여 2차 효과를 반영한다. ($M_r = M_I + M_{II} = B_1 M_{nt} + B_2 M_{lt}$)

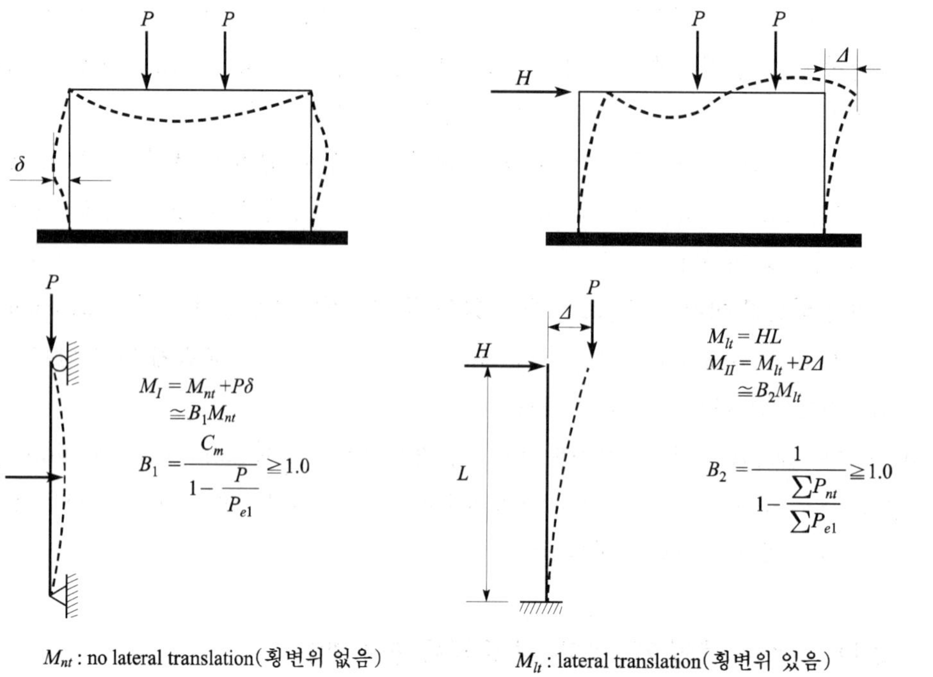

(a) 부재효과 (b) 골조효과

그림 8-1 부재효과 및 골조효과

3. 부재효과에 따른 증폭계수(B_1 계수)

(1) 축방향력 P와 초기모멘트 M_1, M_2이 작용하는 경우

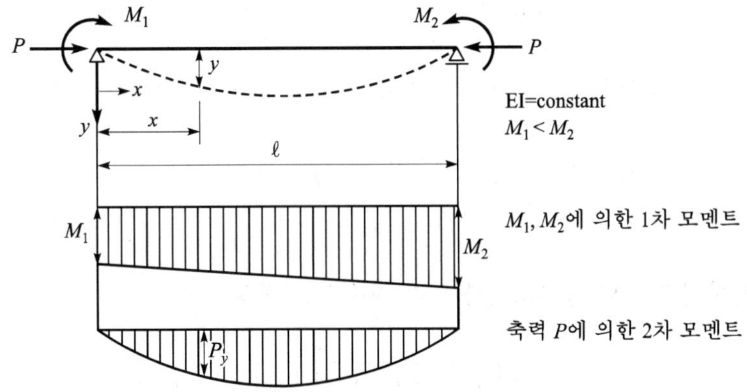

그림 8-2 축방향력과 휨모멘트를 받는 보-기둥 부재

축방향력 P와 초기모멘트 M_1, M_2이 작용할 때, 좌측으로부터 x만큼 떨어진 위치에서 발생된 2차모멘트 Py를 고려하여 $M_{(x)}$를 구하면 다음과 같다.

$$M_{(x)} = M_1 + (M_2 - M_1)\frac{x}{l} + Py$$

$$EIy'' = -M_{(x)}$$

$$EIy'' + Py = -M_1 - (M_2 - M_1)\frac{x}{l}$$

$$y'' + \frac{Py}{EI} = -\frac{M_1}{EI} - \frac{(M_2 - M_1)}{EI}\frac{x}{l}$$

여기서, $\lambda = \sqrt{\dfrac{P}{EI}}$, $\dfrac{\lambda^2}{P} = \dfrac{1}{EI}$ 로 놓으면,

$$y'' + \lambda^2 y = -\frac{\lambda^2}{P}M_1 - \frac{\lambda^2}{P}(M_2 - M_1)\frac{x}{l} \qquad \text{식 8-1}$$

상미분방정식(Ordinary Differential Equation, ODE)의 일반해는 동차 해(Homogeneous Solution)와 특수 해(Particular Solution)의 합에 의해 구하고, 최대 휨모멘트를 구하면 아래와 같다.

$$M_{\max} = \sqrt{\left[\frac{M_2 - M_1 \cos\lambda l}{\sin\lambda l}\right]^2 + M_1{}^2}$$

$$= M_2 \sqrt{\frac{1 - 2(M_1/M_2)\cos\lambda l + (M_1/M_2)^2}{\sin^2\lambda l}} \quad \text{식 8-2}$$

순수 휨을 받는 $M_1 = M_2 = M$ 로 가정하고 최대 휨모멘트를 구하면,

$$M_{\max} = \frac{M}{\cos\frac{\lambda l}{2}} = M \cdot \sec\frac{\lambda l}{2} \quad \text{식 8-3}$$

(2) **축방향력 P와 등분포하중 ω가 작용하는 경우**

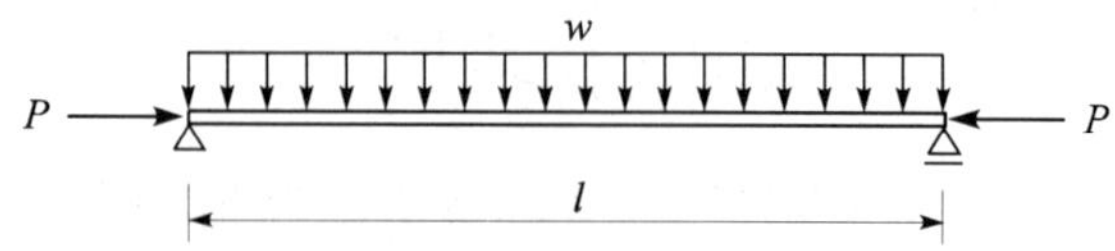

그림 8-3 축방향력과 등분포하중을 받는 보-기둥 부재

$$M_{\max} = B_1 M_o = B_1 \frac{wl^2}{8} \quad \text{식 8-4}$$

여기서, B_1 (압축력에 의한 증폭계수) : $B_1 = \frac{8}{\lambda^2 l^2}\left(\sec\frac{\lambda l}{2} - 1\right)$ – 정확한 값

등분포하중 w가 작용할 때, 중앙부의 처짐이 δ_0, $\alpha = P_u / P_e$ 로 놓으면,

$$M_{\max} = M_0 + P y_{\max} = B_1 M_0 \ \left(y_{\max} = \frac{\delta_0}{1-\alpha}\right) \quad \text{식 8-5}$$

여기서, $B_1 = \frac{C_m}{1-\alpha} = \frac{1 + 0.028\alpha}{1-\alpha} \cong \frac{1}{1-\alpha}$ – 대략적인 값

$$C_m = 1 + \left(\frac{\pi^2 EI\delta_0}{M_0 l^2} - 1\right)\alpha = 1 + \psi\alpha = 1 + 0.028\alpha$$

$$\psi = \frac{\pi^2 EI\delta_0}{M_0 l^2} - 1 = \frac{\pi^2 EI \frac{5wl^4}{384EI}}{\frac{wl^2}{8} l^2} - 1 \cong 1.028 - 1 = 0.028$$

$$\delta_0 = \frac{5wl^4}{384EI}, \ M_0 = \frac{wl^2}{8}$$

표 8-1 모멘트 증폭계수, B_1

α	대략적인 값(B_1)	정확한 값(B_1)
0.0	1.000	1.000
0.1	1.114	1.114
0.2	1.257	1.257
0.3	1.441	1.441
0.4	1.686	1.685
0.5	2.030	2.028
0.6	2.546	2.542
0.7	3.405	3.399
0.8	5.125	5.112
0.9	10.284	10.253

대략적인 값 : $B_1 = \dfrac{1 + 0.028\alpha}{1 - \alpha}$

정확한 값 : $B_1 = \dfrac{8}{\lambda^2 l^2}\left(\sec\dfrac{\lambda l}{2} - 1\right)$

여기서, $\alpha = \dfrac{P}{P_e}$

$\lambda^2 = \dfrac{P}{EI}$

$P_e = \dfrac{\pi^2 EI}{L^2} = \dfrac{\pi^2 E}{\left(\dfrac{KL}{r}\right)^2} A_g$: 좌굴하중

$$C_m = \sqrt{0.3\left(\frac{M_1}{M_2}\right)^2 + 0.4\left(\frac{M_1}{M_2}\right) + 0.3} \ \text{(Massonnet \& Horne 제안식)} \quad \text{식 8-6(a)}$$

$$C_m = 0.6 - 0.4\left(\frac{M_1}{M_2}\right) \ \text{(Salvadori 제안식)} \quad \text{식 8-6(b)}$$

(3) 설계기준의 증폭계수 B_1

$$M_r = B_1 M_{nt} + B_2 M_{lt} \quad \text{식 8-7(a)}$$

$$P_r = P_{nt} + B_2 P_{lt} \quad \text{식 8-7(b)}$$

여기서, $B_1 = \dfrac{C_m}{1 - \dfrac{P_r}{P_{e1}}} \geq 1.0$, $C_m = 0.6 - 0.4\left(\dfrac{M_1}{M_2}\right) \geq 0.4$

M_r : 2차효과가 고려된 소요휨강도

P_r : 2차효과가 고려된 소요축강도

P_{e1} : 골조의 횡변위를 구속한 조건의 휨평면내 탄성좌굴강도

M_{nt}, P_{nt} : 골조의 횡변위를 구속한 조건의 1차모멘트와 1차축력

M_{lt}, P_{lt} : 골조의 횡변위를 허용한 조건의 1차모멘트와 1차축력

4. 골조효과에 따른 증폭계수(B_2 계수)

$$B_2 = \frac{1}{1 - \frac{\sum P_{nt}}{\sum P_{e2}}} \geq 1.0 \qquad \text{식 8-8}$$

여기서, $\sum P_{nt}$: 대상층에 작용하는 총 계수연직하중

$\sum P_{e2}$: 대상층에 횡변위가 수반되는 좌굴모드에 대한 층 전체의 탄성 좌굴강도

$\sum P_{e2} = \sum \frac{\pi^2 EI}{(K_2 L)^2}$: 모멘트골조의 경우

$\sum P_{e2} = R_M \frac{\sum HL}{\Delta_H}$: 모든 종류의 횡력저항시스템

I : 휨평면 내의 단면2차모멘트

K_2 : 기둥의 횡변위 좌굴모드를 고려하여 휨평면내에서 산정된 유효길이계수

L : 부재길이(층고)

R_M : 1.0(가새골조), 0.85(모멘트골조 또는 조합구조시스템)

Δ_H : 횡력에 대한 1차 해석에서 얻어진 층간변위

$\sum H$: Δ_H 산정에 사용된 횡력이 유발한 층전단력의 합

8.2 합성부재 Composite Member

8.2.1 합성슬래브

합성슬래브는 콘크리트 슬래브와 데크플레이트가 일체로 거동하도록 형성된 슬래브이다. 콘크리트 슬래브와 데크플레이트 사이의 합성작용을 확보하기 위해서는 데크플레이트는 콘크리트와의 접합면에 발생하는 수평전단력을 저항할 수 있어야 한다.

1. **데크플레이트의 설계** : 고정하중과 시공하중의 합에 대하여 데크플레이트에 작용하는 응력이 데크플레이트의 장기허용응력도에 1.5배를 곱한 단기 허용응력도를 넘지 않도록 설계하며, 처짐은 1/180 또는 20mm를 넘지 않도록 한다.

2. **합성슬래브의 설계** : 합성슬래브의 설계는 전단부착파괴와 휨파괴의 두 가지 한계상태에 대하여 검토한다.

(1) **전단부착강도** : 하중작용점 주위에서 콘크리트에 사인장 균열이 발생하면서 콘크리트 슬래브와 데크플레이트 사이에 부착파괴로 인한 미끄러짐이 발생한다.

(2) **휨강도** : $M_u \leq \phi M_n \left[M_n = A_s F_y \left(d - \frac{a}{2} \right) \right]$

(3) **처짐검토** : $I_d = \frac{I_u + I_c}{2}$

3. **데크플레이트의 종류**

(1) **구조용 데크플레이트** : 합성구조 데크플레이트는 데크플레이트와 콘크리트 슬래브가 일체화된 것을 말하며 이를 위해 강판에 엠보싱이나 도브테일(dove tail) 등의 형태를 삽입한 단면형상을 가지고 있는 것이며, 특징은 다음과 같다.

① 상부하중을 모두 데크플레이트가 부담 : 토핑 콘크리트topping concrete는 마무리재로만 사용된다(두께는 $50mm$ 정도로 진동 등을 방지).

② 주 부재인 데크플레이트는 반드시 내화피복을 하여야 한다.

③ 수평전단력에 대한 바닥면 강성을 확보하기 위해 바닥면에 브레이스를 설치하여야 한다.

(2) **거푸집용 데크플레이트** : 강구조 건물의 바닥콘크리트 타설시 합판 거푸집 대신 데크를 강재보에 용접후 설치하여 콘크리트 거푸집용으로 사용되는 것으로 특징은 다음과 같다.

① 데크플레이트는 구조재가 아니며 시공시의 콘크리트를 지지하는 거푸집 용도로 이용된다.

② 데크플레이트에 내화피복은 일반적으로 불필요 하지만, 경우에 따라서는 내화피복을 해야만 하는 경우도 있다.

③ 전단 연결재(shear connector)가 설치되어 있다면, 수평전단력에 대하여 바닥슬래브와 보가 함께 거동하므로 바닥면에 별도로 브레이스를 설치할 필요가 없다.

(a) form-deck

(b) composite-deck

(c) ferro deck

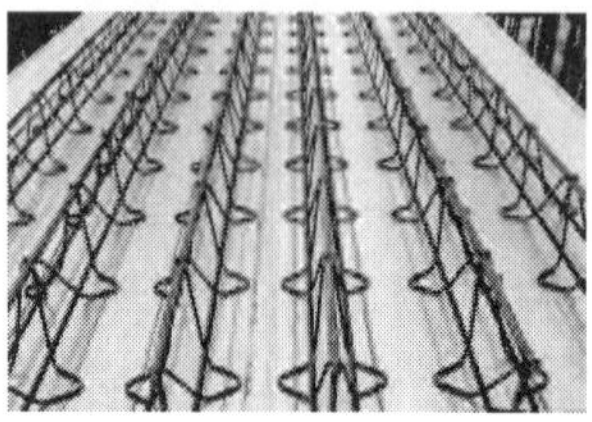

(d) super deck

(e) speed-deck

(f) power-deck

그림 8-4 데크플레이트의 종류

(3) 발전된 데크플레이트의 사용법

① 페로 데크(ferro-deck) : 이 공법은 건설공사에서 사회적인 문제로 항상 대두되고 있는 품질개선, 경제성, 시공성 및 안정성을 높여 건설공사의 고질적인 문제를 해결하고 미래의 기술과 품질경쟁에 대비하기 위한 신기술로서 경쟁력 강화와 건설공사의 합리성 제고에 그 의의가 있다. 거푸집 대용인 $0.5mm$ 아연도 절곡강판과 입체형 이형철근 트러스와 $\phi 5$ 및 $\phi 6$의 철선을 점용접(spot welding)으로 일체화시켜, 공장에서 일괄생산한 후 건설현장에서 조립하는 공법으로 품질향상, 공기단축, 간접비용 절감 등의 효과가 탁월한 슬래브 공법으로 철판 위의 철근은 와렌 트러스(warren truss)의 형태를 취하고 있다.

② 슈퍼 데크(super-deck) : 이형철근 트러스 형태가 카이저트러스(kaiser truss) 형태이고, 항복강도가 높은 이형철선으로 트러스 보(truss girder)를 조립하고 바닥슬래브 합판거푸집 대신에 $0.5mm$ 아연도 강판위에 트러스 보를 용접하여 공장에서 일관 자동 생산하여 선 조립된 제품을 간단한 현장작업만으로 거푸집 설치 및 해체작업 없이 후속공정을 바로 적용하는 슬래브 공법이다.

③ 스피드 데크(speed-deck) : 행거를 부착할 수 있는 일체형 데크로 트러스의 피치조절이 자유로운 것이 특징이다.

④ 파워 데크(power-deck) : 밑면이 평탄하고 전체 단면에 콘크리트가 형성되므로

전단면이 유효하며, 상부 T-형의 플랜지와 하부를 판을 엠모싱(embossment) 처리하여 콘크리트와 일체가 되도록 하여 내화피복이 필요없다. 파워데크 합성 슬래브는 내화구조용 합성데크 바닥구조 공법이다.

8.2.2 전단연결재(Shear Connector)

전단연결재는 콘크리트슬래브와 강재보에서 전단응력 전달 및 일체성을 확보하고, 보의 압축측 횡좌굴을 방지하기 위해 설치되는 것으로 데크플레이트를 설치한 후 강재보의 상부 플랜지에 설치한다.

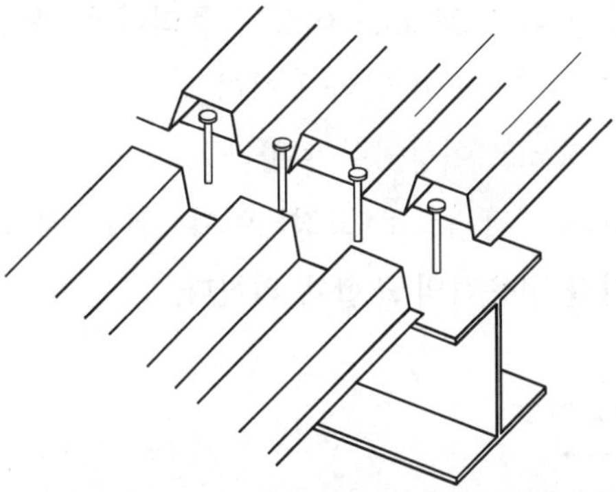

그림 8-5 스터드앵커 설치

1. 스터드앵커의 구조제한

(1) 스터드앵커의 직경 d_s 는 강재단면의 웨브판과 직접 연결된 플랜지부분에 용접하는 경우 이외에 플랜지두께 t_f 의 2.5배를 초과할 수 없다.

(2) 용접 후 밑면에서 머리 최상단까지의 스터드앵커 높이 H_s 는 직경의 4배 이상으로 한다.

(3) 데크플레이트의 골에 설치되는 스터드앵커를 제외하고, 스터드앵커의 측면피복은 25 mm 이상이 되어야 한다. 앵커의 중심에서 전단력방향에 있는 가장자리까지의 거리는 보통콘크리트에서는 200 mm 이상, 경량콘크리트에서는 250 mm 이상으로 한다.

(4) 스터드앵커의 중심간 간격은 합성보의 길이방향으로는 스터드직경의 6배 이상이 되어야 하며, 직각방향으로는 직경의 4배 이상이 되어야 한다. 다만, 골방향이 강재보에 직각인 데크플레이트의 골 내에 설치되는 경우, 중심간 간격은 모든 방향으

로 스터드직경의 4배 이상이 되어야 한다. 강재앵커의 중심간 간격은 슬래브 총 두께의 8배 또는 900mm를 초과할 수 없다.

2. 데크플레이트에 스터드앵커가 사용된 경우의 구조제한

(1) 데크플레이트의 공칭골깊이인 리브의 춤 h_r 은 75mm 이하이어야 한다.

(2) 골 또는 헌치의 콘크리트 평균폭 w_r 은 50mm 이상이어야 하며, 데크플레이트 상단에서의 최소 순폭 이하로 한다.

(3) 콘크리트슬래브와 강재보를 연결하는 스터드앵커의 직경은 19mm 이하이어야 하며 데크플레이트를 통하거나 아니면 강재보에 직접 용접되어야 한다.

(4) 스터드앵커는 부착 후 데크플레이트 상단 위로 38 mm 이상 돌출되어야 하며, 스터드앵커의 상단 위로 13mm 이상의 콘크리트피복이 있어야 한다.

(5) 데크플레이트 상단 위의 콘크리트두께는 50mm 이상이어야 한다.

(6) 데크플레이트는 지지부재에 450mm 이하의 간격으로 고정되어야 한다. 데크플레이트의 고정은 스터드앵커나 스터드앵커와 점용접의 조합에 의한다.

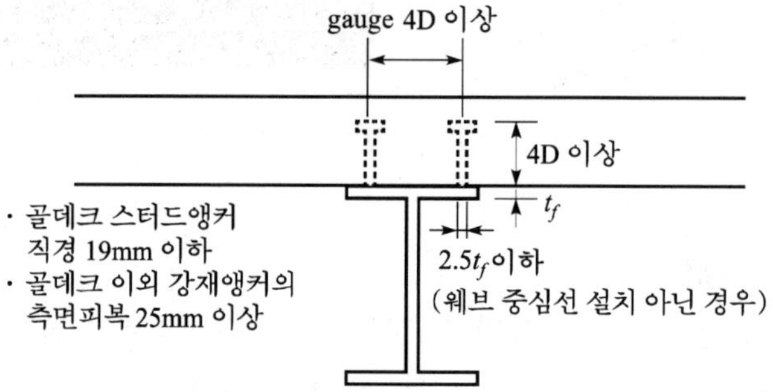

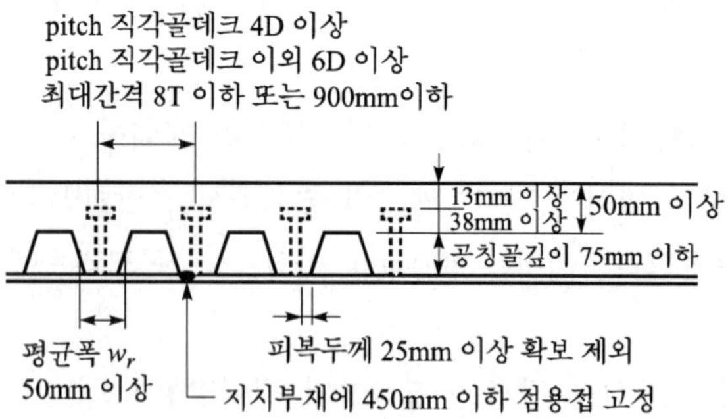

그림 8-6 스터드앵커의 구조제한

3. 시어커넥터가 지지하는 수평전단력

(1) **정모멘트 구간에서의 하중전달** : 매입형 합성단면을 제외하고는, 강재보와 슬래브면 사이의 전체수평 전단력은 시어커넥터에 의해서만 전달된다고 가정하며, 휨모멘트를 받는 강재보와 콘크리트가 합성작용을 하기 위해서는 정모멘트가 최대가 되는 위치와 모멘트가 0이 되는 위치 사이의 총 수평전단력 V'는 콘크리트의 압괴, 강재단면의 인장항복, 그리고 시어커넥터의 강도 등의 3가지 한계상태로부터 구한 값 중에서 가장 작은 값으로 한다.

① 콘크리트 압괴 : $V' = 0.85 f_{ck} A_c$ 식 8-9(a)

② 강재단면의 인장항복 : $V' = F_y A_s$ 식 8-9(b)

③ 시어커넥터의 강도 : $V' = \sum Q_n$ 식 8-9(c)

여기서, A_c : 유효폭 내의 콘크리트 단면적(mm^2)
F_y : 강재의 항복강도(MPa)
A_s : 강재 단면적(mm^2)
Q_n : 정모멘트가 최대가 되는 위치와 모멘트가 0이 되는 위치 사이의 시어커넥터 공칭강도의 합(N)

(2) **부모멘트 구간에서의 하중전달** : 슬래브 내에 있는 길이방향 철근이 강재보와 합성으로 작용하는 경우, 부모멘트가 최대가 되는 위치와 모멘트가 0이 되는 위치 사이의 총수평전단력 V'는 슬래브철근의 항복과 시어커넥터의 강도 등의 2가지 한계상태로부터 구한 값 중에서 가장 작은 값으로 한다.

① 철근의 항복 : $V' = F_{yr} A_r$ 식 8-10(a)

② 시어커넥터의 강도 : $V' = \sum Q_n$ 식 8-10(b)

여기서, A_r : 유효폭 내에 있는 길이방향 철근의 단면적(mm^2)
F_{yr} : 철근의 항복강도(MPa)

(3) **스터드 시어커넥터의 강도** : 콘크리트 슬래브 또는 합성 슬래브에 매입된 스터드 시어커넥터 1개의 공칭강도 Q_n은 다음과 같이 산정한다.

$$Q_n = 0.5 A_{sc} \sqrt{f_{ck} E_c} \leq R_g R_p A_{sc} F_u$$ 식 8-11

여기서, A_{sc} : 스터드 시어커넥터의 단면적(mm^2)

E_c : 콘크리트의 탄성계수(MPa)

F_u : 스터드 시어커넥터의 설계기준인장강도(MPa)

R_g, R_p : 감소계수

(4) **시어 커넥터의 소요 개수** : 정 또는 부모멘트가 최대가 되는 위치와 모멘트가 0이 되는 위치 사이에 배열되는 시어 커넥터의 소요 개수는 식 8-9와 식 8-10에서 구한 총 수평전단력을 시어 커넥터의 공칭강도로 나눈 값으로 구해집니다.

$$n \geq \frac{V'}{Q_n} \quad \text{식 8-12}$$

8.2.3 합성보

합성보는 강재보와 철근콘크리트 슬래브가 하나의 단일부재로 거동하는 구조부재로 노출형과 매입형이 있으며, 현장에서는 주로 노출형 합성보를 사용한다.

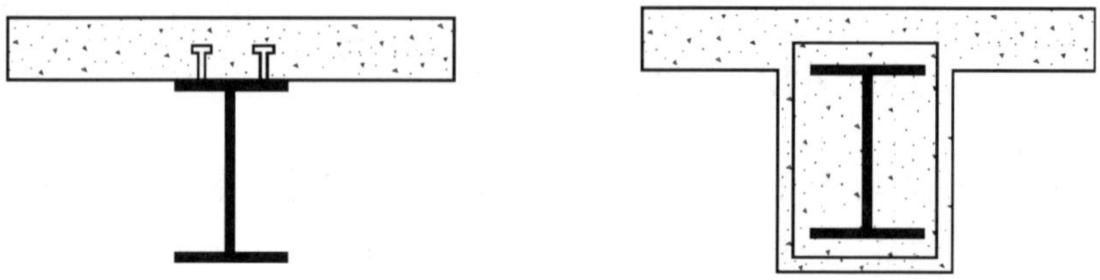

(a) 노출형 합성보 (b) 매입형 합성보

그림 8-7 노출형과 매입형 합성보

1. 설계 및 해석을 위한 기본사항

합성후 단계에서 웨브의 폭두께비 $\frac{h}{t_w} \leq 3.76\sqrt{\frac{E}{F_y}}$ 인 경우, 소성응력분포로부터 합성보의 강도를 계산하며, 소성응력분포의 기본가정을 다음과 같다.

(1) 단면에 작용하는 변형율은 선형적으로 분포하며, 재료는 탄소성적으로 거동하는 것으로 가정한다.

(2) 콘크리트가 0.0033의 압축변형도에서 압괴강도에 도달하고 이 때 강재는 항복변형도($\frac{F_y}{E_s}$)에 도달하였다고 가정한다.

(3) 콘크리트의 응력은 $0.85f_{ck}$ 가 유효 압축구간에 균등하게 분포하는 것으로 가정한다.

(4) 콘크리트의 인장강도는 무시한다.

(5) 강재의 항복강도 F_y 는 강재단면의 인장과 압축구간을 통해 균등하게 분포한다.

(6) 시공단계에서는 강재 보와 기둥의 검토결과를 따르지만, 지점을 설치한 경우는 시공 시 강재 보의 강도 검토는 생략한다.

(7) 합성이후 정모멘트에 대한 설계휨강도 $\phi_b M_n$ 은 항복한계상태로부터 $\frac{h}{t_w} \le 3.76\sqrt{\frac{E}{F_y}}$ 인 경우, M_n 은 합성단면의 항복한계상태에 대해 소성응력분포로부터 산정한다(소성모멘트).

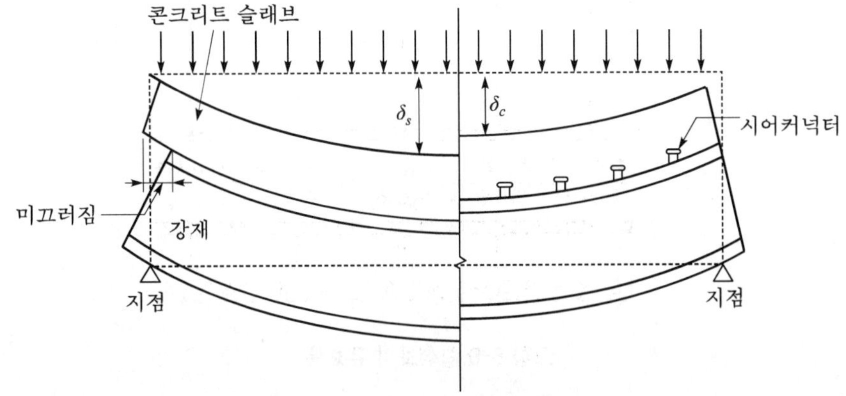

그림 8-8 비합성보와 합성보의 변형

2. 합성보의 슬래브 유효폭

(1) **T형보** : 강재보의 양쪽에 연속 슬래브가 있는 경우

① 보 스팬의 1/4 : $b_{e1} = \frac{span}{4} = \frac{L}{4}$

② 보 중심선에서 인접보 중심까지 거리의 1/2 : SB1 $b_{e2} = \frac{S_2}{2} + \frac{S_2}{2} = S_2$

SB2 $b_{e2} = \frac{S_3}{2} + \frac{S_3}{2} = S_3$, SG2 $b_{e2} = \frac{S_2}{2} + \frac{S_3}{2}$

(2) **반 T형보** : 강재보의 한쪽에만 연속 슬래브가 있는 경우

① 보 스팬의 1/8 : $b_{e1} = \frac{span}{8} = \frac{L}{8}$

② 보의 외측슬래브부터 인접보 중심까지 거리의 1/2 :

$$SG1\ b_{e2} = S_1 + \frac{S_2}{2}\ ,\ SG3\ b_{e2} = S_1 + \frac{S_3}{2}$$

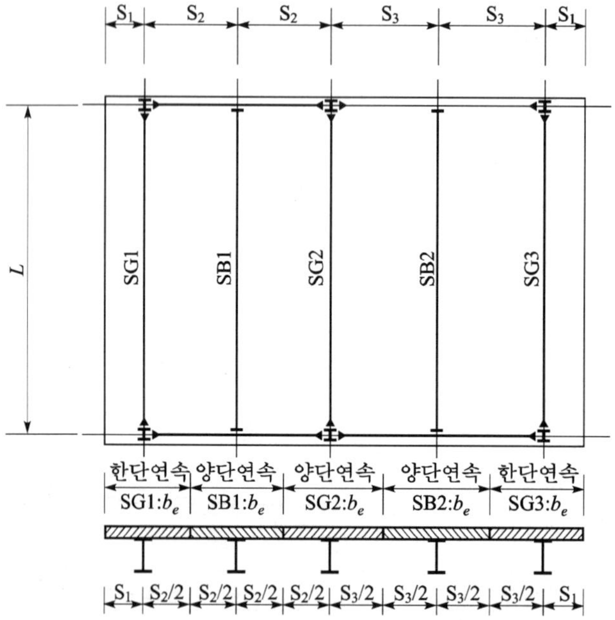

그림 8-9 합성보의 유효폭

3. 공칭 휨강도 및 설계 휨강도 산정

(1) 정모멘트 구간의 공칭 휨강도 및 설계 휨강도(그림 8-10)

$$M_n = C(d_1 + d_2) + P_y(d_3 - d_2),\ \phi_b M_n \geq M_u\ (\phi_b = 0.9) \quad \text{식 8-13}$$

여기서, $C = \min.(0.85 f_{ck} A_c,\ F_y A_s,\ \sum Q_n)$: 식 8-9

P_y : 강재단면의 인장강도, $P_y = F_y A_s (N)$

d_1 : 콘크리트 압축력 C의 중심으로부터 강재단면 상단까지의 거리(mm)

d_2 : 강재단면 압축력 중심으로부터 강재단면 상단까지의 거리(mm)

강재단면에 압축력이 없는 경우에는 $d_2 = 0$

d_3 : 인장중심으로부터 강재단면 상단까지의 거리(mm)

a : 압축블록의 깊이(mm), $a = \dfrac{C}{0.85 f_{ck} b_e}$

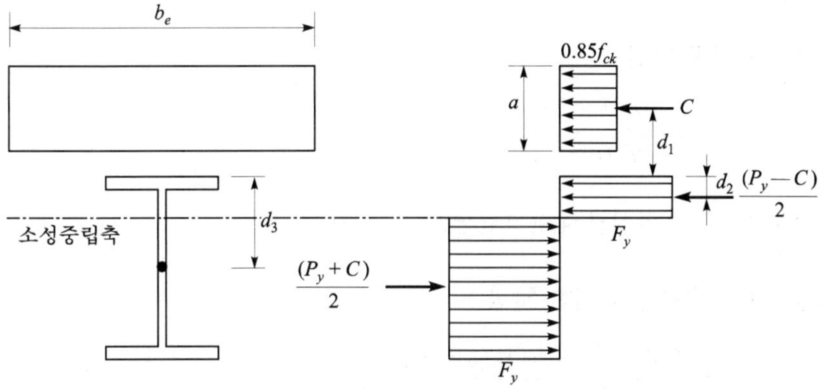

그림 8-10 정모멘트 구간의 응력분포

(2) **부모멘트 대해 소성응력분포로 산정한 공칭 휨강도 및 설계 휨강도**(그림 8-11)

$$M_n = T(d_1 + d_2) + P_{yc}(d_3 - d_2),\ \phi_b M_n \geq M_u\,(\phi_b = 0.9) \qquad \text{식 8-13}$$

여기서, $T = \min.(F_{yr}A_r,\ \sum Q_n)$: 식 8-10

P_{yc} : 강재단면의 압축강도, $P_{yc} = F_y A_s(N)$

d_1 : 길이방향 슬래브철근의 중심으로부터 강재단면 상단까지의 거리(mm)

d_2 : 강재단면 인장력 중심으로부터 강재단면 상단까지의 거리(mm)

d_3 : 강재 압축단면 중심부터 강재단면 상단까지의 거리(mm)

그림 8-11 부모멘트 구간의 응력분포

4. **합성보의 설계전단강도** : 노출형 합성보의 설계전단강도는 안전측으로 7장에서 구하는 방법과 동일하게 강재보의 웨브가 저항하도록 한다.

5. 합성보의 처짐

(1) **활하중에 의한 처짐**

$$\delta_L = \frac{5\,W_L l^4}{384\,EI_e} \leq \frac{l}{360}$$ 식 8-14

여기서, I_e : 합성보의 유효단면2차모멘트(mm^4)

(2) **고정하중과 활하중에 의한 처짐**

$$\delta_L = \frac{5\,W_{D1} l^4}{384\,EI_s} + \frac{5(W_{D2} + W_L)}{384\,EI_e} \leq \frac{l}{240}$$ 식 8-15

여기서, I_s : 강재보만의 단면2차모멘트(mm^4)

W_{D1} : 데크플레이트, 토핑콘크리트, 강재보에 의한 고정하중

W_{D2} : 콘크리트 양생 후 경량칸막이 등의 마감에 의한 고정하중

8.2.4 합성기둥

합성기둥은 콘크리트와 강재를 조합하여 만든 기둥으로 콘크리트는 압축력에 강하고 강재는 인장력에 강하다는 특성을 이용하여 내력을 극대화시킨 것이다. 철근콘크리트가 피복된 강재단면의 매입형 합성기둥과 철근콘크리트가 충전된 강재단면을 사용한 충전형 합성기둥이 있다.

1. **완전매입형 합성기둥**(fully encased composite columns) : H-형강을 콘크리트 기둥 속에 완전히 매입하여 제작하는 방식으로 가장 일반적인 형태로 다음과 같은 구조제한을 만족하여야 한다.

(1) 강재코어의 단면적은 총단면적의 1% 이상으로 한다.

(2) 횡방향철근(띠철근)의 중심간 간격은 D10인 경우는 300mm 이하, D13 이상인 경우는 400mm 이하로 한다. 횡방향철근의 최대간격은 강재코어의 설계기준공칭항복강도가 450MPa 이하일 경우에는 부재단면에서 최소크기의 0.5배를 초과할 수 없으며, 450MPa를 초과하는 경우에는 부재단면에서 최소크기의 0.25배를 초과할 수 없다.

(3) 최소한 4개의 연속된 모서리 길이방향 철근을 사용해야 하며, 연속된 길이방향 철

근의 최소철근비 $\rho_{sr} = \dfrac{A_{sr}}{A_g}$ 는 0.004로 한다. 이때, A_{sr} 은 연속길이방향 철근의 단면적이고, A_g 는 합성부재의 총단면적이다.

(4) 강재코어와 길이방향철근(주근)의 최소순간격은 철근직경의 1.5배 이상 또는 40mm 중 큰 값으로 하여야 하며, 강재 기둥 플랜지에 대한 콘크리트의 순피복두께는 플랜지 폭의 1/6 이상으로 한다.

2. **콘크리트충전형 강관기둥**(concrete filled steel tube, CFT) : 원형 또는 각형강관을 사용하고 그 내부에 콘크리트를 채워 제작하는 방식으로 구조제한은 다음과 같다.

(1) 강관의 단면적은 총단면적의 1% 이상으로 한다.

(2) 강관의 폭두께비 제한에 대하여 만족하여야 한다.

3. **부분매입형 합성기둥**(partially encased composite columns) : H-형강의 플랜지를 외부에 노출시키고 웨브 사이를 콘크리트로 채워 제작하는 방식이다.

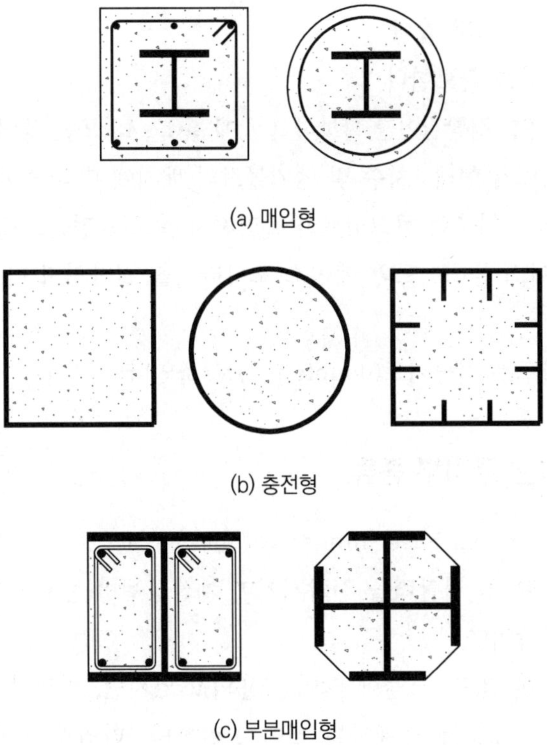

(a) 매입형

(b) 충전형

(c) 부분매입형

그림 8-12 합성기둥

8.3 주각부 설계 Column Base Design

8.3.1 주각부 설계 시 고려사항

1. 건축물의 주각부는 상부가구의 수직하중을 기초에 전달함과 동시에 바람 또는 지진 등에 의한 수평전단력에 견디지 않으면 안 되는 중요한 구조요소이다.
2. 특히, 주각은 강한 지진 시에 가장 피해를 받기 쉬운 부위의 하나로 손꼽히고 있고 설계상 충분한 배려가 필요하다.
3. 강구조물의 주각은 기초의 철근콘크리트구조와 상부의 강구조의 두 가지의 서로 다른 구조형식의 접점으로 되어 있기 때문에 응력상태가 복잡해서 시공상의 문제도 생기기 쉬우므로 주의가 필요하다.
4. 주각은 기둥응력을 강구조부재로부터 철근콘크리트조의 하부구조에 전달하는 접점이므로 계산 이외의 요소도 충분히 고려할 필요가 있다.
5. 상부가구를 해석할 때 가정한 주각지지 조건인 고정(fix), 반고정(partially fix), 핀(pin) 등을 만족시키는 세부설계가 되어야 한다.
6. 설계상의 유의점은 다음과 같다.
   (1) 앵커볼트의 변형을 확보한다.
   (2) 앵커볼트는 충분한 정착길이를 확보하고 끝에 훅(hook) 또는 앵커프레임에 긴결시킨다.
   (3) 베이스 플레이트의 형태, 치수 및 앵커볼트의 배치에 따라 불가피적으로 휨모멘트가 전달된다. 따라서 압축측 콘크리트가 갈라지지 않도록 철근으로 보강할 필요가 있다.
   (4) 시공할 때 베이스 플레이트와 베이스 모르타르를 밀착시켜 마찰계수(0.4)를 확보해야 한다.
   (5) 앵커볼트의 너트는 이중너트(double net)로 조인다.

8.3.2 정착방식에 의한 주각부 종류

1. **핀 주각부**(pinned column base, hinged column base)
   (1) 힌지주각은 축력 및 전단력을 전달시키며 계산상에서는 휨모멘트가 전달되지 않는 노출형식의 주각이다.
   (2) 강구조는 장스팬 건축구조물에 많이 사용되고 있지만, 이러한 건물에서는 구조계획상 강성이 큰 기초보를 설계하는 것이 곤란하다. 따라서 기초는 가구의 벌어짐의 방지를 목적으로 한 일종의 타이바(tie bar)형식으로 한다든지, 독립기초의 형식을

사용하지 않을 수가 없다. 이러한 기초는 회전에 대한 저항력을 갖지 않기 때문에 주각은 필연적으로 힌지주각이 사용된다.

(3) 해석상 "고정지점"으로 가정해도 현실적으로 반고정으로 되는 경우에는 힌지주각 쪽이 바람직한 경우가 많고, 온도응력이나 부동침하 등에 의한 2차응력을 완화한다고 해도 힌지주각의 경우가 유리하게 된다.

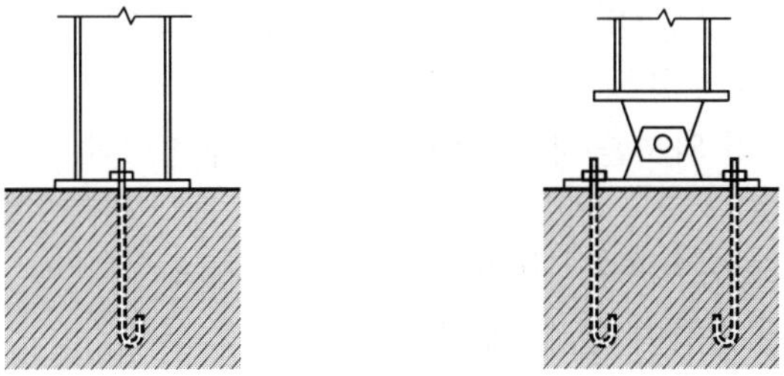

(a) 경미한 힌지 주각부(일반적인 건축구조물)　　(b) 완전한 힌지 주각부

그림 8-13 힌지 주각부

2. **고정 주각부**(fixed column base) : 고정주각은 휨모멘트, 축력 및 전단력을 전달하는 주각이며 정착형태에 따라 노출형, 매입형, 보강형의 3종류로 구별된다.

(1) **노출형 주각**(exposed column base)

① 베이스 플레이트의 형상을 단면으로 하고, 인장측 앵커볼트를 철근으로 하는 철근콘크리트기둥으로 계산한다.

② 주각부의 휨모멘트가 작은 경우에는 형강에 베이스 플레이트를 용접하고 앵커볼트를 끼워서 기초에 정착하기만 해도 좋다.

③ 베이스 플레이트의 두께가 작은 경우에는 아래 그림 8-14(b)처럼 휨변형이 생기기 때문에 윙플레이트(wing plate) 등을 사용해서 보강해야 한다.

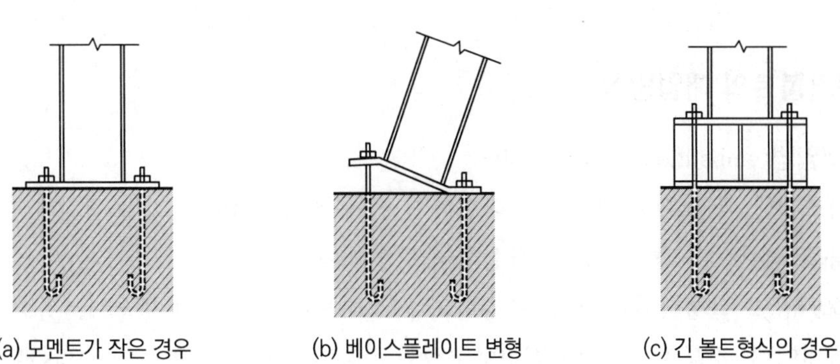

(a) 모멘트가 작은 경우　　(b) 베이스플레이트 변형　　(c) 긴 볼트형식의 경우

그림 8-14 노출형 고정 주각부

(2) **매입형 주각**(embedded column base)

① 매입형 주각은 철근콘크리트에 매립되어 있기 때문에 매우 높은 강성을 얻을 수 있는 반면, 지진처럼 반복하중을 받는 경우에는 강재와 철근콘크리트의 일체성이 줄어들어 기초의 고정도가 저하할 가능성도 갖고 있다.

② 보다 높은 일체성을 확보하기 위해서는 주각부의 플랜지에 스터드코넥터(stud connector) 등을 용착해서 철근콘크리트와의 일체성을 확보하여야 하며, 설계상 매입깊이는 강재 춤의 2~3배, 충분한 피복두께 확보, 강성이 큰 베이스플레이트 사용 및 와셔를 베이스플레이트에 용접하여야 한다.

(3) **보강형 주각**(reinforced column base)

① 고정주각에 준하여 설계하면 된다.

② 감쌓기 높이는 강재 기둥부재 춤의 3배 이상으로 하며, 상부 띠철근으로는 3-D10 이상, 띠철근의 직경 D10 이상으로 간격은 100mm 이하로 배근하는 것이 좋다.

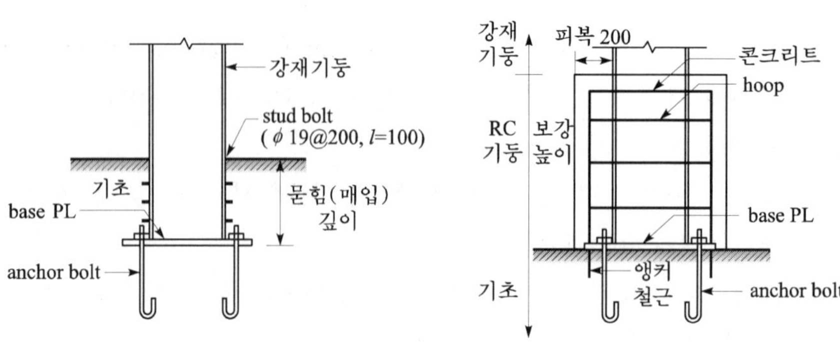

(a) 매입형 주각부 (b) 보강형 주각부

그림 8-15 정착형태에 따른 주각부

8.3.3 앵커볼트의 매입방식

1. **고정매입법**(embedded anchor bolt)

(1) 기초철근 배근 후 콘크리트를 타설하기 전에 앵커프레임을 미리 설치하여 앵거볼트를 고정시킨 후 콘크리트를 타설하여 고정하는 방법이다.

(2) 오시공이 발생하였을 경우 수정하여 시공하는데 어려움이 있으나, 가장 일반적인 방법이며, 강도가 높고 안정적인 고정이 가능하여 대규모 공사에 적합하다.

2. **가동매입법**(flexible anchor bolt)
   (1) 앵커볼트 두부를 수정할 수 있도록 깔대기모양의 스티로폼 등을 설치하고, 콘크리트 타설 후 이를 제거하여 정확한 위치를 맞추는 방법이다.
   (2) 위치조정으로 인하여 내력이 저하되고, 부담능력이 작아지므로 소규모 구조물에 적합하다.

3. **나중매입법**(post-installed anchor bolt)
   (1) 콘크리트 타설 전 앵커볼트가 묻힐 위치에 구멍을 설치하거나 콘크리트가 경화된 후에 장비로 천공하여 나중에 앵커볼트를 설치하는 방법이다.
   (2) 수정 및 시공이 간편하지만 강도가 콘크리트 타설 전 매립에 비해 다소 떨어질 수 있어 경미한 공사에 적합하다.

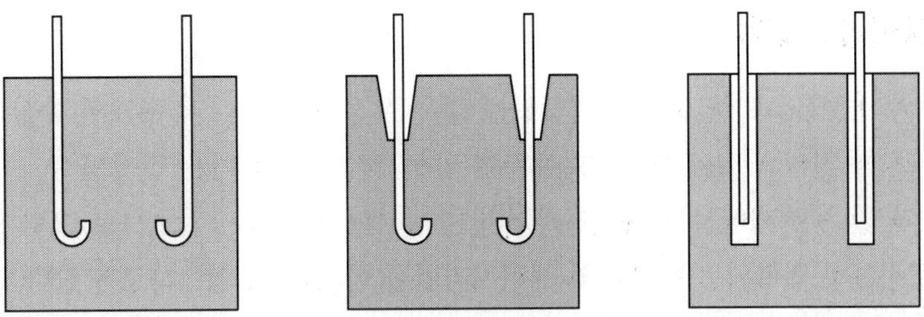
(a) 고정매입법 (b) 가동매입법 (c) 나중매입법

그림 8-16 앵커볼트 매입방법

8.4 트러스 접합 Truss Connection

8.4.1 트러스접합의 개요

1. 트러스 설계에 있어서는 접합부의 상세가 경제성을 확보하기 위한 필수적인 요소로서 작용한다.
2. 트러스의 모든 부재를 경제적(최소단면)으로 설계한다 할지라도 부재간의 접합부가 실제적으로 해결되지 않는다면 부재의 가공, 제작 및 설치 등의 부대경비가 부재의 자재값을 훨씬 상회하여 트러스 설계가 비경제적이 된다.
3. 트러스 설계에 있어서는 트러스의 각 부재(현재 및 사재)의 형태 및 크기가 접합에 적

당한지 여부를 확인하여 부재를 선택하게 된다.

4. 구조해석상 트러스의 절점은 모멘트를 받지 않는 힌지접합으로 가정하여 설계하기 때문에 모든 부재는 인장력 또는 압축력만을 전담하게 된다. 그러나 실제에 있어서는 거셋플레이트(gusset plate)의 사용 또는 편심접합 등의 원인에 의해 부재 단부의 회전이 구속되므로 2차응력이 발생하게 된다.
5. 일반적으로 이러한 2차응력은 주응력인 축력에 비해 무시될 정도로 작기 때문에 트러스 부재 설계에서는 고려하지 않는 경우가 대부분이나 편심접합이나 특별히 강하게 접합된 절점에서는 이를 고려해야 한다.
6. 각 부재의 중심축선은 가능한 한 1점에서 교차하도록 설계하지 않으면 안 된다. 중심축이 어긋나면 절점에 2차응력으로서의 휨모멘트나 전단력이 발생하기 때문이다.

8.4.2 고장력볼트 접합

1. 트러스의 절점을 고장력볼트로 접합하는 경우 절점에 모이는 각 부재의 중심선을 한 점에 만나도록 하여 편심에 의한 2차응력이 발생기지 않도록 하는 것이 좋다.
2. ㄱ형강과 같은 부재에서는 게이지라인과 중심선이 일치하지 않으므로 그림 8-17(a)와 같이 절점에서 접합되는 부재들의 게이지라인을 한 점에서 일치하도록 한다. 이때 부재의 중심선을 통과하는 축방향력과 게이지라인과의 편심에 의하여 생기는 휨모멘트의 영향은 보통 그리 크지 않으므로 무시한다.
3. 절점이 강접되어 편심에 의한 휨모멘트를 무시할 수 없는 경우에는 조합응력을 고려하여 계산한다.

8.4.3 용접접합

1. 트러스용접에서는 필릿용접이 많이 사용되고 부분적으로 플러그용접이나 슬롯용접을 사용하는 경우도 있다.
2. 용접접합에서도 부재중심선이 일치하지 않음으로써 생기는 문제점은 고장력볼트에 의한 접합과 마찬가지이나, 용접접합에서는 볼트배치에 의한 제약을 받지 않는 점이 설계상의 장점이라고 할 수 있다.
3. 트러스의 용접접합에는 덧댐판을 사용하여 접합하는 방법도 있지만 그림 8-17(b)와 같이 덧댐판을 사용하지 않고 직접 웨브재를 현재에 용접하는 방법이 있다.
4. 트러스의 현재를 두 개의 ㄱ형강이나 두 개의 ㄷ형강으로 하는 경우에는 보통 거셋플레

이트를 사용하고, 거셋플레이트 없이 용접하는 방법은 현재를 T형강으로 하는 경우에 많이 있으며, 현재의 웨브에 웨브재를 대어 필릿(모살)용접한다.

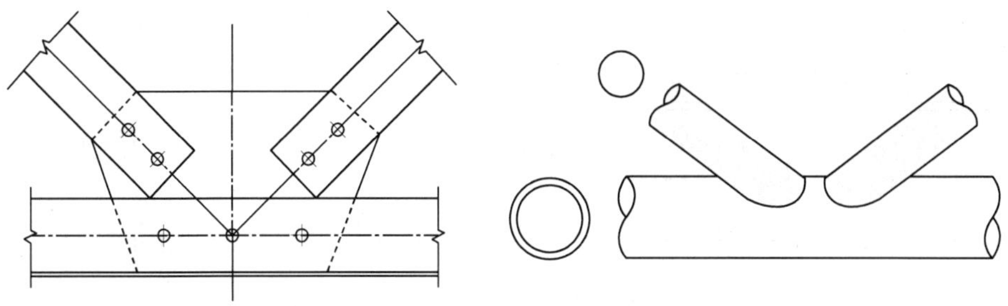

(a) 고장력볼트를 이용한 트러스접합

(b) 용접에 의한 트러스접합

그림 8-17 트러스의 접합

8.5 강재 보의 웨브 오프닝 Web Opening of Steel Beam

강재 건축구조물에서 층고절감 등을 이유로 강재 보의 웨브 오프닝(web opening)을 설치하여 각종설비 배관 등을 관통시키는 일반적인 방법이다.

1. **개구부 높이와 폭 제한** : 보 높이(H)의 60%를 오프닝의 최대값으로 권장한다(그림 8-18(a)).
2. **개구부 모서리 처리 및 보강판 사이 간격** : 개구부의 모서리 반경은 웨브 두께의 2배 또는 15mm 중 큰 값으로 한다(그림 8-18(b)).
3. **집중하중과 지지점에서 이격해야 하는 거리** : 개구부는 집중하중이 작용하는 위치에서 최소 보 춤(H)의 1/2H 이상 떨어져야 하며, 지지점에서 개구부의 가장자리는 최소 으로 부터는 1.0H 이상 떨어져야 한다(그림 8-18(c)).
4. **개구부 사이의 간격** : 사각형 개구부의 경우에는 개구부의 높이 이상이며, 원형인 경우에는 개구부 지름의 1.5배 이상을 이격시켜야 하며, 개구부의 크기가 다른 경우에는 작은 개구부의 높이나 지름을 기준으로 한다(그림 8-18(d))

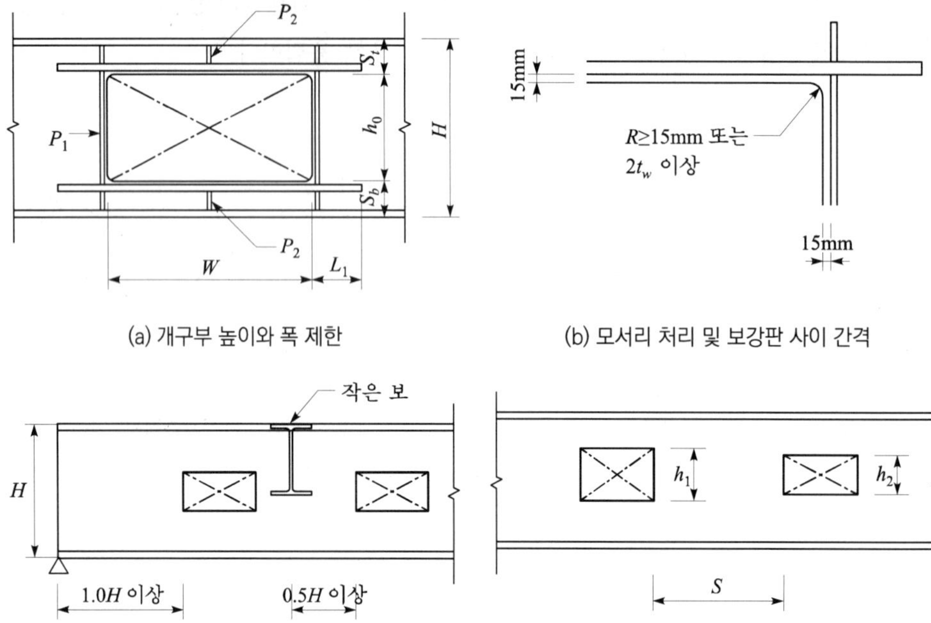

(a) 개구부 높이와 폭 제한 (b) 모서리 처리 및 보강판 사이 간격

(c) 집중하중과 지지점에서 이격 (d) 개구부 간격

NOTE ; (a) $h_0 \leqq 0.6H$ 이하, $\frac{W}{h_o} \leqq 3.0$, $\frac{W}{S_t} \leqq 12$, $L_1 = \frac{W}{4}$, S_t, $S_b \geqq 0.2H$ 이상

$P_2 =$ $1{,}000 < W < 1{,}500$: 1개 설치, $W \geqq 1{,}500$: 2개 설치

(d) $h_1 = h_2$인 경우 $S = h_1$ *or* h_2, $h_1 > h_2$인 경우 $S = h_2$

그림 8-18 강재 보의 웨브 오프닝

8.6 강구조 접합부 실습 Connection Practice for Steel Structure

8.6.1 일반사항

1. **SCALE** : 1/5(단면 및 접합부분), 1/10(전체치수)
2. **재료** : 폼보드(두께1~3mm)
3. **접합제** : 강력순간접착제(401본드), 글루건, 오공본드 등
4. **볼트**-300여개/**너트**-300여개(3~4mm)

5. **임시고정용** : 침핀, 접착 테이프
6. **팀의 구성** : 조당 3~4명으로 구성

8.6.2 제작 변수

1. **기둥과 기초의 접합**(주각부) : 핀(2개소), 고정(2개소)
2. **기둥과 기둥의 접합**(강절점 : moment connection) : 1개소
3. **보와 보의 접합**(강절점 : moment connection) : 기둥의 브라켓과 보의 접합 : 8개소
4. **기둥+보**(브라켓) : 강축, 약축
5. **큰보**(Girder)+작은보(Beam) 접합 : 힌지(shear connection) : 2개소
6. **작은보**(Beam)+횡좌굴방지용보(Beam) 접합 : 4개소
7. **데크플레이트**(deck plate) : 켄트지 이용

8.6.3 제작 방법

1. 재료를 선택한 후 H-형강에 대한 단면의 크기는 1/5축적을 사용하여 제작한다. 구조평면도 및 구조입면도 상의 스팬(span), 층고(height) 등은 1/10축척을 사용한다(여기서, 브라켓 길이(bracket length)는 1/5축척을 사용한다).
2. 접착제를 사용하여 힘을 전달할 수 있도록 견고하게 접착한다.
3. 부재의 길이 높이 등은 정확한 축척을 사용하여 제작하며 두께는 정확히 축척을 지키지 않아도 좋다(재료의 두께를 정확히 만들 수가 없으므로 1/5축적에서 1.6t는 2.0t로 하고, 2.6t는 3.0t로 한다).
4. 상세에서 용접은 접착제를 사용하고 볼트는 볼트를 사용하여 접합한다. 특히, 용접되는 부분에서 그루브용접(groove welding)과 필릿용접(fillet welding)을 정확하게 구분하기 위하여 그루브용접은 부재의 끝을 반드시 개선(groove)하여야 한다. 용접기호에 대한 표기방법은 각자가 숙지하여 착오가 없도록 한다.
5. H-형강 제작 시 플랜지(flange)와 웨브(web)가 만나는 곳(web fillet)은 추가적인 재료나 접착제를 많이 사용하여 원래의 H형강 모양으로 만들어준다
6. 기둥과 기둥이 접합되는 부분은 4개의 기둥 중에서 한 곳을 선택하여 기둥의 중간부분을 접합하는 것으로 한다.
7. 볼트구멍은 정확히 드릴을 사용하여 뚫는다.
8. 주각부의 페데스탈기둥(pedestal column)은 스치로폼을 이용하며, 기둥의 높이는

100mm 내외로 한다.

9. 주각부에 사용되는 앵커볼트(anchor bolt)는 접합부에 사용되는 볼트를 이용한다.
10. 팀원이 각자 분담하여 부재를 제작하고 수업시간에 조립하여 완성할 수 있도록 모든 접합부를 가공한다. : 각자 분담한 내용을 보고서에 명시한다.

8.6.4 단면의 크기

표 8-2 단면의 크기

부재명	실제 크기	1/5 스케일 크기
기둥(SC1)	H-300×300×10×15(SC1)	H-60×60×2.0×3.0
큰보-강축방향(SG1)	H-400×200× 8×13(SG1)	H-80×40×1.6(2)×2.6(3)
큰보-약축방향(SG2)	H-400×200× 8×13(SG2)	H-80×40×1.6(2)×2.6(3)
횡좌굴방지용 보(SB1)	H-200×100×5.5×8(SB1)	H-40×20×1.1(1)×1.6(2)
작은 보(SB2)	H-400×200× 8×13(SB2)	H-80×40×1.6(2)×2.6(3)
앵커볼트 및 고장력볼트	F10T, M20	직경3~4mm볼트, 너트

8.6.5 실습에 대한 평가 및 실험

1. **시스템 이해도** : 강재 단면에 대한 정확한 제작과 전단접합(shear connection)및 모멘트접합(moment connection)부를 정확하게 표현하였는지를 측정한다.
2. **제작품질** : 각 단면 및 접합부에 대한 제작을 얼마나 성의 있게 제작하였는지를 평가한다.
3. **수업시간의 성실도** : 가급적 제작은 정규 수업시간에 이루어지는 것을 원칙으로 하며, 팀 작업 시 수업시간에 불성실한 모습을 보이는 학생은 평가 시 반드시 불이익을 준다.
4. 만들어진 강구조물 및 접합상세에 대한 정확한 이해 및 제작된 구조물에 대한 간단한 재하 실험을 하여 구조성능을 확인한다(손으로 눌러보는 정도의 재하 실험).

8.6.6 실습을 위한 제작도면 예시

1. 강구조 접합부실습 – 구조평면도

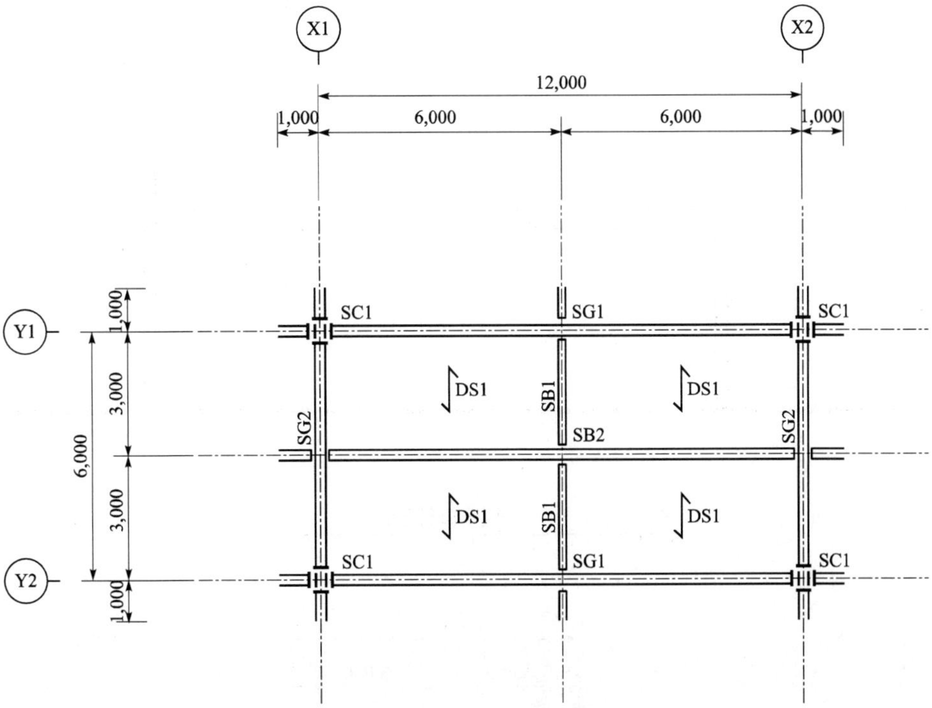

Member List

MEMBER	SIZE	REMARK
SC1	H–300×300×10×15	SM275
SB1	H–200×100×5.5×8	SM275
SB2	H–400×200×8×13	SM275
SG1	H–400×200×8×13	SM275
SG2	H–400×200×8×13	SM275

NOTE
1. 접합표기
: Moment Connection(강접합)
: Shear Connection(전단접합)
2. 데크플레이트 방향표기:

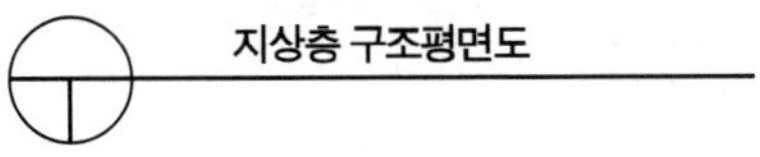

그림 8-19 강구조 구조평면도

2. 강구조 접합부실습 – 골조입면면도

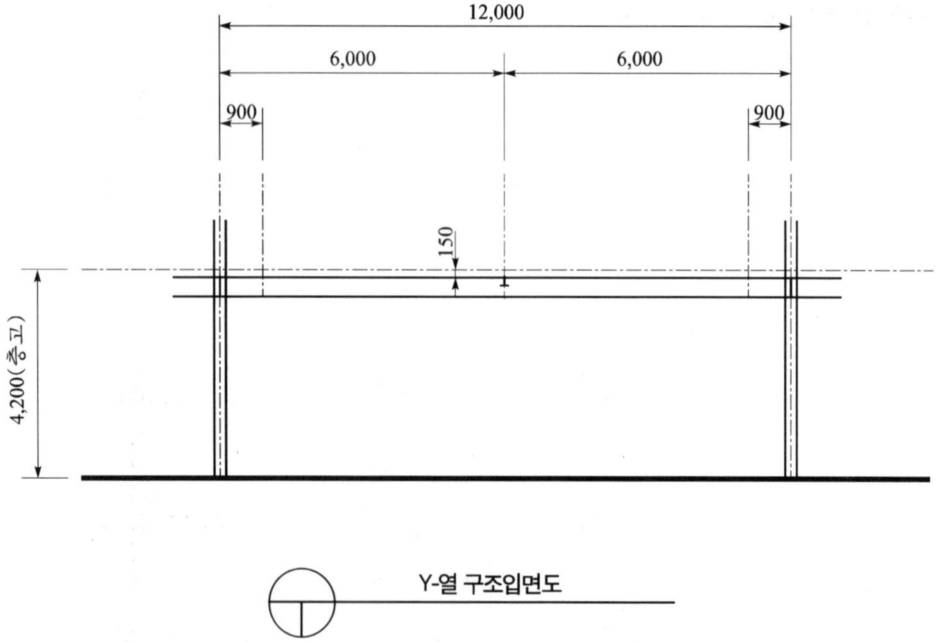

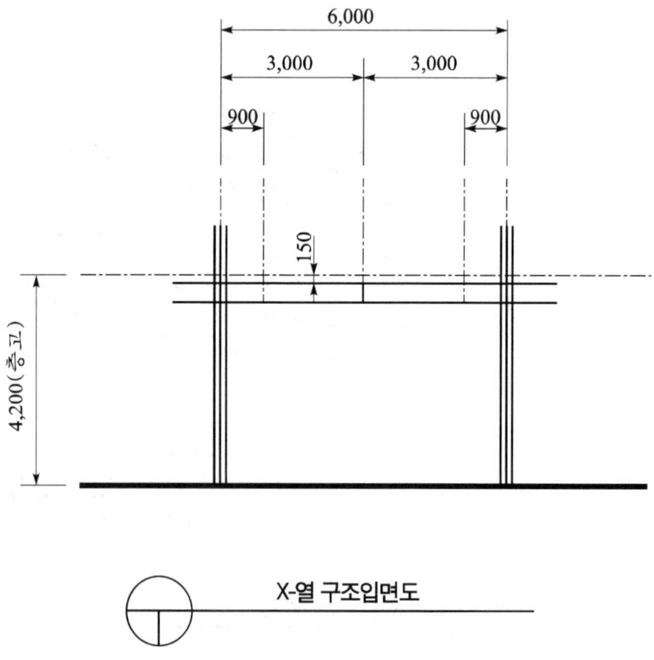

그림 8-20 강구조 골조입면도

3. 강구조 접합부실습 - 접합부 상세

(1) 강재 기둥(강축방향)과 강재 보의 접합 상세

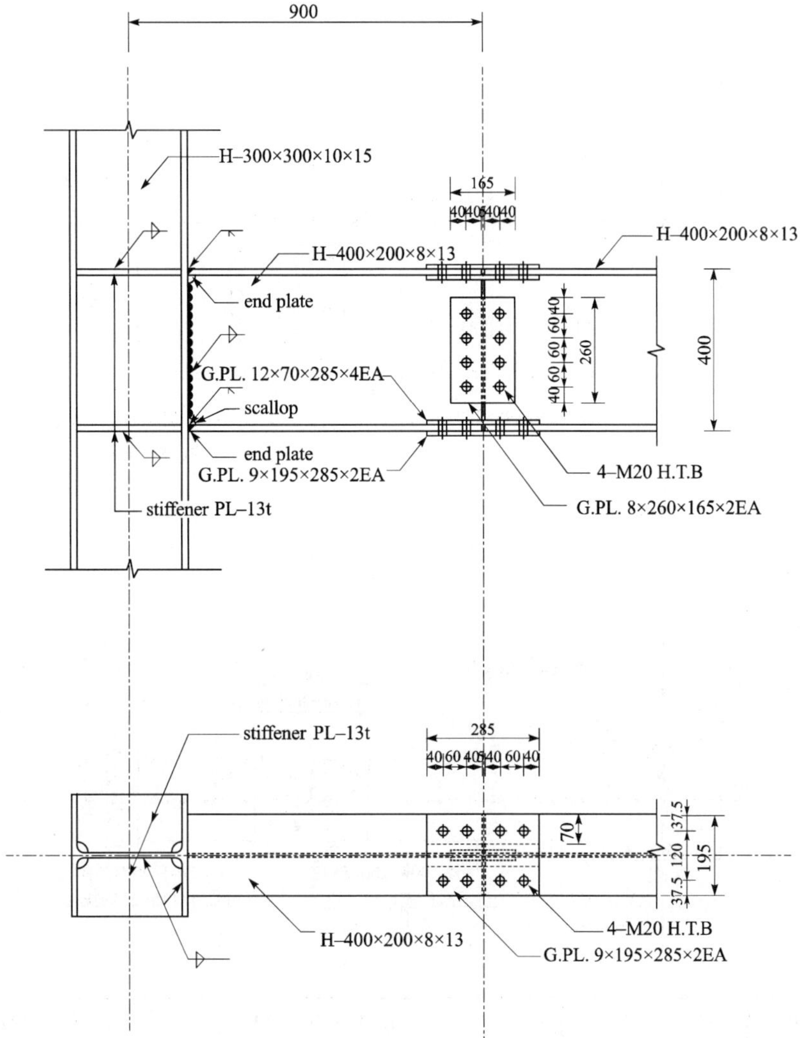

Title		H–400×200×8×13	SM275
Web PL.	G.PL. 8×260×165×2EA	O-Flg PL.	G.PL. 9×195×285×2EA
		I-Flg PL.	G.PL. 12×70×285×4EA
Web Bolt	4–M20 H.T.B	Flg Bolt	4–M20 H.T.B

그림 8-21 강재 기둥(강축방향)과 강재 보의 접합 상세

(2) 강재 기둥(약축방향)과 강재 보의 접합 상세

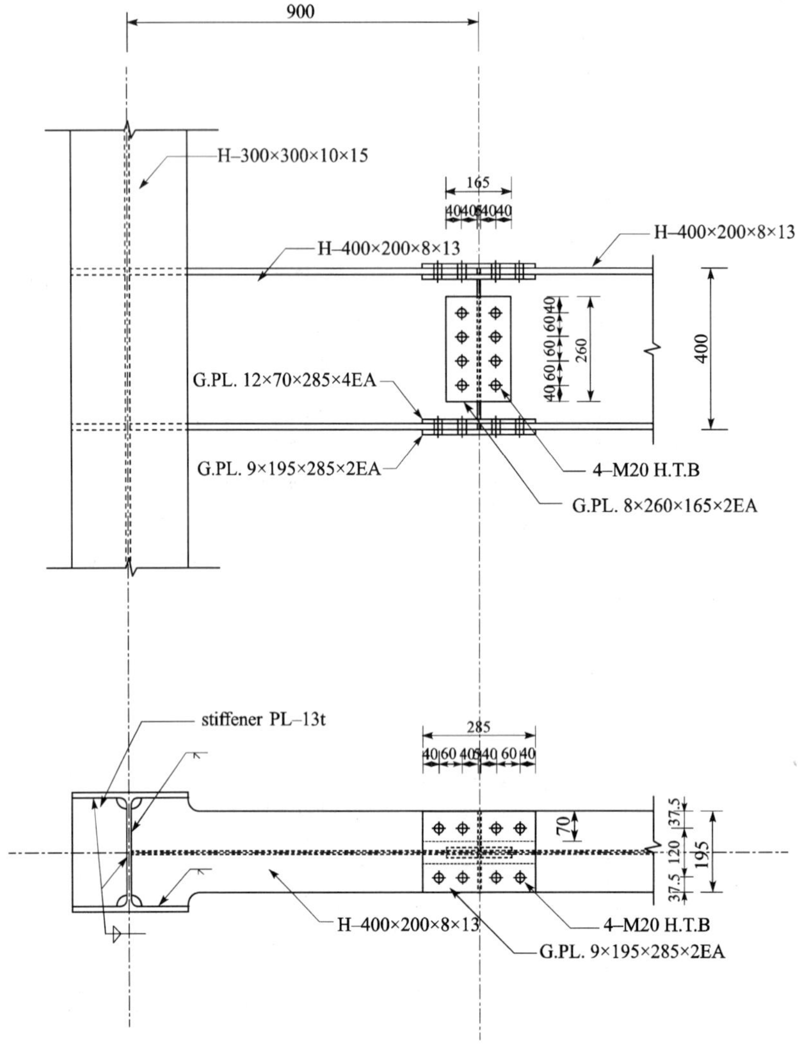

Title		H-400×200×8×13		SM275
Web PL.	G.PL. 8×260×165×2EA	O-Flg PL.	G.PL. 9×195×285×2EA	
		I-Flg PL.	G.PL. 12×70×285×4EA	
Web Bolt	4-M20 H.T.B	Flg Bolt	4-M20 H.T.B	

그림 8-22 강재 기둥(약축방향)과 강재 보의 접합 상세

(3) 큰 보+작은 보, 작은 보+작은 보의 접합 상세

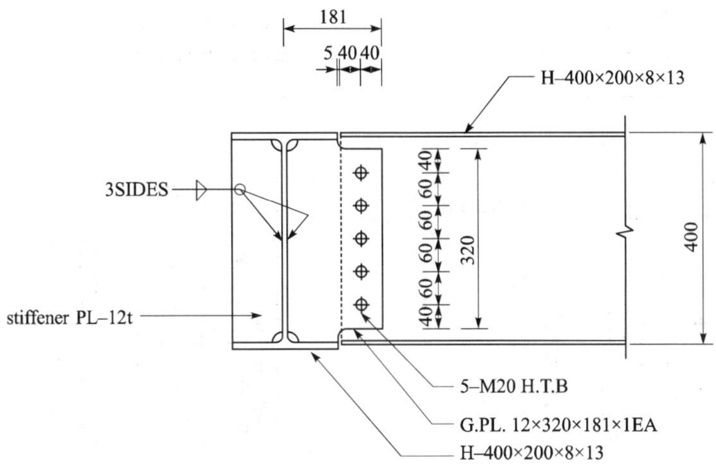

Title		H–400×200×8×13	SM275
Web PL.	G.PL. 12×320×181×1EA		
Web Bolt	5–M20 H.T.B		

(a) SB2+SG2 접합 상세

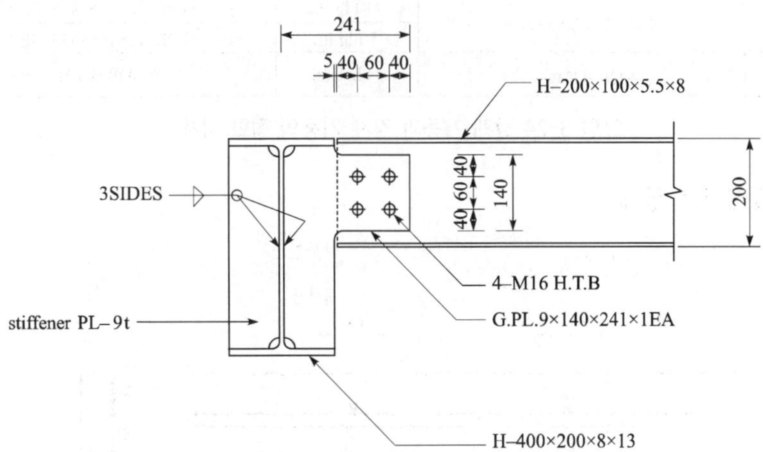

Title		H–200×100×5.5×8	SM275
Web PL.	G.PL. 9×140×241×1EA		
Web Bolt	4–M16 H.T.B		

(b) SB1+SB2 or SG1 접합 상세

그림 8-23 큰 보+작은 보, 작은 보+작은 보의 접합 상세

(4) 강재 기둥과 강재 기둥의 접합 상세

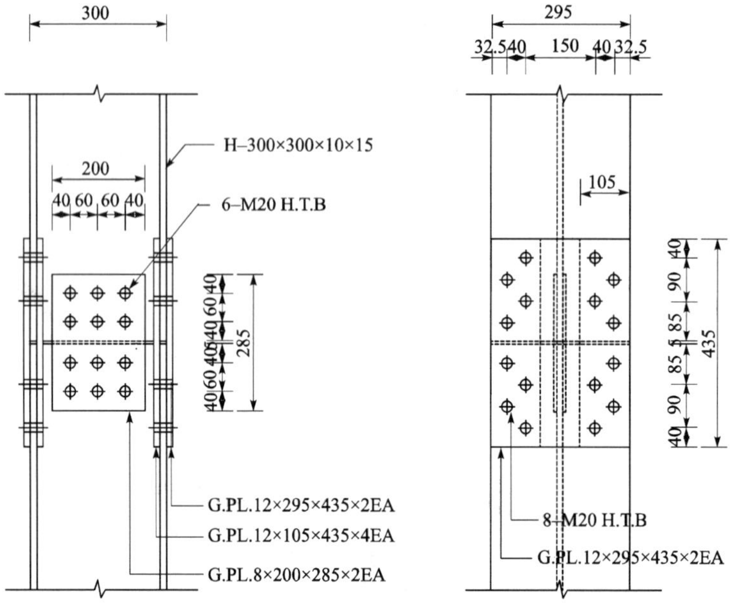

Title		H–300×300×10×15	SM275
Web PL.	G.PL. 8×200×285×2EA	O-Flg PL.	G.PL. 12×295×435×2EA
		I-Flg PL.	G.PL. 12×105×435×4EA
Web Bolt	6–M20 H.T.B	Flg Bolt	8–M20 H.T.B

그림 8-24 강재 기둥과 강재 기둥의 접합 상세

(5) 데크플레이트 상세

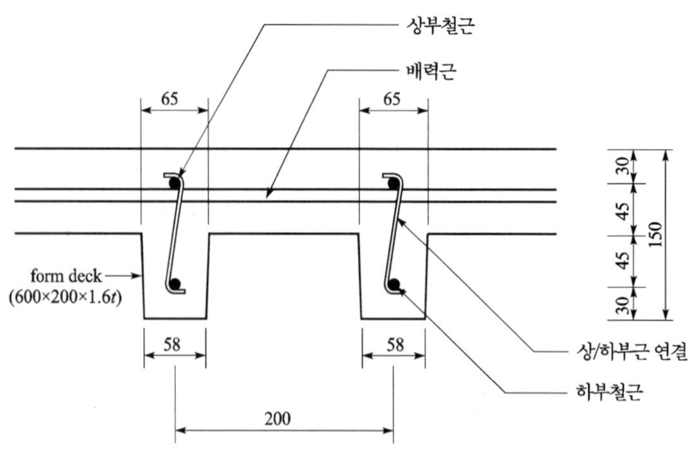

그림 8-25 데크플레이트 상세

(6) 강재 기둥에 대한 베이스플레이트의 접합 상세

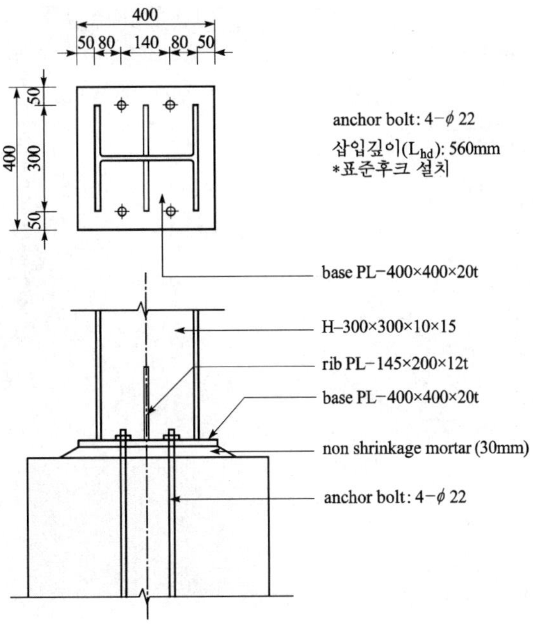

(a) 회전지점(hinge)

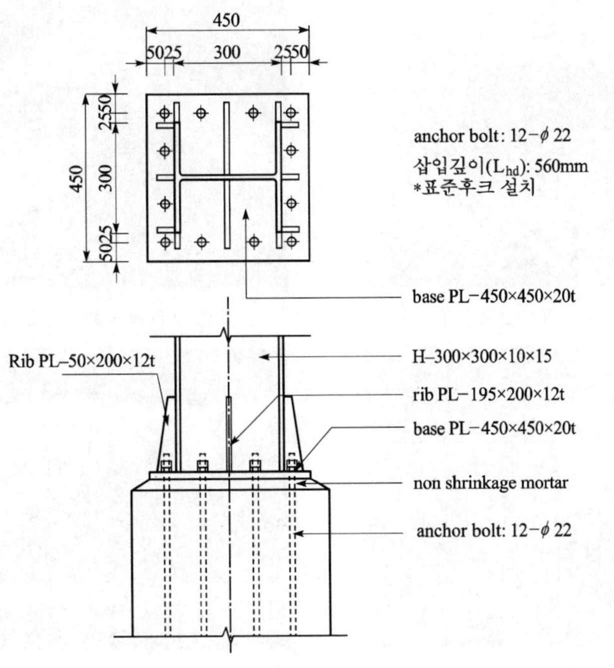

(b) 고정지점(fixed)

그림 8-26 강재 기둥에 대한 베이스플레이트의 접합 상세

4. 강구조 접합부 제작-1

(a) 완성된 모형 형태

(b) 기둥의 강축과 큰보의 접합

(c) 기둥의 약축과 큰보의 접합

(d) 기둥과 보의 접합-Bracket Type

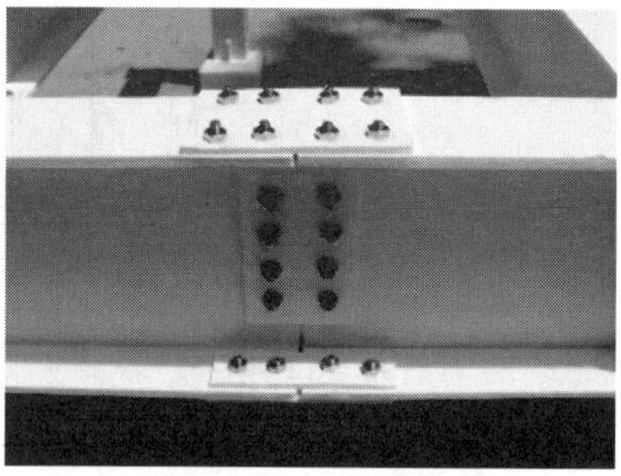

(e) 큰보와 큰보의 접합-강접합

그림 8-27 강구조 접합부 제작-1

4. 강구조 접합부 제작-2

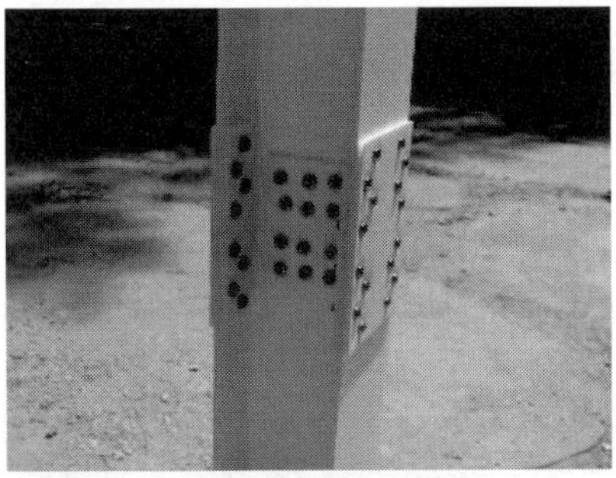

(f) 기둥과 기둥의 접합

(g) 작은보와 큰보의 접합-전단접합

(h) 작은보와 작은보의 접합-전단접합

(i) 스티프너 설치 및 필릿용접

(j) 주각부 설치

(k) 기둥과 보의 접합-그루브용접

(l) 데크플레이트 설치-1

(m) 데크플레이트 설치-2

그림 8-27 강구조 접합부 제작-2

8.7 기타 부재설계 용어정리 Glossary of Terms

용어	용어 설명	비고
부재효과 (member effect)	개별 부재 (기둥, 보, 슬래브 등)가 외부 하중을 받았을 때 나타나는 국부적인 변형이나 응력 상태를 의미(축력, 전단력, 휨, 비틀림)하며, 개별 부재의 특성에 의해 결정되고 횡변위가 없음	
골조효과 (frame effect)	여러 개의 부재가 연결되어 하나의 골조를 이룰 때, 개별 부재의 효과뿐만 아니라 전체 골조의 거동이 복합적으로 나타나는 현상(좌굴, 변형, 진동)을 의미하고, 부재들이 상호 작용하면서 나타나는 현상이므로 두 효과는 서로 밀접하게 관련되며 횡변위가 있음	
모멘트증폭 (Moment magnification)	구조물이 횡력을 받으면 기둥과 보는 휨모멘트를 받게 되며 이때, 부재의 강성이나 연결 부위의 강도 등 다양한 요인에 따라 휨모멘트가 실제 설계값보다 더 커질 수 있는데, 이러한 현상이 모멘트 증폭이라고 하며, 모멘트 증폭계수는 이러한 증폭되는 정도를 나타내는 수치로 값이 클수록 휨 모멘트가 더 크게 증폭된다는 의미	
페데스탈기둥 (pedestal column)	기둥의 하부를 지지하고 안정성을 높이기 위해 설치되는 구조체로 기둥의 받침대 역할을 하며, 주로 하중이 큰 기둥이나 특별한 기능을 수행하는 기둥	

8.8 기타 부재설계 요약 Summary of Other Member Design

1. 조합력을 받는 부재

부재효과(member effect, $P-\delta$ effect)와 골조효과(frame effect, $P-\Delta$ effect)를 고려한 증폭계수를 곱하여 2차 효과 반영

2. 합성부재

(1) **합성슬래브** : 콘크리트 슬래브와 데크플레이트가 일체로 거동하도록 형성된 슬래브로 일체성을 확보하기 위하여 전단연결재 사용

(2) **전단연결재**

1) 스터드앵커의 구조제한

① 앵커의 직경 : $d_s \leq 2.5t_f$

② 앵커의 높이 : $H_s \geq 4d_s$

③ 앵커의 간격 : 길이방향($\geq 6d_s$), 직각방향($\geq 4d_s$)

2) 데크플레이트에 스터드앵커가 사용된 경우의 구조제한

① 데크플레이트의 리브 춤 및 폭 : $h_r \leq 75mm$, $w_r \geq 50mm$

② 앵커의 직경 : $d_s \leq 19mm$

③ 앵커는 데크플레이트 상단 위 38mm 이상 돌출, 앵커피복 13mm 이상

④ 데크플레이트 상단 콘크리트두께 50mm 이상, 450mm 이하 간격 지지

(3) **합성보** : 노출형과 매입형

1) 합성보의 유효폭

① T형보 : $b_e = \dfrac{span}{4}$, $b_e =$ 분담폭

② 반 T형보 : $b_e = \dfrac{span}{8}$, $b_e =$ 분담폭

2) 합성보의 처짐

① 활하중에 의한 처짐 : $\delta_L = \dfrac{5W_L l^4}{384EI_e} \leq \dfrac{l}{360}$

② 고정하중과 활하중에 의한 처짐 : $\delta_L = \dfrac{5W_{D1}l^4}{384EI_s} + \dfrac{5(W_{D2}+W_L)}{384EI_e} \leq \dfrac{l}{240}$

(4) **합성기둥의 종류** : 완전매입형 합성기둥(Fully Encased Composite Columns), 콘크리트충전형 강관기둥(Concrete Filled Steel Tube, CFT), 부분매입형 합성기둥(Partially Encased Composite Columns)

3. 주각부 설계

(1) **정착방식에 의한 종류**

1) 핀 주각부(Pinned Column Base, Hinged Column Base)

2) 고정 주각부(Fixed Column Base) : 노출형 주각(Exposed Column Base), 매입형 주각(Embedded Column Base), 보강형 주각(Reinforced Column Base)

(2) **앵커볼트의 매입방식** : 고정매입법(Embedded Anchor Bolt), 가동매입법(Flexible Anchor Bolt), 나중매입법(Post-installed Anchor Bolt)

4. 트러스 접합 : 고장력볼트 접합, 용접 접합

5. 강재 보의 웨브 오프닝

(1) **개구부 높이와 폭 제한** : $h_0 \leq 0.6H$, $\frac{W}{h_o} \leq 3.0$

(2) **개구부 모서리 처리 및 보강판 사이 간격** : $R \geq 15mm$ or $\geq 2t_w$

(3) **개구부 사이의 간격** : $h_1 = h_2$인 경우 $S = h_1$ or h_2, $h_1 > h_2$인 경우 $S = h_2$

01. 쉬어 코넥터(Shear Connector)의 사용처로 적합하지 않는 것은?

① 합성보 ② 합성기둥
③ 데크 플레이트 ④ 플레이트 거더

▶ ④

02. 합성보의 설계에 관한 설명 중 가장 부적당한 것은?

① 슬래브와 강재보를 쉬어 코넥터(Shear Connector)로 연결한다.
② 단면2차모멘트는 합성단면에 대하여 구한다.
③ 압축측 콘크리트단면은 탄성계수비로 나눈 환산단면으로 한다.
④ 전단력은 바닥슬래브가 모두 부담한다.

▶ ④

03. 합성부재에서 전단연결재(shear connector)로 사용되는 스터드앵커(stud anchor)의 구조제한으로 옳지 않은 것은?

① 스터드앵커의 직경은 플랜지두께의 2.5배 이하로 한다.
② 스터드앵커의 높이는 직경의 3배 이상으로 한다.
③ 스터드앵커의 측면피복은 25mm 이상이 되어야 한다.
④ 스터드앵커의 중심간 간격은 합성보의 길이방향으로는 스터드직경의 6배 이상이 되어야 하며, 직각방향으로는 직경의 4배 이상이 되어야 한다.

▶ $H_s \geq 4d_s$ ②

04. 데크플레이트에 스터드앵커(stud anchor)가 사용된 경우의 구조제한으로 옳지 않은 것은?

① 데크플레이트의 공칭골깊이인 리브의 춤은 65mm 이하이어야 한다.
② 골 또는 헌치의 콘크리트 평균폭은 50mm 이상이어야 하며, 데크플레이트 상단에서의 최소 순폭 이하로 한다.
③ 콘크리트슬래브와 강재보를 연결하는 스터드앵커의 직경은 19mm 이하이어야 한다.
④ 데크플레이트 상단 위의 콘크리트두께는 50mm 이상이어야 한다.

▶ 리브의 춤은 75mm 이하 ①

05. 데크플레이트를 사용한 합성보의 설계에 대한 설명으로 가장 부적합한 것은?

① 데크플레이트의 공칭골 깊이는 75mm 이하로 하여야 한다.

② 콘크리트 슬래브와 강재보를 연결하는 스터드는 직경이 22mm 이하로 하여야 한다.

③ 데크플레이트 상단 위의 콘크리트 두께는 50mm 이상으로 하여야 한다.

④ 데크플레이트는 지지부재에 450mm 이하의 간격으로 고정되어야 한다.

▶ 스터드 직경 : $d_s \leq 19mm$ ②

06. 강재보의 양쪽에 연속 슬래브가 있는 T형 합성보의 슬래브 유효폭(b_e)으로 적당한 값은? 단, 합성보의 스팬(L)은 12m이고, 인접보와의 간격은 좌우측이 동일하게 3.6m이다.

① $b_e = 1,500mm$ ② $b_e = 2,000mm$

③ $b_e = 3,000mm$ ④ $b_e = 3,600mm$

▶ $b_{e1} = \frac{span}{4} = \frac{L}{4} = \frac{12000}{4} = 3,000mm$, $b_{e2} = \frac{S_1}{2} + \frac{S_2}{2} = \frac{3600}{2} + \frac{3600}{2} = 3,600mm$

$b_e = \min.(b_{e1},\ b_{e2}) = \min.(3000,\ 3600) = 3,000mm$ ③

07. 강재보의 한쪽에만 연속 슬래브가 있는 반 T형 합성보의 슬래브 유효폭(b_e)으로 적당한 값은? 단, 합성보의 스팬(L)은 12m이고, 인접보와의 간격은 3.6m이다.

① $b_e = 1,500mm$ ② $b_e = 1,800mm$

③ $b_e = 2,000mm$ ④ $b_e = 2,400mm$

▶ $b_{e1} = \frac{span}{8} = \frac{L}{8} = \frac{12000}{8} = 1,500mm$, $b_{e2} = \frac{S}{2} = \frac{3600}{2} = 1,800mm$

$b_e = \min.(b_{e1},\ b_{e2}) = \min.(1500,\ 1800) = 1,500mm$ ①

08. 합성구조에서 매입형 합성기둥과 충전형 합성기둥에 대한 설명으로 가장 부적합한 것은?

① 매입형 합성기둥의 경우 강재단면에 국부좌굴이 발생하기 쉽다.

② 충전형 합성기둥은 거푸집이나 철근배근이 필요없다.

③ 충전형 합성기둥은 강관이 폐단면이므로 보-기둥 접합부에서 강도 및 강성의 확보에 어려움이 있다.

④ 매입형 합성기둥은 강재기둥이 콘크리트 내에 매입되므로 화재 시 강재를 보호한다.

▶ 매입형 합성기둥은 국부좌굴이 없는 것으로 가정 ①

09. H-형강을 콘크리트 기둥 속에 완전히 매입하여 제작하는 완전매입형 합성기둥(fully encased composite column)에 대한 구조제한으로 옳지 않은 것은?

① 강재코어의 단면적은 총단면적의 1% 이상으로 한다.

② 방향철근(띠철근)의 중심간 간격은 D10인 경우는 300mm 이하, D13 이상인 경우는 400mm 이하로 한다.

③ 강재코어와 길이방향철근(주근)의 최소순간격은 철근직경의 1.5배 이상 또는 40mm 중 큰 값으로 하여야 한다.

④ 강재 기둥 플랜지에 대한 콘크리트의 순피복두께는 플랜지 폭의 1/4 이상으로 한다.

▶ 순 피복두께 : 플랜지 폭의 1/6 이상 ④

10. H-형강을 콘크리트 기둥 속에 완전히 매입하여 제작하는 완전매입형 합성기둥(fully encased composite column)에서 연속길이방향 철근의 단면적을 A_{sr}, 합성부재의 총 단면적을 A_g 라 할 때, 연속된 길이방향 철근의 최소철근비 ρ_{sr} 은 얼마인가?

① $\rho_{sr} = \dfrac{A_{sr}}{A_g} = 0.002$　② $\rho_{sr} = \dfrac{A_{sr}}{A_g} = 0.003$

③ $\rho_{sr} = \dfrac{A_{sr}}{A_g} = 0.004$　④ $\rho_{sr} = \dfrac{A_{sr}}{A_g} = 0.005$

▶ ③

11. 주각부 설계에서 고정주각부(fixed column base)의 종류로 적절하지 않은 것은?

① 노출형주각(exposed column base)　② 핀주각(pinned column base)

③ 매입형주각(embedded column base)　④ 보강형주각(reinforced column base)

▶ 핀주각은 힌지 ②

12. 주각부 설계에서 앵커볼트의 매입방식으로 적당하지 않은 방법은 어느 것인가?

① 고정매입법(embedded anchor bolt)　② 가동매입법(flexible anchor bolt)

③ 나중매입법(post-installed anchor bolt)　④ 보강매입법(reinforced anchor bolt)

▶ ④

13. 철근콘크리트 기둥으로 하부를 보강하여 고정지점으로 설계할 수 있는 보강형 주각 (reinforced column base)에 대한 일반적인 설명으로 옳지 않은 것은?

① 철근콘크리트로 감쌓기 높이는 강재 기둥부재 높이(춤)의 3배 이상
② 상부 띠철근으로는 3-D10 이상
③ 띠철근의 직경 D13 이상
④ 띠철근의 간격은 100mm 이하

▶ 띠철근의 직경은 D10 이상 ③

14. 강구조에서 기초콘크리트에 매입되어 주각부의 이동을 방지하는 역할을 하는 것은?

① 앵커볼트 ② 턴버클
③ 클립앵글 ④ 사이드앵글

▶ - 턴버클(turn buckle) : 구조물의 변형을 제어하는 가새(bracing)
- 클립앵글(clip angle) : 부재를 접합할 때 사용되는 앵글
- 사이드앵글(side angle) : 부재의 측면에 설치되는 보강용 앵글 ①

15. 강구조 기둥의 주각부에 관한 설명으로 옳지 않은 것은?

① 기둥의 응력이 크면 윙플레이트, 접합앵글, 리브 등으로 보강하여 응력의 분산을 도모한다.
② 앵커볼트는 기초콘크리트에 매입되어 주각부의 이동을 방지하는 역할을 한다.
③ 주각은 조건에 관계없이 고정으로만 가정하여 응력을 산정한다.
④ 축방향력이나 휨모멘트는 베이스플레이트 저면의 압축력이나 앵커볼트의 인장력에 의해 전달된다.

▶ 일반적으로는 회전지점으로 설계 ③

16. 다음 중 강구조의 바닥시스템으로 가장 적합한 것은?

① 플랫 슬래브 ② 와플 슬래브
③ 플랫 플레이트 ④ 합성 슬래브

▶ ①, ②, ③은 철근콘크리트 슬래브 ④

17. 합성보 설계시 시어커넥터의 구조제한에 대한 설명으로 옳지 않은 것은?

① 강재보의 웨브 선상에 설치되는 시어커넥터를 제외하고 스터드커넥터의 지름은 플랜지 두께의 3배 이하로 한다.

② 스터드커넥터의 종방향 피치는 스터드커넥터 지름의 6배 이상으로 횡방향 게이지는 스터드커넥터 지름의 4배 이상으로 한다.

③ 스터드커넥터의 피치는 슬래브 전체 두께의 8배 이하로 한다.

④ 시어커넥터는 용접 후의 높이가 단면 지름의 4배 이상이며, 머리가 스터드나 압연 ㄷ형강으로 하여야 한다.

▶ 플랜지두께의 2.5배 이하 ①

18. 철근콘크리트 슬래브와 강재보가 일체로 되는 합성구조에 관한 설명 중 옳지 않은 것은?

① 시어커넥터가 필요 ② 바닥판의 강성을 증가시키는 효과

③ 자재를 절감하므로 경제적 ④ 경간이 작은 경우에 주로 적용

▶ 비교적 경간(span)이 큰 경우에 사용 ④

19. 다음 중 강구조에서 전단 연결재(shear connector)가 사용되는 부분은?

① 기둥과 보의 접합부 ② 기둥의 이음부

③ 합성보와 슬래브 사이 ④ 판보의 플랜지와 웨브의 접합

▶ 강재보와 RC슬래브 일체화 ③

20. 철골철근콘크리트구조(SRC구조)에 관한 사항중 관계 없는 것은?

① SRC구조는 내진성이 뛰어나고, 일반 강구조에 비해 내화적이다.

② 강재 골조의 주위에 철근을 배근하고 그위에 거푸집을 짜서 콘크리트를 타설한 구조이다.

③ 프리텐션 방식과 포스트텐션 방식이 있다.

④ SRC구조는 지진이 많은 일본에서 많이 사용된다.

▶ 프리스트레스공법 ③

21. 다음 중 강재트러스의 특성에 대한 설명으로 옳지 않은 것은?

① 직선 부재들이 삼각형의 형태로 구성되어 안정적인 거동을 한다.
② 트러스의 개방된 웨브공간으로 전기배선이나 덕트등과 같은 설비배관의 통과가 가능하다.
③ 부정정차수가 낮은 트러스의 경우에는 일부 부재나 접합부의 파괴가 트러스의 붕괴를 야기할 수 있다.
④ 직선 부재로만 구성되기 때문에 비정형 건축물의 구조체에는 도입이 어렵다.

▶ ④

22. 강구조의 가새에 관한 기술 중 옳지 않은 것은?

① 트러스의 절점 또는 기둥의 절점을 각각 대각선 방향으로 연결하여 구조체의 변형을 방지하는 부재이다.
② 풍하중, 지진력 등의 수평하중에 저항하고 인장응력만 발생한다.
③ 보통 단일형강재 또는 조립재를 쓰지만 응력이 작은 지붕가새에는 봉강을 사용한다.
④ 수평가새는 지붕트러스의 하현재면(평보면) 및 지붕면(경사면)에 설치한다.

▶ ②

부록

부재 일람표 및 각종 제원

STEEL STRUCTURE DESIGN

부록 1. 부재 일람표

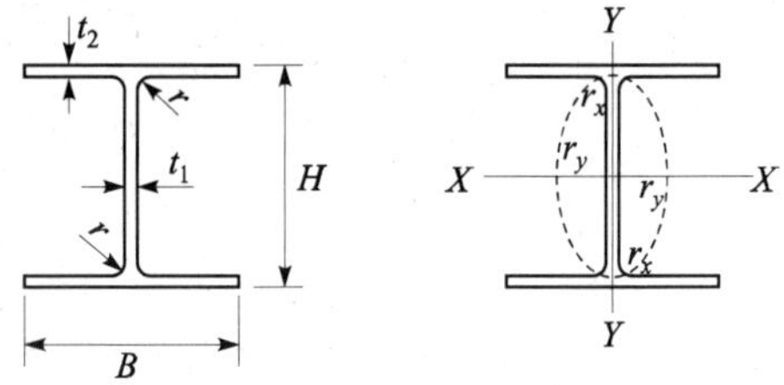

[부표1-1] H-형강 표준치수와 단면성능-1

치수(mm)					단면적 (mm^2)	단위중량 (1kg=9.8N)		단면2차모멘트 (mm^4)		단면2차반경 (mm)	
공칭치수	H x B	t_1	t_2	r		(N/mm)	(kg/m)	I_x	I_y	r_x	r_y
100 x 50	100 x 50	5	7	8	1.185×10^{3}	0.0912	9.31	1.870×10^{6}	1.480×10^{5}	39.8	11.2
100 x 100	100 x 100	6	8	10	2.190×10^{3}	0.1686	17.20	3.830×10^{6}	1.340×10^{6}	41.8	24.7
125 x 60	125 x 60	6	8	9	1.684×10^{3}	0.1296	13.23	4.130×10^{6}	2.920×10^{5}	49.5	13.2
125 x 125	125 x 125	6.5	9	10	3.031×10^{3}	0.2333	23.81	8.470×10^{6}	2.930×10^{6}	52.9	31.1
150 x 75	150 x 75	5	7	8	1.785×10^{3}	0.1374	14.02	6.660×10^{6}	4.950×10^{5}	61.1	16.6
150 x 100	148 x 100	6	9	11	2.684×10^{3}	0.2066	21.08	1.020×10^{7}	1.510×10^{6}	61.7	23.7
150 x 150	150 x 150	7	10	11	4.014×10^{3}	0.3090	31.53	1.640×10^{7}	5.630×10^{6}	63.9	37.5
175 x 100	175 x 90	5	8	9	2.304×10^{3}	0.1774	18.10	1.210×10^{7}	9.750×10^{5}	72.6	20.6
175 x 175	175 x 175	7.5	11	12	5.121×10^{3}	0.3942	40.23	2.880×10^{7}	9.840×10^{6}	75	43.8
200 x 100	198 x 99	4.5	7	11	2.318×10^{3}	0.1784	18.21	1.580×10^{7}	1.140×10^{6}	82.6	22.1
	200 x 100	5.5	8	11	2.716×10^{3}	0.2091	21.33	1.840×10^{7}	1.340×10^{6}	82.4	22.2
200 x 150	194 x 150	6	9	13	3.901×10^{3}	0.3003	30.64	2.690×10^{7}	5.070×10^{6}	83	36.1
200 x 200	200 x 200	8	12	13	6.353×10^{3}	0.4891	49.90	4.720×10^{7}	1.600×10^{7}	86.2	50.2
	200 x 204	12	12	13	7.153×10^{3}	0.5506	56.19	4.980×10^{7}	1.700×10^{7}	83.5	48.8
	208 x 202	10	16	13	8.369×10^{3}	0.6443	65.74	6.530×10^{7}	2.200×10^{7}	88.3	51.3
250 x 125	248 x 124	5	8	12	3.268×10^{3}	0.2516	25.67	3.540×10^{7}	2.550×10^{6}	104	27.9
	250 x 125	6	9	12	3.766×10^{3}	0.2899	29.58	4.050×10^{7}	2.940×10^{6}	104	27.9
250 x 175	244 x 175	7	11	16	5.624×10^{3}	0.4329	44.18	6.120×10^{7}	9.840×10^{6}	104	41.8
250 x 250	244 x 252	11	11	16	8.206×10^{3}	0.6317	64.46	8.790×10^{7}	2.940×10^{7}	103	59.8
	248 x 249	8	13	16	8.470×10^{3}	0.6520	66.53	9.930×10^{7}	3.350×10^{7}	108	62.9
	250 x 250	9	14	16	9.218×10^{3}	0.7096	72.41	1.080×10^{8}	3.650×10^{7}	108	62.9
	250 x 255	14	14	16	1.047×10^{4}	0.8060	82.24	1.150×10^{8}	3.880×10^{7}	105	60.9
300 x 150	298 x 149	5.5	8	13	4.080×10^{3}	0.3141	32.05	6.320×10^{7}	4.420×10^{6}	124	32.9
	300 x 150	6.5	9	13	4.678×10^{3}	0.3601	36.75	7.210×10^{7}	5.080×10^{6}	124	32.9
300 x 200	294 x 200	8	12	18	7.238×10^{3}	0.5572	56.86	1.130×10^{8}	1.600×10^{7}	125	47.1
	298 x 201	9	14	18	8.336×10^{3}	0.6417	65.48	1.330×10^{8}	1.900×10^{7}	126	47.7
300 x 300	294 x 302	12	12	18	1.077×10^{4}	0.8291	84.60	1.690×10^{8}	5.520×10^{7}	125	71.6
	298 x 299	9	14	18	1.108×10^{4}	0.8529	87.03	1.880×10^{8}	6.240×10^{7}	130	75
	300 x 300	10	15	18	1.198×10^{4}	0.9222	94.10	2.040×10^{8}	6.750×10^{7}	131	75.1
	300 x 305	15	15	18	1.348×10^{4}	1.0377	105.89	2.150×10^{8}	7.100×10^{7}	126	72.6
	304 x 301	11	17	18	1.348×10^{4}	1.0377	105.89	2.340×10^{8}	7.730×10^{7}	132	75.7
	310 x 305	15	20	18	1.653×10^{4}	1.2725	129.84	2.860×10^{8}	9.470×10^{7}	132	76
	310 x 310	20	20	18	1.808×10^{4}	1.3918	142.02	2.990×10^{8}	1.000×10^{8}	129	74.4
350 x 175	346 x 174	6	9	14	5.268×10^{3}	0.4055	41.38	1.110×10^{8}	7.920×10^{6}	145	38.8
	350 x 175	7	11	14	6.314×10^{3}	0.4861	49.60	1.360×10^{8}	9.840×10^{6}	147	39.5
	354 x 176	8	13	14	7.368×10^{3}	0.5672	57.88	1.610×10^{8}	1.180x10	148	40.1

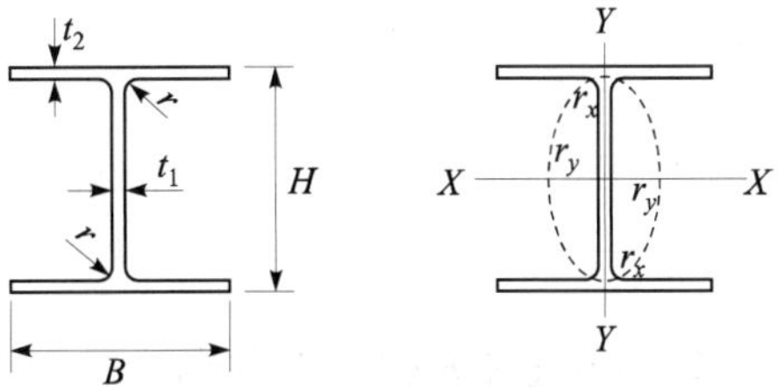

[부표1-1] H-형강 표준치수와 단면성능-1

단면계수 (mm^3)		소성단면계수 (mm^3)		뒴 상수 C_w (mm^6)	비틀림 상수 J (mm^4)	치수(mm)	
S_x	S_y	Z_x	Z_y			H x B	공칭치수
3.750×10^{4}	5.910×10^{3}	4.410×10^{4}	9.520×10^{3}	3.200×10^{8}	1.500×10^{4}	100 x 50	100 x 50
7.650×10^{4}	2.670×10^{4}	8.760×10^{4}	4.120×10^{4}	2.840×10^{9}	4.020×10^{4}	100 x 100	100 x 100
6.610×10^{4}	9.730×10^{3}	7.760×10^{4}	1.570×10^{4}	9.990×10^{8}	2.830×10^{4}	125 x 60	125 x 60L
1.360×10^{5}	4.700×10^{4}	1.540×10^{5}	7.190×10^{4}	9.860×10^{9}	7.050×10^{4}	125 x 125	125 x 125
8.880×10^{4}	1.320×10^{4}	1.020×10^{5}	2.080×10^{4}	2.530×10^{9}	2.280×10^{4}	150 x 75	150 x 75
1.380×10^{5}	3.010×10^{4}	1.570×10^{5}	4.670×10^{4}	7.300×10^{9}	5.800×10^{4}	148 x 100	150 x 100
2.190×10^{5}	7.510×10^{4}	2.460×10^{5}	1.150×10^{5}	2.760×10^{10}	1.150×10^{5}	150 x 150	150 x 150
1.390×10^{5}	2.170×10^{4}	1.570×10^{5}	3.370×10^{4}	6.800×10^{9}	3.730×10^{4}	175 x 90	175 x 100
3.300×10^{5}	1.120×10^{5}	3.690×10^{5}	1.710×10^{5}	6.620×10^{10}	1.770×10^{5}	175 x 175	175 x 175
1.600×10^{5}	2.300×10^{4}	1.800×10^{5}	3.570×10^{4}	1.040×10^{10}	2.820×10^{4}	198 x 99	200 x 100
1.840×10^{5}	2.680×10^{4}	2.100×10^{5}	4.190×10^{4}	1.230×10^{10}	4.430×10^{4}	200 x 100	
2.770×10^{5}	6.760×10^{4}	3.090×10^{5}	1.040×10^{5}	4.340×10^{10}	8.560×10^{4}	194 x 150	200 x 150
4.720×10^{5}	1.600×10^{5}	5.260×10^{5}	2.440×10^{5}	1.410×10^{11}	2.600×10^{5}	200 x 200	200 x 200
4.980×10^{5}	1.670×10^{5}	5.660×10^{5}	2.570×10^{5}	1.500×10^{11}	3.360×10^{5}	200 x 204	
6.280×10^{5}	2.180×10^{5}	6.980×10^{5}	3.308×10^{5}	2.026×10^{11}	6.156×10^{7}	208 x 202	
2.850×10^{5}	4.110×10^{4}	3.190×10^{5}	6.360×10^{4}	3.670×10^{10}	5.200×10^{4}	248 x 124	250 x 125
3.240×10^{5}	4.700×10^{4}	3.660×10^{5}	7.310×10^{4}	4.270×10^{10}	7.750×10^{4}	250 x 125	
5.020×10^{5}	1.130×10^{5}	5.580×10^{5}	1.730×10^{5}	1.340×10^{11}	1.810×10^{5}	244 x 175	250 x 175
7.200×10^{5}	2.330×10^{5}	7.814×10^{5}	3.560×10^{7}	3.982×10^{11}	3.270×10^{7}	244 x 252	250 x 250
8.010×10^{5}	2.690×10^{5}	8.593×10^{5}	4.066×10^{7}	4.618×10^{11}	4.048×10^{7}	248 x 249	
8.670×10^{5}	2.920×10^{5}	9.610×10^{5}	4.440×10^{5}	5.080×10^{11}	5.110×10^{5}	250 x 250	
9.190×10^{5}	3.040×10^{5}	1.040×10^{6}	4.680×10^{5}	5.400×10^{11}	6.700×10^{5}	250 x 255	
4.240×10^{5}	5.930×10^{4}	4.750×10^{5}	9.180×10^{4}	9.290×10^{10}	6.650×10^{4}	298 x 149	300 x 150
4.810×10^{5}	6.770×10^{4}	5.420×10^{5}	1.050×10^{5}	1.080×10^{11}	9.870×10^{4}	300 x 150	
7.710×10^{5}	1.600×10^{5}	8.590×10^{5}	2.470×10^{5}	3.180×10^{11}	2.770×10^{5}	294 x 200	300 x 200
8.930×10^{5}	1.890×10^{5}	9.632×10^{5}	2.883×10^{7}	3.821×10^{11}	4.367×10^{5}	298 x 201	
1.150×10^{6}	3.650×10^{5}	1.280×10^{6}	5.600×10^{5}	1.100×10^{12}	5.030×10^{5}	294 x 302	300 x 300
1.270×10^{6}	4.170×10^{5}	1.353×10^{6}	6.313×10^{7}	1.258×10^{12}	6.160×10^{7}	298 x 299	
1.360×10^{6}	4.500×10^{5}	1.500×10^{6}	6.840×10^{5}	1.370×10^{12}	7.650×10^{5}	300 x 300	
1.440×10^{6}	4.560×10^{5}	1.610×10^{6}	7.160×10^{5}	1.440×10^{12}	9.900×10^{5}	300 x 305	
1.540×10^{6}	5.140×10^{5}	1.669×10^{6}	7.783×10^{5}	1.591×10^{12}	1.113×10^{6}	304 x 301	
1.850×10^{6}	6.210×10^{5}	2.042×10^{6}	9.454×10^{7}	1.988×10^{12}	1.953×10^{6}	310 x 305	
1.930×10^{6}	6.450×10^{5}	2.163×10^{6}	9.880×10^{5}	2.088×10^{12}	2.427×10^{6}	310 x 310	
6.410×10^{5}	9.100×10^{4}	7.160×10^{5}	1.400×10^{5}	2.250×10^{11}	1.080×10^{5}	346 x 174	350 x 175
7.750×10^{5}	1.120×10^{5}	8.680×10^{5}	1.740×10^{5}	2.830×10^{11}	1.930×10^{5}	350 x 175	
9.090×10^{5}	1.350×10^{5}	9.954×10^{5}	2.066×10^{5}	3.434×10^{11}	3.160×10^{7}	354 x 176	

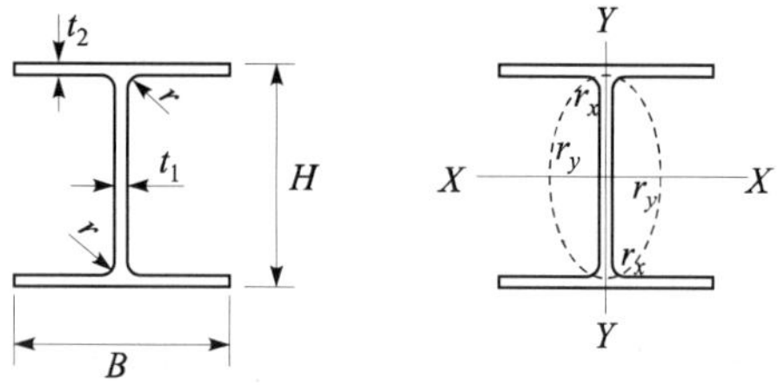

[부표1-1] H-형강 표준치수와 단면성능-2

치수(mm)					단면적 (mm^2)	단위중량 (1kg=9.8N)		단면2차모멘트 (mm^4)		단면2차반경 (mm)	
공칭치수	H x B	t_1	t_2	r		(N/mm)	(kg/m)	I_x	I_y	r_x	r_y
350 x 250	336 x 249	8	12	20	8.815×10^{3}	0.6786	69.24	1.850×10^{8}	3.090×10^{7}	145	59.2
	340 x 250	9	14	20	1.015×10^{4}	0.7814	79.73	2.170×10^{8}	3.650×10^{7}	146	60
350 x 350	344 x 348	10	16	20	1.460×10^{4}	1.1239	114.68	3.330×10^{8}	1.120×10^{8}	151	87.8
	344 x 354	16	16	20	1.666×10^{4}	1.2825	130.87	3.530×10^{8}	1.180×10^{8}	146	84.3
	350 x 350	12	19	20	1.739×10^{4}	1.3387	136.60	4.030×10^{8}	1.360×10^{8}	152	88.4
	350 x 357	19	19	20	1.984×10^{4}	1.5273	155.84	4.280×10^{8}	1.440×10^{8}	147	85.3
400 x 200	396 x 199	7	11	16	7.216×10^{3}	0.5555	56.68	2.000×10^{8}	1.450×10^{7}	167	44.8
	400 x 200	8	13	16	8.412×10^{3}	0.6476	66.08	2.370×10^{8}	1.740×10^{7}	168	45.4
	404 x 201	9	15	16	9.616×10^{3}	0.7402	75.53	2.750×10^{8}	2.030×10^{7}	169	46
400 x 300	386 x 299	9	14	22	1.201×10^{4}	0.9245	94.34	3.370×10^{8}	6.240×10^{7}	167	78.1
	390 x 300	10	16	22	1.360×10^{4}	1.0469	106.83	3.870×10^{8}	7.210×10^{7}	169	72.8
400 x 400	388 x 402	15	15	22	1.785×10^{4}	1.3741	140.21	4.900×10^{8}	1.630×10^{8}	166	95.4
	394 x 398	11	18	22	1.868×10^{4}	1.4380	146.73	5.610×10^{8}	1.890×10^{8}	173	101
	394 x 405	18	18	22	2.144×10^{4}	1.6505	168.41	5.970×10^{8}	2.000×10^{8}	167	96.5
	400 x 400	13	21	22	2.187×10^{4}	1.6836	171.79	6.660×10^{8}	2.240×10^{8}	175	101
	400 x 408	21	21	22	2.507×10^{4}	1.9299	196.93	7.090×10^{8}	2.380×10^{8}	168	97.5
	406 x 403	16	24	22	2.549×10^{4}	1.9622	200.23	7.800×10^{8}	2.620×10^{8}	175	101
	414 x 405	18	28	22	2.954×10^{4}	2.2740	232.04	9.280×10^{8}	3.100×10^{8}	177	102
	428 x 407	20	35	22	3.607×10^{4}	2.7767	283.33	1.190×10^{9}	3.940×10^{8}	182	104
	442 x 413	26	42	22	4.442×10^{4}	3.4195	348.92	1.500×10^{9}	4.940×10^{8}	184	105
	452 x 416	29	47	22	4.990×10^{4}	3.8413	391.97	1.730×10^{9}	5.650×10^{8}	186	106
	458 x 417	30	50	22	5.286×10^{4}	4.0692	415.22	1.870×10^{9}	6.050×10^{8}	188	107
	462 x 419	32	52	22	5.545×10^{4}	4.2685	435.57	1.980×10^{9}	6.390×10^{8}	189	107
	472 x 422	35	57	22	6.105×10^{4}	4.6996	479.55	2.230×10^{9}	7.150×10^{8}	191	108
	484 x 426	39	63	22	6.805×10^{4}	5.2385	534.54	2.560×10^{9}	8.140×10^{8}	194	109
	498 x 432	45	70	22	7.701×10^{4}	5.9282	604.92	2.980×10^{9}	9.440×10^{8}	197	111
450 x 200	446 x 199	8	12	18	8.430×10^{3}	0.6489	66.22	2.870×10^{8}	1.580×10^{7}	185	43.3
	450 x 200	9	14	18	9.676×10^{3}	0.7449	76.01	3.350×10^{8}	1.870×10^{7}	186	44
450 x 300	434 x 299	10	15	24	1.350×10^{4}	1.0392	106.04	4.680×10^{8}	6.690×10^{7}	186	70.4
	440 x 300	11	18	24	1.574×10^{4}	1.2117	123.64	5.610×10^{8}	8.110×10^{7}	189	71.8
500 x 200	496 x 199	9	14	20	1.013×10^{4}	0.7798	79.57	4.190×10^{8}	1.840×10^{7}	203	42.7
	500 x 200	10	16	20	1.142×10^{4}	0.8791	89.71	4.780×10^{8}	2.140×10^{7}	205	43.3
	506 x 201	11	19	20	1.313×10^{4}	1.0108	103.14	5.650×10^{8}	2.580×10^{7}	207	44.3
500 x 300	482 x 300	11	15	26	1.455×10^{4}	1.1201	114.29	6.040×10^{8}	6.760×10^{7}	204	68.2
	488 x 300	11	18	26	1.635×10^{4}	1.2586	128.43	7.100×10^{8}	8.110×10^{7}	208	70.4

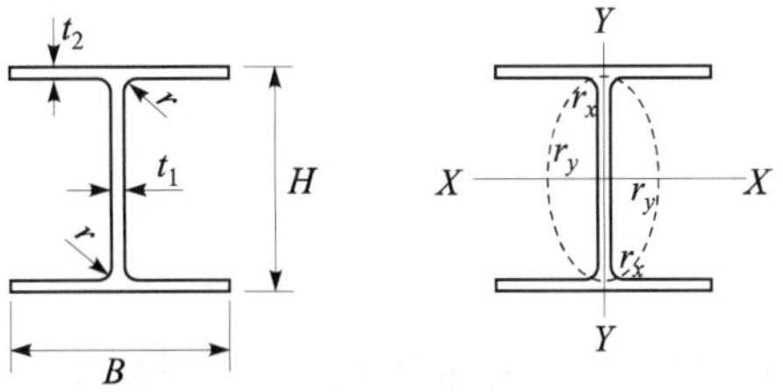

[부표1-1] H-형강 표준치수와 단면성능-2

단면계수 (mm^3)		소성단면계수 (mm^3)		뒴 상수 C_w (mm^6)	비틀림 상수 J (mm^4)	치수(mm)	
S_x	S_y	Z_x	Z_y			H x B	공칭치수
1.100×10^{6}	2.480×10^{5}	1.163×10^{6}	3.770×10^{5}	8.103×10^{11}	3.421×10^{5}	336 x 249	350 x 250
1.280×10^{6}	2.920×10^{5}	1.360×10^{6}	4.438×10^{5}	9.687×10^{11}	5.366×10^{7}	340 x 250	
1.940×10^{6}	6.460×10^{5}	2.070×10^{6}	9.766×10^{5}	3.023×10^{12}	1.060×10^{6}	344 x 348	350 x 350
2.050×10^{6}	6.690×10^{5}	2.247×10^{6}	1.022×10^{6}	3.182×10^{12}	1.414×10^{6}	344 x 354	
2.300×10^{6}	7.760×10^{5}	2.550×10^{6}	1.180×10^{6}	3.730×10^{12}	1.780×10^{6}	350 x 350	
2.450×10^{6}	8.090×10^{5}	2.708×10^{6}	1.239×10^{6}	3.946×10^{12}	2.389×10^{6}	350 x 357	
1.010×10^{6}	1.450×10^{5}	1.130×10^{6}	2.240×10^{5}	5.370×10^{11}	2.190×10^{5}	396 x 199	400 x 200
1.190×10^{6}	1.740×10^{5}	1.330×10^{6}	2.680×10^{5}	6.510×10^{11}	3.570×10^{5}	400 x 200	
1.360×10^{6}	2.020×10^{5}	1.488×10^{6}	3.106×10^{5}	7.680×10^{11}	5.468×10^{5}	404 x 201	
1.740×10^{6}	4.180×10^{5}	1.846×10^{6}	6.331×10^{7}	2.158×10^{12}	6.374×10^{7}	386 x 299	400 x 300
1.980×10^{6}	4.810×10^{5}	2.190×10^{6}	7.330×10^{5}	2.520×10^{12}	9.390×10^{5}	390 x 300	
2.520×10^{6}	8.090×10^{5}	2.800×10^{6}	1.240×10^{6}	5.670×10^{12}	1.310×10^{6}	388 x 402	400 x 400
2.850×10^{6}	9.510×10^{5}	3.120×10^{6}	1.440×10^{6}	6.680×10^{12}	1.710×10^{6}	394 x 398	
3.030×10^{6}	9.850×10^{5}	3.318×10^{6}	1.505×10^{6}	7.044×10^{12}	2.306×10^{6}	394 x 405	
3.330×10^{6}	1.120×10^{6}	3.670×10^{6}	1.700×10^{6}	8.040×10^{12}	2.730×10^{6}	400 x 400	
3.540×10^{6}	1.170×10^{6}	3.990×10^{6}	1.790×10^{6}	8.550×10^{12}	3.620×10^{6}	400 x 408	
3.840×10^{6}	1.300×10^{6}	4.207×10^{6}	1.972×10^{6}	9.551×10^{12}	4.236×10^{6}	406 x 403	
4.480×10^{6}	1.530×10^{6}	5.030×10^{6}	2.330×10^{6}	1.150×10^{13}	6.620×10^{6}	414 x 405	
5.570×10^{6}	1.930×10^{6}	6.310×10^{6}	2.940×10^{6}	1.520×10^{13}	1.260×10^{7}	428 x 407	
6.810×10^{6}	2.390×10^{6}	7.771×10^{6}	3.642×10^{6}	1.972×10^{13}	2.274×10^{7}	442 x 413	
7.670×10^{6}	2.720×10^{6}	8.848×10^{6}	4.142×10^{6}	2.312×10^{13}	3.209×10^{7}	452 x 416	
8.170×10^{6}	2.900×10^{6}	9.540×10^{6}	4.440×10^{6}	2.520×10^{13}	3.800×10^{7}	458 x 417	
8.550×10^{6}	3.050×10^{6}	9.958×10^{6}	4.656×10^{6}	2.679×10^{13}	4.375×10^{7}	462 x 419	
9.450×10^{6}	3.390×10^{6}	1.110×10^{7}	5.185×10^{6}	3.074×10^{13}	5.803×10^{7}	472 x 422	
1.060×10^{7}	3.820×10^{6}	1.255×10^{7}	5.853×10^{6}	3.597×10^{13}	7.934×10^{7}	484 x 426	
1.200×10^{7}	4.370×10^{6}	1.450×10^{7}	6.720×10^{6}	4.320×10^{13}	1.100×10^{8}	498 x 432	
1.290×10^{6}	1.590×10^{5}	1.450×10^{6}	2.470×10^{5}	7.440×10^{11}	3.010×10^{5}	446 x 199	450 x 200
1.490×10^{6}	1.870×10^{5}	1.690×10^{6}	2.910×10^{5}	8.890×10^{11}	4.680×10^{5}	450 x 200	
2.160×10^{6}	4.480×10^{5}	2.287×10^{6}	6.806×10^{7}	2.933×10^{12}	8.124×10^{7}	434 x 299	450 x 300
2.550×10^{6}	5.410×10^{5}	2.820×10^{6}	8.280×10^{5}	3.610×10^{12}	1.350×10^{6}	440 x 300	
1.690×10^{6}	1.850×10^{5}	1.910×10^{6}	2.900×10^{5}	1.070×10^{12}	4.780×10^{5}	496 x 199	500 x 200
1.910×10^{6}	2.140×10^{5}	2.180×10^{6}	3.350×10^{5}	1.250×10^{12}	7.020×10^{5}	500 x 200	
2.230×10^{6}	2.570×10^{5}	2.540×10^{6}	4.010×10^{5}	1.530×10^{12}	1.130×10^{6}	506 x 201	
2.500×10^{6}	4.510×10^{5}	2.790×10^{6}	6.950×10^{5}	3.690×10^{12}	8.760×10^{5}	482 x 300	500 x 300
2.910×10^{6}	5.410×10^{5}	3.230×10^{6}	8.300×10^{5}	4.480×10^{12}	1.370×10^{6}	488 x 300	

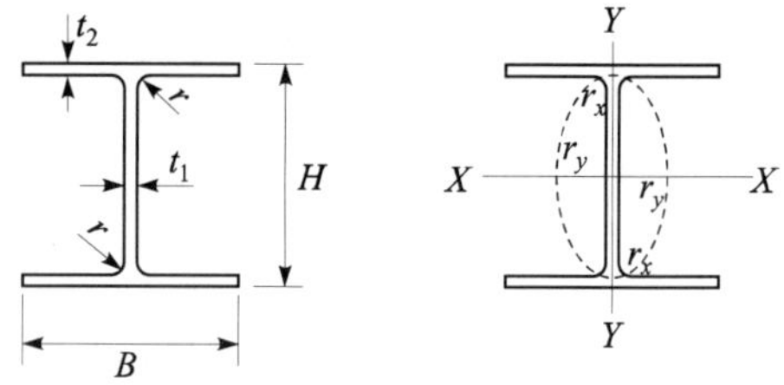

[부표1-1] H-형강 표준치수와 단면성능-3

치수(mm)					단면적 (mm^2)	단위중량 (1kg=9.8N)		단면2차모멘트 (mm^4)		단면2차반경 (mm)	
공칭치수	H x B	t_1	t_2	r		(N/mm)	(kg/m)	I_x	I_y	r_x	r_y
600 x 200	596 x 199	10	15	22	1.205×10^4	0.9276	94.65	6.870×10^8	1.980×10^7	239	40.5
	600 x 200	11	17	22	1.344×10^4	1.0346	105.57	7.760×10^8	2.280×10^7	240	41.2
	606 x 201	12	20	22	1.525x104	1.1740	119.79	9.040×10^8	2.720×10^7	243	42.2
	612 x 202	13	23	22	1.707×10^4	1.3141	134.09	1.030×10^9	3.180×10^7	246	43.1
600 x 300	582 x 300	12	17	28	1.745×10^4	1.3433	137.07	1.030×10^9	7.670×10^7	243	66.3
	588 x 300	12	20	28	1.925×10^4	1.4819	151.21	1.180×10^9	9.020×10^7	248	68.5
	594 x 302	14	23	28	2.224×10^4	1.7120	174.70	1.370×10^9	1.060×10^8	249	69
700 x 300	692 x 300	13	20	28	2.115×10^4	1.6281	166.14	1.720×10^9	9.020×10^7	286	65.3
	696 x 300	13	22	28	2.235×10^4	1.7205	175.56	1.870×10^9	9.920×10^7	289	66.6
	700 x 300	13	24	28	2.355×10^4	1.8129	184.99	2.010×10^9	1.080×10^8	293	67.8
	702 x 301	14	25	28	2.485×10^4	1.9130	195.20	2.120×10^9	1.140×10^8	292	67.7
	708 x 302	15	28	28	2.736×10^4	2.1062	214.92	2.370×10^9	1.290×10^8	294	68.6
	714 x 303	16	31	28	2.989×10^4	2.3009	234.79	2.630×10^9	1.440×10^8	297	69.4
800 x 300	792 x 300	14	22	28	2.434×10^4	1.8737	191.19	2.540×10^9	9.930×10^7	323	63.9
	796 x 300	14	24	28	2.554×10^4	1.9661	200.62	2.730×10^9	1.080×10^8	327	65.1
	800 x 300	14	26	28	2.674×10^4	2.0585	210.05	2.920×10^9	1.170×10^8	330	66.2
	802 x 301	15	27	28	2.815×10^4	2.1670	221.12	3.060×10^9	1.230×10^8	329	66.1
	808 x 302	16	30	28	3.076×10^4	2.3679	241.62	3.390×10^9	1.380×10^8	332	67
	814 x 303	17	33	28	3.339×10^4	2.5704	262.28	3.740×10^9	1.530×10^8	334	67.8
900 x 300	890 x 299	15	23	28	2.709×10^4	2.0854	212.79	3.450×10^9	1.030×10^8	357	61.6
	894 x 299	15	25	28	2.828×10^4	2.1770	222.14	3.690×10^9	1.120×10^8	361	62.9
	900 x 300	16	28	28	3.098×10^4	2.3848	243.35	4.110×10^9	1.260×10^8	364	63.9
	906 x 301	17	31	28	3.368×10^4	2.5927	264.56	4.540×10^9	1.410×10^8	367	64.8
	912 x 302	18	34	28	3.640×10^4	2.8021	285.93	4.980×10^9	1.570×10^8	370	65.6
	918 x 303	19	37	28	3.913×10^4	3.0122	307.37	5.420×10^9	1.720×10^8	372	66.3

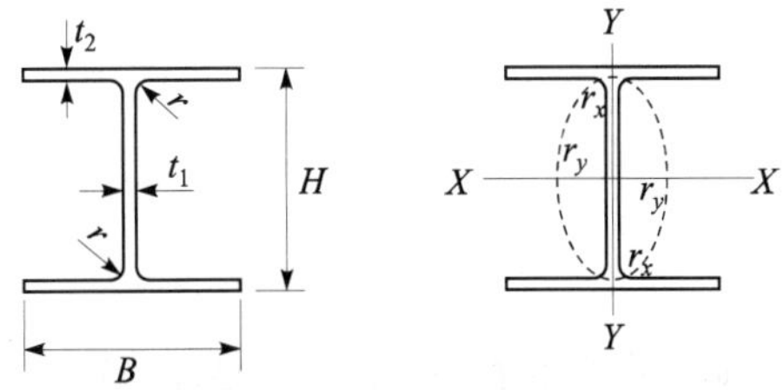

[부표1-1] H-형강 표준치수와 단면성능-3

단면계수 (mm³)		소성단면계수 (mm³)		뒴 상수 C_w (mm⁶)	비틀림 상수 J (mm⁴)	치수(mm)	
S_x	S_y	Z_x	Z_y			H x B	공칭치수
2.310×10^6	1.990×10^5	2.650×10^6	3.150×10^5	1.670×10^{12}	6.360×10^5	596 x 199	600 x 200
2.590×10^6	2.280×10^5	2.980×10^6	3.610×10^5	1.940×10^{12}	9.060×10^5	600 x 200	
2.980×10^6	2.710×10^5	3.430×10^6	4.290×10^5	2.340×10^{12}	1.400×10^6	606 x 201	
3.380×10^6	3.140×10^5	3.778×10^6	4.932×10^7	2.740×10^{12}	2.070×10^6	612 x 202	
3.530×10^6	5.110×10^5	3.960×10^6	7.930×10^5	6.120×10^{12}	1.300×10^6	582 x 300	600 x 300
4.020×10^6	6.010×10^5	4.490×10^6	9.280×10^5	7.280×10^{12}	1.920×10^6	588 x 300	
4.620×10^6	7.010×10^5	5.200×10^6	1.080×10^6	8.640×10^{12}	2.950×10^6	594 x 302	
4.980×10^6	6.020×10^5	5.630×10^6	9.360×10^5	1.020×10^{13}	2.080×10^6	692 x 300	700 x 300
5.370×10^6	6.620×10^5	5.830×10^6	1.018×10^6	1.124×10^{13}	2.623×10^6	696 x 300	
5.760×10^6	7.220×10^5	6.460×10^6	1.120×10^6	1.230×10^{13}	3.240×10^6	700 x 300	
6.030×10^6	7.570×10^5	6.582×10^6	1.164×10^6	1.302×10^{13}	3.755×10^6	702 x 301	
6.700×10^6	8.530×10^5	7.344×10^6	1.314×10^6	1.486×10^{13}	5.185×10^6	708 x 302	
7.370×10^6	9.510×10^5	8.116×10^6	1.465×10^6	1.676×10^{13}	6.950×10^6	714 x 303	
6.410×10^6	6.620×10^5	7.290×10^6	1.040×10^6	1.470×10^{13}	2.810×10^6	792 x 300	800 x 300
6.850×10^6	7.220×10^5	7.517×10^6	1.117×10^6	1.609×10^{13}	3.471×10^6	796 x 300	
7.290×10^6	7.820×10^5	8.240×10^6	1.220×10^6	1.750×10^{13}	4.200×10^6	800 x 300	
7.620×10^6	8.180×10^5	8.397×10^6	1.265×10^6	1.843×10^{13}	4.822×10^6	802 x 301	
8.400×10^6	9.150×10^5	9.287×10^6	1.416×10^6	2.084×10^{13}	6.498×10^6	808 x 302	
9.180×10^6	1.010×10^6	1.019×10^7	1.569×10^6	2.333×10^{13}	8.538×10^6	814 x 303	
7.760×10^6	6.880×10^5	8.910×10^6	1.080×10^6	1.940×10^{13}	3.370×10^6	890 x 299	900 x 300
8.260×10^6	7.480×10^5	9.167×10^6	1.165×10^6	2.103×10^{13}	4.092×10^6	894 x 299	
9.140×10^6	8.430×10^5	1.050×10^7	1.320×10^6	2.400×10^{13}	5.540×10^6	900 x 300	
1.000x107	9.400×10^5	1.119×10^7	1.465×10^6	2.697×10^{13}	7.411×10^6	906 x 301	
1.090×10^7	1.040×10^6	1.250×10^7	1.630×10^6	3.030×10^{13}	9.550×10^6	912 x 302	
1.180×10^7	1.140×10^6	1.326×10^7	1.775×10^6	3.329×10^{13}	1.225×10^7	918 x 303	

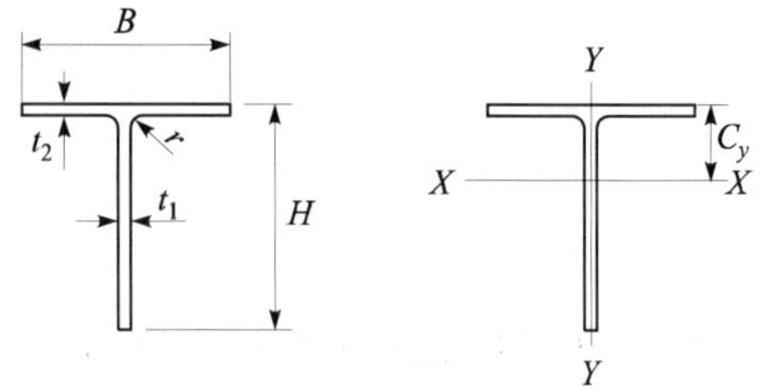

[부표1-2] T-형강 표준치수와 단면성능-1

치수(mm)				단면적 (mm^2)	단위중량 (1kg=9.8N)		단면2차모멘트 (mm^4)		단면2차반경 (mm)	
H x B	t_1	t_2	r		(N/mm)	(kg/m)	I_x	I_y	r_x	r_y
50 x 50	5	7	8	$5.925x10^4$	0.0456	4.65	$1.180x10^5$	$7.390x10^4$	14.1	11.2
50 x 100	6	8	10	$1.095x10^3$	0.0843	8.60	$1.610x10^5$	$6.690x10^5$	12.1	24.7
62.5 x 60	6	8	9	$8.418x10^4$	0.0648	6.61	$2.750x10^5$	$1.460x10^5$	18.1	13.2
62.5 x 125	6.5	9	10	$1.516x10^3$	0.1167	11.91	$3.500x10^5$	$1.470x10^6$	15.2	31.1
75 x 75	5	7	8	$8.925x10^4$	0.0687	7.01	$4.260x10^5$	$2.470x10^5$	21.8	16.6
75 x 100	6	9	11	$1.342x10^3$	0.1033	10.54	$5.170x10^5$	$7.530x10^5$	19.6	23.4
75 x 150	7	10	11	$2.007x10^3$	0.1545	15.77	$6.640x10^5$	$2.820x10^6$	18.2	37.5
87.5 x 90	5	8	9	$1.152x10^3$	0.0887	9.05	$7.070x10^5$	$4.870x10^5$	24.8	20.6
87.5 x 175	7.5	11	12	$2.561x10^3$	0.1972	20.12	$1.150x10^6$	$4.920x10^6$	21.2	43.8
99 x 99	4.5	7	11	$1.159x10^3$	0.0892	9.10	$9.380x10^5$	$5.680x10^5$	28.4	22.1
100 x 100	5.5	8	11	$1.358x10^3$	0.1045	10.67	$1.140x10^6$	$6.700x10^5$	29	22.2
97 x 150	6	9	13	$1.951x10^3$	0.1502	15.33	$1.250x10^6$	$2.540x10^6$	25.3	36.1
100 x 200	8	12	13	$3.177x10^3$	0.2446	24.96	$1.840x10^6$	$8.010x10^6$	24.1	50.2
100 x 204	12	12	13	$3.577x10^3$	0.2754	28.10	$2.560x10^6$	$8.510x10^6$	26.7	48.8
104 x 202	10	16	13	$4.185x10^3$	0.3222	32.87	$2.510x10^6$	$1.100x10^7$	24.5	51.3
124 x 124	5	8	12	$1.634x10^3$	0.1258	12.84	$2.080x10^6$	$1.270x10^6$	35.7	27.9
125 x 125	6	9	12	$1.883x10^3$	0.1450	14.79	$2.480x10^6$	$1.470x10^6$	36.3	27.9
122 x 175	7	11	16	$2.812x10^3$	0.2165	22.09	$2.890x10^6$	$4.920x10^6$	32	41.8
122 x 252	11	11	16	$4.103x10^3$	0.3159	32.23	$4.450x10^6$	$1.470x10^7$	32.9	59.8
124 x 249	8	13	16	$4.235x10^3$	0.3260	33.27	$3.640x10^6$	$1.670x10^7$	29.3	62.9
125 x 250	9	14	16	$4.609x10^3$	0.3548	36.20	$4.120x10^6$	$1.820x10^7$	29.9	62.9
125 x 255	14	14	16	$5.234x10^3$	0.4029	41.11	$5.890x10^6$	$1.940x10^7$	33.6	60.9
149 x 149	5.5	8	13	$2.040x10^3$	0.1570	16.02	$3.930x10^6$	$2.210x10^6$	43.9	32.9
150 x 150	6.5	9	13	$2.339x10^3$	0.1801	18.37	$4.640x10^6$	$2.540x10^6$	44.5	32.9
147 x 200	8	12	18	$3.619x10^3$	0.2786	28.43	$5.720x10^6$	$8.020x10^6$	39.7	47.1
149 x 201	9	14	18	$4.168x10^3$	0.3209	32.74	$6.620x10^6$	$9.490x10^6$	39.9	47.7
147 x 302	12	12	18	$5.383x10^3$	0.4144	42.28	$8.580x10^6$	$2.760x10^7$	39.9	71.6
149 x 299	9	14	18	$5.540x10^3$	0.4265	43.52	$7.150x10^6$	$3.120x10^7$	35.9	75.1
150 x 300	10	15	18	$5.989x10^3$	0.4610	47.04	$7.980x10^6$	$3.380x10^7$	36.5	75.1
150 x 305	15	15	18	$6.739x10^3$	0.5188	52.94	$1.110x10^7$	$3.550x10^7$	40.5	72.6
152 x 301	11	17	18	$6.741x10^3$	0.5189	52.95	$9.030x10^6$	$3.870x10^7$	36.6	75.7
173 x 174	6	9	14	$2.634x10^3$	0.2028	20.69	$6.790x10^6$	$3.960x10^6$	50.8	38.7
175 x 175	7	11	14	$3.157x10^3$	0.2430	24.80	$8.150x10^6$	$4.920x10^6$	50.8	39.5
168 x 249	8	12	20	$4.408x10^3$	0.3393	34.63	$8.810x10^6$	$1.540x10^7$	44.7	59.2
170 x 250	9	14	20	$5.076x10^3$	0.3908	39.87	$1.020x10^7$	$1.830x10^7$	44.8	60

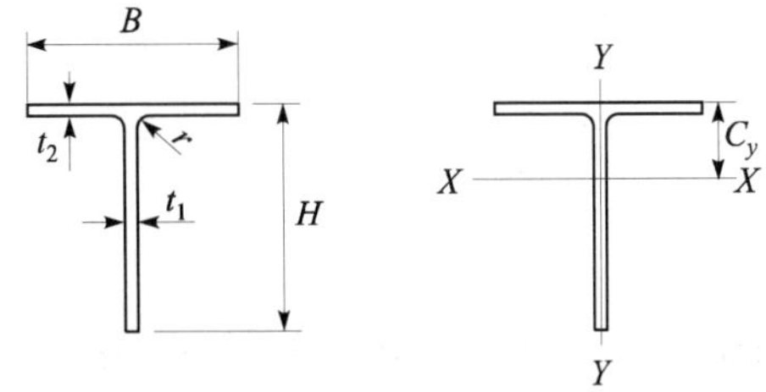

[부표1-2] T-형강 표준치수와 단면성능-1

단면계수 (mm^3)		소성단면계수 (mm^3)		뒴 상수 C_w (mm^6)	비틀림 상수 J (mm^4)	도심 C_y (mm)	치수(mm)
S_x	S_y	Z_x	Z_y				H x B
3.180×10^{3}	2.960×10^{3}	5.756×10^{6}	4.644×10^{6}	6.469×10^{7}	7.654×10^{6}	13.0	50 x 50
4.030×10^{3}	1.340×10^{4}	7.050×10^{3}	2.040×10^{4}	4.140×10^{6}	2.040×10^{4}	10.0	50 x 100
5.960×10^{3}	4.870×10^{3}	1.073×10^{7}	7.691×10^{5}	1.969×10^{6}	1.445×10^{4}	16.7	62.5 x 60
6.910×10^{3}	2.350×10^{4}	1.210×10^{4}	3.570×10^{4}	1.140×10^{7}	3.570×10^{4}	11.9	62.5 x 125
7.460×10^{3}	6.590×10^{3}	1.290×10^{4}	1.030×10^{4}	2.270×10^{6}	1.160×10^{4}	18.2	75 x 75
8.840×10^{3}	1.510×10^{4}	1.550×10^{4}	2.310×10^{4}	7.160×10^{6}	2.940×10^{4}	16.0	75 x 100
1.080×10^{4}	3.760×10^{4}	2.047×10^{7}	5.705×10^{7}	2.671×10^{7}	5.800×10^{7}	13.7	75 x 150
1.040×10^{4}	1.080×10^{4}	1.839×10^{7}	1.670×10^{7}	4.613×10^{6}	1.884×10^{7}	19.6	87.5 x 90
1.590×10^{4}	5.620×10^{4}	2.993×10^{7}	8.529×10^{7}	5.600×10^{7}	8.917×10^{7}	15.5	87.5 x 175
1.210×10^{4}	1.150×10^{4}	2.127×10^{7}	1.762×10^{6}	4.516×10^{6}	1.422×10^{7}	22.0	99 x 99
1.480×10^{4}	1.340×10^{4}	2.550×10^{4}	2.070×10^{4}	7.640×10^{6}	2.240×10^{4}	23.4	100 x 100
1.580×10^{4}	3.380×10^{4}	2.670×10^{4}	5.140×10^{4}	2.180×10^{7}	4.310×10^{4}	18.1	97 x 150
2.230×10^{4}	8.010×10^{4}	3.880×10^{4}	1.210×10^{5}	1.080×10^{8}	1.310×10^{5}	17.3	100 x 200
3.240×10^{4}	8.340×10^{4}	5.520×10^{4}	1.280×10^{5}	1.420×10^{8}	1.720×10^{5}	21.1	100 x 204
2.950×10^{4}	1.090×10^{5}	5.260×10^{4}	1.650×10^{5}	2.590×10^{8}	3.080×10^{5}	19.1	104 x 202
2.130×10^{4}	2.060×10^{4}	3.630×10^{4}	3.150×10^{4}	1.280×10^{7}	2.620×10^{4}	26.9	124 x 124
2.560×10^{4}	2.350×10^{4}	4.390×10^{4}	3.620×10^{4}	2.040×10^{7}	3.910×10^{4}	28.4	125 x 125
2.910×10^{4}	5.630×10^{4}	4.930×10^{4}	8.560×10^{4}	6.460×10^{7}	9.100×10^{4}	23.0	122 x 175
4.530×10^{4}	1.170×10^{5}	7.690×10^{4}	1.780×10^{5}	2.060×10^{8}	1.640×10^{5}	24.2	122 x 252
3.490×10^{4}	1.340×10^{5}	6.060×10^{4}	2.030×10^{5}	2.590×10^{8}	2.020×10^{5}	19.8	124 x 249
3.950×10^{4}	1.460×10^{5}	6.870×10^{4}	2.210×10^{5}	3.310×10^{8}	2.570×10^{5}	20.9	125 x 250
5.940×10^{4}	1.520×10^{5}	1.010×10^{5}	2.330×10^{5}	4.410×10^{8}	3.410×10^{5}	26.0	125 x 255
3.380×10^{4}	2.970×10^{4}	5.810×10^{4}	4.550×10^{4}	2.590×10^{7}	3.350×10^{4}	33.4	149 x 149
4.000×10^{4}	3.380×10^{4}	6.910×10^{4}	5.210×10^{4}	4.060×10^{7}	4.980×10^{4}	34.8	150 x 150
4.820×10^{4}	8.020×10^{4}	8.160×10^{4}	1.220×10^{5}	1.360×10^{8}	1.390×10^{5}	28.8	147 x 200
5.520×10^{4}	9.440×10^{4}	9.370×10^{4}	1.440×10^{5}	2.130×10^{8}	2.180×10^{5}	29.5	149 x 201
7.230×10^{4}	1.830×10^{5}	1.278×10^{7}	2.785×10^{5}	4.651×10^{8}	2.552×10^{5}	28.7	147 x 302
5.700×10^{4}	2.090×10^{5}	9.790×10^{4}	3.160×10^{5}	5.670×10^{8}	3.080×10^{5}	23.8	149 x 299
6.370×10^{4}	2.250×10^{5}	1.100×10^{5}	3.410×10^{5}	7.130×10^{8}	3.850×10^{5}	24.8	150 x 300
9.250×10^{4}	2.330×10^{5}	1.570×10^{5}	3.560×10^{5}	9.360×10^{8}	5.030×10^{5}	30.5	150 x 305
7.140×10^{4}	2.570×10^{5}	1.240×10^{5}	3.890×10^{5}	1.040×10^{9}	5.570×10^{5}	25.6	152 x 301
5.000×10^{4}	4.550×10^{4}	8.560×10^{4}	6.960×10^{4}	5.540×10^{7}	5.440×10^{4}	37.9	173 x 174
5.930×10^{4}	5.620×10^{4}	1.010×10^{5}	8.620×10^{4}	9.590×10^{7}	9.700×10^{4}	38.2	175 x 175
6.400×10^{4}	1.240×10^{5}	1.080×10^{5}	1.890×10^{5}	2.460×10^{8}	1.710×10^{5}	30.7	168 x 249
7.310×10^{4}	1.460×10^{5}	1.240×10^{5}	2.210×10^{5}	3.850×10^{8}	2.680×10^{5}	31.3	170 x 250

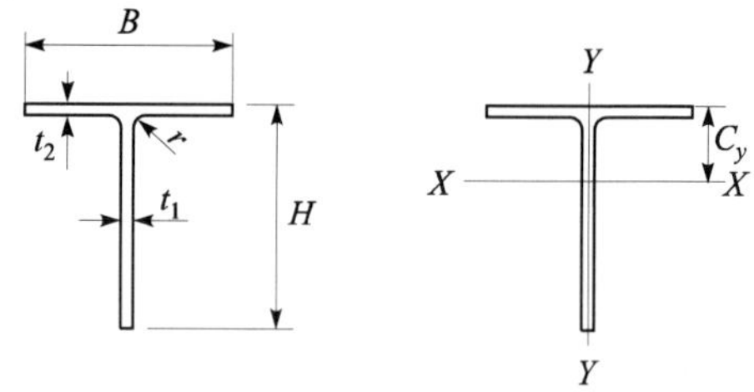

[부표1-2] T-형강 표준치수와 단면성능-2

치수(mm)				단면적 (mm^2)	단위중량 (1kg=9.8N)		단면2차모멘트 (mm^4)		단면2차반경 (mm)	
H x B	t_1	t_2	r		(N/mm)	(kg/m)	I_x	I_y	r_x	r_y
172 x 348	10	16	20	7.300×10^{3}	0.5620	57.34	1.230×10^{7}	5.620×10^{7}	41.1	87.8
172 x 354	16	16	20	8.332×10^{3}	0.6414	65.45	1.800×10^{7}	5.920×10^{7}	46.5	84.3
175 x 350	12	19	20	8.694×10^{3}	0.6693	68.29	1.520×10^{7}	6.790×10^{7}	41.8	88.4
175 x 357	19	19	20	9.919×10^{3}	0.7636	77.91	2.200×10^{7}	7.220×10^{7}	47.1	85.3
198 x 199	7	11	16	3.608×10^{3}	0.2777	28.34	1.190×10^{7}	7.240×10^{6}	57.6	44.8
200 x 200	8	13	16	4.206×10^{3}	0.3238	33.04	1.400×10^{7}	8.680×10^{6}	57.6	45.4
193 x 299	9	14	22	6.005×10^{3}	0.4623	47.17	1.530×10^{7}	3.120×10^{7}	50.4	72.1
195 x 300	10	16	22	6.798×10^{3}	0.5233	53.40	1.730×10^{7}	3.600×10^{7}	50.5	72.8
194 x 402	15	15	22	8.923×10^{3}	0.6869	70.09	2.480×10^{7}	8.130×10^{7}	52.7	95.4
197 x 398	11	18	22	9.341×10^{3}	0.7191	73.37	2.050×10^{7}	9.460×10^{7}	46.8	101
197 x 405	18	18	22	1.072×10^{4}	0.8252	84.21	3.050×10^{7}	9.980×10^{7}	53.4	96.5
200 x 400	13	21	22	1.093×10^{4}	0.8414	85.86	2.480×10^{7}	1.120×10^{8}	47.6	101
200 x 408	21	21	22	1.253×10^{4}	0.9646	98.42	3.650×10^{7}	1.190×10^{8}	54.0	97.5
203 x 403	16	24	22	1.274×10^{4}	0.9807	100.07	3.090×10^{7}	1.310×10^{8}	49.2	100
207 x 405	18	28	22	1.477×10^{4}	1.1370	116.02	3.620×10^{7}	1.550×10^{8}	49.5	102
214 x 407	20	35	22	1.803×10^{4}	1.3880	141.63	4.380×10^{7}	1.970×10^{8}	49.3	104
229 x 417	30	50	22	2.643×10^{4}	2.0346	207.61	7.470×10^{7}	3.020×10^{8}	53.2	107
249 x 432	45	70	22	3.850×10^{4}	2.9637	302.42	1.320×10^{8}	4.710×10^{8}	58.7	111
223 x 199	8	12	18	4.215×10^{3}	0.3245	33.11	1.880×10^{7}	7.900×10^{6}	66.7	43.3
225 x 200	9	14	18	4.838×10^{3}	0.3724	38.00	2.160×10^{7}	9.360×10^{6}	66.8	44
217 x 299	10	15	24	6.752×10^{3}	0.5198	53.04	2.350×10^{7}	3.350×10^{7}	58.9	70.4
220 x 300	11	18	24	7.869×10^{3}	0.6058	61.81	2.680×10^{7}	4.060×10^{7}	58.4	71.8
248 x 199	9	14	20	5.064×10^{3}	0.3898	39.78	2.840×10^{7}	9.220×10^{6}	74.9	42.7
250 x 200	10	16	20	5.712×10^{3}	0.4397	44.87	3.210×10^{7}	1.070×10^{7}	75.0	43.3
253 x 201	11	19	20	6.565×10^{3}	0.5054	51.57	3.670×10^{7}	1.290×10^{7}	74.8	44.3
241 x 300	11	15	26	7.276×10^{3}	0.5601	57.15	3.420×10^{7}	3.380×10^{7}	68.5	68.2
244 x 300	11	18	26	8.176×10^{3}	0.6294	64.22	3.620×10^{7}	4.060×10^{7}	66.6	70.4
298 x 199	10	15	22	6.023×10^{3}	0.4637	47.31	5.190×10^{7}	9.900×10^{6}	92.9	40.5
300 x 200	11	17	22	6.721×10^{3}	0.5174	52.79	5.810×10^{7}	1.140×10^{7}	93.0	41.2
303 x 201	12	20	22	7.624×10^{3}	0.5869	59.89	6.570×10^{7}	1.360×10^{7}	92.8	42.2
306 x 202	13	23	22	8.533×10^{3}	0.6569	67.03	7.340×10^{7}	1.590×10^{7}	92.7	43.1
291 x 300	12	17	28	8.724×10^{3}	0.6716	68.53	6.360×10^{7}	3.830×10^{7}	85.4	66.3
294 x 300	12	20	28	9.624×10^{3}	0.7409	75.60	6.710×10^{7}	4.510×10^{7}	83.5	68.5
297 x 302	14	23	28	1.112×10^{4}	0.8560	87.35	7.920×10^{7}	5.290×10^{7}	84.4	69
346 x 300	13	20	28	1.057×10^{4}	0.8137	83.03	1.130×10^{8}	4.510×10^{7}	103.0	65.3

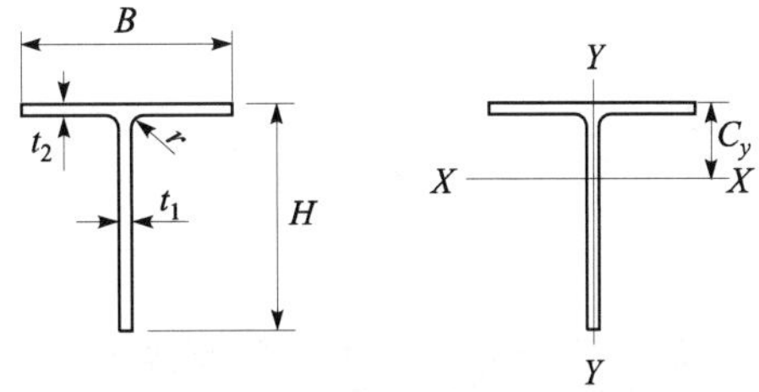

[부표1-2] T-형강 표준치수와 단면성능-2

단면계수 (mm^3)		소성단면계수 (mm^3)		뒴 상수 C_w (mm^6)	비틀림 상수 J (mm^4)	도심 C_y (mm)	치수(mm)
S_x	S_y	Z_x	Z_y				H x B
8.470×10^{4}	3.230×10^{5}	1.460×10^{5}	4.880×10^{5}	1.320×10^{9}	5.300×10^{5}	26.8	172 x 348
1.310×10^{5}	3.350×10^{5}	2.220×10^{5}	5.110×10^{5}	1.760×10^{9}	7.070×10^{5}	34.3	172 x 354
1.040×10^{5}	3.880×10^{5}	1.800×10^{5}	5.870×10^{5}	2.260×10^{9}	8.960×10^{5}	28.7	175 x 350
1.580×10^{5}	4.040×10^{5}	2.854×10^{5}	6.195×10^{7}	3.031×10^{9}	1.195×10^{6}	36.1	175 x 357
7.640×10^{4}	7.270×10^{4}	1.310×10^{5}	1.110×10^{5}	1.410×10^{8}	1.100×10^{5}	32.5	198 x 199
8.860×10^{4}	8.680×10^{4}	1.510×10^{5}	1.330×10^{5}	2.250×10^{8}	1.800×10^{5}	42.5	200 x 200
9.550×10^{4}	2.090x105	1.610×10^{5}	3.170×10^{5}	6.400×10^{8}	3.190×10^{5}	43.0	193 x 299
1.080×10^{5}	2.400×10^{5}	1.820×10^{5}	3.640×10^{5}	9.500×10^{8}	4.720×10^{5}	33.8	195 x 300
1.580×10^{5}	4.040×10^{5}	2.786×10^{7}	6.161×10^{7}	2.131×10^{9}	6.621×10^{7}	34.5	194 x 402
1.230×10^{5}	4.750×10^{5}	2.237×10^{7}	7.182×10^{7}	2.799×10^{9}	8.571×10^{7}	37.4	197 x 398
1.930×10^{5}	4.930×10^{5}	3.438×10^{7}	7.526×10^{7}	3.767×10^{9}	1.153×10^{6}	30.2	197 x 405
1.470×10^{5}	5.600×10^{5}	2.734×10^{7}	8.476×10^{7}	4.531×10^{9}	1.374×10^{6}	39.2	200 x 400
2.290×10^{5}	5.840×10^{5}	4.122×10^{7}	8.937×10^{7}	6.119×10^{9}	1.844×10^{6}	32.2	200 x 408
1.840×10^{5}	6.500×10^{5}	3.436×10^{7}	9.859×10^{5}	7.076×10^{9}	2.118×10^{6}	41.0	203 x 403
2.130×10^{5}	7.660×10^{5}	4.064×10^{7}	1.163×10^{6}	1.129×10^{10}	3.339×10^{6}	35.2	207 x 405
2.500×10^{5}	9.670×10^{5}	4.998×10^{7}	1.467×10^{6}	2.176×10^{10}	6.341×10^{6}	36.9	214 x 407
4.140×10^{5}	1.450×10^{6}	8.582×10^{7}	2.214×10^{6}	6.931×10^{10}	1.921×10^{7}	39.0	229 x 417
7.060×10^{5}	2.180×10^{6}	1.494×10^{6}	3.357×10^{6}	2.168×10^{11}	5.589×10^{7}	48.5	249 x 432
1.090×10^{5}	7.940×10^{4}	1.890×10^{5}	1.220×10^{5}	2.400×10^{8}	1.520×10^{5}	61.2	223 x 199
1.240×10^{5}	9.360×10^{4}	2.150×10^{5}	1.440×10^{5}	3.620×10^{8}	2.360×10^{5}	52.2	225 x 200
1.330×10^{5}	2.240×10^{5}	2.240×10^{5}	3.400×10^{5}	8.820×10^{8}	4.060×10^{5}	52.5	217 x 299
1.490×10^{5}	2.700×10^{5}	2.530×10^{5}	4.110×10^{5}	1.440×10^{9}	6.770×10^{5}	41.2	220 x 300
1.500×10^{5}	9.270×10^{4}	2.620×10^{5}	1.430×10^{5}	4.340×10^{8}	2.410×10^{5}	41.1	248 x 199
1.690×10^{5}	1.070×10^{5}	2.930×10^{5}	1.660×10^{5}	6.210×10^{8}	3.540×10^{5}	60.4	250 x 200
1.900×10^{5}	1.280×10^{5}	3.280×10^{5}	1.990×10^{5}	9.210×10^{8}	5.680×10^{5}	60.8	253 x 201
1.780×10^{5}	2.250×10^{5}	3.030×10^{5}	3.440×10^{5}	1.100×10^{9}	4.410×10^{5}	60.4	241 x 300
1.840×10^{5}	2.700×10^{5}	3.100×10^{5}	4.120×10^{5}	1.570×10^{9}	6.880×10^{5}	50.4	244 x 300
2.360×10^{5}	9.950×10^{4}	4.220×10^{5}	1.560×10^{5}	8.660×10^{8}	3.200×10^{5}	47.5	298 x 199
2.620×10^{5}	1.140×10^{5}	4.670×10^{5}	1.790×10^{5}	1.190×10^{9}	4.600×10^{5}	80.0	300 x 200
2.920×10^{5}	1.350×10^{5}	5.150×10^{5}	2.120×10^{5}	1.660×10^{9}	7.050×10^{5}	80.2	303 x 201
3.220×10^{5}	1.570×10^{5}	5.640×10^{5}	2.470×10^{5}	2.260×10^{9}	1.030×10^{6}	79.4	306 x 202
2.800×10^{5}	2.560×10^{5}	4.810×10^{5}	3.920×10^{5}	2.000×10^{9}	6.540×10^{5}	79.1	291 x 300
2.880×10^{5}	3.010×10^{5}	4.890×10^{5}	4.600×10^{5}	2.600×10^{9}	9.640×10^{5}	65.5	294 x 300
3.390×10^{5}	3.500×10^{5}	5.780×10^{5}	5.380×10^{5}	4.100×10^{9}	1.490×10^{6}	62.0	297 x 302
4.250×10^{5}	3.010×10^{5}	7.482×10^{7}	4.638×10^{7}	3.815×10^{9}	1.046×10^{6}	64.3	346 x 300

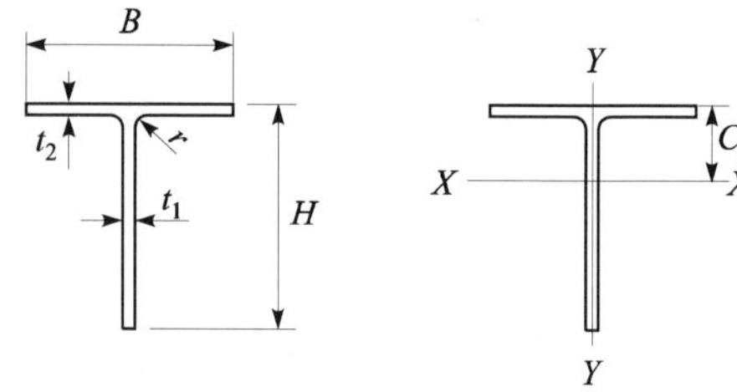

[부표1-2] T-형강 표준치수와 단면성능-3

치수(mm)				단면적 (mm^2)	단위중량 (1kg=9.8N)		단면2차모멘트 (mm^4)		단면2차반경 (mm)	
H x B	t_1	t_2	r		(N/mm)	(kg/m)	I_x	I_y	r_x	r_y
350 x 300	13	24	28	1.177×10^4	0.9061	92.45	1.200×10^8	5.410×10^7	101	67.8
354 x 302	15	28	28	1.368×10^4	1.0531	107.46	1.420×10^8	6.440×10^7	102	68.6
396 x 300	14	22	28	1.217×10^4	0.9369	95.60	1.770×10^8	4.960×10^7	121	63.8
400 x 300	14	26	28	1.337×10^4	1.0292	105.02	1.880×10^8	5.860×10^7	119	66.2
404 x 302	16	30	28	1.538×10^4	1.1840	120.81	2.190×10^8	6.900x107	119	67
445 x 299	15	23	28	1.354×10^4	1.0423	106.36	2.690×10^8	5.140x107	139	61.6
450 x 300	16	28	28	1.549×10^4	1.1924	121.68	2.920×10^8	6.310x107	137	63.9
456 x 302	18	34	28	1.820×10^4	1.4010	142.96	3.420×10^8	7.820×10^7	137	65.6

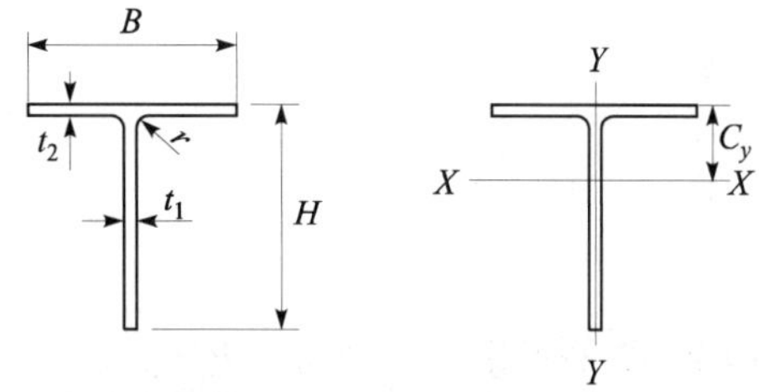

[부표1-2] T-형강 표준치수와 단면성능-3

단면계수 (mm^3)		소성단면계수 (mm^3)		뒴 상수 C_w (mm^6)	비틀림 상수 J (mm^4)	도심 C_y (mm)	치수(mm)
S_x	S_y	Z_x	Z_y				H x B
$4.380x10^5$	$3.610x10^5$	$7.699x10^7$	$5.538x10^7$	$4.949x10^9$	$1.630x10^6$	81.6	350 x 300
$5.130x10^5$	$4.260x10^5$	$9.049x10^7$	$6.568x10^7$	$7.884x10^9$	$2.592x10^6$	76.8	354 x 302
$5.930x10^5$	$3.310x10^5$	$1.050x10^6$	$5.133x10^5$	$6.346x10^9$	$1.417x10^6$	78.9	396 x 300
$6.100x10^5$	$3.910x10^5$	$1.075x10^6$	$6.033x10^5$	$7.713x10^9$	$2.112x10^6$	98.6	400 x 300
$7.050x10^5$	$4.570x10^5$	$1.247x10^6$	$7.080x10^5$	$1.186x10^{10}$	$3.249x10^6$	93.3	404 x 302
$7.900x10^5$	$3.440x10^5$	$1.414x10^6$	$5.378x10^7$	$9.896x10^9$	$1.700x10^6$	95.3	445 x 299
$8.660x10^5$	$4.210x10^5$	$1.540x10^6$	$6.570x10^5$	$1.355x10^{10}$	$2.790x10^6$	118.1	450 x 300
$9.970x10^5$	$5.180x10^5$	$1.771x10^6$	$8.094x10^5$	$2.122x10^{10}$	$4.810x10^6$	114.3	456 x 302

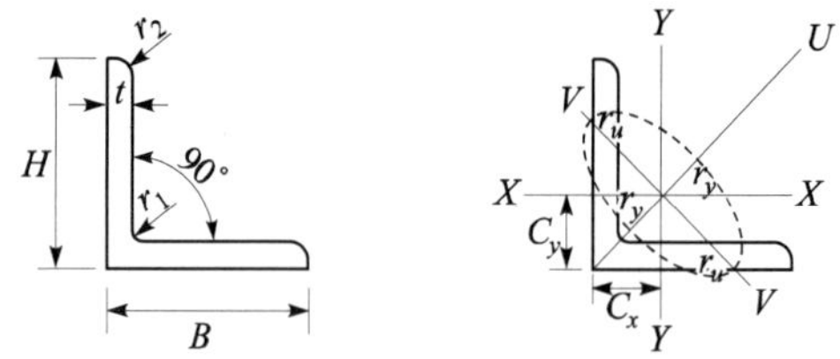

[부표1-3] L-형강 표준치수와 단면성능-1

치수(mm)		단면적 (mm^2)	단위중량 (1kg=9.8N)		단면2차모멘트 (mm^4)		단면2차반경 (mm)	
H x B	t_1		(N/mm)	(kg/m)	I_x	I_y	r_x	r_y
25 x 25	3	1.427×10^4	0.01099	1.12	7.970×10^3	7.970×10^3	7.47	7.47
30 x 30	3	1.727×10^4	0.01329	1.36	1.420×10^4	1.420×10^4	9.08	9.08
40 x 40	3	2.336×10^4	0.01798	1.83	3.530×10^4	3.530×10^4	12.3	12.3
40 x 40	5	3.755×10^4	0.02891	2.95	5.420×10^4	5.420×10^4	12	12
45 x 45	4	3.492×10^4	0.02688	2.74	6.500×10^4	6.500×10^4	13.6	13.6
45 x 45	5	4.302×10^4	0.03312	3.38	7.910×10^4	7.910×10^4	13.6	13.6
50 x 50	4	3.892×10^4	0.02996	3.06	9.060×10^4	9.060×10^4	15.3	15.3
50 x 50	5	4.802×10^4	0.03697	3.77	1.110×10^5	1.110×10^5	15.2	15.2
50 x 50	6	5.644×10^4	0.04345	4.43	1.260×10^5	1.260×10^5	15	15
60 x 60	4	4.692×10^4	0.03612	3.69	1.600×10^5	1.600×10^5	18.5	18.5
60 x 60	5	5.802×10^4	0.04466	4.56	1.960×10^5	1.960×10^5	18.4	18.4
60 x 60	6	6.844×10^4	0.05269	5.38	2.260×10^5	2.260×10^5	18.2	18.2
65 x 65	5	6.367×10^4	0.04901	5.00	2.530×10^5	2.530×10^5	19.9	19.9
65 x 65	6	7.527×10^4	0.05794	5.91	2.940×10^5	2.940×10^5	19.8	19.8
65 x 65	8	9.761×10^4	0.07514	7.67	3.680×10^5	3.680×10^5	19.4	19.4
70 x 70	6	8.127×10^4	0.06256	6.38	3.710×10^5	3.710×10^5	21.4	21.4
75 x 75	6	8.727×10^4	0.06718	6.86	4.610×10^5	4.610×10^5	23	23
75 x 75	9	1.269×10^3	0.09769	9.97	6.440×10^5	6.440×10^5	22.5	22.5
75 x 75	12	1.656×10^3	0.12748	13.01	8.190×10^5	8.190×10^5	22.2	22.2
80 x 80	6	9.327×10^4	0.0718	7.33	5.640×10^5	5.640×10^5	24.6	24.6
80 x 80	7	1.080×10^5	0.08312	8.48	6.420×10^5	6.420×10^5	24.4	24.4
90 x 90	6	1.055×10^3	0.08121	8.29	8.070×10^5	8.070×10^5	27.7	27.7
90 x 90	7	1.222×10^3	0.09407	9.60	9.300×10^5	9.300×10^5	27.6	27.6
90 x 90	8	1.376×10^5	0.10596	10.81	1.040×10^6	1.040×10^6	27.4	27.4
90 x 90	9	1.539×10^5	0.1185	12.09	1.140×10^6	1.140×10^6	27.2	27.2
90 x 90	10	1.700×10^3	0.13087	13.35	1.250×10^6	1.250×10^6	27.1	27.1
90 x 90	13	2.171×10^3	0.16712	17.05	1.560×10^6	1.560×10^6	26.8	26.8
100 x 100	7	1.362×10^3	0.10485	10.70	1.290×10^6	1.290×10^6	30.8	30.8
100 x 100	8	1.536×10^3	0.11824	12.07	1.440×10^6	1.440×10^6	30.6	30.6
100 x 100	10	1.900×10^3	0.14626	14.92	1.750×10^6	1.750×10^6	30.4	30.4
100 x 100	13	2.431×10^3	0.18714	19.10	2.200×10^6	2.200×10^6	30	30
120 x 120	8	1.876×10^3	0.14441	14.74	2.580×10^6	2.580×10^6	37.1	37.1
130 x 130	9	2.274×10^3	0.17505	17.86	3.660×10^6	3.660×10^6	40.1	40.1
130 x 130	10	2.516×10^3	0.19368	19.76	4.030×10^6	4.030×10^6	40	40
130 x 130	12	2.976×10^3	0.22909	23.38	4.670×10^6	4.670×10^6	39.6	39.6

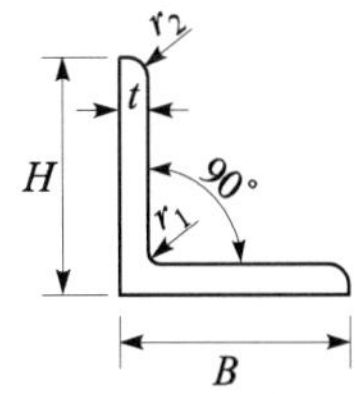

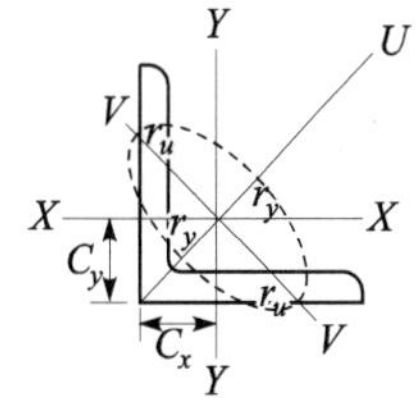

[부표1-3] L-형강 표준치수와 단면성능-1

단면계수 (mm³)		소성단면계수 (mm³)		뒴 상수 C_w (mm⁶)	비틀림 상수 J (mm⁴)	도심 C_x (mm)	도심 C_y (mm)	치수(mm)
S_x	S_y	Z_x	Z_y					H x B
4.480×10^{2}	4.480×10^{2}	8.400×10^{2}	8.400×10^{2}	1.950×10^{4}	4.000×10^{2}	7.4	7.4	25 x 25
6.610×10^{2}	6.610×10^{2}	1.230×10^{3}	1.230×10^{3}	3.470×10^{4}	5.000×10^{2}	8.6	8.6	30 x 30
1.210×10^{3}	1.210×10^{3}	2.230×10^{3}	2.230×10^{3}	8.560×10^{4}	7.000×10^{2}	11.1	11.1	40 x 40
1.910×10^{3}	1.910×10^{3}	3.560×10^{3}	3.560×10^{3}	3.660×10^{5}	3.100×10^{3}	11.8	11.8	40 x 40
2.000×10^{3}	2.000×10^{3}	3.720×10^{3}	3.720×10^{3}	2.830×10^{5}	1.800×10^{3}	12.7	12.7	45 x 45
2.460×10^{3}	2.460×10^{3}	4.559×10^{6}	4.559×10^{6}	4.888×10^{7}	3.542×10^{6}	13.1	13.1	45 x 45
2.490×10^{3}	2.490×10^{3}	4.630×10^{3}	4.630×10^{3}	3.930×10^{5}	2.000×10^{3}	14.0	14.0	50 x 50
3.080×10^{3}	3.080×10^{3}	5.680×10^{3}	5.680×10^{3}	7.440×10^{5}	4.000×10^{3}	14.3	14.3	50 x 50
3.550×10^{3}	3.550×10^{3}	6.700×10^{3}	6.700×10^{3}	1.250×10^{6}	6.800×10^{3}	14.7	14.7	50 x 50
3.660×10^{3}	3.660×10^{3}	6.750×10^{3}	6.750×10^{3}	6.940×10^{5}	2.500×10^{3}	16.5	16.5	60 x 60
4.520×10^{3}	4.520×10^{3}	8.310×10^{3}	8.310×10^{3}	1.320×10^{6}	4.800×10^{3}	16.8	16.8	60 x 60
5.240×10^{3}	5.240×10^{3}	9.823×10^{5}	9.823×10^{5}	2.056×10^{6}	8.208×10^{3}	17.2	17.2	60 x 60
5.350×10^{3}	5.350×10^{3}	9.810×10^{3}	9.810×10^{3}	1.700×10^{6}	5.200×10^{3}	18.1	18.1	65 x 65
6.260×10^{3}	6.260×10^{3}	1.160×10^{4}	1.160×10^{4}	2.860×10^{6}	8.900×10^{3}	18.5	18.5	65 x 65
7.960×10^{3}	7.960×10^{3}	1.510×10^{4}	1.510×10^{4}	6.460×10^{6}	2.080×10^{4}	19.2	19.2	65 x 65
7.330×10^{3}	7.330×10^{3}	1.350×10^{4}	1.350×10^{4}	3.610×10^{6}	9.600×10^{3}	19.7	19.7	70 x 70
8.470×10^{3}	8.470×10^{3}	1.560×10^{4}	1.560×10^{4}	4.480×10^{6}	1.040×10^{4}	21.0	21.0	75 x 75
1.210×10^{4}	1.210×10^{4}	2.260×10^{4}	2.260×10^{4}	1.420×10^{7}	3.430×10^{4}	22.1	22.1	75 x 75
1.570×10^{4}	1.570×10^{4}	2.910×10^{4}	2.910×10^{4}	3.150×10^{7}	7.950x104	23.1	23.1	75 x 75
9.700×10^{3}	9.700×10^{3}	1.790×10^{4}	1.790×10^{4}	5.480×10^{6}	1.110×10^{4}	22.2	22.2	80 x 80
1.112×10^{4}	1.112×10^{4}	2.060×10^{7}	2.060×10^{7}	7.972×10^{6}	1.749×10^{4}	22.6	22.6	80 x 80
1.230×10^{4}	1.230×10^{4}	2.280×10^{4}	2.280×10^{4}	7.900×10^{6}	1.250×10^{4}	24.7	24.7	90 x 90
1.420×10^{4}	1.420×10^{4}	2.630×10^{4}	2.630×10^{4}	1.230×10^{7}	1.980×10^{4}	25.1	25.1	90 x 90
1.600×10^{4}	1.600×10^{4}	2.976×10^{7}	2.976×10^{7}	1.689×10^{7}	2.935×10^{7}	25.5	25.5	90 x 90
1.765×10^{4}	1.765×10^{4}	3.315×10^{7}	3.315×10^{7}	2.342×10^{7}	4.155×10^{4}	25.8	25.8	90 x 90
1.950×10^{4}	1.950×10^{4}	3.650×10^{4}	3.650×10^{4}	3.410×10^{7}	5.670×10^{4}	26.2	26.2	90 x 90
2.480×10^{4}	2.480×10^{4}	4.610×10^{4}	4.610×10^{4}	7.110×10^{7}	1.220×10^{5}	27.2	27.2	90 x 90
1.770×10^{4}	1.770×10^{4}	3.270×10^{4}	3.270×10^{4}	1.710×10^{7}	2.210×10^{4}	27.6	27.6	100 x 100
1.986×10^{4}	1.986×10^{4}	3.705×10^{7}	3.705×10^{7}	2.366×10^{7}	3.277×10^{4}	28.0	28.0	100 x 100
2.440×10^{4}	2.440×10^{4}	4.550×10^{4}	4.550×10^{4}	4.760×10^{7}	6.330×10^{4}	28.7	28.7	100 x 100
3.110×10^{4}	3.110×10^{4}	5.760×10^{4}	5.760×10^{4}	9.980×10^{7}	1.370×10^{5}	29.8	29.8	100 x 100
2.950×10^{4}	2.950×10^{4}	5.400×10^{4}	5.400×10^{4}	4.440×10^{7}	3.960×10^{4}	33.0	33.0	120 x 120
3.870×10^{4}	3.870×10^{4}	7.110×10^{4}	7.110×10^{4}	8.010×10^{7}	6.100×10^{4}	35.8	35.8	130 x 130
4.280×10^{4}	4.280×10^{4}	7.848×10^{7}	7.848×10^{7}	1.023×10^{8}	8.333×10^{7}	36.2	36.2	130 x 130
4.990×10^{4}	4.990×10^{4}	9.290×10^{4}	9.290×10^{4}	1.830×10^{8}	1.430×10^{5}	36.9	36.9	130 x 130

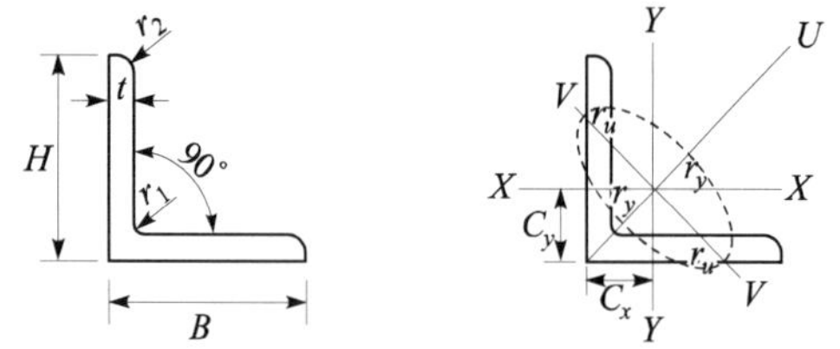

[부표1-3] L-형강 표준치수와 단면성능-2

치수(mm)		단면적 (mm^2)	단위중량 (1kg=9.8N)		단면2차모멘트 (mm^4)		단면2차반경 (mm)	
H x B	t_1		(N/mm)	(kg/m)	I_x	I_y	r_x	r_y
150 x 150	10	2.921×10^{3}	0.22486	22.94	6.270×10^{6}	6.270×10^{6}	39.3	39.3
150 x 150	12	3.477×10^{3}	0.26766	27.31	7.400×10^{6}	7.400×10^{6}	46.3	40.3
150 x 150	15	4.274×10^{3}	0.32901	33.57	8.880×10^{6}	8.880×10^{6}	46.1	46.1
150 x 150	19	5.338×10^{3}	0.41092	41.93	1.090×10^{7}	1.090×10^{7}	45.6	45.6
175 x 175	12	4.052×10^{3}	0.31192	31.83	1.170×10^{7}	1.170×10^{7}	45.2	45.2
175 x 175	15	5.021×10^{3}	0.38652	39.44	1.440×10^{7}	1.440×10^{7}	53.8	53.8
200 x 200	15	5.775×10^{3}	0.44456	45.36	2.180×10^{7}	2.180×10^{7}	53.5	53.5
200 x 200	20	7.600×10^{3}	0.58505	59.70	2.820×10^{7}	2.820×10^{7}	61.4	61.4
200 x 200	25	9.375×10^{3}	0.72169	73.64	3.420×10^{7}	3.420×10^{7}	60.9	60.9
250 x 250	25	1.194×10^{4}	0.91914	93.79	6.950×10^{7}	6.950×10^{7}	60.4	60.4
250 x 250	35	1.626×10^{4}	1.25169	127.72	9.110×10^{7}	9.110×10^{7}	76.3	76.3
90 x 75	9	1.404×10^{3}	0.10808	11.03	1.090×10^{6}	6.810×10^{5}	74.9	74.9
100 x 75	7	1.187×10^{3}	0.09138	9.32	1.180×10^{6}	5.700×10^{5}	27.8	22
100 x 75	10	1.650×10^{3}	0.12702	12.96	1.590×10^{6}	7.610×10^{5}	31.5	21.9
125 x 75	7	1.362×10^{3}	0.10485	10.70	2.190×10^{6}	6.040×10^{5}	31.1	21.5
125 x 75	10	1.900×10^{3}	0.14626	14.92	2.980×10^{6}	8.090×10^{5}	40.1	21.1
125 x 75	13	2.431×10^{3}	0.18714	19.10	3.760×10^{6}	1.010×10^{6}	39.6	20.6
125 x 90	10	2.050×10^{3}	0.15781	16.10	3.180×10^{6}	1.380×10^{6}	39.3	20.4
125 x 90	13	2.626×10^{3}	0.20215	20.63	4.010×10^{6}	1.650×10^{6}	39.4	25.9
150 x 90	9	2.094×10^{3}	0.1612	16.45	4.840×10^{6}	1.330×10^{6}	39.1	25.1
150 x 90	12	2.736×10^{3}	0.21062	21.49	6.190×10^{6}	1.680×10^{6}	48.1	25.2
150 x 100	9	2.184×10^{3}	0.16812	17.16	5.020×10^{6}	1.790×10^{6}	47.5	24.7
150 x 100	12	2.856×10^{3}	0.21985	22.43	6.420×10^{6}	2.290×10^{6}	47.9	28.6
150 x 100	15	3.525×10^{3}	0.27135	27.69	7.810×10^{6}	2.760×10^{6}	47.4	28.3
200 x 90	9 14	2.966×10^{3}	0.22832	23.30	1.210×10^{7}	2.000×10^{6}	47.1	28
250 x 90	10 15	3.747×10^{3}	0.28844	29.43	2.440×10^{7}	2.230×10^{6}	63.9	26
250 x 90	12 16	4.295×10^{3}	0.33063	33.74	2.790×10^{7}	2.380×10^{6}	80.7	24.4
300 x 90	11 16	4.622×10^{3}	0.3558	36.31	4.470×10^{7}	2.450×10^{6}	80.6	23.5
300 x 90	13 17	5.267×10^{3}	0.40545	41.37	4.940×10^{7}	2.590×10^{6}	98.3	23
350 x 100	12 17	5.774×10^{3}	0.44448	45.36	7.440×10^{7}	3.620×10^{6}	96.8	22.2
400 x 100	13 18	6.859×10^{3}	0.52801	53.88	1.150×10^{8}	$3.880\times10s^{6}$	113	25

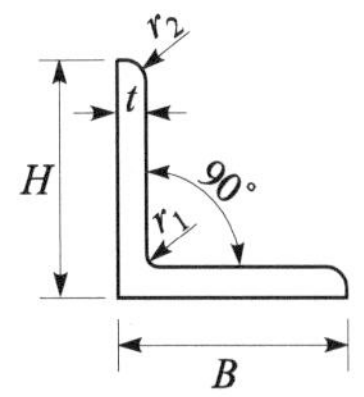

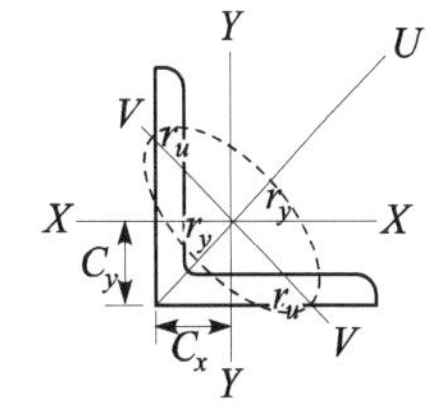

[부표1-3] L-형강 표준치수와 단면성능-2

단면계수 (mm^3)		소성단면계수 (mm^3)		뒴 상수 C_w (mm^6)	비틀림 상수 J (mm^4)	도심 C_x (mm)	도심 C_y (mm)	치수(mm)
S_x	S_y	Z_x	Z_y					H x B
5.730×10^{4}	5.730×10^{4}	1.055×10^{7}	1.055×10^{7}	1.609×10^{8}	9.667×10^{7}	41.2	41.2	150 x 150
6.810×10^{4}	6.810×10^{4}	1.250×10^{5}	1.250×10^{5}	2.870×10^{8}	1.660×10^{5}	41.9	41.9	150 x 150
8.260×10^{4}	8.260×10^{4}	1.530×10^{5}	1.530×10^{5}	5.430×10^{8}	3.210×10^{5}	43.0	43.0	150 x 150
1.030×10^{5}	1.030×10^{5}	1.900×10^{5}	1.900×10^{5}	1.060×10^{9}	6.430×10^{5}	44.5	44.5	150 x 150
9.180×10^{4}	9.180×10^{4}	1.720×10^{5}	1.720×10^{5}	4.630×10^{8}	1.950×10^{5}	48.2	48.2	175 x 175
1.140×10^{5}	1.140×10^{5}	2.120×10^{5}	2.120×10^{5}	8.810×10^{8}	3.770×10^{5}	49.3	49.3	175 x 175
1.500×10^{5}	1.500×10^{5}	2.790×10^{5}	2.790×10^{5}	1.340×10^{9}	4.330×10^{5}	55.6	55.6	200 x 200
1.970×10^{5}	1.970×10^{5}	3.640×10^{5}	3.640×10^{5}	3.050×10^{9}	1.010×10^{6}	57.4	57.4	200 x 200
2.420×10^{5}	2.420×10^{5}	4.450×10^{5}	4.450×10^{5}	5.720×10^{9}	1.950×10^{6}	59.2	59.2	200 x 200
3.830×10^{5}	3.830×10^{5}	7.110×10^{5}	7.110×10^{5}	1.160×10^{10}	2.470×10^{6}	71.7	71.7	250 x 250
5.190×10^{5}	5.190×10^{5}	9.610×10^{5}	9.610×10^{5}	2.990×10^{10}	6.650×10^{6}	75.3	75.3	250 x 250
1.740×10^{4}	1.240×10^{4}	3.250×10^{4}	2.310×10^{4}	1.980×10^{7}	3.790×10^{4}	20.4	27.9	90 x 75
1.700×10^{4}	1.010×10^{4}	3.150×10^{4}	1.850×10^{4}	1.200×10^{7}	1.920×10^{4}	18.7	31.2	100 x 75
2.330×10^{4}	1.370×10^{4}	4.370×10^{4}	2.580×10^{4}	3.330×10^{7}	5.500×10^{4}	19.8	32.3	100 x 75
2.610×10^{4}	1.030×10^{4}	4.730×10^{4}	1.890×10^{4}	2.060×10^{7}	2.210×10^{4}	16.7	41.7	125 x 75
3.610×10^{4}	1.410×10^{4}	6.590×10^{4}	2.670×10^{4}	5.750×10^{7}	6.330×10^{4}	17.8	42.8	125 x 75
4.610×10^{4}	1.790×10^{4}	8.340×10^{4}	3.420×10^{4}	1.210×10^{8}	1.370×10^{5}	18.9	43.9	125 x 75
3.720×10^{4}	2.040×10^{4}	6.910×10^{4}	3.790×10^{4}	6.510×10^{7}	6.830×10^{4}	22.6	40.1	125 x 90
4.750×10^{4}	2.480×10^{4}	8.760×10^{4}	4.830×10^{4}	1.370×10^{8}	1.480×10^{5}	23.7	41.2	125 x 90
4.820×10^{4}	1.900×10^{4}	8.730×10^{4}	3.500×10^{4}	7.500×10^{7}	5.610×10^{4}	20.3	50.3	150 x 90
6.230×10^{4}	2.430×10^{4}	1.140×10^{5}	4.610×10^{4}	1.720×10^{8}	1.310×10^{5}	21.4	51.4	150 x 90
4.900×10^{4}	2.330×10^{4}	8.970×10^{4}	4.290×10^{4}	8.000×10^{7}	5.860×10^{4}	23.4	48.4	150 x 100
6.340×10^{4}	3.020×10^{4}	1.170×10^{5}	5.630×10^{4}	1.830×10^{8}	1.370×10^{5}	24.5	49.5	150 x 100
7.820×10^{4}	3.700×10^{4}	1.433×10^{5}	6.950×10^{4}	3.450×10^{8}	2.640×10^{5}	25.6	50.6	150 x 100
8.870×10^{4}	2.920×10^{4}	1.597×10^{5}	5.347×10^{7}	1.779×10^{8}	1.251×10^{5}	15.8	81.3	200 x 90
1.490×10^{5}	3.150×10^{4}	2.613×10^{5}	5.881×10^{4}	4.181×10^{8}	1.765×10^{7}	15.0	105.0	250 x 90
1.740×10^{5}	3.350×10^{4}	3.011×10^{5}	6.360×10^{7}	6.825×10^{8}	2.541×10^{5}	16.2	103.4	250 x 90
2.350×10^{5}	3.380×10^{4}	3.907×10^{7}	6.462×10^{7}	9.155×10^{8}	2.449×10^{7}	14.5	129.0	300 x 90
2.640×10^{5}	3.570×10^{4}	4.448×10^{7}	7.015×10^{7}	1.463×10^{9}	3.502×10^{7}	15.6	127.5	300 x 90
3.380×10^{5}	4.450×10^{4}	5.700×10^{7}	8.580×10^{7}	1.886×10^{9}	3.506×10^{7}	15.7	150.8	350 x 100
4.670×10^{5}	4.710×10^{4}	7.719×10^{7}	9.367×10^{7}	3.534×10^{9}	4.681×10^{7}	15.4	175.0	400 x 100

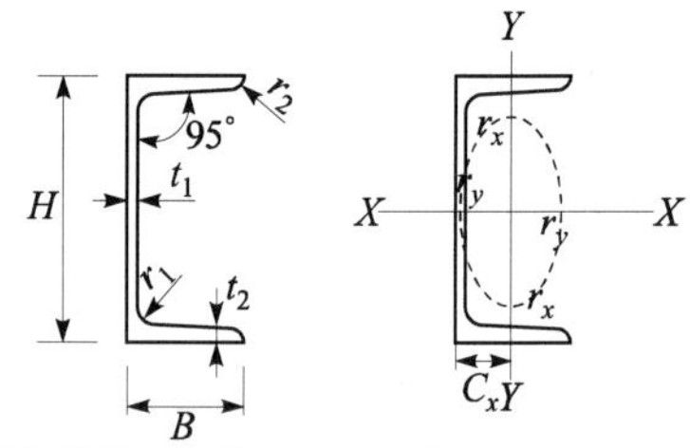

[부표1-4] C-형강 표준치수와 단면성능

치수(mm)					단면적 (mm^2)	단위중량 (1kg=9.8N)		단면2차모멘트 (mm^4)		단면2차반경 (mm)	
H x B	t_1	t_2	r_1	r_2		(N/mm)	(kg/m)	I_x	I_y	r_x	r_y
75 x 40	5	7	8	4	8.818×10^4	0.06788	6.93	7.530×10^5	1.220×10^5	29.2	11.7
100 x 50	5	7.5	8	4	1.192×10^3	0.09176	9.36	1.880×10^6	2.600×10^5	39.7	14.8
125 x 65	6	8	8	4	1.711×10^3	0.13171	13.44	4.240×10^6	6.180×10^5	49.8	19
150 x 75	6.5	10	10	5	2.371×10^3	0.18252	18.62	8.610×10^6	1.170×10^6	60.3	22.2
150 x 75	9	12.5	15	7.5	3.059×10^3	0.23548	24.03	1.050×10^7	1.470×10^6	58.6	21.9
180 x 75	7	10.5	11	5.5	2.720×10^3	0.20939	21.37	1.380×10^7	1.310×10^6	71.2	21.9
200 x 70	7	10	12	5.5	2.692×10^3	0.20723	21.15	1.620×10^7	1.130×10^6	77.7	20.4
200 x 80	7.5	11	12	6	3.133×10^3	0.24118	24.61	1.950×10^7	1.680×10^6	78.8	23.2
200 x 90	8	13.5	14	7	3.865×10^3	0.29753	30.36	2.490×10^7	2.770×10^6	80.2	26.8
250 x 90	9	13	14	7	4.407×10^3	0.33925	34.62	4.180×10^7	2.940×10^6	97.4	25.8
250 x 90	11	14.5	17	8.5	5.117×10^3	0.39391	40.19	4.680×10^7	3.290×10^6	95.6	25.4
300 x 90	9	13	14	7	4.857×10^3	0.37389	38.15	6.440×10^7	3.090×10^6	115	25.2
300 x 90	10	15.5	19	9.5	5.574×10^3	0.42909	43.78	7.410×10^7	3.600×10^6	115	25.4
300 x 90	12	16	19	9.5	6.190×10^3	0.47651	48.62	7.870×10^7	3.790×10^6	113	24.8
380 x 100	10.5	16	18	9	6.939×10^3	0.53416	54.51	1.450×10^8	5.350×10^6	145	27.8
380 x 100	13	16.5	18	9	7.896×10^3	0.60783	62.02	1.560×10^8	5.650×10^6	141	26.7
380 x 100	13	20	24	12	8.571×10^3	0.6598	67.33	1.760×10^8	6.550×10^6	143	27.6

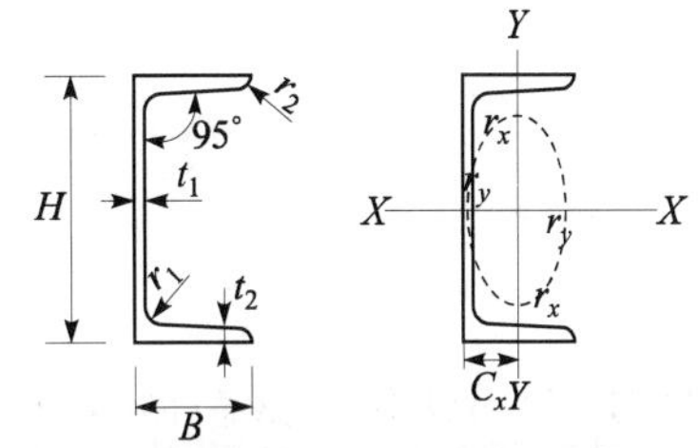

[부표1-4] C-형강 표준치수와 단면성능

단면계수 (mm³)		소성단면계수 (mm³)		뒴 상수 C_w (mm⁶)	비틀림 상수 J (mm⁴)	도심 C_x (mm)	치수(mm)
S_x	S_y	Z_x	Z_y				H x B
2.010×10^4	4.470×10^3	2.369×10^7	9.276×10^6	1.090×10^8	1.141×10^7	12.7	75 x 40
3.760×10^4	7.520×10^3	4.372×10^7	1.593×10^7	4.395×10^8	1.721×10^7	15.5	100 x 50
6.780×10^4	1.340×10^4	7.866×10^6	2.951×10^7	1.710×10^9	2.959×10^7	19.4	125 x 65
1.150×10^5	2.240×10^4	1.325×10^7	4.814×10^7	4.596×10^9	6.065×10^7	23.1	150 x 75
1.400×10^5	2.830×10^4	1.641×10^7	5.963×10^4	5.414×10^9	1.252×10^7	23.1	150 x 75
1.530×10^5	2.430×10^4	1.777×10^5	5.263×10^4	7.468×10^9	7.456×10^7	21.5	180 x 75
1.620×10^5	2.180×10^4	1.897×10^5	4.457×10^6	7.741×10^9	6.606×10^7	18.5	200 x 70
1.950×10^5	2.910×10^4	2.257×10^7	6.334×10^7	1.204×10^{10}	9.424×10^7	22.4	200 x 80
2.490×10^5	4.420×10^4	2.865×10^7	9.368×10^7	1.903×10^{10}	1.729×10^7	27.7	200 x 90
3.340×10^5	4.450×10^4	3.902×10^5	9.540×10^7	3.284×10^{10}	1.828×10^5	24.2	250 x 90
3.740×10^5	4.990×10^4	4.416×10^7	1.054×10^7	3.602×10^{10}	2.762×10^7	23.9	250 x 90
4.290×10^5	4.570×10^4	5.047×10^5	9.715×10^7	5.124×10^{10}	1.950×10^5	22.3	300 x 90
4.940×10^5	5.410×10^4	5.778×10^5	1.140×10^7	5.759×10^{10}	3.059×10^7	23.3	300 x 90
5.250×10^5	5.640×10^4	6.244×10^5	1.179×10^7	6.027×10^{10}	3.930×10^5	22.5	300 x 90
7.630×10^5	7.050×10^4	9.003×10^5	1.483×10^7	1.418×10^{11}	3.992×10^7	22.9	380 x 100
8.230×10^5	7.360×10^4	9.911×10^7	1.542×10^7	1.495×10^{11}	5.462×10^7	22.9	380 x 100
9.260×10^5	8.780×10^4	1.096×10^6	1.821×10^7	1.662×10^{11}	7.623×10^7	25.0	380 x 100

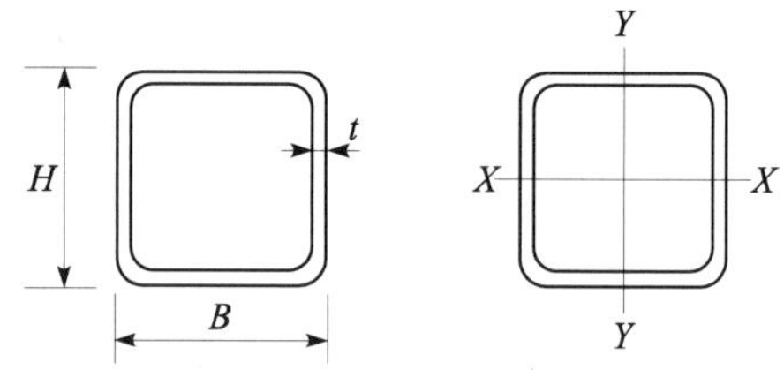

[부표1-5] 각형강관의 표준치수와 단면성능-1

치수(mm)		단면적 (mm^2)	단위중량 (1kg=9.8N)		단면2차모멘트 (mm^4)		단면2차반경 (mm)	
H x B	t		(N/mm)	(kg/m)	I_x	I_y	r_x	r_y
40 x 40	1.6	$2.392x10^4$	0.01841	1.88	$5.790x10^4$	$5.790x10^4$	15.6	15.6
40 x 40	2.3	$3.332x10^4$	0.02565	2.62	$7.730x10^4$	$7.730x10^4$	15.2	15.2
50 x 50	1.6	$3.032x10^4$	0.02334	2.38	$1.170x10^5$	$1.170x10^5$	19.6	19.6
50 x 50	2.3	$4.252x10^4$	0.03273	3.34	$1.590x10^5$	$1.590x10^5$	19.3	19.3
50 x 50	3.2	$5.727x10^4$	0.04409	4.50	$2.040x10^5$	$2.040x10^5$	18.9	18.9
60 x 60	1.6	$3.672x10^4$	0.02827	2.88	$2.070x10^5$	$2.070x10^5$	23.7	23.7
60 x 60	2.3	$5.172x10^4$	0.03981	4.06	$2.830x10^5$	$2.830x10^5$	23.4	23.4
60 x 60	3.2	$7.007x10^4$	0.05394	5.50	$3.690x10^5$	$3.690x10^5$	23	23
75 x 75	1.6	$4.632x10^4$	0.03566	3.64	$4.130x10^5$	$4.130x10^5$	29.9	29.9
75 x 75	2.3	$6.552x10^4$	0.05044	5.15	$5.710x10^5$	$5.710x10^5$	29.5	29.5
75 x 75	3.2	$8.927x10^4$	0.06872	7.01	$7.550x10^5$	$7.550x10^5$	29.1	29.1
75 x 75	4.5	$1.217x10^3$	0.09368	9.56	$9.860x10^5$	$9.860x10^5$	28.5	28.5
80 x 80	2.3	$7.012x10^4$	0.05398	5.51	$6.990x10^5$	$6.990x10^5$	31.6	31.6
80 x 80	3.2	$9.567x10^4$	0.07365	7.52	$9.270x10^5$	$9.270x10^5$	31.1	31.1
80 x 80	4.5	$1.307x10^3$	0.10061	10.27	$1.220x10^6$	$1.220x10^6$	30.5	30.5
90 x 90	2.3	$7.932x10^4$	0.06106	6.23	$1.010x10^6$	$1.010x10^6$	35.6	35.6
90 x 90	3.2	$1.085x10^3$	0.08352	8.52	$1.350x10^6$	$1.350x10^6$	35.2	35.2
100 x 100	2.3	$8.852x10^4$	0.06814	6.95	$1.400x10^6$	$1.400x10^6$	39.7	39.7
100 x 100	3.2	$1.213x10^3$	0.09338	9.53	$1.870x10^6$	$1.870x10^6$	39.3	39.3
100 x 100	4	$1.495x10^3$	0.11509	11.74	$2.260x10^6$	$2.260x10^6$	38.9	38.9
100 x 100	4.5	$1.667x10^3$	0.12833	13.09	$2.490x10^6$	$2.490x10^6$	38.7	38.7
100 x 100	6	$2.163x10^3$	0.16651	16.99	$3.110x10^6$	$3.110x10^6$	37.9	37.9
100 x 100	9	$3.067x10^3$	0.2361	24.09	$4.080x10^6$	$4.080x10^6$	36.5	36.5
100 x 100	12	$3.853x10^3$	0.2966	30.27	$4.710x10^6$	$4.710x10^6$	35	35
125 x 125	3.2	$1.533x10^3$	0.11801	12.04	$3.760x10^6$	$3.760x10^6$	49.5	49.5
125 x 125	4.5	$2.117x10^3$	0.16297	16.63	$5.060x10^6$	$5.060x10^6$	48.9	48.9
125 x 125	5	$2.336x10^3$	0.17983	18.35	$5.530x10^6$	$5.530x10^6$	48.6	48.6
125 x 125	6	$2.763x10^3$	0.2127	21.70	$6.410x10^6$	$6.410x10^6$	48.2	48.2
125 x 125	9	$3.967x10^3$	0.30538	31.16	$8.650x10^6$	$8.650x10^6$	46.7	46.7
125 x 125	12	$5.053x10^3$	0.38898	39.69	$1.030x10^7$	$1.030x10^7$	45.2	45.2
150 x 150	4.5	$2.567x10^3$	0.19761	20.16	$8.960x10^6$	$8.960x10^6$	59.1	59.1
150 x 150	5	$2.836x10^3$	0.21832	22.28	$9.820x10^6$	$9.820x10^6$	58.9	58.9
150 x 150	6	$3.363x10^3$	0.25888	26.42	$1.150x10^7$	$1.150x10^7$	58.4	58.4
150 x 150	9	$4.867x10^3$	0.37466	38.23	$1.580x10^7$	$1.580x10^7$	56.9	56.9
175 x 175	4.5	$3.017x10^3$	0.23225	23.70	$1.450x10^7$	$1.450x10^7$	69.3	69.3

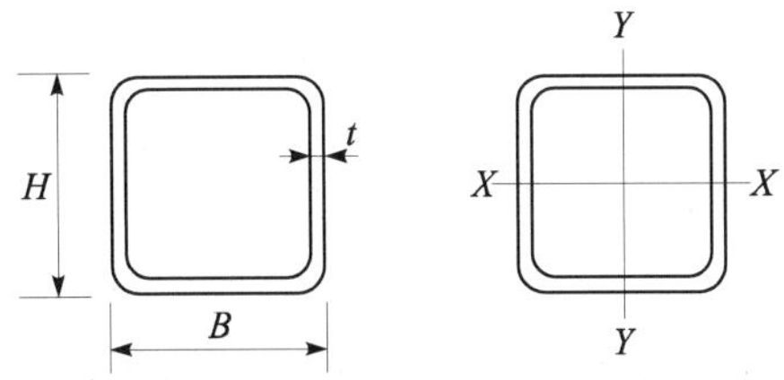

[부표1-5] 각형강관의 표준치수와 단면성능-1

단면계수 (mm^3)		소성단면계수 (mm^3)		비틀림 상수 J (mm^4)	치수(mm)
S_x	S_y	Z_x	Z_y		H x B
2.900×10^3	2.900×10^3	3.541×10^6	3.541×10^6	9.060×10^7	40 x 40
3.860×10^3	3.860×10^3	4.910×10^6	4.910×10^6	1.232×10^5	40 x 40
4.680×10^3	4.680×10^3	5.624×10^6	5.624×10^6	1.814×10^7	50 x 50
6.340×10^3	6.340×10^3	7.856×10^6	7.856×10^6	2.496×10^5	50 x 50
8.160×10^3	8.160×10^3	1.053×10^7	1.053×10^7	3.280×10^7	50 x 50
6.890×10^3	6.890×10^3	8.187×10^6	8.187×10^6	3.187×10^7	60 x 60
9.440×10^3	9.440×10^3	1.149×10^7	1.149×10^7	4.418×10^5	60 x 60
1.230×10^4	1.230×10^4	1.550×10^7	1.550×10^7	5.864×10^7	60 x 60
1.100×10^4	1.100×10^4	1.293×10^7	1.293×10^7	6.327×10^5	75 x 75
1.520×10^4	1.520×10^4	1.824×10^7	1.824×10^7	8.838×10^7	75 x 75
2.010×10^4	2.010×10^4	2.476×10^7	2.476×10^7	1.184×10^6	75 x 75
2.630×10^4	2.630×10^4	3.359×10^7	3.359×10^7	1.577×10^6	75 x 75
1.750×10^4	1.750×10^4	2.083×10^7	2.083×10^7	1.079×10^6	80 x 80
2.320×10^4	2.320×10^4	2.833×10^7	2.833×10^7	1.450×10^6	80 x 80
3.040×10^4	3.040×10^4	3.852×10^7	3.852×10^7	1.937×10^6	80 x 80
2.240×10^4	2.240×10^4	2.654×10^7	2.654×10^7	1.551×10^6	90 x 90
2.990×10^4	2.990×10^4	3.618×10^7	3.618×10^7	2.093×10^6	90 x 90
2.790×10^4	2.790×10^4	3.294×10^7	3.294×10^7	2.145×10^6	100 x 100
3.750×10^4	3.750×10^4	4.499×10^7	4.499×10^7	2.903×10^6	100 x 100
4.530×10^4	4.530×10^4	5.533×10^4	5.533×10^4	3.539×10^6	100 x 100
4.990×10^4	4.990×10^4	6.161×10^7	6.161×10^7	3.919×10^6	100 x 100
6.230×10^4	6.230×10^4	7.963×10^4	7.963×10^4	4.984×10^6	100 x 100
8.160×10^4	8.160×10^4	1.122×10^5	1.122×10^5	6.782×10^6	100 x 100
9.430×10^4	9.430×10^4	1.403×10^5	1.403×10^5	8.178×10^6	100 x 100
6.010×10^4	6.010×10^4	7.123×10^7	7.123×10^7	5.782×10^6	125 x 125
8.090×10^4	8.090×10^4	9.806×10^7	9.806×10^7	7.874×10^6	125 x 125
8.840×10^4	8.840×10^4	1.081×10^7	1.081×10^7	8.640×10^6	125 x 125
1.030×10^5	1.030×10^5	1.276×10^5	1.276×10^5	1.011×10^7	125 x 125
1.380×10^5	1.380×10^5	1.820×10^7	1.820×10^7	1.405×10^7	125 x 125
1.650×10^5	1.650×10^5	2.307×10^5	2.307×10^5	1.731×10^7	125 x 125
1.200×10^5	1.200×10^5	1.429×10^7	1.429×10^7	1.386×10^7	150 x 150
1.310×10^5	1.310×10^5	1.578×10^5	1.578×10^5	1.524×10^7	150 x 150
1.530×10^5	1.530×10^5	1.867×10^5	1.867×10^5	1.792×10^7	150 x 150
2.100×10^5	2.100×10^5	2.688×10^5	2.688×10^5	2.523×10^7	150 x 150
1.660×10^5	1.660×10^5	1.963×10^7	1.963×10^7	2.230×10^7	175 x 175

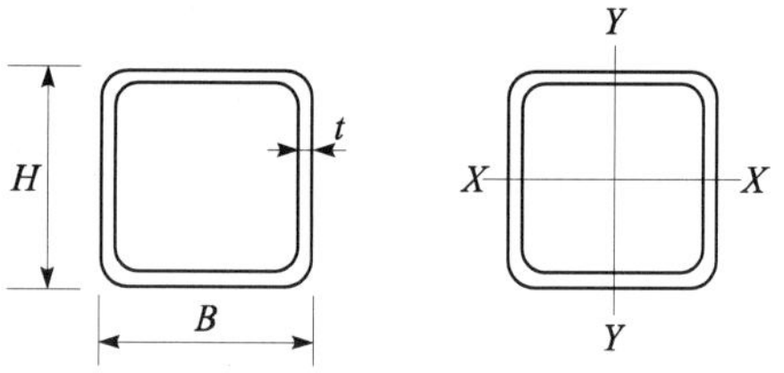

[부표1-5] 각형강관의 표준치수와 단면성능-2

치수(mm)		단면적 (mm^2)	단위중량 (1kg=9.8N)		단면2차모멘트 (mm^4)		단면2차반경 (mm)	
H x B	t		(N/mm)	(kg/m)	I_x	I_y	r_x	r_y
175 x 175	5	3.336×10^{3}	0.25681	26.21	1.590×10^{7}	1.590×10^{7}	69.1	69.1
175 x 175	6	3.963×10^{3}	0.30507	31.13	1.860×10^{7}	1.860×10^{7}	68.6	68.6
200 x 200	4.5	3.467×10^{3}	0.26689	27.23	2.190×10^{7}	2.190×10^{7}	79.5	79.5
200 x 200	6	4.563×10^{3}	0.35126	35.84	2.830×10^{7}	2.830×10^{7}	78.8	78.8
200 x 200	8	5.979×10^{3}	0.46026	46.97	3.620x107	3.620x107	77.8	77.8
200 x 200	9	6.667×10^{3}	0.51323	52.37	3.990×10^{7}	3.990×10^{7}	77.3	77.3
200 x 200	12	8.653×10^{3}	0.66611	67.97	4.980×10^{7}	4.980×10^{7}	75.9	75.9
250 x 250	5	4.836×10^{3}	0.37228	37.99	4.810×10^{7}	4.810×10^{7}	99.7	99.7
250 x 250	6	5.763×10^{3}	0.44364	45.27	5.670×10^{7}	5.670×10^{7}	99.2	99.2
250 x 250	8	7.579×10^{3}	0.58343	59.53	7.320×10^{7}	7.320×10^{7}	98.2	98.2
250 x 250	9	8.467×10^{3}	0.65179	66.51	8.090×10^{7}	8.090×10^{7}	97.8	97.8
250 x 250	12	1.105×10^{4}	0.85063	86.80	1.030×10^{8}	1.030×10^{8}	96.3	96.3
300 x 300	4.5	5.267×10^{3}	0.40545	41.37	7.630×10^{7}	7.630×10^{7}	120	120
300 x 300	6	6.963×10^{3}	0.53601	54.69	9.960×10^{7}	9.960×10^{7}	120	120
300 x 300	9	1.027×10^{4}	0.79058	80.67	1.430×10^{8}	1.430×10^{8}	118	118
300 x 300	12	1.345×10^{4}	1.03538	105.65	1.830×10^{8}	1.830×10^{8}	117	117
350 x 350	9	1.207×10^{4}	0.92915	94.81	2.320×10^{8}	2.320×10^{8}	139	139
350 x 350	12	1.585×10^{4}	1.22013	124.50	2.980×10^{8}	2.980×10^{8}	137	137
50 x 20	1.6	2.072×10^{4}	0.01595	1.63	6.080×10^{4}	1.420×10^{4}	17.1	8.29
50 x 20	2.3	2.872×10^{4}	0.02211	2.26	8.000×10^{4}	1.830×10^{4}	16.7	7.98
50 x 30	1.6	2.392×10^{4}	0.01841	1.88	7.960×10^{4}	3.600×10^{4}	18.2	12.3
50 x 30	2.3	3.332×10^{4}	0.02565	2.62	1.060×10^{5}	4.760×10^{4}	17.9	12
60 x 30	1.6	2.712×10^{4}	0.02088	2.13	1.250×10^{5}	4.250×10^{4}	21.5	12.5
60 x 30	2.3	3.792×10^{4}	0.02919	2.98	1.680×10^{5}	5.650×10^{4}	21.1	12.2
60 x 30	3.2	5.087×10^{4}	0.03916	4.00	2.140×10^{5}	7.080×10^{4}	20.5	11.8
75 x 20	1.6	2.872×10^{4}	0.02211	2.26	1.760×10^{5}	2.100×10^{4}	24.7	8.55
75 x 20	2.3	4.022×10^{4}	0.03096	3.16	2.370×10^{5}	2.730×10^{4}	24.3	8.24
75 x 45	1.6	3.672×10^{4}	0.02827	2.88	2.840×10^{5}	1.290×10^{5}	27.8	18.8
75 x 45	2.3	5.172×10^{4}	0.03981	4.06	3.890×10^{5}	1.760×10^{5}	27.4	18.4
75 x 45	3.2	7.007×10^{4}	0.05394	5.50	5.080×10^{5}	2.280×10^{5}	26.9	18
80 x 40	1.6	3.672×10^{4}	0.02827	2.88	3.070×10^{5}	1.050×10^{5}	28.9	16.9
80 x 40	2.3	5.172×10^{4}	0.03981	4.06	4.210×10^{5}	1.430×10^{5}	28.5	16.6
80 x 40	3.2	7.007×10^{4}	0.05394	5.50	5.490×10^{5}	1.840×10^{5}	28	16.2
90 x 45	2.3	5.862×10^{4}	0.04513	4.61	6.100×10^{5}	2.080×10^{5}	32.3	18.8
90 x 45	3.2	7.967×10^{4}	0.06133	6.26	8.020×10^{5}	2.700×10^{5}	31.7	18.4

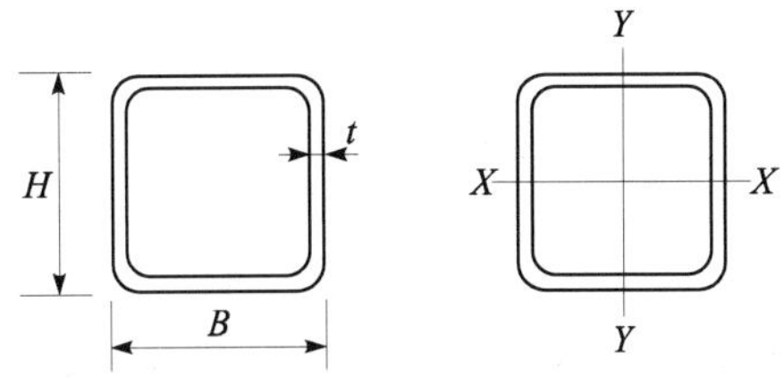

[부표1-5] 각형강관의 표준치수와 단면성능-2

단면계수 (mm^3)		소성단면계수 (mm^3)		비틀림 상수 J (mm^4)	치수(mm)
S_x	S_y	Z_x	Z_y		H x B
$1.820 x 10^5$	$1.820 x 10^5$	$2.168 x 10^7$	$2.168 x 10^7$	$2.457 x 10^7$	175 x 175
$2.130 x 10^5$	$2.130 x 10^5$	$2.572 x 10^5$	$2.572 x 10^5$	$2.896 x 10^7$	175 x 175
$2.190 x 10^5$	$2.190 x 10^5$	$2.580 x 10^7$	$2.580 x 10^7$	$3.362 x 10^7$	200 x 200
$2.830 x 10^5$	$2.830 x 10^5$	$3.388 x 10^5$	$3.388 x 10^5$	$4.381 x 10^7$	200 x 200
$3.620 x 10^5$	$3.620 x 10^5$	$4.426 x 10^5$	$4.426 x 10^5$	$5.662 x 10^7$	200 x 200
$3.990 x 10^5$	$3.990 x 10^5$	$4.929 x 10^5$	$4.929 x 10^5$	$6.271 x 10^7$	200 x 200
$4.980 x 10^5$	$4.980 x 10^5$	$6.371 x 10^5$	$6.371 x 10^5$	$7.974 x 10^7$	200 x 200
$3.840 x 10^5$	$3.840 x 10^5$	$4.503 x 10^5$	$4.503 x 10^5$	$7.353 x 10^7$	250 x 250
$4.540 x 10^5$	$4.540 x 10^5$	$5.359 x 10^5$	$5.359 x 10^5$	$8.716 x 10^7$	250 x 250
$5.850 x 10^5$	$5.850 x 10^5$	$7.030 x 10^5$	$7.030 x 10^5$	$1.134 x 10^8$	250 x 250
$6.470 x 10^5$	$6.470 x 10^5$	$7.845 x 10^5$	$7.845 x 10^5$	$1.260 x 10^8$	250 x 250
$8.200 x 10^5$	$8.200 x 10^5$	$1.020 x 10^6$	$1.020 x 10^6$	$1.618 x 10^8$	250 x 250
$5.080 x 10^5$	$5.080 x 10^5$	$5.895 x 10^7$	$5.895 x 10^7$	$1.161 x 10^8$	300 x 300
$6.640 x 10^5$	$6.640 x 10^5$	$7.780 x 10^5$	$7.780 x 10^5$	$1.525 x 10^8$	300 x 300
$9.560 x 10^5$	$9.560 x 10^5$	$1.144 x 10^6$	$1.144 x 10^6$	$2.218 x 10^8$	300 x 300
$1.220 x 10^6$	$1.220 x 10^6$	$1.494 x 10^6$	$1.494 x 10^6$	$2.867 x 10^8$	300 x 300
$1.320 x 10^6$	$1.320 x 10^6$	$1.570 x 10^6$	$1.570 x 10^6$	$3.569 x 10^8$	350 x 350
$1.700 x 10^6$	$1.700 x 10^6$	$2.057 x 10^6$	$2.057 x 10^6$	$4.634 x 10^8$	350 x 350
$2.430 x 10^3$	$1.420 x 10^3$	$3.301 x 10^6$	$1.698 x 10^6$	$3.799 x 10^7$	50 x 20
$3.200 x 10^3$	$1.830 x 10^3$	$4.565 x 10^6$	$2.308 x 10^6$	$5.014 x 10^7$	50 x 20
$3.180 x 10^3$	$2.400 x 10^3$	$4.075 x 10^6$	$2.847 x 10^6$	$7.873 x 10^7$	50 x 30
$4.250 x 10^3$	$3.170 x 10^3$	$5.662 x 10^6$	$3.927 x 10^6$	$1.065 x 10^7$	50 x 30
$4.160 x 10^3$	$2.830 x 10^3$	$5.384 x 10^6$	$3.301 x 10^6$	$1.014 x 10^7$	60 x 30
$5.610 x 10^3$	$3.760 x 10^3$	$7.511 x 10^6$	$4.565 x 10^6$	$1.376 x 10^7$	60 x 30
$7.150 x 10^3$	$4.720 x 10^3$	$1.005 x 10^7$	$6.037 x 10^6$	$1.774 x 10^7$	60 x 30
$4.690 x 10^3$	$2.100 x 10^3$	$6.473 x 10^6$	$2.434 x 10^6$	$6.358 x 10^7$	75 x 20
$6.310 x 10^3$	$2.730 x 10^3$	$9.044 x 10^6$	$3.326 x 10^6$	$8.426 x 10^7$	75 x 20
$7.560 x 10^3$	$5.750 x 10^3$	$9.409 x 10^6$	$6.606 x 10^6$	$2.780 x 10^7$	75 x 45
$1.040 x 10^4$	$7.820 x 10^3$	$1.322 x 10^7$	$9.243 x 10^6$	$3.841 x 10^7$	75 x 45
$1.350 x 10^4$	$1.010 x 10^4$	$1.787 x 10^7$	$1.242 x 10^7$	$5.075 x 10^7$	75 x 45
$7.680 x 10^3$	$5.260 x 10^3$	$9.736 x 10^6$	$5.999 x 10^6$	$2.483 x 10^7$	80 x 40
$1.050 x 10^4$	$7.140 x 10^3$	$1.369 x 10^7$	$8.378 x 10^6$	$3.420 x 10^7$	80 x 40
$1.370 x 10^4$	$9.210 x 10^3$	$1.850 x 10^7$	$1.123 x 10^7$	$4.500 x 10^7$	80 x 40
$1.360 x 10^4$	$9.220 x 10^3$	$1.746 x 10^7$	$1.072 x 10^7$	$4.947 x 10^7$	90 x 45
$1.780 x 10^4$	$1.200 x 10^4$	$2.368 x 10^7$	$1.442 x 10^7$	$6.551 x 10^7$	90 x 45

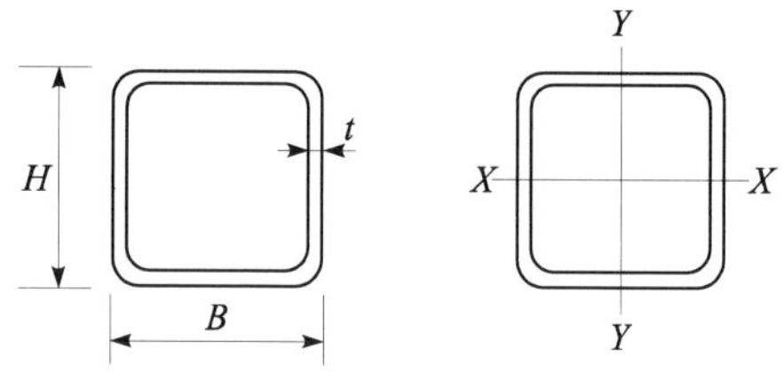

[부표1-5] 각형강관의 표준치수와 단면성능-3

치수(mm)		단면적 (mm^2)	단위중량 (1kg=9.8N)		단면2차모멘트 (mm^4)		단면2차반경 (mm)	
H x B	t		(N/mm)	(kg/m)	I_x	I_y	r_x	r_y
100 x 20	1.6	3.672×10^{4}	0.02827	2.88	3.810×10^{5}	2.780×10^{4}	32.2	8.7
100 x 20	2.3	5.172×10^{4}	0.03981	4.06	5.190×10^{5}	3.640×10^{4}	31.7	8.39
100 x 40	1.6	4.312×10^{4}	0.03319	3.39	5.350×10^{5}	1.290×10^{5}	35.2	17.3
100 x 40	2.3	6.092×10^{4}	0.0469	4.79	7.390×10^{5}	1.750×10^{5}	34.8	17
100 x 40	4.2	1.060×10^{3}	0.0816	8.33	1.200×10^{6}	2.760×10^{5}	33.6	16.1
100 x 50	1.6	4.632×10^{4}	0.03566	3.64	6.130×10^{5}	2.110×10^{5}	36.4	21.3
100 x 50	2.3	6.552×10^{4}	0.05044	5.15	8.480×10^{5}	2.900×10^{5}	36	21
100 x 50	3.2	8.927×10^{4}	0.06872	7.01	1.120×10^{6}	3.800×10^{5}	35.5	20.6
100 x 50	4.5	1.217×10^{3}	0.09368	9.56	1.470×10^{6}	4.890×10^{5}	34.7	20
125 x 40	1.6	5.112×10^{4}	0.03935	4.02	9.440×10^{5}	1.580×10^{5}	43	17.6
125 x 40	2.3	7.242×10^{4}	0.05575	5.69	1.310×10^{6}	2.160×10^{5}	42.5	17.3
125 x 75	2.3	8.852×10^{4}	0.06814	6.95	1.920×10^{6}	8.750×10^{5}	46.5	31.4
125 x 75	3.2	1.213×10^{3}	0.09338	9.53	2.570×10^{6}	1.170×10^{6}	46	31
125 x 75	4	1.495×10^{3}	0.11509	11.74	3.110×10^{6}	1.410×10^{6}	45.6	30.7
125 x 75	4.5	1.667×10^{3}	0.12833	13.09	3.420×10^{6}	1.550×10^{6}	45.3	30.4
125 x 75	6	2.163×10^{3}	0.16651	16.99	4.280×10^{6}	1.920×10^{6}	44.5	29.8
150 x 75	3.2	1.373×10^{3}	0.10569	10.78	4.020×10^{6}	1.370×10^{6}	54.1	31.6
150 x 80	4.5	1.937×10^{3}	0.14911	15.22	5.630×10^{6}	2.110×10^{6}	53.9	33
150 x 80	5	2.136×10^{3}	0.16443	16.78	6.140×10^{6}	2.300×10^{6}	53.6	32.8
150 x 80	6	2.523×10^{3}	0.19422	19.82	7.100×10^{6}	2.640×10^{6}	53.1	32.4
150 x 100	3.2	1.533×10^{3}	0.11801	12.04	4.880×10^{6}	2.620×10^{6}	56.4	41.4
150 x 100	4.5	2.117×10^{3}	0.16297	16.63	6.580×10^{6}	3.520×10^{6}	55.8	40.8
150 x 100	6	2.763×10^{3}	0.2127	21.70	8.350×10^{6}	4.440×10^{6}	55	40.1
150 x 100	9	3.967×10^{3}	0.30538	31.16	1.130×10^{7}	5.950×10^{6}	53.3	38.7
200 x 100	4.5	2.567×10^{3}	0.19761	20.16	1.330×10^{7}	4.550×10^{6}	72	42.1
200 x 100	6	3.363×10^{3}	0.25888	26.42	1.700×10^{7}	5.770×10^{6}	71.2	41.4
200 x 100	9	4.867×10^{3}	0.37466	38.23	2.350×10^{7}	7.820×10^{6}	69.4	40.1
200 x 150	4.5	3.017×10^{3}	0.23225	23.70	1.760×10^{7}	1.130×10^{7}	76.4	61.3
200 x 150	6	3.963×10^{3}	0.30507	31.13	2.270×10^{7}	1.460×10^{7}	75.6	60.6
200 x 150	9	5.767×10^{3}	0.44394	45.30	3.170×10^{7}	2.020×10^{7}	74.1	59.3
250 x 150	6	4.563×10^{3}	0.35126	35.84	3.890×10^{7}	1.770×10^{7}	92.3	62.3
250 x 150	9	6.667×10^{3}	0.51323	52.37	5.480×10^{7}	2.470×10^{7}	90.6	60.9
250 x 150	12	8.653×10^{3}	0.66611	67.97	6.850×10^{7}	3.070×10^{7}	89	59.5
300 x 200	6	5.763×10^{3}	0.44364	45.27	7.370×10^{7}	3.960×10^{7}	113	82.9
300 x 200	9	8.467×10^{3}	0.65179	66.51	1.050×10^{8}	5.630×10^{7}	112	81.6

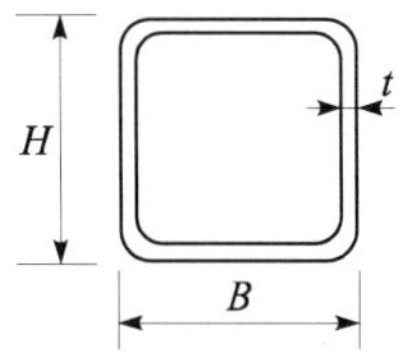

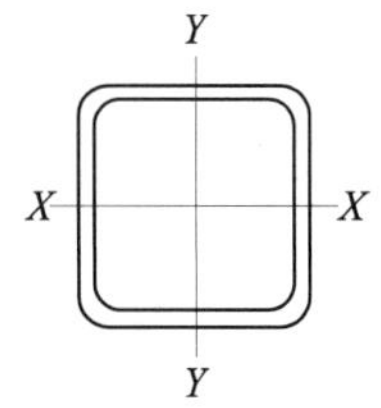

[부표1-5] 각형강관의 표준치수와 단면성능-3

단면계수 (mm^3)		소성단면계수 (mm^3)		비틀림 상수 J (mm^4)	치수(mm)
S_x	S_y	Z_x	Z_y		H x B
7.610×10^3	2.780×10^3	1.064×10^7	3.170×10^6	8.981×10^7	100 x 20
1.040×10^4	3.640×10^3	1.496×10^7	4.344×10^6	1.192×10^7	100 x 20
1.070×10^4	6.440×10^3	1.379×10^7	7.227×10^6	3.340×10^7	100 x 40
1.480×10^4	8.770×10^3	1.945×10^7	1.011×10^7	4.609×10^7	100 x 40
2.400×10^4	1.060×10^4	3.371×10^7	1.713×10^7	7.508×10^7	100 x 40
1.230×10^4	8.430×10^3	1.537×10^7	9.496×10^6	4.944×10^5	100 x 50
1.700×10^4	1.160×10^4	2.170×10^7	1.334×10^7	6.871×10^7	100 x 50
2.250×10^4	1.520×10^4	2.951×10^7	1.802×10^7	9.147×10^7	100 x 50
2.930×10^4	1.950×10^4	4.012×10^7	2.426×10^7	1.205×10^6	100 x 50
1.510×10^4	7.910×10^3	1.977×10^7	8.763×10^6	4.441×10^5	125 x 40
2.090×10^4	1.080×10^4	2.796×10^7	1.228×10^7	6.137×10^7	125 x 40
3.060×10^4	2.330×10^4	3.784×10^7	2.660×10^7	1.873×10^6	125 x 75
4.110×10^4	3.110×10^4	5.174×10^7	3.625×10^7	2.528×10^6	125 x 75
4.970×10^4	3.750×10^4	6.368×10^4	4.448×10^4	3.075×10^6	125 x 75
5.480×10^4	4.120×10^4	7.094×10^7	4.946×10^7	3.401×10^6	125 x 75
6.850×10^4	5.110×10^4	9.186×10^4	6.366×10^4	4.303×10^6	125 x 75
5.360×10^4	3.660×10^4	6.823×10^7	4.199×10^7	3.253×10^6	150 x 75
7.500×10^4	5.290×10^4	9.711×10^7	6.230×10^7	4.914×10^6	150 x 80
8.190×10^4	5.750×10^4	1.070×10^5	6.850×10^4	5.376×10^6	150 x 80
9.470×10^4	6.610×10^4	1.263×10^5	8.047×10^4	6.250×10^6	150 x 80
6.510×10^4	5.250×10^4	7.997×10^7	6.048×10^7	5.305×10^6	150 x 100
8.770×10^4	7.040×10^4	1.102×10^7	8.309×10^7	7.210×10^6	150 x 100
1.110×10^5	8.880×10^4	1.435×10^5	1.078×10^5	9.238×10^6	150 x 100
1.510×10^5	1.190×10^5	2.053×10^5	1.531×10^5	1.277×10^7	150 x 100
1.330×10^5	9.090×10^4	1.701×10^7	1.046×10^7	1.078×10^7	200 x 100
1.700×10^5	1.150×10^5	2.224×10^5	1.360×10^5	1.386×10^7	200 x 100
2.350×10^5	1.560×10^5	3.210×10^5	1.941×10^5	1.928×10^7	200 x 100
1.760×10^5	1.510×10^5	2.140×10^7	1.757×10^7	2.136×10^7	200 x 150
2.270×10^5	1.940×10^5	2.806×10^5	2.299×10^5	2.771×10^7	200 x 150
3.170×10^5	2.700×10^5	4.069×10^5	3.322×10^5	3.932×10^7	200 x 150
3.110×10^5	2.360×10^5	3.895×10^5	2.731×10^5	3.818×10^7	250 x 150
4.380×10^5	3.300×10^5	5.676×10^5	3.957×10^5	5.441×10^7	250 x 150
5.480×10^5	4.090×10^5	7.349×10^5	5.093×10^5	6.886×10^7	250 x 150
4.910×10^5	3.960×10^5	6.016×10^5	4.552×10^5	7.999×10^7	300 x 200
7.020×10^5	5.630×10^5	8.817×10^5	6.648×10^5	1.154×10^8	300 x 200

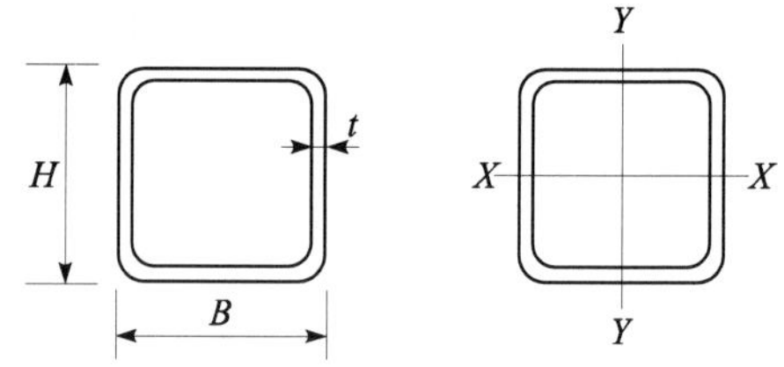

[부표1-5] 각형강관의 표준치수와 단면성능-4

치수(mm)		단면적 (mm^2)	단위중량 (1kg=9.8N)		단면2차모멘트 (mm^4)		단면2차반경 (mm)	
H x B	t		(N/mm)	(kg/m)	I_x	I_y	r_x	r_y
350 x 150	6	5.763×10^3	0.44364	45.27	8.910×10^7	2.390×10^7	124	64.4
350 x 150	9	8.467×10^3	0.65179	66.51	1.270×10^8	3.370×10^7	123	63.1
350 x 150	12	1.105×10^4	0.85063	86.80	1.610×10^8	4.210×10^7	121	61.7
400 x 200	6	6.963×10^3	0.53601	54.69	1.480×10^8	5.090×10^7	146	85.5
400 x 200	9	1.027×10^4	0.79058	80.67	2.130×10^8	7.270×10^7	144	84.2
400 x 200	12	1.345×10^4	1.03538	105.65	2.730×10^8	9.230×10^7	142	82.3

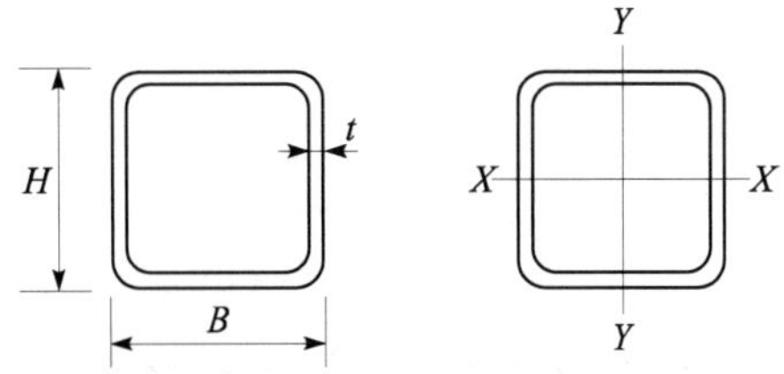

[부표1-5] 각형강관의 표준치수와 단면성능-4

단면계수 (mm^3)		소성단면계수 (mm^3)		비틀림 상수 J (mm^4)	치수(mm)
S_x	S_y	Z_x	Z_y		H x B
$5.090x10^5$	$3.190x10^5$	$6.523x10^5$	$3.595x10^5$	$6.034x10^7$	350 x 150
$7.260x10^5$	$4.490x10^5$	$9.564x10^5$	$5.226x10^5$	$8.633x10^7$	350 x 150
$9.210x10^5$	$5.620x10^5$	$1.246x10^6$	$6.749x10^5$	$1.097x10^8$	350 x 150
$7.390x10^5$	5.090x105	$9.244x10^5$	$5.716x10^5$	$1.192x10^8$	400 x 200
$1.070x10^6$	$7.270x10^5$	$1.360x10^6$	$8.367x10^5$	$1.725x10^8$	400 x 200
$1.360x10^6$	$9.230x10^5$	$1.779x10^6$	$1.088x10^6$	$2.217x10^8$	400 x 200

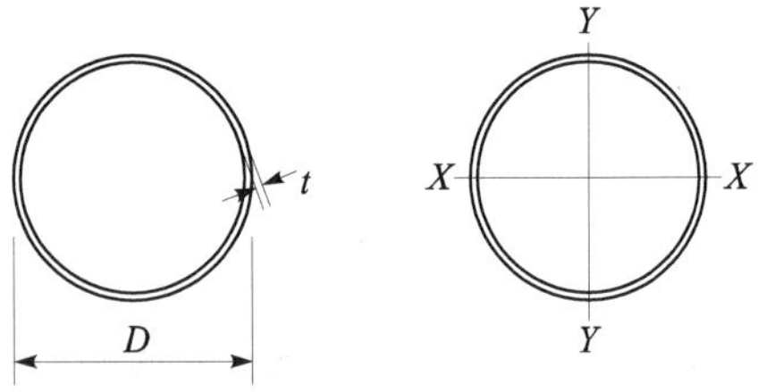

[부표1-6] 원형강관의 표준치수와 단면성능-1

치수(mm)		단면적 (mm^2)	단위중량 (1kg=9.8N)		단면2차모멘트 (mm^4)		단면2차반경 (mm)	
D	t		(N/mm)	(kg/m)	I_x	I_y	r_x	r_y
21.7	2	1.238×10^4	0.00953	0.97	6.070×10^3	6.070×10^3	7	7
27.2	2	1.583×10^4	0.01219	1.24	1.260×10^4	1.260×10^4	8.9	8.9
27.2	2.3	1.799×10^4	0.01385	1.41	1.410×10^4	1.410×10^4	8.8	8.8
34	2.3	2.291×10^4	0.01764	1.80	2.890×10^4	2.890×10^4	11.2	11.2
42.7	2.3	2.919×10^4	0.02247	2.29	5.970×10^4	5.970×10^4	14.3	14.3
42.7	2.8	3.510×10^2	0.02702	2.76	7.020×10^4	7.020×10^4	14.1	14.1
48.6	2.3	3.345×10^4	0.02575	2.63	8.990×10^4	8.990×10^4	16.4	16.4
48.6	2.8	4.029×10^4	0.03102	3.17	1.060×10^5	1.060×10^5	16.2	16.2
48.6	3.2	4.564×10^4	0.03513	3.58	1.180×10^5	1.180×10^5	16.1	16.1
60.5	2.3	4.205×10^4	0.03237	3.30	1.780×10^5	1.780×10^5	20.6	20.6
60.5	3.2	5.760×10^2	0.04434	4.52	2.370×10^5	2.370×10^5	20.3	20.3
60.5	4	7.100×10^2	0.05466	5.58	2.850×10^5	2.850×10^5	20	20
76.3	2.8	6.465×10^4	0.04977	5.08	4.370×10^5	4.370×10^5	26	26
76.3	3.2	7.349×10^4	0.05657	5.77	4.920×10^5	4.920×10^5	25.9	25.9
76.3	4	9.085×10^4	0.06994	7.14	5.950×10^5	5.950×10^5	25.6	25.6
89.1	2.8	7.591×10^4	0.05844	5.96	7.070×10^5	7.070×10^5	30.5	30.5
89.1	3.2	8.636×10^4	0.06648	6.78	7.980×10^5	7.980×10^5	30.4	30.4
89.1	4	1.069×10^3	0.08229	8.40	9.700×10^5	9.700×10^5	30.1	30.1
101.6	3.2	9.892×10^4	0.07615	7.77	1.200×10^6	1.200×10^6	34.8	34.8
101.6	4	1.226×10^3	0.09438	9.63	1.460×10^6	1.460×10^6	34.5	34.5
101.6	5	1.517×10^3	0.11678	11.92	1.770×10^6	1.770×10^6	34.2	34.2
114.3	3.2	1.117×10^3	0.08599	8.77	1.720×10^6	1.720×10^6	39.3	39.3
114.3	3.6	1.252×10^3	0.09638	9.83	1.920×10^6	1.920×10^6	39.2	39.2
114.3	4.5	1.552×10^3	0.11947	12.19	2.340×10^6	2.340×10^6	38.9	38.9
114.3	5.6	1.912×10^3	0.14719	15.02	2.830×10^6	2.830×10^6	38.5	38.5
139.8	3.6	1.540×10^3	0.11855	12.10	3.570×10^6	3.570×10^6	48.2	48.2
139.8	4	1.707×10^3	0.1314	13.41	3.940×10^6	3.940×10^6	48	48
139.8	4.5	1.913×10^3	0.14726	15.03	4.380×10^6	4.380×10^6	47.9	47.9
139.8	6	2.522×10^3	0.19414	19.81	5.660×10^6	5.660×10^6	47.4	47.4
165.2	4.5	2.272×10^3	0.1749	17.85	7.340×10^6	7.340×10^6	56.8	56.8
165.2	5	2.516×10^3	0.19368	19.76	8.080×10^6	8.080×10^6	56.7	56.7
165.2	6	3.001×10^3	0.23102	23.57	9.520×10^6	9.520×10^6	56.3	56.3
165.2	7	3.479×10^3	0.26781	27.33	1.090×10^7	1.090×10^7	56	56
190.7	4.5	2.632×10^3	0.20261	20.67	1.140×10^7	1.140×10^7	65.9	65.9
190.7	5	2.917×10^3	0.22455	22.91	1.260×10^7	1.260×10^7	65.7	65.7

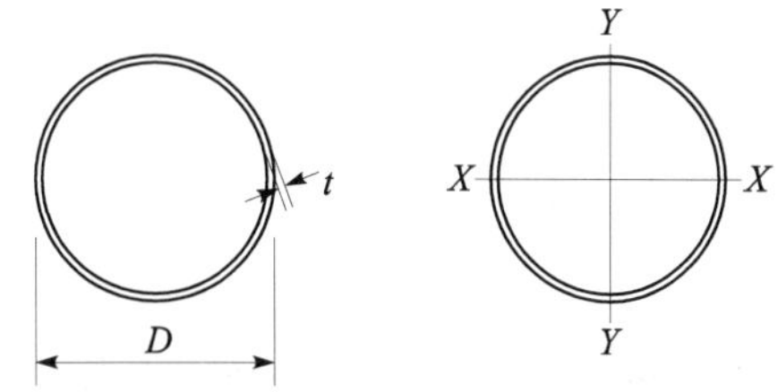

[부표1-6] 원형강관의 표준치수와 단면성능-1

단면계수 (mm^3)		소성단면계수 (mm^3)		비틀림 상수 J (mm^4)	치수(mm)
S_x	S_y	Z_x	Z_y		H x B
5.600×10^2	5.600×10^2	7.789×10^5	7.789×10^5	1.213×10^6	21.7 x 2
9.300×10^2	9.300×10^2	1.273×10^6	1.273×10^6	2.530×10^6	27.2 x 2
1.030×10^3	1.030×10^3	1.430×10^6	1.430×10^6	2.813×10^7	27.2 x 2.3
1.700×10^3	1.700×10^3	2.315×10^5	2.315×10^5	5.785×10^7	34 x 2.3
2.800×10^3	2.800×10^3	3.758×10^6	3.758×10^6	1.195×10^7	42.7 x 2.3
3.290×10^3	3.290×10^3	4.465×10^6	4.465×10^6	1.404×10^7	42.7 x 2.8
3.700×10^3	3.700×10^3	4.935×10^6	4.935×10^6	1.797×10^7	48.6 x 2.3
4.360×10^3	4.360×10^3	5.881×10^6	5.881×10^6	2.121×10^7	48.6 x 2.8
4.860×10^3	4.860×10^3	6.607×10^6	6.607×10^6	2.364×10^7	48.6 x 3.2
5.900×10^3	5.900×10^3	7.795×10^6	7.795×10^6	3.567×10^7	60.5 x 2.3
7.840×10^3	7.840×10^3	1.052×10^7	1.052×10^7	4.743×10^7	60.5 x 3.2
9.410×10^3	9.410×10^3	1.279×10^7	1.279×10^7	5.695×10^7	60.5 x 4
1.150×10^4	1.150×10^4	1.513×10^7	1.513×10^7	8.745×10^7	76.3 x 2.8
1.290×10^4	1.290×10^4	1.711×10^7	1.711×10^7	9.836×10^7	76.3 x 3.2
1.560×10^4	1.560×10^4	2.093×10^7	2.093×10^7	1.191×10^6	76.3 x 4
1.590×10^4	1.590×10^4	2.086×10^7	2.086×10^7	1.415×10^6	89.1 x 2.8
1.790×10^4	1.790×10^4	2.362×10^7	2.362×10^7	1.595×10^6	89.1 x 3.2
2.180×10^4	2.180×10^4	2.899×10^7	2.899×10^7	1.940×10^6	89.1 x 4
2.360×10^4	2.360×10^4	3.100×10^7	3.100×10^7	2.397×10^6	101.6 x 3.2
2.880×10^4	2.880×10^4	3.812×10^7	3.812×10^7	2.926×10^6	101.6 x 4
3.490×10^4	3.490×10^4	4.670×10^7	4.670×10^7	3.549×10^6	101.6 x 5
3.020×10^4	3.020×10^4	3.951×10^7	3.951×10^7	3.449×10^6	114.3 x 3.2
3.360×10^4	3.360×10^4	4.413×10^7	4.413×10^7	3.840×10^6	114.3 x 3.6
4.100×10^4	4.100×10^4	5.428×10^7	5.428×10^7	4.686×10^6	114.3 x 4.5
4.960×10^4	4.960×10^4	6.623×10^6	6.623×10^6	5.664×10^6	114.3 x 5.6
5.110×10^4	5.110×10^4	6.680×10^7	6.680×10^7	7.149×10^6	139.8 x 3.6
5.630×10^4	5.630×10^4	7.379×10^7	7.379×10^7	7.875×10^6	139.8 x 4
6.270×10^4	6.270×10^4	8.241×10^7	8.241×10^7	8.763×10^6	139.8 x 4.5
8.090×10^4	8.090×10^4	1.075×10^7	1.075×10^7	1.131×10^7	139.8 x 6
8.890×10^4	8.890×10^4	1.162×10^7	1.162×10^7	1.468×10^7	165.2 x 4.5
9.780×10^4	9.780×10^4	1.284×10^7	1.284×10^7	1.616×10^7	165.2 x 5
1.150×10^5	1.150×10^5	1.521×10^7	1.521×10^7	1.904×10^7	165.2 x 6
1.320×10^5	1.320×10^5	1.753×10^5	1.753×10^5	2.181×10^7	165.2 x 7
1.200×10^5	1.200×10^5	1.560×10^7	1.560×10^7	2.283×10^7	190.7 x 4.5
1.320×10^5	1.320×10^5	1.725×10^7	1.725×10^7	2.517×10^7	190.7 x 5

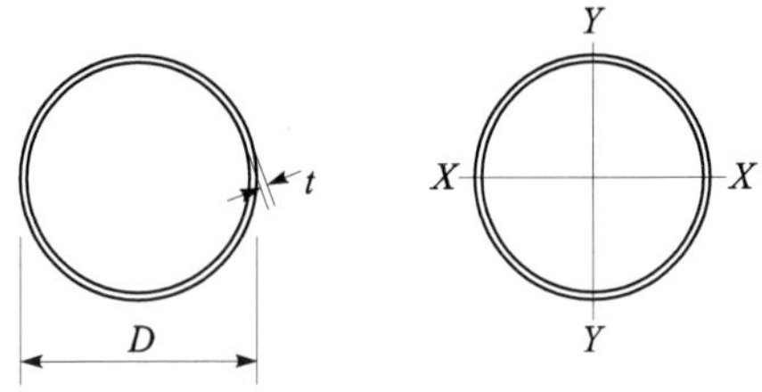

[부표1-6] 원형강관의 표준치수와 단면성능-2

치수(mm)		단면적 (mm^2)	단위중량 (1kg=9.8N)		단면2차모멘트 (mm^4)		단면2차반경 (mm)	
D	t		(N/mm)	(kg/m)	I_x	I_y	r_x	r_y
190.7	6	3.482×10^{3}	0.26804	27.35	1.490×10^{7}	1.490×10^{7}	65.3	65.3
190.7	7	4.040×10^{3}	0.311	31.73	1.710×10^{7}	1.710×10^{7}	65	65
216.3	4.5	2.994×10^{3}	0.23048	23.52	1.680×10^{7}	1.680×10^{7}	79.4	79.4
216.3	6	3.961×10^{3}	0.30492	31.11	2.190×10^{7}	2.190×10^{7}	74.9	74.9
216.3	7	4.603×10^{3}	0.35434	36.16	2.520×10^{7}	2.520×10^{7}	74	74
216.3	8	5.235×10^{3}	0.40299	41.12	2.840×10^{7}	2.840×10^{7}	73.7	73.7
267.4	6	4.927×10^{3}	0.37928	38.70	4.210×10^{7}	4.210×10^{7}	92.4	92.4
267.4	7	5.727×10^{3}	0.44086	44.99	4.860×10^{7}	4.860×10^{7}	92.1	92.1
267.4	8	6.519×10^{3}	0.50183	51.21	5.490×10^{7}	5.490×10^{7}	91.8	91.8
267.4	9	7.306×10^{3}	0.56242	57.39	6.110×10^{7}	6.110×10^{7}	91.4	91.4
318.5	6	5.891×10^{3}	0.45349	46.27	7.190×10^{7}	7.190×10^{7}	111	111
318.5	7	6.850×10^{3}	0.52731	53.81	8.310×10^{7}	8.310×10^{7}	110	110
318.5	8	7.804×10^{3}	0.60075	61.30	9.410×10^{7}	9.410×10^{7}	110	110
318.5	9	8.751×10^{3}	0.67365	68.74	1.050×10^{8}	1.050×10^{8}	109	109
355.6	6.3	6.913×10^{3}	0.53216	54.30	1.050×10^{8}	1.050×10^{8}	124	124
355.6	8	8.736×10^{3}	0.6725	68.62	1.320×10^{8}	1.320×10^{8}	123	123
355.6	9	9.800×10^{3}	0.7544	76.98	1.470×10^{8}	1.470×10^{8}	123	123
355.6	12	1.295×10^{4}	0.99689	101.72	1.910×10^{8}	1.910×10^{8}	122	122
406.4	9	1.124×10^{4}	0.86526	88.29	2.220×10^{8}	2.220×10^{8}	141	141
406.4	12	1.487×10^{4}	1.14469	116.81	2.890×10^{8}	2.890×10^{8}	140	140
406.4	16	1.962×10^{4}	1.51035	154.12	3.740×10^{8}	3.740×10^{8}	138	138
406.4	19	2.312×10^{4}	1.77978	181.61	4.350×10^{8}	4.350×10^{8}	137	137
457.2	9	1.267×10^{4}	0.97534	99.52	3.180×10^{8}	3.180×10^{8}	158	158
457.2	12	1.678×10^{4}	1.29172	131.81	4.160×10^{8}	4.160×10^{8}	157	157
457.2	16	2.218×10^{4}	1.70742	174.23	5.400×10^{8}	5.400×10^{8}	156	156
457.2	19	2.616×10^{4}	2.0138	205.49	6.290×10^{8}	6.290×10^{8}	155	155
500	9	1.388×10^{4}	1.06848	109.03	4.180×10^{8}	4.180×10^{8}	174	174
500	12	1.840×10^{4}	1.41643	144.53	5.480×10^{8}	5.480×10^{8}	173	173
500	14	2.138×10^{4}	1.64583	167.94	6.320×10^{8}	6.320×10^{8}	172	172
508	9	1.411×10^{4}	1.08619	110.84	4.390×10^{8}	4.390×10^{8}	176	176
508	12	1.870×10^{4}	1.43953	146.89	5.750×10^{8}	5.750×10^{8}	175	175
508	14	2.173×10^{4}	1.67278	170.69	6.630×10^{8}	6.630×10^{8}	175	175
508	16	2.473×10^{4}	1.90372	194.26	7.490×10^{8}	7.490×10^{8}	174	174
508	19	2.919×10^{4}	2.24705	229.29	8.740×10^{8}	8.740×10^{8}	173	173
508	22	3.359×10^{4}	2.58576	263.85	9.940×10^{8}	9.940×10^{8}	172	172

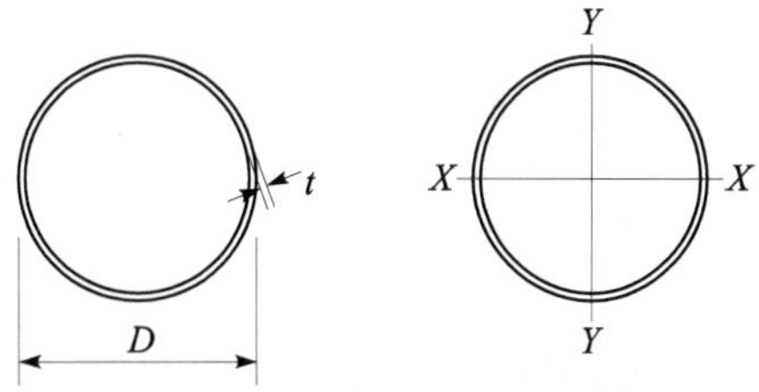

[부표1-6] 원형강관의 표준치수와 단면성능-2

단면계수 (mm^3)		소성단면계수 (mm^3)		비틀림 상수 J (mm^4)	치수(mm)
S_x	S_y	Z_x	Z_y		H x B
1.560×10^{5}	1.560×10^{5}	2.048×10^{7}	2.048×10^{7}	2.972×10^{7}	190.7 x 6
1.790×10^{5}	1.790×10^{5}	2.363×10^{7}	2.363×10^{7}	3.413×10^{7}	190.7 x 7
1.550×10^{5}	1.550×10^{5}	2.019×10^{7}	2.019×10^{7}	3.360×10^{7}	216.3 x 4.5
2.030×10^{5}	2.030×10^{5}	2.654×10^{7}	2.654×10^{7}	4.386×10^{7}	216.3 x 6
2.330×10^{5}	2.330×10^{5}	3.068×10^{7}	3.068×10^{7}	5.046×10^{7}	216.3 x 7
2.630×10^{5}	2.630×10^{5}	3.473×10^{7}	3.473×10^{7}	5.687×10^{7}	216.3 x 8
3.150×10^{5}	3.150×10^{5}	4.101×10^{7}	4.101×10^{7}	8.421×10^{7}	267.4 x 6
3.630×10^{5}	3.630×10^{5}	4.748×10^{7}	4.748×10^{7}	9.715×10^{7}	267.4 x 7
4.110×10^{5}	4.110×10^{5}	5.385×10^{7}	5.385×10^{7}	1.098×10^{8}	267.4 x 8
4.570×10^{5}	4.570×10^{5}	6.012×10^{5}	6.012×10^{5}	1.221×10^{8}	267.4 x 9
4.520×10^{5}	4.520×10^{5}	5.860×10^{7}	5.860×10^{7}	1.439×10^{8}	318.5 x 6
5.520×10^{5}	5.520×10^{5}	6.793×10^{5}	6.793×10^{5}	1.663×10^{8}	318.5 x 7
5.910×10^{5}	5.910×10^{5}	7.715×10^{7}	7.715×10^{7}	1.882×10^{8}	318.5 x 8
6.590×10^{5}	6.590×10^{5}	8.624×10^{7}	8.624×10^{7}	2.097×10^{8}	318.5 x 9
5.930×10^{5}	5.930×10^{5}	7.687×10^{7}	7.687×10^{7}	2.109×10^{8}	355.6 x 6.3
7.420×10^{5}	7.420×10^{5}	9.668×10^{7}	9.668×10^{7}	2.640×10^{8}	355.6 x 8
8.280×10^{5}	8.280×10^{5}	1.081×10^{6}	1.081×10^{6}	2.945×10^{8}	355.6 x 9
1.080×10^{6}	1.080×10^{6}	1.417×10^{6}	1.417×10^{6}	3.828×10^{8}	355.6 x 12
1.090×10^{6}	1.090×10^{6}	1.422×10^{6}	1.422×10^{6}	4.439×10^{8}	406.4 x 9
1.420×10^{6}	1.420×10^{6}	1.867×10^{6}	1.867×10^{6}	5.787×10^{8}	406.4 x 12
1.840×10^{6}	1.840×10^{6}	2.440×10^{6}	2.440×10^{6}	7.490×10^{8}	406.4 x 16
2.140×10^{6}	2.140×10^{6}	2.854×10^{6}	2.854×10^{6}	8.697×10^{8}	406.4 x 19
1.400×10^{6}	1.400×10^{6}	1.808×10^{6}	1.808×10^{6}	6.367×10^{8}	457.2 x 9
1.820×10^{6}	1.820×10^{6}	2.379×10^{6}	2.379×10^{6}	8.322×10^{8}	457.2 x 12
2.360×10^{6}	2.360×10^{6}	3.116×10^{6}	3.116×10^{6}	1.081×10^{9}	457.2 x 16
2.750×10^{6}	2.750×10^{6}	3.651×10^{6}	3.651×10^{6}	1.258×10^{9}	457.2 x 19
1.670×10^{6}	1.670×10^{6}	2.170×10^{6}	2.170×10^{6}	8.370×10^{8}	500 x 9
2.190×10^{6}	2.190×10^{6}	2.858×10^{6}	2.858×10^{6}	1.096×10^{9}	500 x 12
2.530×10^{6}	2.530×10^{6}	3.308×10^{6}	3.308×10^{6}	1.263×10^{9}	500 x 14
1.730×10^{6}	1.730×10^{6}	2.241×10^{6}	2.241×10^{6}	8.786×10^{8}	508 x 9
2.260×10^{6}	2.260×10^{6}	2.953×10^{6}	2.953×10^{6}	1.151×10^{9}	508 x 12
2.610×10^{6}	2.610×10^{6}	3.417×10^{6}	3.417×10^{6}	1.327×10^{9}	508 x 14
2.950×10^{6}	2.950×10^{6}	3.874×10^{6}	3.874×10^{6}	1.498×10^{9}	508 x 16
3.440×10^{6}	3.440×10^{6}	4.546x106	4.546×10^{6}	1.748×10^{9}	508 x 19
3.910×10^{6}	3.910×10^{6}	5.200×10^{6}	5.200×10^{6}	1.988×10^{9}	508 x 22

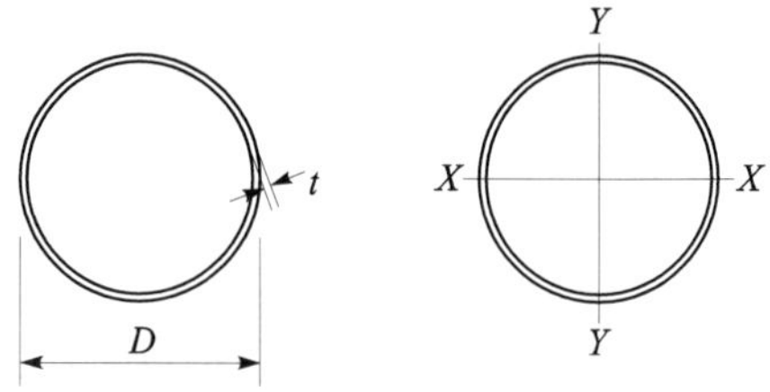

[부표1-6] 원형강관의 표준치수와 단면성능-3

치수(mm)		단면적 (mm^2)	단위중량 (1kg=9.8N)		단면2차모멘트 (mm^4)		단면2차반경 (mm)	
D	t		(N/mm)	(kg/m)	I_x	I_y	r_x	r_y
558.8	9	1.555×10^{4}	1.19704	122.15	5.880×10^{8}	5.880×10^{8}	194	194
558.8	12	2.061×10^{4}	1.58656	161.89	7.710×10^{8}	7.710×10^{8}	193	193
558.8	16	2.728×10^{4}	2.10001	214.29	1.010×10^{9}	1.010×10^{9}	192	192
558.8	19	3.222×10^{4}	2.4803	253.09	1.180×10^{9}	1.180×10^{9}	191	191
558.8	22	3.710×10^{4}	2.85596	291.42	1.340×10^{9}	1.340×10^{9}	190	190
600	9	1.671×10^{4}	1.28634	131.26	7.300×10^{8}	7.300×10^{8}	209	209
600	12	2.217×10^{4}	1.70665	174.15	9.580×10^{8}	9.580×10^{8}	208	208
600	14	2.577×10^{4}	1.98377	202.43	1.110×10^{9}	1.110×10^{9}	207	207
600	16	2.936×10^{4}	2.26013	230.63	1.250×10^{9}	1.250×10^{9}	207	207
609.6	9	1.698×10^{4}	1.30712	133.38	7.660×10^{8}	7.660×10^{8}	212	212
609.6	12	2.253×10^{4}	1.73436	176.98	1.010×10^{9}	1.010×10^{9}	211	211
609.6	14	2.620×10^{4}	2.01688	205.80	1.160×10^{9}	1.160×10^{9}	211	211
609.6	16	2.984×10^{4}	2.29708	234.40	1.320×10^{9}	1.320×10^{9}	210	210
609.6	19	3.522×10^{4}	2.71124	276.66	1.540×10^{9}	1.540×10^{9}	209	209
609.6	22	4.061×10^{4}	3.12616	319.00	1.760×10^{9}	1.760×10^{9}	208	208
700	9	1.954×10^{4}	1.50419	153.49	1.170×10^{9}	1.170×10^{9}	244	244
700	12	2.594×10^{4}	1.99686	203.76	1.540×10^{9}	1.540×10^{9}	243	243
700	14	3.017×10^{4}	2.32249	236.99	1.780×10^{9}	1.780×10^{9}	243	243
700	16	3.438×10^{4}	2.64657	270.06	2.010×10^{9}	2.010×10^{9}	242	242
711.2	9	1.985×10^{4}	1.52805	155.92	1.220×10^{9}	1.220×10^{9}	248	248
711.2	12	2.636×10^{4}	2.02919	207.06	1.610×10^{9}	1.610×10^{9}	247	247
711.2	14	3.066×10^{4}	2.36021	240.84	1.870×10^{9}	1.870×10^{9}	247	247
711.2	16	3.494×10^{4}	2.68968	274.46	2.120×10^{9}	2.120×10^{9}	246	246
711.2	19	4.132×10^{4}	3.18081	324.57	2.480×10^{9}	2.480×10^{9}	245	245
711.2	22	4.763×10^{4}	3.66656	374.14	2.830×10^{9}	2.830×10^{9}	244	244
812.8	9	2.273×10^{4}	1.74976	178.55	1.840×10^{9}	1.840×10^{9}	284	284
812.8	12	3.019×10^{4}	2.32403	237.15	2.420×10^{9}	2.420×10^{9}	283	283
812.8	14	3.513×10^{4}	2.70431	275.95	2.800×10^{9}	2.800×10^{9}	282	282
812.8	16	4.005×10^{4}	3.08305	314.60	3.180×10^{9}	3.180×10^{9}	282	282
812.8	19	4.738×10^{4}	3.64731	372.17	3.730×10^{9}	3.730×10^{9}	281	281
812.8	22	5.466×10^{4}	4.20773	429.36	4.280×10^{9}	4.280×10^{9}	280	280
914.4	12	3.402×10^{4}	2.61886	267.23	3.460×10^{9}	3.460×10^{9}	319	319
914.4	14	3.960×10^{4}	3.04841	311.06	4.010×10^{9}	4.010×10^{9}	318	318
914.4	16	4.516×10^{4}	3.47642	354.74	4.560×10^{9}	4.560×10^{9}	318	318
914.4	19	5.345×10^{4}	4.11458	419.86	5.360×10^{9}	5.360×10^{9}	317	317

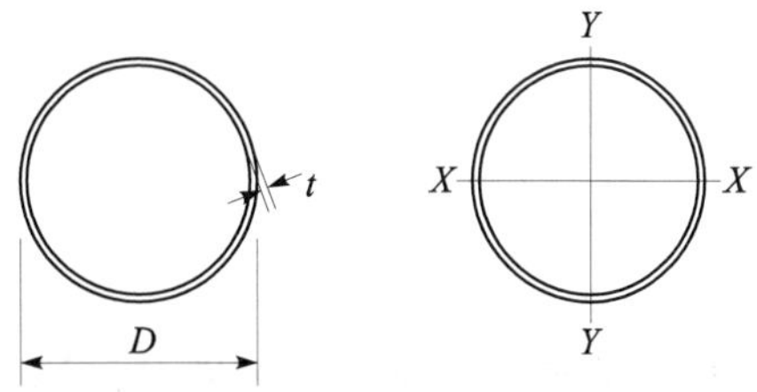

[부표1-6] 원형강관의 표준치수와 단면성능-3

단면계수 (mm^3)		소성단면계수 (mm^3)		비틀림 상수 J (mm^4)	치수(mm)
S_x	S_y	Z_x	Z_y		H x B
2.100×10^{6}	2.100×10^{6}	2.721×10^{6}	2.721×10^{6}	1.175×10^{9}	558.8 x 9
2.760×10^{6}	2.760×10^{6}	3.588×10^{6}	3.588×10^{6}	1.542×10^{9}	558.8 x 12
3.600×10^{6}	3.600×10^{6}	4.715×10^{6}	4.715×10^{6}	2.011×10^{9}	558.8 x 16
4.210×10^{6}	4.210×10^{6}	5.539×10^{6}	5.539×10^{6}	2.350×10^{9}	558.8 x 19
4.790×10^{6}	4.790×10^{6}	6.343×10^{6}	6.343×10^{6}	2.677×10^{9}	558.8 x 22
2.430×10^{6}	2.430×10^{6}	3.144×10^{6}	3.144×10^{6}	1.459×10^{9}	600 x 9
3.200×10^{6}	3.200×10^{6}	4.150×10^{6}	4.150×10^{6}	1.917×10^{9}	600 x 12
2.690×10^{6}	2.690×10^{6}	4.808×10^{6}	4.808×10^{6}	2.214×10^{9}	600 x 14
4.180×10^{6}	4.180×10^{6}	5.458×10^{6}	5.458×10^{6}	2.505×10^{9}	600 x 16
2.510×10^{6}	2.510×10^{6}	3.247×10^{6}	3.247×10^{6}	1.532×10^{9}	609.6 x 9
3.300×10^{6}	3.300×10^{6}	4.286×10^{6}	4.286×10^{6}	2.012×10^{9}	609.6 x 12
3.810×10^{6}	3.810×10^{6}	4.967×10^{6}	4.967×10^{6}	2.324×10^{9}	609.6 x 14
4.320×10^{6}	4.320×10^{6}	5.639×10^{6}	5.639×10^{6}	2.630×10^{9}	609.6 x 16
5.050×10^{6}	5.050×10^{6}	6.630×10^{6}	6.630×10^{6}	3.077×10^{9}	609.6 x 19
5.760×10^{6}	5.760×10^{6}	7.600×10^{6}	7.600×10^{6}	3.510×10^{9}	609.6 x 22
3.330×10^{6}	3.330×10^{6}	4.298×10^{6}	4.298×10^{6}	2.333×10^{9}	700 x 9
4.390×10^{6}	4.390×10^{6}	5.681×10^{6}	5.681×10^{6}	3.070×10^{9}	700 x 12
5.070×10^{6}	5.070×10^{6}	6.589×10^{6}	6.589×10^{6}	3.551×10^{9}	700 x 14
5.750×10^{6}	5.750×10^{6}	7.487×10^{6}	7.487×10^{6}	4.024×10^{9}	700 x 16
3.440×10^{6}	3.440×10^{6}	4.438×10^{6}	4.438×10^{6}	2.448×10^{9}	711.2 x 9
4.530×10^{6}	4.530×10^{6}	5.867×10^{6}	5.867×10^{6}	3.223×10^{9}	711.2 x 12
5.240×10^{6}	5.240×10^{6}	6.806×10^{6}	6.806×10^{6}	3.728×10^{9}	711.2 x 14
5.940×10^{6}	5.940×10^{6}	7.734×10^{6}	7.734×10^{6}	4.224×10^{9}	711.2 x 16
6.960×10^{6}	6.960×10^{6}	9.106×10^{6}	9.106×10^{6}	4.953×10^{9}	711.2 x 19
7.960×10^{6}	7.960×10^{6}	1.045×10^{7}	1.045×10^{7}	5.662×10^{9}	711.2 x 22
4.520x106	4.520×10^{6}	5.815×10^{6}	5.815×10^{6}	3.671×10^{9}	812.8 x 9
5.960×10^{6}	5.960×10^{6}	7.696×10^{6}	7.696×10^{6}	4.841×10^{9}	812.8 x 12
6.900×10^{6}	6.900×10^{6}	8.934×10^{6}	8.934×10^{6}	5.606×10^{9}	812.8 x 14
7.820×10^{6}	7.820×10^{6}	1.016x107	1.016×10^{7}	6.360×10^{9}	812.8 x 16
9.190×10^{6}	9.190×10^{6}	1.197×10^{7}	1.197×10^{7}	7.468×10^{9}	812.8 x 19
1.050×10^{7}	1.050×10^{7}	1.376×10^{7}	1.376×10^{7}	8.552×10^{9}	812.8 x 22
7.580×10^{6}	7.580×10^{6}	9.772×10^{6}	9.772×10^{6}	6.927×10^{9}	914.4 x 12
8.780×10^{6}	8.780×10^{6}	1.135×10^{7}	1.135×10^{7}	8.028×10^{9}	914.4 x 14
9.970×10^{6}	9.970×10^{6}	1.292×10^{7}	1.292×10^{7}	9.115×10^{9}	914.4 x 16
1.170×10^{7}	1.170×10^{7}	1.524×10^{7}	1.524×10^{7}	1.072×10^{10}	914.4 x 19

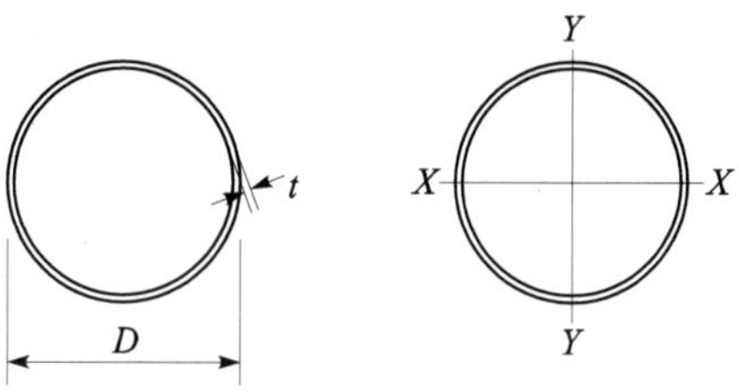

[부표1-6] 원형강관의 표준치수와 단면성능-4

치수(mm)		단면적 (mm^2)	단위중량 (1kg=9.8N)		단면2차모멘트 (mm^4)		단면2차반경 (mm)	
D	t		(N/mm)	(kg/m)	I_x	I_y	r_x	r_y
914.4	22	$6.165x10^4$	4.74582	484.27	$6.160x10^9$	$6.160x10^9$	315	315
1016	12	$3.785x10^4$	2.91369	297.32	$4.770x10^9$	$4.770x10^9$	355	355
1016	14	$4.407x10^4$	3.39251	346.17	$5.530x10^9$	$5.530x10^9$	354	354
1016	16	$5.027x10^4$	3.86978	394.88	$6.280x10^9$	$6.280x10^9$	354	354
1016	19	$5.951x10^4$	4.58108	467.46	$7.400x10^9$	$7.400x10^9$	352	352
1016	22	$6.870x10^4$	5.28853	539.65	$8.490x10^9$	$8.490x10^9$	352	352

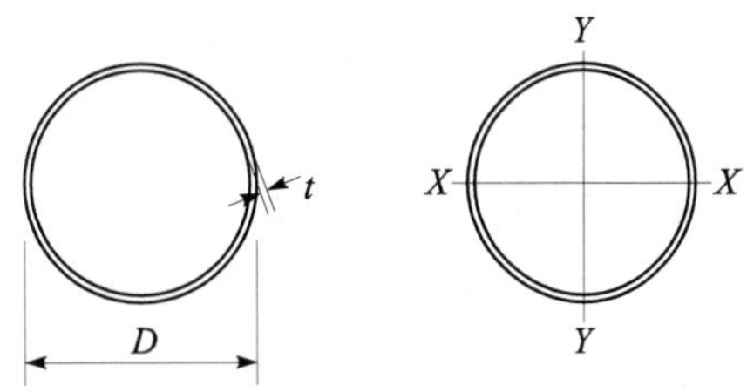

[부표1-6] 원형강관의 표준치수와 단면성능-4

단면계수 (mm^3)		소성단면계수 (mm^3)		비틀림 상수 J (mm^4)	치수(mm)
S_x	S_y	Z_x	Z_y		H x B
1.340×10^7	1.340×10^7	1.752×10^7	1.752×10^7	1.229×10^{10}	914.4 x 22
9.390×10^6	9.390×10^6	1.210×10^7	1.210×10^7	9.540×10^9	1016 x 12
1.090×10^7	1.090×10^7	1.406×10^7	1.406×10^7	1.106×10^{10}	1016 x 14
1.240×10^7	1.240×10^7	1.600×10^7	1.600×10^7	1.257×10^{10}	1016 x 16
1.460×10^7	1.460×10^7	1.889×10^7	1.889×10^7	1.479×10^{10}	1016 x 19
1.670×10^7	1.670×10^7	2.174×10^7	2.174×10^7	1.698×10^{10}	1016 x 22

부록 2. 압축재의 휨좌굴강도

[부표 2] 압축재의 휨좌굴강도(N/mm^2) - 1

$F_y = 275\,N/mm^2(275MPa)$, $E = 210{,}000MPa$

세장비 $(\frac{KL}{r})$	휨좌굴강도[1] (F_e)	세장계수[2] (λ_c)	휨좌굴압축강도[3] (F_{cr})	세장비 $(\frac{KL}{r})$	휨좌굴강도[1] (F_e)	세장계수[2] (λ_c)	휨좌굴 압축강도[3] (F_{cr})
1	2072617	0.012	275	36	1599	0.415	256
2	518154	0.023	275	37	1514	0.426	255
3	230291	0.035	275	38	1435	0.438	254
4	129539	0.046	275	39	1363	0.449	253
5	82905	0.058	275	40	1295	0.461	252
6	57573	0.069	274	41	1233	0.472	250
7	42298	0.081	274	42	1175	0.484	249
8	32385	0.092	274	43	1121	0.495	248
9	25588	0.104	274	44	1071	0.507	247
10	20726	0.115	273	45	1024	0.518	246
11	17129	0.127	273	46	979	0.530	245
12	14393	0.138	273	47	938	0.541	243
13	12264	0.150	272	48	900	0.553	242
14	10575	0.161	272	49	863	0.564	241
15	9212	0.173	272	50	829	0.576	239
16	8096	0.184	271	51	797	0.587	238
17	7172	0.196	271	52	767	0.599	237
18	6397	0.207	270	53	738	0.610	235
19	5741	0.219	270	54	711	0.622	234
20	5182	0.230	269	55	685	0.634	232
21	4700	0.242	268	56	661	0.645	231
22	4282	0.253	268	57	638	0.657	230
23	3918	0.265	267	58	616	0.668	228
24	3598	0.276	266	59	595	0.680	227
25	3316	0.288	266	60	576	0.691	225
26	3066	0.299	265	61	557	0.703	224
27	2843	0.311	264	62	539	0.714	222
28	2644	0.323	263	63	522	0.726	221
29	2464	0.334	262	64	506	0.737	219
30	2303	0.346	262	65	491	0.749	217
31	2157	0.357	261	66	476	0.760	216
32	2024	0.369	260	67	462	0.772	214
33	1903	0.380	259	68	448	0.783	213
34	1793	0.392	258	69	435	0.795	211
35	1692	0.403	257	70	423	0.806	209

주기 1) $F_e = \dfrac{\pi^2 E}{\left(\dfrac{KL}{r}\right)^2}$

주기 2) $\lambda_c = \sqrt{\dfrac{F_y}{F_e}}$

주기 3) $F_{cr}(\text{비탄성 좌굴강도}) = \left[0.658^{\lambda_c^2}\right] F_y$: 단주 (식 6-6(a))

$F_{cr}(\text{탄성 좌굴강도}) = \dfrac{0.877}{\lambda_c^2} F_y$: 장주 (식 6-6(b))

[부표 2] 압축재의 휨좌굴강도(N/mm^2) - 2

$F_y = 275\,N/mm^2(275MPa)$, $E = 210{,}000MPa$

세장비 $(\frac{KL}{r})$	휨좌굴강도[1] (F_e)	세장계수[2] (λ_c)	휨좌굴압축강도[3] (F_{cr})	세장비 $(\frac{KL}{r})$	휨좌굴강도[1] (F_e)	세장계수[2] (λ_c)	휨좌굴 압축강도[3] (F_{cr})
71	411	0.818	208	106	184	1.221	147
72	400	0.829	206	107	181	1.233	146
73	389	0.841	205	108	178	1.244	144
74	378	0.852	203	109	174	1.256	142
75	368	0.864	201	110	171	1.267	140
76	359	0.875	200	111	168	1.279	139
77	350	0.887	198	112	165	1.290	137
78	341	0.898	196	113	162	1.302	135
79	332	0.910	194	114	159	1.313	134
80	324	0.922	193	115	157	1.325	132
81	316	0.933	191	116	154	1.336	130
82	308	0.945	189	117	151	1.348	129
83	301	0.956	188	118	149	1.359	127
84	294	0.968	186	119	146	1.371	125
85	287	0.979	184	120	144	1.382	124
86	280	0.991	182	121	142	1.394	122
87	274	1.002	181	122	139	1.405	120
88	268	1.014	179	123	137	1.417	119
89	262	1.025	177	124	135	1.428	117
90	256	1.037	175	125	133	1.440	115
91	250	1.048	174	126	131	1.451	114
92	245	1.060	172	127	129	1.463	112
93	240	1.071	170	128	127	1.474	111
94	235	1.083	168	129	125	1.486	109
95	230	1.094	167	130	123	1.497	108
96	225	1.106	165	단주 ↑			
97	220	1.117	163	장주 ↓			
98	216	1.129	161	131	121	1.509	106
99	211	1.140	160	132	119	1.520	104
100	207	1.152	158	133	117	1.532	103
101	203	1.163	156	134	115	1.544	101
102	199	1.175	154	135	114	1.555	100
103	195	1.186	153	136	112	1.567	98
104	192	1.198	151	137	110	1.578	97
105	188	1.209	149	138	109	1.590	95

주기 1) $F_e = \dfrac{\pi^2 E}{\left(\dfrac{KL}{r}\right)^2}$

주기 2) $\lambda_c = \sqrt{\dfrac{F_y}{F_e}}$

주기 3) F_{cr}(비탄성 좌굴강도) $= \left[0.658^{\lambda_c^2}\right] F_y$: 단주 (식 6-6(a))

F_{cr}(탄성 좌굴강도) $= \dfrac{0.877}{\lambda_c^2} F_y$: 장주 (식 6-6(b))

[부표 2] 압축재의 휨좌굴강도(N/mm^2) - 3

$F_y = 275\,N/mm^2(275MPa)$, $E = 210{,}000MPa$

세장비 ($\frac{KL}{r}$)	휨좌굴강도[1] (F_e)	세장계수[2] (λ_c)	휨좌굴압축강도[3] (F_{cr})	세장비 ($\frac{KL}{r}$)	휨좌굴강도[1] (F_e)	세장계수[2] (λ_c)	휨좌굴 압축강도[3] (F_{cr})
139	107	1.601	94	170	72	1.958	63
140	106	1.613	93	171	71	1.970	62
141	104	1.624	91	172	70	1.981	61
142	103	1.636	90	173	69	1.993	61
143	101	1.647	89	174	68	2.004	60
144	100	1.659	88	175	68	2.016	59
145	99	1.670	86	176	67	2.027	59
146	97	1.682	85	177	66	2.039	58
147	96	1.693	84	178	65	2.050	57
148	95	1.705	83	179	65	2.062	57
149	93	1.716	82	180	64	2.073	56
150	92	1.728	81	181	63	2.085	55
151	91	1.739	80	182	63	2.096	55
152	90	1.751	79	183	62	2.108	54
153	89	1.762	78	184	61	2.119	54
154	87	1.774	77	185	61	2.131	53
155	86	1.785	76	186	60	2.142	53
156	85	1.797	75	187	59	2.154	52
157	84	1.808	74	188	59	2.166	51
158	83	1.820	73	189	58	2.177	51
159	82	1.831	72	190	57	2.189	50
160	81	1.843	71	191	57	2.200	50
161	80	1.855	70	192	56	2.212	49
162	79	1.866	69	193	56	2.223	49
163	78	1.878	68	194	55	2.235	48
164	77	1.889	68	195	55	2.246	48
165	76	1.901	67	196	54	2.258	47
166	75	1.912	66	197	53	2.269	47
167	74	1.924	65	198	53	2.281	46
168	73	1.935	64	199	52	2.292	46
169	73	1.947	64	200	52	2.304	45

주기 1) $F_e = \dfrac{\pi^2 E}{\left(\dfrac{KL}{r}\right)^2}$

주기 2) $\lambda_c = \sqrt{\dfrac{F_y}{F_e}}$

주기 3) F_{cr}(비탄성 좌굴강도) $= \left[0.658^{\lambda_c^2}\right] F_y$: 단주 (식 6-6(a))

F_{cr}(탄성 좌굴강도) $= \dfrac{0.877}{\lambda_c^2} F_y$: 장주 (식 6-6(b))

[부표 2] 압축재의 휨좌굴강도(N/mm^2) - 4

$F_y = 355\,N/mm^2 (355MPa)$, $E = 210{,}000MPa$

세장비 $(\frac{KL}{r})$	휨좌굴강도[1] (F_e)	세장계수[2] (λ_c)	휨좌굴압축강도[3] (F_{cr})	세장비 $(\frac{KL}{r})$	휨좌굴강도[1] (F_e)	세장계수[2] (λ_c)	휨좌굴 압축강도[3] (F_{cr})
1	2072617	0.013	355	36	1599	0.471	324
2	518154	0.026	355	37	1514	0.484	322
3	230291	0.039	355	38	1435	0.497	320
4	129539	0.052	355	39	1363	0.510	318
5	82905	0.065	354	40	1295	0.523	317
6	57573	0.079	354	41	1233	0.537	315
7	42298	0.092	354	42	1175	0.550	313
8	32385	0.105	353	43	1121	0.563	311
9	25588	0.118	353	44	1071	0.576	309
10	20726	0.131	352	45	1024	0.589	307
11	17129	0.144	352	46	979	0.602	305
12	14393	0.157	351	47	938	0.615	303
13	12264	0.170	351	48	900	0.628	301
14	10575	0.183	350	49	863	0.641	299
15	9212	0.196	349	50	829	0.654	297
16	8096	0.209	349	51	797	0.667	295
17	7172	0.222	348	52	767	0.681	292
18	6397	0.236	347	53	738	0.694	290
19	5741	0.249	346	54	711	0.707	288
20	5182	0.262	345	55	685	0.720	286
21	4700	0.275	344	56	661	0.733	284
22	4282	0.288	343	57	638	0.746	281
23	3918	0.301	342	58	616	0.759	279
24	3598	0.314	341	59	595	0.772	277
25	3316	0.327	339	60	576	0.785	274
26	3066	0.340	338	61	557	0.798	272
27	2843	0.353	337	62	539	0.811	269
28	2644	0.366	336	63	522	0.825	267
29	2464	0.380	334	64	506	0.838	265
30	2303	0.393	333	65	491	0.851	262
31	2157	0.406	331	66	476	0.864	260
32	2024	0.419	330	67	462	0.877	257
33	1903	0.432	328	68	448	0.890	255
34	1793	0.445	327	69	435	0.903	252
35	1692	0.458	325	70	423	0.916	250

주기 1) $F_e = \dfrac{\pi^2 E}{\left(\dfrac{KL}{r}\right)^2}$

주기 2) $\lambda_c = \sqrt{\dfrac{F_y}{F_e}}$

주기 3) F_{cr}(비탄성 좌굴강도) $= \left[0.658^{\lambda_c^2}\right] F_y$: 단주 (식 6-6(a))

F_{cr}(탄성 좌굴강도) $= \dfrac{0.877}{\lambda_c^2} F_y$: 장주 (식 6-6(b))

[부표 2] 압축재의 휨좌굴강도(N/mm^2) - 5

$F_y = 355\,N/mm^2(355MPa)$, $E = 210{,}000MPa$

세장비 $(\frac{KL}{r})$	휨좌굴강도[1] (F_e)	세장계수[2] (λ_c)	휨좌굴압축강도[3] (F_{cr})	세장비 $(\frac{KL}{r})$	휨좌굴강도[1] (F_e)	세장계수[2] (λ_c)	휨좌굴 압축강도[3] (F_{cr})
71	411	0.929	247	106	184	1.387	159
72	400	0.942	245	107	181	1.400	156
73	389	0.955	242	108	178	1.413	154
74	378	0.968	240	109	174	1.427	151
75	368	0.982	237	110	171	1.440	149
76	359	0.995	235	111	168	1.453	147
77	350	1.008	232	112	165	1.466	144
78	341	1.021	230	113	162	1.479	142
79	332	1.034	227	114	159	1.492	140
80	324	1.047	224			단주 ↑	
81	316	1.060	222			장주 ↓	
82	308	1.073	219	115	157	1.505	137
83	301	1.086	217	116	154	1.518	135
84	294	1.099	214	117	151	1.531	133
85	287	1.112	211	118	149	1.544	131
86	280	1.126	209	119	146	1.557	128
87	274	1.139	206	120	144	1.570	126
88	268	1.152	204	121	142	1.584	124
89	262	1.165	201	122	139	1.597	122
90	256	1.178	199	123	137	1.610	120
91	250	1.191	196	124	135	1.623	118
92	245	1.204	194	125	133	1.636	116
93	240	1.217	191	126	131	1.649	114
94	235	1.230	188	127	129	1.662	113
95	230	1.243	186	128	127	1.675	111
96	225	1.256	183	129	125	1.688	109
97	220	1.269	181	130	123	1.701	108
98	216	1.283	178	131	121	1.714	106
99	211	1.296	176	132	119	1.728	104
100	207	1.309	173	133	117	1.741	103
101	203	1.322	171	134	115	1.754	101
102	199	1.335	168	135	114	1.767	100
103	195	1.348	166	136	112	1.780	98
104	192	1.361	163	137	110	1.793	97
105	188	1.374	161	138	109	1.806	95

주기 1) $F_e = \dfrac{\pi^2 E}{\left(\dfrac{KL}{r}\right)^2}$

주기 2) $\lambda_c = \sqrt{\dfrac{F_y}{F_e}}$

주기 3) F_{cr}(비탄성 좌굴강도) $= \left[0.658^{\lambda_c^2}\right] F_y$: 단주 (식 6-6(a))

F_{cr}(탄성 좌굴강도) $= \dfrac{0.877}{\lambda_c^2} F_y$: 장주 (식 6-6(b))

[부표 2] 압축재의 휨좌굴강도(N/mm^2) - 6

$F_y = 355\,N/mm^2(355MPa)$, $E = 210{,}000MPa$

세장비 $(\frac{KL}{r})$	휨좌굴강도[1] (F_e)	세장계수[2] (λ_c)	휨좌굴압축강도[3] (F_{cr})	세장비 $(\frac{KL}{r})$	휨좌굴강도[1] (F_e)	세장계수[2] (λ_c)	휨좌굴 압축강도[3] (F_{cr})
139	107	1.819	94	170	72	2.225	63
140	106	1.832	93	171	71	2.238	62
141	104	1.845	91	172	70	2.251	61
142	103	1.858	90	173	69	2.264	61
143	101	1.872	89	174	68	2.277	60
144	100	1.885	88	175	68	2.290	59
145	99	1.898	86	176	67	2.303	59
146	97	1.911	85	177	66	2.316	58
147	96	1.924	84	178	65	2.330	57
148	95	1.937	83	179	65	2.343	57
149	93	1.950	82	180	64	2.356	56
150	92	1.963	81	181	63	2.369	55
151	91	1.976	80	182	63	2.382	55
152	90	1.989	79	183	62	2.395	54
153	89	2.002	78	184	61	2.408	54
154	87	2.015	77	185	61	2.421	53
155	86	2.029	76	186	60	2.434	53
156	85	2.042	75	187	59	2.447	52
157	84	2.055	74	188	59	2.460	51
158	83	2.068	73	189	58	2.474	51
159	82	2.081	72	190	57	2.487	50
160	81	2.094	71	191	57	2.200	64
161	80	2.107	70	192	56	2.212	64
162	79	2.120	69	193	56	2.223	63
163	78	2.133	68	194	55	2.235	62
164	77	2.146	68	195	55	2.246	62
165	76	2.159	67	196	54	2.258	61
166	75	2.173	66	197	53	2.269	60
167	74	2.186	65	198	53	2.281	60
168	73	2.199	64	199	52	2.292	59
169	73	2.212	64	200	52	2.304	59

주기 1) $F_e = \dfrac{\pi^2 E}{\left(\dfrac{KL}{r}\right)^2}$

주기 2) $\lambda_c = \sqrt{\dfrac{F_y}{F_e}}$

주기 3) F_{cr}(비탄성 좌굴강도) $= \left[0.658^{\lambda_c^2}\right] F_y$: 단주 (식 6-6(a))

F_{cr}(탄성 좌굴강도) $= \dfrac{0.877}{\lambda_c^2} F_y$: 장주 (식 6-6(b))

부록 3. H-형강의 한계 비지지길이

[부표 3] H-형강의 한계 비지지길이 - 1

치수(mm)				$L_p \le 1.76\, r_y \sqrt{\frac{E}{F_y}}$ (식 7-9)		$L_r = \frac{r_y \cdot X1}{(F_y - F_r)} \sqrt{1 + \sqrt{1 + X2(F_y - F_r)^2}}$ 1) (식 7-10(a))	
공칭치수	H x B	t_1	t_2	F_y=275MPa	F_y=355MPa	F_y=275MPa	F_y=355MPa
100 X 50	100x50	5	7	544.72	479.43	2777.72	2194.62
100 X 100	100x100	6	8	1201.30	1057.32	6590.72	5169.15
125 X 60	125x60	6	8	641.99	565.04	3068.37	2437.41
125 X 125	125x125	6.5	9	1512.57	1331.28	7352.78	5802.62
150 X 75	150x75	5	7	807.35	710.59	2941.33	2412.40
150 X 100	148x100	6	9	1152.67	1014.51	4867.75	3895.90
150 X 150	150x150	7	10	1823.84	1605.24	8165.03	6480.29
175 X 90	175x90	5	8	1001.90	881.81	3446.19	2841.73
175 X 175	175x175	7.5	11	2130.25	1874.92	9007.49	7185.95
200 X 100	198x99	4.5	7	1074.85	946.02	3274.62	2765.65
	200x100	5.5	8	1079.71	950.30	3528.28	2943.01
200 X 150	194x150	6	9	1755.75	1545.31	5931.88	4882.29
200 X 200	200x200	8	12	2441.52	2148.88	9825.76	7874.61
	200x204	12	12	2373.43	2088.95	10699.64	8505.49
250 X 125	248x124	5	8	1356.94	1194.30	3985.02	3388.18
	250x125	6	9	1356.94	1194.30	4209.63	3545.56
250 X 175	244x175	7	11	2032.98	1789.31	6736.57	5565.00
250 X 250	250x250	9	14	3059.19	2692.52	11567.90	9337.62
	250x255	14	14	2961.92	2606.91	12557.28	10041.20
300 X 150	298x149	5.5	8	1162.40	1023.07	4520.92	3880.56
	300x150	6.5	9	1600.12	1408.33	4710.27	4014.18
300 X 200	294x200	8	12	2290.75	2016.18	7257.23	6049.15
300 X 300	294x302	12	12	3482.32	3064.93	11606.03	9586.55
	300x300	10	15	3652.55	3214.76	12736.32	10397.74
	300x305	15	15	3530.96	3107.74	13580.22	10979.81
350 X 175	345x174	6	9	1887.07	1660.89	5255.39	4519.24
	350x175	7	11	1921.11	1690.85	5608.51	4773.68
350 X 250	340x250	9	14	2918.15	2568.38	9154.26	7629.51
350 X 350	344x348	10	16	4270.22	3758.40	13960.17	11496.85
	350x350	12	19	4379.77	3838.53	16377.21	13147.24

주기 1) : F_r = 잔류응력$(0.3F_y)$

$X1$ = 순수비틀림$(\frac{\pi}{S_x}\sqrt{\frac{EGJA}{2}})$, $X2$ = 뒤틀림$(\frac{4C_w}{I_y}\left(\frac{S_x}{GJ}\right)^2)$

[부표 3] H-형강의 한계 비지지길이 - 2

치수(mm)				$L_p \le 1.76\, r_y \sqrt{\frac{E}{F_y}}$ (식 7-9)		$L_r = \frac{r_y \cdot X1}{(F_y - F_r)} \sqrt{1 + \sqrt{1 + X2(F_y - F_r)^2}}$ [1] (식 7-10(a))	
공칭치수	H x B	t_1	t_2	F_y=275MPa	F_y=355MPa	F_y=275MPa	F_y=355MPa
400 X 200	396x199	7	11	2178.88	1917.72	6141.14	5266.05
	400x200	8	13	2208.06	1943.41	6482.85	5508.44
400 X 300	390x300	10	16	3540.69	3116.30	11054.67	9216.37
	388x402	15	15	4639.85	4083.73	15055.30	12498.20
	394x398	11	18	5004.04	4385.65	16342.27	13372.70
	400x400	13	21	5004.04	4385.65	18175.27	14646.69
	400x408	21	21	4830.63	4233.67	19689.98	15699.84
400 X 400	414x405	18	28	5053.58	4429.07	23218.46	18252.41
	428x407	20	35	5152.67	4515.92	28455.63	22119.86
	458x417	30	50	5404.26	4715.02	42770.60	32663.83
	498x432	45	70	5606.29	4891.28	615908.16	468830.14
450 X 200	446x199	8	12	2105.93	1853.51	5992.99	5144.85
	450x200	9	14	2139.97	1883.48	6303.66	5368.60
450 X 300	440x300	11	18	3557.33	3117.72	11249.51	9312.89
500 X 200	496x199	9	14	2076.75	1827.83	6006.53	5145.25
	500x200	10	16	2105.93	1853.51	6316.64	5370.78
	506x201	11	19	2194.84	1923.61	6995.91	5839.63
500 X 300	482x300	11	15	3316.96	2919.39	9639.70	8199.37
	488x300	11	18	3487.96	3056.93	10576.55	8842.42
600 X 200	596x199	10	15	1969.75	1733.66	5720.21	4924.74
	600x200	11	17	2041.25	1789.001	6103.39	5193.60
	606x201	12	20	2090.80	1832.42	6490.66	5472.81
600 X 300	582x300	12	17	3284.83	2878.90	9529.05	8089.18
	588x300	12	20	3393.83	2974.43	10099.22	8500.90
	594x302	14	23	3418.60	2996.14	10823.10	9006.39
700 X 300	692x300	13	20	3235.29	2835.48	9432.44	8018.38
	700x300	13	24	3359.15	2944.03	10055.86	8467.64
800 X 300	792x300	14	22	3165.92	2774.68	9233.54	7868.47
	800x300	14	26	3279.88	2874.56	9776.56	8264.45
900 X 300	890x299	15	23	3051.97	2674.81	8947.31	7649.33
	900x300	16	28	3165.92	2774.68	9529.66	8073.68
	912x302	18	34	3250.15	2848.50	10398.72	8695.10

주기 1) : F_r = 잔류응력($0.3F_y$)

$X1$ = 순수비틀림($\frac{\pi}{S_x}\sqrt{\frac{EGJA}{2}}$), $X2$ = 뒤틀림($\frac{4C_w}{I_y}\left(\frac{S_x}{GJ}\right)^2$)

부록 4. 고장력볼트와 볼트의 설계강도

[부표 4-1] 지압접합된 볼트 및 고장력볼트의 설계강도

종류	볼트 호칭지름 (mm)	볼트 축지름 (mm)	볼트 구멍지름 (mm)	공칭 단면적 (mm^2)	설계인장 강도 (N)	설계전단강도(N)			
						1면전단		2면전단	
						나사부가 전단면에 포함된 겨우	나사부가 전단면에 포함되지 않은 경우	나사부가 전단면에 포함된 경우	나사부가 전단면에 포함되지 않은 경우
F13T	M16	16	18	2.01×10^{2}	1.47×10^{5}	7.84×10^{4}	9.80×10^{4}	1.57×10^{5}	1.96×10^{5}
	M20	20	22	3.14×10^{2}	2.30×10^{5}	1.22×10^{5}	1.53×10^{5}	2.45×10^{5}	3.06×10^{5}
	M22	22	24	3.80×10^{2}	2.78×10^{5}	1.48×10^{5}	1.85×10^{5}	2.96×10^{5}	3.71×10^{5}
	M24	24	26	4.52×10^{2}	3.31×10^{5}	1.76×10^{5}	2.20×10^{5}	3.53×10^{5}	4.41×10^{5}
F10T	M16	16	18	2.01×10^{2}	1.13×10^{5}	6.03×10^{4}	7.54×10^{4}	1.21×10^{5}	1.51×10^{5}
	M20	20	22	3.14×10^{2}	1.77×10^{5}	9.42×10^{4}	1.18×10^{5}	1.88×10^{5}	2.36×10^{5}
	M22	22	24	3.80×10^{2}	2.14×10^{5}	1.14×10^{5}	1.43×10^{5}	2.28×10^{5}	2.85×10^{5}
	M24	24	26	4.52×10^{2}	2.54×10^{5}	1.36×10^{5}	1.70×10^{5}	2.71×10^{5}	3.39×10^{5}
F8T	M16	16	18	2.01×10^{2}	9.05×10^{4}	4.82×10^{4}	6.03×10^{4}	9.65×10^{4}	1.21×10^{5}
	M20	20	22	3.14×10^{2}	1.41×10^{5}	7.54×10^{4}	9.42×10^{4}	1.51×10^{5}	1.88×10^{5}
	M22	22	24	3.80×10^{2}	1.71×10^{5}	9.12×10^{4}	1.14×10^{5}	1.82×10^{5}	2.28×10^{5}
	M24	24	26	4.52×10^{2}	2.03×10^{5}	1.08×10^{5}	1.36×10^{5}	2.17×10^{5}	2.71×10^{5}
SS400 SM400	M16	16	지름+0.5	2.01×10^{2}	4.52×10^{4}	2.41×10^{4}		4.82×10^{4}	
	M20	20		3.14×10^{2}	7.07×10^{4}	3.77×10^{4}		7.54×10^{4}	
	M22	22		3.80×10^{2}	8.56×10^{4}	4.56×10^{4}		9.12×10^{4}	
	M24	24		4.52×10^{2}	1.02×10^{5}	5.42×10^{4}		1.08×10^{5}	

[부표 4-2] 계수하중에 대한 고장력볼트의 설계미끄럼강도
(블라스트 후 페인트칠하지 않은 표준구멍일 경우)

볼트의 등급	볼트의 호칭	공칭단면적 (mm^2)	설계볼트장력 T_0(kN)	설계미끄럼강도(kN)	
				1면전단	2면전단
F8T	M16	201	84	35.7	71.4
	M20	314	132	56.1	112.2
	M22	380	160	68.0	136.0
	M24	452	190	80.8	161.5
F10T	M16	201	106	45.1	90.1
	M20	314	165	70.1	140.3
	M22	380	200	85.0	170.0
	M24	452	237	100.7	201.5
F13T	M16	201	137	58.2	116.5
	M20	314	214	91.0	181.9
	M22	380	259	110.1	220.2
	M24	452	308	130.9	261.8

볼트의 등급	볼트의 호칭	공칭단면적 (mm^2)	설계볼트장력 T_0(kN)	표준볼트장력 $1.1T_0$(kN)
F8T	M16	201	84	93
	M20	314	132	146
	M22	380	160	176
	M24	452	190	209
F10T	M16	201	106	117
	M20	314	165	182
	M22	380	200	220
	M24	452	237	261
F13T	M16	201	137	151
	M20	314	214	236
	M22	380	259	285
	M24	452	308	339

설계볼트장력은 볼트의 인장강도의 0.7배에 볼트의 유효단면적을 곱한 값
볼트의 유효단면적은 공칭단면적의 0.75배

볼트의 호칭지름 (mm)	볼트 축지름 (mm)	볼트구멍지름 (mm)	볼트의 축단면적 (mm^2)	허용전단력(N)	
				1면전단	2면전단
M12	12	12.5	1.13×10^2	1.00×10^4	1.99×10^4
M16	16	16.5	2.01×10^2	1.77×10^4	3.55×10^4
M20	20	20.5	3.14×10^2	2.77×10^4	5.54×10^4
M22	22	22.5	3.80×10^2	3.35×10^4	6.70×10^4
M24	24	24.5	4.52×10^2	3.99×10^4	7.98×10^4

01. 한국건설기술연구원(KICT), 국가건설기준센터, "국가 건설 기준 용어집(개정증보판)", 국토교통부, 2024. 04

02. 대한건축학회, "국토교통부 고시 건축구조기준 및 해설(Korean Building Code & Commentary - KDS 41, 42, 43)", 기문당, 2024

03. 대한건축학회, "국토교통부 건축구조기준(2024) : 건축물 강구조 설계기준 KSD 41 30 00 : 2024", 기문당, 2024

04. 한국강구조학회, "강구조설계(하중저항계수설계법) KSD 14 31 05, 10, 15, 20, 25, 50, 55, 60, 70, 80, 85 : 2024", 국가건설기준센터

05. 한국강구조학회,"강구조설계", 도서출판 구미서관, 2023

06. 박정현, "건축구조역학(제4판)", 도서출판 구미서관, 2024

07. 박정현, 홍기섭, "철근콘크리트구조(제4판)", 도서출판 구미서관, 2023

08. 박정현, 홍기섭, "건축, 구조시스템의 이해(제2판)", 도서출판 구미서관, 2023

09. 강병두, "강구조설계(제3판)", 도서출판 구미서관, 2023

10. 강병두, 강호근, "건축일반구조학(제5판)", 도서출판 구미서관, 2023

11. 정창용, 은희창, 이민수, 이승국, "강구조설계", 도서출판 구미서관, 2018

12. AMERICAN INSTITUTE OF STEEL CONSTRUCTION, "ANSI/AISC 360-16 Specification for Structural Steel Buildings(PDF)", 2016

13. Walter D. Pilkey, and Deborah F. Pilkey, "Peterson's Stress Concentration Factors THIRD EDITION", John Wiley & Sons, 2008

14. Charles G. Salmon, John E. Johnson, Faris A. Malhas, "STEEL STRUCTURES : DESIGN AND BEHAVIOR, Emphasizing Load and Resistance Factor Design(Fifth Edition)", Pearson Education International, 2009

15. J. C. Smith, "Structural Steel Design : LRFD Approach(Second Edition)", John Wiley & Sons, Inc., 1996

16. WILLIAM T. SEGUI, "LRFD STEEL DESIGN", PWS PUBLISHING COMPANY, BOSTON, 1994

17. Zdeněk P. Bažant, Luigi Cedolin, "STABILITY OF STRUCTURES : Elastic, Inelastic, Fracture and Damage Theories", Oxford University Press, Inc., 1991

18. Thijs de Haan, "Buckling monopiles : Stability of a monopile based offshorewind turbineby", Delft University of Technology

19. William H. Munse and Eugene Chesson Jr., "Riveted and Bolted Joints : Net Section Design", Journal of the Structural Division Volume 89, Issue 1, ASCE, 1963. 02, pp. 107–126

20. James M. Ricles, and Joseph A. Yura, "Strength of Double-Row Bolted-Web Connections", Journal of Structural Engineering Volume 109, Issue 1, 1983. 01, pp. 126–142

21. Steve G. Hardash and Reidar Bjorhovde, "New Design Criteria for Gusset Plates in Tension", Engineering Journal, American Institute of Steel Construction, Vol. 22, 1985, pp. 77–94.

22. 이상구, 공두현, 심지수, 신상준, "Verification and Suggestion of Optimization Method for Rivet Arrangement with Regard to Stress Concentration between Hole–Edge and Hole–Hole on a 2–D Plate(2차원 평판 내 구멍–모서리 및 구멍간의 응력 집중 효과를 고려한 리벳 배치 최적화 기법 검증 및 제안)", Journal of the Computational Structural Engineering Institute of Korea. 2016. pp. 491–498

23. 마춘경, "고요한 아침의 나라의 철골구조", 건축 제49권 제11호, 대한건축학회, 2005. 11, pp. 75–78

24. 김학인(성지건설), "장충체육관 리모델링 공사", 건축 제59권 제06호, 대한건축학회, 2015. 05, pp. 81–84

25. 배백일, 최창식, "건축구조기준의 역사", 건축 제66권 제03호, 대한건축학회, 2022. 01, pp. 30–34

찾아보기

/ㅎ/

/p/

▶ 저자소개

박정현 (朴正鉉)

서울공업고등학교 건축과 졸업
홍익대학교 건축학과(공학사)
홍익대학교 대학원(공학석사)
홍익대학교 대학원(공학박사)
육군 공병 학사장교 근무
대림산업(주) 기술연구본부 건축구조팀 근무
현) 홍익대학교, 숙명여자대학교 출강
전) 배재대학교 건축학부 교수
현재 : 건축구조연구소·다우

강구조설계 정가 27,000원

저 자 : 박정현

발행인 : 임정대
발행처 : 도서출판 구미서관

발행 : 2025년 2월 27일

등록 : 1979년 6월 29일 No.9–6호
주소 : 서울시 마포구 신촌로 2길 5-15 구미빌딩
전화 : 02-333-1101
팩스 : 02-335-2201
http://www.goomibook.com

ISBN 979-11-6257-310-5 (93540)